高等职业教育"十四五"规划教材

动物微生物

高　睿　朱小甫　主编

中国农业大学出版社
·北京·

内 容 简 介

本教材以培养德智体美劳全面发展的高素质技术技能型人才为目标，按照学生学习规律及职业成长需求，结合本课程特点及教学改革经验，对传统教学内容进行了整合与重构，配套本课程三级递进的教学模式而编写。主要内容包含三篇，第一篇为基础知识与技能，包括微生物概述、细菌基本知识、病毒基本知识、其他微生物基本知识、外界环境与微生物、传染及免疫学基本知识等七个项目；第二篇为岗位知识与技能，包括兽用生物制品制备及检测、动物疫病检测、动物疫病防治及动物保健等四个项目；第三篇为拓展知识与技能，包括常见病原微生物与分子生物学检测技术两个项目。

本教材将国家、行业与职业资格的新标准、学科行业新知识与新技术、执业兽医师资格证及职业技能大赛考核内容融入其中，视频、图片等资源以二维码形式呈现。本教材适用于高等职业教育畜牧兽医、宠物医疗技术、宠物养护与驯导、动物防疫检疫等专科和本科专业教学使用，也可作为企业技术人员、基层畜牧兽医工作人员的参考书。

图书在版编目(CIP)数据

动物微生物 / 高睿，朱小甫主编. --北京：中国农业大学出版社，2024. 12.

ISBN 978-7-5655-3350-1

Ⅰ. S852. 6

中国国家版本馆 CIP 数据核字第 2024AS7671 号

书　　名　动物微生物

作　　者　高　睿　朱小甫　主编

策划编辑　康昊婷　　**责任编辑**　康昊婷

封面设计　郑　川　李尘工作室

出版发行　中国农业大学出版社

社　　址　北京市海淀区圆明园西路 2 号　　**邮政编码**　100193

电　　话　发行部 010-62733489，1190　　读者服务部 010-62732336

编辑部 010-62732617，2618　　出　版　部 010-62733440

网　　址　http：// www. caupress. cn　　**E-mail** cbsszs@cau. edu. cn

经　　销　新华书店

印　　刷　北京溢漾印刷有限公司

版　　次　2025 年 1 月第 1 版　　2025 年 1 月第 1 次印刷

规　　格　185 mm×260 mm　　16 开本　　26. 75 印张　　668 千字

定　　价　69. 00 元

编审人员

主　编　高　睿（杨凌职业技术学院）

　　　　朱小甫（咸阳职业技术学院）

副主编　罗　艳（杨凌职业技术学院）

　　　　杨满军（西藏职业技术学院）

　　　　聂晨睿（晋中职业技术学院）

编　者　高　睿（杨凌职业技术学院）

　　　　张芮琪（杨凌职业技术学院）

　　　　庄向婷（杨凌职业技术学院）

　　　　罗　艳（杨凌职业技术学院）

　　　　张　璐（杨凌职业技术学院）

　　　　贾燕青（杨凌职业技术学院）

　　　　聂晨睿（晋中职业技术学院）

　　　　杨满军（西藏职业技术学院）

　　　　朱小甫（咸阳职业技术学院）

　　　　拓晓玲（陕西中科基因检测技术有限公司）

　　　　黄福标（广西农业工程职业技术学院）

　　　　刘淑红（杨凌金海生物技术有限公司）

　　　　辛俊宝（杨凌金海生物技术有限公司）

　　　　裴党帅（渭南市动物卫生工作站）

主　审　沈文正（杨凌职业技术学院）

数字资源建设人员

（杨凌职业技术学院）

高　睿　沈文正　白　军　罗　艳

庄向婷　张　曼　仇薪鑫　贾燕青

前 言

党的二十大报告指出，教育、科技、人才是全面建设社会主义现代化国家的基础性、战略性支撑。教材在人才培养中发挥着重要作用，要加强教材建设。本教材紧紧围绕高等职业教育的要求，以培养高素质技术技能型人才为目标，在立德树人的同时注重学生职业技能、实践能力及创新能力的培养。依据高等职业院校"畜牧兽医"专业群人才培养方案和国家相关职业标准，对接全国职业院校"动物疫病检疫检验"技能大赛项目和执业兽医师资格证考核内容，将畜牧及宠物产业链中生物制品制备及检验、动物疫病检验与化验、动物疫病防治、动物保健等四个岗位核心能力要求及国家新法规、新标准和行业新知识、新技术融入教材，实现"岗课赛证"深度融合的内容重构。

本教材是职业教育国家在线精品课程、国家课程思政示范课程的配套教材，也是陕西省省级"双高计划"畜牧兽医专业群建设项目和陕西高等职业教育教学改革研究重点项目(项目号:21GZ026)资助的教材。其体系设计中充分考虑了学生的认知规律，以基本知识与技能、岗位知识与技能、拓展知识与技能三个模块构建递进式教学内容，不仅能培养职业关键能力，而且满足学生能力拓展提升的需求。全书共有十三个项目。"项目导学"描述完成该项目所需达成的知识、技能及素质目标，从理论知识与实践技能等方面阐述相关内容；"内容小结"以思维导图形式建立本项目的知识图谱；"思政园地"以政策讲解及人物事迹等形式提升学生的素质内涵，落实立德树人根本任务；"学习测试"与"考核标准"以自评、互评及师评形式完成三维学习目标测评，以上环节可实现学习全过程、评价全方位、目标全覆盖的反馈评价。

为了适应信息化教学的需要，编者将微课、标准化操作视频、图片、课程知识图谱等信息化教学资源以二维码形式融入教材，突出立体化、信息化特色，方便学生在观看示教视频的同时模仿学习，切实做到学思践悟；制作了与教材配套的教学课件，整理了历年执业兽医师考试部分真题，已经在学银在线教育平台全网开放，使用本教材的学校如有需要，可联系索取。电子邮箱为 249105414@qq.com。

本教材适用于高等职业教育畜牧兽医、宠物医疗技术、宠物养护与驯导、动物防疫检疫等专业教学使用，也可作为企业技术人员、基层畜牧兽医工作人员的参考书。

本教材具体编写任务如下：高睿编写项目一、项目五、项目六；庄向婷编写项目二、项目四；杨满军编写项目三；朱小甫编写项目七；辛俊宝和黄福标编写项目八；裴党帅编写项目九任务一、任务三；拓晓玲编写项目九任务二；张璐编写项目九任务四；刘淑红编写项目十；贾燕青编写项目十一；聂晨睿编写项目九技能一至五；罗艳编写项目九综合实训一、二及项目十三；张芮琪编写项目十二。全书由高睿和朱小甫统稿，沈文正主审。

本教材在编写过程中得到杨凌职业技术学院及其他编者所在单位的大力支持，谨在此一并致谢！

限于编者的经验和水平，恳请广大师生及其同行对本教材在内容和文字上的疏漏和不当给予批评指正。

编　者

2024 年 8 月

目　录

第一篇　基础知识与技能

项目一　微生物概述 …………………… 3
项目导学…………………………………… 3
任务一　微生物基本知识………………… 4
一、微生物概念及分类 ………………… 4
二、微生物与人类之间的关系 ……… 4
三、动物微生物课程的定位 ………… 5
任务二　微生物与免疫学发展简史…………………………… 5
一、早期利用阶段 ……………………… 5
二、初步形态学阶段 …………………… 5
三、生理学及免疫学发展阶段 ……… 6
四、近代及现代微生物学发展阶段 …………………………………… 6
任务三　微生物实验室生物安全防控…………………………… 7
一、实验室生物安全的概念 ………… 7
二、兽医微生物实验室的生物安全分类 …………………………………… 7
三、实验人员防护设施 ……………… 8
四、实验室生物安全行为规范…… 10
技能一　实验室消毒液配制及应用技术 ……………………… 11
技能二　实验室废弃物处理 ……… 13
技能三　实验室生物安全防护 …… 14
内容小结 ……………………………… 18
思政园地 ……………………………… 18
学习测试 ……………………………… 19
项目二　细菌基本知识 …………… 21
项目导学 ……………………………… 21
任务一　细菌的形态与结构 ……… 22
一、细菌的大小与形态……………… 22
二、细菌的基本结构………………… 24
三、细菌的特殊结构………………… 27
四、细菌形态与结构的观察……… 31
任务二　细菌的营养代谢 ………… 32
一、细菌的营养……………………… 32
二、细菌的新陈代谢………………… 34
任务三　细菌的繁殖 ……………… 38
一、细菌的生长繁殖………………… 38
二、细菌的人工培养………………… 40

任务四 细菌的致病性 …… 42
一、细菌的致病性与毒力…… 42
二、构成病原菌毒力的因素…… 42
三、细菌致病性的确定…… 46
四、细菌毒力的测定…… 47
技能一 显微镜油镜的使用与保养 …… 47
技能二 细菌标本片的制备及观察 …… 50
技能三 常用培养基制备 …… 53
技能四 细菌的分离移植及培养结果观察 …… 55
技能五 细菌的生物化学检测 …… 59
内容小结 …… 64
思政园地 …… 64
学习测试 …… 65
项目三 病毒基本知识 …… 67
项目导学 …… 67
任务一 病毒的形态与结构 …… 68
一、病毒的认知…… 68
二、病毒的形态与大小…… 68
三、病毒的结构与化学组成…… 70
任务二 病毒的增殖与培养 …… 72
一、病毒的增殖…… 72
二、病毒的人工培养…… 73
任务三 病毒的其他特性 …… 76
一、干扰现象与干扰素…… 76
二、血凝现象…… 77
三、包涵体…… 78
四、滤过特性…… 79
五、抵抗力…… 79
任务四 病毒的致病性 …… 80
一、病毒感染对宿主细胞的直接作用…… 81
二、病毒感染的免疫病理作用…… 82
三、病毒的免疫逃逸…… 83
技能一 病毒的禽胚培养 …… 84
技能二 病毒的细胞培养 …… 87
内容小结 …… 90
思政园地 …… 90
学习测试 …… 91
项目四 其他微生物基本知识 …… 92
项目导学 …… 92
任务一 真菌 …… 93
一、真菌的形态结构…… 93
二、真菌的培养特性…… 97
三、真菌的抵抗力…… 98
四、真菌的致病性与免疫性…… 98
五、真菌病的微生物学诊断…… 99
六、真菌病的防治…… 99
任务二 放线菌…… 100
一、放线菌的形态结构 …… 100
二、放线菌的繁殖 …… 103
三、放线菌的培养特性 …… 104
四、放线菌的抵抗力 …… 105
五、放线菌的致病性与免疫性 … 105
六、放线菌的微生物学诊断 …… 106
七、放线菌的防治 …… 106
任务三 支原体…… 106
一、支原体的形态结构 …… 107
二、支原体的培养特性 …… 107
三、支原体的抵抗力 …… 108
四、支原体的致病性与免疫性 … 108
五、支原体的微生物学诊断 …… 109
六、支原体的防治 …… 109
任务四 螺旋体…… 110
一、螺旋体的形态结构 …… 110
二、螺旋体的培养特性 …… 111
三、螺旋体的抵抗力 …… 111
四、螺旋体的致病性与免疫性 … 111
五、螺旋体的微生物学诊断 …… 112
六、螺旋体的防治 …… 112

任务五　立克次体…………………… 113
一、立克次体的形态结构 ……… 113
二、立克次体的培养特性 ……… 113
三、立克次体的抵抗力 ………… 114
四、立克次体的致病性与免疫性 ……………… 114
五、立克次体的微生物学诊断 … 114
六、立克次体的防治 …………… 115
任务六　衣原体…………………… 115
一、衣原体的形态结构 ………… 115
二、衣原体的培养特性 ………… 115
三、衣原体的抵抗力 …………… 116
四、衣原体的致病性与免疫性 … 116
五、衣原体的微生物学诊断 …… 117
六、衣原体的防治 ……………… 117
技能一　真菌的形态学检查……… 118
技能二　放线菌的形态学检查…… 119
内容小结……………………………… 121
思政园地……………………………… 122
学习测试……………………………… 123
项目五　外界环境与微生物 ………… 124
项目导学……………………………… 124
任务一　微生物在自然环境中的生态分布…………………… 125
一、微生物在土壤中的分布 …… 125
二、微生物在水中的分布 ……… 126
三、微生物在空气中的分布 …… 128
任务二　微生物在动物体的分布 ………………………………………… 130
一、体表的微生物 ……………… 130
二、消化道的微生物 …………… 130
三、其他器官系统的微生物 …… 131
四、正常菌群与菌群失调 ……… 132
五、无菌动物和无特定病原体动物 …………………………… 133
任务三　环境因素对微生物的影响…………………………… 134
一、物理因素对微生物的影响 … 134
二、化学因素对微生物的影响 … 139
三、生物因素对微生物的影响 … 142
任务四　微生物的变异…………… 143
一、常见的微生物变异类型 …… 144
二、微生物变异现象的应用 …… 146
技能一　消毒剂消毒效果评价…… 147
技能二　细菌的药物敏感性试验 ………………………………………… 149
内容小结……………………………… 151
思政园地……………………………… 152
学习测试……………………………… 153
项目六　传染 ………………………… 154
项目导学……………………………… 154
任务一　传染基本知识…………… 155
一、传染的概念 ………………… 155
二、传染发生的必要条件 ……… 155
三、传染的发展过程与结局 …… 156
任务二　动物疫病防控基本知识…………………………… 157
一、动物疫病综合防控基本原则 ……………………………… 157
二、动物疫病综合防控基本内容 ……………………………… 158
内容小结……………………………… 159
思政园地……………………………… 160
学习测试……………………………… 160
项目七　免疫学基本知识 …………… 162
项目导学……………………………… 162
任务一　免疫……………………… 163
一、免疫的分类 ………………… 163
二、免疫与感染的关系 ………… 166
三、免疫的特性与功能 ………… 166
任务二　免疫系统………………… 167

一、免疫器官 …………………… 167
二、免疫细胞 …………………… 171
三、免疫分子 …………………… 176
任务三 抗原………………………… 181
一、抗原的概念 ………………… 181
二、构成抗原的条件 …………… 182
三、抗原表位 …………………… 183
四、抗原的分类 ………………… 183
五、常见的微生物抗原 ………… 185
任务四 免疫应答………………… 187
一、细胞免疫应答 ……………… 188
二、体液免疫应答 ……………… 189
三、黏膜免疫应答 ……………… 193
内容小结…………………………… 194
思政园地…………………………… 194
学习测试…………………………… 195

第二篇 岗位知识与技能

项目八 兽用生物制品制备及检测 … 199
项目导学 ……………………………… 199
任务一 兽用生物制品的认知 …… 200
一、兽用生物制品概念…………… 200
二、兽用生物制品分类…………… 200
三、兽用生物制品命名基本原则……………………………… 202
任务二 兽用生物制品的制备 …… 203
一、疫苗的制备…………………… 204
二、抗体的制备…………………… 208
任务三 兽用生物制品的检测 …… 210
一、理化性质检测………………… 210
二、微生物学检测………………… 212
三、外源病毒检验………………… 213
四、安全性检验…………………… 214
五、效力检验……………………… 214
技能一 猪伪狂犬病活疫苗病毒含量测定 …………………… 215
内容小结 ……………………………… 218
思政园地 ……………………………… 219
学习测试 ……………………………… 219
项目九 动物疫病检测 ……………… 221
项目导学 ……………………………… 221
任务一 病料的获取 ……………… 222
一、病料采集的基本要求………… 222
二、采样前的准备工作…………… 223
三、病料的采集与保存…………… 224
四、采样记录……………………… 226
五、病料的运送…………………… 228
任务二 病原体检测技术 ………… 228
一、细菌性疾病的实验室诊断…… 228
二、病毒性疾病的实验室诊断…… 230
任务三 血清学诊断 ……………… 231
一、血清学试验概述……………… 231
二、凝集试验……………………… 233
三、沉淀试验……………………… 235
四、中和试验……………………… 239
五、补体结合试验………………… 242
六、免疫标记技术………………… 243
任务四 变态反应 ………………… 250
一、变态反应的类型及特点……… 250
二、变态反应诊断………………… 253
三、变态反应的防治……………… 253
技能一 凝集试验 ………………… 253

技能二　沉淀试验 …………………… 256
技能三　中和试验 …………………… 259
技能四　酶联免疫吸附试验 ……… 260
技能五　PPD 诊断 ………………… 262
综合实训一　疑似大肠埃希菌病的实验室诊断 …………… 265
综合实训二　鸡新城疫抗体水平检测 ………………………… 268
内容小结 ………………………………… 275
思政园地 ………………………………… 275
学习测试 ………………………………… 276
项目十　动物疫病防治 ……………… 278
项目导学 ………………………………… 278
任务一　抗感染免疫 ……………… 279
一、机体抗感染的非特异性免疫……………………………… 279
二、机体抗感染的特异性免疫…… 279
三、病原体的免疫逃避机制……… 280
四、抗感染免疫过程中的免疫病理………………………………… 281
任务二　免疫预防 ………………… 281
一、预防类免疫制品的分类……… 282
二、预防类免疫制品的应用……… 286
三、免疫失败的原因及防控对策…………………………………… 290
任务三　免疫治疗 ………………… 294
一、治疗类生物制品分类………… 294
二、特异性免疫治疗……………… 297
三、非特异性免疫治疗…………… 298
内容小结 ………………………………… 300
思政园地 ………………………………… 300
学习测试 ………………………………… 301
项目十一　动物保健 ……………… 303
项目导学 ………………………………… 303
任务一　微生态制剂 ……………… 304
一、益生素………………………… 304
二、益生元………………………… 307
三、合生元………………………… 309
任务二　酶制剂 …………………… 310
一、酶制剂的类型………………… 311
二、酶制剂的作用机理…………… 311
三、酶制剂的临床应用…………… 312
四、酶制剂使用的注意事项……… 313
内容小结 ………………………………… 314
思政园地 ………………………………… 314
学习测试 ………………………………… 315

第三篇　拓展知识与技能

项目十二　常见病原微生物 ………… 319
项目导学 ………………………………… 319
任务一　常见病原性细菌 ………… 320
一、炭疽杆菌……………………… 320
二、大肠埃希菌…………………… 323
三、沙门菌………………………… 325
四、副猪嗜血杆菌………………… 328
五、布鲁氏菌……………………… 330
六、链球菌………………………… 332
七、鸭疫里氏杆菌………………… 334
八、分枝杆菌……………………… 336
九、厌氧性病原梭菌……………… 339

十、多杀性巴氏杆菌…………………… 343
十一、葡萄球菌……………………………… 345
十二、猪丹毒杆菌………………………… 347
任务二　常见的动物病毒 ………… 349
一、猪瘟病毒………………………………… 349
二、非洲猪瘟病毒………………………… 351
三、狂犬病病毒…………………………… 352
四、口蹄疫病毒…………………………… 354
五、小反刍兽疫病毒…………………… 356
六、禽流感病毒…………………………… 357
七、犬瘟热病毒…………………………… 359
八、新城疫病毒…………………………… 360
九、猪圆环病毒…………………………… 361
十、猪繁殖与呼吸综合征病毒…… 363
任务三　常见其他病原微生物 …… 364
一、常见病原性真菌…………………… 365
二、牛放线菌……………………………… 369
三、常见病原性支原体……………… 370
四、鹦鹉热衣原体……………………… 372
内容小结 …………………………………… 373
思政园地 …………………………………… 374
学习测试 …………………………………… 374
项目十三　分子生物学检测技术 …… 377
项目导学 …………………………………… 377
任务一　分子生物学检测技术原理 ………………………… 378
一、分子生物学检测技术基本原理………………………………… 378
二、常用分子生物学检测技术的原理及其特点……………………… 378
任务二　PCR 检测技术 …………… 384
一、PCR 反应概述 ………………… 384
二、常见 PCR 技术及其特点 …… 387
任务三　PCR 分析技术 …………… 389
一、PCR 产物特征分析技术 …… 389
二、PCR 产物定量分析技术 …… 391
技能一　核酸提取技术 …………… 391
技能二　普通 PCR ………………… 396
技能三　RT-PCR ………………… 398
技能四　核酸电泳技术 …………… 401
技能五　荧光定量 PCR …………… 403
综合实训一　猪圆环病毒Ⅱ型病原分子生物学检测 ……… 407
内容小结 …………………………………… 411
思政园地 …………………………………… 412
学习测试 …………………………………… 412
参考文献 …………………………………… 414

数字资源索引

1. 微生物实验室生物安全 / 11
2. 高压蒸汽灭菌器的使用 / 11
3. 倒置显微镜的使用 / 11
4. 生物安全柜的使用 / 11
5. 动物微生物课程的知识图谱 / 18
6. 全国执业兽医资格考试大纲(2025 版)(兽医全科类——兽医微生物学与免疫学考试大纲) / 18
7. 显微镜的使用 / 49
8. 显微镜的使用及细菌形态学的观察 / 49
9. 细菌的革兰染色及形态学观察 / 52
10. 革兰染色法步骤及结果示例 / 52
11. 细菌培养基的制备 / 54
12. 搁置斜面彩图 / 54
13. 细菌的划线分离 / 56
14. 细菌的斜面接种法(彩图) / 58
15. 细菌的生化试验 / 63
16. 血凝试验的原理 / 78
17. 血凝抑制试验的原理 / 78
18. 细胞复苏 / 89
19. 病毒的接种与培养 / 89
20. 细胞培养——收毒 / 89
21. 真核细胞型微生物——真菌 / 99
22. 支原体 / 106
23. 衣原体 / 115
24. 细菌的药物敏感性实验(纸片扩散法) / 150
25. 非特异性免疫系统的构成 / 163
26. 免疫的概念、功能与分类 / 165
27. 特异性免疫系统的构成——中枢免疫器官 / 167
28. 特异性免疫系统的构成——外周免疫器官 / 167
29. T 淋巴细胞的来源、分类及功能 / 172
30. B 淋巴细胞的来源、分类及功能 / 172
31. 补体激活的经典途径 / 176
32. 补体激活的旁路途径 / 176
33. 抗体产生的一般规律 / 190
34. 病料的采集原则 / 222
35. 病料的保存条件及运送注意事项 / 224
36. 细菌病的实验室诊断程序 / 229
37. 病毒实验室诊断基本流程 / 230

38. 环状沉淀试验操作示意图彩图 / 237
39. 平板凝集试验 / 256
40. 试管凝集试验 / 256
41. ELISA 试验 / 261
42. 血凝试验 / 270
43. 4 单位抗原配制 + 血凝抑制试验 / 270
44. 全国职业院校技能大赛(动物疫病检疫检验)赛项规程(2023 年) / 270
45. 不同动物免疫接种方法 / 291
46. 免疫血清 / 293
47. 鸡传染性支气管炎普通 PCR 检测 / 396
48. 鸡新城疫病毒荧光 PCR 检测 / 404

动物微生物

第一篇 基础知识与技能

项目一
微生物概述

项目导学

<table>
<tr><td>学习项目</td><td colspan="3">微生物概述</td></tr>
<tr><td colspan="4">学习目标</td></tr>
<tr><td colspan="2">知识目标</td><td>技能目标</td><td>素质目标</td></tr>
<tr><td colspan="2">1.理解微生物的概念及微生物与人类之间的关系。
2.了解微生物学发展简史。
3.理解微生物实验室生物安全防控内涵及分类。</td><td>1.能正确选用微生物实验室生物安全防控方法。
2.能正确配制消毒液，并对不同物品选用合理的消毒方法。
3.熟练掌握实验室废弃物处理标准及操作规程。</td><td>1.坚定文化自信，增强科技自信。
2.养成在实验室工作中加强个人防护的职业习惯及规范操作的职业素养。
3.建立生物安全防护的意识和维护国家安全的意识。</td></tr>
<tr><td colspan="4">导学问题</td></tr>
<tr><td colspan="4">1. 什么是微生物？微生物有哪些特点？
2. 微生物有哪些类别？如何对其进行分类？
3. 微生物与人类及动物之间有何关系？
4. 我国在微生物学发展史上占有什么地位，做出了哪些卓越的贡献？
5. 为何要进行实验室生物安全防护？如何在实验室工作中做好个人防护？</td></tr>
<tr><td colspan="4">学习安排</td></tr>
<tr><td colspan="4">1. 以 4～6 人为一小组，完成本项目学习。
2. 课前以小组为单位，查阅相关资料，完成问题的收集整理，并将结果反馈于线上教学系统(学习通动物微生物在线教学平台，下同)。
3. 课前以小组为单位，将本项目学习的疑难点，反馈于线上教学系统。
4. 学习微生物实验室的规章制度及标准操作规程，避免事故发生。
5. 课后以个人为单位，限时完成本项目的在线测试。</td></tr>
<tr><td colspan="4">学习评价</td></tr>
<tr><td>自我评价(20%)</td><td>小组评价(20%)</td><td>教师评价(60%)</td><td>总评</td></tr>
<tr><td></td><td></td><td></td><td></td></tr>
<tr><td colspan="4">学习反思</td></tr>
<tr><td colspan="4"></td></tr>
</table>

任务一 微生物基本知识

一、微生物概念及分类

在自然界中,除我们肉眼可见的动植物等一些较大的生物体外,还有许多种类繁多、形态微小、结构简单、繁殖速度快、分布广泛、肉眼不能直接看见,需借助显微镜放大几百倍、几千倍甚至几万倍后才能观察的微小生物,统称为微生物。

人类所了解的微生物在十万种以上。按照其大小、结构、化学组成可以分为3个大类。

1. 原核细胞型微生物

此类微生物的细胞核分化程度低,仅有原始的核,无核膜和核仁,缺乏完整的细胞器。属于此类型微生物的有:细菌、放线菌、螺旋体、立克次体、衣原体及支原体。

2. 真核细胞型微生物

此类微生物的细胞核分化程度较高,有核膜、核仁和染色体,胞质内有完整的细胞器。真菌属于此类型微生物。

3. 非细胞型微生物

此类微生物体积微小,没有典型的细胞结构,也无代谢必需的酶系统,只能在活的细胞内生长繁殖。病毒属于此类型微生物。

二、微生物与人类之间的关系

微生物在自然界中的分布极为广泛,土壤、空气、水、人和动植物的体表及其与外界相通的腔道都有数量不等、种类不一的微生物存在。

绝大多数微生物对人类和动植物的生存是有益而必需的。自然界中,有机物质主要是由绿色植物利用光能将无机碳、无机氮以及无机盐合成作为生命基础的蛋白质及进行生命活动主要能量来源的碳水化合物等有机物;而有机物质的彻底分解则主要依靠细菌和其他微生物来进行,它们将有机碳转化为二氧化碳,有机氮转化为铵盐或硝酸盐,以供植物生长需要。这种由绿色植物完成的有机物的合成过程和由细菌及其他微生物完成的有机物的分解过程,构成了自然界元素的生物小循环。由此可见,没有微生物的代谢活动,人及动植物将无法生存。另外,人们还在工业、农业、医药等行业利用微生物为人类服务。例如,在工业生产中利用微生物酿酒、制面包、做酸奶、熟皮革等;在农业生产上利用微生物制造菌肥、杀虫剂、植物生长刺激素、饲料等;在医药生产上利用微生物制造抗生素、疫苗、维生素等。

但也有一小部分微生物能引起人类或动植物疾病,这些具有致病作用的微生物称为病原微生物,简称病原体。有些微生物在正常情况下对人类或动物不致病,而在特定条件下可引发疾病,称为条件性病原微生物。

由此可知,微生物既能对人类社会生产与自然环境改善产生裨益,也会对其产生一定的危害。因此,合理发展微生物技术,妥善利用微生物资源是践行人与自然和谐共生理念的重要路径。

三、动物微生物课程的定位

微生物学是研究包括细菌、真菌(包括霉菌和酵母菌)、放线菌、螺旋体、支原体、立克次体、衣原体和病毒等微生物的形态、生理、遗传变异、生态分布、分类及其与人类关系的科学，广义的微生物学还包括免疫学，甚至还包括寄生虫学，特别是原虫学。

作为微生物学的一门重要分支，动物微生物学主要研究微生物与动物之间的相互关系，并利用微生物学和免疫学的知识和技能来诊断、预防及治疗动物疾病和人兽共患疾病，保障人类食品安全和卫生，提高畜禽生产性能，保障动物的健康与畜牧业安全生产，保护生态环境的一门学科。其研究的领域不仅限于传统的家畜、家禽的微生物，还涉及宠物(又称伴侣动物)、实验动物、水生动物、野生动物的微生物，深度已涉及基因水平的微生物致病机理及微生物与机体相互作用的研究。

本课程是动物医学、宠物医疗技术、畜牧兽医、动物防疫与检疫、动物药学等专业的一门重要专业基础课，是实践性很强的学科，学习过程中必须贯彻理论联系实际的原则，既重视理论知识学习，又重视专业技能训练，使理论与实践密切地结合起来，学会用所学的微生物及免疫知识解决实际问题，为学习动物防疫检疫技术、动物疫病防控技术、实验室检验技术等课程奠定坚实的专业基础。

任务二　微生物与免疫学发展简史

微生物广泛存在于自然界。早在认识微生物之前人类就已经在生产实践中应用了有益微生物，并与病原微生物引起的疾病做了长期的斗争。

一、早期利用阶段

历史上人类对微生物的早期利用阶段在 8 000 年前至 17 世纪。我国劳动人民已经很早就认识到微生物的存在和作用，也是最早应用微生物的少数国家之一。根据考古证明，在 8 000 年以前的新石器时代早期，我国就已经出现了酿酒工艺；2 500 年前我国人民已发明酿酱、醋，知道用曲治疗消化道疾病；在 2 000 年前，我国人民通过采用积肥、沤粪和轮作等措施，来利用和控制有益微生物的生命活动，从而提高作物产量。公元 6 世纪(北魏时期)，我国贾思勰的巨著《齐民要术》详细地记载了制曲、酿酒、制酱和酿醋等工艺。公元 9 世纪到 10 世纪我国已发明用鼻苗法种痘防治疾病。除我国人民外，古埃及人也早已掌握利用微生物制作面包和配制果酒的技术。到了 16 世纪，古罗马医生 G. Fracastoro 明确提出一些疾病是由肉眼看不见的生物引起的。

二、初步形态学阶段

此阶段在 17 世纪至 19 世纪中叶。真正看见并向世人描述微生物的第一人是荷兰商人安东·列文虎克(Antony van Leeuwenhoek，1632－1723 年)，他利用自制的放大倍数为 50～

300倍的显微镜发现了微生物，清楚地看见了细菌和原生动物，并首次揭示了一个崭新的生物世界——微生物界。但由于受当时流行的自然发生论（即“生物是神创造的”，任何生物的出现及作用都是在神的意志下自然而然发生的，人们是不能控制的）影响，人们认为无论微生物有什么作用，人类对微生物也是无能为力的，也就没有必要去研究它。所以虽然有了显微镜，也观察到了微生物，但是在将近200年的时间里，微生物学仍旧停留在初级的形态学阶段。

1861年，法国科学家路易斯·巴斯德（Louis Pasteur，1822—1895年）以实验证明有关生命起源的自然发生论是荒谬的。他用了一个颈细长且弯曲的玻璃瓶，内盛肉汤，经灭菌后久置不坏，内无微生物生长，因为空气虽能自由进入玻璃瓶，但其中所含有的微生物却不能随细管上升进入瓶内，而是附着在颈的低弯处，若将液体与低弯处接触后就有微生物生长。他最终提出了著名的“生生论”，即细菌不是自然发生的，而是由原来已经存在的细菌产生的。该理论使人们认识到研究微生物的价值，吸引了各国学者去研究、探索微生物世界，推动了微生物学的建立和发展。

三、 生理学及免疫学发展阶段

此阶段在19世纪中叶至20世纪初。在此期间，微生物已经发展成为一门独立的科学，在理论上、技术上、生产上都取得了不少成果。在这个阶段，巴斯德作出了历史性的贡献，他在研究动物的炭疽病、人的狂犬病时，不仅确定了这些疾病是由相应的微生物所引起的，并提出微生物可以致弱，利用其免疫性用于传染病预防的理论，而且对致弱的途径做了示范性的试验，如狂犬病疫苗就是通过兔体致弱获得的。现在世界上许多国家使用的各种弱毒疫苗，如兔化牛瘟疫苗、兔化猪瘟疫苗等，都是以巴斯德的工作为基础开展的，在人及动物传染病的预防工作中起到了巨大的作用。

在此阶段，很多其他学者也开启了微生物与免疫学突破性的研究。如德国医生和细菌学家科赫（Robert Koch），历经多年不仅创立了确定病原致病性的“科赫法则”，而且创建了分离、培养、接种和灭菌等一系列独特的微生物实验室研究技术，开启了病原菌研究的黄金时代。1905年他以举世瞩目的开拓性成绩荣获了诺贝尔生理学或医学奖，被称为微生物学之父。1892年俄罗斯科学家伊凡诺夫斯基（IBaHOBCKHN）首次发现了烟草花叶病毒，扩大了微生物的类群范围，从而创立了传染病的病毒学说。在免疫理论方面，德国化学家欧立希（Paul Ehrlich）与俄罗斯动物学家梅契尼科夫（H. H. MCLcHHKOB）分别提出了体液免疫学说和细胞免疫学说。

在此阶段，微生物操作技术和研究方法的创立、机体免疫现象和机理的发现与研究，是微生物学发展的特有标志。这些成就奠定了微生物学成为一门科学的基础，使微生物学的研究内容日趋丰富，使微生物学发展更加迅速。

四、 近代及现代微生物学发展阶段

1920年至今是近代及现代微生物学的发展阶段。1929年英国微生物学家亚历山大·弗莱明（Alexander Fleming）发现青霉素能抑制某些细菌的生长，开启了化学治疗的新时代。1982年美国生物化学家斯坦利·普鲁辛纳（Stanley B. P Prusiner）发现了一种可以导致人类和家畜患中枢神经系统退行性病变，最终不治而亡的新型生物——朊病毒(prion)，使人们对中心法则的认识发生了根本的改变。2019年我国的许晓东在病毒中发现朊病毒，这一发现为中枢神经系统退行性病变的防治带来曙光。与此同时免疫学的研究内容已不再局限于传染病的范围，而是逐渐扩展到非传染病及整个生物学领域，尤其是组织移植、免疫耐受的研究，使得20世纪60年代以后人类移植肾脏，心脏外科手术获得了成功。对抗体中的各类球蛋白的类型形成及细胞免疫与体液免疫的认识，推动了免疫球蛋白(包括单克隆抗体和基因工程抗体)，在诊断和疾病防治中的应用。

随着微生物学和免疫学的不断发展，病原微生物诊断已由传统染色、培养等宏观手段发展到以DNA、RNA和蛋白质为对象的分子生物技术检测方式。聚合酶链反应(polymerase chain reaction，PCR)技术、分子克隆技术、电子计算机应用技术使微生物学研究进入分子水平，不但开展了各种微生物的基因扩增、测序、克隆、表达、基因疫苗、基因诊断等研究，而且开始了各种重要微生物的全基因组的序列测定和功能的比较分析；抗体标记、蛋白质和细胞表面分子等的单克隆抗体技术、ELISA、酶联免疫斑点法、流式细胞术等促进了免疫学理论与诊断的研究。相关学科理论与技术的提高，促进了微生物学和免疫学理论与技术的广泛应用，使得微生物的检验和诊断技术更精准、更快捷。

微生物与免疫学的发展历程，充分体现着学科的交叉融合，特别是细胞生物学、生物化学、遗传学及分子生物学之间的相互促进，推动了整个生命科学的飞速发展。同时，物理、化学、计算机技术及材料科学的发展，为微生物学的发展提供了必要的技术手段。近年来，在生命科学领域引起震动的芯片技术即是以上学科与生命科学的完美结合。可以预见，随着各类科学技术的不断发展和融入，微生物及免疫学必将取得更大的成就。

任务三　微生物实验室生物安全防控

近年来，随着各种疫病的不断暴发和流行、环境污染以及生物安全事件的频繁发生，人类社会对生物安全高度重视。兽医微生物实验室需要直接接触、处理病原微生物及其提取物如DNA、毒素等，因此，应加强兽医实验室生物安全工作，实验室工作者在注意自身保护的同时，也应避免病原微生物对外界环境造成污染。

一、实验室生物安全的概念

实验室生物安全实质上具有三层含义：其一主要是指防止病原微生物及其他有害生物或物质传入实验室，此种生物安全英文为“Biosecurity”；其二主要是指防止病原微生物等传出实验室，此种生物安全英文为“Biosafety”；其三主要是指实验室人员的自身安全防护，Biosecurity及Biosafety都包含此义。

二、兽医微生物实验室的生物安全分类

根据病原微生物的传染性、感染人和(或)动物后对个体或者群体的危害程度，我国农业农

村部将动物病原微生物分为四类，一类危害性最大，依此类推，四类危害最小。

凡涉及微生物及其提取物或基因工程产物操作的实验室，根据对病原微生物不同种类的生物安全要求，对实验室的设计、设施也有所不同。目前国际公认的微生物实验室分为生物安全(Bio-Safety Level，BSL)1～4 级。其中安全等级 BSL-1 最低，BSL-4 最高。BSL-1～4 俗称 P-1～4。以 BSL-1～4 表示仅从事体外操作的实验室的相应生物安全防护水平。

(1)BSL-1 实验室。可从事已知对实验室工作人员和动物无明显致病性，对环境危害程度微小的，来源及生物学特性清楚的病原微生物的实验工作。实验室与建筑物中的一般通道不隔开，一般在实验台上操作，不要求使用或经常使用专用封闭设备。

(2)BSL-2 实验室。此操作适用于能够引起人类或者动物疾病，但一般情况下对人、动物或者环境不构成严重危害，传播风险有限，实验室感染后很少引起严重疾病，并且具备有效治疗和预防措施的微生物。凡从事微生物基因编辑的操作，均需在 BSL-2 实验室进行。实验室工作人员要经过操作病原微生物的专门培训，并由能胜任的专业人员进行指导和管理；工作时限制外人进入实验室；某些产生传染性气溶胶或溅出物的工作要在生物安全柜或其他封闭设备内进行；对污染的锐器采取高度防护措施。

(3)BSL-3 实验室。供处理危险病原体使用，适用于可以通过吸入途径引起严重的或致死性疾病的病原体的实验工作，与上述相近的或有抗原关系的，但尚未完全认知的病原体，也应在此种水平条件下进行操作，直到取得足够的数据后，才能决定是继续在此种安全水平下工作，还是在其他等级生物安全水平下工作。BSL-3 实验室的实验人员在处理病原体方面要经专门培训，并由有关专家进行监督管理。传染性材料的所有操作均要在生物安全柜或其他物理防护设施内进行，工作人员要穿适宜的防护服和装备。BSL-3 实验室要经过专业的设计和建造。

(4)BSL-4 实验室。能够安全地从事国内和国外、通过气溶胶传播，实验室感染高度危险、严重危害人和动物生命及环境的、没有特效预防和治疗方法的微生物工作。与上述相近的或有抗原关系的，但尚未完全认识的病原体也应在此种水平条件下进行操作，直到取得足够的数据后，才能决定是继续在此种安全水平下工作，还是在低一级安全水平下工作。BSL-4 实验室对防止微生物扩散到环境中有特殊的工程和设计要求。

三、 实验人员防护设施

在微生物实验室中，许多病原微生物能通过伤口、黏膜、皮肤及呼吸道感染工作人员。工作人员应根据风险评估结果，选择适当的个人防护装备，如戴口罩、面罩、护目镜、手套等做好自我安全防护。

(一)防护服

所用防护服的主要作用是防止病原微生物及一切污染物污染工作人员，从而保障安全，并可防止将病原微生物带出实验室。实验室防护服应选用长袖、后开口、在袖子和前襟部位衬有塑料防渗透材料的防护服，并定期进行消毒、清洗或更换。分室内的防护服禁止带出实验室，禁止与工作人员的日常衣服混在一起存放。

(二)保护口罩

口罩防护是一般呼吸道防护措施，应用普及，但不能完全阻拦生物气溶胶粒子。口罩种类很多,有传统的多层纱布口罩、一次性口罩、N95 口罩等。不同口罩过滤效果有相当大的差异,应根据需要选用相应的口罩。

1. 防护口罩的选择原则

(1)口罩的阻尘效率。口罩阻尘效率的高低以其对微细粉尘,尤其是 5μm 以下的呼吸性粉尘的阻隔效率为标准。因为这一粒径的粉尘能直接进入肺泡,对人体健康造成的影响巨大。一般的纱布口罩,只能将大颗粒粉尘阻隔在纱布中,但无法阻隔小于 5 μm 的粉尘;部分防尘口罩,带永久静电滤料可完全阻隔小于 5 μm 的呼吸性粉尘,真正起到阻尘作用。

(2)口罩与人脸形状的密合程度。当口罩形状与人脸不密合时,空气中的有害物质一样会从不密合处进入呼吸系统,因此,工作人员应定期进行口罩密合性测试。

(3)佩戴舒适度。要求呼吸阻力小,质量轻,佩戴卫生,保养方便。免保养型口罩,不用清洗和更换器件,当阻尘饱和或口罩破损后就丢弃,这样既保证口罩的卫生又免去了工作人员保养口罩的时间和精力。而且许多口罩都采用拱形形状,既能保证与人脸形状密合良好,又能在口鼻处保留一定的空间,佩戴舒适。

2. 口罩的使用

口罩必须大小适合,佩戴的方式也必须正确,才会有效。市面上售卖的口罩一般分为长方形和杯状两种。长方形口罩至少要有 3 层的结构才能有防护作用,使用者要把口罩上的铁丝按在鼻梁上,再顺着鼻梁将整个口罩摊开来,才能发挥效能。杯状口罩要紧密贴在脸上,确保呼出的空气不会外泄才能有效。佩戴杯状口罩时,可用双手盖着口罩尝试吹气,检查是否有空气从口罩边缘外漏,如果口罩戴不紧,就要重新调整位置后再戴。

(三)防护手套

防护手套种类繁多,除防化学物质外,还有防切割、防水、防寒、防热辐射、电绝缘、耐火阻燃等功能。一般情况应选用乳胶或乙烯基手套,保证所戴手套无破损,大小合适,可完全遮住手及腕部,如必要可覆盖实验防护服的袖子。

每次操作完成或中间离开实验室时都要换掉手套,在手套破裂或怀疑内部受污染时要及时更换,用过的手套和污染物放在一起集中处理。在生物安全柜中操作时,手套若被严重污染,则应在安全柜内摘掉手套放入污染物收集袋中。摘手套时,应将内面向外反卷脱下。

(四)防护眼镜

防护眼镜可分为防尘、防冲击、防化学及防辐射等眼镜。前 3 种眼镜看上去镜片均为无色玻璃,但实际上由于防护作用不同,镜片的特性有明显差别。

防尘眼镜,在尘埃较多的环境下使用,一般镜片牢固程度要求不高,不管是眼罩式还是平镜式,一般都采用普通平光玻璃镜片制作。防冲击眼镜,用于防止飞射出来的小颗粒冲击眼睛,其镜片要求耐冲击。防化学眼镜的镜片要求耐酸碱、耐腐蚀,这是其他眼镜所不具备的。防辐射眼镜,用于防御过强的紫外线等射线对眼睛的危害,镜片采用能反射或吸收辐射线,但能透过一定可见光的特殊玻璃材料。

(五)防护面罩

防护面罩是一种用于防护眼睛和面部免受粉尘、化学物质、热气、毒气等有害物质侵害的工业防护面罩。它可与防护口罩、工作帽配合使用,达到全面防护的目的。使用前根据所要进行的工作选择面罩保护眼睛和脸部，以防溅出物冲击。面罩应适合脸形并用带子或帽子固定。

实验室防护面罩根据使用场合不同可分为安全防护面罩、医用防护面罩、防毒面罩、防辐射面罩等。

（六）工作鞋

在工作区内，应穿舒适、防滑并能保护整个脚面的鞋。在有可能发生液体溅溢的工作岗位，可加戴一次性防渗漏鞋套。

需要注意的是，离开实验室区域时，应脱卸个人防护装备并洗手，脱手套，结束生物安全柜工作后或离开实验室之前均应洗手。被污染的个人防护装备应及时更换，并置于有标识的防渗漏袋中运送。

四、实验室生物安全行为规范

兽医微生物实验室主要从事病原微生物的检验及相关研究，我国对病原微生物实验室的生物安全制定了国家标准（GB 19489—2008）。该标准对于我国实验室生物安全工作的健康发展发挥了重要指导和规范作用。参照国外的经验，结合我国有关规定，兽医微生物实验室的生物安全主要包括以下几方面：

（1）实验室内不允许吃、喝、抽烟、涂抹化妆品及戴隐形眼镜。实验室工作人员必须接种有关疫苗。

（2）应穿着符合实验室工作规定的服装，工作服应干净、整洁。当工作中有危险物喷溅到身上的可能时，应使用一次性塑料围裙或防渗外罩。当手可能接触污染的材料时，应戴手套。使用、处理能够通过黏膜和皮肤感染的试剂，或有可能发生试剂溅溢的情况时，必须佩戴护目镜、面罩。在工作区内，应穿舒适、防滑并能保护整个脚面的鞋。在有可能发生液体溅溢的工作岗位，可加戴一次性防渗漏鞋套。个人防护用品应保持清洁，定期在实验室中消毒，然后统一洗涤或使用后应做灭菌处理。当被危险物品严重污染时，个人防护用品则应立即更换。

（3）实验室工作人员在脱下手套后、离开实验室前、接触样品前后，以及在进食或吸烟前都应该洗手。接触血液、组织或其他污染物时，应立即用杀菌洗手液洗手。

（4）生物安全的潜在危险在于处理临床样本，样本的气溶胶往往最易污染实验室并造成人员感染。所有送检样本都应视为有传染性并做相应处理。不允许用嘴吸加液体，应使用相应器械。

（5）对所有污染材料及水，包括样本、动物等必须规定明确的消毒程序，并予实施。推荐使用含氯 5.25%的消毒剂或其他消毒剂。装有污染的针、利器及破碎的玻璃等容器、培养物、组织、体液及其他具有潜在危险性的废弃物在丢弃之前必须消毒。需要重复使用的物品必须经过消毒后才能进行清洗或使用。每天至少消毒一次工作台面，活性物质溅出后要随时消毒。

（6）涉及有害物质的实验室工作人员应具备防范生物危害的知识，人员的数量及流动应予以控制。

（7）最主要的防护并非设施，而是工作人员本身的意识及行动，造成事故的最常见原因是工作人员缺乏相关知识、训练和粗心大意。

二维码 1-1　微生物实验室生物安全

二维码 1-2　高压蒸汽灭菌器的使用

二维码 1-3　倒置显微镜的使用

二维码 1-4　生物安全柜的使用

技能一　实验室消毒液配制及应用技术

【目的要求】

(1)理解消毒液作用基本原理及作用效果影响因素;熟悉常用消毒液种类。

(2)能合理选择、正确配制并规范应用消毒液。

(3)建立微生物实验室生物安全防护意识。

【设备与材料】

苯扎氯铵溶液、乙醇溶液、戊二醛溶液、卫可溶液、纯蒸馏水或无离子水、量筒、塑料容器、无纺抹布、标签纸等。

【方法步骤】

1. 实验室消毒液配制

(1)配制前,实验室操作人员应洗净配制容器及量具,自然晾干。按消毒液配制的方法,量取所需药品。按配制要求的先后顺序加入药品,搅拌均匀。

(2)配制过程产热的试剂待自然冷却后分装,并将填写好品名、浓度、配制时间、有效期的标签贴于容器上。

(3)做好配制记录,常用消毒液种类和配制方法见表 1-1。

表 1-1　常用消毒剂种类和配制方法表

消毒剂名称	用途	配制方法	备注
0.2%苯扎氯铵溶液	手消毒、仪器表面消毒等	量 5% 苯扎氯铵溶液 1 体积置于配制容器中,加入 24 体积的纯蒸馏水或无离子水中,摇匀后置于塑料容器中备用。	有效期 7 d
75%乙醇溶液	手表面消毒	取 3 体积的无水乙醇加入 1 体积的纯蒸馏水或无离子水中,摇匀后置于塑料容器中备用。	有效期 7 d
0.2% 戊二醛溶液	表面消毒或熏蒸消毒	取 1 体积的 20%戊二醛溶液加入 99 体积的纯蒸馏水或无离子水中,摇匀后置于塑料容器中备用。	有效期 3 d
5%卫可溶液	表面消毒	称取 1 份量的卫可粉,缓慢加入 19 份量的蒸馏水或无离子水中,摇匀后置于塑料容器中备用。	有效期 7 d

2. 实验室消毒操作

(1)仪器设备表面。用 0.2%苯扎氯铵溶液擦拭,30 min 后再用清洁的湿抹布擦拭 2 次。

(2)废弃的病毒材料和操作过程中使用的一次性耗材。先置于0.2%戊二醛溶液中浸泡2 h,再按照废弃物的处理程序处理。

(3)生物安全柜台面。用0.5%苯扎氯铵溶液浸湿的无纺抹布擦拭,30 min后再用清洁的湿抹布擦拭2次。使用生物安全柜前后,要用紫外线不间断照射消毒30 min。

(4)个人防护装备。工作鞋、橡胶手套可用0.5%苯扎氯铵溶液浸泡2 h,工作衣帽和口罩高温高压消毒后清洗。

(5)手。用75%乙醇溶液涂擦消毒。

(6)墙壁。用0.5%苯扎氯铵溶液浸湿的抹布擦拭,30 min后再用清洁的湿抹布擦拭1次。

(7)实验室空间。将实验室密闭,根据实验室的空间大小按照10 mL/m^3的浓戊二醛使用量,喷雾消毒2 h即可。也可以采用戊二醛熏蒸,将20%戊二醛溶液,加入等体积的蒸馏水或去离子水,用电锅进行加热熏蒸,熏蒸结束后,可开窗通风,自然换气,条件允许时采用排气扇机械通风。

(8)空气。用紫外线灯对室内空气消毒时,平均功率为1.5 W/m^3,照射时间≥30 min。

(9)地面及实验台面。实验室地面要湿式拖扫。可用0.2%～0.5%过氧乙酸喷洒或拖地,喷洒消毒剂的用量不得少于100 mL/m^2。各实验室拖把应专用,污染区和清洁区的清洁工具不得混用。使用后,用上述消毒液浸泡30 min,用水洗净,悬挂晾干,最好放在阳光下晾晒后备用。实验室台面、桌椅、厨柜、运输工具、门把手、实验记录夹等物品的表面可用(0.2%～0.5%过氧乙酸喷洒)的消毒剂喷洒、擦拭。

(10)实验器材。压力蒸汽灭菌的方法适用于耐高温、高湿和高压的医用器械和物品,如金属器材、玻璃器皿等。使用过的玻璃吸管、试管、离心管、玻片、玻棒、三角瓶和平皿等器材应立即浸入0.5%过氧乙酸溶液中作用60 min以上,消毒后用超声波清洗装置洗涤、沥干,使用前再进行高压蒸汽灭菌处理。

【考核标准】

序号	考核点		分值	标准	评分		
					自评	互评	师评
1	知识	消毒液的消毒原理	10分	能够准确讲述消毒液的4种作用原理。每错一个,扣2.5分,扣完为止。			
2	技能	消毒液的选择	10分	依据实验目的及消毒对象,正确选择消毒液。			
3		消毒液配制前的准备	10分	能合理选用消毒液配制时的容器并清洁干净。			
4		配制计算	10分	依据消毒目标,估算消毒剂使用总量,并正确计算配比。			
5		消毒液配制与标记	10分	能正确配制消毒剂,并合理标写相关信息。			
6		消毒操作	30分	对3种以上物品或环境,进行正确消毒。每错一个,扣10分,扣完为止。			

续表

序号	考核点		分值	标准	评分		
					自评	互评	师评
7	素质	结束清场	10 分	场地清理，卫生打扫，物品整理、复位。			
8		工作态度	5 分	服从任务安排、遵守实验室行为规则。			
9		团队协作	5 分	积极参与小组任务，对小组任务具有一定贡献。			
总分							

技能二　实验室废弃物处理

【目的要求】

(1)熟知实验室废弃物的危害及其分类。

(2)依照职业标准，能规范处置实验室废弃物。

(3)养成实验废弃物规范处置意识。

【方法步骤】

(1)实验室工作人员做好个人防护，穿戴好工作服、手套、口罩等。

(2)实验室内和实验台上必须设有收集实验废弃物的容器，收集的废弃物先用消毒液浸泡处理 12 h。锐器(如注射器针头、手术刀片、破碎玻璃等)必须放在装有消毒液的利器盒中。

(3)实验人员用防渗专用包装容器(袋)或者防锐器穿透密闭容器收集实验室废弃物。在包装上贴警示标志和标签，标签上填写废弃物名称、产生日期、处理人名字后，存放于规定位置。实验人员做好实验室废弃物处理记录。

(4)废弃物分类处理。

①感染性废弃物处理。血液、血清、拭子、口腔液等样品废弃物须进行高压蒸汽灭菌。穿戴过的一次性手套、口罩、帽子，用过的试管、吸管、移液器吸头，用过的其他一次性实验用品及实验器械等感染性废弃物，可进行高压蒸汽灭菌或消毒液浸泡 24 h。

②损伤性废弃物处理。针头、手术刀、玻璃物品等能够刺伤或割伤人体的废弃实验利(锐)器等损伤性废弃物，必须置于符合要求、贴有警示标志和标签的利器盒里，容器装满 3/4 后封盖，进行高压蒸汽灭菌处理。

③药物性废弃物处理。过期、被污染的诊断试剂等，若量大，必须对外包装进行彻底的消毒处理。按要求贴上警示标志及中文标签，于－20 ℃冰柜贮存，统一送往无害化处理厂处理。量少可直接采用高压蒸汽灭菌。

④病理性废弃物处理。动物组织样品用两层防渗专用包装容器(袋)包装好，必须对外包装进行彻底的消毒处理。按要求贴上警示标志及中文标签，于－20 ℃冰柜贮存，统一送往无害化处理厂处理，同时做好废弃物移交记录。

⑤化学废弃物处理。按组分收集后，倒入专用化学废弃物收集桶内，由特定机构集中处

理，严禁直接排入实验室下水道。

【考核标准】

序号	考核点		分值	标准	评分		
					自评	互评	师评
1	知识	废弃物处理原则	10 分	能够准确讲述废弃物分类及处理原则。每错一个，扣 2.5 分，扣完为止。			
2	技能	个人防护	10 分	做好个人防护，穿戴好工作服、手套、口罩等			
3		材料准备	10 分	实验项目开展前，全面合理准备实验室废弃物收纳容器。			
4		废弃物分类处理	40 分	对五种不同类型实验室废弃物可正确处理。每错一个，扣 10 分，扣完为止。			
5		标识与记录	10 分	在废弃物处理过程中正确填写标签；处理结束后完整填写废弃物处理记录。			
6	素质	标准意识	10 分	具备依照职业标准及规范进行实验废弃物规范处理和生物安全防护的意识。			
7		结束清场	5 分	场地清理、卫生打扫、物品整理。			
8		工作态度	5 分	服从任务安排、遵守实验室行为规则。			
总分							

技能三　实验室生物安全防护

【目的要求】

(1)熟悉实验室生物安全防护设施及其应用场景。

(2)能在工作场景中正确使用生物安全防护设施。

(3)建立实验室生物安全防护意识及职业行为习惯。

【方法步骤】

一、动物免疫接种与样品采集过程的生物安全

(一)动物免疫接种的生物安全隐患与防护措施

1. 免疫接种的生物安全隐患

(1)动物自身活动，或者是动物应激后可能产生的攻击行为，对操作人员造成的伤害，如抓伤、咬伤、啄伤等。

(2)操作人员防护不当，吸入动物发散的气溶胶或个体暴露接触病原而感染。

(3)在免疫接种过程中，相关器械及注射部位消毒不严格，可能出现交叉污染。

(4)免疫接种废弃物和免疫接种用具处理不当,存在散毒的可能。

2. 免疫接种的生物安全防护措施

(1)在免疫接种前对动物进行保定或使用物理限制设备,降低其攻击风险。

(2)操作人员进行注射或是危险病原体操作时(如布鲁氏菌病疫苗免疫接种),做好人员防护,如佩戴手套、口罩、防护镜等。

(3)对于尖锐物品(如刀片或注射器针头),使用完毕后必须投入耐尖锐物品箱内待处理。

(4)免疫接种后对免疫接种废弃物(如用剩下的疫苗、疫苗瓶、一次性注射器等)进行高压蒸汽灭菌处理或消毒后烧毁。

(5)免疫接种结束,免疫接种人员需更衣消毒。

(二)动物样品采集的生物安全隐患与防护措施

1. 样品采集的生物安全隐患

动物样品采集时主要存在的生物安全隐患有以下几个方面。

(1)对活体动物采样时,动物可能出现的抓、咬、踢等动作,会对采样人员造成一定的伤害。

(2)采样人员操作不当或设备器材方面的原因引起的伤害,如刀片割破、针头刺伤等。

(3)动物可能患有某种人兽共患病,由于采样过程中的直接接触而对采样人员造成伤害。

(4)病死动物所带病原的复杂性、未知性,解剖采样过程可能对采样人员构成威胁,对环境造成污染。

2. 采取的生物安全防护措施

(1)使用物理限制设备保定动物以保证操作人员的安全及样品的质量。

(2)操作人员要做好防护,如穿戴防护服、手套、口罩、防护镜等。操作过程中防止出现针刺伤情况,严防人兽共患病感染。

(3)重大动物疫病在没有允许的情况下禁止采样。

(4)疑似炭疽病畜尸体应严禁解剖。只能采耳尖血涂片显微镜检查,取血后应立即用烙铁将创口烙焦,或用浸透0.2%升汞的棉球将其覆盖,严防污染并注意自身防护。只有在确定不是炭疽后,方可进行剖检。

(5)做好采样器械的消毒,避免样品交叉污染。

(6)尖锐物品处理,注射用针头、刀片一旦使用完毕,必须立刻投入耐尖锐物品箱内以待处理。

(7)病死动物要在隔离区(下铺防渗塑料布)或实验室剖检、采样。采样后的动物尸体、废弃物等进行烧毁或深埋等无害化处理。

(8)采样结束,工作人员必须更衣消毒,同时对采样的环境进行清洁消毒。

(三)样品保存、运输过程中的生物安全

1. 动物样品的分类

动物样品包括动物组织、器官、血液、分泌物、排泄物、组织渗出液等。2005年农业部第503号公告《高致病性动物病原微生物菌(毒)种或者样本运输包装规范》规定要在此类物品包装上贴有相关标识。

2.样品的包装与运输安全

(1)包装要求有3项基本原则:一是确保样品不打碎容器,也不漏到容器内;二是在容器打碎的情况下,确保样品不会漏出;三是贴标签(说明何种物品)。

第1层包装:是直接接触样品的容器。容器要防水、防漏、密封性好,容器要用封口膜或胶带密封管口。容器外用吸水材料缠绕(如棉花、吸水纸),以防止容器被打碎后液体扩散。

第2层包装:是对第1层包装进行加固、防水、防漏的包装。可以是单个包装,也可以是多个包装(依据包装量的有关规定),可用双层塑料袋或可密封塑料盒。

第3层包装:最外面的包装。要坚固,一般要求使用有皱褶的纤维板、木板或者强度与其类似的材料。第2层与第3层之间填充有吸收能力的物质(如塑料泡沫、报纸等)。

将所有样本的详细情况、与样本有关的信息、运送者及预期接收者的具体地址备份在一张纸上,并密封在塑料袋内,用胶带粘在塑料容器外面。

(2)运输容器应符合规定。容器上印有生物危险标识、警告用语和提示用语。所有盛装送检样品的容器,应贴上标明采样时间、地点、编号和样品名称、畜禽品种等信息的标签,且标签应牢固,标签上字迹不易褪色。应当由不少于2人的专人护送,并采取防护措施。细菌及血清学检测的样品,必须在24 h内将样本送检;病毒检测的样品,必须在数小时内送达实验室;冻结的样品,在运送过程中必须让样本置于−20 ℃以下,尽快送到实验室。

二、实验室检测过程中的生物安全

微生物实验室的工作涉及动物实验、样品采集、样品处理、检测及病原的培养鉴定等,疫病感染、散播的风险较大,不仅威胁实验室人员的健康,而且威胁公共安全。

实验室安全依靠实验室生物安全设备(如生物安全柜、全封闭高效过滤器)、人员防护用品(如手套、口罩、隔离服)、实验室生物安全管理制度、生物安全操作规范等软硬件保证。

1.良好的保护措施

(1)所有实验室成员在工作期间必须始终穿着所提供的工作服。离开实验室时,工作服须挂在指定地方,不得在实验室外清洗工作服;在处理含有或怀疑含有生物安全三级物质的标本时,必须在工作服外穿隔离衣;在生物安全操作台内处理标本和培养时,必须戴手套。

(2)注意眼部防护。戴防护眼镜,以防止液体直接溅入眼部或污染的手接触眼睛。特别是在涉及传染性液体的某些操作(如匀浆、捣碎、离心)中,当有可能发生迸溅和飞沫时,需要护目镜或面罩的保护。

(3)注意口的防护。在实验室中禁止吸烟、进食、饮水和使用化妆品;保持手和污染的物品远离口部;适当地使用面罩或面具,防止迸溅物和飞沫进入口腔。

(4)注意皮肤防护。选择并穿戴合适的个人防护装备(如工作服、手套),尽量减少样品与皮肤的接触。避免刀、剪、注射器等在使用过程中造成误伤;注意玻璃器皿的正确使用,防止由于使用不当或破碎造成误伤。皮肤出现损伤应尽可能地停止与传染性样品有关的操作。

(5)注意呼吸防护。主要是防止气溶胶随呼吸进入体内,实验室气溶胶的存在是最危险的因素,但也恰恰是最容易被忽视的因素。一方面要防止、控制或减少气溶胶产生;另一方面通过佩戴口罩、全面式或半面式呼吸罩等减少气溶胶的吸入。

(6)所有工作人员离开工作区之前必须洗手,并且要先脱去工作服、摘掉手套。洗手池必须供应洗洁剂和纸巾。

2. 污染性废弃物的处理

实验室在检测过程中会产生大量废弃物，包括各种各样的垃圾、病料、动物尸体等，这些废弃物中存在大量的病原微生物，如果处理不当，会造成极大的传染风险。因此，实验室管理上应该划分专门的区域作为废物处理区，并针对不同的废弃物制订不同的处理方法，要求所有工作人员严格遵守。具体操作详见项目一技能二。

3. 暴露事故的处理

(1)如果发生意外，必须立即通知实验室主管人员，并在有关人员的指导监督下对事故现场进行处理，绝对禁止未经报告而私自对事故现场进行非规范的处理。

(2)实验过程中，如污染物溅落到体表，或有割伤、刺伤、烧伤、烫伤等情况发生，应立即停止实验工作进行紧急处理，更换被污染的实验服，皮肤表面用消毒液清洗，伤口以碘酒或乙醇消毒，眼睛用无菌生理盐水冲洗。

(3)如果发生菌液溢出或含菌种的培养试管破碎等，造成中、小面积污染，可用比污染面积大25%以上的纱布覆盖污染区域，边缘用脱脂棉围住，向纱布倾倒5%苯酚溶液或70%乙醇，浸泡2 h以上(其间适量加溶液防止干燥)，再经紫外灯近距离(1 m内)照射2 h以上；被污染的器械、容器等应立即于70%乙醇中浸泡2 h以上，再次穿着防护服进入房间，将污染溢出物和用于清洁的纱布放入可耐受高压的双层塑料袋内并尽快用高压蒸汽灭菌消毒。

(4)如果发生气溶胶污染或大面积污染，应立即停止实验并关闭实验室，对污染区域进行长时间紫外线照射消毒，并对污染区进行24 h封闭空气熏蒸消毒。

(5)对发生较严重事故中的受害者和消毒人员应及时就医。

【考核标准】

序号	考核点		分值	标准	评分		
					自评	互评	师评
1	知识	实验室生物安全等级划分	10分	能够准确描述实验室生物安全水平划分依据，并准确判断所在实验室的生物安全等级。每错一项，扣2.5分，扣完为止。			
2	技能	个人生物安全基本防护设施	10分	能依据实验内容，正确选择实验室生物安全个人防护设施。每错一项，扣2.5分，扣完为止。			
3		动物免疫、采样过程生物安全措施	20分	能在动物免疫接种、样品采集、保存与运输过程中采用合理的生物安全防护措施。每错一步，扣5分，扣完为止。			
4		暴露事故的处理	20分	对暴露事故可进行合理的安全处置。每错一步，扣5分，扣完为止。			
5		污染性废弃物的处理	20分	对污染性废弃物可进行安全合理处置。每错一步，扣5分，扣完为止。			
6		感染性物质的包装	10分	对感染性物质的包装可选择安全合理方法。每错一步，扣2.5分，扣完为止。			

续表

序号	考核点		分值	标准	评分		
					自评	互评	师评
7	素质	实验室行为	10 分	具备实验室生物安全意识，对实验室错误行为有正确认知。每错一步，扣 2.5 分，扣完为止。			
总分							

内容小结

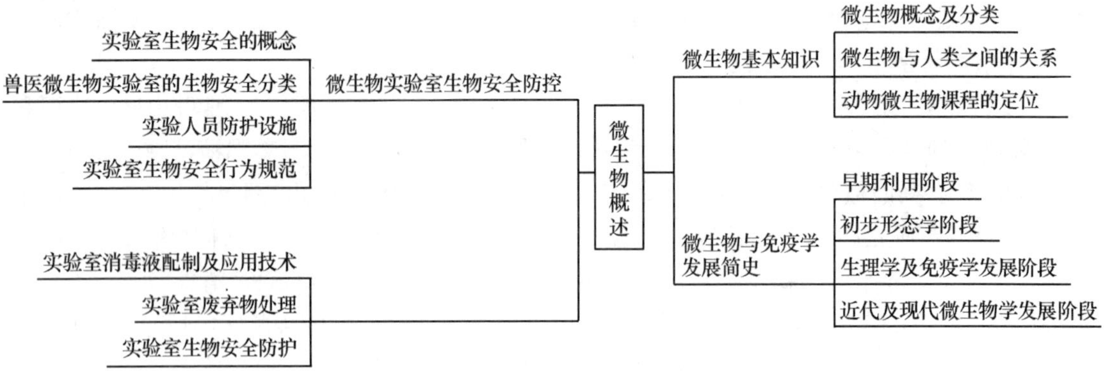

二维码 1-5 动物微生物课程的知识图谱

二维码 1-6 全国执业兽医资格考试大纲(2023 版)(兽医全科类——兽医微生物学与免疫学考试大纲)

思政园地

生物安全 国家安全

在如今社会高流动性背景下，病原体跨物种感染、跨地域传播、新发突发传染病不断出现、生物技术及其产品不规范应用等现象给世界各地人民健康、经济社会及生态环境造成巨大损失。

为了维护国家安全，防范和应对生物安全风险，保障人民生命健康，保护生物资源和生态环境，促进生物技术健康发展，推动构建人类命运共同体，实现人与自然和谐共生，2021 年 4 月 15 日我国正式颁布并实施了《中华人民共和国生物安全法》(以下简称《生物安全法》)。

《生物安全法》中明确指出，生物安全是指国家有效防范和应对危险生物因子及相关因素威胁，生物技术能够稳定健康发展，人民生命健康和生态系统相对处于没有危险和不受威胁的状态，生物领域具备维护国家安全和持续发展的能力。生物安全包括防控重大新发突发传染病、动植物疫情；生物技术研究、开发与应用；病原微生物实验室生物安全管理；人类遗传资源与生物资源安全管理；防范外来物种入侵与保护生物多样性；应对微生物耐药；防范生物恐怖袭击与防御生物武器威胁；其他与生物安全相关的活动等八项内容。由此可见，生物安全是国家安全的重要组成部分。生物安全关乎人民生命健康，关乎国家长治久安，关乎中华民族永续发展，是国家总体安全的重要组成部分，也是影响乃至重塑世界格局的重要力量。

查阅资料，我们可以看到实验室中也会发生生物安全事故。从众多事故中不难看出，发生感染的一个共同原因是实验室操作人员主观上的麻痹大意，没有遵守实验室的安全操作规则和程序，即使具有完善的设备和标准的操作程序也不能完全杜绝生物安全事故的发生，因而加强实验室的安全监督管理是防止此类事件发生的首要任务。

在日常的实验室工作中我们应做到以下几点。

(1)实验室安全不仅关乎人身和财产安全更关乎公共卫生安全及国家安全。在从事微生物研究中必须牢固树立安全第一的观念。

(2)严格执行国家和有关部门的实验室生物安全规范与标准，严格遵守实验室的安全操作规则和程序。凡从事高危险级别微生物研究的单位必须按程序申报，并经有关部门考察批准后方可进行有关研究。

(3)只有在具有相应级别的生物安全防护设施内才能从事高危险级别微生物的研究，生物安全防护设施要有标准的硬件条件(如设施、设备、防护器具)，也要有规范的实验室管理和操作程序。

(4)进一步加强实验室的管理，要切实做到使实验人员严格遵守实验室管理和操作规范，按照实验室的要求严格控制用于实验的微生物种类。另外，严格对菌(毒)种的管理。

(5)一旦发生意外感染事件，当事人应尽快就医，通报疫情，关闭实验室，消毒场所，隔离相关人员，相关部门应立即启动紧急预案。

思考1

生物安全是关乎国家安全的重要事项，《生物安全法》就是我们维护生物安全的行动准则。请大家认真观察实验室环境及我们身边人的行为，指出哪些设备是维护实验室生物安全？哪些行为会危及公共卫生安全？

思考2

查阅国家安全全民教育相关资料，谈谈作为一名大学生该如何从生物安全着手自觉维护国家安全？

学习测试

一、多项选择题

1. 微生物具有的特点是(　　)。

A. 形态微小，肉眼很难观察到，需要借助显微镜才能观察到

B. 繁殖速度快　　C. 分布广泛　　D. 结构较为简单

2.(　　)属于微生物。

A. 线粒体　　B. 病毒　　C. 细菌　　D. 支原体

3. 微生物类型可分为(　　)。

A. 非细胞型微生物　　B. 细胞型原核微生物

C. 细胞型真核微生物　　D. 朊病毒类微生物

4. 装过血清的离心管可用(　　)方法处理。

A. 75%酒精浸泡 30 min　　B. 高压蒸汽灭菌

C. 高浓度消毒液浸泡 24h　　D. −20 ℃冰柜冷冻

5. 实验室用过的化学试剂错误的处理方法是(　　)。

A. 倒入专用化学废弃物收集桶内,由特定机构集中处理。

B. 直接排入实验室下水道。

C. 高浓度消毒液浸泡 24 h

D. 高压蒸汽灭菌

二、判断题

1. 微生物对人类社会有危害,需要将微生物全部消灭。(　　)

2. 向世人描述微生物的第一人是荷兰商人安东·列文虎克。(　　)

3. 我国贾思勰的巨著《齐民要术》详细地记载了制曲、酿酒、制酱和酿醋等我国劳动人民早期对微生物的应用工艺。(　　)

4. 目前,国际公认的微生物实验室分为生物安全 4 级,其中具有较高感染风险,需要最高安全防护等级的是 P-4。(　　)

5. 不同消毒液可以配合使用,能提高消毒液的消毒效果。(　　)

三、简答题

什么是实验室生物安全?个人如何在实验室做好生物安全防护?

二维码 1-7　项目一学习测试参考答案

项目二
细菌基本知识

项目导学

<table>
<tr><td>学习项目</td><td colspan="3">细菌基本知识</td></tr>
<tr><td colspan="4">学习目标</td></tr>
<tr><td>知识目标</td><td colspan="2">技能目标</td><td>素质目标</td></tr>
<tr><td>1. 掌握细菌的形态、结构及其在临床中的应用。
2. 熟悉细菌的生长繁殖与新陈代谢。
3. 理解细菌致病性的作用机理。</td><td colspan="2">1. 能正确使用和保养微生物实验室常用仪器设备。
2. 能够进行细菌标本片的制备与染色，并辨认其在光学显微镜下的形态结构。
3. 会制备常用细菌培养基，能进行细菌的分离培养和生化试验。</td><td>1. 养成辩证思维的科学素养。
2. 养成细致认真、严谨审慎的工作态度。
3. 养成躬行求真、科学严谨的职业品质。
4. 培养归纳、总结的学习能力。</td></tr>
<tr><td colspan="4">导学问题</td></tr>
<tr><td colspan="4">1. 细菌的形态、排列与特殊结构可通过哪些方式进行观察及检验？
2. 什么是革兰染色？为什么革兰染色法可以将细菌分为阳性菌与阴性菌？
3. 哪些因素会影响细菌生长繁殖？
4. 细菌的呼吸类型有哪些？各自的特点是什么？
5. 细菌生长中分解合成代谢产物有哪些？在现实生活中有哪些应用价值？
6. 细菌是如何在动物体内发挥致病作用的？
7. 细菌的鉴定依据有哪些？</td></tr>
<tr><td colspan="4">学习安排</td></tr>
<tr><td colspan="4">1. 以 4～6 人为一小组，完成本项目学习。
2. 课前以小组为单位，查阅相关资料，完成问题的回答，并将答案反馈于线上教学系统。
3. 课前以小组为单位，将本项目学习的疑难点，反馈于线上教学系统。
4. 学习细菌显微观察、实验室培养与生化鉴定的规范操作与结果判断。
5. 课后以个人为单位，限时完成本项目的在线测试。</td></tr>
<tr><td colspan="4">学习评价</td></tr>
<tr><td>自我评价(20%)</td><td>小组评价(20%)</td><td>教师评价(60%)</td><td>总评</td></tr>
<tr><td></td><td></td><td></td><td></td></tr>
<tr><td colspan="4">学习反思</td></tr>
<tr><td colspan="4"></td></tr>
</table>

任务一 细菌的形态与结构

细菌是具有细胞壁的以二分裂作为其繁殖方式的单细胞原核型微生物。在一定的环境条件下,细菌具有相对恒定的形态和结构。掌握细菌的形态结构特点及其检查方法,对于细菌的分类鉴别、特性研究等,均有重要意义。

一、细菌的大小与形态

(一)细菌基本形态和排列

细菌的基本形态有球形、杆形和螺旋形 3 种,据此可将细菌分为球菌、杆菌和螺旋菌三大类。细菌以二分裂繁殖方式进行增殖。有些细菌分裂后彼此分离,单个存在;有些细菌分裂后彼此仍以原浆带相连,形成一定的排列方式。

1. 球菌

多数球菌呈球形或近似球形,按其分裂方向及分裂后的排列情况,又可分为以下几种球菌(图 2-1)。

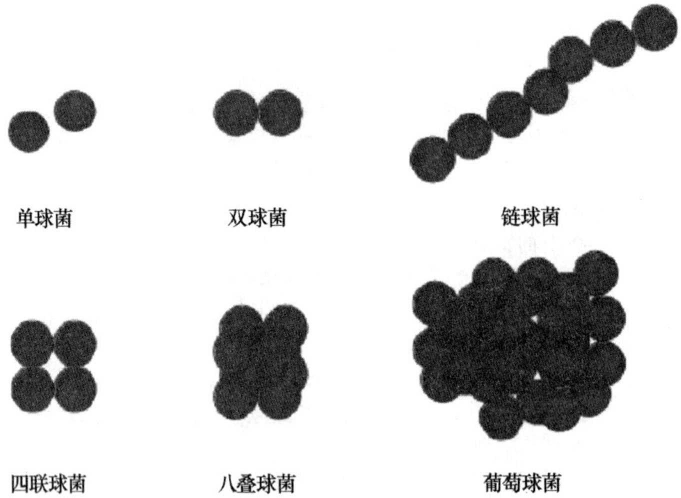

图 2-1 各种代表性球菌的形态和排列

(1)双球菌。沿一个平面分裂,分裂后两两相连,其接触面扁平或凹入,菌体有时呈肾形、扁豆状或矛头状。如肺炎双球菌、脑膜炎双球菌、淋病双球菌等。

(2)链球菌。沿一个平面连续进行多次分裂,分裂后 3 个以上的球菌排列成短链或长链状。如猪链球菌、化脓性链球菌、马腺疫链球菌等。

(3)葡萄球菌。沿多个不规则的平面分裂,分裂后多个球菌不规则地堆在一起似葡萄串状,如金黄色葡萄球菌。

此外,还有单球菌、四联球菌和八叠球菌,分别呈单个散在、“田”字形及八球捆扎状。

2. 杆菌

杆菌一般呈圆柱形，其长短、大小、粗细差别很大(图 2-2)。长的杆菌可呈长丝状(丝状杆菌)，短的杆菌接近椭圆形(球杆菌)。杆菌两端的形态在鉴定杆菌上具有一定的意义，如炭疽杆菌两端平截；大肠埃希菌、沙门菌等两端钝圆；巴氏杆菌呈球杆菌；结核分枝杆菌有侧枝等。

杆菌只有一个分裂方向，其分裂面与菌体长轴垂直，多数杆菌分裂后彼此分离，单独存在，如大肠埃希菌；有的杆菌分裂后成对存在，称为双杆菌，如乳杆菌；有的杆菌分裂后呈链状排列，称为链杆菌，如炭疽杆菌。

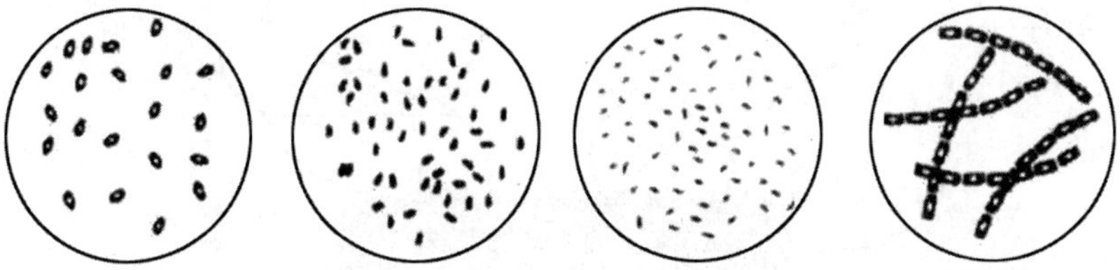

1.巴氏杆菌　2.布鲁氏菌　3.大肠埃希菌　4.炭疽杆菌

图 2-2　各种代表性杆菌的形态和排列

3. 螺旋菌

菌体呈弯曲或螺旋状，两端圆或尖突。根据弯曲的程度不同分为弧菌和螺菌(图 2-3)。

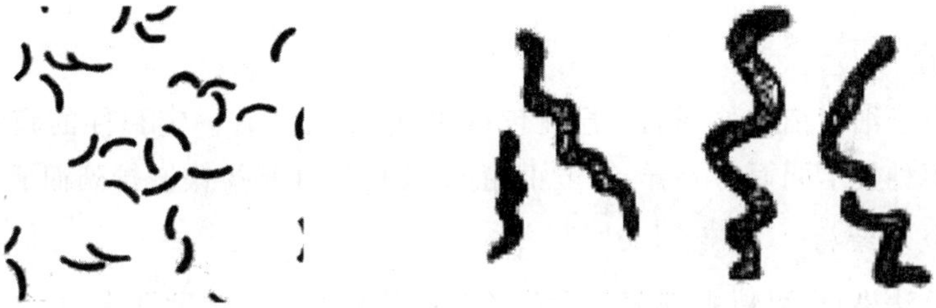

弧菌　螺菌

图 2-3　螺旋菌的形态和排列

(1)弧菌。菌体只有 1 个弯曲，呈弧形或逗号状，如霍乱弧菌和副溶血弧菌。

(2)螺菌。菌体有 2 个或 2 个以上的弯曲，捻转呈螺旋状，如鼠咬热螺菌、幽门螺杆菌。

细菌在幼龄期和适宜的环境条件下表现出正常的形态，当环境条件不良或菌体变老时，常会引起菌体形态改变，称为衰老型或退化型。一般将其重新置于正常的培养环境时，可恢复正常的形态。但也有些细菌，即使在适宜的环境中生长，其形态也很不一致，这种现象称为细菌的多形性，如嗜血杆菌等。

(二)细菌大小

细菌个体微小，需要经过染色后在光学显微镜下才能看清，测定细菌大小的单位用微米(μm)来表示。球菌用直径表示，常为 0.8～1.2 μm。杆菌和螺旋菌的大小以宽度×长度表示，杆菌大小一般为(0.2～1.25) μm×(0.5～5.0) μm，螺旋菌大小一般为(0.3～1.0) μm×(1.0～50) μm。

细菌的大小以生长在适宜条件下的幼龄培养物为标准，因菌种不同而异，即使是同一种细菌的大小也受菌龄、环境条件等因素影响，实际测量时还受制片、染色方法及使用的显微镜影响。但是在一定范围内，细菌的大小是相对稳定的，并具有明显的特征，可作为鉴定细菌种类的一个重要依据。

二、细菌的基本结构

细菌的结构包括基本结构和特殊结构(图 2-4)。细菌基本结构是任何一种细菌都必须具有的细胞结构，包括细胞壁、细胞膜、细胞质和核质。细菌特殊结构是某些细菌在一定条件下才能够形成的结构，如荚膜、鞭毛、芽孢和菌毛等，是细菌分类鉴定的重要依据。

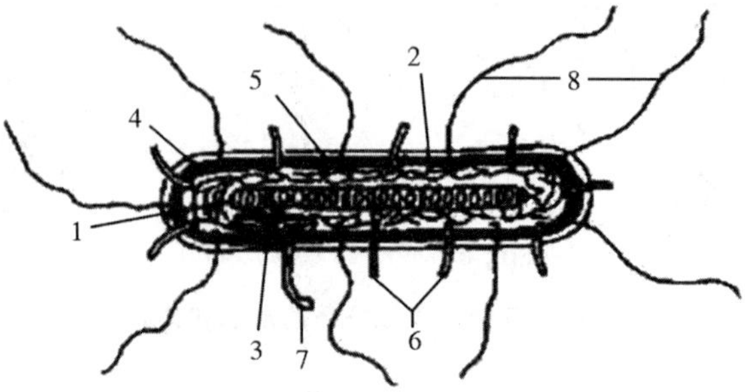

1.核质 2.核糖体 3.间体 4.细胞壁与细胞膜 5.荚膜 6.普通菌毛 7.性菌毛 8.鞭毛

图 2-4 细菌细胞结构模式

(一)细胞壁

细胞壁是位于细菌细胞外围的一层无色透明、坚韧而具有一定弹性的膜结构。细胞壁的化学组成因细菌种类不同而有差异，一般由糖类、蛋白质和脂类镶嵌排列而成。

1. 化学组成与结构

用革兰染色法染色，可以把细菌分为革兰阳性菌和革兰阴性菌两大类，它们的细胞壁化学成分和结构有所不同。革兰阳性(用 G^+ 表示)菌的细胞壁较厚，为 15～80 nm，其化学成分主要为肽聚糖，还有磷壁酸、多糖和蛋白质(如葡萄球菌的 A 蛋白、A 群链球菌的 M 蛋白)等(图 2-5A)。有的细菌还含有大量的脂类，如分枝杆菌。革兰阴性(用 G^- 表示)菌的细胞壁较薄，厚度为 10～15 nm，由周质间隙和外膜组成。外膜由脂多糖、磷脂、蛋白质和脂蛋白等复合构成，周质间隙是一层薄的肽聚糖(图 2-5B)。

(1)肽聚糖。肽聚糖又称黏肽或糖肽，是构成细菌细胞壁的主要物质。细胞壁的机械强度有赖于肽聚糖的存在。G^+ 菌的肽聚糖占细胞壁物质的 40%～95%，有 15～50 层，由聚糖骨架、四肽侧链和五肽交联桥三部分组成；G^- 菌的肽聚糖占细胞壁的 10%～20%，仅有 1～3 层，由聚糖骨架和四肽侧链两部分组成，缺乏五肽交联桥。

肽聚糖的聚糖骨架由 *N*-乙酰葡萄糖胺和 *N*-乙酰胞壁酸两种成分经 β-1,4 糖苷键交替连接而成。G^+ 菌与 G^- 菌的聚糖骨架相同，四肽侧链的组成及其连接方式随菌种而异。G^+ 菌(如葡萄球菌)细胞壁的四肽侧链通过 *L*-丙氨酸与聚糖骨架的 *N*-乙酰胞壁酸相连，其余依次为 *D*-谷氨酸、*L*-赖氨酸和 *D*-丙氨酸；五肽交联桥是一条由 5 个甘氨酸组成的肽链，交联时一端与侧链第三位上的 *L*-赖氨酸连接，另一端在转肽酶的作用下，与相邻四肽侧链末端的 *D*-丙氨酸连接，从而构成机械性很强的三维立体网状结构。在 G^- 菌(如大肠埃希菌)的四肽侧链

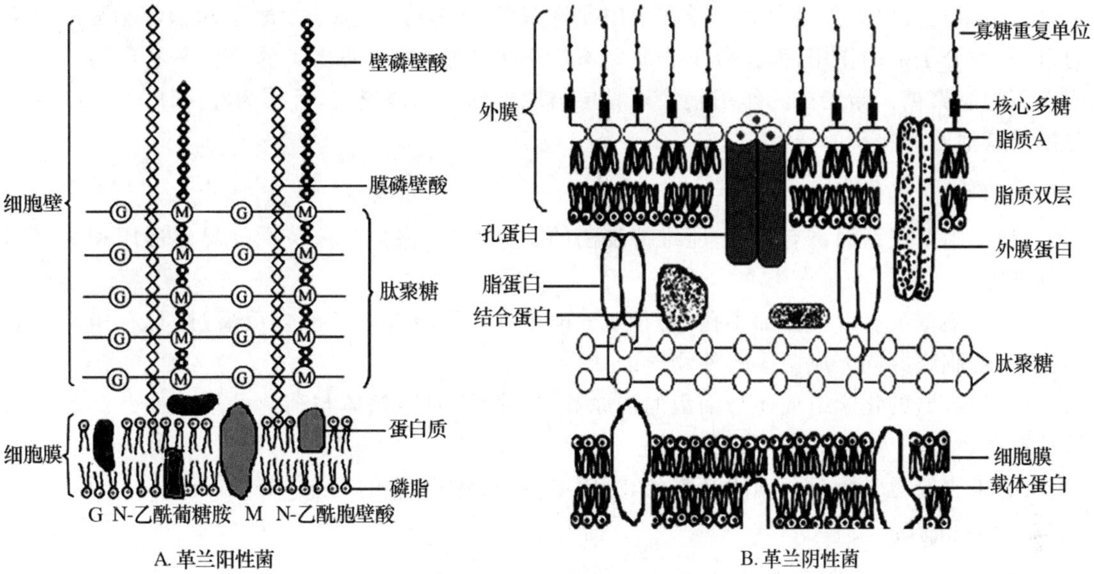

图 2-5　细菌细胞壁构造模式

中，第三位氨基酸是二氨基庚二酸，与相邻四肽侧链末端的 *D*-丙氨酸直接连接，交联率低，缺乏五肽交联桥，只形成单层二维平面结构。

凡能破坏肽聚糖结构或抑制其合成的物质，都能损伤细菌细胞壁而使细菌变形或被杀灭。如溶菌酶能切断肽聚糖中 N-乙酰葡萄糖胺和 N-乙酰胞壁酸之间、β-1，4 糖苷键之间的连结，破坏聚糖骨架，引起细菌裂解。青霉素和头孢菌素能与细菌竞争合成细胞壁过程中所需的转肽酶，抑制四肽侧链上 *D*-丙氨酸与五肽交联桥之间的联结，使细菌不能合成完整的细胞壁，导致细菌死亡。人和动物细胞无细胞壁结构，也无肽聚糖，故溶菌酶和青霉素对人和动物细胞均无毒性作用。

（2）磷壁酸。磷壁酸又称垣酸或壁酸，是革兰阳性细菌所特有的成分，是特异的表面抗原。磷壁酸分为壁磷壁酸和膜磷壁酸两种，前者的一端通过磷脂与肽聚糖上的胞壁酸共价结合，另一端伸出细胞壁游离于外。膜磷壁酸又称脂磷壁酸（lipoteichoic acid，LTA），一端与细胞膜外层上的糖脂共价结合，另一端穿越肽聚糖层伸出并游离于细胞壁外。壁磷壁酸与脂磷壁酸共同组成带负电荷的网状多聚物或基质，使得 G^+ 菌的细胞壁具有良好的坚韧性和通透性。磷壁酸带有负电荷，能与镁离子结合，以维持细胞膜上一些酶的活性。此外，磷壁酸还具有抗原性和黏附素活性。

（3）脂多糖。脂多糖（LPS）是革兰阴性菌细胞壁所特有的成分，由类脂 A、核心多糖和侧链多糖 3 部分组成。类脂 A 是细菌内毒素的主要成分，可使动物体发热，白细胞增多，直至休克死亡。各种革兰阴性菌类脂 A 的结构相似，无种属特异性。核心多糖位于类脂 A 的外层，由葡萄糖、半乳糖等组成，与类脂 A 共价联结。核心多糖具有种属特异性。侧链多糖位于脂多糖的最外侧，构成菌体抗原（O 抗原），是由 3～5 个低聚糖单位重复构成的多糖链，其中单糖的种类、位置、排列和构型均不同，具有种、型特异性。此外，LPS 也是许多噬菌体在细菌表面的特异性吸附受体。

（4）外膜蛋白。外膜蛋白（OMP）是革兰阴性菌外膜层中的多种蛋白质的统称。外膜蛋白主要包括微孔蛋白和脂蛋白等。微孔蛋白允许双糖、氨基酸、二肽、三肽、无机盐等小分子物质通过，起到分子筛的作用，而大分子物质则不能通过，因此溶菌酶之类的物质不易作用到革兰阴性菌的肽聚糖。脂蛋白的作用是使外膜层与肽聚糖牢固地连接，可作为噬菌体的受体，或参与铁及其他营养物质的转运。

2. 功能

(1)细胞壁坚韧而富有弹性，能维持细菌的固有形态，保护菌体免受外界渗透压和有害物质的损害。

(2)细胞壁上有许多微细小孔，直径 1 nm 大小的可溶性分子能自由通过，具有相对的通透性，与细胞膜共同完成菌体内外物质的交换。

(3)细胞壁的化学组成还与细菌的抗原性、致病性、对噬菌体与药物的敏感性及革兰染色特性有关。

(4)细胞壁也是鞭毛运动所必需的，为鞭毛运动提供可靠的支点。

(二)细胞膜

细胞膜是位于细胞壁内侧，包围在细胞质外的一层柔软而具有一定弹性的半透性膜，又称细胞质膜。

细胞膜的主要成分是磷脂和蛋白质，也有少量的碳水化合物和其他物质。细菌的细胞膜结构类似于真核细胞膜的液态镶嵌结构，由磷脂双分子层构成骨架，每个磷脂分子的亲水基团(头部)向外，疏水基团(尾部)向膜中央，蛋白质结合于磷脂双分子层表面或镶嵌贯穿于双分子层(图 2-6)。镶嵌在磷脂双分子中的蛋白质是具有特殊功能的酶和载体蛋白，与细胞膜的半透性等作用有关。

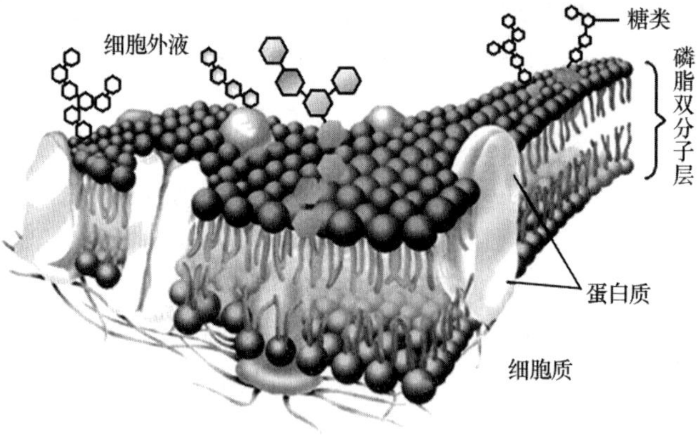

图 2-6　细菌的细胞膜结构模式

细胞膜是细菌赖以生存的重要结构之一，具有一些重要的功能。

(1)细胞膜选择性地吸收和运输物质。它作为细胞内外物质交换的主要屏障和介质，允许水、水溶性气体及某些小分子可溶性物质顺膜内外的浓度梯度差进出细胞，而糖、氨基酸及离子型电解质则需经膜上的特殊运输机制进入细胞。

(2)细胞膜是细菌细胞能量转换的重要场所。细胞膜上有细胞色素和其他呼吸酶，包括某些脱氢酶，可以转运电子，完成氧化磷酸化过程，参与细胞呼吸，能量的产生、贮存和利用。

(3)细胞膜有传递信息的功能。膜上的某些特殊蛋白质能接受光、电及化学物质等产生的刺激信号并发生构象变化，从而引起细胞内的一系列代谢变化和产生相应的反应。

(4)细胞膜与细胞壁、荚膜的合成有关，是鞭毛的着生部位。

(三)细胞质

细胞质位于细胞膜内，是除核质以外的无色透明的黏稠胶体状物质。

1. 化学组成

细胞质基本成分是水、蛋白质、核酸、脂类及少量的糖和无机盐等。此外，细胞质中还含有多种重要的结构成分。

(1)核糖体。核糖体是细菌合成蛋白质的主要场所。有些药物，如红霉素和链霉素能与细菌的核糖体相结合，干扰蛋白质的合成，从而将细菌杀死，但对人和动物细胞的核糖体不起作用。

(2)质粒。质粒是存在于核质 DNA 以外，能进行自我复制的、游离的小型双股 DNA 分子，有线型质粒，也有环状质粒。质粒是细菌生命非必需的，但能控制细菌产生菌毛、毒素、耐药性和细菌素等遗传性状。质粒不但能独立进行自我复制，有些还能与核质 DNA 整合或脱离，整合到核质 DNA 上的质粒称为附加体。由于质粒有能与外来 DNA 重组的功能，在基因工程中常被广泛地用作载体。

(3)包含物。包含物又称内含物，细菌细胞内一些贮存营养物质或其他物质的颗粒样结构，主要有脂肪粒、肝糖粒、淀粉粒、异染颗粒等。不同细菌，不同生长期，养料和能量充足或短缺等情况下，胞质颗粒多少不一。其中异染颗粒是某些细菌细胞之中特有的一种酸性小颗粒，对碱性染料的亲和性特别强，用碱性亚甲蓝染色时呈红紫色，而菌体其他部分呈蓝色。异染颗粒的成分是 RNA 和无机聚偏磷酸盐，功能是贮存磷酸盐和能量。异染颗粒常用于细菌的鉴定，如巴氏杆菌的异染颗粒位于菌体两端，用瑞氏染色法染色后菌体呈两极着染反应。

2. 功能

细胞质中含有多种酶系统，是细菌合成蛋白质与核酸的场所，也是细菌细胞进行物质代谢的场所。

(四)核质

细菌的核质无核膜、核仁，没有固定形态，并且结构也很简单，因此，它是原始形态的核，也称拟核或核体。

1. 化学组成与结构

核质是一个共价闭合、环状的双链超螺旋 DNA 分子，不与蛋白质相结合。

2. 功能

核质含细菌的遗传基因，控制细菌几乎所有的遗传性状，与细菌的生长、繁殖、遗传变异等有密切的关系。

三、细菌的特殊结构

细菌细胞除具有上述的细胞壁等基本结构外，部分细菌在特定条件下还能形成荚膜、鞭毛、菌毛、芽孢等具有特殊功能的结构。

(一)荚膜

某些细菌可在细胞壁外周产生一层松散透明的黏液样物质，包围整个菌体，称为荚膜。荚膜的折光性低，用普通染色方法不易着色，因此普通方法染色后的细菌，在光学显微镜下观察时，若见菌体周围有一层无色透明圈，即为荚膜。如果用荚膜染色法，可以清楚地看到荚膜的存在(图 2-7)。很多有荚膜的菌株可产生无荚膜的变异。

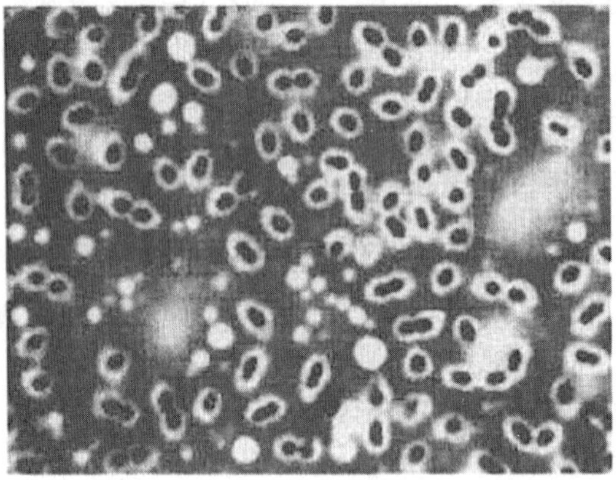

图 2-7　细菌的荚膜

1. 化学组成和结构

大多数荚膜由多聚糖组成，如肺炎球菌；少数细菌的荚膜由多肽组成，如炭疽杆菌；也有少数细菌两者兼具，如巨大芽孢杆菌。荚膜的厚度在 0.2 μm 以下时，用光学显微镜不能看见，但可在电子显微镜下看到，称为微荚膜，如 A 群链球菌的 M 蛋白、伤寒沙门菌的 Vi 抗原及大肠埃希菌的 K 抗原等。有些细菌菌体外周分泌一层很疏松与周围边界不明显，而且易与菌体脱离的黏液样物质，称为黏液层。荚膜、微荚膜成分具有抗原性，并具有种和型的特异性，可通过荚膜的血清学反应进行细菌鉴定。细菌产生荚膜或黏液层可使液体培养基具有黏性，在固体培养基上则形成表面湿润、有光泽的光滑(S)型或黏液(M)型的菌落；失去荚膜后的菌落则变为粗糙(R)型。

荚膜的产生是种的特征，但也与环境条件有密切的关系。如炭疽杆菌在人工培养基中往往不形成荚膜，在动物组织中形成明显的荚膜。动物尸体腐败时，菌体破坏，但荚膜保留，称为"菌影"(荚膜的轮廓)。细菌菌影(bacterial ghosts，bgs)是有荚膜的细菌被裂解后丧失细胞浆和核酸的细菌空壳。电子显微镜分析表明，bgs 保留了完整的细菌空壳，进而其外膜基本成分得到了保留，包括细菌外膜蛋白、黏附素、脂多糖(lipopolysaccharide，lps)和肽聚糖层等整个细胞表面结构。这种细菌体在失去活性的同时，仍保留了天然细菌的表面抗原成分和结构，具有良好的免疫原性。受此启发，可以用噬菌体裂解细菌，去除细胞质成分，留下完整的细菌空壳，从而保持了细菌的形态、黏附特性及表面抗原。如将外源性抗原基因插入母本菌株的基因组内，使其在菌体表面表达，可构建成重组菌影疫苗，用于动物免疫。

2. 功能

荚膜是病原菌的重要毒力因子，可以抵抗宿主吞噬细胞的吞噬作用，如有荚膜的肺炎链球菌菌株的毒力明显强于没有荚膜的肺炎链球菌菌株。荚膜多糖可以使细菌彼此之间黏附于组织细胞或无生命物体表面，形成生物被膜，增强细菌的侵袭力。荚膜能够潴留水分而抗干燥，同时能够阻止溶酶体、抗体、补体及抗菌药物等有害物质对细菌的损伤作用，增强了细菌的对外抵抗力。当营养缺乏时荚膜可作为碳源及能源而被利用。荚膜具有抗原性，并有种和型的特异性，可用于细菌的鉴定。

(二)鞭毛

某些细菌的表面着生有细长而弯曲的丝状物，称为鞭毛。鞭毛呈波状弯曲，直径 10～20 nm，长 10～20 μm，需用特殊染色法使鞭毛增粗后才能在电子显微镜下看到。鞭毛是细菌的运动器官，将细菌穿刺接种于半固体营养琼脂培养基中，培养后观察，若在穿刺线周围浑浊扩散，表明该菌有鞭毛，具有运动力；若穿刺线周围仍透明，不浑浊，则表明该菌无鞭毛，不运动。

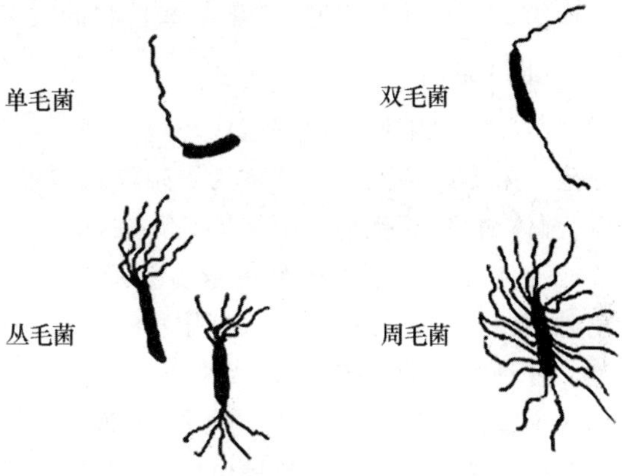

图 2-8　细菌鞭毛数目及排列示意图

根据细菌鞭毛的数目、位置、排列顺序不同可分为：单毛菌，如霍乱弧菌；双毛菌，如鼠咬热螺菌；单端丛毛菌，如铜绿假单胞菌；两端丛毛菌，如红色螺菌和产碱杆菌；周毛菌，如大肠埃希菌（图 2-8）。可以根据鞭毛的数量、分布、运动特性及抗原性对细菌进行鉴定、分型及分类。

1. 化学组成与结构

细菌鞭毛（又称鞭毛素）的化学成分主要为蛋白质，有的还含有少量多糖以及类脂等。鞭毛蛋白是一种纤维蛋白，其氨基酸组成与骨骼肌肌动蛋白相似，与鞭毛的运动性有关。鞭毛蛋白是一种很好的抗原物质，称为鞭毛抗原，又称 H 抗原。各种细菌的鞭毛蛋白由于氨基酸组成不同导致 H 抗原性质上的差别，故可通过血清学反应，进行细菌分类鉴定。

2. 功能

鞭毛是细菌的运动器官，鞭毛有规律地收缩，引起细菌运动。细菌的运动有趋向性。运动的方式与鞭毛的排列有关，单毛菌和单端丛毛菌一般呈直线快速运动，周毛菌则呈无规律地缓慢运动或滚动。鞭毛的运动与某些细菌的致病性有关。如霍乱弧菌可通过鞭毛运动穿过小肠黏膜表面的黏液层，黏附于肠黏膜上皮细胞，进而产生毒素而致病。

(三)菌毛

大多数革兰阴性菌和少数革兰阳性菌的菌体上生长的一种较短的毛状细丝，称为菌毛，也称纤毛。它的数量比鞭毛多，直径 5～10 nm，长 0.2～1.5 μm，少数可达 4 μm，只有在电镜下才能观察到（图 2-9）。

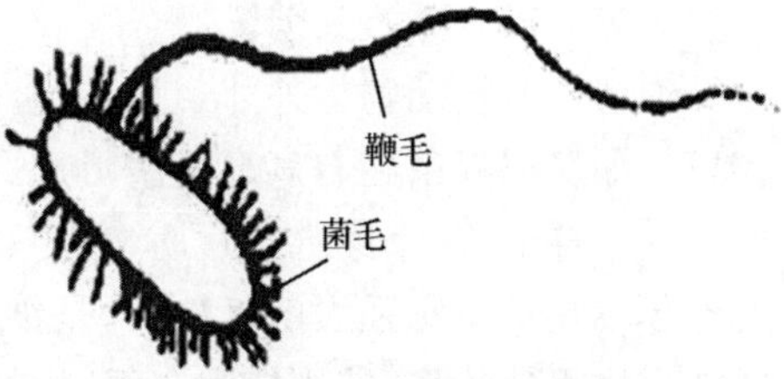

图 2-9　细菌的菌毛

1. 化学组成与结构

菌毛分为普通菌毛和性菌毛。普通菌毛是由菌毛蛋白质组成的中空管状结构，较细、较短，数量较多，每个细菌有 150～500 条，周身排列。性菌毛是由性菌毛蛋白质组成的中空管状结构，比普通菌毛粗、长，每个细菌有 1～4 条。

2. 功能

普通菌毛主要起黏附作用，可以与细胞（红细胞、上皮细胞）表面的特异性受体结合，与细菌的致病性有关。性菌毛可传递质粒或转移基因，带有性菌毛的细菌称为 F^+ 菌或雄性菌，不带性菌毛的细菌称为 F^- 菌或雌性菌。在雌、雄菌株发生结合时，F^+ 菌能通过性菌毛，将质粒传递给 F^- 菌，从而引起 F^- 菌某些性状的改变，是细菌产生毒力和耐药性的主要机制。

（四）芽孢

某些革兰阳性菌在一定的环境条件下，可在菌体内形成一个圆形或卵圆形的休眠体，称为芽孢。未形成芽孢的菌体称为繁殖体或营养体；已经生成芽孢的菌体称为芽孢体。芽孢成熟后，菌体崩解，芽孢离开菌体单独存在，则称为游离芽孢。

芽孢具有较厚的芽孢壁，多层芽孢膜，结构坚实，含水量少，折光性强。应用普通染色法染色时，染料不易渗进其内，只有用特别强化的芽孢染色法才能使芽孢着色，一经着色则不易脱色。各种细菌的芽孢形状、大小以及在菌体中的位置不同，有种的特征，具有一定的鉴别意义。如炭疽杆菌的芽孢位于菌体中央，呈卵圆形，比菌体小，称为中央芽孢；破伤风梭菌的芽孢，位于菌体顶端，呈正圆形，比菌体大，形似鼓槌，称为顶端芽孢；肉毒梭菌芽孢的位置偏于菌体一端，菌体呈网球拍状，称为近端芽孢（图 2-10）。

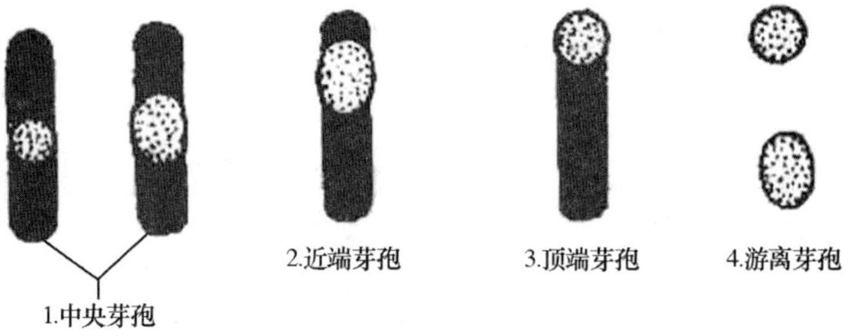

图 2-10 细菌芽孢的类型

芽孢结构多层而且致密，各种理化因子不易透入；含水量少（繁殖体含水 80%，芽孢含水 40%），蛋白质受热不易变性。芽孢内特有的吡啶二羧酸与钙结合形成的复合物能提高芽孢的耐热性和抗氧化能力。此外，芽孢内含一类特殊蛋白质称为酸溶性芽孢小蛋白，与芽孢芯髓内的 DNA 紧密结合，使之免受辐射、干燥、高温等破坏，在萌发时则可作为碳源和能源。一般的细菌繁殖体经 100 ℃煮沸 30 min 可被杀死，但形成芽孢后，可耐受 100 ℃数小时。由于芽孢的抵抗力很强，故评价消毒效果一般以能否杀灭芽孢为标准。常用来杀灭芽孢的可靠方法是干热灭菌或高压蒸汽灭菌。

细菌一般在动物体外才形成芽孢，并受菌体内基因的调控。不同种细菌形成芽孢的条件各异。如炭疽杆菌在有氧环境中形成，破伤风梭菌在厌氧且营养不足时形成。一个细菌只能形成一个芽孢，一个芽孢经过萌发也只能形成一个菌体，因此芽孢不是细菌的繁殖器官。芽孢对外界不良环境有强大的抵抗力，是细菌保存生命的一种休眠结构。芽孢对外界不良环境的抵抗力比繁殖体强，特别能耐高温、干燥、渗透压、化学药品和辐射。炭疽杆菌的芽孢在污染的土壤中可保存数十年，破伤风杆菌的芽孢煮沸 1～3 h 仍然不死。当恢复适宜的环境条件时，芽孢萌发成新的营养体，进行分裂繁殖。芽孢的萌发也需要有许多激活因素，如适当的温度、适宜的 pH，在培养基中加入 *L*-丙氨酸、二价镁离子、葡萄糖等有促进芽孢活化的作用。

四、细菌形态与结构的观察

(一)显微镜观察法

人的眼睛只能分辨 0.2 mm 以上的物体。细菌的大小仅有 0.2～20 μm，所以肉眼不能直接看到细菌，必须借助光学显微镜或电子显微镜将细菌放大后，才能观察到细菌的形态或结构。

(1)普通光学显微镜。普通光学显微镜以可见光为光源，波长 0.4～0.7 μm，平均约 0.55 μm。其分辨率为光波波长的一半，即 0.25 μm 的微粒经油镜放大 1 000 倍后成 0.25 mm，人的眼睛便能看清。一般细菌都大于 0.25 μm，故可以用普通光学显微镜观察。普通光学显微镜适用于观察细菌的动力、大小、活菌形态轮廓和繁殖方式等。观察动力时，选用新鲜的幼稚细菌培养物，用压滴法或悬滴法观察。

(2)电子显微镜。电子显微镜是利用电子流为光源，以电磁圈代替放大透镜。电子波长极短，约为 0.005 nm，其放大倍数可达数十万倍，能分辨 1 nm 的微粒。不仅能看清楚细菌的外形，其内部超微结构也可清晰观察。电子显微镜标本须在真空干燥的状态下检查，故不能观察活的微生物。

此外，在不同情况下也可以用暗视野显微镜、相差显微镜、荧光显微镜和同焦点显微镜观察细菌的形态和(或)结构。

(二)染色法

由于微生物细胞含有大量水分(一般在 80%以上)，对光线的吸收和反射与水溶液的差别不大，与周围背景没有明显的明暗差，所以，除观察活体微生物细胞的运动性和直接计算菌数外，绝大多数情况下都必须经过染色后，才能在显微镜下进行观察。但是，染色后的微生物标本是死的，在染色过程中微生物的形态与结构均会发生一些变化，不能完全代表其鲜活的真实情况，染色观察时必须注意。常用的细菌染色方法可分为单染色法和复杂染色法两大类。

(1)单染色法简称单染，是仅用一种染色剂进行染色的，如亚甲蓝染色法、瑞氏染色法等。用于观察细菌的形态、大小与排列，但不能显示细菌的结构与染色特性。

(2)复杂染色法简称复染，是用两种或两种以上染色剂进行染色的。既能观察细菌的大小、形态与排列，还能鉴别细菌不同的染色特性，如革兰染色法、抗酸染色法等。

革兰染色法(Gram stain)是 1884 年由丹麦病理学家 Christain Gram 创立的，而后一些学者在此基础上做了某些改进，此法可将细菌分成两大类，是最常用最重要的分类鉴别染色方法。革兰染色结果的差异主要基于细菌细胞壁的构造和化学组分不同。标本固定后，先用结晶紫初染，再加碘液媒染，在细菌细胞膜或原生质体上染上了不溶于水的结晶紫与碘的大分子复合物，细菌均被染成深紫色。接着用 95%乙醇处理，有些细菌被脱色，一类细菌由于细胞壁较厚、肽聚糖含量较高和交联紧密，故用乙醇洗脱时，肽聚糖层网孔会因脱水而明显收缩，再加上细胞壁基本上不含类脂，故乙醇处理不能在壁上溶出缝隙，因此，结晶紫与碘复合物仍牢牢阻留在其细胞壁内，使其呈现蓝紫色；另一类细菌因其细胞壁薄、肽聚糖含量低和交联松散，故遇乙醇后,肽聚糖层网孔不易收缩,加上它的类脂含量高,所以当乙醇将类脂溶解后,在细胞壁上就会出现较大的缝隙,这样结晶紫与碘的复合物就极易被溶出细胞壁,因此细胞又呈现无色。最后用碱性复红或沙黄复染,不被乙醇脱色仍保留蓝紫色的一类称为革兰阳性菌,被乙醇脱色后复染成红色的一类称为革兰阴性菌。

(3)特殊染色法。细菌的特殊结构如鞭毛、荚膜、芽孢、细胞壁、异染颗粒等,用上述染色法不易着色,必须用特殊染色法才能着色。这些染色可使细菌的特殊结构着色并与菌体染成不同颜色,有利于细菌的观察和鉴别。

任务二 细菌的营养代谢

细菌具有独立的生命活动能力,能从外界环境中直接摄取营养合成菌体的成分或获得生命活动所需的能量,并排出废物,从而完成细菌新陈代谢的过程,使细菌得以生长繁殖。

一、细菌的营养

生物吸收和利用营养物质的过程称为营养。营养物质是生物进行一切生命活动的物质基础,失去这个基础,一切生物都无法生存,细菌也不例外。

(一)细菌的化学组成

细菌的化学成分主要包括水分和固形物两大类,其中水分的含量为70%～90%,固形物的含量为10%～30%。水分主要以结合水和游离水两种形式存在。固形物主要分为有机物和无机物两种,其中有机物主要包括蛋白质、核酸、糖类、脂类、生长因子、色素等,蛋白质占细胞固体成分的50%～80%,大部分为复合蛋白,如核蛋白、糖蛋白、脂蛋白等;无机物占固形物的2%～3%,主要包括磷、硫、钾、钙、镁、铁、钠、氯、锰等,其中磷和钾的含量最多。

(二)细菌的营养需要

根据细菌的化学组成,细菌在生长繁殖代谢的过程中需要各类营养物质作为必需的原料和能量,主要包括碳源、氮源、水分、无机盐和生长因子等。

1. 碳源

凡是构成细菌细胞和代谢产物中碳素来源的营养物称为碳源,从简单的无机碳到结构复杂的有机碳都可以被细菌利用。自养型细菌不需要从外界摄取有机营养物,它们可以将二氧化碳作为唯一碳源合成有机物,能源来自光能或无机物氧化所释放的化学能。异养型细菌以有机碳化合物为碳源和能源,如单糖、双糖、多糖、有机酸、醇类、芳香族化合物等。

2. 氮源

凡是构成细菌细胞或代谢产物中氮素来源的营养物质称为氮源,包括氮气和含氮化合物。不同种类的细菌对氮源的需要也不尽相同,有些固氮能力强的细菌,可以利用分子态氮作为氮源合成自己细胞的蛋白质。有些细菌缺乏某些必要的合成酶,在只含有铵盐或硝酸盐的培养基上并不生长,只有在培养基中添加有机氮化物(如蛋白胨、氨基酸)才能生长。

3.水分

水分是细菌体内不可缺少的主要成分，其存在形式有结合水和游离水两种。结合水是构成细菌的成分，游离水是菌体内重要的溶剂，参与一系列的生化反应。水是细菌体内外的溶媒，只有通过水，细菌所需要的营养物质才能进入细胞，代谢产物才能排出体外。另外，水也可以直接参加代谢作用，如蛋白质、碳水化合物和脂肪的水解作用都是在水参加下进行的。

4.无机盐

无机盐是细菌生长所必不可缺的营养物质，可分为主要元素和微量元素两大类。主要元素细菌需要量较大，代表性的有磷、硫、镁、钾、钠、钙等，它们参与细胞结构物质的组成，不仅有调节细胞质 pH 和氧化还原电位的作用，还有能量转移、控制原生质胶体和细胞透性的作用。微量元素有铁、铜、锌、钴、锰等，它们的需要量虽然极微，但往往能强烈地刺激细菌的生命活动。某些无机盐也是酶活性基的组成成分或是酶的激活剂，如钙、镁等。

5.生长因子

生长因子是指细菌生长时不可缺少的微量有机质，主要包括维生素、氨基酸、嘌呤、嘧啶及其他衍生物等。不同细菌对生长因子的需求差别很大，自养型细菌和一些腐生型细菌，它们自己可以合成这类物质，以满足自身生长繁殖的需要；而大多数异养菌特别是病原菌，则需要一种甚至数种生长因子，才能正常发育。

(三)细菌的营养类型

根据细菌对营养物质的需要和能量来源的不同，可将细菌分成四大营养类型。

1.光能自养型

这类细菌细胞中都有与高等植物叶绿素相似的光合色素，能利用日光作为其生命活动所需要的能源，利用 CO_2 作为碳源，以无机物为供氢体来还原 CO_2，合成细胞的有机质。少数细菌体内含有非叶绿素的光合色素，如红硫细菌、绿硫细菌，它们可以利用光能并以硫化氢或其他无机硫化物作为供氢体，使 CO_2 还原为有机物质并放出硫。

2.光能异养型

有少数细菌具有光合色素，能利用光能把 CO_2 还原为碳水化合物，但必须以某种有机物作为 CO_2 同化作用中的供氢体，如红螺菌属利用异丙醇作为供氢体进行光合作用，并积累丙酮。

3.化能自养型

这类细菌有氧化一些无机物的能力，利用氧化无机物时产生的能量，把 CO_2 还原成有机碳化物，如硝化细菌、铁细菌等都是属于此型。这类细菌在氧化无机物时需要有氧的参加，所以环境中必须有充足的氧。

4.化能异养型

这类细菌的能源来自有机物的氧化或发酵产生的化学能，以有机物为碳源，以有机或无机物为氮源。这类细菌种类、数量都很多，绝大多数的致病细菌都是化能异养型。

化能异养型的碳源和能源来自有机物，所以对化能异养的细菌来说，有机物既是它们的碳源也是它们的能源。化能异养型的细菌中又可分为腐生和寄生两大类，前者利用无生命的有机物，如动植物残体；后者生活在其寄主生物体内，从活的寄主中吸收营养物质，离开寄主便不能生长繁殖。在腐生与寄生之间尚有中间型，称为兼性腐生或兼性寄生，如大肠埃希菌。

上述四大营养类型的划分并不是绝对的，在自养型与异养型之间，在光能与化能之间都有中间过渡类型存在。

(四)细菌摄取营养的方式

细菌营养物质的吸收和代谢产物的排出是靠细菌整个细胞表面的扩散、渗透、吸收等作用来完成的。

1. 被动扩散

少数相对分子质量低的物质是靠被动扩散而渗入（或渗出）细菌细胞的，扩散的速度由细胞内外的浓度梯度来决定。由高浓度向低浓度扩散，当细胞内外此物质浓度达到平衡时便不再进行扩散。水、某些气体和一些无机盐等小分子可溶物是通过此方式进出细胞的。

2. 促进扩散

这种运输方式虽与简单的被动扩散相似，也是靠物质的浓度梯度进行，而不消耗能量，但与被动扩散不同的是促进扩散需要专一性的载体蛋白。这种载体蛋白存在于细菌细胞膜上，可与相应的物质结合形成复合物，然后扩散到细胞内或释放到细胞外。

3. 主动运输

主动运输类似于促进扩散过程，不同的是被运输的物质可以逆浓度梯度移动，并且需要能量。细菌在生长及繁殖过程中所需氨基酸和各种营养物质，主要是通过主动运输方式摄取的。

4. 基团转位

基团转位主要存在于厌氧菌和兼性厌氧菌中。此运输方式使被运输的物质结构发生改变（如磷酸化），其运输的总效果与主动运输相似，可以逆浓度梯度将营养物质移向细胞内，结果使细胞内结构发生变化的物质浓度大大超过细胞外结构未改变的同类物质的浓度。此过程需要能量和特异性的载体蛋白参与。在细菌中广泛存在的基团转位系统的一个例子是磷酸转移酶系统，它是多数糖和糖的衍生物的运输媒介，如大肠埃希菌和金黄色葡萄球菌在吸收葡萄糖、乳糖等时，进入细胞后都以磷酸糖的形式存在于细胞质中，而且细胞内糖的磷酸盐类不能跨膜溢出。

二、细菌的新陈代谢

细菌的新陈代谢是指细菌细胞内分解代谢与合成代谢的总称，底物分解和转化为能量的过程称为分解代谢；所产生的能量用于细胞组分的合成称为合成代谢。其显著特点是代谢旺盛和代谢类型的多样化。伴随代谢过程细菌还将产生许多有重要意义的代谢产物。

(一)细菌的酶

细菌的新陈代谢是在酶的催化作用下进行的。根据酶作用的部位分为胞内酶和胞外酶。胞内酶是参与生物氧化的一系列呼吸酶以及与蛋白质、多糖等代谢有关的酶。胞外酶是一些水解酶，可将大分子的营养物质如蛋白质、多糖和脂类水解成小分子可溶性物质，为菌体所吸收。有些细菌产生的胞外酶是重要的致病物质，如血浆凝固酶、透明质酸酶等。

根据酶的生成条件又可分为固有酶和诱导酶。固有酶是细菌代谢中必需的；诱导酶只有在当环境中有诱导物存在时才产生。细菌代谢类型多样化取决于细菌酶的多样化，因而也决定了细菌对营养物质的摄取、分解能力及代谢产物的差异。

(二)细菌的呼吸类型

细菌借助于菌体的酶类从物质的氧化过程中获得能量的过程，称为细菌的呼吸。依据细菌对于氧气的需要差异，可将细菌分为以下 3 种类型。

1. 专性需氧菌

专性需氧菌只有在氧气充分存在的条件下才能生长繁殖。此类细菌具有较完善的呼吸酶系统，在无游离氧的环境下不能生长，如结核分枝杆菌、霍乱弧菌等。

2. 专性厌氧菌

专性厌氧菌只能在无氧的条件下生长繁殖。此类细菌缺乏完善的呼吸酶系统，不能呼吸，只能发酵。不但不能利用分子氧，而且游离氧对细菌有毒性作用，故此类细菌只能在无游离氧的条件下生长，如坏死杆菌、破伤风梭菌等。

3. 兼性厌氧菌

兼性厌氧菌在有氧或无氧的环境中都可生长，但以有氧的环境中生长为佳，兼有上述两类细菌的功能。大多数病原菌属于此类，如大肠埃希菌、葡萄球菌等。

(三)细菌的新陈代谢产物

细菌在代谢过程中，除摄取营养、进行生物氧化、获得能量和合成菌体成分外，还产生一些分解和合成代谢产物，有些产物能被人类利用，有些则与细菌的致病性有关，有些可作为鉴定细菌的依据。

1. 分解代谢产物

(1)糖的分解产物。不同种类的细菌以不同的途径分解糖类，在其代谢过程中均可产生丙酮酸，需氧菌进一步将丙酮酸彻底分解为 CO_2 和水；厌氧菌则发酵丙酮酸，产生多种酸类、醛类、醇类和酮类。各种细菌的酶不同，对糖的分解能力也不一样，有些细菌能分解某些糖类产酸产气，有的只产酸不产气，有的则不能利用某种糖。据此通过糖发酵试验、维培(VP)试验与甲基红(MR)试验对细菌进行鉴别。

(2)蛋白质的分解产物。细菌的种类不同，分解蛋白质、氨基酸的种类和能力也不同，因而产生不同的中间产物，如吲哚(靛基质)是某些细菌分解色氨酸而形成的；硫化氢是细菌分解含硫氨基酸的产物；而有的细菌在分解蛋白质的过程中能形成尿素酶，分解尿素形成氨；有的细菌还有明胶酶，能够使凝胶状的明胶发生液化；有的细菌能将硝酸盐还原成为亚硝酸盐。

因此，利用蛋白质的分解产物设计的靛基质试验、硫化氢试验、尿素分解试验等，可用于细菌的鉴定。

(3)细菌对其他物质的分解。细菌除能分解糖和蛋白质外，对一些有机物和无机物也可分解利用。各种细菌产生的酶不同，其代谢的基质不同，代谢的产物也不一样，故可用于鉴别细菌。

2. 合成代谢产物

(1)热原质。主要是指革兰阴性菌产生的一种多糖物质，注入人体或动物体能引起发热反应，称为热原质。热原质能通过细菌滤器，耐高温，湿热 121 ℃、20 min 或干热 180 ℃、2 h 不能使其破坏。制备注射制剂和生物制品时用吸附剂或特制的石棉滤板，可除去液体中的大部分热原质。玻璃器皿经 250 ℃干烤 2 h 才能破坏热原质。

(2)毒素。某些细菌在代谢过程中合成的对人和动物有毒害作用的物质，称为毒素。毒素的产生与细菌的致病性有关，细菌产生的毒素有内毒素和外毒素两种。内毒素是革兰阴性菌的细胞壁成分，即脂多糖，当菌体死亡崩解后才被释放出来。外毒素是一种蛋白质，在细菌生活过程中即可释放到菌体外，产生外毒素的细菌大多数是革兰阳性菌。

(3)细菌素。某些细菌菌株产生的一类具有抗菌作用的蛋白质，其作用与抗生素类似，但作用范围较窄，仅对与该种细菌有近缘关系的细菌才有作用，如大肠埃希菌某一菌株所产生的大肠菌素，一般只能作用于大肠埃希菌的其他相近的菌株。

(4)抗生素。抗生素是一种重要的合成产物，它能抑制和杀死某些微生物。生产中应用的抗生素主要是由放线菌和真菌产生的，一些细菌也可产生抗生素，如多黏菌素、杆菌肽等。

(5)维生素。一些细菌能自行合成维生素，除满足自身所需外，也能分泌到菌体外，如动物机体的正常菌群能合成 B 族维生素和维生素 K，可被机体利用。

(6)色素。某些细菌在氧气充足、温度适宜和营养丰富时能产生各种颜色的色素。有的色素是水溶性的，能弥散在培养基中，使整个培养基呈现颜色，如绿脓杆菌的黄绿色素；有的色素则是脂溶性色素，不溶于水，仅保持在细菌细胞内，人工培养时可使菌落显色，而培养基颜色不变，如金黄色葡萄球菌色素。

(7)侵袭性酶类。某些细菌可产生具有侵袭性的胞外酶，能损伤机体组织，促进细菌的侵袭、扩散，是细菌重要的致病物质，如链球菌的透明质酸酶，产气荚膜梭菌的卵磷脂酶等。

此外，某些细菌还能产生无机酸、有机酸、氨基酸、醇类和其他芳香物质。

(四)细菌的生化试验

细菌的生化试验是将已分离纯化的待检细菌，接种到一系列含有特殊物质和指示剂的鉴别培养基中，用生物化学方法测定代谢产物，鉴定细菌。常见的生化试验有以下几种。

1. 糖(醇、苷)类发酵试验

各种细菌分解糖(醇、苷)的能力不同，分解后代谢产物不同。可根据其分解产物鉴别细菌。实际应用中，可选择合适的含有单糖、双糖、三糖或多糖的培养基。接种待检菌，经培养后观察结果。若能分解糖类产酸，培养基中的指示剂呈酸性反应；产气的细菌则出现气泡或造成培养基中的裂隙。大肠埃希菌能分解乳糖，伤寒杆菌与痢疾杆菌则不能；大肠埃希菌发酵葡萄糖产酸并产气，伤寒沙门菌发酵葡萄糖仅产酸不产气。糖发酵试验是鉴定细菌最常用的生化反应，特别用于肠杆菌科细菌的鉴定。

2. 甲基红试验(MR 试验)

细菌分解葡萄糖形成丙酮酸，丙酮酸进一步分解成甲酸、乙酸、乳酸等混合酸，使培养基 pH 下降至 4.4 以下，加入甲基红指示剂变为红色。若产酸量少或将酸进一步分解为醇、酮、醛等，使培养基 pH 在 5.4 以上，甲基红试验则呈橘黄色。该试验简称为 MR 试验。将待检菌接种于葡萄糖蛋白胨水培养基内，培养后滴加甲基红试剂，呈红色为 MR 试验阳性，橘红色为弱阳性，橘黄色为阴性。该试验主要用于大肠埃希菌和产气肠杆菌的鉴别，前者为阳性，后者为阴性。

3. 维培试验(VP 试验)

有些细菌在发酵葡萄糖产生丙酮酸后，使其脱羧生成中性乙酰甲基甲醇，后者在碱性环境中被空气氧化为二乙酰。二乙酰能与蛋白胨中精氨酸所含的胍基反应，生成红色化合物，即为 VP 试验阳性。若在培养基中加入少量含胍基的化合物，如肌酐或肌酸，可增加其反应的敏感性。将待检菌接种于葡萄糖蛋白胨水培养基，培养后按每毫升培养基加入含 0.3%肌酸或肌酐的 0.1 mL 40%KOH 溶液。48～50 ℃水浴 2 h 或 37 ℃水浴 4 h，充分摇动后观察结果，颜色为红色者判定为 VP 试验阳性。

4. 枸橼酸盐利用试验

当某些细菌(如产气肠杆菌)利用铵盐作为唯一氮源，并利用枸橼酸盐作为唯一碳源时，可在枸橼酸盐培养基上生长，分解枸橼酸盐生成碳酸盐，并分解铵盐生成氨，使培养基变为碱性，指示剂溴麝香草酚蓝由淡绿色转变为深蓝色，即为试验结果为阳性；若不能利用铵盐，则细菌不生长，培养基仍呈原来的淡绿色，试验结果为阴性。

4. 吲哚试验

有些细菌含有色氨酸酶，能分解培养基中的色氨酸产生吲哚，吲哚与对二甲氨基苯甲醛作用，形成玫瑰吲哚而呈红色。该试验也称靛基质试验。将待检菌接种于蛋白胨水培养基中，培养后沿管壁加入对二甲氨基苯甲醛试剂 0.5 mL，使其形成两层液面，两液面接触处呈红色为阳性，无色为阴性。该试验主要用于肠杆菌的鉴定，如大肠埃希菌为阳性，产气肠杆菌为阴性。

6. 硫化氢试验

有些细菌分解含硫氨基酸生成硫化氢，遇培养基中的醋酸铅或硫酸亚铁可形成黑色的硫化铅或硫化亚铁沉淀。将待检菌接种于醋酸铅培养基中培养，有黑色沉淀者为阳性，无变化者为阴性。硫化氢试验常用于肠杆菌科菌属间的鉴定。

7. 尿素分解试验

变形杆菌具有尿素酶，可分解尿素产生氨，培养基呈碱性，以酚红为指示剂检测呈红色，由此区别于沙门菌。

细菌的生化反应用于鉴别细菌，尤其对形态、革兰染色反应和培养特性相同或相似的细菌更为重要。吲哚(I)、甲基红(M)、维培(VP)、枸橼酸盐利用(C)4 种试验常用于鉴定肠杆菌，合称为 IMViC 试验，如大肠埃希菌对这 4 种试验的结果是“＋ ＋ － －”，产气肠杆菌则为“－ － ＋ ＋”。

现代细菌学已普遍采用微量、快速、自动化等鉴定系统，已有很多相应的配套试剂供种属鉴定使用。此外，应用气相、液相色谱法鉴定细菌分解代谢产物中挥发性或非挥发性有机酸和醇类，能够快速确定细菌的种类。

任务三 细菌的繁殖

一、细菌的生长繁殖

(一)细菌生长繁殖的条件

1. 营养物质

细菌生长繁殖需要丰富的营养物质,包括水、碳水化合物、氮化物、无机盐、生长因子等。不同细菌对营养的需求不尽相同,有的细菌只需基本的营养物质,而有的细菌则需加入特殊的营养物质才能生长繁殖。因此,制备培养基时应根据细菌的类型进行营养物质的合理搭配。

2. 温度

细菌只能在一定温度范围内进行生命活动,温度过高或过低,细菌生命活动都会受阻乃至停止。依据细菌对温度的需求不同,可将其分为嗜冷菌、嗜温菌、嗜热菌三大类(表 2-1)。

表 2-1 细菌的生长温度

细菌类型	生长温度/℃			分布
	最低	最适	最高	
嗜冷菌	−5～0	10～20	25～30	水和冷藏环境中的细菌
嗜温菌	10～20	18～28	40～45	腐生菌
	10～20	37	40～45	病原菌
嗜热菌	25～45	50～60	70～85	温泉及堆积肥中的细菌

病原菌属于嗜温菌,在 15～45 ℃都能生长,而大多数病原菌的最适温度为 37 ℃。有些病原菌如金黄色葡萄球菌在 4～5 ℃冰箱内仍能缓慢生长,释放肠毒素,可引起食物中毒。

3. pH

培养基 pH 对细菌生长影响很大,大多数细菌的最适 pH 为 7.2～7.6。个别细菌,如霍乱弧菌在 pH 8.5～9.0 培养基中生长良好,鼻疽杆菌可在 pH 6.4～6.6 环境中生长。许多细菌在代谢过程中分解糖产酸,使 pH 下降,不利于细菌生长,所以往往需要在培养基内加入一定的缓冲剂。

4. 渗透压

细菌细胞需要在适宜的渗透压下才能生长繁殖,盐腌和糖渍之所以具有防腐作用,皆因一般细菌和霉菌在高渗条件下不能生长繁殖之故。不过细菌比其他生物细胞对渗透压的适应性较强,特别是有一些细菌能在较高的食盐浓度下生长。

5. 气体

与细菌生长繁殖有关的气体主要是 O_2 和 CO_2。细菌对气体的要求与其呼吸类型有关。一般细菌在自身代谢中产生的 CO_2 就可满足需要,但有些细菌在没有 CO_2 的环境下则不能生长或生长不良，如牛布鲁氏菌初次分离时，环境中须含有5%～10%的CO_2才能生长。

(二)细菌个体的生长繁殖

细菌主要以二分裂方式进行繁殖。一个菌体分裂为两个菌体所需的时间称为世代时间。在适宜的人工条件下，多数细菌的世代时间为20～30 min。如按大肠埃希菌20 min繁殖一代计算，10 h后，一个细菌可以繁殖成10亿个以上的细菌。但由于营养物质的消耗及代谢产物的积累等，细菌不可能始终保持这种高速度的繁殖，经过一段时间后，繁殖速度逐渐减慢，死亡菌数逐渐增多，活菌增长率随之趋于停滞以至衰退。单个菌体分裂繁殖在固体培养基上形成肉眼可见细菌集落，称为菌落(colony)。根据菌落的多少，可进行细菌计数，用菌落形成单位(colony-forming unit，CFU)表示。

(三)细菌群体的生长繁殖

将一定数量的细菌接种到适宜的液体培养基中，定时取样计算细菌数，以培养时间为横坐标，活菌数的对数值为纵坐标，可形成一条曲线，这条曲线称为细菌的生长曲线。依据细菌各个时期生长繁殖速率不同，人为将细菌生长曲线分为迟缓期、对数期、稳定期和衰退期4个期(图2-11)。

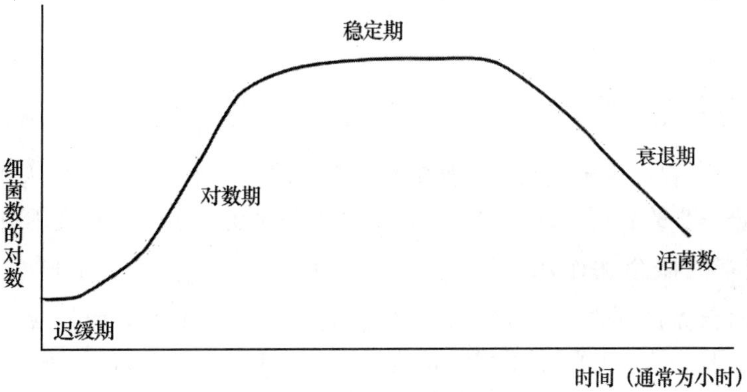

图2-11　细菌的生长曲线图

1. 迟缓期

迟缓期又称适应期，此时期为2～6 h。少量的细菌接种到新鲜培养基后，一般不立即进行繁殖。因此，它们的数量几乎不增加，甚至稍有减少。处于迟缓期的细菌体积增长较快，特别是在此期的末期。如巨大芽孢杆菌在迟缓期的末期，其细胞平均长度是刚接种时的6倍。处于迟缓期的细菌代谢活力强，细胞中RNA含量高，嗜碱性强，对不良环境条件比较敏感，细胞代谢活跃，为细菌的分裂增殖做准备。

2. 对数期

对数期又称指数期，此期为6～10 h。细菌开始大量分裂，细菌数按几何级数增加，对数期的细菌生长活跃，消耗营养多，个体数目显著增多。一般来说，此期的病原菌致病力最强，菌体的形态、大小及生理活性均较典型，对抗菌药物也最敏感。另外，此期的菌种很健壮，因此，在生产上常用它们作为接种的种子。实验室也多用对数期的细菌作为实验材料。通常对数期维持的时间较长，但它也受营养及环境条件所左右。

3. 稳定期

在一定的培养液中，随着细菌的活跃生长，营养物质不断消耗，使细菌生长速率逐渐下降，死亡率增加，以致新增殖的细菌数与死亡的细菌数趋于平衡，活菌数保持相对的稳定，称为稳定期，此时期为 6～18 h。处于这个时期的细菌活力逐渐减弱，开始大量贮存代谢产物，如肝糖、异染颗粒、脂肪粒等；同时，也累积许多不利于微生物活动的代谢产物。细菌形态、染色、生物活性也可出现改变。由于微生物的生长繁殖改变了自己的生活条件，出现了不利于细菌生长的因素，如 pH、氧化还原电位改变等，大多数芽孢杆菌在这个生长阶段形成芽孢。

4. 衰退期

稳定期后如再继续培养，细菌死亡率逐渐增加，致使死亡数大大超过新生数，总的活菌数明显下降，即衰退期，此期的细菌若不移植到新的培养基，最后可能全部死亡。这期细菌菌体常出现多种形态，包括畸形或衰退，细菌死亡并伴随有自溶现象，菌体活力下降。因此，此期的菌种不宜作种子。

细菌的生长曲线是在体外人工培养条件下观察到的，在动物体内因受诸多因素的制约，未必能出现此种典型的曲线，但细菌的生长曲线，反映了一种细菌在某种生活环境中的生长、繁殖和死亡的规律。掌握细菌生长规律，不仅可以有目的地研究和控制病原菌的生长，而且可以发现和培养对人类有益的细菌。

二、细菌的人工培养

用人工的方法，提供细菌生长繁殖所需要的各种条件，可进行细菌的人工培养，从而进行细菌的鉴定和进一步的利用。细菌的人工培养技术是微生物学研究和应用的重要手段。

（一）培养基的概念和作用

根据细菌对营养物质的需要，经过人工配制适合不同细菌生长、繁殖或积累代谢产物的营养基质称为培养基。培养基的主要用途是能促使细菌生长与繁殖，可用于细菌纯种的分离、鉴定和制造细菌制品等。制备培养基的营养物质主要有蛋白胨、牛肉膏、糖、醇、血液或血清、生长因子和无机盐类等。根据不同培养基的要求配制培养基时还需加入凝固物质（如琼脂、明胶）、抑制剂（如胆盐、煌绿）、指示剂（如酚红、溴甲酚紫）和水等。

（二）常用培养基的类型

1. 根据培养基物理状态分类

（1）液体培养基。在配制好的培养基中不加凝固物，培养基即为液体。由于营养物质以溶质状态溶解于其中，细菌能更充分接触和利用，从而使细菌在其中生长更快，积累代谢产物量也多，所以，多用于生产和实验室中细菌的扩大培养。实际操作中，在使用液体培养基培养细菌时可以通过振荡或者搅拌来增加培养基中的通气量，并使营养更加均匀，从而提高培养效果。

（2）半固体培养基。在液体培养基中加入少量（0.35%～0.5%）的琼脂，使培养基呈半固体状。半固体培养基多用于细菌有无运动性的检查，也可以用于菌种的保存。

（3）固体培养基。在液体培养基中加入 2%～3% 琼脂，使培养基凝固呈固体状态。固体培养基可以根据需要制成平板培养基、斜面培养基和高层培养基等，可用于菌种保藏、菌种分离、菌落特征的观察以及活菌计数等。

2. 根据培养基的用途分类

(1)基础培养基。含有细菌生长繁殖所需要的最基本的营养物质，可供培养一般细菌。如肉汤、蛋白胨水和牛肉膏蛋白胨琼脂是培养细菌的常用基础培养基。

(2)营养培养基。在基础培养基中加入一些营养物质，如血液、血清、葡萄糖、酵母浸膏等，可用于营养要求较高的细菌培养。

(3)选择培养基。是在培养基中加入某种化学物质，对不同细菌分别产生抑制或促进作用，从而可从混杂多种细菌的样本中分离出所需细菌。利用此类培养基，可使混合菌群中的某种(类)微生物变成优势种群，从而提高该种(类)微生物的筛选效率。如培养沙门菌的培养基中加入四硫磺酸钠煌绿，可以抑制大肠埃希菌的生长。

(4)鉴别培养基。针对特定菌种设计培养基，依据不同细菌对培养基中某种成分利用的差异性，根据其特定产物，在培养基中加入特定作用底物或(和)显色指示剂，凭肉眼识别颜色即能鉴别菌种。如糖发酵培养基，可观察不同细菌分解糖产酸产气情况；用醋酸铅培养基可以鉴定细菌是否产生硫化氢；伊红亚甲蓝培养基可用作区别大肠埃希菌和产气肠杆菌等。

(5)厌氧培养基。专性厌氧菌不能在有氧环境中生长，将培养基与空气隔绝并加入还原物降低培养基中的氧化还原电位，可供厌氧菌生长，如疱肉培养基。

(三)制备培养基的基本要求

由于细菌种类繁多，营养需要各异，培养基类型也很多，但制备的基本要求是一致的，具体如下。

1. 营养物质

培养基应含有细菌生长繁殖所需的各种营养物质，并充分溶解于蒸馏水或去离子水中。

2. pH 测定及调节

培养基的 pH 应在适宜的范围内。pH 测定要在培养基冷至室温时进行，因在热或冷的情况下，其 pH 有一定差异。

3. 外观

培养基应均质透明，无任何杂质，便于观察其生长性状及生命活动所产生的变化。

4. 器皿

制备培养基所用容器不应含有任何抑菌或杀菌物质，所用器皿应洁净，避免使用金属容器，尽量选择耐高温的玻璃器皿，以防金属离子影响细菌生长。盛培养基的玻璃器皿必须彻底灭菌。

5. 灭菌

培养基的灭菌既要达到完全灭菌目的，又要注意不因加热而降低其营养价值，一般在 0.105 kPa、121 ℃加热 15～25 min 即可。如为含有不耐高热物质的培养基如糖类、血清等，则应采用低温灭菌或间歇法灭菌。一些不能加热的试剂如卵黄、抗生素等，待基础琼脂高压灭菌后晾至 50 ℃左右再加入。

(四)培养基的制备

制备培养基的基本程序：计算—配料—溶化—测定及矫正 pH—过滤—分装—标记—灭菌—无菌检验—冷藏备用(详细内容见项目二的技能三)。

任务四 细菌的致病性

自然界中,细菌的种类繁多,分布广泛、数量极大。其中大多数对人和动物无害,甚至有益,这类细菌称为非病原菌;极少数能引起人、动物、植物的病害,称为病原菌。病原菌与非病原菌之间的界限不是绝对的。特别值得关注的是,近年来随着广谱抗生素等药物的广泛应用,已发现在过去认为不致病的细菌,也可能引起宿主发生致命性疾病。

一、细菌的致病性与毒力

细菌的致病性(pathogenicity,病原性)是指一定种类的病原菌,在一定的条件下能在特殊的宿主体内引起特定疾病的能力。绝大多数病原菌寄生在宿主体内获得生长繁殖所需要的营养和环境条件,并以各种方式损伤或毒害机体。一般不同病原菌对宿主有一定的嗜性,有些仅对人致病,如痢疾志贺菌;有些仅对某些动物致病,如多杀性巴氏杆菌;有些对人和动物均有致病性,如结核分枝杆菌。病原菌的致病性是对宿主而言的,病原菌不同引起宿主机体的病理过程也不同,如结核分枝杆菌引起结核病,炭疽杆菌引起炭疽病,因此致病性是病原菌种的特征。同一种病原菌的不同菌株的致病性在程度上的差异,即一定菌株的致病性的大小,是菌株的特征。

细菌的毒力(virulence)是指病原菌致病力的强弱程度,即致病性的程度。各种病原菌的毒力不同,同一种细菌的不同菌株也有强毒、弱毒及无毒菌株之分。

细菌的致病性包括两个方面:一是细菌对宿主引起疾病的特性,这是由细菌的种属特性决定的;二是对宿主致病能力的大小,即细菌的毒力。毒力是病原菌的个性特征,表示病原菌致病力的强弱程度,可以通过测定加以量化。不同种类病原菌的毒力强弱常不一致,并可因宿主及环境条件不同而发生改变。同种病原菌也因型或株的不同而有毒力强弱的差异。

构成细菌毒力的物质称为毒力因子,主要有侵袭力和毒素两方面,此外,有些毒力因子尚不明确。近年来的研究发现,细菌的许多重要毒力因子的分泌与细菌的分泌系统有关。

二、构成病原菌毒力的因素

(一)侵袭力

侵袭力是指病原菌突破机体的防御屏障,在体内生长繁殖、扩散蔓延的能力。在病原菌的侵袭过程中,有些侵袭因子可造成机体组织细胞的损伤,有些对机体无毒害作用,只是协助细菌侵入机体,抵抗机体的防御功能,便于细菌向机体的深部组织迅速扩散蔓延并进行繁殖,致使发生传染。病原菌侵袭动物机体的方式主要有以下几个方面。

1. 细菌的附着力

细菌的附着力主要依靠黏附素发挥作用。黏附素是菌体表面有黏附功能的结构成分,主要有细菌菌毛、某些外膜蛋白和革兰阳性菌的磷壁酸等。大多数细菌依靠黏附素附着于宿主的呼吸道、消化道或生殖泌尿道等处，以免被这些气管黏膜上皮细胞的纤毛运动、肠蠕动和分泌液等清除体外。黏附于这些部位的细菌在局部繁殖、积聚或继续侵入细胞及组织，导致宿主感染。某些病原通过黏附素与宿主易感细胞表面的特异性受体结合，附着在组织细胞表面。这种黏附性与病原菌的致病性密切相关，如产肠毒素大肠埃希菌，借助菌毛附着于仔猪结肠黏膜上皮，得以停留在肠管内生长繁殖，致使肠道发生炎症，引起严重腹泻；溶血性链球菌可依靠菌体表面 M 蛋白附着于咽部黏膜上皮细胞，引起感染。

2. 抗吞噬和定居

当细菌突破机体防御屏障侵入体内后，会受到吞噬细胞的吞噬与体液性抗体等介导的免疫应答反应的清除。如果病原菌能克服这些免疫因素的影响，便可以在机体内大量繁殖和定居。某些病原菌的抗吞噬不被清除的作用，可通过自身结构成分或合成代谢产物来实现。如炭疽杆菌、肺炎链球菌等具有荚膜，这种特殊结构能抵抗吞噬细胞吞噬消化功能，而无荚膜的细菌则易被吞噬细胞吞噬杀灭；A 群链球菌的磷壁酸、病原性大肠埃希菌的 K 抗原和沙门菌 Vi 抗原等不仅能抗细胞吞噬，还具有抗抗体或补体的作用；金黄色葡萄球菌能产生血浆凝固酶，加速血浆凝固，保护菌体不被吞噬细胞吞噬或与抗体结合。总之，细菌的抗吞噬等作用，打破了机体防御功能致使细菌在体内蔓延。

3. 促进扩散和转移

有些细菌侵入机体后在体内生长繁殖，破坏组织结构，并扩散转移。如化脓性葡萄球菌、肺炎链球菌能产生透明质酸酶，后者可分解破坏细胞间结缔组织中的透明质酸，使结缔组织失去黏性，变得疏松，通透性增强，有利于病原菌在体内扩散，造成全身感染。A 群链球菌能产生 DNA 酶，分解细胞中的 DNA，致使细胞死亡，降低坏死组织的黏度，使感染部位的脓汁变稀薄。产气荚膜梭菌能产生蛋白分解酶分解肌肉和皮下结缔组织，使组织崩解。与细菌侵袭力有关的毒性酶或代谢产物见表 2-2。

表 2-2　与细菌侵袭力有关的毒性酶或代谢产物

细菌种别	产生的毒性酶或代谢产物	破坏作用
产气荚膜梭菌	卵磷脂酶	破坏细胞膜的卵磷脂
产气荚膜梭菌	溶血素	破坏红细胞
金黄色葡萄球菌	凝固酶	凝固血浆
金黄色葡萄球菌	胶原酶	破坏皮下胶原组织
金黄色葡萄球菌	脂酶	分解脂肪
金黄色葡萄球菌	DNA 酶	破坏 DNA
金黄色葡萄球菌	杀白细胞素	杀死白细胞
溶血性链球菌	透明质酸酶	破坏组织中的透明质酸

（二）毒素

毒素(toxin)是细菌在生长繁殖过程中产生和释放的具有损害机体组织、器官并引起生理功能紊乱的毒性成分。细菌毒素按其来源、性质和作用等的不同，可分为外毒素和内毒素两大类。内毒素与外毒素的区别见表 2-3。

表 2-3 外毒素和内毒素的主要区别

特性	外毒素	内毒素
化学成分	蛋白质	脂多糖
来源	由某些革兰阳性菌或阴性菌分泌	由革兰阴性菌菌体裂解产生
耐热性	通常不耐热	极为耐热
毒性作用	特异性。为细胞毒素、肠毒素或神经毒素，对特定的细胞或组织发挥特定作用	全身性。致发热、腹泻、呕吐
毒性程度	高，往往致死	弱，很少致死
致热性	对宿主不致热	致热性，常致宿主发热
抗原性	强，刺激机体产生中和抗体(抗毒素)	较弱，免疫应答不足以中和毒性
能否产生类毒素	能，用甲醛处理可成为类毒素	不能

1. 外毒素

外毒素(exotoxin)主要是由多数革兰阳性菌和少数革兰阴性菌在生长繁殖过程中产生并释放到菌体外的毒性蛋白质。能产生外毒素的革兰阳性菌有破伤风梭菌、肉毒梭菌、产气荚膜梭菌、炭疽杆菌、链球菌、金黄色葡萄球菌等；革兰阴性菌有大肠埃希菌、霍乱弧菌、多杀性巴氏杆菌等。大多数外毒素在菌体内合成后分泌至胞外，若将产生外毒素细菌的液体培养基用滤菌器过滤除菌，即能获得外毒素。但也有不分泌的，只有当菌体细胞裂解后才释放出来，如大肠埃希菌的外毒素就属于这种类型。

外毒素的毒性作用强，小剂量即能使易感机体致死。如纯化的肉毒梭菌外毒素毒性最强，1 mg 可杀死 2 000 万只小鼠；破伤风毒素对小鼠的半数致死量为 10^{-7} mg；白喉毒素对豚鼠的半数致死量为 10^{-3} mg。

不同病原菌产生的外毒素，对机体组织器官的作用具有选择性，会引起特殊的病理变化。例如，破伤风梭菌产生的痉挛毒素选择性地作用于脊髓腹角运动神经细胞，引起骨骼肌的强直性痉挛；肉毒梭菌产生的肉毒毒素，选择性地作用于眼神经和咽神经，引起眼肌和咽肌麻痹。有些细菌的外毒素已证实为一种特殊的酶，如产气荚膜梭菌的 α 毒素是卵磷脂酶，作用于细胞膜上的卵磷脂，引起溶血和细胞坏死等。按细菌外毒素对宿主细胞的亲嗜性和作用方式不同，可分成神经毒素(如破伤风痉挛毒素、肉毒毒素)、细胞毒素(如白喉毒素、葡萄球菌毒性休克综合征毒素 1、链球菌致热外毒素)和肠毒素(如霍乱弧菌肠毒素、葡萄球菌肠毒素)三类，具体内容见表 2-4。

表 2-4 常见外毒素的种类和作用机制

外毒素	产生菌	所致疾病	致病机制
神经毒素			
破伤风痉挛毒素	破伤风梭菌	破伤风	阻断上下调节神经元间抑制性神经递质(γ 氨基丁酸和甘氨酸)的释放和传递
肉毒毒素	肉毒梭菌	肉毒中毒	抑制胆碱能运动神经释放乙酰胆碱
细胞毒素			
白喉毒素	白喉棒状杆菌	白喉	通过 ADP 核糖基化作用灭活 EF_2，阻止细胞蛋白质合成
致热外毒素	A 群链球菌	猩红热	破坏毛细血管内皮细胞。具有超抗原作用，诱导大量 IL-1 和 IL-2 的释放

续表 2-4

外毒素	产生菌	所致疾病	致病机制
百日咳毒素	百日咳鲍特菌	百日咳	通过 ADP 核糖基化作用激活腺苷环化酶；具有免疫致敏作用
表皮剥脱毒素	葡萄球菌	烫伤样皮肤综合征	毒素作为蛋白酶，分解皮肤细胞间桥小体核心糖蛋白
肠毒素			
霍乱弧菌肠毒素	霍乱弧菌	霍乱	激活肠黏膜腺苷环化酶，增高细胞内 cAMP 水平
产毒型大肠埃希菌肠毒素	产毒型大肠埃希菌	腹泻	不耐热肠毒素激活肠黏膜腺苷环化酶，提高细胞内 cAMP 水平；耐热肠毒素提高细胞内 cGMP
产气荚膜梭菌肠毒素	产气荚膜梭菌	食物中毒	整段肠毒素肽链嵌入细胞膜，破坏膜离子运输功能，改变膜的通透性
葡萄球菌肠毒素	葡萄球菌	食物中毒	作用于呕吐中枢具有超抗原作用

大多数外毒素由 A、B 两种亚单位组成。A 亚单位是外毒素的活性部分，决定其毒性效应，但 A 亚单位不能自行进入易感细胞；B 亚单位无毒，但能与宿主易感细胞表面的受体特异性结合，介导 A 亚单位进入细胞，使 A 亚单位发挥其毒性作用。所以，外毒素必须具备 A、B 两种亚单位时才有毒性。人们利用 B 亚单位与易感细胞受体结合后能阻止该受体再与完整外毒素分子结合这一特点，正在研制外毒素 B 亚单位疫苗以预防相应的外毒素性疾病。

一般来说外毒素是相对分子质量为 27 000～900 000 的蛋白质，可被蛋白酶分解，遇酸则发生变性，不耐热，一般 60～80 ℃经 10～80 min 即可失去毒性，但也有少数例外。如白喉毒素加热到 58～60 ℃经 1～2 h、破伤风毒素 60 ℃经 20 min 即可被破坏，但葡萄球菌肠毒素及大肠埃希菌肠毒素能耐 100 ℃ 30 min。

外毒素具有良好的免疫原性，可刺激机体产生特异性抗体，而使机体具有免疫保护作用，这种抗体称为抗毒素，抗毒素可用于紧急预防和治疗。外毒素经 0.3%～0.5%甲醛溶液于 37 ℃ 处理一定的时间后，使其失去毒性，但仍保留很强的抗原性，称为类毒素。类毒素注入机体后仍可刺激机体产生抗毒素，可作为疫苗进行免疫接种。

2. 内毒素

内毒素(endotoxin)是许多革兰阴性菌细胞壁中的结构成分，生活状态时不释放到外环境中，只有当菌体死亡破裂或用人工方法裂解细菌后才释放，故称为内毒素。大多数革兰阴性菌都能产生内毒素，如沙门菌、痢疾杆菌、大肠埃希菌等。内毒素也存在于螺旋体、衣原体和立克次体中。

内毒素是革兰阴性菌细胞壁的最外层成分，覆盖在坚韧细胞壁的肽聚糖上，主要成分为脂多糖。内毒素耐热，加热 100 ℃经 1 h 不被破坏，必须加热到 160 ℃经 2～4 h，或用强碱、强酸或强氧化剂煮沸 30 min 才能灭活。内毒素不能用甲醛脱毒制成类毒素，但能刺激机体产生具有中和内毒素活性的抗多糖抗体。

内毒素对组织细胞作用的选择性不强，不同革兰阴性菌内毒素的毒性作用大致相同，主要包括以下 4 个方面。

(1)发热反应。少量的内毒素(0.001 μg)注入机体,即可引起发热。自然感染时,因革兰阴性菌不断生长繁殖,同时伴有陆续死亡、释出内毒素,故发热反应将持续至体内病原菌完全消灭为止。内毒素能直接作用于体温调节中枢,使体温调节功能紊乱,引起发热;也可作用于中性粒细胞及巨噬细胞等,使之释放一种内源性致热原,作用于体温调节中枢,间接引起发热反应。

(2)对白细胞的作用。内毒素进入血流数小时后,能使外周血液的白细胞总数显著增多,这是因为内毒素刺激骨髓,大量白细胞进入循环血液的结果。部分不成熟的中性粒细胞也可进入循环血液。绝大多数被革兰阴性菌感染动物的血流中白细胞总数都会增加。

(3)弥散性血管内凝血。内毒素能活化凝血系统的Ⅻ因子,当凝血作用开始后,使纤维蛋白原转变为纤维蛋白,造成弥散性血管内凝血,之后由于血小板与纤维蛋白原大量消耗,以及内毒素活化胞浆素原为胞浆素,分解纤维蛋白,进而产生出血倾向。

(4)内毒素血症与内毒素休克。当病灶或血流中革兰阴性病原菌大量死亡,释放出来的大量内毒素进入血液时,可发生内毒素血症。内毒素激活了血管活性物质(如 5-羟色胺、激肽释放酶与激肽)的释放。这些物质作用于小血管造成其功能紊乱而导致微循环障碍,临床表现为微循环衰竭、低血压、缺氧、酸中毒等,最终导致休克,这种病理反应称为内毒素休克。

三、细菌致病性的确定

(一)经典科赫法则

著名的科赫法则(Kochs postulates)是确定某种细菌是否具有致病性的主要依据。其要点是:第一,特殊的病原菌应在同一疾病中检测到,而健康者体内不存在;第二,此病原菌能被分离培养而得到纯种;第三,此纯培养物接种易感动物,能导致同样病症;第四,在实验中感染的动物体内能重新获得该病原菌的纯培养物。

经典科赫法则在确定细菌病原性方面具有重要的意义,特别是在鉴定一种新的病原体时非常重要。但是,该法则也有一定的局限性,如只强调了病原菌的一方面,而忽略了其与宿主之间的相互作用,健康带菌或隐性感染,部分病原菌迄今仍无法在体外人工培养,有些病原菌无适用的易感动物等诸多情况。

(二)基因水平的科赫法则

随着分子生物学的发展,“基因水平的科赫法则”(Koch's postulates for genes)应运而生,取得共识的有以下几点。第一,应在致病菌株中检出某些基因或其产物,而无毒力菌株中无。第二,如有毒力菌株的某个基因被损坏,则菌株的毒力应减弱或消除,或者将此基因克隆到无毒菌株内,后者成为有毒菌株。第三,将细菌接种动物时,该基因应在感染的过程中表达。第四,在接种动物检测到该基因产物的抗体,或产生免疫保护。该法则也适用于细菌以外的微生物,如病毒。

四、细菌毒力的测定

在实际工作中，毒力的测定显得特别重要，尤其是在疫苗和血清效价测定及药物疗效研究等工作中，必须先测定病原菌的毒力。毒力大小常用最小致死量、半数致死量、最小感染量和半数感染量来表示。

1. 最小致死量

最小致死量(minimum lethal dose，MLD)是指能使特定实验动物于感染后一定时限内发生死亡的最小活菌量或毒素量。

2. 半数致死量

半数致死量(median lethal dose，LD_{50})是指能使半数实验动物于感染后一定时限内死亡所需要的活菌量或毒素量。测定 LD_{50} 应选取品种、年龄、体重乃至性别等各方面都相同的易感动物，分成若干组，每组数量相同，以递减剂量的微生物或毒素分别接种于各组动物，在一定时限内观察记录结果，最后以生物统计学方法计算出 LD_{50}。由于半数是采用了生物统计学方法对数据进行处理，避免了动物个体差异造成的误差。

3. 最小感染量

最小感染量(minimum infectious dose，MID)是指能引起特定实验动物发生感染的最小活菌量。

4. 半数感染量

半数感染量(median infectious dose，ID_{50})是指能引起特定实验动物半数发生感染的活菌量。因有些病原微生物只能感染实验动物、鸡胚或细胞，但不导致死亡，只能用 ID_{50} 来表达毒力。测定 ID_{50} 的方法与测定 LD_{50} 的方法类似，只不过在统计结果时以感染者的数量代替死亡者数量。

技能一　显微镜油镜的使用与保养

【目的要求】

(1)可识别显微镜油镜镜头，能正确使用油镜并对其进行保养。

(2)能正确辨识细菌的基本形态、排列和特殊结构，并对其进行描述。

(3)建立爱护实验设备及规范操作的意识。

【实验原理】

观察细菌的形态与结构时，最常用的是油镜。油镜工作时，需在油镜与标本片之间滴加香柏油，香柏油对光线的折射率为 1.515，与玻璃对光线的折射率 1.52 相近，镜检时滴加香柏油的作用是使光源尽可能多地进入物镜中，避免光线通过折光率低的空气(折射率为 1.0)而散失，因而能提高物镜的分辨力，使物像明亮清晰(图 2-12)。

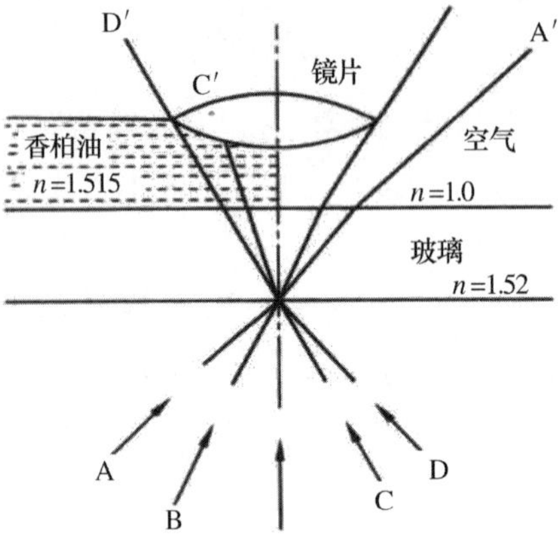

(1. 光线 C、D、C′、D′通过载玻片经香柏油折射，使进入物镜中的光线量较多；2. 光线 A、B、A′、B′通过载玻片经空气折射，使进入物镜中的光线量减少)

图 2-12　油镜的使用原理

【设备与材料】

普通光学显微镜、擦镜纸、香柏油、乙醇乙醚；球菌、杆菌、螺旋菌染色标本片。

【方法步骤】

一、油镜的识别

油镜是显微镜物镜的一种，通过下列特点鉴别。

(1)油镜一般是所有物镜中最长的，镜片是所有物镜中最小的。

(2)油镜头上标有其放大倍数“ 100× ”或“90×” 字样。

(3)国产显微镜多用“油”字表示，国外产品则常用“oil”或“HI”作记号。

(4)各物镜头上标有不同颜色的线圈以示区别，油镜一般标有白色线圈，使用时应先根据放大倍数熟悉线圈的颜色，以防用错物镜。

二、油镜的使用与保养

目前，所用的显微镜种类很多，尽管油镜的识别和原理是一致的，但在使用上与以上所述有不同，应注意灵活掌握，生产中使用较多的是电光源显微镜。

(一)使用

(1)放置。显微镜使用时应放置在洁净平稳的实验桌或实验台上。

(2)调节视野亮度。打开电源开关，尽量升高聚光器，放大光圈，调节亮度调节钮，使射入镜头的光线适中(明亮但不刺眼睛)。

(3)标本片的放置。将标本片固定于载物台正中，用低倍镜、高倍镜确定观察部位。

(4)滴加香柏油。在细菌标本片的欲观察部位滴加一滴香柏油，用片夹固定好玻片，将油镜头调到正中。

(5)镜检。缓慢转动粗准焦螺旋，使油镜头浸于油滴内，并几乎与玻片接触为止，但切勿使两者相碰，防止损伤镜头或压碎玻片。从目镜观察，轻轻转动粗调节器，看到物像时，再调换细准焦螺旋，使物像清晰。未能看到物像时，重复上述操作直到看到物像为止。

(6)观察物像。观察时，调换视野可调节推进器，使标本片前后、左右移动。如没有看清视野，按上述方法重做。

（二）保养

镜检完毕，转动粗调节螺旋将载物台下降，然后取出细菌标本片，用擦镜纸擦净镜头上的香柏油。如油已干在镜头上，可在擦镜纸上滴 1～2 滴乙醇乙醚擦拭，并立即用干擦镜纸拭净乙醇乙醚。最后把低倍镜转至中央，高倍镜和油镜转成“八”字形，使载物台和聚光器下降，关上电源，用绸布包好，放入镜箱，存放于阴凉干燥处，避免受潮生锈。

二维码 2-1　显微镜的使用

二维码 2-2　显微镜的使用及细菌形态学的观察

（三）细菌形态的观察与描绘

细菌的基本形态有球形、杆形、螺旋形，排列方式常见有单个散在、成双、成链、不规则排列等。细菌经革兰染色后可染成蓝紫色（G^+细菌）或红色（G^-细菌），经亚甲蓝染色后染成蓝色。

【注意事项】

香柏油的用量以 1～2 滴为宜。用量过多会浸染镜头，用量过少会使视野变暗，影响观察效果。

【考核标准】

序号	考核点		分值	标准	评分		
					自评	互评	师评
1	知识	油镜的原理	10 分	能正确区分三个物镜镜头并正确描述油镜作用机理。			
2		显微镜基本构造	10 分	能正确说出各部件的名称及作用。每部分错误扣 2.5 分，扣完为止。			
3	技能	拿取显微镜	5 分	右手握镜臂，左手托镜座。			
4		显微镜的摆放及镜检姿势与观察方式	10 分	镜座距台边 3.00～4.00 cm，镜身倾斜度不大；姿势端正；两眼同时睁开，左眼观察，右眼绘图。			
5		光源调节	10 分	光圈完全开放；聚光镜调节至与载物台一样高。			
6		低、高倍镜观察	10 分	先用低倍镜观察，再用高倍镜观察，正确升降镜筒，正确使用粗细调节器。			
7		油镜观察	10 分	正确降下镜头，使油镜浸在香柏油中及正确上升镜筒。			
8		显微镜保养	15 分	正确擦洗油镜镜头；各部分正确还原。每部分错误扣 4 分，扣完为止。			

续表

序号	考核点		分值	标准	评分		
					自评	互评	师评
9	素质	仪器设备使用记录的填写	5分	实验结束后，认真填写仪器设备使用记录。			
10		规范操作意识	5分	在操作过程中依照标准进行规范操作，有纠正违规操作意识。			
11		结束清场	5分	场地清理，卫生打扫，物品整理、复位。			
12		工作态度	5分	服从任务安排、遵守实验室行为规则。			
总分							

技能二 细菌标本片的制备及观察

【目的要求】

(1)能对不同类型细菌标本片进行制备。

(2)会进行细菌标本片的常规染色，并鉴别细菌的不同染色特性。

(3)具有细致认真的工作态度及反思改进的学习习惯。

【设备与材料】

酒精灯、接种环、载玻片、吸水纸、生理盐水、亚甲蓝染色液、革兰染色液、瑞氏染色液、染色缸、染色架、洗瓶、显微镜、香柏油、乙醇乙醚、擦镜纸、细菌培养物(如大肠埃希菌、葡萄球菌)、细菌病料、无菌镊子和剪刀、记号笔等。

【方法步骤】

一、不染色细菌标本片的检查

(一)压滴法

(1)制片。用接种环取一滴生理盐水和被检物(如被检测物为液体即可不用生理盐水)，放于载玻片中央位置，制成均匀的混悬液，再盖上盖玻片，菌液不溢出，也无气泡，放于显微镜下进行观察。

(2)观察。先用低倍镜找到合适位置，再用高倍镜进行观察，观察时要缩小光圈，下降聚光器使光线较弱，能够看到细菌的运动。

(二)悬滴法

(1)制片。先用接种环取一滴生理盐水，再取少量被检物，均放于清洁的盖玻片中央，如被检物为液体，可直接取一滴被检物放于盖玻片上，再将凹玻片的凹窝周围涂一薄层凡士林，将其凹面向下覆盖在盖玻片的菌液上，迅速翻转，使液滴向下，稍加轻压，使盖玻片与凹玻片的凹窝黏紧。此时悬滴标本片制备完成。

(2)观察。把制备好的悬滴标本放于显微镜的载物台上，先用低倍镜找到悬滴边缘，再换上高倍镜观察，观察应从边缘开始，仔细调节光线，可以看到细菌的运动。但应注意，不要将细菌在原位上的布朗运动误认为是细菌从一处向另一处的运动。本法一般不用油镜观察。

二、染色细菌标本片的检查

(一)细菌标本片的制备

1. 抹片

根据所用材料不同,抹片的方法也有差异。

(1)固体培养物。取洁净的玻片一张,把接种环在酒精灯火焰上烧灼灭菌后,取1～2环的无菌生理盐水,放于载玻片的中央,再将接种环灭菌,冷却后,从固体培养基上挑取菌落或菌苔少许,与水混匀,做成直径1 cm的涂面。接种环用后需灭菌。

(2)液体培养物。可直接用灭菌接种环取细菌培养液1～2环,在玻片上做成直径1 cm的涂面。

(3)液体病料(血液、渗出液、腹水等)。取一张边缘整齐的载玻片,用其一端蘸取血液等液体病料少许,在另一张洁净的玻片上,以45°角均匀推成一薄层的涂面。

(4)组织病料。以无菌剪刀、镊子剪取被检组织一小块,以其新鲜切面在玻片上做3～5个压印或涂抹成适当大小的薄层。

无论何种方法,切忌涂抹太厚,否则不利于染色和观察。

2. 干燥

涂片应在室温下自然干燥,必要时将涂面向上,置火焰高处微烤加热干燥。

3. 固定

固定的方法因染色方法不同而异。

(1)火焰固定。是最常用的方法,将干燥好的抹片涂面向上,在火焰上来回通过数次(一般4～6次),以手背触及玻片微烫手为宜。

(2)化学固定。有的血片、组织触片用吉姆萨染色时,要用甲醇固定3～5 min。

固定的目的是使菌体蛋白质凝固,形态固定,易于着色,并且经固定的菌体牢固黏附在玻片上,水洗时不易冲掉。

(二)常用的细菌染色方法

1. 亚甲蓝染色法

在经火焰固定的抹片上,滴加适量亚甲蓝染色液覆盖涂面,染色2～3 min,水洗,晾干或用吸水纸轻压吸干镜检,结果,菌体呈蓝色。

2. 革兰染色法

(1)在固定好的抹片上,滴加草酸铵结晶紫染色液,染1～3 min,水洗。

(2)加革兰碘液媒染,作用1～2 min,水洗。

(3)加95%乙醇脱色0.5～1 min,直至脱色乙醇液为无色,水洗。

(4)加稀释石炭酸复红或沙黄水溶液复染30s左右,水洗,吸干后镜检(图2-13)。

结果:革兰阴性菌呈红色,革兰阳性菌呈蓝紫色(图2-14)。

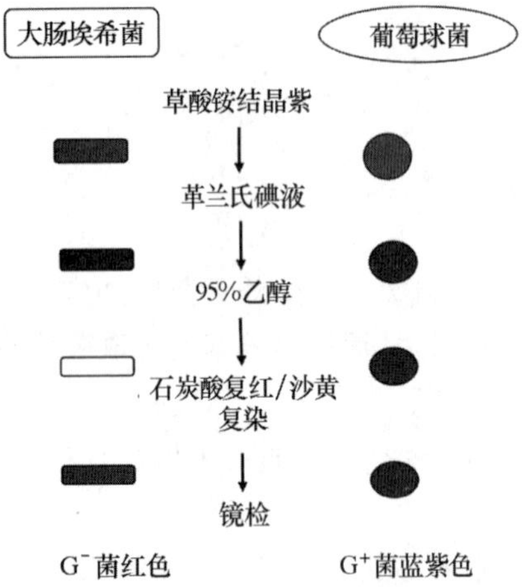

图 2-13 革兰染色法步骤

二维码 2-3 细菌的革兰染色及形态学观察

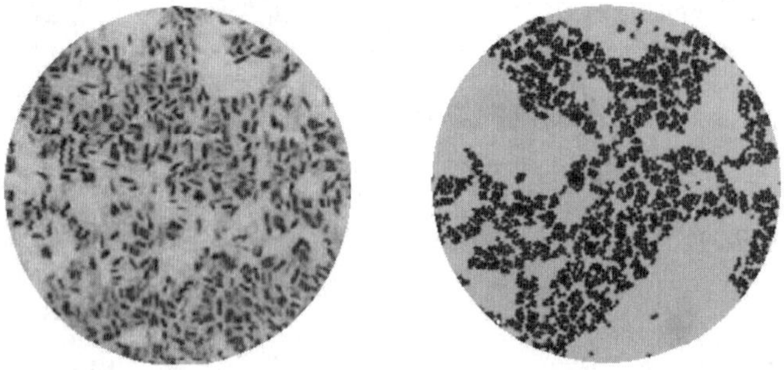

革兰阴性菌　　革兰阳性菌

图 2-14 革兰染色法结果示例

二维码 2-4 革兰染色法步骤及结果示例

3. 瑞氏染色法

细菌抹片自然干燥后，滴加瑞氏染色液于涂片上以固定标本，1～3 min 后，再滴加与染色液等量的磷酸盐缓冲液或中性蒸馏水于玻片上，轻轻摇晃使与染色液混合均匀，5 min 左右水洗，干燥后镜检，菌体呈蓝色，组织细胞的细胞质呈红色，细胞核呈蓝色。

4. 吉姆萨染色法

血片或组织触片自然干燥后，用甲醇固定 3～5 min，干燥后在其上滴加足量染色液或将抹片浸入盛有染色液的染缸里，染色 30 min，或者染色数小时或 24h，取出水洗，吸干或烘干，镜检。细菌呈蓝青色，组织细胞质呈红色，细胞核呈蓝色。

【注意事项】

1. 脱色程度与时间

如脱色时间过度，革兰阳性菌也可能被脱去颜色而被误认为是革兰阴性菌；相反，脱色时间不够，革兰阴性菌未被完全脱色而被认为是革兰阳性菌。脱色过程中乙醇冲洗的快慢、乙醇用量等因素对染色结果也有影响，可采取革兰阳性菌和革兰阴性菌的混合涂片，以资对照，减少误差。

2. 脱色过程

染色过程中勿使染色液干涸，用水冲洗后，尽量沥干残水，以免染色液被稀释影响染色效果。

3. 菌种挑选

选用培养 18～24 h 菌龄的细菌为宜。

【考核标准】

序号	考核点		分值	标准	评分		
					自评	互评	师评
1	知识	染色原理	10 分	能正确阐述细菌标本片制备及染色原理。			
2	技能	制片	20 分	滴加生理盐水不宜过多；无菌操作；涂片均匀，不可过厚。			
3		干燥与固定	10 分	玻片不能距离火焰太近，固定温度以玻片不烫手为宜，固定时间适宜。			
4		染色	20 分	标本片水平放置，滴加染液，掌握染色时间			
5		水洗与干燥	10 分	冲洗水流不宜过大，水由玻片上端流下，不要冲在涂片处，干燥用吸水纸吸干。			
6	素质	细致严谨的工作态度	10 分	能细致认真地完成细菌标本片制备及染色的每个环节。			
7		反思改进的学习习惯	10 分	针对细菌标本片制备结果的不足，能对操作环节进行反思，并有针对性地提出改进方法。			
8		生物安全意识	10 分	能进行无菌操作、对废弃物能正确消毒灭菌，每个步骤错误扣 2.5 分，扣完为止。			
总分							

技能三　常用培养基制备

【目的要求】

(1)熟悉培养基制备的基本程序，知道各类常见培养基的基本用途。

(2)会制备常用的培养基，会测定并矫正培养基的 pH。

(3)树立立足本职，服务大局的意识；强化协同合作的团队意识。

【设备与材料】

高压蒸汽灭菌器、电热干燥箱、微波炉、天平、量筒、漏斗、试管、培养皿、烧杯、三角烧瓶、精密 pH 试纸、纱布、牛肉膏、蛋白胨、琼脂粉、氯化钠、氢氧化钠等。

【方法步骤】

培养基制备的基本程序：计算→配料→溶化→测定及矫正 pH→过滤→分装→标记→灭菌→无菌检验→备用。

一、营养肉汤培养基

(1)成分：牛肉膏 3～5 g，蛋白胨 10 g，氯化钠 5 g，蒸馏水 1 000 mL。

(2)制法:将牛肉膏、蛋白胨、氯化钠加水后,加热溶解。矫正 pH 为 7.4～7.6,过滤分装。

(3)用途:可供一般细菌生长,同时也是制作一般培养基的基础原料。

二、营养琼脂培养基

(1)成分:肉膏汤 1 000 mL,琼脂粉 20～30 g。

(2)制法:将琼脂粉加入肉膏汤内,煮沸使其完全溶解,矫正 pH 7.4～7.6,过滤分装于试管或三角烧瓶中。可制成试管斜面、高层培养基或琼脂平板。

(3)用途:此培养基可供一般细菌的分离培养、提纯培养,观察菌落特征及保存菌种等,也可作为特殊培养基的基础原料。

三、半固体培养基

营养肉汤培养基中加入 0.3%～0.5%琼脂粉,用于菌种的保存或细菌运动性观察。

四、pH 的测定与矫正

(1)pH 的测定。pH 的测定有试纸法、标准比色管法(最常用溴麝香草酚蓝或酚红为指示剂)和酸度计(常用的参比电极为甘汞电极,指示电极多为玻璃电极)。

(2)pH 的矫正。如检测结果为酸性,滴加 1 mol/L 氢氧化钠中和酸。在滴加 1 mol/L 氢氧化钠后,应充分摇匀,再测定,直至调到 pH 在所需的范围内。

目前,常用的培养基均已商品化,不需要过滤、测定及矫正 pH,按说明使用即可。

五、分装

液体分装高度以试管高度的 1/4 左右为宜;半固体分装试管一般以试管高度的 1/3 为宜;固体分装量为管高的 1/5。平皿中培养基的厚度以 3～4 mm 为宜,三角瓶的装量以不超过其容积的一半为宜。

六、标记

在试管口、平皿盖边侧或包装纸上标明培养基名称、制备组别、姓名和日期等。

七、灭菌

上述培养基应按培养基配方中规定的条件及时进行灭菌。普通培养基为 121 ℃ 20 min,以保证灭菌效果和不损伤培养基的有效成分。培养基经灭菌后,如需要做斜面固体培养基,则灭菌后立即摆放成斜面(图 2-15),斜面长度一般以不超过试管长度的 1/2 为宜;半固体培养基灭菌后,垂直冷凝成半固体深层琼脂。

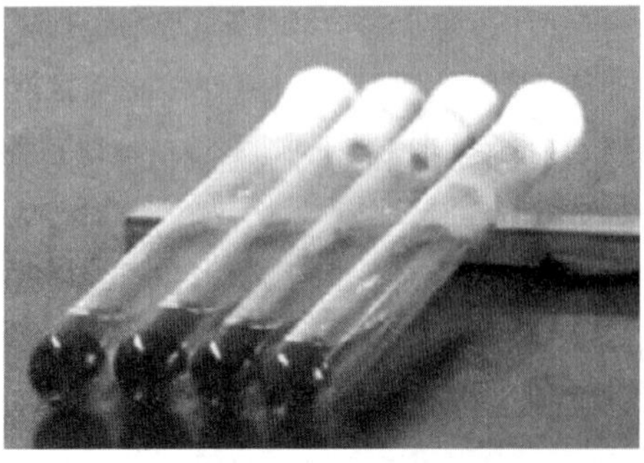

图 2-15 搁置斜面

二维码 2-5 细菌培养基的制备

二维码 2-6 搁置斜面彩图

八、无菌检查

灭菌后的培养基，一般需进行无菌检查。最好从中取出 1～2 管(瓶)，置于 37 ℃温箱中培养 1～2 d，确定无菌后方可使用。

【考核标准】

序号	考核点		分值	标准	评分		
					自评	互评	师评
1	知识	培养基的用途	5 分	能正确阐述不同物理性状培养基的用途。			
2		培养基制备程序	10 分	能正确阐述培养基制备的基本程序，错一步扣 0.5 分。			
3	技能	计算与称量	10 分	可依据预期培养基的用量，正确计算各组分用量、并准确量取。			
4		溶解	5 分	分步加水法，完全溶解培养基。过程中不出现溢出及煳底的情况。			
5		pH 的测定与矫正	10 分	可准确测定及矫正培养基的 pH。			
6		分装	10 分	可依据培养基的形状及用途选择适宜器皿进行合理分装。			
7		标记	10 分	在指定位置进行完整标记。每缺失一项扣 4 分。			
8		灭菌	10 分	依据培养基的特性选择适宜压力、温度及时间进行灭菌。可正确摆放灭菌后的物品。			
9		无菌检验	10 分	进行无菌检验，并对结果进行正确判断。			
10	素质	大局意识	10 分	能意识到培养基制备对细菌培养鉴定的重要性，能细致认真地完成培养基制备的每个环节。			
11		团队协作	10 分	积极参与小组任务，对小组任务具有一定贡献。			
总分							

技能四 细菌的分离移植及培养结果观察

【目的要求】

(1)能利用不同的被检材料进行细菌的分离培养。

(2)能正确辨识细菌在固体、液体培养基中的生长表现，并能够进行移植培养。

(3)树立无菌操作意识。

【设备与材料】

生化培养箱、病料、实验用菌种、营养琼脂培养基、肉渣汤(疱肉)培养基、接种环、酒精灯、烙刀、镊子、剪子等。

【方法步骤】

一、细菌的分离培养

(一)平板划线分离培养

平板划线法是通过将被检材料连续划线而获得单个菌落,因而划线越长,获得单个菌落的机会也越多,本方法多用于细菌的分离鉴定、细菌药敏试验等。以四区划线法为例,简述其操作过程(图 2-16)。

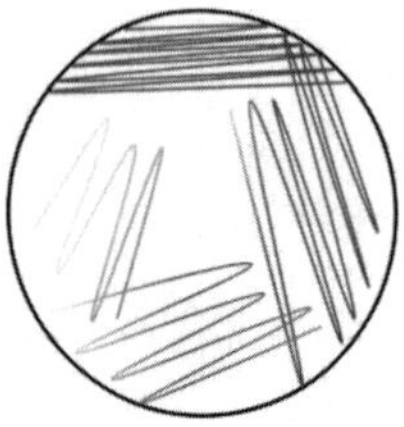

图 2-16　四区划线法示意图

二维码 2-7　细菌的划线分离

(1)若为液体病料,可直接用灭菌的接种环取一环病料;若为固体病料,首先将烙刀在酒精灯上灭菌,并立即用其将病料表面烧烙灭菌,然后用灭菌接种环从烧烙部位插入组织中缓缓转动接种环,取少量组织或液体。

(2)在酒精灯火焰左前上方,打开平皿盖使平板面向火焰,以免空中杂菌落入,另一手将已沾菌的接种环在琼脂表面密集而不重叠地来回划线,面积约占整个平板的 1/6～1/5,此为第一区。划线时接种环与培养基呈 30°～40°角轻轻接触,利用腕力滑动,切忌将其划破。

(3)接种环上多余的细菌可烧灼灭菌(每划完一个区域是否需要烧灼灭菌视标本中含菌量多少而定),待冷却后,在划线末端重复 2～3 根线后,再划下一区域(约占 1/4 面积),此为第二区。

(4)第二区划完后可不烧灼接种环,用同样方法划第三区、第四区,划满整个平皿。

(5)划线完毕,将平板扣入皿盖并做好标记,37 ℃温箱倒置培养 18～24 h 观察琼脂表面菌落分布情况,注意是否分离出单个菌落,并记录菌落特征。

在操作过程中需要注意:做平板划线的接种环要圆滑,接种时接种环与培养基的夹角要小。划线动作要轻巧,划线尽量保持平行;划线过程中不宜过多重复旧线,以免形成菌苔(药敏试验除外)。

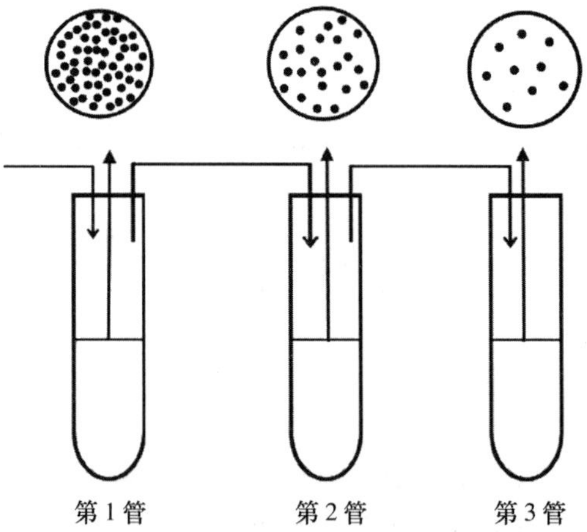

图 2-17　倾注分离法

(二)倾注分离培养

倾注分离法常用于细菌的分离培养及细菌计数(图 2-17)。

(1)把已熔化的高层琼脂试管放在试管架上置 50 ℃水浴箱中。

(2)取待检材料或其他分离对象 0.1 mL,加入事先装有 0.9 mL 灭菌肉汤或生理盐水的试管中,做 10 倍系列稀释。操作过程如表 2-5 所示。

表 2-5 细菌倾注分离培养操作术式

管号	1	2	3	4	5	6	7	8
灭菌肉汤或生理盐水	0.9	0.9	0.9	0.9	0.9	0.9	0.9	0.9
待检材料	0.1	0.1	0.1	0.1	0.1	0.1	0.1	0.1
稀释倍数	10^{-1}	10^{-2}	10^{-3}	10^{-4}	10^{-5}	10^{-6}	10^{-7}	10^{-8}

(3)根据待检材料(分离对象)中菌体数量的多少决定取哪一个稀释度,假定稀释度为 10^2～10^4 为宜,则取 9 个无菌平皿,每 3 个平皿为一个稀释度,并用记号笔标明,每一平皿取对应稀释度的待检材料 0.1 mL,然后取 50 ℃左右的琼脂分别倾入加有定量待检材料平皿中,立即混匀,冷却凝固后,置 37 ℃温箱中培养,培养 24～48 h 后取出,进行观察计数。

在操作过程中需要注意:稀释度的选择要适中,若稀释度过大,则可能分离不到细菌,若稀释度过小,则会由于菌体数目过多而分离不到单个菌落。

(三)厌氧菌的分离培养

厌氧菌的分离培养常用肉渣汤(疱肉培养基)培养法。先将试管倾斜,使培养基表面露出一点,然后接种被检材料或菌种,接种后将试管直立,即封闭液面。最后置 37 ℃温箱中培养 24～48 h。

二、细菌的移植

(一)液体接种

本方法主要用于细菌的扩增及生化试验。

(1)右手执笔式握住接种环,灭菌冷却后取单个菌落。

(2)左手拇指、食指、中指托住液体培养基之下端,右手小指和无名指(或手掌)拔取试管塞,将管口移至火焰上旋转烧灼。

(3)将沾菌的接种环移入培养基管中,在液体偏少侧接近液面的管壁上轻轻研磨,蘸取少许液体与之调和,使菌液混合于培养基中。

(4)管口通过火焰,塞好试管塞,将接种环灭菌后放下,经 37 ℃温箱培养 18～24 h,取出观察生长情况。

本操作中需注意:拔取试管塞时一定要缓慢拔出,以免液体溅出;接种完毕后要轻微振荡,使细菌均匀分布。

(二)穿刺接种

本方法多用于检查细菌运动性、个别生化试验、菌种的保存。

(1)以无菌操作用接种针挑取单个菌落,立即垂直插入培养基中心至接近管底处,原路退回。

(2)管口通过火焰,塞上棉塞,接种针灭菌后放下。试管置 37 ℃温箱培养 18～24 h,取出后对光观察穿刺线上细菌生长情况。细菌有无向周围扩散生长,穿刺线是否清晰等。

本操作中需注意:穿刺线尽可能直,并原路退出,不可穿透管底。

(三)斜面培养基接种法

本方法常用于扩大纯种细菌、实验室保存菌种、三糖铁试验(图 2-18)。

二维码 2-8 细菌的斜面接种法(彩图)

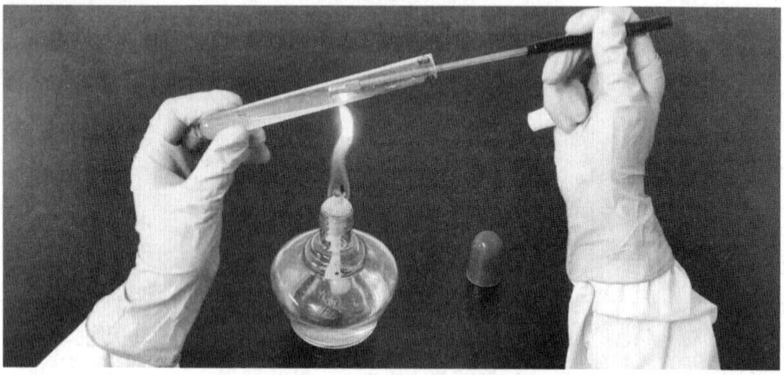

图 2-18 细菌的斜面接种法

(1)以无菌操作法,用接种环挑取单个菌落,自斜面底向上划一直线,然后再从底向上轻轻来回做蜿蜒划线(三糖铁试验还需穿刺)。

(2)管口通过火焰,塞上试管塞,待接种环烧灼后方可放下。置 37 ℃温箱培养 18～24 h,取出观察斜面上菌苔生长情况。本操作中需注意:划线不宜用力过猛,以免划破培养基。

三、细菌在培养基中生长特性的观察

(一)琼脂平板培养基

主要观察细菌在培养基上形成菌落的特征。

(1)大小:以直径(mm)表示,小菌落如针尖大,大菌落为 5～6 mm,甚至更大。

(2)形状:有圆形、不规则形、针尖状、露滴状、同心圆形、根足形等。

(3)边缘:有整齐、波浪状、锯齿状、卷发状等。

(4)表面形状:光滑、粗糙、同心圆状、放射状、皱状、颗粒状等。

(5)湿润度:湿润、干燥。

(6)隆起度:表面隆起、轻度隆起、中央隆起、脐状、扣状、扁平状。

(7)色泽和透明度:色泽有无色、白色、黄色、橙色、红色等;透明度有透明、半透明、不透明等。

(8)质地:分坚硬、柔软或黏稠等。

(9)溶血性:菌落周围有无溶血环。有透明的溶血环称为 β 型溶血;呈很小的半透明草绿色的溶血环称为 α 型溶血;不溶血的称为 γ 型溶血。

(二)肉汤培养基

(1)浑浊度:有高度浑浊、轻微浑浊或仍保持透明者。

(2)沉淀:管底有无沉淀,沉淀物是颗粒状或棉絮状等。

(3)表面:液面有无菌膜,管壁有无菌环。

(4)色泽:液体是否变色,如绿色、红色等。

(三)半固体培养基

具有鞭毛的细菌,沿穿刺线向周围扩散生长,无鞭毛的细菌沿穿刺线呈线状生长。

【考核标准】

序号	考核点		分值	标准	评分		
					自评	互评	师评
1	知识	培养基分类	10 分	能正确阐述培养基的物理分类及各类的培养基适用范围。			
2		细菌培养性状	10 分	能正确阐述细菌不同培养性状在细菌鉴定中的意义。			
3	技能	培养基的选择	10 分	能依据检测材料及检测目的选择适宜的培养基。			
4		细菌的分离	10 分	能依据检测材料及检测目的选择适宜的细菌分离方法并正确操作。			
5		细菌培养性状观察	20 分	对不同培养基下细菌培养性状能正确描述。缺少一项扣 2.5 分。			
6		细菌的移植	10 分	能依据细菌的扩增及生化试验内容,正确进行细菌的移植。缺少一步扣 2.5 分。			
7	素质	无菌操作意识	10 分	在细菌分离、移植及培养性状观察等环节全程保持无菌操作。			
8		反思改进的学习习惯	10 分	针对细菌培养结果的不足,能对操作环节进行反思,并有针对性地提出改进方法。			
9		生物安全意识	10 分	能进行无菌操作、对废弃物能正确消毒灭菌,每缺一项扣 2.5 分,扣完为止。			
总分							

技能五　细菌的生物化学检测

【目的要求】

(1)了解细菌生化试验在细菌鉴定中的意义,理解细菌鉴定中常用的生化试验原理。

(2)掌握细菌鉴定中常用的生化试验操作方法和结果判定方法。

(3)强化实事求是的基本职业素养及观察、分析的科学思维方法。

【设备与材料】

恒温培养箱、接种环、酒精灯、蛋白胨水培养基、糖发酵培养基、葡萄糖蛋白胨水培养基、醋酸铅蛋白胨水培养基、柠檬酸盐琼脂斜面培养基、MR 试剂、VP 试剂、靛基质试剂、细菌的 24 h 纯培养物等。

【方法步骤】

一、糖发酵试验

1. 原理

细菌分解糖的能力是受遗传基因控制的,是细菌含有直接分解糖的酶或诱导产生的酶作用的结果，是细菌种的特征性表现，可帮助细菌的鉴定。含糖培养基中含有指示剂，细菌分解糖后可产生有机酸或二氧化碳和水，产酸可通过培养基中的指示剂的颜色变化来检查；产气可通过气泡在半固体培养基中或固体培养基中形成破裂来检查。

2. 培养基

糖发酵培养基。

3. 方法

将纯培养基接种于各种糖培养基中，置 37 ℃培养 1～7 d，大多数细菌在 24 h 内即可产生结果。

4. 结果判定

培养基颜色变黄，说明产酸，标记为“＋”；培养基颜色变黄，半固体培养基内有气泡或破裂，说明产酸产气，标记为“⊕”；培养基颜色无变化，标记为“－”。

二、甲基红(MR)试验

1. 原理

甲基红为一种指示剂，变色范围为 pH 4.4(红色)至 pH 6.2(黄色)。有些细菌分解葡萄糖产生大量的丙酮酸，进一步分解产生甲酸、乙酸、乳酸和琥珀酸等，使培养基 pH 维持在 4.4 以下，从而使培养基中的甲基红指示剂呈现红色反应，为甲基红(MR)试验阳性。若细菌产酸较少或因产酸后很快转化为其他物质(如醇、醛、酮、气体和水)，使 pH 在 6.2 以上，则甲基红指示剂呈黄色，为 MR 试验阴性。

2. 培养基(0.5%葡萄糖蛋白胨水培养基)

(1)成分：蛋白胨 1 g、葡萄糖 1 g、磷酸氢二钾 1 g、蒸馏水 200 mL。

(2)制法：将上述成分依次加入蒸馏水中，加热溶解后测定并矫正 pH 为 7.4，过滤后分装于试管中，113 ℃高压蒸汽灭菌 20 min 即可。

3. 试剂

甲基红 0.1 g，溶于 95%酒精 300 mL 中，再加蒸馏水 200 mL 即成。

4. 方法

将纯培养的待检菌接种于葡萄糖蛋白胨液中，37 ℃培养 3～5 d，从第 2 天起，每日取培养液 1 mL，加甲基红指示剂 1～2 滴，充分振摇试管，观察结果。

5. 结果判定

培养基颜色变红色为阳性，标记为“＋”；培养基颜色变橘红色到黄色为阴性，标记为“－”。

三、维培(VP)试验

1. 原理

某些细菌在葡萄糖蛋白胨水培养基中能分解葡萄糖产生丙酮酸，丙酮酸脱羧成乙酰甲基甲醇，后者在强碱环境下，被空气中氧氧化为二乙酰，二乙酰与蛋白胨中的胍基生成红色化合物称为 VP 试验。

2. 培养基(0.5%葡萄糖蛋白胨水培养基)

制法同甲基红试验。

3. 试剂

(1)甲液：50 g/L α-萘酚无水乙醇溶液。

(2)乙液：400 g/L 氢氧化钾溶液(含 3 g/L 肌酸或肌酐)。

4. 方法

将纯培养的待检菌接种于葡萄糖蛋白胨液中，于 37 ℃培养 48 h，每 1 mL 培养液加入甲液 0.6 mL，乙液 0.2 mL，充分振摇试管，观察结果。

5. 结果判定

与甲基红试验相同。

四、吲哚试验(靛基质试验)

1. 原理

细菌分解蛋白胨中的色氨酸，产生吲哚，与对二甲氨基苯甲醛作用后，形成红色玫瑰吲哚。

2. 培养基(蛋白胨水培养基)

(1)成分：蛋白胨 1.0 g、氯化钠 0.5 g、蒸馏水 100 mL。

(2)制法：将蛋白胨及氯化钠加入蒸馏水中，充分溶解后，测定并矫正 pH 为 7.6，滤纸过滤后分装于试管中，以 121.3 ℃高压蒸汽灭菌 20 min 即可。

3. 试剂

对二甲氨基苯甲醛 1 g、95%乙醇 95 mL、浓盐酸 50 mL。将对二甲氨基苯甲醛溶于乙醇中，再加入浓盐酸，避光保存。

4. 方法

取待测细菌接种在蛋白胨水中，置 37 ℃温箱培养 1～2 d，沿试管壁向培养物中慢慢加入 2%对二甲氨基苯甲醛酒精液 1.0 mL，不要摇动，使其形成明显两层，即试剂重叠于培养物之上，观察培养物与试剂交界面上的变化。

5. 结果判定

液体颜色变红者为阳性反应，不变色者为阴性反应。

五、硫化氢试验

1. 原理

细菌能分解含硫的氨基酸，如胱氨酸、半胱氨酸等，产生硫化氢。产生的硫化氢遇到培养基中的重金属盐类(铅、铁等)化合物，生成黑色的硫化铅或硫化铁沉淀。

2. 培养基(醋酸铅琼脂培养基)

(1)成分：pH 7.4 普通琼脂 100 mL、硫代硫酸钠 0.25 g、10%醋酸铅水溶液 1.0 mL。

(2)制法：普通琼脂加热熔化后，加入硫代硫酸钠，混合，以 121.3 ℃高压蒸汽灭菌 20 min，保存备用。应用前加热熔化，加入灭菌的醋酸铅水溶液，混合均匀，无菌操作分装试管，做成醋酸铅琼脂高层，凝固后即可使用。

3. 方法

取细菌纯培养穿刺接种于醋酸铅琼脂内，于 37 ℃培养 1～2 d，如沿穿刺线有黑褐色者，即为硫化氢阳性反应。为了便于观察，应沿管壁穿刺接种。

4. 结果判定

培养基变黑者为阳性，不变者为阴性。

本试验也可用浸渍醋酸铅的滤纸条进行。将滤纸条浸渍于10%醋酸铅水溶液中，取出夹在已接种细菌的琼脂斜面培养基试管壁与棉塞间，如细菌产生硫化氢，则滤纸条呈棕黑色，为阳性反应。

六、明胶液化试验

1. 原理

某些细菌有蛋白酶，可以分解蛋白质，使不能吸收的蛋白质变为可以摄入的多肽或氨基酸，明胶酶是一种胞外酶，可以使明胶分解而失去凝固力。

2. 培养基

营养明胶穿刺培养基(pH 6.8)。将120 g明胶加入1 000 mL蒸馏水中，加热(50 ℃)使明胶熔化，加入3 g牛肉浸膏和5 g蛋白胨，再加热(50 ℃)熔化，调pH至6.8～7.0，每支试管分装4～5 mL，121.3 ℃、103 kPa高压灭菌15 min，凝固成高层，4～10 ℃冰箱保存备用。

3. 方法

用接种针挑取待检菌18～24 h培养物，穿刺接种于营养明胶穿刺培养基，穿刺深度达1.25～2.5 cm，同时设立对照(不接种细菌)，置22～25 ℃或35 ℃下培养24 h至14 d，观察生长(浑浊)和液化情况。在培养期间，每24 h取出试管放入冰箱内约2 h，检查明胶是否液化，1次/d，直到满2周，除非发生液化。

4. 结果判定

营养明胶穿刺培养基如置35 ℃下培养，需在室温下冷却培养基后再做判定。培养基液化，对照管培养基仍呈固态，结果判定为阳性；培养基与对照管均呈固态，结果判定为阴性。

七、枸橼酸盐利用试验

1. 原理

本试验是测定细菌能否单纯利用枸橼酸钠为碳源和利用无机铵盐为氮源而生长的一种试验。如利用枸橼酸钠则生成碳酸盐使培养基变碱，指示剂溴麝香草酚蓝由淡绿色转变成深蓝色；若不能利用，则细菌不生长，培养基仍呈原来的淡绿色。

2. 培养基(枸橼酸盐琼脂)

(1)成分：磷酸二氢铵0.1 g、硫酸镁0.01 g、磷酸氢二钾0.1 g、枸橼酸钠0.2 g、氯化钠0.5 g、琼脂2.0 g、蒸馏水100 mL、0.5%BTB(溴麝香草酚蓝)乙醇溶液0.5 mL。

(2)制法：将各成分溶解于蒸馏水中，测定并矫正pH为6.8，加入BTB乙醇溶液后呈淡绿色，分装于试管中，灭菌后摆放斜面即可。

3. 方法

将待鉴别细菌的纯培养物接种于枸橼酸钠培养基上，置37 ℃恒温箱培养18～24 h，观察结果。

4. 结果判定

细菌在培养基上生长并使培养基转变为深蓝色者为阳性；没有细菌生长，培养基仍为原来颜色者为阴性。

八、氧化酶试验

1. 原理

氧化酶又称细胞色素氧化酶，是细胞色素呼吸酶系统的终末呼吸酶。做氧化酶试验时，此酶并不直接与氧化酶试剂反应，而是先使细胞色素 C 氧化，然后氧化型细胞色素 C 再与试剂氧化，产生颜色反应。所以，阳性反应仅限于那些能够在氧气存在下生长的同时产生细胞内细胞色素氧化酶的细菌。

2. 培养基

普通琼脂培养基。

3. 试剂

1%盐酸四甲基对苯二胺水溶液，配好后，置褐色瓶内，避光冰箱保存，一般可用 2～4 周。

4. 方法

取白色滤纸一角，蘸取菌落少许，加试剂一滴。也可将试剂直接滴于普通琼脂平板 37 ℃培养后长成的菌落上。

5. 结果判定

阳性者立即呈粉红色，然后变为深红色，5～10 s 内呈深紫色。

二维码 2-9　细菌的生化试验

【考核标准】

序号	考核点		分值	标准	评分		
					自评	互评	师评
1	知识	实验原理	10 分	可正确阐述该项生化实验原理。			
2	技能	培养基的选择	10 分	可依据实验目的正确选择生化培养基。			
3		无菌操作	10 分	在生化实验过程中可始终保持无菌操作。			
4		接种培养	20 分	用正确方法将目标菌接种于生化培养基中。			
5		结果判断	20 分	可正确判断该生化试验的结果。			
6	素质	科学思辨能力	10 分	能细致认真地完成细菌生化实验的每个项目，能对检测结果如实记录并对结果进行综合分析。			
7		生物安全意识	10 分	接触过细菌的器材选择适宜方式进行灭菌，操作环境进行消毒处置。			
8		科学应用能力	10 分	针对不同类型细菌可选择合适的生化实验项目进行鉴定。			
总分							

内容小结

- 细菌基本知识
  - 细菌的形态与结构
    - 细菌的大小与形态
    - 细菌的基本结构
    - 细菌的特殊结构
    - 细菌形态与结构的观察
  - 细菌的营养代谢
    - 细菌的营养
    - 细菌的新陈代谢
  - 细菌的繁殖
    - 细菌的生长繁殖
    - 细菌的人工培养
  - 细菌的致病性
    - 细菌的致病性与毒力
    - 构成病原菌毒力的因素
    - 细菌致病性的确定
    - 细菌毒力的测定
  - 显微镜油镜的使用与保养
  - 细菌标本片的制备及观察
  - 常用培养基制备
  - 细菌的分离移植及培养结果观察
  - 细菌的生物化学检测

思政园地

躬行求真　科学严谨

罗伯特·科赫(Robert Koch)是德国医生和细菌学家,是世界病原细菌学的奠基人和开拓者。

他通过观察,努力理解微生物的生理特性,不断挑战原有的理论和观点,勇于提出自己的假设,并通过实验来验证。1876 年,在不断的尝试下,科赫分离出了炭疽杆菌,这是人类第一次证明一种特定的细菌是引起一种特定的传染病的病因。1882 年,他成功地分离出危害人类健康最甚的结核病的致病因素——结核分枝杆菌,并论证了它的致病机理。1890 年,他培养出结核菌素,用来诊断和治疗结核病,为人类健康防控做出了宝贵的贡献。基于科赫在微生物研究中的伟大贡献,使其被后人尊为“细菌学之父”,并因结核病研究荣获诺贝尔生理学或医学奖。

无论是创新细菌学科研技术,还是揭开未知病因疾病的神秘面纱,科赫都是通过严谨的实验研究来检验自己的假设。他的研究方法严谨科学,注重实证。通过分离、培养和纯化微生物,使研究者能够更准确地观察和理解微生物的特性,理解自然界中的现象。总结自己的工作经验,他提出了著名的“科赫法则”。该法则为微生物学研究提供了严谨的科学基础,使微生物学的研究更加系统化和标准化,不仅为后来的研究者提供了新的思路和方法,为疾病预防和治疗提供了重要的依据,也由此开启了病原细菌学和流行病学的新领域,对人类及动物的健康产生了深远的影响。

思考

结合细菌学实验工作,请同学们仔细思考,该秉持怎样的工作态度和科学素养才能帮助小组成功地完成各项实验任务呢?

学习测试

一、单项选择题

1. 下列属于细菌特殊结构的是(　　)。

A. 核质　　B. 鞭毛　　C. 细胞壁　　D. 细胞质

2. 使细菌在外界不良环境中具有强大抵抗力的结构是(　　)。

A. 菌毛　　B. 芽孢　　C. 鞭毛　　D. 荚膜

3. 一般认为,革兰染色的机理与细菌结构和组成有关的是(　　)。

A. 细胞壁　　B. 鞭毛　　C. 荚膜　　D. 芽孢

4. G^+ 菌细胞壁的主要成分是(　　)。

A. 肽聚糖　　B. 脂多糖　　C. 核酸　　D. 鞭毛

5. 细菌生长繁殖过程中对抗生素最敏感的时期是(　　)。

A. 对数期　　B. 迟缓期　　C. 稳定期　　D. 衰老期

6. 下列属于鉴别培养基的是(　　)。

A. 营养肉汤　　B. 麦康凯培养基

C. 半固体培养基　　D. 血琼脂培养基

二、多项选择题

1. 下列与细菌毒力密切相关的结构和物质有(　　)。

A. 荚膜　　B. 菌毛　　C. 外毒素　　D. 胞外酶

2. 细菌细胞膜的功能包括(　　)。

A. 物质交换作用　　B. 呼吸作用

C. 合成和分泌作用　　D. 物质转运

3. 关于菌毛的叙述,正确的有(　　)。

A. 可借助光学显微镜观察

B. 分为普通菌毛和性菌毛两种

C. 普通菌毛与细菌的黏附有关

D. 性菌毛与细菌的繁殖有关

4. G^+ 菌肽聚糖的组成包括(　　)。

A. 聚糖链支架　　B. 四肽侧链　　C. 脂质双分子层　　D. 交联桥

5. 芽孢抵抗力强的原因是(　　)。

A. 具有多层致密的芽孢膜,理化因素不易透入

B. 代谢极低

C. 含水量小,蛋白质受热不易变性

D. 含酸溶性芽孢小蛋白

6. 关于鞭毛的叙述,正确的是(　　)。

A. 是细菌的运动器官　　B 由鞭毛蛋白构成

C. 具有抗原性　　D. 具有抗吞噬作用

7. 下列属于细菌生长繁殖时期的有(　　)。

A. 迟缓期　　B. 对数期　　C. 稳定期　　D. 衰老期

8. 细菌的特殊结构有(　　)。

A. 荚膜　　B. 芽孢　　C. 质粒　　D. 鞭毛

三、判断题

1. 类毒素可刺激抗体产生抗毒素,因此可用于治疗由外毒素所致的疾病。(　　)
2. 革兰阳性菌和革兰阴性菌的主要区别是细胞壁是否含有肽聚糖。(　　)
3. 根据细菌形态的不同,可将细菌分为球菌和杆菌两大类。(　　)
4. 绝大多数感染动物的细菌都属于寄生菌,最适生长温度为37 ℃。(　　)
5. 芽孢有极强的抗热、抗辐射、抗化学物的能力,同时具有繁殖功能。(　　)
6. 对细菌标本片进行染色时都需要进行固定。(　　)
7. 流通蒸汽灭菌法不仅可以杀死细菌的繁殖体,还可以杀死细菌的芽孢。(　　)
8. 外毒素经0.3%～0.5%甲醛溶液于37 ℃处理一定的时间后,使其失去毒性,但仍保留很强的抗原性,称为类毒素。(　　)

四、简答题

1. 什么是革兰染色?有何意义?其染色机制如何?
2. 以表格形式,分析比对革兰阳性菌与阴性菌细胞壁结构的异同点。
3. 以表格形式,分析比对细菌基本结构与特殊结构的基本特性。
4. 细菌的生长繁殖需要具备哪些基本条件?
5. 举例说明细菌分解代谢产物在细菌鉴定中的应用。

二维码 2-10　项目二学习测试参考答案

项目三
病毒基本知识

项目导学

<table>
<tr><td>学习项目</td><td colspan="3">病毒基本知识</td></tr>
<tr><td colspan="4">学习目标</td></tr>
<tr><td>知识目标</td><td colspan="2">技能目标</td><td>素质目标</td></tr>
<tr><td>1.熟悉病毒概念、特点、结构及化学组成。
2.熟悉病毒培养的方法。
3.理解病毒复制的基本过程。
4.了解理化因素对病毒的影响。
5.掌握病毒的干扰现象、血凝现象及其实践应用。
6.理解病毒致病性的作用机理。</td><td colspan="2">1.能依据病毒特性选择适宜方法进行病毒培养。
2.掌握病毒细胞培养技术。
3.掌握病毒的禽胚培养技术。</td><td>1.养成运用知识及技能指导生产实践的意识。
2.建立实验动物伦理意识，能尊重动物的生命和权益，善待实验动物。
3.培养不迷信权威，开拓创新、敢为人先的理念。</td></tr>
<tr><td colspan="4">导学问题</td></tr>
<tr><td colspan="4">1.病毒与细菌的区别有哪些方面？
2.病毒人工培养三种方式各自的优缺点是什么？
3.病毒的干扰现象及干扰素的现实意义是什么？
4.病毒的血凝及血凝抑制现象的作用机理是什么？
5.病毒对机体发挥致病作用的机理是什么？</td></tr>
<tr><td colspan="4">学习安排</td></tr>
<tr><td colspan="4">1.以4～6人为一小组，完成本项目学习。
2.课前以小组为单位，查阅相关资料，完成问题的回答，并将答案反馈于线上教学系统。
3.课前以小组为单位，将本项目学习的疑难点，反馈于线上教学系统。
4.学习病毒禽胚培养技术的规范操作、病毒血凝及血凝抑制实验技术及结果判断。
5.课后以个人为单位，限时完成本项目的在线测试。</td></tr>
<tr><td colspan="4">学习评价</td></tr>
<tr><td>自我评价(20%)</td><td>小组评价(20%)</td><td>教师评价(60%)</td><td>总评</td></tr>
<tr><td></td><td></td><td></td><td></td></tr>
<tr><td colspan="4">学习反思</td></tr>
<tr><td colspan="4"></td></tr>
</table>

病毒是一种非细胞型微生物，广泛分布于地球上的各个生态系统，从海洋到陆地、从动植物到微生物，几乎无处不在。在自然界中，病毒有助于控制宿主种群的数量，影响生态系统的稳定，在维持生态平衡、调节生物多样性等方面发挥着重要作用。此外，病毒在基因传递、基因演化等方面也具有重要作用，促进了生物的多样性和适应性。然而，一些病毒具有显著致病作用，有的可以导致各种传染性疾病，如流感病毒、狂犬病病毒、口蹄疫病毒等；有的可引发肿瘤，如鸡马立克病病毒、禽白血病病毒等。病毒不仅能对畜牧业造成重大的经济损失，同时也能给人类的健康造成较大的危害，因此做好病毒性疾病的防治工作，对畜牧生产及人类健康都具有十分重要的意义。

综上所述，病毒在自然界中广泛分布，既有益于生态平衡和遗传多样性的维持，又可对宿主生物和人类健康构成危害。深入研究病毒的生物学特性，有助于更好地理解病毒的益处和危害，从而为病毒防控、医学研究以及生态平衡的维护提供科学支持。

任务一　病毒的形态与结构

一、病毒的认知

病毒是一类只能在活的细胞内寄生的非细胞型微生物。与其他微生物不同，病毒在化学组成和增殖方式上独具特点：①病毒只含一种核酸（DNA 或 RNA）；②病毒缺乏完整代谢过程的酶系统，不能在无生命的培养基上生长，是严格细胞内寄生的微生物；③病毒的增殖方式是复制；④病毒无细胞壁，也不进行代谢活动，对一般抗生素和阻断代谢途径的药物均不敏感，但受干扰素影响。

病毒的种类繁多，其分类方式也较为多样。依据其核酸类型可以将其分为 DNA 病毒和 RNA 病毒。依据其感染对象的不同，可分为感染动物细胞的动物病毒，感染植物细胞的植物病毒和感染细菌、真菌、支原体等微生物的噬菌体。还可依据病毒的形态与结构、核酸与多肽、复制以及对理化因素的稳定性等诸多方面进行分类。

近年来还发现了一类比病毒更小、结构更为简单的微生物——亚病毒。最重要的亚病毒有类病毒（viroid）和朊病毒（prion），前者只含核酸不含蛋白质，仅感染植物；后者只有传染性蛋白质而无核酸，对动物和人有致病性。此外还有一类包裹在真病毒粒子中的缺陷类病毒，称为拟病毒（virusoid）。

这些亚病毒的发现给一些病原不清的动物、植物和人类疾病的研究开阔了思路，也指导人们向更深领域寻找和发现新的致病因子。

二、病毒的形态与大小

病毒的种类繁多，形态结构各异，大小也不相同（图 3-1）。但病毒的形态具有独特性，可根据其形态特征进行病毒的检测和鉴定。因此，病毒形态学在病毒鉴定和病毒致病机制等研究方面发挥着重要作用。

病毒一般以病毒颗粒（viral）或病毒粒子（virion）的形式存在，由于病毒很小，无法通过光学显微镜直接观察，研究病毒形态学必须借助电子显微镜技术。病毒大小的测量单位为纳米(nm)。一般来说，病毒有以下几种常见的形态。

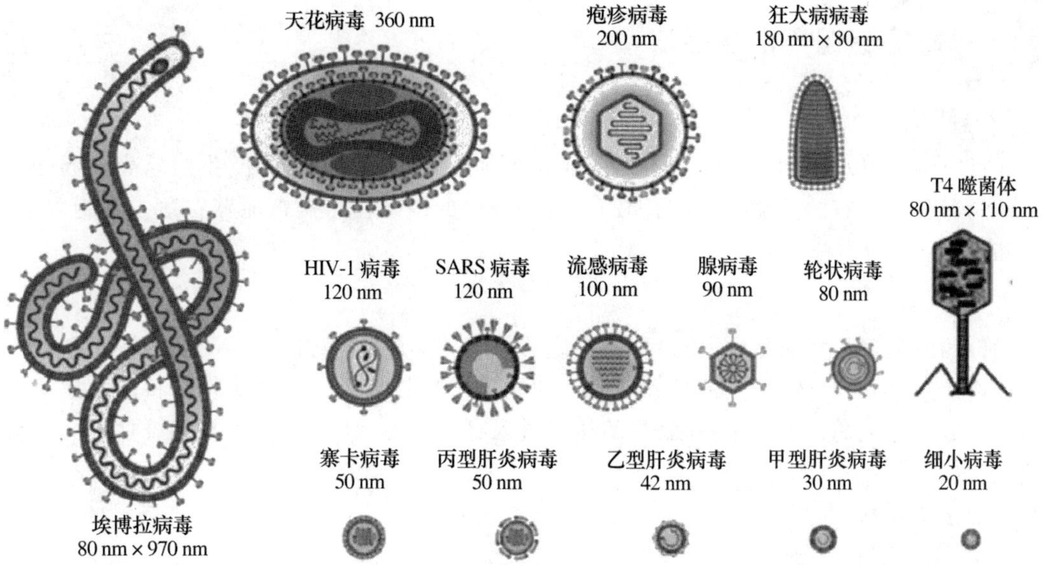

图 3-1　多种病毒的形态和大小

1. 杆状或丝状病毒

这种类型病毒呈细长的形状，类似于一根细长的线，外形通常是长丝状、棒状或“L”形。如埃博拉病毒(Ebola virus)，它的直径约为 80 nm，长度为 970 nm。

2. 砖形病毒

这种类型病毒形似砖形颗粒或椭圆形颗粒，如天花病毒、牛痘病毒等。这种类型病毒的直径一般在 20～400 nm。

3. 球形状病毒

许多病毒具有球状外形。人类和动物的大多数病毒呈球形，如脊髓灰质炎病毒、疱疹病毒等。这种类型病毒的直径一般在 20～450 nm。

4. 弹形病毒

这种类型病毒形似子弹头，一端钝圆，一端平齐，如狂犬病病毒等，其他多为植物病毒。这种类型病毒粒子长 100～430 nm，直径 45～100 nm。

5. 多边形状病毒

这种类型病毒的外形类似于多面体。最常见的是二十面体结构，即具有 20 个等边三角形构成的外壳。如腺病毒(Adenovirus)含有 12 个角、20 个面和 30 条棱，其衣壳是典型的二十面体对称，由 252 个衣壳粒组成，没有包膜，核心由线状双链 DNA 构成。腺病毒的直径约为 90 nm。

6. 复合形状病毒

噬菌体大多数都属这种类型，是丝状和球形状颗粒的结合体，形如蝌蚪状。如 T_4 噬菌体

(Bacteriophage T_4)，由头部(核心是双链线状 DNA)、颈部和尾部(尾鞘、尾髓、基板、刺突和尾丝)三个部分构成，其头部的直径约为 80 nm，长度为 110 nm。

三、病毒的结构与化学组成

(一)结构

通过电镜可以观察到病毒的结构从内到外依次是芯髓、蛋白质外壳(蛋白质壳或衣壳)以及一些病毒种类特有的其他结构(图 3-2)。这些部分的组合使得病毒能够在宿主细胞内进行寄生和复制。

1. 芯髓

病毒的最内侧的物质是核酸，也称为芯髓(core)。核酸是病毒的遗传物质，携带着病毒的全部遗传信息，为病毒的增殖、遗传和变异等功能提供遗传信息。某些病毒的核酸有感染性，应用化学方法除去病毒衣壳蛋白，获得的核酸进入宿主细胞后仍能增殖，有感染性，称为感染性核酸。

2. 衣壳

许多病毒具有一个蛋白质外壳，称为蛋白质壳或衣壳。由核酸组成的芯髓被衣壳(capsid)包裹，一起组成核衣壳(nucleocapsid)。衣壳由一定数量的壳粒(capsomere)组成。每个壳粒又由一个或多个多肽分子组成，这些分子围绕核酸呈二十面体对称型或螺旋对称型排列，形成一层保护性外壳。衣壳的化学成分是蛋白质，是病毒颗粒的主要抗原成分，其功能一方面是保护核酸，防止其受到环境中的核酸酶和其他化学因素的损害；另一方面衣壳也参与病毒的感染过程，与病毒吸附、侵入和感染宿主细胞密切相关。不同种类的病毒衣壳所含的壳粒数目不同，是病毒鉴别和分类的依据之一。

3. 囊膜

有些病毒在核衣壳外面还有囊膜(envelope)。囊膜是病毒在成熟过程中从宿主细胞获得的，含有宿主细胞膜或核膜的化学成分。有的囊膜表面有突起，称为纤突(spike)或膜粒(peplomer)。囊膜与纤突构成病毒颗粒的表面抗原，与宿主细胞嗜性、致病性和免疫原性有密切关系。有囊膜的病毒称为囊膜病毒(enveloped virus)，无囊膜的病毒称为裸露病毒(naked virus)。

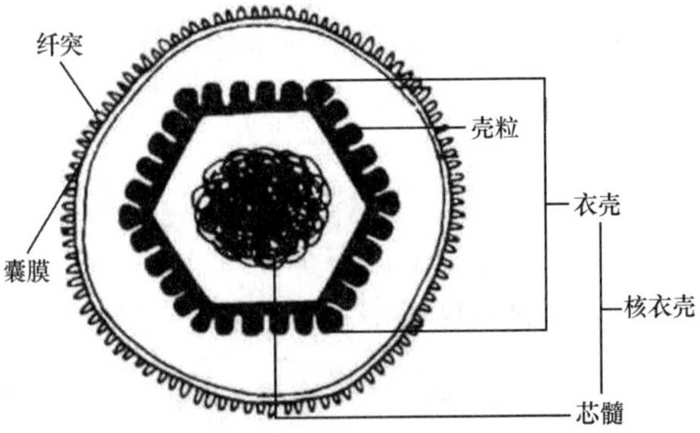

图 3-2 病毒的颗粒结构模式图

(二)化学组成

病毒的化学组成包括核酸、蛋白质、脂类与糖,前两种是最主要的成分。

1. 核酸

病毒的核酸分两大类,DNA 或 RNA。一种病毒只含有一种类型的核酸,DNA 或 RNA。核酸可分为单股或双股、线状或环状、分节段或不分节段。分节段可称为多分子,不分节段则称为单分子。DNA 病毒多数为双股、线状;少数为双股、环状,如多瘤病毒和乳头瘤病毒。RNA 病毒多数为单股、线状,不分节段,少数分节段,如正黏病毒。

按病毒学的惯例,把 mRNA 的碱基序列作为标准,凡与此相同的核酸称为正链,与其互补的则为负链。在单股 RNA 病毒中,冠状病毒、微 RNA 病毒等为正链,而副黏病毒、弹状病毒等为负链。感染性核酸不分节段,其本身能作为 mRNA,或者能利用宿主细胞的 RNA 聚合酶转录病毒的 mRNA。冠状病毒、疱疹病毒等具有感染性核酸。

2. 蛋白质

组成病毒的蛋白称为结构蛋白(structural protein),约占病毒总重量的 70%,少数低至 30%~40%。病毒蛋白质包括未修饰蛋白和修饰蛋白两类,前者如无囊膜病毒的衣壳蛋白,后者如病毒囊膜的糖蛋白,其前体需要糖基化修饰。

病毒蛋白质构成全部衣壳成分和囊膜的主要成分,具有保护病毒核酸的功能。衣壳蛋白、囊膜蛋白或纤突蛋白可特异地吸附至易感细胞受体并促使病毒穿入细胞,是决定病毒对宿主细胞嗜性的重要因素。病毒蛋白质是良好的抗原,可激发机体产生免疫应答。

非结构蛋白(nonstructural protein)是指病毒组分之外的蛋白,在病毒复制过程中的某些中间产物,具有酶的活性或其他功能。非结构蛋白的作用和应用价值近年来已逐步被了解,如冠状病毒和流感病毒的非结构蛋白有一定的抗宿主免疫功能,有助于病毒在体内复制。口蹄疫病毒的非结构蛋白 3ABC 仅存在于感染动物,检测其抗体可区分野毒感染与疫苗接种的动物。

病毒样颗粒(virus-like particle,VLP)是只含蛋白不含核酸的一种特殊形式的病毒,一般通过自我组装形成,外观与有核酸的病毒颗粒无差异。它不具有感染性,但具有免疫原性。目前已发现能产生 VLP 的病毒有 30 多种,如兔病毒性出血症病毒、传染性法氏囊病病毒等。

3. 脂质与糖

二者均来自宿主细胞。脂质主要存在于囊膜,主要成分是磷脂(50%~60%),其次是胆固醇(20%~30%)。用脂溶剂可去除囊膜中的脂质,使病毒失活,因此常用乙醇或氯仿处理病毒,再检测其活性,以确定该病毒是否具有囊膜结构。

糖类一般以糖蛋白的形式存在,是某些病毒纤突的成分。如流感病毒的血凝素(HA)、神经氨酸酶(NA)等,与病毒吸附细胞受体有关。

任务二　病毒的增殖与培养

一、病毒的增殖

(一)方式

病毒缺乏自身增殖所需的完整的酶系统,增殖时必须依靠宿主细胞合成核酸和蛋白质,甚至是直接利用宿主细胞的某些成分,这就决定了病毒在活细胞内专性寄生的特性。病毒增殖只在活细胞内进行,由宿主细胞供应原料、能量、酶和生物合成场所,以病毒核酸分子为起始模板和指令作用,指挥宿主细胞合成病毒的核酸和蛋白质,再组装成完整的子代病毒颗粒,这种方式称为复制。

(二)过程

病毒的繁殖过程主要分为吸附、侵入、脱壳、生物合成、组装与释放几个连续的步骤,每一个完整的过程称为一个复制周期(图 3-3)。

1. 吸附

病毒附着在宿主细胞的表面称为吸附。一方面依靠病毒与细胞之间的静电吸附作用而结合,此类吸附是可逆的、非特异性的;另一方面病毒对细胞的吸附是有选择性的,并不是任何细胞都可以吸附,必须是病毒颗粒与细胞表面的受体相结合才能吸附,此类吸附是不可逆的,具有一定的特异性。这个步骤决定了病毒感染的宿主范围。

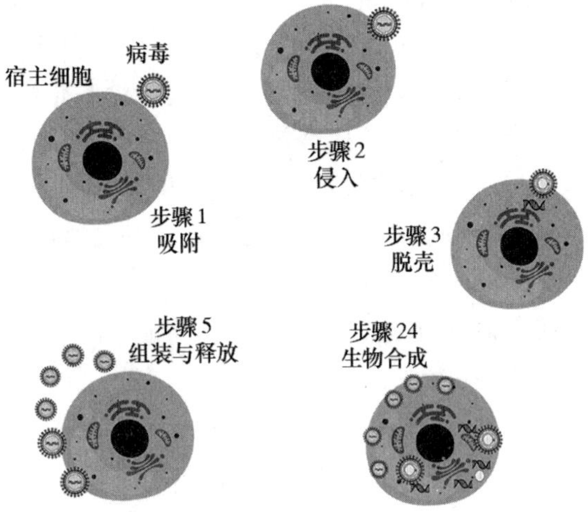

图 3-3　病毒的复制周期

2. 侵入

病毒被宿主细胞摄取或融合,使病毒核酸进入宿主细胞内部的过程,称为侵入。病毒侵入的方式有以下 4 种。

(1)通过胞饮作用进入细胞,如牛痘病毒。

(2)通过病毒与宿主细胞膜的融合而进入细胞质中,如疱疹病毒。

(3)病毒颗粒与宿主细胞膜上的受体相互作用,使其核衣壳穿入细胞质中,如脊髓灰质炎病毒。

(4)某些病毒以完整的病毒颗粒直接通过宿主细胞膜穿入胞浆中,如呼肠孤病毒。

3. 脱壳

病毒脱壳包括脱囊膜和脱衣壳两个过程。没有囊膜的病毒,则只有脱衣壳的过程。某些病毒在细胞表面脱囊膜,如疱疹病毒的囊膜可与细胞膜融合,同时在细胞质内释放核衣壳。痘病毒的囊膜则在吞饮泡内脱落。

病毒衣壳的脱落，主要发生在细胞质或细胞核。由吞饮方式进入细胞的病毒，在其吞噬泡中和溶酶体融合，经溶酶体酶的作用脱壳。某些病毒。如腺病毒可能因宿主细胞酶的作用或经某种物理因素脱壳。至于牛痘病毒，由胞饮进入细胞后，需经两步脱壳。先在吞噬泡中脱去外膜与部分蛋白，部分脱壳的核心含有一种依赖 DNA 的多聚酶，转录 mRNA 以译制另一种脱壳酶，完成这种病毒的全脱壳过程。也有个别病毒的衣壳不完全脱去仍能进行复制，如呼肠孤病毒。

4. 生物合成

生物合成包括核酸复制与蛋白质合成。病毒脱壳后，释放核酸，这时在细胞内查不到病毒颗粒，故称为隐蔽期或黑暗期。隐蔽期实际上是病毒增殖过程中最主要的阶段。此时，病毒的遗传信息向细胞传达，宿主细胞在病毒遗传信息的控制下合成病毒的各种组成成分及其所需的酶类，包括病毒核酸转录或复制时所需的聚合酶。病毒核酸开始复制和转录。DNA 病毒通常使用宿主细胞的 DNA 合成机制来复制自己的 DNA。RNA 病毒则可能使用自己的 RNA 为模板合成新的 RNA。合成的病毒核酸被用来合成新的蛋白质。这些蛋白质将用于组装新的病毒颗粒。

5. 组装与释放

新合成的蛋白质和核酸在细胞内组装成新的病毒颗粒。

无囊膜的 DNA 病毒（如腺病毒），核酸与衣壳在胞核内组装，多数在细胞裂解后释放出病毒颗粒。有囊膜的 DNA 病毒（如单纯疱疹病毒），在核内组装成核衣壳，移至核膜上，以芽生方式进入胞浆中，获取宿主细胞核膜成分成为囊膜，并逐渐从胞浆中释放到细胞之外。另一部分能通过核膜裂隙进入胞浆，获取一部分胞浆膜而成为囊膜，沿核周围与内质网相通部位从细胞内逐渐释放。

无囊膜的 RNA 病毒（如脊髓灰质炎病毒），其核酸与衣壳在胞浆内组装，呈结晶状排列。大多数无囊膜的病毒蓄积在胞浆或核内，当细胞完全裂解时，释放出病毒颗粒。有囊膜的 RNA 病毒（如副流感病毒），其 RNA 与蛋白质在胞浆中组装成螺旋状的核衣壳，宿主细胞膜上在感染过程中已整合有病毒的特异抗原成分（如血凝素与神经氨酸酶）。当成熟病毒以芽生方式通过细胞膜时，就带有这种胞膜成分，并产生刺突。

二、病毒的人工培养

病毒缺乏完整的酶系统，也无线粒体等细胞器，所以不能在无生命的培养基上生长，必须在活细胞内增殖。因此，动物接种、禽胚、组织细胞培养以及人工合成就成为人工培养病毒的主要方法，而病毒的人工培养是研究病毒的特性、感染机制、开发抗病毒药物以及制备疫苗和特异性诊断制剂的前提条件。

（一）动物接种

一些病毒只能在特定的动物宿主中生长。病毒经注射、口服等途径进入易感动物体后可大量增殖，并使动物产生特定反应，以观察病毒的感染过程和影响。

动物接种分本动物接种和实验动物接种两种方法。实验用动物应该是健康的，血清中无相应病毒的抗体，并符合其他要求。当然，理想的动物是无菌动物或 SPF（无特定病原体）动物。常用的实验动物有小鼠、家兔、豚鼠、鸡等。通过实验动物培养病毒的最大优势是生物相似性高，能够提供与本动物相似的生物环境，包括免疫系统、器官结构和生理学环境等，也易于控制感染病毒的剂量、时间和环境。这使得它们成为研究病毒感染和疾病进展的有用工具，但是，使用动物模型进行病毒研究需要考虑伦理和道德问题，必须确保实验符合伦理标准，并尽可能减少对动物的痛苦和困扰。

动物接种尽管是培养病毒的一种古老方法，但也是一种现实生产中常用的方法。动物接种培养病毒主要用于病原学检查、传染病的诊断、疫苗生产及疫苗效力检验等。

（二）禽胚培养

禽胚是正在孵育的禽胚胎。禽胚胎组织分化程度低，病毒易于在其中增殖，来自禽类的病毒大多可在相应的禽胚中增殖，其他动物病毒有的也可在禽胚内增殖，感染的胚胎组织中病毒含量高，培养后易于采集和处理，有利于病毒分离和纯化，禽胚来源充足，操作简单。由于具有诸多优点，禽胚是目前较常用的病毒培养方法。但禽胚中可能带有垂直传播的病毒，也有卵黄抗体干扰的问题，因此最好选择 SPF 禽胚。

禽胚中最常用的是鸡胚，病毒在鸡胚中增殖后，可根据鸡胚病变和病毒抗原的检测等方法判断病毒增殖情况。病毒导致禽胚病变常见的有以下 4 个方面：一是禽胚死亡，胚胎不活动，照蛋时血管变细或消失；二是禽胚充血、出血或出现坏死灶，常见在胚体的头、颈、躯干、腿等处或通体出血；三是禽胚畸形；四是禽胚绒毛尿囊膜上出现痘斑。然而许多病毒缺乏特异性的病毒感染指征，必须应用血清学或病毒学相应的检测方法来确定病毒的存在和增殖情况。

接种时，不同的病毒可采用不同的接种途径（图 3-4），并选择日龄合适的禽胚。常用的鸡胚接种途径及相应日龄为：绒毛尿囊膜接种，主要用于痘病毒和疱疹病毒的分离和增殖，用 10～13 日龄鸡胚；尿囊腔接种，主要用于正黏病毒和副黏病毒的分离和增殖，用 9～12 日龄鸡胚；卵黄囊接种，主要用于虫媒披膜病毒、鹦鹉热衣原体和立克次体等的增殖，用 6～8 日龄鸡胚；羊膜腔接种，主要用于正黏病毒和副黏病毒的分离和增殖，此接种更敏感，但操作较困难，且鸡胚易受伤致死，选用 10～11 日龄鸡胚。适于禽胚接种的病毒见表 3-1。

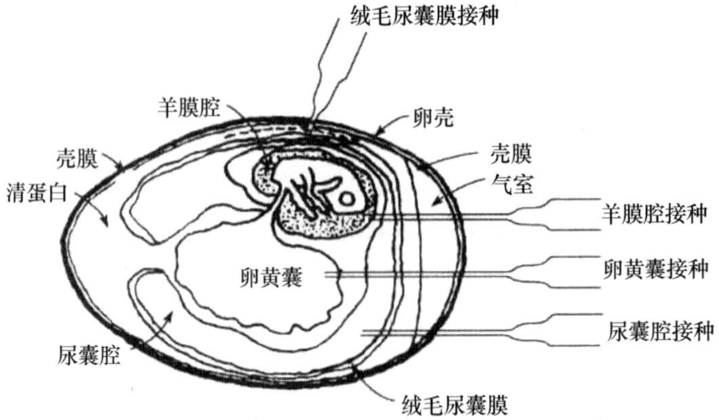

图 3-4 病毒的禽胚接种部位

表 3-1　适于禽胚接种的病毒

病毒名称	增殖于禽胚的部位	病毒名称	增殖于禽胚的部位
禽痘及其他动物痘病毒	绒毛尿囊膜	禽脑脊髓炎病毒	卵黄囊内
禽马立克病病毒	卵黄囊内、绒毛尿囊膜	鸭肝炎病毒	尿囊腔
鸡传染性喉气管炎病毒	绒毛尿囊膜	鸡传染性支气管炎病毒	尿囊腔
鸭瘟病毒	绒毛尿囊膜	小鹅瘟病毒	尿囊腔
人、畜、禽流感病毒	尿囊腔	马鼻肺炎病毒	卵黄囊内
鸡新城疫病毒	尿囊腔	绵羊蓝舌病病毒	卵黄囊内

接种后的鸡胚一般在相对湿度 60%、温度为 37.5 ℃条件下进行孵育。根据接种途径不同，收获相应的材料：绒毛尿囊膜接种时收获接种部位的绒毛尿囊膜；尿囊腔接种收获尿囊液；卵黄囊接种收获卵黄囊及胚体；羊膜腔接种收获羊水。

禽胚接种在基层生产中应用相当广泛，常用于家禽传染病的诊断、病毒病原性的研究、抗病毒药物筛选、诊断制剂生产与疫苗制备。

（三）组织细胞培养

组织细胞培养是用体外培养的组织块或单层细胞分离增殖病毒。组织培养即将器官或组织小块于体外细胞培养液中培养存活后，接种病毒，观察组织功能的变化，如气管黏膜纤毛上皮的摆动等。

细胞培养是用细胞分散剂将动物组织细胞消化成单个细胞的悬液，适当洗涤后加入营养液，使细胞大量生长，随后将病毒接入其中，使病毒感染细胞并复制自身。病毒感染细胞后，大多数能引起细胞病变，称为病毒的致细胞病变效应（CPE），表现为细胞变形、胞浆内出现颗粒化、核浓缩、核裂解等，借助倒置显微镜即可观察到。还有的细胞不发生病变，但培养物出现红细胞吸附及血凝现象（如流感病毒）。有时还可用免疫荧光技术等血清试验检查细胞中的病毒。

兽医学上通常用的细胞有 CEF（鸡胚成纤维细胞）、PK-15 株（猪肾上皮细胞）、K-L 株（中国仓鼠肺）、D-K 株（中国仓鼠肾）等。细胞培养多用于病毒的分离、培养和检测中和抗体。因此，细胞培养对病毒的诊断和研究具有重要作用。

组织细胞培养病毒有许多优点：一是离体活组织细胞不受机体免疫力影响，很多病毒易于生长；二是便于人工选择多种敏感细胞供病毒生长；三是易于观察病毒的生长特征；四是便于收集病毒做进一步检查。因此，组织细胞培养是病毒研究、疫苗生产和病毒病诊断的良好方法。该方法也存在一定的不足，比如操作复杂、技术要求高、培养周期长等。因为需要时间来培养细胞和病毒，在此过程中病毒可能发生突变，导致病毒株的改变，从而影响研究的准确性。

（四）人工合成

人工合成病毒是指通过分子生物学和生物化学技术，从头开始合成或修改病毒的基因组以创建新的病毒或改变已有的病毒。人工合成病毒可以用作研究工具，有助于深入了解病毒的生物学特性、传播机制和致病性。这有助于开发更有效的抗病毒药物和疫苗，并有助于改善疫苗和抗病毒治疗方法的开发，也有助于创建定制化的疫苗以应对新兴的病毒威胁，对于应对新流行病的暴发或新变种的出现非常有用。然而，人工合成病毒可能存在生物安全风险。如果不慎释放或滥用，这些人工合成的病毒可能导致疫情或生物恶化事件。此外，人工合成病毒需要高度复杂的技术和专业知识。合成和修改病毒基因组需要确保高度准确性和安全性。该方法在临床中，可用于加速疫苗开发、疫苗制备、药物筛选等。

任务三　病毒的其他特性

一、干扰现象与干扰素

(一)干扰现象

病毒的干扰现象是指当两种病毒同时感染同一细胞或宿主时，可发生一种病毒抑制了另一种病毒增殖的现象。前者称为干扰病毒，后者称为被干扰病毒。干扰现象可以发生在异种病毒之间，也可发生在同种病毒不同型或株之间，甚至在病毒高度复制时，也可发生自身干扰。灭活病毒也可干扰活病毒的增殖，最常见的是异种病毒之间的干扰现象。病毒之间产生干扰现象的原因有如下几点。

1. 占据或破坏细胞受体

两种病毒感染同一细胞，需要细胞膜上相同的受体，先进入的病毒首先占据细胞受体或将受体破坏，使另一种病毒无法吸附和穿入易感细胞，增殖过程被阻断。这种情况常见于同种病毒或病毒的自身干扰。

2. 争夺酶系统、生物合成原料及场所

两种病毒可能利用不同的受体进入同一细胞，但它们在细胞中增殖所需的主要原料、关键性酶及合成场所是一致的，而且是有限的，因此，先入者为主，强者优先，一种病毒占据有利增殖条件而正常增殖，另一种病毒则受限，增殖受到抑制。

3. 干扰素的产生

病毒之间存在干扰现象的最主要原因是先进入的病毒可诱导细胞产生干扰素，抑制病毒的增殖。

病毒的干扰现象可用于病毒细胞培养增殖情况的测定，主要用于不产生细胞病变，没有血凝性的病毒的测定和鉴定。干扰现象如发生在不同的疫苗之间，则会干扰疫苗的免疫效果，因此在实际防疫工作中，应合理使用疫苗。尤其是活疫苗的使用，应尽量避免病毒之间的干扰现象给免疫带来的影响(主要体现在不同疫苗使用的时间间隔上)。

(二)干扰素

干扰素(IFN)是机体活细胞受病毒感染或干扰素诱生剂的刺激后产生的一种低分子量糖蛋白。干扰素在细胞中产生，可释放到细胞外，并可随血液循环至全身，被另外具有干扰素受体的细胞吸收后，后者将合成第二种物质，即抗病毒蛋白质。该抗病毒蛋白能抑制病毒蛋白的合成，从而抑制入侵病毒的增殖，起到保护细胞和机体的作用。细胞合成干扰素不是持续的，而是细胞对强烈刺激如病毒感染时的一过性分泌物，在病毒感染后 4 h 开始产生，病毒蛋白质合成速率达到最大时，干扰素产量达到最高峰，然后逐渐下降。

能够诱导生成干扰素的物质，称为干扰素诱生剂。其主要包括：①活病毒、灭活的病毒及其产物，如双链 RNA；②其他病原微生物及其产物，如细菌和细菌脂多糖；③有丝分裂原等；④特异性干扰素诱导剂，如人工合成的高分子聚合物聚肌苷酸和聚胞嘧啶（简称 Poly-C）等。

干扰素是一种低分子糖蛋白，分子质量为$(2\sim10)\times10^4$ u，对胰蛋白酶和木瓜蛋白酶敏感，对热稳定，一般 60 ℃ 1 h 不被破坏。在 pH 2～10 稳定不变性。对动物没有抗原性或抗原性很弱，故临床预防或治疗时可反复使用。干扰素的作用有如下几点。

1. 抗病毒作用

干扰素具有很强的生物学活性，能够对多种 RNA 和 DNA 病毒起抑制作用，具有广谱抗病毒作用，其作用是非特异性的，甚至对某些细菌、立克次体等也有干扰作用。但干扰素的作用具有明显的动物种属特异性，原因是一种动物的细胞膜上只有本种动物干扰素受体，因此牛干扰素不能抑制人体内病毒的增殖，鼠干扰素不能抑制鸡体内病毒的增殖，这一点使干扰素的临床应用受到限制。

临床试验证实，在动物的许多病毒性感染中，干扰素的产生与动物的康复呈正相关。对健康动物应用干扰素可产生抗感染保护作用，对病毒感染动物使用干扰素可促使其康复。

2. 免疫调节作用

干扰素可作用于 T 细胞、B 细胞和 NK 细胞，增强它们的活性。对动物具有活化巨噬细胞的作用，增强巨噬细胞的吞噬能力。

3. 抗肿瘤作用

干扰素不仅可抑制肿瘤病毒的增殖，而且能抑制肿瘤细胞的生长，同时也能调节机体的免疫功能。如增强巨噬细胞的吞噬功能，加强 NK 细胞等细胞毒性颗粒的活性，加快对肿瘤细胞的清除。干扰素可以通过调节癌细胞基因的表达实现抗肿瘤的作用。

依据干扰素的来源、生物学性质及活性将其分为三个主要类型：干扰素 α（IFN-α）、干扰素 β（IFN-β）和干扰素 γ（IFN-γ）。前两种属Ⅰ型，后一种属Ⅱ型。IFN-α 主要由白细胞生成，是一组多种同源蛋白质的混合物，存在多个亚型，主要在病毒感染时产生，它的主要作用是抑制病毒复制和传播，也可以激活多种抗病毒机制，包括抑制病毒基因的表达、增强自然杀伤细胞（NK 细胞）的活性、增加抗病毒蛋白质的合成等。IFN-β 是由成纤维细胞产生，与 IFN-α 类似，起到抗病毒作用。IFN-γ 主要由 T 淋巴细胞和 NK 细胞产生，它的功能不仅限于抗病毒，还包括抗细菌、抗寄生虫和调节免疫应答等。此外，IFN-γ 还在激活巨噬细胞、增强抗体产生和促进抗原递呈等方面发挥关键作用。

二、血凝现象

部分病毒通过其表面的血凝素与鸡、豚鼠、人等红细胞表面受体（多数为糖蛋白）结合，从而出现红细胞凝集的现象，称为病毒的血凝现象，简称病毒的血凝。正黏病毒、许多副黏病毒、呼肠孤病毒、大多数披膜病毒、某些痘病毒、弹状病毒、几种腺病毒、细小病毒等具有血凝特性。各种病毒的血凝素的性质不尽相同，痘病毒的血凝素较易与病毒粒子分开，而多数具有血凝性

二维码 3-1 血凝试验的原理

二维码 3-2 血凝抑制试验的原理

的病毒，血凝素都是病毒粒子或其囊膜的组成成分，多数为糖蛋白。

有些病毒（如正黏病毒和某些副黏病毒）除具有血凝素外，还具有神经氨酸酶，这些病毒与红细胞的结合在 4～20 ℃时是稳定的，但在 37 ℃时，神经氨酸酶可破坏红细胞表面受体，使病毒从红细胞表面脱落下来，而其他具有血凝性而没有神经氨酸酶的病毒，与红细胞结合后不再脱落。

各种病毒发生血凝现象要求不同的条件，有的需在严格的 pH 范围内凝集红细胞，有的病毒血凝现象具有温度依赖性，如不同的病毒凝集现象发生的温度有 4 ℃、室温和 37 ℃不等。病毒凝集红细胞的种类也不同，有的可凝集人和禽的红细胞，有的可凝集豚鼠或大鼠的红细胞等。

这种血凝现象是非特异性的。当具有血凝特性的病毒与相应的抗病毒抗体结合后，能使红细胞的凝集现象受到抑制，称为病毒的血凝抑制现象，简称病毒的血凝抑制。能阻止病毒凝集红细胞的抗体称为红细胞凝集抑制抗体，其特异性很高。因此，病毒的红细胞凝集试验和红细胞凝集抑制试验常可用于鉴定病毒和测定鸡新城疫、禽流感、减蛋综合征（EDS-76）等疫病的病毒抗体。

病毒血凝现象在临床上通常不是一种有益的现象，而是一种疾病或并发症的表现，通常被视为疾病的一部分。例如，某些病毒感染可能导致弥散性血管内凝血（DIC），这是一种严重的凝血障碍，可能危及生命。因此，在临床应用中，可以通过病毒血凝现象的监测来预防和治疗病毒感染。此外，了解病毒感染的凝血机制可以有助于疫苗研究，以确保疫苗在预防感染时不会诱发凝血异常。

三、包涵体

病毒的包涵体（Inclusion bodies）是在感染宿主细胞时形成的一种细胞内结构，通常由病毒颗粒、病毒核酸、蛋白质等组成。包涵体是病毒感染细胞时的典型标志之一，可以通过光学显微镜观察到。包涵体可在细胞核内或细胞质内，可单个或多个，有的较大，有的较小，或圆形或无规律形态，可嗜酸（伊红染成粉红色）或嗜碱（苏木精染成蓝色），因病毒的种类而异。

包涵体的形成是病毒感染宿主细胞的结果，它们通常反映了病毒与宿主细胞的相互作用。包涵体的性质和外观会因病毒种类、感染阶段、宿主细胞类型等因素而有所不同。以下是一些不同类型病毒感染产生的包涵体的例子。

（1）细胞核内包涵体（nuclear inclusion bodies）。一些 DNA 病毒感染宿主细胞的时候，可以形成细胞核内的包涵体，其中可能包含病毒 DNA、蛋白质等。如疱疹病毒感染时可能形成细胞核内的包涵体。

（2）细胞质内包涵体（cytoplasmic inclusion bodies）。许多 RNA 病毒感染宿主细胞后，可以在细胞质内形成包涵体，其中可能包含病毒 RNA、蛋白质等。如流感病毒感染时可能形成细胞质内的包涵体。

（3）双包膜病毒包涵体（couble-membrane vesicles）。一些病毒，如肝炎 C 病毒（HCV），在

感染过程中形成了由双层膜包围的细胞质内结构，称为双包膜病毒包涵体。这些结构与病毒复制和组装有关。

包涵体的性质并不相同。有的是病毒成分的蓄积，如狂犬病病毒产生的内基氏小体，是堆积的核衣壳。有的则是病毒合成的场所，如痘病毒的病毒浆（viroplasm），或称病毒工厂（viral factory）。有的包涵体由大量晶格样排列的病毒颗粒组成，如腺病毒、呼肠孤病毒的包涵体。有些包涵体则是细胞退行性变化的产物，如疱疹病毒感染所产生的"猫头鹰眼"（owl eyes），是感染细胞染色质浓缩，经固定后位于中心的核质与周边染色质之间形成一个圈，清晰可辨。

包涵体的形成与病毒复制、繁殖以及与宿主细胞的相互作用有关。在研究中，观察包涵体的形态和特点可以提供关于病毒感染机制的重要信息，有助于了解病毒的生物学特性。

四、滤过特性

病毒的滤过特性是由于病毒颗粒细小，能通过不同孔径的滤膜。利用这一特性可将材料中的病毒与其他较大体积的细菌等微生物分开，但滤过特性并非病毒所独有，有些支原体、螺旋体、衣原体等也能通过细菌滤器。

利用病毒的滤过特性，可用于确定病毒的颗粒大小和筛选病毒，这在制备生物制品（如疫苗、生物药物和基因疗法产品）时至关重要。通过使用合适的滤膜或滤器，可以有效地去除病毒颗粒，确保最终产品的安全性和纯度。

病毒的滤过能力取决于滤膜孔径和病毒颗粒大小。滤膜是一种由聚合物、陶瓷或其他材料制成的薄膜，其表面有微小的孔隙，这些孔隙的大小是可以调控的，通过选择不同孔径的滤膜，可以将病毒颗粒根据大小进行分离和筛选。常用的滤膜孔径有 0.45 μm 和 0.22 μm 两种。不同类型的病毒具有不同的颗粒大小，通常在纳米尺度范围内。这些颗粒大小是由病毒的结构和组成决定的，不同病毒之间的大小差异很大。此外，病毒的滤过特性可能受到多种因素的影响，包括病毒颗粒形状、结构、电荷以及滤膜材料等。因此，在进行滤过实验时需要综合考虑。

五、抵抗力

病毒的抵抗力是指病毒对理化因素的抵抗能力，与细菌的繁殖体相似。病毒受理化因素作用后，失去感染性称为灭活（inactivation）。病毒被灭活后仍保留抗原性、红细胞吸附及细胞融合等其他特性。研究病毒抵抗力的目的主要是了解如何消灭它们或使其灭活，如何保存它们并使其抗原性、致病力等特性不改变。

病毒的抵抗力受理化因素的影响如下。

（一）物理因素

1. 温度

温度是影响病毒活性的关键因素之一，大多数病毒耐冷不耐热。高温可以破坏病毒的蛋白质和核酸结构，导致失活，大多数病毒在 50～60 ℃高温下处理 30 min 即可灭活。然而，0 ℃

以下低温虽然减慢病毒的代谢和活性，但仍可长期保留感染性，如流感病毒。通常温度越低，病毒生存时间越长。多数病毒－25 ℃环境下可保存数年，－70 ℃环境下可长期保存。

2. 干燥

病毒对干燥的抵抗力与干燥的速度和病毒的种类有关。如水疱液中的口蹄疫病毒在室温中缓慢干燥，可生存3～6个月，若在37 ℃环境下快速干燥瞬即灭活。痂皮中的痘病毒在室温下可保持毒力1年左右。冻干法常用于病毒的保存。

3. 射线

辐射、γ射线、X射线和紫外线可以损伤病毒的遗传物质，破坏其核酸，使病毒失去活性。大量紫外线和长时间日光照射能杀灭病毒。

(二)化学因素

1. 脂溶剂

有囊膜病毒的囊膜包含脂质成分，这使得它们容易受到乙醚、氯仿、去氧胆酸盐等脂溶剂的溶解作用。因此，当囊膜病毒进入机体消化道时，它们会受到胆汁的破坏。在脂溶剂中，乙醚对病毒囊膜的破坏作用最为显著，因此乙醚灭活试验可用来区分有囊膜病毒和无囊膜病毒。

2. 甘油

50%甘油可抑制或杀灭大多数非芽孢细菌，但多数病毒对其有较强的抵抗力，因此常用50%甘油缓冲生理盐水保存或寄送被检病毒材料。

3. pH

不同类型的病毒对pH的敏感性不同，大多数病毒在pH 6～8保持稳定，而在过酸性或过碱性环境中病毒的外壳或蛋白质结构可能会被破坏，导致失活。但病毒对酸碱的抵抗力差异很大，如肠道病毒对酸的抵抗力很强，而口蹄疫病毒则很弱。

4. 化学消毒药

病毒对氧化剂、重金属盐类、碱类和与蛋白质结合的消毒药等都很敏感。实践中常用苛性钠、石炭酸和来苏尔等做环境消毒，实验室常用高锰酸钾、过氧化氢等消毒，对不耐酸的病毒可选用稀盐酸。甲醛能破坏病毒的传染性但保留抗原性，因此在制备灭活疫苗时，常作为灭活剂。

5. 抗生素

一般来说，抗生素是一类用于治疗细菌感染的药物，它们对病毒感染没有直接的治疗作用。特殊的是，利福平(Rifampin)能抑制痘病毒复制，干扰病毒DNA或RNA合成，但也干扰宿主细胞的代谢，有较强的细胞毒性作用。

任务四　病毒的致病性

病毒侵入机体进行增殖并与机体相互作用所产生的各种现象的总和，称为病毒的感染。病毒进入动物体内后通过复杂的致病作用对机体产生一定的损伤。

一、病毒感染对宿主细胞的直接作用

(一)杀细胞效应

病毒在宿主细胞内复制完毕,可在很短时间内一次释放大量子代病毒,导致细胞被裂解死亡,此种情况称为杀细胞性感染,主要见于无囊膜、杀伤性强的病毒,如脊髓灰质炎病毒、腺病毒等。此类病毒大多数能在被感染的细胞内产生由病毒核酸编码的早期蛋白,这种蛋白能阻断宿主细胞 RNA 和蛋白质的合成,继而影响 DNA 合成,使细胞的正常代谢功能紊乱,最终死亡。有的病毒可破坏宿主细胞的溶酶体,由溶酶体释放的酶引起细胞自溶。某些病毒的衣壳蛋白具有直接杀伤宿主细胞的作用,在病毒的大量复制过程中,细胞核、细胞膜、内质网、线粒体均被损伤,导致细胞裂解死亡。

在体外实验中,通过细胞培养和接种杀细胞性病毒,经过一定时间后,可用显微镜观察到细胞变圆、坏死、空泡、从瓶壁脱落等现象,称为细胞病变效应(CPE)。CPE 是病毒学检测及研究的常规方法之一,不少病毒产生 CPE 的能力与对动物致病性之间密切相关,因此常用 CPE 作为指标,来衡量病毒的毒力。病毒的杀细胞效应如发生在重要器官,如中枢神经系统,当达到一定程度可引起严重后果,甚至危及生命或造成严重后遗症。

(二)稳定状态感染

有些病毒在宿主细胞内增殖过程中,对细胞代谢、溶酶体膜影响不大,以出芽方式释放病毒,过程缓慢,病变较轻、细胞暂时也不会出现溶解和死亡。这些不具有杀细胞效应的病毒引起的感染称为稳定状态感染。常见于有囊膜病毒,如流感病毒、麻疹病毒、某些披膜病毒等。稳定状态感染后可引起宿主细胞发生多种变化,以细胞融合及细胞表面出现病毒基因编码的新抗原更具有重要意义。

1. 细胞融合

麻疹病毒和副流感病毒等能使感染的细胞膜发生改变,感染细胞所释放的溶酶体酶的作用,导致感染细胞与邻近未感染细胞发生融合。细胞融合是病毒扩散的方式之一。病毒借助细胞融合,扩散到未受感染的细胞内。细胞融合的结果是形成多核巨细胞或合胞体等病理特征。

2. 细胞表面出现病毒基因编码的新抗原

病毒感染细胞后,在复制的过程中,细胞膜上常出现由病毒基因编码的新抗原。如流感病毒、副黏病毒在细胞内组装成熟后,以出芽方式释放时,细胞表面形成血凝素,因而能吸附某些动物的红细胞。流感病毒感染时,细胞膜上出现病毒血凝素和神经氨酸酶,就使感染细胞成为免疫攻击的靶细胞。有的病毒导致细胞癌变后,因病毒核酸整合到细胞染色体上,细胞表面也表达病毒基因编码的特异性新抗原。

(三)细胞凋亡

细胞凋亡是由宿主细胞基因控制的程序性细胞死亡,是一种正常的生物学现象。有些病毒感染细胞后,病毒可直接或由病毒编码蛋白间接作为诱导因子诱发细胞凋亡。当细胞受到诱导因子作用激发并将信号传导入细胞内部,细胞的凋亡基因即被激活。启动凋亡基因后,便会出现细胞膜鼓泡、核浓缩、染色体 DNA 降解等凋亡特征。已经证实,人类免疫缺陷病毒、腺病毒等可以直接由感染病毒本身引发细胞凋亡,也可以由病毒编码蛋白作为诱导因子间接地引发宿主细胞凋亡。

(四)基因整合与细胞转化

某些病毒的全部或部分核酸结合到宿主细胞染色体中称为基因整合,见于某些 DNA 病毒和反转录病毒。反转录 RNA 病毒是先以 RNA 为模板反转录合成 cDNA,再以 cDNA 为模板合成双链 DNA,然后将此双链 DNA 全部整合于细胞染色体 DNA 中的;DNA 病毒在复制中,偶尔将部分 DNA 片段随机整合于细胞染色体 DNA 中。整合后的病毒核酸随宿主细胞的分裂而传给子代,一般不复制出病毒颗粒,宿主细胞也不被破坏,但可造成染色体整合处基因失活、附近基因激活等现象。

基因整合可使细胞的遗传性发生改变,引起细胞转化。细胞转化除基因整合外,病毒蛋白诱导也可发生。转化细胞的主要变化是生长、分裂失控,在体外培养时失去单层细胞相互间的接触抑制,形成细胞间重叠生长,并在细胞表面出现新抗原等。

基因整合或其他机制引起的细胞转化与肿瘤形成密切相关。但转化能力不等于致癌作用,即一个转化了的细胞并不一定是恶性细胞。

二、病毒感染的免疫病理作用

病毒在感染宿主的过程中,通过与免疫系统相互作用,诱发免疫反应,导致组织器官损伤是重要的致病机制之一。目前,仍有不少病毒病的致病作用及发病机制不明了,但越来越多的研究发现免疫损伤在病毒感染性疾病中的作用,特别是持续性病毒感染及主要与病毒感染有关的自身免疫性疾病。免疫损伤机制可包括特异性体液免疫和特异性细胞免疫。一种病毒感染可能诱发一种发病机制,也可能两种机制并存,还可能存在非特异性免疫机制引起的损伤。其原因可能为:①病毒改变宿主细胞的膜抗原;②病毒抗原和宿主细胞的交叉反应;③淋巴细胞识别功能的改变;④抑制性 T 淋巴细胞过度减弱等。

(一)抗体介导的免疫病理作用

由于病毒感染,细胞表面出现了新抗原,与特异性抗体结合后,在补体参与下引起细胞破坏。在病毒感染中,病毒的囊膜蛋白、衣壳蛋白均为良好的抗原,能刺激机体产生相应抗体,抗体与抗原结合可阻止病毒扩散导致病毒被清除。然而许多病毒的抗原可出现于宿主细胞表面,与抗体结合后,激活补体,破坏宿主细胞,属Ⅱ型变态反应。

有些病毒抗原与相应抗体结合形成免疫复合物,可长期存在于血液中。当这种免疫复合物沉积在某些器官组织的膜表面时,激活补体引起Ⅲ型变态反应,造成局部损伤和炎症。免疫复合物沉积于肾小球基底膜,引起蛋白尿、血尿等症状。沉积于关节滑膜则引起关节炎。若发生在肺部,引起细支气管炎和肺炎,如婴儿呼吸道合胞病毒感染。登革病毒抗原-抗体复合物可沉积于血管壁,激活补体引起血管通透性增高,导致出血和休克。

(二)细胞介导的免疫病理作用

特异性细胞毒性 T 细胞对感染细胞造成损伤,属Ⅳ型变态反应。特异性细胞免疫是宿主机体清除细胞内病毒的重要机制,细胞毒性 T 淋巴细胞(CTL)对靶细胞膜病毒抗原识别后引起的杀伤，能终止细胞内病毒复制，对感染的恢复起关键作用。但细胞免疫也能损伤宿主细胞，造成宿主功能紊乱，是病毒致病机制中的一个重要方面。

另外，有学者对 800 种 DNA 病毒和 RNA 病毒蛋白的基因进行了序列分析以及单克隆抗体的研究，发现这些蛋白中与宿主组织蛋白存在的共同抗原决定簇达 4%。慢性病毒性肝炎、麻疹病毒和腮腺炎病毒感染后脑炎等疾病的发病机制可能与针对自身抗原的细胞免疫有关。

（三）免疫抑制作用

禽白血病/肉瘤群病毒（ALV）感染细胞后，大多数情况下不会对细胞造成伤害，而是成为隐性感染。但某些情况下或某些种类的 ALV 感染会导致细胞转化或引起细胞病变，进而引起免疫抑制。ALV 引起免疫抑制的天然靶细胞是法氏囊 B 淋巴细胞，ALV 感染后，可使 B 淋巴细胞发生转化，形成肿瘤细胞并不断增生，转化的 B 淋巴细胞失去了产生 IgG 的能力。ALV 所喜好的是骨髓细胞，正常的骨髓干细胞在 ALV 作用下，不断增生恶变，形成骨髓瘤。淋巴器官及骨髓变性，导致功能性 IL-2 的合成受到干扰，影响 T 细胞、B 淋巴细胞的成熟及分化，从而导致了免疫抑制。

传染性法氏囊病病毒感染鸡的法氏囊时，导致法氏囊萎缩和严重的 B 淋巴细胞缺失，易发生马立克病毒、新城疫病毒、传染性支气管炎病毒的双重感染或多重感染。

许多病毒感染可引起机体免疫应答降低或暂时性免疫抑制，如流感病毒、猪瘟病毒、牛病毒性腹泻病毒、犬瘟热病毒、猫和犬细小病毒感染都能暂时抑制宿主体液及细胞免疫应答。麻疹病毒感染能使结核菌素阳性转为阴性反应，持续 1～2 个月，以后逐渐恢复。

病毒感染所致的免疫抑制反过来可激活体内潜伏的病毒复制或促进某些肿瘤生长，使疾病复杂化，成为病毒持续性感染的原因之一。例如，当免疫系统被抑制时，潜在的疱疹病毒、腺病毒或乳头瘤病毒感染会被激活。

（四）致炎性细胞因子的病理作用

病毒感染后可刺激免疫系统释放致炎性细胞因子，如肿瘤坏死因子 α（TNF-α）、白细胞介素-1β（IL-1β）、白细胞介素-6（IL-6）等炎症因子。这些炎症因子可以引发炎症反应，导致发热、红肿、疼痛等炎症。虽然这些反应有助于免疫系统对抗病毒，但过度的炎症反应可能会导致组织损伤，甚至引发免疫相关的疾病。

三、病毒的免疫逃逸

病毒可能通过逃避免疫防御、防止免疫激活或阻止免疫应答的发生等方式来逃脱免疫应答。大致可以分为以下 6 类。

（一）损伤免疫细胞

某些病毒可以感染并损伤免疫细胞，如 T 细胞和 B 细胞，从而降低免疫应答的强度，这是一种最重要的免疫逃逸方式。例如，感染流感病毒后，若体内炎症反应过于激烈时，可能会出现体内 T 细胞、B 细胞的功能受损现象，进而使病毒复制无法被有效清除。

（二）细胞内寄生

一些病毒可以寄生在细胞内，避免被免疫系统识别。通过利用细胞的机制，病毒可以逃避抗体攻击和免疫细胞的吞噬。例如，腺病毒通过寄生于哺乳动物、禽类、爬行动物和两栖动物的细胞内，借助宿主细胞的生物机制进行复制和传播。

(三)抗原变异

病毒的抗原变异通常是由病毒复制时的错误复制(突变或重组)导致的。这些突变可以在病毒基因组的任何部分发生，包括编码病毒外壳蛋白或其他与宿主免疫系统互动的蛋白质的基因。抗原变异可以使病毒逃避宿主免疫系统的检测，从而增加其感染的持续性和传播性。此外，抗原变异也可能降低疫苗或治疗的效力，因为它们可能无法充分识别或抑制变异株。例如，禽流感病毒经常发生抗原变异，尤其是 H5N1 亚型，这使得难以控制其在禽类中的传播。

(四)抗原结构复杂

某些病毒具有高度复杂的抗原结构，使得免疫系统难以产生有效的应答。例如，冠状病毒(SARS-CoV-2)具有复杂的抗原结构，包括表面的蛋白质刺突蛋白(S 蛋白)，这些蛋白质在免疫应答中起重要作用。

(五)降低抗原表达

一些病毒可以通过降低抗原的表达水平来逃避免疫应答，这可能是通过调节病毒基因的表达，或是在病毒生命周期中特定时间点的表达来完成的。例如，丙型肝炎病毒通过干扰宿主免疫系统，包括减少抗原递呈和减弱细胞因子产生等方式，降低宿主对病毒的免疫反应，这有助于使该病毒感染长期持续。

(六)免疫增强作用

病毒通过刺激免疫系统的过度应答，导致免疫病理反应，从而对机体造成损伤。这种增强作用可能是由病毒成分与免疫系统的交叉反应引起的。例如，非洲猪瘟病毒(African Swine fever virus，ASFV)感染后可以激活猪的免疫系统，增强对其他病毒的抵抗能力，这被称为“非特异性交叉保护”，这种交叉保护可能与 ASFV 感染后产生的干扰素相关。

技能一　病毒的禽胚培养

【目的要求】

(1)了解病毒人工培养三种方法及其优缺点。

(2)掌握鸡胚羊膜腔接种培养病毒的技术。

(3)树立实验动物伦理意识，尊重动物的生命和权益，善待实验动物。

【设备与材料】

恒温箱、照蛋器、蛋架、超净工作台、1 mL 注射器、20—27 号针头、镊子、酒精灯、灭菌吸管、灭菌滴管、灭菌青霉素瓶、铅笔、透明胶纸、石蜡、2.5%碘酊及 75%酒精棉球等。种毒(新城疫病毒悬液)、6～11 日龄受精卵(健康鸡群的受精卵，无母源抗体)。

【方法步骤】

一、鸡胚的选择

目前理想的鸡胚是 SPF 鸡胚。据国家标准，鸡胚不应含有鸡特定的 22 种病原体，如新城疫、马立克病、鸡痘、传染性法氏囊病和传染性支气管炎等。但由于 SPF 鸡饲养条件严格，价格昂贵，商品化种蛋供不应求，故常用非免疫鸡胚代替。不同病原对鸡胚的适应性也不同，如狂犬病和减蛋综合征病毒在鸭胚中比鸡胚中更易增殖。鸡传染性喉气管炎病毒只能在鸡和火鸡胚内增殖，而不能在鸭胚和鸽胚内增殖等。因此，实际应用时应加以严格选择。

二、鸡胚接种方法

通常应用的鸡胚接种途径和收获方法有 4 种，即尿囊腔接种法、卵黄囊接种法、绒毛尿囊膜接种法、羊膜腔接种法（详见图 3-4）。

（一）尿囊腔接种法

1. 接种方法

选用 9～11 日龄的鸡胚，经照视后划出气室及胚胎位置，标明胚龄及日期，气室朝上立于卵架上。在气室中心或远离胚胎侧气室边缘消毒，以钢锥在气室的中央或侧边打一小孔，针头沿孔垂直或稍斜插入气室（详见图 3-4），进入尿囊，向尿囊腔内注入 0.1～0.3 mL 新城疫病毒悬液，拔出针头，用融化的石蜡封孔，直立孵化。孵化期间，每晚照蛋，观察胚胎存活情况。弃去接种后 24 h 内死亡的鸡胚。

2. 收获方法

收获时间须视病毒的种类而定。新城疫病毒在接种后 24～48 h 即可收获病毒，收获前将鸡胚置于 0～4 ℃冰箱中冷藏 4 h 或过夜，使血管收缩，以免解剖时出血。气室朝上立于卵架上，无菌操作轻轻敲打并揭去气室顶部蛋壳，形成直径为 1.5～2.0 cm 的开口，用灭菌镊子夹起并撕开气室中央的绒毛尿囊膜，然后用吸管从破口处吸取尿囊液，每胚可得 5～6 mL，贮于无菌小瓶内，无菌检验后，冰冻保存，作种毒或试验之用。

3. 消毒

将用过的镊子、注射器等放入煮沸锅消毒 5 min，取出后擦干包好，高压灭菌待用。卵壳、鸡胚等置于消毒液中浸泡过夜，然后弃掉。无菌室内用紫外线灯消毒 30 min 。

（二）卵黄囊接种法

1. 接种方法

选用 6～8 日龄的鸡胚，经照视后划出气室和胚胎位置，垂直放置在固定的卵架上。消毒气室端，在气室的中央打一小孔，针头沿小孔垂直刺入约 3 cm，向卵黄囊内注入 0.1～0.5 mL 病毒液（详见图 3-4）。拔出针头，用融化的石蜡封孔，直立孵化 3～7 d。孵化期间，每晚照蛋，观察胚胎存活情况。弃去接种后 24 h 内死亡的鸡胚。

2. 收获方法

将濒死或死亡鸡胚气室部消毒，直立于卵架上，无菌操作轻轻敲打并揭去气室顶部蛋壳。用另一无菌镊子撕开绒毛尿囊膜，夹起鸡胚，切断卵黄带，置于无菌平皿内。如收获鸡胚，则除去双眼、爪及嘴，贮于无菌小瓶中保存；如收获卵黄囊，则用镊子将绒毛尿囊膜与卵黄囊分开，将后者贮于无菌小瓶中。收获的鸡胚或卵黄囊，经无菌检验后，放置－25 ℃冰箱冷冻保存。

3. 消毒

同尿囊腔接种法。

(三)绒毛尿囊膜接种法

1. 接种方法

选用 9～12 日龄的鸡胚,经照视后划出气室位置并消毒。在胚胎附近略近气室处,选择血管较少的部位以磨卵器磨一与纵轴平行的裂痕或将蛋壳锉开成三角形,小心挑起卵壳,造成卵窗,见到白色而有韧性的壳膜,以针尖小心挑破壳膜,注意切勿损伤其下的绒毛尿囊膜。另外,在气室的顶端钻一小孔。在卵窗壳膜刺破处滴一滴无菌生理盐水,用橡皮乳头紧贴气室小孔,向外吸气,使卵窗部位的绒毛尿囊膜下陷形成一小凹。除去卵窗部的卵壳,用注射器或吸管滴入 2～3 滴病毒液于绒毛尿囊膜上。用透明胶纸封住卵窗,或用玻璃纸盖于卵窗上,周围用石蜡封固,同时封气室端小孔(详见图 3-4)。接种部位朝上横卧孵化,不许翻动。每日自卵窗处检查,经 48～96 h,病变发育明显,鸡胚可能受感染死亡。

2. 收获方法

用碘酊消毒卵窗周围,用无菌镊子扩大卵窗至绒毛尿囊膜下陷的边缘,除去卵壳及壳膜,注意勿使其落入绒毛尿囊膜上。另用无菌镊子轻轻夹起绒毛尿囊膜,用无菌剪刀沿人工气室周围将接种的绒毛尿囊膜全部剪下,置于灭菌的平皿内,观察病变。病变明显的膜,放入小瓶中保存。

3. 消毒

同尿囊腔接种法。

(四)羊膜腔接种法

1. 接种方法

选用 12～14 日龄鸡胚,经照视后划出气室位置并消毒。按绒毛尿囊膜接种法造成人工气室,撕去卵壳膜,用无菌镊子夹起绒毛尿囊膜,在无大血管处切一个大小为 0.5 cm 的小口。用灭菌无齿弯头镊子夹起羊膜,针头刺破羊膜进入羊膜腔,注入新城疫病毒液 0.1～0.2 mL。用透明胶纸封住卵窗,或用玻璃纸盖于卵窗上,周围用石蜡封固,同时封气室端小孔(详见图 3-4)。接种部位朝上横卧孵化,不许翻动。每日检查发育情况,24 h 内死亡者弃去。通常培养 3～5 d。

2. 收获方法

用碘酊消毒卵窗周围,用无菌镊子扩大卵窗至绒毛尿囊膜下陷的边缘,除去卵壳、壳膜及绒毛尿囊膜,倾去尿囊液。夹起羊膜,用尖头毛细吸管或注射器穿入羊膜,吸取羊水,每胚可得 0.5～1 mL,经无菌检验后,放置 −25 ℃冰箱冷冻保存。

3. 消毒

同尿囊腔接种法。

【注意事项】

(1)实验室操作需在无菌条件下进行,以防止交叉感染。

(2)需遵守动物实验伦理规定,善待实验动物。

(3)实验结束后,将实验废弃物按照规定进行处理。

【考核标准】

序号	考核点		分值	标准	评分		
					自评	互评	师评
1	知识	病毒培养方法	10 分	能正确阐述病毒人工培养三种不同方法各自的优缺点。			
2	技能	器皿与试剂的准备	10 分	能够根据目的要求,正确选择器皿与试剂,并进行无菌处理。			
3		禽胚的筛选	10 分	能确定受精卵、活胚、胚眼点、气室并做标记。每错一步扣 4 分,扣完为止。			
4		病毒接种	20 分	在气室接近胚体处用碘酊和酒精进行消毒,蛋壳穿孔,注入病毒液,用石蜡封口。整理器械。			
5		禽胚接种后的检查	10 分	可在 24 h 内检胚,剔除死亡禽胚。			
6		病毒收集	10 分	冷藏禽胚。能够根据病变,正确收集样本,病毒液澄明透亮。			
7		消毒灭菌	5 分	能够及时将需要灭菌的培养物及污染的器具等进行高压灭菌、消毒,并进行洗涤、干燥、灭菌。			
8		低温保存	5 分	能依据使用目的,对收取的病毒液进行合理保存。			
9	素质	实验动物伦理	10 分	尊重动物的生命和权益,善待实验动物,保障动物福利,并尽量减少动物的痛苦。			
10		科学严谨	10 分	能归纳总结实验中重点步骤的注意事项及步骤衔接的相互影响。			
总分							

技能二　病毒的细胞培养

病毒的细胞培养实验旨在繁殖和研究病毒,以深入了解其生物学特性、感染机制,并为疫苗、药物研发提供基础。本实验以鸡新城疫病毒成纤维细胞培养为例,加以介绍。

【目的要求】

(1)知道病毒人工培养三种方法及其优缺点。

(2)掌握病毒的细胞培养技术。

(3)树立无菌操作意识及系统实验的大局意识。

【设备与材料】

以鸡新城疫病毒或纤维细胞培养为例:鸡胚成纤维细胞(CEF)、鸡新城疫病毒(鸡胚尿囊液)、细胞生长液(DMEM 细胞培养液+10%胎牛血清)、细胞维持液(DMEM 细胞培养液+2%胎牛血清)、无血清 DMEM 细胞培养液、胰酶等。超净工作台/生物安全柜、二氧化碳培养箱、水浴箱、倒置生物显微镜、各种规格吸管、移液器、细胞培养瓶、离心管、细胞计数板等。

【方法步骤】

一、细胞传代培养

(1)取长满单层的细胞一瓶,倾倒培养液。

(2)加入 2 mL 胰酶消化液,于 37 ℃培养箱放置几分钟,至细胞间出现空隙或细胞变圆后,倒掉消化液。

(3)加入生长液,反复吹打几次,使细胞分散成单个细胞,然后分装于 2 个小瓶中。再在每个小瓶中补充生长液至 10 mL,然后置 37 ℃培养箱培养,培养 1～2 d 即可长成单层。

二、病毒接种及 CPE 观察

(1)选择两个已培养成熟的单层细胞的培养瓶,使用无菌毛细滴管将其中的培养液抽出。

(2)一个培养瓶中加入 0.1 mL 稀释后的病毒悬液,另一个培养瓶则加入 0.1 mL 营养液作为对照,确保病毒液与营养液均覆盖整个细胞层,置温箱中感作(吸附)45～55 min。

(3)取出培养瓶,倒掉或不倒掉培养液,补足维持液,置温箱中继续培养 1～2 d,直至 80%以上的细胞病变。

(4)取出细胞,使用低倍显微镜观察,特别注意是否出现 CPE(细胞肿胀、圆形化、集聚成葡萄串状等现象)。

三、病毒收获

将病变的细胞置于−20 ℃冰箱中,冻结后取出自然解冻,在解冻过程中振摇几次,以使细胞完全从瓶壁上脱落。然后将病毒液收集于盐水瓶或其他容器中。收毒后的病毒液可以用移液管吸入离心管,以 1 000～2 000 r/min,离心 10 min,以此除去细胞碎片,将离心后的上清液转移,弃底部沉淀,该上清液即可用于病毒浓缩纯化,或病毒滴度测定,或中和试验等。低温贮藏备用(−80 ℃)。

【注意事项】

(1)应该在细胞状态最好的时候,进行病毒接种或复苏。接种前 1 d,进行细胞传代,细胞数量应以能让细胞在第 2 天内达到覆盖满 90%的培养瓶为准,并且一定要在细胞传代后 48 h 内接种病毒。

(2)实验操作需在无菌条件下进行,以防止细胞污染。

(3)实验结束后,按照规定处理细胞废弃物和病毒样本。

二维码 3-3　细胞复苏　　二维码 3-4　病毒的接种与培养　　二维码 3-5　细胞培养——收毒

【考核标准】

序号	考核点		分值	标准	评分		
					自评	互评	师评
1	知识	病毒培养方法	5 分	能正确阐述病毒细胞培养方法的优缺点。			
2	技能	显微镜使用	10 分	能正确使用倒置显微镜进行细胞观察			
3		细胞消化	10 分	能正确判断胰酶对细胞的消化终点			
4		病毒接种	20 分	能正确进行病毒的细胞接种相关操作。			
5		病毒培养	10 分	能正确判定细胞病变，以及病毒收集的最佳时间。			
6		病毒收集	5 分	能正确完成病毒收集的相关操作。			
7		无菌操作	20 分	穿戴好无菌衣、帽和口罩，操作前手消毒，戴好无菌手套；能正确使用移液器进行培养液、消化液、细胞转移等。			
8		消毒灭菌	5 分	接触过病毒的器材选择适宜方式进行灭菌，操作环境进行消毒处置。			
9	素质	团队协作	5 分	积极参与小组任务，对小组任务具有一定贡献。			
10		科学严谨	10 分	能归纳总结实验中重点步骤的注意事项及步骤衔接的相互影响。			
总分							

内容小结

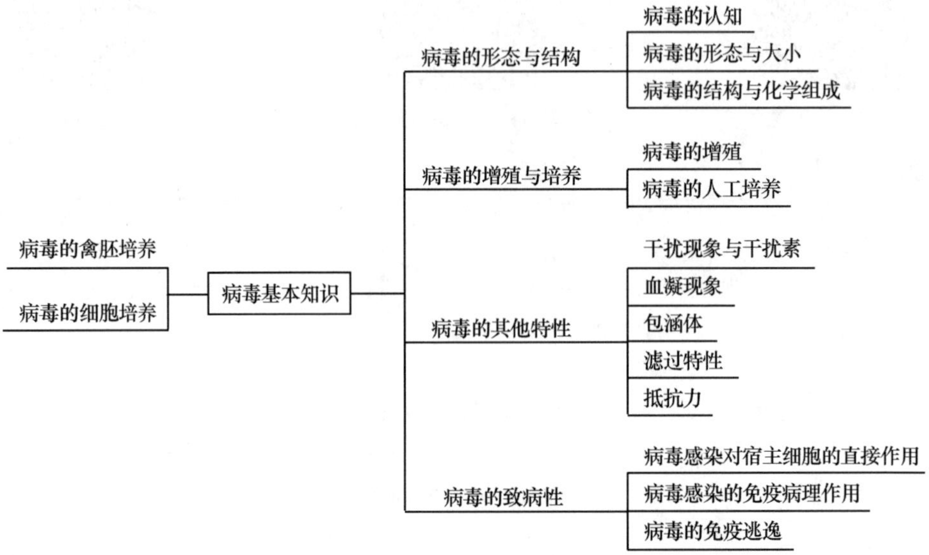

思政园地

敢为人先　开拓创新

人们最早发现的病毒是烟草花叶病毒，对其研究后确定了病毒的基本特性，即“一类体积微小、结构简单、只含有一种类型的核酸，严格细胞内寄生的非细胞型微生物”。

朊病毒是一种不含核酸只含蛋白质的亚病毒，至今发现的与哺乳动物脑部相关的10余种疾病都是由朊病毒引起的，如羊瘙痒病、牛海绵状脑病、疯牛病、人的克-雅氏病CJ、库鲁病等。在发现朊病毒之初，学术界引起了强烈的质疑和反对，多数人持否定态度，因为人们普遍认为，不可能存在没有核酸的病原体，这违背了分子生物学中的“中心法则”这个权威性的理念。为了拿出充分的实验证据，美国生理学家Prusiner从1974年开始了长达8年的分离提取工作，大约用了25万只小鼠去尝试提取这种病原体，1982年他们终于从仓鼠中分离出了这种蛋白质因子，经过多次实验证明，羊瘙痒病的病原体仅仅是蛋白质，不含有核酸。1982年，Prusiner在美国《科学》杂志上发表了“造成羊瘙痒病的传染性蛋白质”的研究论文，1997年获得诺贝尔生理学或医学奖。朊病毒的发现不仅在医学上具有重要的研究价值，在生命科学上也具有非常重要的意义，它揭示了世界上没有核酸也可以扩增的病原体，这对20世纪的重大发现——基因学说和传统的传染病学说是一个重要的补充和挑战。

Prusiner之所以会取得成功在于他敢于挑战权威，对前人的结论提出质疑，面对未知领域，不断实践、不懈探索的科学研究精神。这一突破性的发现正是躬行求真理念的生动体现，他不迷信权威，不拘泥于既有理论，而是以实验为依据，敢于创新，追求真理。正是这样的精神，推动了科学的进步，丰富了我们对世界的认知。

学习测试

一、单项选择题

1. 关于病毒的特点，下列表述错误的是(　　)。

A. 对抗生素敏感　　B. 能通过细菌滤器

C. 增殖方式为复制　　D. 不能在人工培养基上生长

2. 下列不能用于培养病毒的方法是(　　)。

A. 鲜血平板培养　　B. 动物接种　　C. 禽胚培养　　D. 组织培养

3. 病毒感染细胞的关键物质是(　　)。

A. 核衣壳　　B. 纤突　　C. 囊膜　　D. 核酸

二、多项选择题

1. 病毒的培养方法有(　　)。

A. 动物接种　　B. 培养基　　C. 禽胚培养　　D. 组织培养

2. 下列制剂对病毒无抑制作用的有(　　)。

A. 内毒素　　B. 抗生素　　C. 干扰素　　D. 破伤风类毒素

3. 病毒对细胞的损害主要表现为(　　)。

A. 杀细胞效应　　B. 形成包涵体　　C. 细胞融合　　D. 细胞转化

4. 病毒性病料保存和运送正确的方法是(　　)。

A. 病料中可以加抗生素　　B. 病料冷冻保存

C. 用 30%甘油盐水保存　　D. 使用 50%甘油磷酸缓冲液保存

5. 下列属于病毒特点的是(　　)。

A. 单个细胞　　B. 专性活体寄生

C. 需用电子显微镜观察　　D. 遗传物质为 DNA 或 RNA

三、判断题

1. 病毒是细胞内专性寄生的微生物。(　　)

2. 干扰素的主要生物学活性是抗细菌感染作用。(　　)

3. 病毒一般能耐受酸碱度范围在 pH 5.0～9.0。(　　)

4. 病毒的遗传物质是脱氧核糖核酸或核糖核酸。(　　)

四、简答题

1. 简述病毒的复制过程。

2. 试述病毒的血凝现象、血凝抑制现象的原理及其实践意义。

二维码 3-6　项目三学习测试参考答案

项目四
其他微生物基本知识

项目导学

学习项目	其他微生物基本知识	
学习目标		
知识目标	技能目标	素质目标
1.了解真菌的类型、营养方式、生殖方式，能总结出真菌的主要特点，并能说出常见的真菌。 2.掌握真菌的致病性、微生物学诊断及防治。 3.掌握放线菌、支原体、螺旋体、立克次体和衣原体的形态、结构等生物学特性。	1.能制备真菌标本片并对其进行形态学观察。 2.能制备放线菌标本片并对其进行形态学观察。 3.能对几种常见其他微生物进行显微学鉴别。	1.强化科学严谨的工作态度，培养以知促行、以行求知、知行合一的探索求真科学素养。 2.建立生物多样性的科学认知观。 3.培养为人民服务的意识与责任感。
导学问题		
1.真菌与细菌的区别有哪些方面？ 2.真菌的类型有哪些？ 3.真菌对机体发挥致病作用的机理是什么？ 4.放线菌、支原体、螺旋体、立克次体和衣原体的形态、结构等生物学特性有哪些差异？		
学习安排		
1.以 4～6 人为一小组，完成本项目学习。 2.课前以小组为单位，查阅相关资料，完成问题的回答，并将答案反馈于线上教学系统。 3.课前以小组为单位，将本项目学习的疑难点，反馈于线上教学系统。 4.学习真菌、放线菌标本片制备及观察的规范操作，掌握其他微生物基本形态学特征。 5.课后以个人为单位，限时完成本项目的在线测试。		

学习评价			
自我评价(20%)	小组评价(20%)	教师评价(60%)	总评

学习反思

微生物的种类繁多，除细菌和病毒外，还有真菌、放线菌、支原体、螺旋体、立克次体和衣原体。其中真菌因具有细胞核和完整的细胞器，属真核细胞型微生物；放线菌、支原体等其余5种属原核细胞型微生物，其生物学特性各有特点。

任务一　真菌

真菌是一类不含叶绿素，无根、茎、叶分化，多数为多细胞，分支或不分支的丝状体，能进行有性和无性繁殖，营腐生或寄生生活的真核微生物。我们知道，植物和动物都是由细胞组成的，细胞内都有细胞核。而微生物中只有真菌具有真正的细胞核和完整的细胞器，故又称真核细胞型微生物。

真菌在自然界中分布极广，有十万多种，其中能引起人或动物感染的仅占极少部分，约300种。但大多数真菌对人类是有益的，如制作面包、酱油、醋、酒和霉豆腐等都需要用真菌来发酵。工业上许多酶制剂、农业上饲料发酵都离不开真菌。许多真菌还可食用，如蘑菇、银耳、香菇、木耳等。真菌还是医药事业中的宝贵资源，有的可以用于生产抗生素、维生素以及酶类；有的本身就可以入药用于医治疾病，如中药材中的马勃、茯苓、冬虫夏草等。

一、真菌的形态结构

真菌的形体比较大，结构也比较复杂。有的为单细胞形态；有的为多细胞形态。具有细胞壁、细胞质和有核膜的细胞核等结构。根据真菌的形态特点，将真菌分为酵母菌、霉菌和担子菌3个类群（图4-1）。在此重点介绍常见的酵母菌和霉菌。

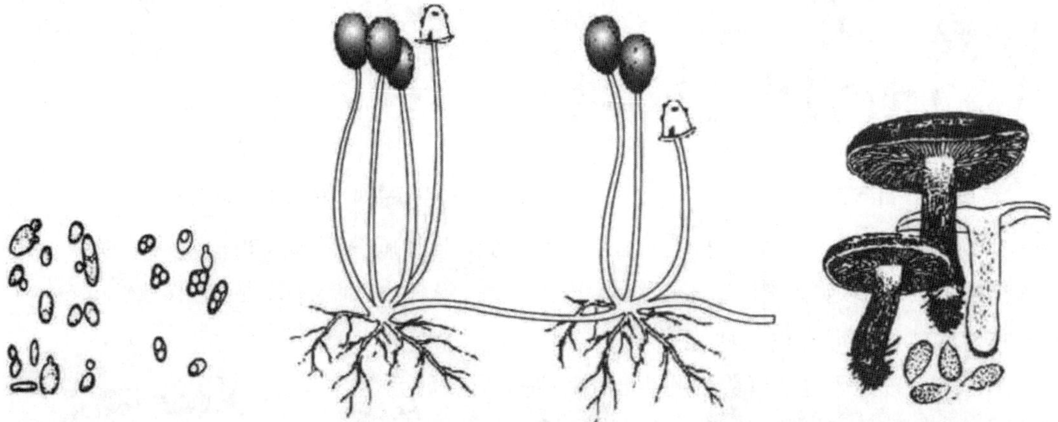

1. 酵母样真菌，即酵母菌　　2. 丝状真菌，即霉菌　　3.担子菌

图4-1　各类别真菌形态

（一）酵母菌

顾名思义，酵母就是发酵之母，是一类与发酵有关的微生物。我国4 000多年前的殷商时代，人们就一直利用酵母菌酿酒、制作馒头等；近年来，又用于发酵饲料、石油脱蜡以及生产维

生素、有机酸、酶制剂、蛋白饲料等。当然,也有些酵母菌可给人类带来危害,如造成饲料和食品的败坏,以及引起疾病。

1. 酵母菌的形态结构

(1)形态。酵母菌是单细胞真核微生物,酵母菌的细胞形态在高倍镜下可见,多为圆形、卵圆形或椭圆形,也有腊肠形。

(2)大小。比细菌粗约10倍,宽一般2～5 μm,长为5～30 μm,最长可达100 μm。

(3)结构。由细胞壁、细胞膜、细胞质、细胞核及其他内含物等构成(图4-2),无鞭毛,不能游动。

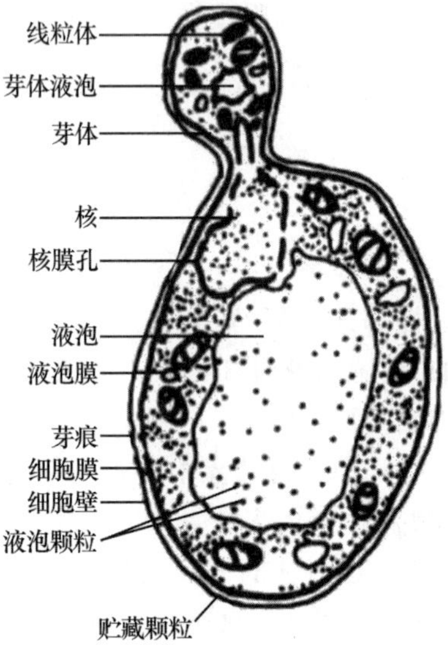

图 4-2 酵母菌细胞结构示意图

2. 酵母菌的繁殖

酵母菌的繁殖方式包括无性繁殖和有性繁殖,主要以无性繁殖为主。无性繁殖方式包括芽殖、裂殖和掷孢子。

芽殖是酵母菌最普遍的繁殖方式。其过程是:成熟的酵母菌细胞先长出芽体,随后细胞核分裂成2个核,1个留在母细胞,1个随细胞进入芽体。当芽体逐渐长大到与母细胞相仿时,子细胞基部收缩,脱离母细胞成为一个新的个体(图4-3)。

如果新形成的芽体不脱离母细胞,又长出新芽,子细胞就和母细胞连接在一起,形成藕节状或竹节状的细胞串,称为假菌丝或真菌丝(图4-4)。

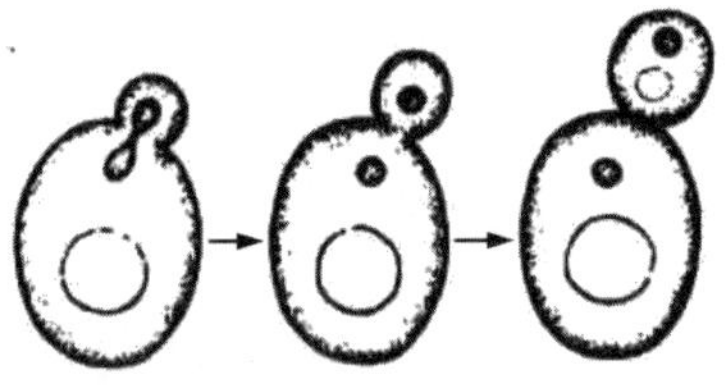
图 4-3 酵母菌的出芽生殖

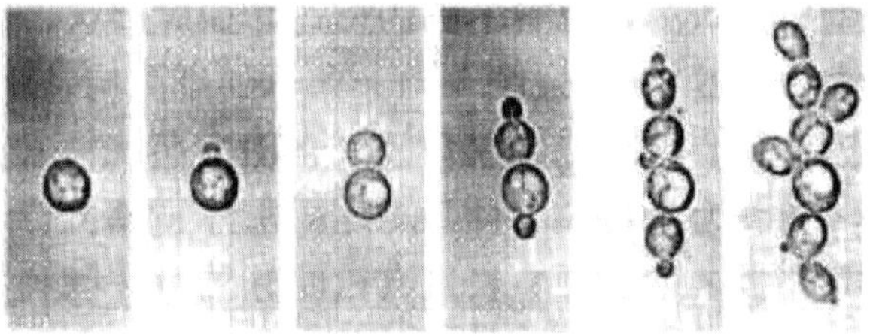
图 4-4 酵母菌的假菌丝

少数酵母菌以裂殖方式进行繁殖,这种繁殖方式与细胞分裂方式相似。当母细胞长到一定大小时,细胞核开始分裂,之后,在细胞中间产生一隔膜,将细胞一分为二(图4-5)。

还有些酵母菌可形成一些无性孢子,如节孢子、掷孢子、厚垣孢子等。掷孢子是在营养细胞生出的小梗上形成的无性孢子,成熟后通过一种特有的喷射机制将孢子射出。

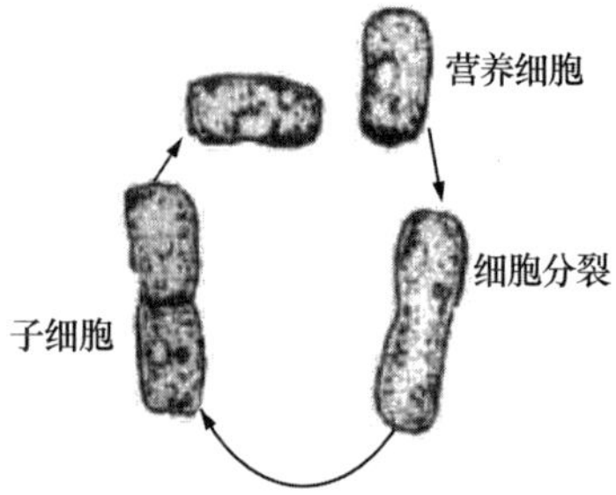

图 4-5 酵母菌的裂殖

有性繁殖分为3个阶段:①质配,两个性别不同的单倍体营养细胞经接触、细胞壁溶解、细胞膜和细胞质融合。②核配,两核配合形成二倍体。③减数分裂,减数分裂后产生4～8个单倍体核。分裂的子核外围包有一部分细胞质,生出细胞壁,形成子囊孢子。原细胞发育成子囊,里面有4～8个子囊孢子，将来发育成单倍体营养细胞。

(二)霉菌的生物学特性

霉菌不是分类学上的名词，凡是能在基质上形成绒毛状、蜘蛛网状或絮状菌丝体的真菌都称为霉菌。例如，每到阴雨连绵的梅雨季节，食品、衣服、皮革、器材等许多物品上都会生长出绒毛一样的东西，这就是霉菌。霉菌在自然界中分布很广，种类繁多，有 4 万余种，是数量最多的一类微生物。它们喜欢在偏酸性的条件下生活，能分解像纤维素、木质素、淀粉和蛋白质等复杂的有机物，因此在自然界物质循环转化中也起着重要的作用。早在远古时代，我国劳动人民就已利用霉菌制曲、制酱。现在，霉菌的用途日益广泛，人们利用它来生产酒精、有机酸、维生素、抗生素等，也用来发酵饲料等。但是有些霉菌能引起动植物发病，少数霉菌还产生毒素，危害人类及动物的健康。

1. 霉菌的形态结构

构成霉菌体的基本单位称为菌丝，菌丝分枝或不分枝，在光学显微镜下呈管状，肉眼看犹如细丝。菌丝平均宽度为 3～10 μm，比一般细菌的宽度大几倍到几十倍，而和酵母菌宽度相近。菌丝可有不同的形态，如结节状、螺旋状、球拍状、梳状、鹿角状等，这些特点都具有鉴别意义(图 4-6)。菌丝的细胞结构基本上与酵母菌细胞类似，都具有细胞壁、胞浆膜、细胞核、细胞质及其内含物。

菌丝分为两类。一种是无隔膜菌丝：呈长管状的分枝，整根菌丝就是一个单细胞，其中含有许多核，菌丝生长只有核的分裂而无细胞分裂，称为无隔菌丝(图 4-7)，如毛霉和根霉。另一种是有隔膜菌丝：整个菌丝是由分枝的成串多细胞组成，每个细胞内含 1 个或多个核，称为有隔菌丝(图 4-7)。虽然隔膜把菌丝分隔成许多细胞，但是隔膜中间有极细的小孔相通，使细胞间的细胞质、细胞核和养料互相沟通，因此，仍应把其看成一个完整的机体。菌丝生长是由顶端生长而伸长，且伴随着细胞分裂成为多细胞菌丝。

1. 结节状　2. 螺旋状　3. 球拍状
4. 梳状　5. 鹿角状

图 4-6　菌丝的不同形态

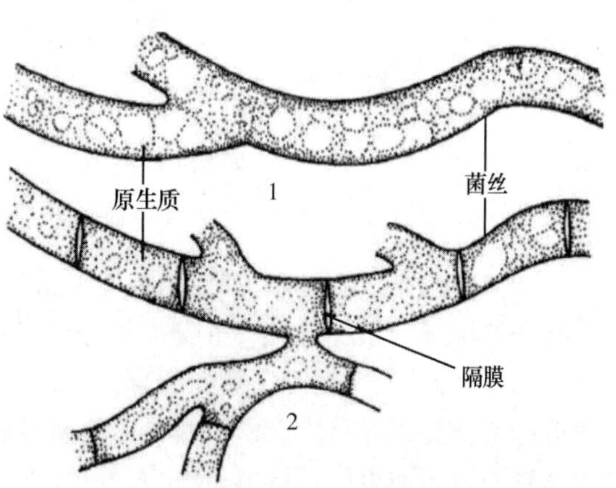

1. 无隔菌丝　2. 有隔菌丝

图 4-7　霉菌的两种菌丝

细胞壁分为 3 层：外层为无定形的 β-葡聚糖(厚 87 nm)；中层是糖蛋白，蛋白质网中间填充葡聚糖(厚 49 nm)；内层是几丁质微纤维，夹杂无定形蛋白质(厚 20 nm)。在固体基质上生长时，部分菌丝深入基质吸收养料，称为基质菌丝或营养菌丝；向空中伸展的称为气生菌丝，可进一步发育为繁殖菌丝，产生孢子。大量菌丝交织成绒毛状、絮状或网状等，称为菌丝体。菌丝体通常呈白色、褐色、灰色，或呈鲜艳的颜色(菌落为白色毛状的是毛霉，绿色的是青霉，黄色的是黄曲霉)，有的可产生色素使基质着色。霉菌的菌丝和孢子是鉴别霉菌的重要依据。常见的霉菌有毛霉、根霉、青霉、曲霉。

2.霉菌的繁殖

霉菌有着极强的繁殖能力，而且繁殖方式多种多样。虽然霉菌菌丝体上的任意一片段在适宜条件下都能发展成新个体，但在自然界中，霉菌主要依靠产生形形色色的无性或有性孢子进行繁殖。孢子有点像植物的种子，不过数量特别多。

(1)霉菌的无性繁殖。霉菌的无性孢子直接由生殖菌丝的分化而形成，常见的有芽孢子、分节孢子、厚垣孢子、孢囊孢子和分生孢子(图 4-8)。

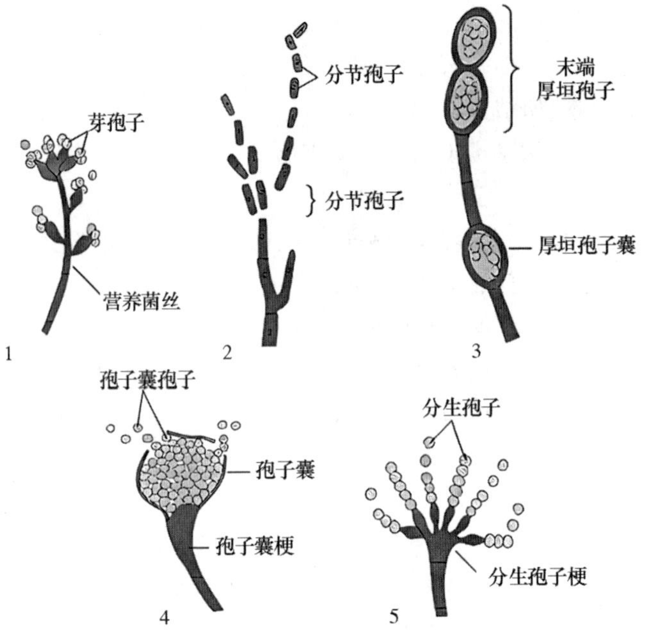

1.芽孢子 2.分节孢子 3.厚垣孢子 4.孢囊孢子 5.分生孢子

图 4-8 真菌的无性孢子

(2)霉菌的有性繁殖。霉菌的有性繁殖过程包括质配、核配、减数分裂 3 个过程，常见的有性孢子有接合孢子、卵孢子、子囊孢子、担孢子(图 4-9)。

①接合孢子：两个配子囊经结合，然后经质配、核配后发育形成接合孢子。接合孢子的形成分为两种类型：异宗配合，由两种不同菌系的菌丝结合而成；同宗配合，可由同一菌丝结合而成。接合孢子萌发时壁破裂，长出芽管，其上形成芽孢子囊。接合孢子的减数分裂过程发生在萌发之前或更多在萌发过程中。

②卵孢子：由两个大小不同的配子囊结合而成。小配子囊称为精子器，大配子囊称为藏卵器。当结合时，精子器中的原生质和核进入藏卵器，并与藏卵器中的卵球配合，然后卵球生出外壁，发育成卵孢子。

③子囊孢子：在同一菌丝或相邻两菌丝上两个不同性别细胞结合，形成造囊丝。经质配、核配和减数分裂形成子囊，内生 2～8 个子囊孢子。许多聚集在一起的子囊被周围菌丝包裹成子囊果。子囊果有 3 种类型：完全封闭的称为闭囊果；中间有孔的称为子囊壳；呈盘状的称为子囊盘。

④担孢子：由担子经核配、减数分裂形成的单倍体细胞。生长在担子的前端，有小梗与担子相连。成熟的担孢子由小梗弹射散出，萌发后形成初级菌丝。

霉菌的孢子具有小、轻、干、多、形态色泽各异、休眠期长和抗逆性强等特点，每个个体所产生的孢子数，经常是成千上万的，有时竟达几百亿、几千亿甚至更多。这些特点有助于霉菌在自然界中随处散播和繁殖。对人类的实践来说，孢子的这些特点有利于接种、扩大培养、菌种选育、保藏和鉴定等工作，对人类的不利之处则是易于造成污染、霉变和易于传播动植物的霉菌病害。

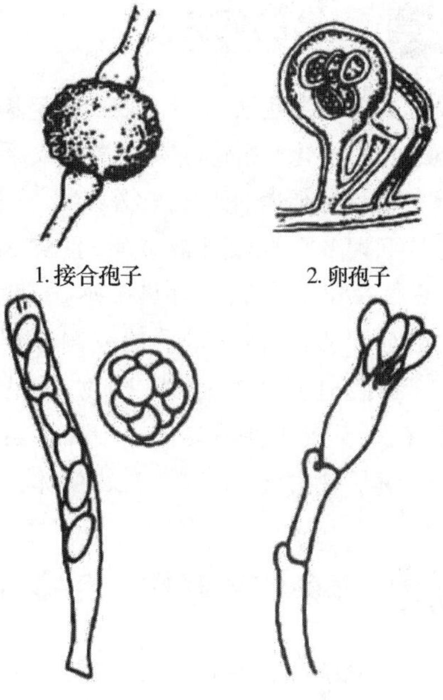

图 4-9　真菌的有性孢子(引自李舫)

二、真菌的培养特性

真菌大多数为异养菌，培养条件基本与细菌相同。

1. 酵母菌的培养特性

酵母菌的培养基本与细菌相同，其菌落特征为：大多数菌落表面光滑、湿润和黏稠，大而厚(图 4-10)；单独的酵母菌细胞是无色的。在固体培养基上形成的菌落，多数呈乳白色，少数为黄色或红色；应注意与类酵母型菌落(如白色念珠菌，有菌丝伸入基质)区别。

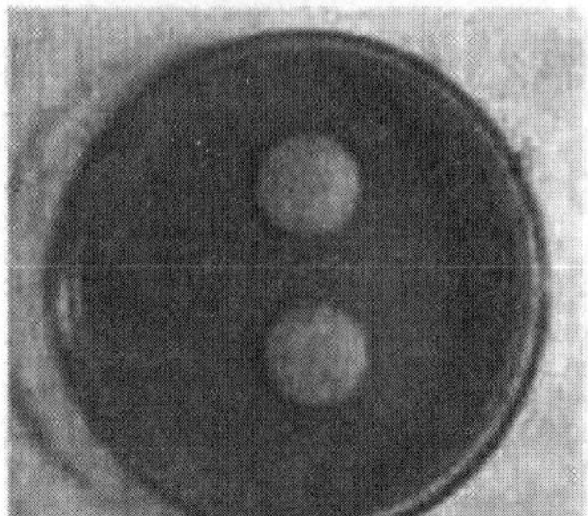

图 4-10　啤酒酵母菌落

2. 霉菌的培养特性

霉菌的培养通常用沙堡弱培养基(Sabouraud medium，含 4%葡萄糖、1.0%蛋白胨，pH 4.0～6.0)或马铃薯琼脂培养基。最适温度为 20～28 ℃。动物内脏的病原性真菌最适温度 37 ℃左右。最适 pH 为5.6～5.8(pH 3～6 生长良好)。霉菌生长较缓慢，大多于 1～2 周出现典型菌落。

由于霉菌的菌丝较粗而长，所以霉菌的菌落较大。有的霉菌的菌丝蔓延，没有局限性，其菌落可扩展到整个培养皿；有的则有一定的局限性，直径 1～2 cm 或更小。霉菌的菌落特征：大而蓬松，呈绒毛状、絮状和蜘蛛网状等。菌落与培养基的连接紧密，不易挑取；菌落正反面的颜色和边缘与中心的颜色常不一致。当菌丝长出孢子后，菌落可呈黄、绿、青、蓝等颜色。可根据菌落特征鉴别霉菌。

三、真菌的抵抗力

真菌易发生变异，在人工培养基中多次传代或培养过久，可出现形态结构、菌落性状、色素及毒力等变化，用不同的培养基或不同温度培养真菌，其性状都有差异。

真菌对干燥、阳光、紫外线及一般化学消毒剂有耐受力，但充分暴露于阳光、紫外线及干燥情况下大多数真菌可被杀死，且对 2.5%碘酒、10%福尔马林都敏感，一般可用福尔马林熏蒸被真菌感染的房间。对热敏感，一般 60 ℃ 1 h 可杀死真菌菌丝和孢子。对抗生素不敏感，对灰黄霉素、制霉菌素以及硫酸铜等较敏感。

霉菌孢子对热、射线、药物、渗透压、干燥等的抵抗力比其营养细胞要强，但比细菌的芽孢弱，有利于在各种不良环境中保存自己的种族。在适宜环境条件下，孢子首先吸水膨胀，继而突破孢子壁出芽，生长成新的菌体。

四、真菌的致病性与免疫性

真菌在自然界分布广泛，绝大多数对人有利，如酿酒、制酱、发酵饲料、增肥农田、制造抗生素、生长蘑菇、加工食品及提供中草药药源(如灵芝、茯苓、冬虫夏草等)。但也有一部分是对人畜致病的真菌，还有些真菌寄生于粮食、饲料、食品中，能产生毒素引起中毒性真菌病。单就动物而言，真菌致病性大致包括以下 3 个方面。

(一)真菌感染

真菌感染主要是外源性感染。浅部真菌有嗜表皮角质特性，侵入皮肤、指甲等组织，顽强繁殖，发生机械刺激损害，同时产生酶及酸等代谢产物，引起炎症反应和细胞病变。深部真菌可侵入皮下、内脏等处，引起慢性肉芽肿及坏死。如多种皮肤霉菌引起的皮肤霉菌病，角化组织的损害(脱毛、脱屑、渗出、痂块及痒感等症状；烟曲霉菌等曲霉菌引起的禽曲霉菌性肺炎，形成肉芽肿结节)。

(二)条件性真菌感染

条件性真菌感染主要是内源性感染(如白色念珠菌)，也有外源性感染(如曲霉菌)。此类感染与机体抵抗力、免疫力降低及菌落失调有关，常发生于长期应用抗生素、激素等的畜禽。如白色念珠菌引起的鹅口疮、上呼吸道白色假膜或溃疡。

(三)真菌毒素中毒症

真菌毒素已发现 100 多种，可侵害肝、肾、脑、中枢神经系统及造血组织。如黄曲霉毒素可引起肝脏变性、肝细胞坏死及肝硬化，并致肝癌。实验证明，用含 0.045 mg/kg 黄曲霉毒素的饲料连续喂养小鼠、豚鼠、家兔等，可诱生肝癌；橘青霉素可损害肾小管、肾小球，发生急性或慢性肾病；黄绿青霉素引起中枢神经损害，包括神经组织变性，出血或功能障碍等；某些镰刀状菌毒素和黑葡萄穗霉毒素主要引起造血系统损害，发生造血组织坏死或造血功能障碍，引起白细胞减少症等；甘薯黑斑病霉菌引起的牛中毒，突然发生呼吸困难，严重时死亡。

大部分动物对真菌感染有一定的抵抗力。真菌感染的康复主要靠细胞免疫，血清中抗真菌抗体滴度虽然很高，可用于血清学诊断，但不能抑制真菌的生长。在真菌的细胞免疫中，T 细胞起主导作用，如 T 细胞受损，机体易发生念珠菌病、曲霉菌病等。

五、真菌病的微生物学诊断

（一）形态学检查

形态学特性是鉴定真菌的主要依据。常用方法是将病料制成抹片，用吉姆萨或其他方法染色检查真菌细胞、菌丝、孢子等。形态学检查是最简单而重要的方法，取体表感染真菌的病变标本如毛发、皮屑、甲屑置于玻片上，滴加 10% KOH，必要时在火焰上稍加热至材料透明，覆盖玻片，用吸水纸吸去周围多余的碱液，在显微镜下观察，见皮屑、甲屑中有菌丝，或毛发内部或外部有成串孢子，即可初步诊断为癣菌感染，但不能确定菌种。侵害内脏的真菌标本如组织液、浆液等，也可做涂片用革兰染色（白色念珠菌）或印度墨汁负染色（隐球菌）观察形态特征。

（二）分离培养

本法可确定菌种，通常用沙堡弱培养基（最适 pH 5.6～5.8，温度 22～28 ℃），侵害内脏的真菌可用血琼脂 37 ℃培养，或根据不同菌种运用不同培养基，如孢子丝菌可用胱氨酸血液葡萄糖琼脂，必要时运用鉴别培养基、生化反应、同化试验等进行鉴定。

（三）免疫学试验

近年来，有许多方法用于检测感染真菌的抗体，辅助诊断假性皮疽组织胞浆菌、念珠菌、曲霉菌。但许多真菌间抗原性有交叉反应；有的产生抗体后维护时间较长，正常群体中也会有一定比例的阳性率，则必须结合临床情况分析结果才能做出正确诊断。

由于上述检测抗体受到许多因素的限制，真菌感染时，早期培养阳性率较低，晚期则多失去治疗时机，因此，用免疫学方法从血清或其他部位检测真菌抗原，对早期诊断具有重要意义。如乳胶凝集法检测新型隐球菌病的荚膜多糖抗原、ELISA 检测白色念珠菌感染的甘露聚糖抗原和免疫荧光法检测孢子丝菌病的可溶性抗原等，均为早期、快速、特异的诊断方法。

（四）动物实验

某些真菌对实验动物有致病性，可通过接种实验动物来辅助诊断。如皮炎芽生菌、球孢子菌可在小鼠、豚鼠体内生长，白色念珠菌接种家兔、小鼠可发生肾脏脓肿致死。

二维码 4-1　真核细胞型微生物——真菌

六、真菌病的防治

真菌感染尚无特异性预防方法，主要注意环境卫生，如畜禽舍应保持卫生、干燥、经常消毒，禁止使用发霉的饲料或垫料等。结合真菌的抵抗力，真菌普遍对抗生素不敏感，用碘化物治疗孢子丝菌病、毛霉菌病有一定疗效；制霉菌素、灰黄霉素、克霉唑（三苯甲霉唑）等外用或内服对癣类皮肤病和白色念珠菌病等有较好疗效；近年报道 5-氟胞嘧啶（5-FC）治疗单细胞真菌感染疗效显著；两性霉素 B 可用于深部真菌感染。

任务二 放线菌

放线菌因菌落呈放线状而得名。它是一个原核生物类群，在自然界中分布很广，主要以孢子繁殖，其次是断裂生殖。

放线菌与人类的生产和生活关系极为密切，目前广泛应用的抗生素约70%是各种放线菌所产生。一些种类的放线菌还能产生各种酶制剂（如蛋白酶、淀粉酶和纤维素酶）、维生素 B_2 和有机酸等。弗兰克菌属（Frankia）为非豆科木本植物根瘤中有固氮能力的内共生菌。此外，放线菌还可用于甾体转化、烃类发酵、石油脱蜡和污水处理等方面。少数放线菌也会对人类构成危害，引起人和动植物疾病。因此，放线菌与人类关系密切，在医药工业上有重要意义。

放线菌在自然界中分布广泛，主要以孢子或菌丝状态存在于土壤、空气和水中，尤其是含水量低、有机物丰富、呈中性或微碱性的土壤中数量最多。放线菌只是形态上的分类，不是生物学分类的一个名词。有些细菌和真菌都可以划归为放线菌。土壤特有的泥腥味，主要是放线菌的代谢产物所致。

一、放线菌的形态结构

放线菌的形态比细菌复杂，但仍属于单细胞。在显微镜下，放线菌呈分枝丝状，这些细丝一样的结构称为菌丝。菌丝细胞的结构与细菌基本相同。大部分放线菌的菌体由多细胞分枝状菌丝组成。菌丝大多无隔膜，其粗细与杆状细菌相似，直径1 μm左右（图4-11）。细胞中具核质而无真正的细胞核，细胞壁含有胞壁酸与二氨基庚二酸，而不含几丁质和纤维素。

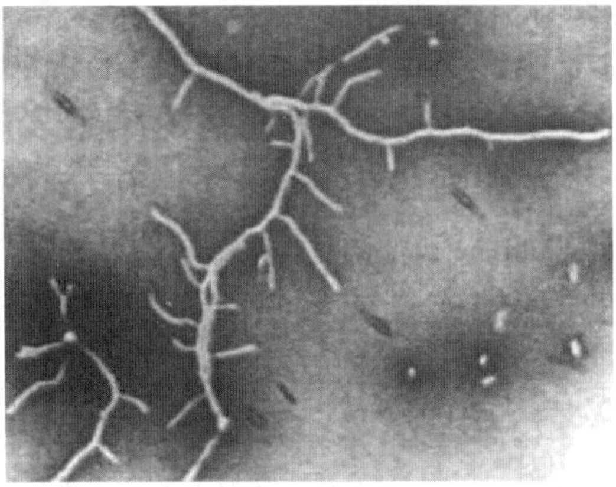

图 4-11 放线菌

（一）菌丝

根据菌丝的着生部位、形态和功能的不同，放线菌菌丝可分为基内菌丝、气生菌丝和孢子丝3种，和霉菌不同，没有直立菌丝（放线菌准确来说不能算细菌，因为形态差异太大；可认为是霉菌，又没有准确特征）。

1. 基内菌丝

孢子落在适宜的固体基质表面，在适宜条件下吸收水分，孢子肿胀，萌发出芽，进一步向基质的四周表面和内部伸展，形成基内菌丝，又称初级菌丝或营养菌丝。直径0.2～0.8 μm，色淡，主要功能是吸收营养物质和排泄代谢产物。可产生黄、蓝、红、绿、褐和紫等水溶色素和脂溶性色素，这些色素在放线菌的分类和鉴定上有重要的参考价值。放线菌中多数种类的基内菌丝无隔膜，不断裂，如链霉菌属和小单孢菌属等；但有一类放线菌，如诺卡氏菌型放线菌的基内菌丝生长一定时间后形成横膈膜，继而断裂成球状或杆状小体(图 4-12)。

2. 气生菌丝

气生菌丝是基内菌丝长出培养基外并伸向空间的菌丝，又称二级菌丝(图 4-13)。在显微镜下观察时，一般气生菌丝颜色较深，比基内菌丝粗，直径 1.0～1.4 μm，长度相差悬殊，形状直伸或弯曲，可产生色素，多为脂溶性色素。

3. 孢子丝

当气生菌丝发育到一定程度，其顶端分化出的可形成孢子的菌丝，称为孢子丝，又称繁殖菌丝(图 4-14)。孢子成熟后，可从孢子丝中逸出飞散。放线菌孢子丝的形态及其在气生菌丝上的排列方式，随菌种不同而异，是链球菌菌种鉴定的重要依据。孢子丝的形状有直形、波曲、钩状、螺旋状。螺旋状的孢子丝较为常见，其螺旋的松紧、大小、螺数和螺旋方向因菌种而异。孢子丝的着生方式有对生、互生、丛生与轮生(一级轮生和二级轮生)等(图 4-15)。

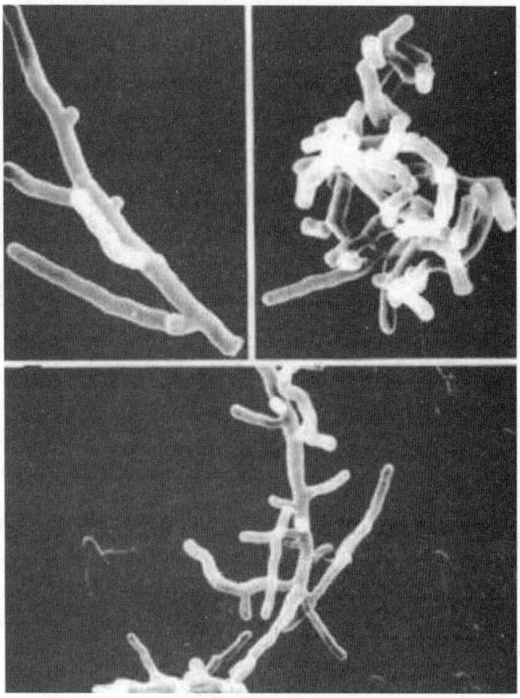

左上、下：诺卡氏菌基内菌丝
右上：断裂成杆状或球状细胞

图 4-12　基内菌丝

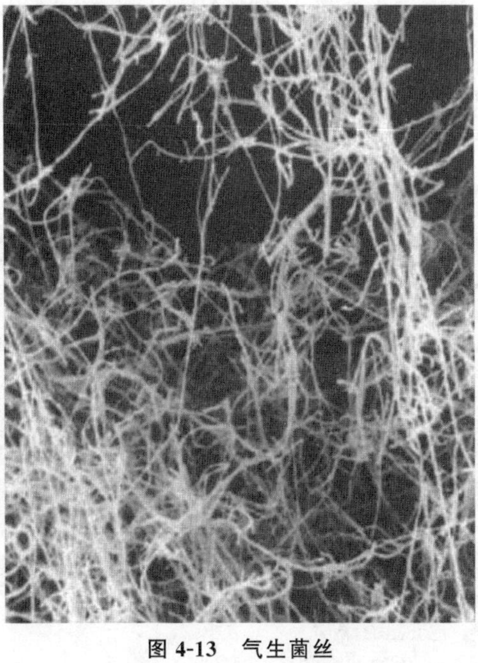

图 4-13　气生菌丝

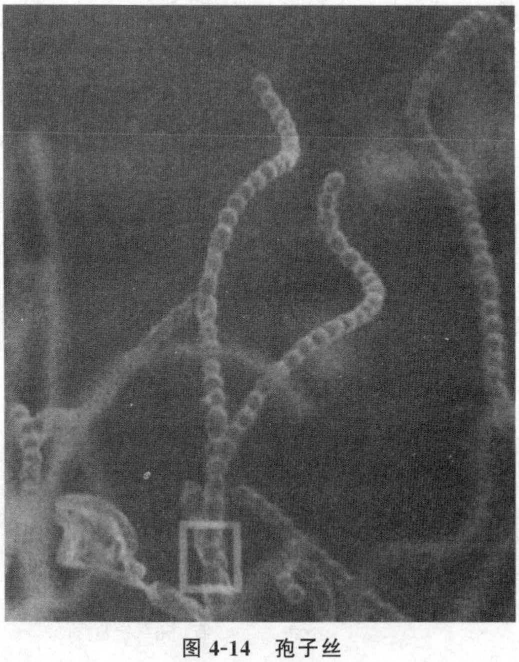

图 4-14　孢子丝

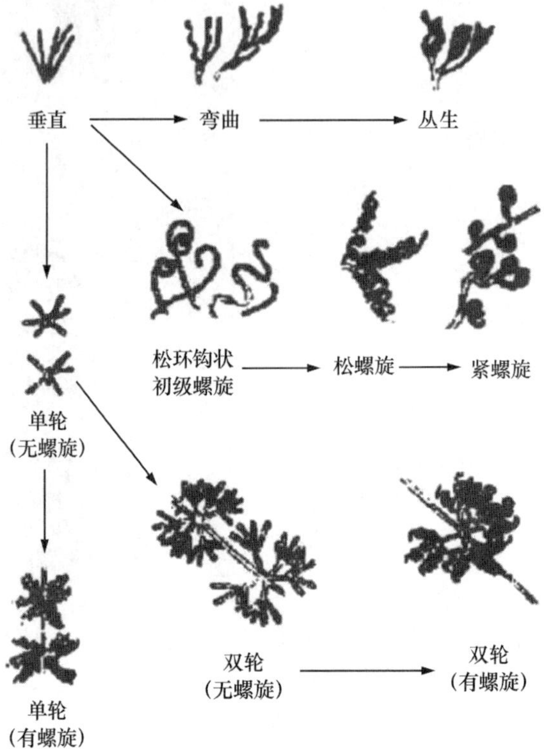

图 4-15 孢子丝的各种形态

(二)孢子

孢子丝发育到一定阶段便分化为孢子。在光学显微镜下,孢子呈圆形、椭圆形、杆状、圆柱状、瓜子状、梭状和半月状等,即使是同一孢子丝分化形成的孢子也不完全相同,因而不能作为分类、鉴定的依据。孢子的颜色十分丰富。孢子表面的纹饰因种而异,在电子显微镜下清晰可见,有的光滑,有的呈褶皱状、疣状、刺状、毛发状或鳞片状,刺又有粗细、大小、长短和疏密之分,一般比较稳定,是菌种分类、鉴定的重要依据(图 4-16)。

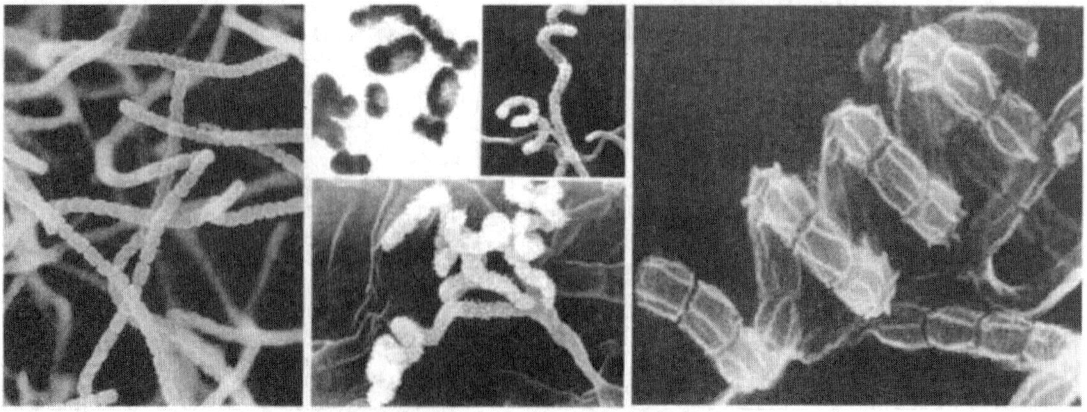

左:灰色链霉菌直链形孢子,孢子表面光滑　中:绿色产色链霉菌螺旋形孢子链,孢子表面有刺
右:褶皱链霉菌的螺旋形孢子链,孢子表面有褶皱

图 4-16 放线菌的孢子

孢子的形成方式为横割分裂，横割分裂有 2 种方式：①细胞膜内陷，由外向内逐渐收缩，最后形成完整的横隔膜，将孢子丝分隔成许多无性孢子；②细胞壁和细胞膜同时内缩，并逐步缢缩，最后将孢子丝缢缩成一串无性孢子。

二、放线菌的繁殖

放线菌主要通过形成无性孢子的方式进行繁殖，也可借菌体分裂片段繁殖。放线菌长到一定阶段，一部分气生菌丝形成孢子丝，孢子丝成熟便分化形成许多孢子，称为分生孢子。孢子的产生有以下几种方式。

(1)凝聚分裂形成凝聚孢子。其过程是孢子丝孢壁内的原生质围绕核物质，从顶端向基部逐渐凝聚成一串体积相等或大小相似的小段，然后小段收缩并在每段外面产生新的孢子壁而成为圆形或椭圆形的孢子。孢子成熟后，孢子丝壁破裂释放出孢子。多数放线菌按此方式形成孢子，如链霉菌孢子的形成多属此类型。

(2)横隔分裂形成横隔孢子。其过程是单细胞孢子丝长到一定阶段，首先在其中产生横膈膜，然后在横膈膜处断裂形成孢子，称为横隔孢子，又称为节孢子或粉孢子。一般呈圆柱形或杆状，体积基本相等，大小相似，为(0.7～0.8) μm×(1～2.5) μm，诺卡氏菌属按此方式形成孢子。

(3)有些放线菌在菌丝上形成孢子囊(sporangium)，在孢子囊内形成孢子，孢子囊成熟后，破裂，释放出大量的孢囊孢子。孢子囊可在气生菌丝上形成，也可在营养菌丝上形成，或二者均可生成。如游动放线菌属和链孢菌囊菌属等均通过这种方式形成孢子。孢子囊可由孢子丝盘绕形成，有的由孢子囊柄顶端膨大形成(图 4-17)。

(4)小单孢菌科中多数孢子的形成是在营养菌丝上做单轴分枝，其上再生出直而短(5～10 μm)的特殊分枝，分枝还可再分枝杈，每个枝杈顶端形成一个球形、椭圆形或长圆形孢子，它们聚集在一起，很像一串葡萄，这些孢子也称为分生孢子(图 4-18)。

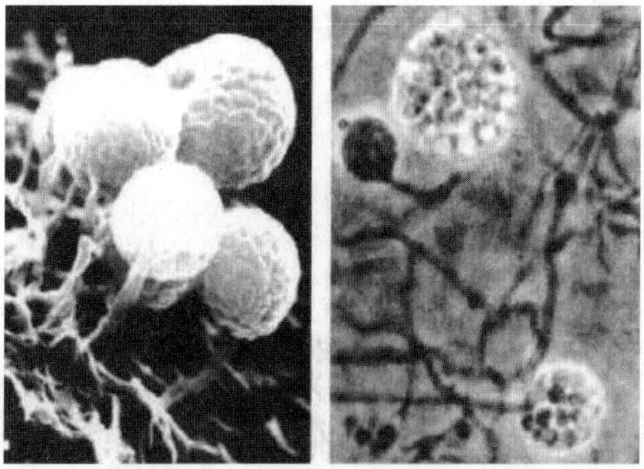

图 4-17　孢囊链霉菌的孢囊及孢囊孢子

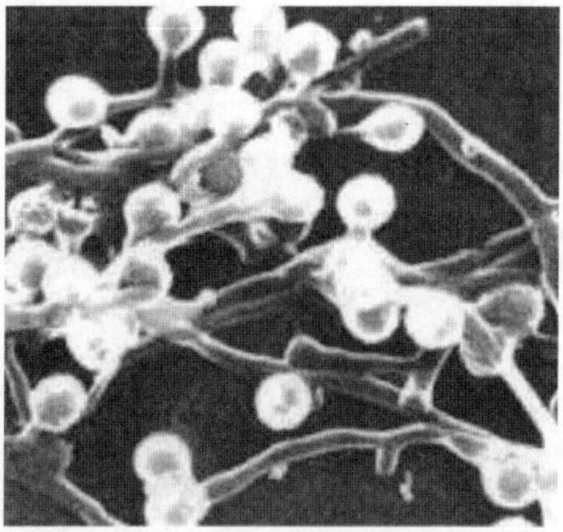

图 4-18　分生孢子

(5)某些放线菌偶尔也产生厚壁孢子。放线菌孢子具有较高的耐干燥能力，但不耐高温，60～65 ℃处理 10～15 min 即失去生活能力，放线菌也可借菌丝断裂的片段形成新的菌体，这种繁殖方式常见于液体培养基中。工业化发酵生产抗生素时，放线菌就以此方式大量繁殖。如果静置培养，培养物表面往往形成菌膜，膜上也可产生孢子。

三、放线菌的培养特性

放线菌主要营异养生活，培养较困难，厌氧或微需氧，加 5%二氧化碳可促进其生长。在营养丰富的培养基上，如血平板 37 ℃培养 3～7 d，可长出灰白色或淡黄色微小菌落。多数放线菌的最适生长温度为 30～32 ℃，致病性放线菌为 37 ℃，最适 pH 为 6.8～7.5。放线菌的菌落特征：形状多为圆形，初期光平，后期产生许多皱褶，菌落小而紧密；质地不均且较干燥、不易挑取；颜色多样；边缘具辐射状菌丝。

1. 分枝杆菌属

革兰阳性、抗酸菌（使用抗酸染色法染成红色，非抗酸菌染成蓝色）。如结核分枝杆菌，抗酸染色为阳性。具有致病性的分枝杆菌大多缓慢生长，如结核分枝杆菌，一般需 2～4 周长成肉眼可见的菌落（图 4-19），致病多为慢性。

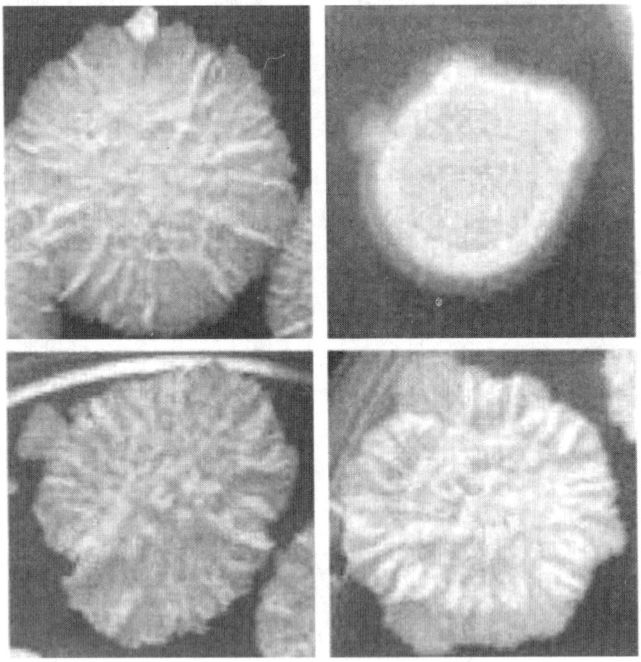

图 4-19　牛结核分枝杆菌菌落

2. 放线菌属

革兰阳性、非抗酸性细菌；多数需氧，少数厌氧；最适生长温度为 30～32 ℃，致病性放线菌在 37～40 ℃也生长良好；有致病性的少，主要有牛放线菌引起的牛放线菌病（多见颌骨肿大），排出黄色硫黄样颗粒（在脓汁标本中可见到分枝缠绕的小菌落，即硫黄样颗粒，图 4-20）。诊断不难，从脓汁中找到硫黄样颗粒，放两玻片中压扁，显微镜下见放射状结构的菌团（图 4-21），可以确诊。经革兰染色，阳性为放线菌，阴性为放线杆菌。

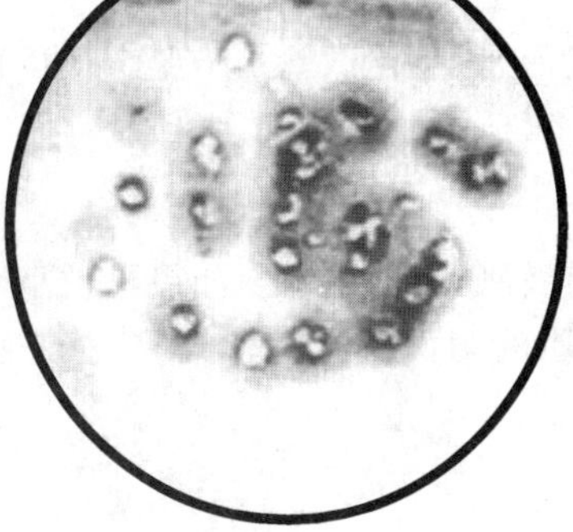

图 4-20　放线菌硫黄样颗粒

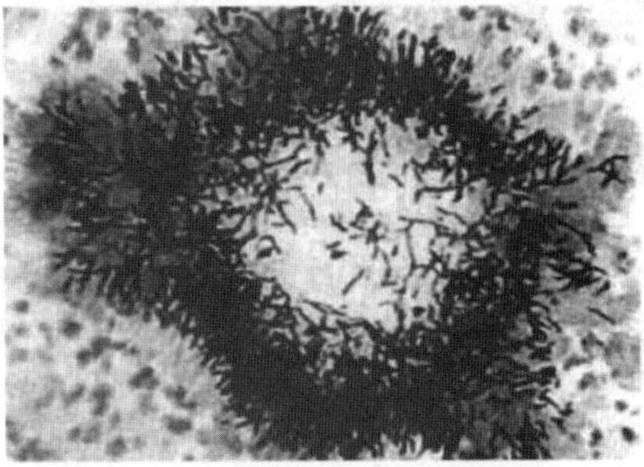

图 4-21　显微镜下放射状菌团

3. 链霉菌属

产生大量分枝和气生菌丝的菌种。菌落质地致密，表面呈较紧密的绒状或坚实、干燥、多皱，菌落较小而不蔓延；菌落与培养基结合较紧，不易挑起或挑起后易破碎；有些种类的孢子含有色素，使菌落正面或背面呈现不同颜色。

4. 诺卡氏放线菌属

不产生大量菌丝体的菌种。菌落黏着力差，结构呈粉质状，用针挑起则粉碎。

四、放线菌的抵抗力

放线菌不同种属对外界环境及理化因素的抵抗力不同。如结核分枝杆菌，对乙醇、湿热、紫外线敏感；对链霉素、异烟肼、利福平、环丝氨酸、乙胺丁醇、卡那霉素、对氨基水杨酸等抗结核药物敏感，但长期用药容易出现耐药性；对干燥的抵抗力特别强；对酸（3% HCl 或 6% H_2SO_4）或碱（4% NaOH）有抵抗力，15 min 不受影响；对青霉素等抗生素耐药。又如放线杆菌，对干燥、高热、低温抵抗力很弱，80 ℃经 5 min 或 0.1%升汞 5 min 可将其杀死；对石炭酸抵抗力较强，对青霉素、链霉素、红霉素、四环素、头孢霉素、林可霉素及磺胺类药物敏感，但因药物很难渗透到脓灶中，故不易达到杀菌目的。

五、放线菌的致病性与免疫性

对动物的致病性，除牛放线菌外，还有衣氏放线菌、林氏放线菌、龋齿放线菌、黏性放线菌、化脓放线菌和猪放线菌也有一定的致病性。牛放线菌病，牛、猪、马、羊易感，主要侵害牛和猪，奶牛发病率较高。林氏放线杆菌是皮肤和柔软器官放线菌病的主要病原菌，不形成芽孢和荚膜；可在牛舌的肉芽肿损害中发现；本病主要侵害牛，以 2～5 岁牛最易患病，特别在换牙时。衣氏放线菌可引起牛的骨髓放线菌病和猪的乳房放线菌病。致病性的分枝杆菌主要有结核分枝杆菌、牛分枝杆菌和禽分枝杆菌，它们分别可以引起人、牛、禽等的结核病。

机体对放线菌的免疫主要靠细胞免疫，放线菌病动物体内可检测到多种抗体，但这些抗体既无诊断意义，对机体也无保护作用。

六、放线菌的微生物学诊断

放线菌种类多样，可以取病料进行分离培养，然后经形态、生化试验初步鉴定，也可借助于新型诊断方法进行快速诊断和定型。

1. 直接镜检

取标本中的“硫黄样颗粒”置于玻片上，盖上盖玻片轻轻压平后镜检。如果颗粒呈菊花状，由棒状长菌丝呈放射状排列，且菌丝末端因包有胶样物质的鞘而呈棒状膨大，革兰染色阳性，则初步怀疑为放线菌。

2. 分离培养

将标本接种于葡萄糖肉汤中，在含 5% CO_2 的厌氧环境中 37 ℃培养 3～7 d，观察生长特点。如果培养基底部形成灰白色球形小颗粒状沉淀物，可以挑取菌液涂片染色观察。同时接种于牛心脑浸液琼脂平板，同样环境培养，观察菌落特征并进行涂片染色检查，看是否符合放线菌特征。

3. 生化鉴定

通过一系列生化试验如触酶试验、硝酸盐还原试验、产生 H_2S 试验、七叶苷水解试验、脲酶试验等，根据实验结果判断放线菌的具体种类。

4. 分子生物学技术

通过聚合酶链反应(PCR)和基因测序技术等分子生物诊断方法进行快速诊断和鉴定。

七、放线菌的防治

1. 预防

避免低洼潮湿处放牧，饲喂干硬饲料和糠壳或有芒的饲料时，应避免口腔黏膜损伤。防止皮肤和黏膜外伤，外伤及时治疗。手术时要严格消毒，以防止放线菌菌丝和孢子的侵入。

2. 治疗

手术切除放线菌硬结和瘘管，用 10%碘酒纱布填充，24～48 h 更次。连续内服碘化钾 2～4 周。结合链霉素、红霉素、林可霉素、头孢霉素等抗生素使用，可提高本病治愈率。

任务三　支原体

支原体(Mycoplasma)又称霉形体。因它最早是从患胸膜肺炎的病牛中分离到的，故在较长的一段时间里被称为胸膜肺炎类微生物(pleuropneumonia like organism，简称 PPLO)。它在分类学中的地位属于柔膜菌纲(*mollicutes*)支原体目(*Mycoplasmatales*)支原体科(*Mycoplasmataceae*)支原体属(*Mycoplasma*)。

二维码 4-2　支原体

支原体是介于细菌与病毒之间的一类微生物，它是目前所能知道的体积最小又能独立营生的原核生物。

研究证实，支原体是一群大而重要的微生物类群，目前已发现50余种，广泛分布在自然界中，诸如土壤、粪肥、植物、矿物、动物等，有些支原体是人类和家禽的呼吸道及泌尿生殖道中的常驻菌种，有些支原体能导致多种哺乳动物、家禽和人类发生支原体疾病。

一、支原体的形态结构

支原体没有细胞壁，仅由3层结构组成的细胞膜所包被。3层中的内、外层是蛋白质膜，中层由类脂类和原核生物所罕见的胆固醇组成。胆固醇含量较多，约占36%，对保持细胞膜的完整性具有一定作用。所以凡能作用于胆固醇的物质(如两性霉素B、皂素等)均可引起支原体膜的破坏而使支原体死亡。细胞质中有大量的核糖体，还有RNA和排列成丝状的DNA(图4-22)。支原体需要用光学显微镜或放大镜才能观察到。它通过二分裂、芽殖方式进行繁殖。基于这种独特的结构和繁殖方式，支原体没有固定的形态。它们以球状、球杆状、棒状、环状和长短不一的丝状等形状而出现。丝状的菌体通常还有高度的分枝，如丝状真菌样，支原体之称也由此而得。

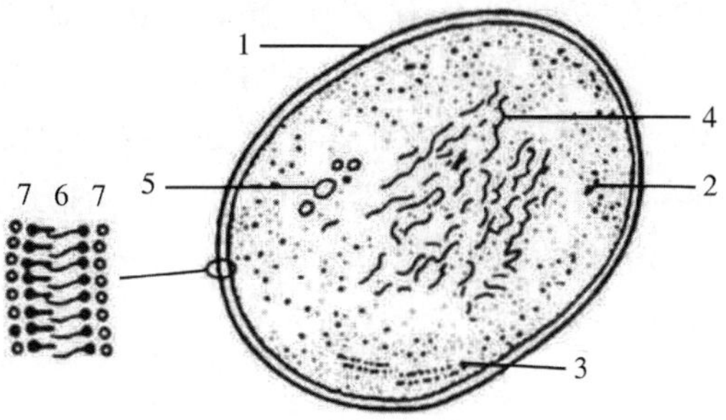

1. 单位膜　2、3. 核糖体　4. DNA
5. 球形粒子　6. 脂质双层　7. 蛋白质

图4-22　支原体的超微结构

这一类微生物的大小与病毒相似，但不同属中的个体差异则较大，球状的支原体直径125～250 nm；丝状体的丝长短不一，由数微米到150 μm不等，通常可通过孔径较大的细菌滤器。

支原体革兰染色不易着色，可以用吉姆萨染色液染成淡紫色，在光学显微镜下观察L型细菌是在抗生素、溶菌酶等作用下变成的一种细胞壁缺陷型细菌，其许多特性与支原体相似，在鉴定时很有必要将二者区别开来(表4-1)。

表4-1　支原体与L型细菌的区别

支原体	L型细菌
自然界中广泛存在	自然界很少存在
绝大多数生长需胆固醇	生长不一定需要胆固醇
在遗传上与细菌无关，且无论在什么条件下也不能变成细菌	在遗传上与原菌相关，并可在诱导因素去除后恢复为原菌
菌落较小，0.1～0.3 mm	菌落稍大，0.5～1.0 mm

二、支原体的培养特性

支原体可在人工培养基上生长，但营养要求苛刻，除基础培养外，需加入动物血清、外源性胆固醇等物质，以提供它们所不能自行合成的胆固醇和长链脂肪酸。大多数兼性厌氧，适宜生长温度为37 ℃，适宜pH 7.6～8.0，有些菌株在初次分离培养时，在5%二氧化碳或5%二氧化碳与95%氮混合气体存在的条件下更易于生长。支原体人工培养生长缓慢，在琼脂含量较少的固体培养基上培养2～6 d出现典型的“荷包蛋样”菌落（图4-23）。由于它没有细胞壁，所以对渗透压的变化极为敏感。要求较高湿度的培养环境，并常深入至基质内生长，导致菌落不易挑取。在液体培养基中生长后，培养液多呈极轻微的均匀浑浊，也有呈颗粒状浑浊。

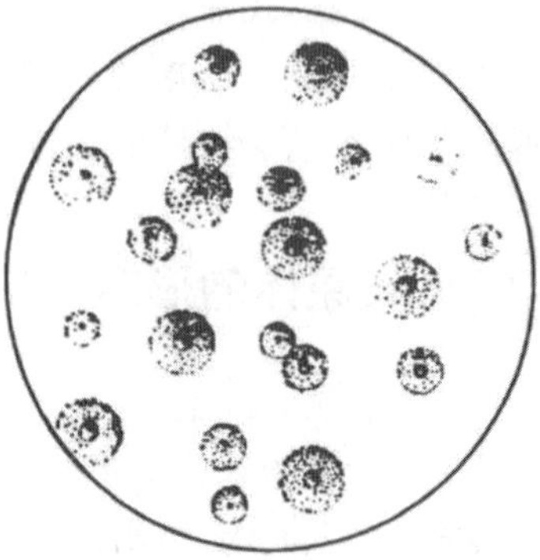

图4-23　支原体的菌落（引自刘莉）

支原体一般不能分解蛋白质，有些菌株能分解氨基酸和脂肪酸，有些能分解糖，通常以此特性把支原体分作两群。支原体对糖分解的结果产酸，对精氨酸分解的结果产氨，前者可使培养基的pH降低，后者则使之升高，利用这种生化特性，在培养基中加入酚红指示剂通过培养基颜色变黄或变红的现象，便可掌握支原体在培养基中的生长情况。很多支原体可在鸡胚绒毛尿囊或细胞培养物上生长，造成病毒培养材料的污染。

三、支原体的抵抗力

支原体对理化因素的抵抗力与细菌的繁殖体相似，因无细胞壁，甚至其抵抗力更低些，对湿热、干燥都敏感，在45 ℃中15 min可使大多数支原体死亡。凡能破坏细胞膜的药物，如胆汁、去污剂、酒精、皂素和两性霉素等都可杀死支原体。对能干扰蛋白质合成的抗生素，如四环素、土霉素、卡那霉素和红霉素等，支原体也很敏感。支原体对能抑制细胞壁合成的药物，如青霉素、环丝氨酸、醋酸铊、结晶紫和亚硒酸盐等均有较强的抵抗力，因此，在分离培养支原体时，常用这些药物抑制被检材料中的杂菌，以便选择性地进行培养。

四、支原体的致病性与免疫性

支原体具有黏附细胞的特性，这种特性是机体发生感染的先决条件。支原体不侵入机体组织与血液，而是在呼吸道或泌尿生殖道上皮细胞黏附并定居后，释放出有毒的代谢产物（如过氧化氢和磷酸酶等），使宿主细胞膜溶解。支原体与细胞膜紧密黏附时，还可导致宿主细胞膜抗原结构的改变，诱导宿主产生自身抗体，造成自身免疫损害。此外，有些支原体，如溶神经支原体能产生外毒素。

支原体感染的宿主范围很窄，多具有种的特性。一般定居在呼吸道、泌尿生殖道、乳腺、消化道、眼等黏膜表面。单纯性感染时，症状轻微或无临床表现。有细菌或病毒继发感染或受外界不良因素的影响时会引起疾病，潜伏期长，呈慢性经过，地方性流行。已确定为病原菌的支原体有：丝状菌支原体可致牛和山羊发生传染性胸膜肺炎；羊无乳支原体可致羊无乳症；猪肺炎支原体可致猪气喘病；鸡败血支原体可致鸡慢性呼吸道病。

支原体的抗原结构主要来自细胞膜结构。以人体肺炎支原体的膜蛋白制成的单克隆抗体，能干扰支原体对细胞的吸附作用。动物和人类感染支原体后，均能产生循环抗体，分泌抗体以及细胞免疫的应答。但是，这种自然感染所产生的免疫力仅可维持1～2年或稍长些。

五、支原体的微生物学诊断

支原体因形态多样，直接镜检比较困难，应取病料进行分离培养，然后经形态、生化试验初步鉴定，再通过血清学试验鉴定。

（一）分离培养

培养采用加 10%～20%犊牛血清的基础培养基，初次分离生长较慢，菌落呈典型的荷包蛋样。新分离的菌株在鉴定前必须先进行细菌 L 型鉴定，在无抑制剂的培养基中主要区别是连续传代后能否恢复为细菌形态。

（二）生化试验

先做洋地黄苷敏感性测定，用来区别需要胆固醇与不需要胆固醇的支原体；再做葡萄糖、精氨酸分解试验，将其分为发酵葡萄糖和水解精氨酸两类，以缩小选用抗血清的范围，进一步做血清学鉴定。

（三）血清学试验

1. 生长抑制试验

在接种备检支原体的平板培养基上，贴上含已知抗血清的圆纸片，培养后观察圆纸片周围有无菌落抑制圈的产生。试验结果判断：抑制圈宽度达 2 mm 时为同种，无抑制圈为异种。

2. 代谢抑制试验

（1）发酵抑制试验。将支原体接种于含葡萄糖的液体培养基中，加入相应的抗血清，通过指示剂颜色的变化观察支原体分解葡萄糖产酸的活性是否被抑制。

（2）精氨酸代谢抑制试验。将支原体接种于含精氨酸并加指示剂的液体培养基中，能分解精氨酸使培养基变碱者，可因加入相应的抗血清所抑制。

3. 表面免疫荧光法

用已知的抗血清制成荧光抗体，直接染色琼脂块上的支原体菌落。在荧光显微镜下观察菌落的特异性荧光。也可用抗血清与菌落反应后再用荧光标记的抗体染色。

六、支原体的防治

动物支原体病的防治需要综合运用预防措施和治疗措施，通过加强饲养管理、免疫注射、药物预防和治疗等多种手段，有效控制和减少支原体病的发生和传播。

1. 预防措施

（1）避免家养水禽与野生水禽共栖或接触，以减少疾病传播的风险。

（2）加强饲养管理，包括提供营养均衡的全价饲料，定期清理料管、料槽中的发霉饲料，保持合理的饲养密度，夏季防暑冬季保温，以及保持鸡舍内环境卫生整洁。

（3）建立无病鸡群，通过检疫和卫生消毒工作预防疾病发生。

（4）免疫注射，如接种猪气喘病灭活疫苗，对仔猪进行首次免疫和二次免疫，以提高猪群的免疫力。

(5)药物预防，如对哺乳仔猪使用长效土霉素或在母猪和仔猪的饲料中添加抗菌素，以预防呼吸道疾病和支原体病。

2. 治疗措施

(1)使用抗生素，如土霉素添加在饲料中连续使用 7 d，或使用泰乐菌素肌内注射，以治疗感染的动物。

(2)提高动物免疫力，通过注射复方黄芪多糖、白细胞介素Ⅱ等，增强动物的抵抗力。

(3)紧急预防措施，如在疾病暴发时采集健康母猪和商品猪的血清，对仔猪进行注射，以预防和治疗疾病。

任务四 螺旋体

螺旋体是一类菌体细长、柔软、弯曲呈螺旋状、无鞭毛而能活泼运动的原核单细胞微生物，在生物学上的位置介于细菌与原虫之间。它与细菌的相似之处是具有与细菌相似的细胞壁，内含脂多糖和胞壁酸，以二分裂方式繁殖，无定型核(属原核型细胞)，对抗生素敏感；与原虫的相似之处在于体态柔软，胞壁与胞膜之间绕有弹性轴丝，借助它的屈曲和收缩能活泼运动，易被胆汁或胆盐溶解。

螺旋体广泛存在于水生环境，也有许多分布在人体和动物体内。大部分营自由的腐生或共生生活，无致病性，只有少部分可致人和动物发生疾病。

一、螺旋体的形态结构

螺旋体是介于细菌与原生动物之间的微生物，是一群柔软、细长、螺旋状扭曲的单细胞原核生物。它们的大小为(5～250) μm×(0.1～3) μm，有多个弯曲的螺旋，故称为螺旋体。

螺旋体细胞是由外膜、轴丝和圆柱形菌体(又称为原生质柱)所构成(图 4-24)。

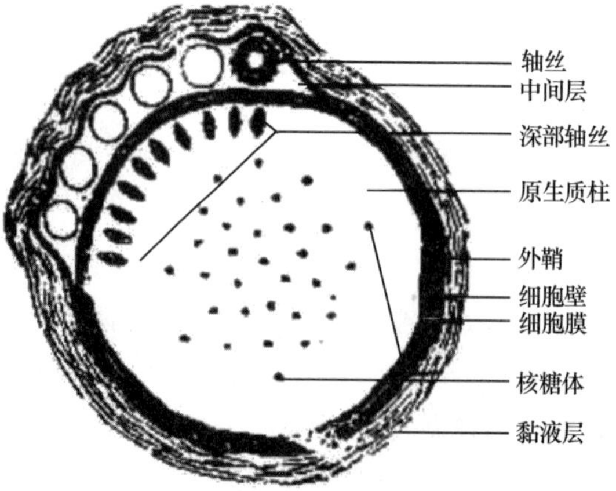

图 4-24　螺旋体横切面模式

1. 外膜

外膜位于菌体的最外层，由多层薄膜组成，与细菌的荚膜相似。

2. 轴丝

轴丝是螺旋体所特有的一种结构，位于外膜与圆柱形菌体之间，相当于细菌的鞭毛结构，是螺旋体的运动器官。轴丝的数目因种和属的不同而不同，一般有 2～100 条。螺旋体的轴丝分别起源于菌体的两极近端处，缠绕菌体并向另一端的方向延伸，于菌体的中部重叠后，末端便游离伸出。螺旋体借助轴丝的伸缩，使细胞沿着螺旋的长轴迅速地旋转，或做蛇形运动，或做屈曲运动。

3. 圆柱形菌体

圆柱形菌体与细菌细胞的结构相同，有细胞壁、细胞膜、细胞质、不定型核、核蛋白和液泡等。细胞壁含有脂多糖和胞壁酸，其结构和性质与革兰阴性菌相似，但不及细菌胞壁坚韧。

所有螺旋体均为革兰阴性菌，但革兰染色法不易使它着色，故不多使用。镀银染色法和吉姆萨染色法对螺旋体均有良好的染色效果。也可采用负染色法，即把印度墨汁或刚果红液与螺旋体混合，制成标本片，以有色的背景把无色透明的螺旋体清晰地显示在玻片上。用相差显微镜或暗视野显微镜观察新鲜活体标本，可见菌体呈细长的螺旋状，运动活泼。

二、螺旋体的培养特性

螺旋体的人工培养比较困难，多数需厌氧培养。在各属螺旋体中，只有一些属或种的螺旋体，如钩端螺旋体属、密螺旋体属中的猪痢疾密螺旋体等能够在含血清或血液的液体培养基或半固体培养基中生长，兔密螺旋体不能在人工培养基上生长。但可以用易感动物来增殖培养或保种。

三、螺旋体的抵抗力

钩端螺旋体对理化因素的抵抗力较其他致病螺旋体为强，在水或湿土中可存活数周至数月，这对该菌的传播有重要意义，该螺旋体对干燥、热、日光直射的抵抗力均较弱，56 ℃ 10 min 即可杀死，60 ℃只需 10 s，对常用消毒剂如 0.5%来苏尔、0.1%石炭酸、1%漂白粉等敏感，10～30 min 可杀死，对青霉素、金霉素等抗生素敏感。

四、螺旋体的致病性与免疫性

大部分螺旋体无致病性，只有一小部分有致病性，如鸡疏螺旋体引起禽类的急性、败血性疏螺旋体病；兔梅毒密螺旋体是兔梅毒的病原体；猪痢疾密螺旋体引起猪痢疾；钩端螺旋体可感染多种家畜、家禽和野生动物，导致钩体病。

常见的病原性螺旋体有钩端螺旋体和猪痢疾密螺旋体。在家畜中，牛和羊对钩体的易感性最高，其次是马、猪、犬、水牛和驴等，家禽对螺旋体的易感性较低。急性病例的主要症状为发热、贫血、出血、黄疸、血红蛋白尿以及黏膜和皮肤坏死；亚急性病例可表现为肾炎、肝炎、脑膜炎及产后泌乳缺乏症；慢性病例则表现虹膜睫状体炎、流产、死产及不孕不育。病程常经历两个阶段，即持续7～8 d的菌血症(前期发热)阶段和持续2～3月或更长时间的菌尿期(后期无热)阶段。在前期阶段，钩体大量出现于血、肝、肾和脑脊髓液中，而后期主要定位于肾内长期繁殖，并经尿排出体外。毒力因子主要有四种：黏附物质、溶血素、内毒素样物质和细胞毒性因子(CTK)。

猪痢疾蜜螺旋体最常发生于8～14周龄幼猪。主要症状是严重的黏膜出血性下痢和迅速减重。特征病变为大肠黏膜发生黏液渗出性(卡他性)、出血性和坏死性炎症。经口传染，该病的传播迅速，发病率较高(约75%)而致死率较低(5%～20%)。用热酚水法可从猪痢疾密螺旋体中抽提出两种抗原成分，一种是水层中的脂多糖(LPS)抗原，另一种为酚层中的蛋白质。自然发病猪康复后，可产生相应的抗体，具有一定的保护力。分子质量30 000 u的外膜脂蛋白(BmpB)是本菌特异的免疫原，并对人工及自然感染猪有免疫反应性，可用作血清学检测的抗原。

五、螺旋体的微生物学诊断

螺旋体的微生物学检查主要包括病原体检查和血清学试验。

1.病原体检查

可用暗视野显微镜观察螺旋体运动；也可用聚合酶链反应(PCR)方法检测螺旋体的DNA。

2.血清学试验

钩端螺旋体可用显微镜凝集试验、补体结合试验及间接血凝试验；梅毒螺旋体则可用荧光密螺旋抗体结合试验、梅毒螺旋体制动试验。

六、螺旋体的防治

动物螺旋体的防治涉及多个方面，包括疾病的诊断、治疗以及预防措施。对于不同的动物，如家禽、猪、牛和羊等，需要根据其特定的疾病特征采取相应的防治策略，以确保动物健康和养殖业的可持续发展。

1.预防措施

包括注射疫苗进行特异性预防，同时加强管理措施，如改善饲养管理、补给多种维生素、保证畜禽圈舍通风、避免拥挤、经常打扫卫生、消毒、减少寄生虫感染等，以减少螺旋体的传播和感染。

2.治疗

选用敏感的抗生素治疗，如青霉素G为首选药物，庆大霉素、强力霉素、四环素等也可酌情选用。

任务五　立克次体

立克次体(Rickettsia)是一类严格细胞内寄生的原核细胞型微生物，在形态结构、化学组成及代谢方式等方面均与细菌类似。具有细胞壁；以二分裂方式繁殖；含有 RNA 和 DNA 两种核酸；由于酶系统不完整需在活细胞内寄生；对多种抗生素敏感。立克次体病多数是自然疫源性疾病，且人兽共患。我国除斑疹伤寒、恙虫病外，已证明有 Q 热、斑点热疫源地存在。节肢动物与立克次体病的传播密切相关，或为贮藏宿主，或同时为传播媒介。

一、立克次体的形态结构

立克次体具有多形态的特点，球杆状或杆状，大小(0.3～0.6) μm×(0.8～2.0) μm。其中贝纳柯克斯体最小，平均大小为 0.25 μm×1 μm，多形性更明显。最大者为斑点热群，为 0.6 μm×1.2 μm。在感染细胞内，立克次体常聚集成致密团块状，但也可成单或成双排列。不同立克次体在细胞内的分布不同，可供初步识别。如普氏立克次体常散在于胞质中，恙虫病立克次体在细胞质近核旁，而斑点热群立克次体则在细胞质和核内均可发现。

立克次体在结构上与革兰阴性杆菌非常相似。用电子显微镜观察，最外层为由多糖组成的黏液层，有黏附宿主细胞及抗吞噬作用。其内为微荚膜或称外包膜，由多糖或脂多糖组成。细胞壁包括外膜(磷脂双分子层)、肽聚糖及蛋白质 3 层。有与细菌内毒素性质相似的脂多糖复合物，但脂类含量比一般细菌高得多。胞浆膜为双层类脂，主要由磷脂组成。细胞质内有核糖体(由 30S 和 50S 两个亚基组成)。核质集中于中央，含双股 DNA。

革兰染色阴性，但一般着染效果不明显，因此常用吉姆萨(Giemnez、Giemsa)法染色或马基维洛(Macchiavello)法染色，其中以吉姆萨法最好。该法着染后，除恙虫病立克次体呈暗红色外，其他立克次体均呈鲜红色。吉姆萨法和马基维洛法分别将立克次体染成紫色或蓝色和红色。

二、立克次体的培养特性

立克次体具有相对较完整的能量产生系统，能氧化三羧酸循环中的部分代谢产物。有较独立的呼吸与合成能力，但仍需从宿主细胞中取得辅酶 A、氧化型辅酶Ⅰ(NAD)及代谢中所需的能量才能生长繁殖。繁殖方式多为专性细胞内寄生，二分裂繁殖。多数立克次体为严格的真核细胞内寄生。

常用的培养方法有动物接种、鸡胚接种及细胞培养。多种病原性立克次体能在豚鼠、小鼠等动物体内有不同程度的繁殖。在豚鼠睾丸内保存的立克次体能保持致病力和抗原性不变。立克次体还能在鸡胚卵黄囊中繁殖，常用作制备抗原或疫苗的材料。常用的细胞培养系统有敏感动物的骨髓细胞、血液单核细胞和中性粒细胞等，一般不产生细胞病变。一般认为宿主细胞的新陈代谢不太旺盛时有利于立克次体的生长繁殖，因此接种立克次体以 32～35 ℃培养最为适宜。

三、立克次体的抵抗力

除贝纳柯克斯体（Q 热）外，立克次体对理化因素的抵抗力与细菌繁殖体相似，56 ℃加热 30 min 即被灭活；室温放置数小时即可丧失活力。对低温及干燥的抵抗力强，在干虱粪中能存活数月。对一般消毒剂敏感，对四环素和氯霉素敏感，对青霉素不敏感，磺胺类药物不仅不能抑制，反而促进立克次体的生长、繁殖。

四、立克次体的致病性与免疫性

立克次体的致病物质已证实的有 2 种：一种为内毒素，由脂多糖组成，具有与肠道杆菌内毒素相似的多种生物学活性；另一种为磷脂酶 A，可分解脂膜而溶解细胞，导致宿主细胞中毒。

立克次体感染与节肢动物关系密切，它寄生在吸血节肢动物（如虱、蚤、蜱、螨等）体内，节肢动物或为寄生宿主或为贮藏宿主或同时为传播媒介。虱、蚤的传播方式是含大量病原体的粪便在叮咬处经搔抓皮损处侵入机体；蜱、螨传播则是由叮咬处直接注入体内。进入体内后，立克次体首先侵入局部淋巴组织或小血管内皮细胞内，即经过吸附细胞膜上受体而被吞入胞内，再由磷脂酶 A 溶解吞噬体膜的甘油酸而进入细胞质，随后分裂繁殖，导致细胞肿胀、中毒，出现血管炎症，管腔堵塞而形成血栓、组织坏死。立克次体也能进入血流而扩散，到达皮肤、肝、脾、肾等处而出现毒血症的症状。立克次体还能直接破坏血管内皮细胞，使渗透性增加、血容量下降和水肿。另外，血管活性物质的激活可加剧血管扩张，导致血压降低、休克、弥散性血管内凝血（DIC）等。发病后期由于免疫复合物等的参与还可使病理变化和临床表现加重。

由于立克次体几乎全是严格细胞内寄生的病原体，其抗感染免疫是以细胞免疫为主，体液免疫为辅。病愈后一般能获得较强的免疫性。感染后产生的特异性群和种抗体有中和毒性物质和促进吞噬的作用。特异性细胞因子有增强巨噬细胞杀灭胞内立克次体的作用。

五、立克次体的微生物学诊断

1. 染色镜检

可将病料制成血涂片或组织抹片，经适当方法染色后镜检，来进行病原体的检查。用荧光抗体法检查效果更好。

2. 动物接种

除恙虫病和立克次体痘用小鼠分离外，其他均可接种雄性豚鼠腹腔，如体温＞40 ℃，有阴囊红肿，表示有立克次体感染，应进一步将分离株接种鸡胚或细胞培养，用免疫荧光试验等加以鉴定。

3. 血清学试验

血清学特异性试验目前较多应用可溶性（群特异）抗原和/或颗粒性（种特异）抗原进行补体结合试验和/或凝集试验作确切诊断。

六、立克次体的防治

预防立克次体重点应对中间宿主及贮藏宿主(节肢动物)加以控制和消灭。讲究卫生，消灭体虱有望根绝流行性斑疹伤寒；灭鼠、杀灭媒介节肢动物和个体预防是防止地方性斑疹伤寒、恙虫热、斑点热的有效措施。目前，国内斑疹伤寒已基本控制，大城市中极为少见，恙虫热和Q热也仅在东南沿海和西南地区偶尔发生。

在特异性预防上，以接种灭活疫苗为主，接种后有一定的成效。恙虫热因病原体抗原型别多、抗原性弱，至目前仍未获得满意的疫苗。活疫苗正处于临床试验阶段。

氯霉素和四环素类抗生素对各种立克次体均有很好效果，能明显缩短病程，大幅度降低病死率。但某些立克次体病的复发日渐增多，可能是药物未能杀死所有病原体的缘故。病原体的最终清除仍有赖于机体免疫功能(尤其是细胞免疫)。

任务六　衣原体

二维码 4-3　衣原体

衣原体(Chlamydia)是介于细菌和病毒之间的原核微生物。它在分类学上的位置是归属于立克次体类群衣原体目(*Chlamydiales*)衣原体科(*Chlamydiaceae*)衣原体属。包括沙眼衣原体和鹦鹉热衣原体等。

衣原体过去曾被分类为“大病毒”，因为它能通过细菌滤器，在细胞内寄生。但仔细研究后，发现衣原体具有黏肽构成的细胞壁，且含有胞壁酸。它的繁殖方式与细菌相同；衣原体是原核生物，有RNA和DNA两种核酸；它具有比较复杂的酶系统，能进行一定的代谢活动；此外，它对多种抗菌药物敏感。因此，现已确定它不是病毒。

一、衣原体的形态结构

衣原体是一种球形或近球形，革兰染色阴性的微生物。它有大小不同的两种细胞型，大的细胞称为始体，是该菌的营养型形式，直径800～1 200 nm；小的细胞称为原体，是该菌具有感染力的形式，直径200～350 nm。用吉姆萨染色法染色，始体被染成蓝色，原体被染成紫色。

二、衣原体的培养特性

(一)生长特性

衣原体是专性细胞内寄生物，具有独特的生活周期。衣原体具有高度的侵袭性，它首先吸附在易感细胞的表面，而易感细胞则以胞饮的方式将它吞噬，宿主细胞膜向内凹陷形成空泡，原体就在空泡内分化并逐渐增大成为结构疏松、直径较大的始体。始体无侵袭性，一旦离开宿主细胞便很快死亡，但它能在空泡内反复以二分裂的方式进行繁殖，形成大量结构紧密的原体。

原体在空泡中积聚，使宿主细胞的胞浆中出现各种形式的包涵体(或称微菌落，图4-25)，呈帽状、桑椹状等。以吉姆萨染色法染色，包涵体呈深紫色。这种结构的出现有助于衣原体的诊断和鉴定。当原体增殖到一定数量时，便可引起泡壁和宿主细胞破裂。于是，原体被释放到细胞外，再进入另一些宿主细胞中，重复上述的生活周期。

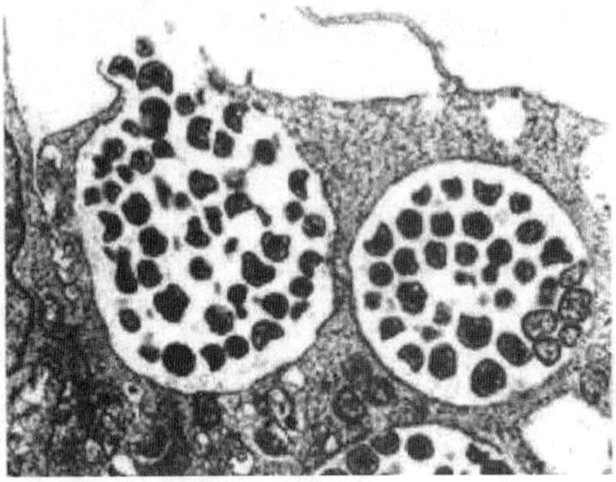

图 4-25 包涵体示意图

（二）衣原体的培养

衣原体专性寄生，可在鸡胚、小鼠和细胞中繁殖。衣原体的培养只能用以下 3 种方法：鸡胚或鸭胚培养、动物接种和细胞培养。绝大多数衣原体能在 6～9 日龄的鸡胚或鸭胚卵黄囊中生长，并可在卵黄膜上找到包涵体、始体或原体的颗粒。动物接种多用于严重污染病料中衣原体的分离培养，常用动物为 3～4 周龄小鼠，可进行腹腔接种或脑内接种。此外，衣原体还能在多种常用的原代或传代细胞系中增殖。如在 HeLa-229 细胞（人宫颈癌传代细胞）、McCoy 细胞（一株传代的小鼠滑膜细胞株）中进行培养，均获得良好的效果。

三、衣原体的抵抗力

衣原体对热敏感，在 56～60 ℃中仅能存活 5～10 min。常用的消毒剂如 0.1%甲醛、75%乙醇等可迅速将其灭活。但它对低温的抵抗力强，在冷冻干燥的条件下可存活多年。凡能抑制细胞壁的形成或蛋白质的合成的药物如四环素、红霉素、氯霉素、青霉素、*D*-环丝氨酸和磺胺类等，均能有效地抑制衣原体的生长。

衣原体具有 3 种不同类型的抗原。

（1）属特异性抗原，所有衣原体均有，不同种间可发生交叉反应，位于细胞壁，是一种大分子脂多糖，可耐 130 ℃ 30 min，可用补体结合试验和血凝抑制反应检出。

（2）种特异性抗原，位于细胞壁的主要外膜蛋白上，与衣原体的致病性、免疫性、种型抗原有关。不耐热，60 ℃以上可被破坏。用补体结合试验、琼脂扩散试验、荧光抗体技术以及中和试验检测，依次可鉴别不同种衣原体。

（3）型特异性抗原，为不同亚种的主要外膜蛋白抗原中的特异性成分，其差异源于外膜蛋白上氨基酸可变区的顺序变化，它还可以进一步区分出种内的血清型或生物型。常用单抗微量免疫荧光试验加以检测。

四、衣原体的致病性与免疫性

衣原体中的沙眼衣原体和肺炎衣原体主要感染人，对动物无致病性。与畜禽疾病有关的是鹦鹉热衣原体，其主要危害禽类、绵羊、山羊、牛和猪等动物，可引起鸟疫，绵羊、山羊的地方性流产，牛散发性脑脊髓炎，牛和绵羊多发性关节炎以及猫的肺炎，也可感染人类。人类感染大多由患病禽类所致。

鹦鹉热衣原体可诱导机体产生细胞免疫和体液免疫。自然感染后有一定免疫力，但抗体持续时间短，免疫力不强，易造成持续感染和反复感染。用感染衣原体的卵黄囊制成灭活疫苗免疫动物，可产生较好的预防效果。

五、衣原体的微生物学诊断

1. 鸡胚分离培养

无菌操作采取肺、肝、脾和胸腔渗出液等被检材料制成悬液，取 0.5 mL 接种于 6～7 日龄鸡胚的卵黄囊膜内，把鸡胚置于 39 ℃中孵育，可加快衣原体的增殖。鸡胚于接种后 3～10 d 内死亡，表现出卵黄囊膜血管明显充血的典型变化。在卵黄囊膜上可发现包涵体。

2. 细胞培养

禽类组织中的衣原体可在鸡胚原代细胞、小鼠或人类的某些细胞系内生长繁殖，在细胞内形成包涵体。细胞被破坏和脱落。

3. 动物接种

在实验动物中，小鼠对衣原体最敏感，鸽和豚鼠次之。大多数禽类衣原体经腹腔、鼻内或脑内接种，可使 3～4 周龄的小鼠发病，几天后死亡。腹腔内接种导致大量腹水和纤维素性渗出物、脾脏肿大等变化。涂片染色后，在显微镜下发现胞浆内有革兰染色阴性、圆形的菌体。

4. 血清学检验

对感染的动物血清中抗体可直接或间接用补体结合试验检查。此外，还可用琼脂扩散试验、间接血凝试验及 ELISA 等。对感染组织或细胞中抗原，可用荧光素标记或酶标记的衣原体属、种或型的特异单克隆抗体做免疫荧光或酶免疫法染色检查鉴定。

5. 分子生物学技术

可采用核酸探针或 PCR 技术等来准确、灵敏地检测或鉴定鹦鹉热衣原体。

六、衣原体的防治

动物衣原体的诊断与防治涉及对多种动物疾病的鉴别和处理，诊断需要综合考虑流行病学、临床症状和病理变化，并采取相应的防治措施以减少疾病的发生和传播。

1. 综合措施

为有效防治衣原体病，应采取综合措施，特别是杜绝引入传染源，控制感染动物，阻断传播途径。加强畜禽的检疫，防止新传染源引入。保持禽舍和畜栏的卫生，发现病禽病畜要及时隔离和治疗。对于敏感性较强的禽类（如鸽、鸭）的饲养应该警惕，一旦发现可疑征象，应该快速采取方法予以确诊，必要时对全部病禽扑杀以消灭传染源。带菌禽类排出的粪便中含有大量衣原体，故禽舍要勤于清扫消毒，清扫时要注意个人防护，如戴口罩等。

2. 免疫接种

采用有效的人工免疫是重要的预防措施。人和动物自然感染衣原体后，可产生一定的病愈免疫力。用感染衣原体的卵黄囊制成灭活苗，免疫动物可产生较好的预防效果。

3. 抗生素治疗

鹦鹉热衣原体对青霉素、氯霉素和四环素类抗生素都较敏感，其中以四环素类的治疗效果最好。大群治疗时可在每千克饲料中添加四环素(或金霉素或土霉素)0.4 g,充分混合,连续饲喂1～3周,可以减轻临诊症状和消除病禽身体组织内的病原。

技能一 真菌的形态学检查

【目的要求】

(1)了解真菌的基本形态和结构特征,了解其染色基本原理。

(2)掌握真菌的载玻片培养观察法、真菌标本片的制备和乳酸石炭酸棉蓝染色方法。

(3)具有细致认真的工作态度及反思改进的学习习惯。

【设备与材料】

20% KOH溶液、乳酸石炭酸棉蓝染色液、无菌吸管、平皿、载玻片、盖玻片、“U”形玻棒、解剖针、解剖刀、镊子、50%乙醇、20%的甘油以及显微镜等。

【方法步骤】

一、非染色标本片观察法

将标本(如皮屑、甲屑及毛发等)置于载玻片上,滴加10%～20% KOH溶液,在酒精灯火焰上微加热,待其软化透明后,盖上盖玻片,低倍镜(10倍物镜)和高倍镜(20或40倍物镜)下观察其形态特征,但不能确定菌种。

用于非染色标本制备的固封液除KOH溶液外,还有其他的固封液。一般KOH溶液适用于检查致密的难以透明的材料(如毛发、指甲、鳞屑等);墨汁主要用于检查有荚膜的真菌(如新型隐球菌等);水合氯醛-石炭酸-乳酸封固液透明力较强,只限于不透明的标本;为观察真菌的出芽现象可用生理盐水代替KOH溶液。

二、染色标本片观察法

在载玻片上加一滴乳酸石炭酸棉蓝染色液,用解剖针从霉菌菌落边缘处挑取少量已产孢子的霉菌菌丝,先置于50%乙醇中浸泡以洗去脱落的孢子,再置于载玻片上的染液中,用解剖针小心地将菌丝分散开。盖上盖玻片,置低倍镜下观察,必要时换高倍镜观察。(挑菌和制片时要细心,尽可能保持霉菌自然生长状态;加盖玻片时勿压入气泡,以免影响观察。)

三、载玻片培养观察法

(1)培养小室的灭菌。在平皿的皿底铺一张略小于皿底的圆滤纸片,再放一“U”形玻棒,其上放一洁净载玻片和两块盖玻片,盖上皿盖、包扎后于121 ℃灭菌30 min,烘干备用。

(2)琼脂块的制作。取已灭菌的马铃薯琼脂(或察氏琼脂)培养基6～7 mL注入另一灭菌平皿中,使之凝固成薄层。用解剖刀切成0.5～1 cm的琼脂块,并将其移至上述培养室中的载玻片上(每片放2块)。(制作过程应注意无菌操作)

(3)接种。用尖细的接种针挑取很少量的孢子接种于琼脂块的边缘上,用无菌镊子将盖玻片覆盖在琼脂块上。接种量要少,尽可能将分散的孢子接种在琼脂块边缘上,否则培养后菌丝过于稠密影响观察。

(4)培养。先在平皿的滤纸上加3～5 mL灭菌的20%甘油(用于保持平皿内的湿度),盖上皿盖,28 ℃培养。

(5)镜检。根据需要可以在不同的培养时间内取出载玻片置低倍镜下观察,必要时换高倍镜。

【考核标准】

序号	考核点		分值	标准	评分		
					自评	互评	师评
1	知识	真菌基本结构	10分	可正确阐述真菌的基本结构。			
2	技能	方法选择	10分	能依据需要观察的真菌及其生存环境，选择适宜的观察方法。			
3		制片	20分	能够正确地从材料中挑取真菌。			
4		染色	10分	能正确进行染色。			
5		结果判断	20分	可在显微镜下正确识别真菌的形态和结构。			
6		消毒灭菌	10分	接触过真菌的器材选择适宜方式进行灭菌，操作环境进行消毒处置。			
7	素质	反思改进的学习习惯	10分	针对真菌显微镜观察中的各环节，能对操作环节进行反思，并有针对性地提出改进方法。			
8		细致严谨工作态度	10分	能细致认真地完成真菌标本片制备及染色的每个环节。			
总分							

技能二　放线菌的形态学检查

【目的要求】

(1)了解放线菌形态的基本特征。

(2)掌握显微镜下放线菌形态特征的观察要点、放线菌的制片技术和印片法染色的操作步骤。

(3)具有细致认真的工作态度及反思改进的学习习惯。

【设备与材料】

细黄放线菌(5406)(Actinomyces microflavus)或灰色链霉菌(streptomyces grisells)、尖头镊子、载玻片、盖玻片、酒精灯、培养皿、无菌水、接种铲、移液管、显微镜、石炭酸复红染色液、高氏1号固体培养基等。

【方法步骤】

(一)插片法

(1)取熔化后冷却至50 ℃的高氏1号培养基，倒入平皿，每皿15 mL左右，凝固待用。

(2)约用5 mL无菌水将斜面菌种上的孢子洗涤下来，制成孢子悬浮液。

(3)用无菌移液管取0.2 mL孢子悬浮液至高氏1号平皿，均匀涂布。取无菌盖玻片数个斜插进培养基内，插片稍倾斜，28 ℃培养5～7 d待用。

(4)用镊子顺着插片方向小心取下插片，将插片平放在载玻片上。为防止操作中插片移动，可用一小滴胶在无菌丝生长的位置黏住插片。

(5)镜检，先用低倍镜在插片上找到放线菌的生长区域，将菌丝均匀生长的区域调整到视野中心，换高倍镜观察。注意气生菌丝、孢子丝、孢子的形态。

(二)埋片法(适用无气生菌丝的放线菌)

(1)琼脂平板和菌液的制备，同插片法。

(2)在制备好的平皿上用无菌小刀切下 1 cm× 5 cm 的小槽，挑出琼脂条，在小槽中接种孢子或菌丝，将无菌盖玻片平放在小槽上，28 ℃培养，时间视不同菌种而定。

(3)镜检，同插片法。

(三)印片法

(1)制片。取干净载玻片一块，用小刀连培养基切取完整菌苔一块(0.25 cm^2)。用接种针将菌落小心移到载玻片上，菌落正面朝上。用另一块载玻片轻轻按压菌落，然后将第 2 块载玻片垂直向上取下。注意不要使玻片在菌落上滑动，否则印痕模糊不清。

(2)固定。将带有放线菌孢子印的第 2 块载玻片用火焰加热固定。

(3)染色。用石炭酸复红染色液染色 1 min，水洗，晾干。

(4)镜检。先用低倍镜，后用高倍镜和油镜观察。

(四)微滴培养法

上述 3 种方法只能观察到放线菌的部分菌丝。采用微滴培养法可以观察到基内菌丝、气生菌丝、孢子丝和孢子的完整自然形态。

(1)取熔化后冷却至 50 ℃的高氏 1 号培养基 6～8 mL(试管中)，接进放线菌孢子，使孢子浓度为$(2\sim4)\times10^4$个/mL，将孢子和培养基混匀。

(2)无菌操作，用微量取样器吸取混有孢子的培养基 10～20 μL，迅速将培养基滴加到载玻片上，用镊子取无菌盖玻片轻压到尚未凝固的培养基上，避免产生气泡，使培养基形成均匀的薄层。

(3)在 9 cm 的无菌空平皿中铺一张无菌吸水纸，倒进约 5 mL 无菌水，纸上放玻棒支架，将制好的微滴载玻片放在支架上，28 ℃保温、保湿培养 3～5 d 取出，置于标本盒中，4 ℃保存，长期使用。

(4)镜检，取微滴载玻片，先低倍镜后高倍镜观察。采用微滴培养法可以清楚地观察到放线菌基内菌丝、气生菌丝、孢子丝和孢子的完整自然形态。

【考核标准】

序号	考核点		分值	标准	评分		
					自评	互评	师评
1	知识	放线菌基本结构	10 分	可正确阐述放线菌的基本结构。			
2	技能	制片	20 分	能够正确地从材料中挑取放线菌。			
3		固定	5 分	能正确地固定标本片。			
4		染色	10 分	可对标本片进行正确染色。			
5		镜检	5 分	可依据不同放大倍数，逐级观察标本片。			

续表

序号	考核点		分值	标准	评分		
					自评	互评	师评
6	技能	结果判断	20 分	可在显微镜下正确识别放线菌的形态和结构。			
7		消毒灭菌	10 分	接触过放线菌的器材选择适宜方式进行灭菌,操作环境进行消毒处置。			
8	素质	反思改进的学习习惯	10 分	针对放线菌显微镜观察中的各环节,能对操作环节进行反思,并有针对性地提出改进方法。			
9		细致严谨的工作态度	10 分	能细致认真地完成放线菌标本片制备及染色的每个环节。			
总分							

内容小结

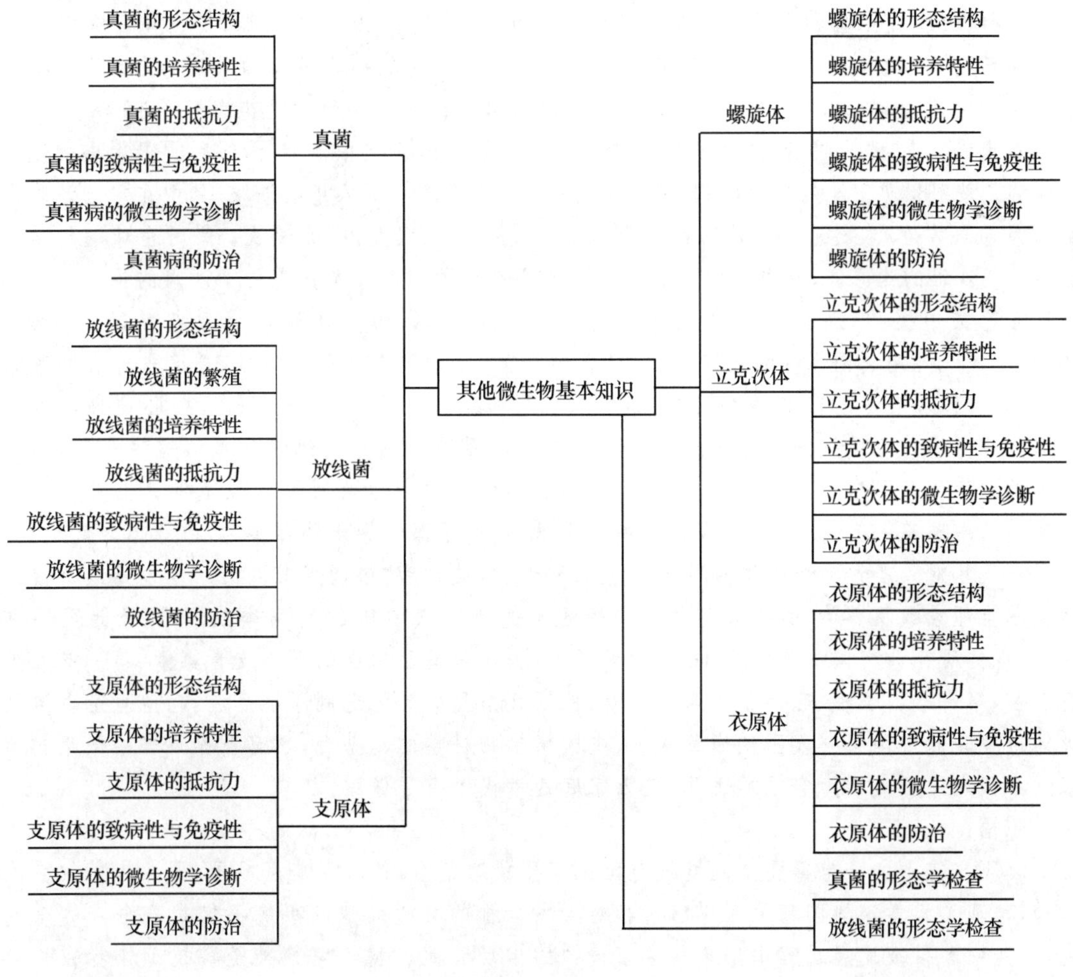

思政园地

胸怀祖国　服务人民

事件回顾：

在中华民族历史上，有一位病毒学的先驱人物，正是他建立了中国第一支防疫队伍，让中国有了自己的狂犬病疫苗、白喉疫苗、牛痘疫苗、黄热病疫苗、卡介苗和世界首支斑疹伤寒疫苗，挽救了无数人的生命，他就是病毒学家汤飞凡。

1897 年出生于湖南的汤飞凡，抱着医学救国的志向从工业学校退学，并于 1914 年报考湘雅医学院。在校期间，汤飞凡对传染病的致病菌产生了浓厚的兴趣，通过努力学习不仅全面掌握了细菌学理论和实验技术，也使他对济世救民有了新的认识。1925 年，汤飞凡赴哈佛大学深造。毕业时的汤飞凡在哈佛大放异彩，受到导师和大家的青睐和赞许。美国导师想把他留在哈佛大学，但这时他收到了一封祖国的来信，写信人是他的老师“中国第一代现代医学教育家”颜福庆，老师希望汤飞凡到国立中央大学医学院就职，目的只有一个，让他研制属于中国制造的疫苗。面对老师和祖国的召唤，1929 年，汤飞凡毅然决定回到国内从事微生物的研究工作，为我国微生物科学的发展尽绵薄之力。

以前，天花在中国和世界一直是猖獗的流行病。20 世纪 50 年代初期，汤飞凡研究发明出乙醚杀菌法，并改进生产方法，用简陋的设备生产出扑灭天花病毒的牛痘疫苗，推动了全国规模的普种牛痘运动，1961 年就使天花病在中国绝迹，比世界普遍消灭天花病早了 16 年。

在现代社会，很少再听到“沙眼”这个字眼了，但是在 20 世纪中前期，沙眼可是很严重的流行性疾病。按照世界卫生组织的数据，当时全球估计有六分之一的人患有沙眼，其中在中国沙眼发病率为 55%左右，农村地区更是高达 80%以上，一度有“十眼九沙”的说法。当时全球的科学家都在寻找沙眼的病原体，其中一位叫野口英世的日本科学家发表了数篇关于沙眼的论文。野口英世在论文中提出，颗粒杆菌是直接导致沙眼的病原体，汤飞凡对这个观点存疑。1930—1933 年，汤飞凡用美国保存的野口英世的“颗粒杆菌”接种到自己以及其他 12 名志愿者的眼睛里，证明该病原无致病性，遂推翻了“细菌病原说”。1955 年，汤飞凡首次利用鸡胚分离出沙眼衣原体。他所建立的沙眼衣原体分离方法促进了世界沙眼治疗的迅速发展。短短几年时间，沙眼的治疗和预防取得了前所未有的进展，彻底终结了这一世界难题。他是世界上发现重要病原体的中国第一人，为人类健康做出中国贡献，被世界医学微生物界奉为“衣原体之父”。

汤飞凡对人类和对中国防疫的贡献也堪称无双，被称为“中国疫苗之父”，他也是最早接近诺贝尔生理学或医学奖的中国人之一。他的研究将国人沙眼的发病率从 95%降低至不到 10%；他的研究让中国提前世界 16 年消灭了天花；他研发了中国的第一支青霉素、第一支狂犬病疫苗、第一支白喉疫苗、第一支牛痘疫苗；他用 2 个月的时间遏制了鼠疫流行；他也是拿自己身体做实验的中国第一代医学病毒学家、中国微生物科学的奠基者，享有世界声誉的微生物学家。中国人民正是因为有了汤飞凡，亿万家庭的幸福才有了保障。

感悟：

汤飞凡院士的一生都将个人发展与国家需要紧密结合，体现了胸怀祖国、服务人民的爱国精神，体现了科学家对国家的深厚感情和对人民福祉的关心。他的事迹不仅是一个人的奋斗史，也是中国科技发展过程中诸多科学家精神的生动写照。科学家精神是科技工作者在长期科学实践中积累的宝贵精神财富，包含胸怀祖国、服务人民的爱国精神，勇攀高峰、敢为人先的创新精神，追求真理、严谨治学的求实精神，淡泊名利、潜心研究的奉献精神，集智攻关、团结协作的协同精神。

思考

从汤飞凡的事迹中，你受到了怎样的启发？在畜牧业发展中如何贡献你的一份力量呢？

学习测试

一、单项选择题

1. 霉菌适宜生长的 pH 范围为(　　)。

A. ＜4.0　　B. 4.0～6.0　　C. 6.5～8.0　　D. 8.0

2. 介于细菌和原虫之间的一类微生物是(　　)。

A. 支原体　　B. 衣原体　　C. 螺旋体　　D. 真菌

3. 猪气喘病的病原为(　　)。

A. 猪链球菌　　B. 鼻疽伯氏菌

C. 猪肺炎支原体　　D. 支气管败血波氏菌

4. 某养猪场部分猪出现呼吸困难，剖检死亡猪见纤维素性胸膜炎和肺炎。采集病料在普通培养基中不生长，在巧克力培养基中才能生长，CAMP 试验阳性。该病原菌最可能是(　　)。

A. 大肠埃希菌　　B. 巴氏杆菌

C. 猪胸膜肺炎放线菌　　D. 炭疽芽孢杆菌

5. 一黑白花奶牛，呼吸困难，长时间轻咳或干咳，严重时呈弓形站立。取鼻腔拭子，接种于10%的马血清马丁琼脂，37 ℃培养 5 d，可见“煎荷包蛋”状小菌落，该病例最可能的致病原是(　　)。

A. 牛支原体　　B. 牛分枝杆菌

C. 多杀性巴氏杆菌　　D. 支气管败血波氏菌

6. 下列不属于原核细胞型微生物的是(　　)。

A. 真菌　　B. 细菌　　C. 支原体　　D. 衣原体

7. 支原体可通过细菌滤器，但不能在(　　)上生长。

A. 人工培养基　　B. 细胞　　C. 动物　　D. 禽胚

二、简答题

1. 简述霉菌的形态结构及生长繁殖条件。

2. 简述真菌有哪些致病形式。

3. 简述衣原体的实验室检验方法有哪些?

4. 简述钩端螺旋体致病性及微生物学诊断。

5. 列表说明放线菌、支原体、螺旋体、立克次体和衣原体的致病性及检验技术。

二维码 4-4　项目四学习测试参考答案

项目五
外界环境与微生物

项目导学

<table>
<tr><td>学习项目</td><td colspan="3">外界环境与微生物</td></tr>
<tr><td colspan="4">学习目标</td></tr>
<tr><td colspan="2">知识目标</td><td>技能目标</td><td>素质目标</td></tr>
<tr><td colspan="2">1. 了解微生物在自然环境及动物体内外的生态分布特点。
2. 理解物理、化学及生物学因素对微生物的影响。
3. 知道微生物变异的基本类型及对畜牧业生产的影响。</td><td>1. 能正确采取物理、化学及生物学措施控制环境中的微生物。
2. 能对不同环境介质的消毒效果进行评估。
3. 能够将微生物常见的变异现象应用于动物疫病的诊断及防治。</td><td>1. 建立外界因素对微生物具有既促进生长又抑制杀灭的辩证唯物主义思维。
2. 建立生物多样性的科学认知观及生态文明的科学理念。
3. 培养归纳、总结、演绎、推导的学习能力。</td></tr>
<tr><td colspan="4">导学问题</td></tr>
<tr><td colspan="4">1. 微生物在自然界中的分布有何特点?
2. 微生物在动物体内外的分布有何特点?
3. 在生活中如何利用微生物在自然界中的分布特点来防控疾病的发生?
4. 可达到消毒效果的方法有哪些? 可达到灭菌效果的方法有哪些?
5. 微生物的变异有哪些类型?
6. 微生物的变异对人类生活、动物健康及畜牧业发展有哪些影响?</td></tr>
<tr><td colspan="4">学习安排</td></tr>
<tr><td colspan="4">1. 以 4～6 人为一小组,完成本项目学习。
2. 课前以小组为单位,查阅相关资料,完成导学问题的回答,并将答案反馈于线上教学系统。
3. 课前以小组为单位,将本项目学习的疑难点,反馈于线上教学系统。
4. 学习消毒效果评价的基本方法。
5. 课后以个人为单位,限时完成本项目的在线测试。</td></tr>
<tr><td colspan="4">学习评价</td></tr>
<tr><td>自我评价(20%)</td><td>小组评价(20%)</td><td>教师评价(60%)</td><td>总评</td></tr>
<tr><td></td><td></td><td></td><td></td></tr>
<tr><td colspan="4">学习反思</td></tr>
<tr><td colspan="4"></td></tr>
</table>

自然界中的微生物数量巨大，种类繁多，生物活性高，分布极广，无论是陆地、水域、空气以及动植物机体的外表和内部的某些器官，到处都有它们的存在。微生物对自然界的化学循环和物质转化有重要作用，与外界环境及宿主一起构成相对平衡的生态体系。

自然界中大多数微生物对动物体是无害的，但有些微生物侵入人或动物体，或因某些原因导致动物体内微生态平衡失调时，可引发疾病。微生物在自然界也不断经受周围环境中各种因素的影响，其种类、数量及分布特点也在不断地变化。因此，掌握微生物对周围环境的依赖关系，一方面可创造有利条件，促进微生物的生长繁殖，从材料中分离培养病原微生物，有助于传染病的诊断以及制备疫苗以预防传染性疾病；另一方面，也可利用环境对微生物的不利因素，抑制或杀灭病原微生物，以达到消毒灭菌的目的。

任务一　微生物在自然环境中的生态分布

一、微生物在土壤中的分布

土壤含有大部分微生物生长繁殖必需的营养物质、水分，适宜的 pH 及气体环境。因此，土壤是微生物天然的培养基，是微生物在自然界中最大的贮藏场所，是人类最丰富的“菌种资源库”。

(一)分布概况

微生物在土壤中分布很广，从炎热的赤道地带到终年冰封的极地，从酷热的沙漠到深海底层的泥土，从土壤表层到几十米的深土层，都有不同类型微生物的分布。

土壤细菌的分布主要受到营养状况、含水量、氧气、温度和 pH 等因素的影响，集中分布于离地面 10～20 cm 深的土壤表层和土壤颗粒表面，具体分布见表 5-1。好氧菌在表层土上数量占优势，厌氧菌随土壤深度增加而增加，但难以成为优势。土层越深，菌数越少。暴露于土层表面的细菌由于日光照射和干燥，不利于其生存，所以细菌数量少。土壤中病毒存在于土壤细菌、真菌、植物和动物中，通过寄生对这些生物产生调控作用，特别是可作为原核生物遗传物质交换的重要载体。

表 5-1　土壤不同深度的微生物数量　　CFU/g

土壤深度/cm	细菌	放线菌	真菌	藻类
3～8	9 750 000	2 080 000	119 000	25 000
20～25	2 179 000	245 000	50 000	5 000
35～40	570 000	49 000	14 000	500
67～75	11 000	5 000	6 000	100
135～145	1 400	—	3 000	—

(二)种类与作用

土壤中微生物种类很多，主要包括细菌、放线菌、真菌、藻类、原生动物和病毒，其中细菌占 70%～90%，其次为放线菌，占 5%～30%，真菌数量次于放线菌。土壤中细菌多数为异养菌，少数为自养菌。放线菌多数存在于偏碱性的土壤中，主要为链霉菌属、诺卡菌属和小单孢菌属。土壤中真菌各种类型都有，但以半知菌类为最多，主要分布于土壤表层中。土壤中藻类多为绿藻和硅藻。存在于土壤中的原生动物都是单细胞异养型，主要是纤毛虫、根足虫和鞭毛虫等。

土壤中微生物绝大多数是有益的。例如，腐生菌分解动物的尸体和排泄物，促进大自然的物质循环，在此过程中形成的腐殖质可改善土壤的结构；自生固氮菌、根瘤菌固定大气中的氮，供给植物利用；磷细菌能分解植物难以利用的含磷有机物，使之成为植物易于吸收利用的无机磷酸盐；土壤中部分放线菌产生的抗生素可抑制杀灭有害病菌，从而保证植物的健康等。因此，利用上述土壤中的微生物可以净化土壤环境，改善土壤健康，制备各种细菌肥料，促进植物健康。

(三)土壤中的病原微生物

随着动植物尸体，人、畜排泄物、分泌物，污水、垃圾等废弃物进入土壤的细菌，是土壤中病原微生物的主要来源。因为缺乏病原微生物所必需的营养物质和适宜的理化环境，所以土壤不是大多数病原微生物适宜的生存环境，最终进入土壤的病原微生物容易死亡(表 5-2)。但是一些能够形成芽孢的细菌，如破伤风梭菌、产气荚膜梭菌、肉毒梭菌、炭疽芽孢杆菌等，可在土壤中存活几年或几十年，当其他条件具备时，随时可以使动物感染相应的传染病，成为感染土壤传染病的来源。

表 5-2　几种非芽孢病原菌在土壤中的存活时间

病原菌名称	存活时间
化脓性链球菌	2 个月
伤寒沙门菌	3 个月
布鲁氏菌	100 d
猪丹毒杆菌	166 d
结核分枝杆菌	5～24 个月

随着患病动物排泄物、分泌物或其尸体一起落入土壤而能在其中生存很久的病原微生物称为土壤性病原微生物。健康动物因接触被病原微生物污染的土壤而造成的感染，称为土壤传染。它所引起的传染病有炭疽、破伤风、恶性水肿、猪丹毒等。一般情况下，潮湿、低温、有机物质丰富(含有大量粪便、痰液脓汁及食物残渣等)和理化条件适宜的土壤中，有利于病原微生物的存活。因此，对畜禽的粪便与垫草堆积发酵；对可能被病原微生物污染的物品严格消毒处理；对因罹患传染病死亡的畜禽尸体焚烧或深埋地下 2 m 以下，并做无害化处理，以上措施都可有效减少病原微生物污染土壤，防止“土壤传染”的疫情发生。

二、微生物在水中的分布

水环境占地球表面积的 71%以上，种类繁多，特征各异，其中微生物的分布也呈现出多样性的特点。研究水体中微生物的分类及生态功能对认识和利用微生物具有重要意义。

(一)分布概况

水中微生物的种类和数量取决于水的种类、水域中的有机物和无机物种类和含量、光照度、酸碱度、渗透压、温度、含氧量、污染程度的轻重以及水中微生物的拮抗作用等。

由于海洋环境具有盐度高、有机物含量少、温度低、深海静水压力大等特点,所以海洋微生物多是嗜盐、嗜冷和耐高渗透压的。海洋中的细菌,多具鞭毛,能运动,多为革兰阴性菌,具有色素,以抵抗太阳的强光。接近海岸和海底淤泥表层的海水中和淤泥上,菌数较多,离海岸越远,菌数越少。海洋细菌的活动与海底石油和天然气的形成有关,海底的石油和天然气就是生物的尸体在密闭高压的条件下由细菌对生物尸体分解过程形成的。海洋中一些细菌的活动能使海产性动植物资源致病,引起水产品的腐败,腐蚀海运工具等,给人们的生产生活造成了一定的损害。

(二)种类与作用

在深度不同的淡水环境中,微生物的种群、数量及分布也不同,在水面由于受到阳光的直接照射,细菌数量少;而在距离水面 5～20 m 的水层中,含菌量最多;20 m 以下,细菌数将随着深度增加而减少,但是在水底层由于有机质丰富,含菌量又有所增加。地下水、井水等因经过较厚沙土层过滤,其中营养物质也缺乏,微生物含量较少;湖泊、河流、池塘等地面水,因受土壤、地面和人们生活用水以及人畜排泄物的污染,微生物含量较多。处于城镇等人口聚集地区的湖泊、河流等淡水,由于不断地接纳各种污物,其中的有机物和含菌量都比较高,每毫升水中可多达几千万个甚至几亿个。在远离人们居住地区未受污染的湖泊、池塘等水域,有机质含量低,细菌的数量也较少,一般每毫升水中只含有几十个到几百个细菌,并以自养型微生物为主,如荧光假单胞菌、依氏螺菌、脱氮小球菌等。

在自然界,水源虽不断受到污染,但也经常地进行着自净作用。日光及紫外线的杀菌作用可使表面水中的细菌死亡,水中原生生物可以吞噬细菌及藻类,噬菌体能抑制一些微生物的生长,加之水中的微生物常随一些颗粒下沉于水底污泥中,使水中的微生物大为减少,最终水逐渐清洁净化。

(三)水中的病原微生物

水中病原微生物主要来源于人和动物的排泄物、分泌物、尸体、垃圾和污水等,故以传染病医院、动物医院、屠宰场、皮毛加工厂等排出的污水而造成的水源污染危害性最大。水中的病原微生物有炭疽杆菌、鼻疽杆菌、伤寒沙门菌、痢疾志贺菌、霍乱弧菌、布鲁氏杆菌、恶性水肿杆菌、气肿疽杆菌、猪丹毒杆菌、巴氏杆菌和钩端螺旋体等。健康动物接触被病原微生物污染的水体而造成的感染称为水源传染。

病原微生物在水中由于环境条件以及水的自洁作用不适合其生长繁殖,故存活时间短(表 5-3)。但由于被病原微生物污染的水源可通过大小河川迅速散播,甚至透过土壤侵入地下水,扩大污染面积,许多传染病特别是肠道传染病往往顺着河流迅速蔓延。所以,对动物的排泄物、分泌物、污染物及尸体进行无害化处理,在切断传染源方面具有重要意义。

表 5-3 某些微生物在水中的生存时间

微生物名称	水的性质	生存时间/d
大肠埃希菌	蒸馏水	24～72
伤寒沙门菌	蒸馏水	3～81
坏死杆菌	蒸馏水	15
钩端螺旋体	河水	<150
布鲁氏菌	无菌水和饮用水	72
结核分枝杆菌	河水	150
口蹄疫病毒	污水	103

(四)水中微生物学检查

检查水中微生物的含量和病原微生物的存在，对人、畜卫生具有很重要的意义。水中含菌数太多表明水中有机物太多，水质污浊，不符合卫生要求。如果水中检出病原微生物则更表明水源不安全，不能饮用。为了保障人、畜健康，对人、畜的供水水源应经常进行水的微生物学检查。但因病原微生物在水中的存活时间不长，且数量少，不易直接分离培养，直接从水中检查病原微生物来证明水源安全与否是比较困难的。因此，国家对饮用水实施法定的公共卫生学标准，对水中的微生物学检查是采用间接方法，即检查水中的菌落总数、总大肠菌群、大肠埃希菌、耐热大肠菌群、肠球菌、产气荚膜梭状芽孢杆菌等。我国《生活饮用水标准检测方法　第12部分：微生物指标》(GB/T 5750.12—2023)对水中各类微生物的检测方法及限量进行了规定，以其含量多少来判定卫生质量。

三、微生物在空气中的分布

空气中没有微生物生长繁殖所必需的营养物质和充足的水分，其干燥和紫外线的作用具有一定的杀菌力，因此，空气中微生物的种类和数量都较少，只有对干燥、紫外线抵抗力较强的细菌、细菌芽孢和真菌等才能长期存留在空气中。

(一)分布概况

土壤、水体、各种腐烂的有机物以及人和动植物体上的微生物，都可通过尘埃、水滴、飞沫或喷嚏随着气流的运动被带到空气中去，以气溶胶的形式随空气到处流动。尘埃微粒、湿度、温度和气流是影响空气中微生物种类和数量的主要因素。随着环境的不同，微生物数量有很大差异(表 5-4)。夏季气候湿热，微生物繁殖旺盛，空气中的微生物比冬季多。雨雪季节空气中微生物的数量大为减少。在海洋、高山、森林地带，终年积雪的山脉或高纬度地带的空气中，微生物数量很少，通常是一些产芽孢杆菌、产色素细菌及真菌孢子等。距离地面越高的空气中，含菌量越少；尘埃越少的空气中，微生物数量越少；室外空气中含菌量比室内少；人畜密集、密闭、通风不良的场所含菌量大；在畜舍内进行饲喂干草、清扫地面、刷拭皮肤等操作时，空气中的尘埃和微生物的数量剧增，这些被扬起的灰尘和微生物，经 30 min 至 1 h 才能沉落下来，因此在奶牛挤乳前 1～2 h，就应停止那些容易扬起灰尘的操作，以免污染牛乳。

表 5-4　不同区域空气中细菌总数

地区	空气中菌落数/个
畜舍	1 000 000～2 000 000
宿舍	20 000
城市街道	5 000
市区公园	200
海洋上空	1～2
北极	0～1

(二)空气中的病原微生物

一般的病原微生物在空气中存活时间较短,如某些病毒和支原体等在空气中仅存活数小时,只有一些对干燥和光线抵抗能力强的病原微生物,可以在空气中存活一段时间,引起各类传染病的大流行或慢性病的零星散发。

几乎所有的呼吸道传染病都是通过空气而传播的,如口蹄疫、结核病、猪气喘病、传染性喉气管炎等。空气传播的主要方式为飞沫传播与尘埃传播。

传染源通过咳嗽、喷嚏、鸣叫等活动将带有病原体的微细泡沫飞散于空气中,易感动物吸入而发生的传染,称为飞沫传播。一般情况下,飞沫传播只有与传染源 1.5 m 以内的近距离接触才可能实现。因为,没有外部条件(如风力)的帮助,飞沫喷射到 2 m 以外的可能性几乎没有。一般来说,干燥、光照和通风良好的环境,飞沫漂浮的时间较短,其中的病原体(特别是病毒)死亡较快;相反,动物群密度大、潮湿、阴暗、低温和通风不良的环境,则飞沫传播的作用时间较长。从传染源排出的分泌物、排泄物和处理不当的尸体、散布在外界环境的病原体附着物,经干燥后,由于空气流动冲击,带有病原体的尘埃在空气中飘扬,被易感动物吸入而感染,称为尘埃传播。

空气中的微生物还常常污染食品和生物制品,并造成微生物实验操作及外科手术的污染。所以,在实际工作中,常用不同的方法对室内外空气进行消毒灭菌。在进行注射、外科手术、制备药剂或生物制品等工作中,要注意无菌操作,严防微生物污染。在养殖场需注意圈舍内的清洁、通风换气、空气消毒及对患病畜禽的隔离饲养。

(三)空气中微生物的检测

空气微生物检测对于空气环境的评价至关重要,因立克次体和病毒不能在无生命的培养基中生长,因此,一般都是以细菌和真菌作为空气微生物检测的目标。

空气微生物检测常见方法为沉降法、滤膜法等。自然沉降法是根据重力作用而使空气细菌粒子沉降于琼脂培养基,它代表了一定时间内从空中落到单位地面上的微生物个数。该方法是检测空气中细菌数目的较为简单经济的手段,多用于对静止条件下的空气细菌进行采样监测,但是该方法检测到的细菌粒径一般均大于 8 μm,而小于 8 μm 的细菌微粒由于沉降速度较为缓慢,易悬浮于空气中,故较难被检测出来。滤膜法是将定量的空气通过支撑于滤器上的特殊滤膜,如硝酸纤维素滤膜,使带有微生物的尘粒附着在滤膜表面,然后将截留在滤膜上的尘粒洗脱在合适的溶液中,再吸取一定量的这种溶液进行细菌数的测定,最终得到该检测试样的总菌数。

任务二 微生物在动物体的分布

胎儿在出生前是无菌的，出生后暴露在外界环境中，细菌才开始栖居。人与动物的皮肤、黏膜及与外界相通的腔道中，都有微生物存在，但体内实质组织器官是无菌的。这些微生物中，有的是与正常动物长期共生，对动物体有益无害，而且是必需的微生物，称为正常菌群，也称原籍菌；有的是环境中污染的，称为外来(过路)菌系，也称外籍菌。外籍菌一般不能定殖，往往对宿主产生不利影响。

一、体表的微生物

动物皮肤和毛发上的微生物多数是从土壤、水、空气及粪便中污染的，以球菌为主，如葡萄球菌、链球菌、双球菌、四联球菌、八叠球菌等；杆菌中主要有大肠埃希菌、绿脓杆菌、棒状杆菌及枯草杆菌等。在皮肤表层、汗腺和皮脂腺内，常发现有白色葡萄球菌、金黄色葡萄球菌和化脓性链球菌等，它们是引起外伤化脓的主要原因。某些患有传染病的家畜皮毛上，还往往带有该种疾病的病原微生物，如炭疽杆菌芽孢、布鲁氏菌、结核分枝杆菌、口蹄疫病毒和痘病毒等，这些病原微生物常可通过皮毛而传播，在外科手术与处理皮草、皮毛时应注意消毒。

二、消化道的微生物

初生畜禽消化道无菌，数小时后随着吮乳、采食等活动，消化道出现微生物。不同动物不同消化道部位的微生物种类和数量差异很大。

(一)口腔与食道中微生物的分布

口腔中有食物残渣，同时又有适宜的温度、湿度、气体环境，因此细菌较多，主要为葡萄球菌、链球菌、乳杆菌、棒状杆菌、螺旋体等。

哺乳动物食道中没有食物掺杂，因此细菌极少。禽类的嗉囊不同，禽类食物首先在嗉囊中软化，然后进入胃，所以禽类的嗉囊中含有大量的细菌，主要是乳酸杆菌。

(二)胃内微生物的分布

单胃动物的胃因受胃酸的限制，细菌极少，主要是乳酸杆菌、螺旋菌和胃八叠球菌等少量耐酸菌。反刍动物的前胃没有消化腺，主要靠微生物的发酵作用消化食物，故存在大量微生物。瘤胃内不断有食物和水进入，营养物质充足；瘤胃节律性运动，将微生物与食物搅拌均匀；温度 38～40 ℃，pH 维持在 6.0～7.0，高度厌氧，适合微生物生长，是反刍动物体内的饲料处理工厂。饲料中有 70%～85%可消化物质和 50%粗纤维在瘤胃内消化，因此，瘤胃消化在反刍动物整个消化过程中占有特别重要的地位。瘤胃内所进行的一系列复杂的消化代谢过程，微生物起着主导作用。

瘤胃内微生物主要包括厌氧真菌、细菌和原虫。其中微生物的组成十分复杂，且常因饲料种类、饲喂时间、个体差异等因素而发生剧烈变化。一般情况下，每克瘤胃内容物中含细菌

10^9～10^{10} CFU(菌体形成单位),真菌 10^5 CFU,原虫 10^5～10^6个。瘤胃中的细菌有29属69种,大多数为无芽孢的厌氧菌和兼性厌氧菌;其中分解纤维素的细菌有产琥珀酸拟杆菌、小生纤维梭菌、黄色瘤胃球菌、白色瘤胃球菌、小瘤胃杆菌、溶纤维丁酸弧菌等;发酵淀粉和糖的细菌有牛链球菌、丁酸梭菌等;合成蛋白质的细菌有淀粉球菌、淀粉八叠球菌、淀粉螺旋菌等;合成维生素的细菌有瘤胃黄杆菌、丁酸梭菌等。瘤胃中具有大量厌氧真菌菌丝体和游动孢子。与瘤胃细菌一样,瘤胃真菌经过长期进化一直定居在瘤胃内,具有降解纤维和半纤维的能力,有的瘤胃真菌还具有降解淀粉及蛋白质的能力。瘤胃中的原虫以能分解纤维素的双毛虫为最多,虽然在数量上比细菌少得多,但原虫体积大,因此它的总体积可与细菌相当。

(三)肠道内微生物的分布

由于各种消化液的杀菌作用,特别是十二指肠中胆汁的作用,在小肠中的细菌数量极少,但是越往后段细菌总数越多,主要是兼性厌氧性细菌,如链球菌、大肠埃希菌、葡萄球菌和芽孢杆菌等。在应激情况下,大肠埃希菌、链球菌可大量增殖,使小肠消化功能出现异常状态。

食糜进入大肠后,消化液的杀菌作用减弱或消失,且经常有大量的残余食物滞留,营养丰富,条件适宜,故细菌的活动极其频繁,进行着很复杂的消化代谢。微生物消化对单胃草食动物和杂食动物消化作用尤为重要。大肠和盲肠中厌氧菌占细菌总数的90%～99%,如拟杆菌、真杆菌、双歧杆菌,其次是肠球菌、肠杆菌(大肠埃希菌)、乳杆菌和其他菌。这些微生物的存在会抑制致病性大肠埃希菌、沙门菌等的繁殖,因此肠道菌群平衡对动物宿主肠道健康发挥了重要作用。

(四)粪便中微生物的分布

畜禽粪便中含有大量的有机物,是各种微生物生长繁殖的良好场所,粪便中微生物的数量很多,每克含菌量在 10^{10} CFU以上。在适宜环境中,微生物繁殖更快,数量更多。粪便中的微生物,有的是宿主肠道排出的,有的是后来接触环境而污染的。粪便中主要有腐败菌、嗜热菌、霉菌和酵母菌等,有时还会含有传染病的病原微生物。在某些微生物,特别是嗜热菌的作用下,粪肥在堆放过程中,内部温度可持续高达70～80 ℃,不仅能将粪便中纤维素类有机质分解腐熟,而且可充分杀灭其中含有的病原微生物、寄生虫及虫卵,最终成为优质的有机肥料。堆肥过程可杀灭粪便中病原微生物,因此该方法被称为生物热消毒法。

三、其他器官系统的微生物

(一)呼吸道的微生物

健康动物的呼吸系统中,在上部呼吸道特别是鼻黏膜上,经常存在着随空气进入的微生物群,如葡萄球菌等。在气管黏膜上距气管分支越深微生物数量越少,支气管末梢和肺泡内一般无菌,只有在宿主患病时才有细菌存在。此外,还有一定种类的微生物能在上呼吸道黏膜,特别是在扁桃体黏膜上长期栖居,除葡萄球菌外,还有绿色链球菌、肺炎球菌、巴氏杆菌等。这些细菌在动物抵抗力减弱时,就会大量增殖,可成为原发、并发或继发感染的病原体。

(二)泌尿生殖器官的微生物

在正常情况下,健康动物的肾脏、输尿管、睾丸、卵巢、子宫、输精管、输卵管等是无菌的,只有在泌尿生殖道口有细菌。阴道中微生物主要为乳酸杆菌,其次为葡萄球菌、链球菌、大肠埃希菌，也有抗酸杆菌的存在。阴道中正常滋生的细菌并没有致病性，它们产生的酸性使阴道保持酸性环境，从而抑制其他微生物的生长，因此对动物有利。尿道中可检测到葡萄球菌、棒状杆菌以及若干不知名的杆菌。由于尿道口容易被粪便、土壤和皮垢所污染，所以也可能存在大肠埃希菌、葡萄球菌等。内部泌尿生殖道是无菌的，但在某种情况下，大肠埃希菌等可逆行而上，进入膀胱、肾等引起膀胱炎、肾炎等上行感染。

（三）其他器官的微生物

动物的其他组织器官（如心、肝、脾、淋巴结及闭合的心血管内）正常是无菌的，但在特殊情况下也可能有菌，如某些传染病的隐性传染过程；手术康复后的一定时期内，可能带菌；有的细菌能从肠道经门静脉进入肝脏，或由淋巴管进入淋巴结；特别是在动物临死前，抵抗力极度减弱时，某些非病原菌或条件性致病菌都可由这些途径进入组织器官内。这些闯入的细菌往往造成细菌学检查的误诊。

四、正常菌群与菌群失调

（一）正常菌群

正常菌群是微生物与宿主在长期进化过程中形成的，各自在动物体内特定的部位定居繁殖，菌类及数量基本上保持稳定，对宿主健康有益或无害的微生物群。正常情况下动物体与正常菌群之间构成一种互相制约、互相依存的生态平衡，这种平衡是维持动物健康生长与发挥正常生产性能的必要条件。正常菌群对动物机体的重要作用主要有以下三方面。

1. 生物拮抗作用

正常菌群对包括致病菌在内的外籍菌入侵动物体有一定程度的拮抗作用。生物拮抗是通过占用定殖空间、厌氧菌的活动、免疫作用、抢夺营养尤其是特殊营养，如铁离子、分泌细菌素和其他拮抗因子等途径而实现的生物屏障。病原菌侵犯宿主，首先就要突破这层屏障。实验发现，以鼠伤寒杆菌攻击小鼠，需 10 万个活菌才能致死；若先给小鼠口服链霉素抑制其体内的正常菌群，则 10 个活菌就可引起死亡。

2. 营养作用

消化道的正常菌群对机体的营养作用表现在三个方面：第一，消化道的细菌参与营养物质的消化，动物自身无纤维素酶，只能在微生物纤维素酶的作用下将纤维素分解成为挥发性脂肪酸供动物吸收利用。第二，肠道细菌帮助宿主合成营养物质，利用非蛋白氮合成蛋白质，有的菌群还能合成宿主所必需的维生素，如大肠埃希菌、乳链球菌等能合成维生素 B、维生素 K 等，供机体利用。第三，消化道中的正常菌群能帮助宿主排毒，如分解芳香族化合物，或阻止宿主吸收重金属等。

3. 免疫作用

正常菌群对机体的免疫作用表现在三个水平：第一，刺激宿主的免疫系统正常发育。无菌动物的淋巴结、脾脏发育不完全，浆细胞减少，免疫球蛋白水平低。第二，正常菌群维持宿主正常的免疫反应，失去正常菌群后，细胞免疫和体液免疫功能下降。第三，正常菌群维持正常的局部黏膜免疫。动物的肠道、呼吸道、泌尿生殖道等黏膜的固有层有广泛分散的淋巴细胞，受原籍菌刺激可转化成为浆细胞，在黏膜表面产生分泌型 IgA，是局部抵抗感染的第一道防御性屏障。

寄居在动物体一定部位的正常菌群相对稳定，但在特定条件下，正常菌群与宿主之间、正常菌群的各种细菌之间的生态平衡可被破坏而使机体致病，这类在正常条件下不致病，在特殊情况下能引起疾病的细菌，称为条件致病菌或机会致病菌。

引发条件致病菌致病的因素是：①机体免疫功能低下。常发生于宿主的局部或全身性免疫功能下降时，如应用大剂量皮质激素、抗肿瘤药物或放射治疗等，可造成全身性免疫功能降低，从而使一些条件致病菌引起自身感染，出现各种病症，有的甚至导致败血症的发生。②寄居部位发生变迁。某些细菌离开正常寄居部位，进入其他部位，脱离原来的制约因素而生长繁殖，进而感染致病。如大肠埃希菌是肠道的非致病菌，当其进入泌尿道则引起泌尿道感染。③不适当的抗菌药物治疗所导致的菌群失调。

(二)菌群失调

正常情况下，正常菌群内部及其与宿主之间处于共生、协调的平衡状态。因患病、外科手术、日粮突然变化、环境改变和滥用抗菌药物等原因，宿主某个部位正常菌群中的细菌种类和数量发生改变，对机体造成损失，出现一定病理效应的状态，称为菌群失调。如长期、连续或短期大量口服广谱抗菌药物，杀死了肠道当中大量的有益菌，致使对抗菌药物不敏感的致病菌借机大量增殖，引起肠道性疾病。因菌群失调往往是在抗菌药物等治疗原有感染性疾病过程中产生的另一种新感染，故临床上又称二重感染。引起二重感染的细菌以金黄色葡萄球菌、革兰阴性杆菌多见，临床表现为肠炎、肺炎、尿路感染或败血症等。

若发生二重感染，应停用原来的抗生素，选用合适的敏感药物；同时，可使用有关的微生态制剂，协助调整菌群恢复正常的生态平衡。为避免菌群失调症，应该注意科学的饲养管理，建立良好的养殖微生态体系，增强动物的免疫力，不滥用抗生素。

五、无菌动物和无特定病原体动物

在正常情况下，动物体表和体内经常存在着大量的不同类型微生物，科学工作者为了研究工作和生产实践的需要，创造了获得无菌动物和无特定病原体动物的方法。

1. *无菌动物*

无菌(germ-free，GF)动物是指体内外不携带任何微生物或寄生虫的动物。以无菌技术由动物子宫或孵育的禽胚中取出胎儿，立即置于严格无菌的隔离器内饲养，隔离器内所有接触的饮水、饲料、空气及其他物品都必须绝对无菌。

实际上某些内源性病毒或正常病毒很难去除，因此无菌动物是一个相对概念，该类动物可用于研究消化道细菌与动物营养的关系、免疫、肿瘤、病理以及传染病的净化等。

2. *无特定病原体动物*

无特定病原体(specific pathogen free，SPF)动物是指不存在某些特定的具有病原性或潜在病原性微生物及其抗体或寄生虫的动物(或禽胚)。SPF 动物的培育和饲养与 GF 动物同样严格。利用 SPF 动物可培养无慢性传染病的畜(禽)群，也可探讨病原微生物对机体致病作用和免疫发生的机理，提出疫病防控措施等。

任务三 环境因素对微生物的影响

微生物的生长极易受到外界条件的影响，若环境适宜，则代谢旺盛，生长繁殖迅速；若环境不适宜，细菌可由于代谢障碍而生长受到抑制，甚至死亡。了解微生物对周围环境的依赖关系，可采用多种物理、化学或生物的方法来抑制或杀灭环境中的病原微生物，切断传播途径，从而控制污染、感染或消灭传染病。常用以下术语表示物理或化学方法对微生物的杀灭程度。

消毒：用理化方法杀死病原微生物的方法。消毒只要求达到无传染性的目的，而对非病原微生物及其芽孢、孢子并不严格要求全部杀死。

防腐：防止或抑制体外微生物生长繁殖的方法。

灭菌：杀灭物体上所有微生物(包括病原菌和非病原菌、繁殖体及芽孢)的方法。灭菌比消毒的要求高，多数是通过物理方法达到灭菌的效果。

无菌：指环境或物品中没有活的微生物存在的状态。

无菌操作：防止微生物进入机体或其他物品的操作方法称为无菌操作或无菌法。

抑菌作用：指利用某些物理、化学或生物因素抑制或阻碍微生物生长繁殖的作用。

杀菌作用：指利用某些物理、化学或生物因素使微生物失去生命活力的作用。

抗菌作用：包括抑菌作用和杀菌作用，是两者的总称。某些药物具有杀灭病毒的能力，称为抗病毒作用。

外界因素对微生物的影响，可分为物理因素、化学因素及生物因素等。

一、物理因素对微生物的影响

影响微生物生长繁殖的物理因素有温度、光线和射线、干燥、渗透压、超声波与微波、滤过除菌等。

(一)温度

温度是微生物生长的重要条件。各种微生物按其生长速度可分为三个温度界线，即最低生长温度、最适生长温度和最高生长温度。最低生长温度是指微生物生长和繁殖的最低温度。在此温度时，微生物生长最慢，低于这一温度，微生物生长就停止。最适生长温度是指微生物生长最适宜的温度。在这一温度时，如果其他条件合适，微生物生长和繁殖最快。最高生长温度就是在其他环境因子保持不变的情况下，微生物能够生长繁殖的最高温度。超过这一温度，微生物生长繁殖就停止，甚至死亡。

温度会影响不同类型微生物的酶活性、细胞膜的流动性及物质的转运，因此只有在适宜的温度下微生物的生命活动才能正常运行。超过最低和最高生长温度的范围，微生物的生命活动就要受到抑制或中断。因此，在实际工作中，可以通过对温度的控制，来促进有益微生物的生长繁殖，抑制或消灭有害微生物的生长繁殖。

依据微生物对温度适应的范围不同，可将其分为嗜冷菌、嗜温菌及嗜热菌。各类微生物生长温度范围见表 5-5。

表 5-5　微生物生长温度范围

类型	生长温度范围/℃			备注
	最低温度	最适温度	最高温度	
嗜热菌	25～45	50～60	70～85	温泉、厩肥中的一些微生物
嗜温菌	10～20	18～28 37	40～45	腐生性微生物 病原微生物
嗜冷菌	−5～0	10～20	25～30	水、冷藏处的微生物

1. 高温对微生物的影响

高温对微生物有显著的影响。过高的温度会断裂微生物的蛋白质和核酸的氢键，破坏其蛋白质、核酸及酶系统等，最终导致微生物死亡。因此常用高温进行灭菌。依据高温中湿度的不同，将其分为湿热和干热。湿热的灭菌能力比干热强（表 5-6），这是因为：湿热中细菌菌体蛋白更容易凝固；湿热的穿透力比干热大；湿热的蒸汽有潜热存在，可释放出更多的热量。

表 5-6　干热与湿热空气对不同细菌的致死时间比较

细菌种类	干热 90 ℃	90 ℃，相对湿度	
		20%	80%
白喉棒状杆菌	24 h	2 h	2 min
痢疾杆菌	3 h	2 h	2 min
伤寒杆菌	3 h	2 h	2 min
葡萄球菌	8 h	3 h	2 min

（1）湿热灭菌法。最常用的湿热灭菌方法有以下几种。

①煮沸消毒法：煮沸温度多为 100 ℃ 。一般消毒以煮沸 15～20 min 为宜，杀死芽孢则需煮沸 1～2h。煮沸消毒法主要用于一般外科器械、注射器、针头、胶管和食具等的消毒。若水中加入 1%～2%碳酸氢钠或 2%～5%苯酚，可提高 pH，使其偏碱性，沸点升至 105 ℃，既能增强杀菌能力，又能防止金属器械氧化生锈。

②流通蒸汽消毒法：流动蒸汽温度多为 100 ℃。一般采用流通蒸汽灭菌器，加热 15～30 min，可杀死细菌繁殖体，但芽孢和霉菌孢子通常不会被全部杀灭。消毒时物品的包装不宜过大、过紧，要留有足够空隙以利于蒸汽穿透。

③间歇灭菌法：是利用反复多次的流通蒸汽，杀死细菌所有繁殖体和芽孢的一种灭菌法。本法适用于耐热物品，也适用于不耐热的营养物质，如某些培养基的灭菌。一般用流通蒸汽灭菌器，100 ℃加热 15～30 min，杀死其中的繁殖体，待消毒物品取出后置 37 ℃孵箱过夜，使芽孢发育成繁殖体，次日再蒸一次，如此连续 3 次以上，可达到灭菌的效果。本法适用于不耐高温的营养物（如血清培养基、糖培养基、鸡蛋清培养基等）的灭菌。有些物质不耐 100 ℃，则可将温度降至 75～80 ℃，每次加热的时间延长至 30～60 min，次数增加至 6 次左右，也可达到灭菌的目的。在应用间歇灭菌法时，可依据灭菌对象的不同，对使用温度、加热时间及循环次数做适当增减。

④巴氏消毒法：此法由巴斯德创建，常用于牛奶、啤酒、果酒或酱油等不宜进行高温灭菌的

液态风味食品或调料的消毒。该方法的目的是既要最大限度消灭病原微生物及其他微生物，又不严重影响其原有营养风味。具体做法可分为3类：第一类是经典的低温维持法(low temperature holding pasteurization，LTH)，63～65 ℃维持30 min；第二类是较现代的高温瞬时法(high temperature short time pasteurization，HTST)，72 ℃维持15 s；第三类是超高温瞬时灭菌技术(ultra high temperature pasteurization，UHT)，液体以极薄的薄层通过温度为138～142 ℃的管道，灭菌2～4 s后迅速将温度降为10 ℃以下，进行冷击处理，这样可以促使细菌因急剧温差破裂死亡，也有利于食品马上转入冷藏保存。

⑤高压蒸汽灭菌法：是在专门的高压蒸汽灭菌器中进行的，是目前热力灭菌中使用最普遍、效果最可靠的一种方法。此法适用于耐高温、耐高压且不怕潮湿物品的灭菌，如普通培养基、溶液、手术器械、注射器、手术服、玻璃器皿、敷料和橡皮手套等。在常压下，水的沸点是100 ℃，在密闭的容器内，不断加热使水蒸气产生的压力升高，水的沸点也随着升高，获得高温的水蒸气。通常在103.4 kPa(蒸汽压)下，在121.3 ℃维持15～20 min，可杀死包括细菌芽孢在内的所有微生物。在应用高压蒸汽灭菌法时，其所需的温度、压力与灭菌时间由灭菌的物品而定。应用此法灭菌，一定要充分排除灭菌器内原有的冷空气，同时还要注意灭菌物品不要互相挤压过紧，以保证蒸汽通畅，使所有物品的温度均匀上升，才能达到彻底灭菌的目的。若冷空气排不完全时，压强虽达到规定数字，但其内有空气之处，实际温度却不足，会影响灭菌的效果。

(2)干热灭菌法。包括火焰灭菌法和热空气灭菌法。

①火焰灭菌法：直接用火焰烧灼立即杀死全部微生物的方法。包括灼烧和焚烧。灼烧是直接用火焰杀死微生物，适用于耐烧物品，如接种针、试管口、外科金属器械等的灭菌。焚烧是彻底的灭菌方法，但只限于处理废弃的污染物品，如无用的衣物、病料、垃圾或动物尸体等。

②热空气灭菌法：通常要用干热灭菌器来达到干燥热空气灭菌的目的。该方法主要用于高温下不变质、不损坏、不蒸发的物品，如玻璃器皿、瓷器、玻璃注射器、凡士林、液体石蜡等的灭菌。在干热状态下，100 ℃维持1.5 h才能杀灭繁殖体；当温度达到160 ℃维持2～3 h时，才能达到灭菌的效果。

2. 低温对微生物的影响

大多数微生物对低温具有很强的抵抗力，低温的作用主要是抑制微生物的生长繁殖。微生物对低温的耐受性较强，大部分微生物在低温状况下，新陈代谢逐渐减慢，甚至处于静止状态，当上升到适宜的温度时，它们又可以恢复生长繁殖。但是也有些细菌，如脑膜炎奈瑟菌、流感嗜血杆菌等对低温特别敏感，在冰箱内保存比在室温下保存死亡更快。低温常用于保藏菌种、生物制品及食品等。

(1)冷藏法。常用温度为4～8 ℃，保存时间几天至数周。利用低温下微生物生长缓慢的特点，试验表明将微生物斜面菌种放置于4 ℃冰箱中可保存数周至数月。但因为低温下耐冷微生物仍能生长，造成物品的腐败，故不能长时间保存。

(2)冷冻法。常用温度为－20～－10 ℃，保存时间数周至数月，超低温冰箱(－70 ℃)及液氮(－195 ℃)温度更低，物品保存时间更长。在低温冷冻时，微生物基本上不生长但仍然存活，因此保存时间比冷藏法长。冷冻法适用于菌种、病毒、血清等的保存，但长期冷冻保存细菌、真菌，最终会导致其死亡。为减少细菌冷冻时死亡，可于菌液内加入10%～15%的甘油、蔗糖、脱脂乳或5%二甲基亚砜作为保护剂。特别需要注意，反复冷冻和融化对任何微生物都具有很大的破坏力，因此保存微生物时应尽力避免。

(3)冷冻真空干燥法(lyophilization)。该法简称冻干法，是采用迅速冷冻和抽真空除水的原理，将物品置于玻璃容器(安瓿或小瓶)内，迅速冷冻，然后真空抽气，不断抽出玻璃容器内的气体，使冰冻物品中的水分因升华作用而迅速脱水干燥，最后在抽真空状态下密封瓶口保存。冷冻真空干燥法是保存菌种、毒种、疫苗、补体、血清等的良好方法，可保存微生物及生物制剂数月至数年而其活力不丧失。

(二)光线和射线

日光中除有红外线(波长 800～400 000 nm)、可见光线(波长 400～800 nm)、紫外线(波长 10～400 nm)外，还含有一些射线。

绝大多数微生物的生长繁殖是不需要可见光线的，只有藻类和少数细菌，如紫色硫细菌和绿色硫细菌的生长繁殖需要光线。可见光长时间作用，妨碍微生物的新陈代谢和繁殖，故培养细菌和保存菌种，均应置于阴暗之处。可见光具有微弱的杀菌作用，若将某些染料如亚甲蓝、结晶紫、伊红、沙黄等加到培养基中或涂在外伤表面，能增强可见光的杀菌作用，这一现象称为光感作用(photosensitization)。一般在有氧的情况下才出现光感作用，这与染料激活氧或染料氧化后生成具有杀菌作用的氧化物有关。光感作用对原生动物、细菌、毒素、病毒和噬菌体等均有灭活作用。革兰阳性菌对光感作用比革兰阴性菌敏感。伊红、亚甲蓝仅作用于革兰阳性菌，而沙黄则作用于革兰阴性菌。

直射日光有强烈的杀菌作用，是天然的杀菌因素。许多微生物在直射日光的照射下，半小时到数小时即可死亡。芽孢对日光照射的抵抗力比繁殖体大得多，往往需经 20 h 才死亡。日光的杀菌效力因地、因时及微生物所处环境的不同而异，烟尘严重污染的空气、玻璃、有机物的存在都能减弱日光的杀菌力。此外，空气中水分的多少，温度的高低以及微生物本身的抵抗力强弱等均影响日光杀菌效果。在实际生活中，日光对被污染的土壤、牧场、畜舍、用具等的消毒以及江河的自净作用均具有重要的意义。

日光是有效的天然杀菌剂，对大多数微生物均有损害作用，其中紫外线是日光杀菌作用的主要因素。紫外线是一种低能量的电磁辐射，杀菌作用最强的波长为 265～266 nm，这与 DNA 吸收光谱范围一致。其杀菌原理主要表现在两个方面：一方面，紫外线易被微生物核蛋白吸收，使 DNA 的同一条螺旋体上相邻的碱基形成胸腺嘧啶二聚体，从而干扰 DNA 的复制与转录，导致微生物变异或死亡；另一方面，紫外线可以使空气中的氧变为臭氧，臭氧放出的原子氧，也具有强烈氧化杀菌的作用。但紫外线的穿透能力弱，不能透过普通玻璃、纸张、尘埃，故仅用于消毒物体表面及手术室、无菌操作实验室、传染病房和种蛋室等的空间及空气消毒，也可用于不耐热物品或器械的表面消毒。由于杀菌波长的紫外线对机体皮肤、眼睛均有损伤作用，使用时应注意防护。经致死量的紫外线照射后，受损伤甚至已经显示死亡的微生物细胞，若在 3 h 之内再受到可见光照射，部分可逐渐恢复其活力，这种现象称为光复活作用。光复活的程度和暴露在可见光下的时间、强度及温度有关。光复活作用最有效的波长为 510 nm。细菌、病毒受到未达致死剂量的紫外线照射，也可引起核酸或蛋白质的部分改变而发生变异，故紫外线照射也可是一种有效的诱变方法，常用作菌株、毒株的选育。

红外线辐射是一种有较好热效应的电磁波，尤以 1～10 μm 波长的热效应最强，不需要经空气传导，所以加热速度快，但热效应只能在照射到的表面产生，不能使一个物体的前后左右均匀加热。红外线的杀菌作用与干热相似，利用红外线烤箱灭菌时所需温度和时间也与干热灭菌相同。红外线辐射多用于医疗器械的灭菌。人受红外线照射时间较长会感觉眼睛疲劳及头疼,长期照射会造成眼内损伤。因此,工作人员操作时应佩戴防红外线伤害的防护镜。

电离辐射是指放射性同位素的射线(即 α 射线、β 射线、γ 射线)、X 射线、高能质子、中子等可将被照射物质原子核周围的电子击出,引起电离。在足够剂量时,电离辐射可破坏微生物的 DNA,故对各种细菌均有致死作用。因电离辐射杀菌时不会使物体升温,可在常温下对不耐热的物品灭菌,故又称冷灭菌。各种微生物因生理状态不同,故对电离辐射的敏感性有很大的差异。

在实际工作中,α 射线、高能质子、中子等因缺乏穿透力而很少应用。常用 β 射线、γ 射线和 X 射线,使补体、溶血素、酶、噬菌体及某些病毒失去活性,也可用于食品、饲料和一次性塑料制品的消毒。

(三)干燥

水是微生物生命活动中不可缺少的物质。微生物在干燥的环境中失去大量水分,新陈代谢会发生障碍或停止,甚至引起细胞内盐分浓度的增高和菌体蛋白质变性而导致死亡。不同微生物对干燥的敏感性有较大差异,如炭疽杆菌和破伤风梭菌的芽孢抗干燥能力极强,在污染的干燥环境中可存活数年或数十年,仍然保持其致病性;结核分枝杆菌在痰液、血液、组织块及干燥的病料中可存活 90 d 以上;巴氏杆菌、鼻疽杆菌、副嗜血杆菌等在干燥环境中仅能存活几天。大多数的微生物不能在干燥环境中生长繁殖,故在实践中常用干燥法保存饲料、毛皮、谷类、肉、蔬菜及中草药等。

(四)渗透压

渗透压与微生物的生命活动有密切关系。微生物对于渗透压的变化有一定的适应能力,渗透压适宜时,有利于微生物的生长繁殖;但是当渗透压发生突然变化或超过一定限度时,将抑制微生物的生长繁殖,甚至导致其死亡。将细菌置于高渗溶液(如浓盐水)中,则菌体内的水分向外渗出,细菌细胞质因高度脱水而浓缩并与细胞壁脱离,此现象称为“质壁分离”或“生理干燥”。在生产实践中常见利用高渗盐腌咸肉或咸鱼、糖浸果脯或蜜饯等,均可长时间保存食品。但是,有些微生物可在高浓度的溶液(如 20%～30%的盐水或糖水)中生长繁殖,因此这类微生物统称为嗜高渗菌,又分为嗜盐菌或嗜糖菌。将细菌置于低渗溶液(如蒸馏水)中,则因水分大量渗入菌体内,使菌体细胞发生显著膨胀,甚至使细胞膜胀裂,此现象称为“胞膜破裂”或“胞质压出”。由于细胞壁的存在,多数细菌对低渗不敏感,故在实验室培养细菌时为了避免影响微生物的生命活动,常在人工培养基中加入常用等渗溶液(如生理盐水、PBS 液等),使渗透压趋于平衡。

(五)超声波与微波

频率高于 20 kHz 不被人耳所感受的声波,称为超声波。超声波几乎对所有微生物都有破坏作用,其效果因超声波作用时间、频率及微生物的种类、数量、大小、形状而异。一般来讲,高频率超声波比低频率超声波杀菌效果好。细菌和酵母菌对超声波敏感,几十分钟内即可被杀死,大多数噬菌体和病毒对超声波也有一定的敏感性,但小型病毒及细菌的芽孢对超声波不敏感,对其具有一定的抵抗力。超声波的杀菌机理有三类:第一类是通过探头的高频振动引起细菌细胞内容物受到剧烈振荡而导致被破坏细菌死亡;第二类是在水溶液中产生过氧化氢,发挥氧化杀菌作用;第三类是超声波振动,机械能转变为热能,使溶液温度升高,细胞热变性,抑制或杀死微生物。超声波可在菌体悬液中发生空(腔)化作用,在液体中造成压力改变,应力薄弱区形成许多小空腔,逐渐增大,最后崩裂,液体中的细菌接近或进入空腔,由于内外压力差而被裂解。

超声波处理只能使部分菌体裂解死亡,并且使用费用颇大,故未广泛应用于消毒灭菌。目前,超声波主要用于裂解细胞提取病毒或提取细胞组分,如提取细胞内的酶类,供生物化学实验研究;提取免疫物质,供血清学实验研究;提取或裂解 DNA,供遗传和分子生物学实验研究。

微波是一种波长为 1 mm 至 1 m 的电磁波,频率较高,可穿透玻璃、塑料薄膜与陶瓷等物质,但不能穿透金属表面。在含有一定量水分的条件下,微波能使介质内杂乱无章的极性分子在微波场的作用下,按波的频率往返运动,互相冲撞和摩擦而产生热,介质的温度可随之升高,因而在较低的温度下能起到消毒作用。所以,微波消毒仅适用于对微波吸收能力大的物品,如水、肌肉和含水量高的物品。这种灭菌法,所需时间短、加热均匀是其显著的优点。消毒中常用的微波频率有 2 450 MHz 与 915 MHz 两种。微波照射多用于日常用品、非金属器械、无菌病房的食品和食具等的消毒。微波长期照射可引起眼睛的晶状体浑浊、睾丸损伤和神经功能紊乱等全身性反应,因此必须关好门后再开始操作。

(六)滤过除菌

该法是用物理阻留的方法将液体或空气中的细菌除去。所用的滤菌器含有细微的小孔,只允许小于孔径的物体如液体和空气通过,大于孔径的细菌被阻拦在膜上不能通过,因此一般不能除去病毒、支原体和 L 型细菌。滤过除菌法主要用于一些不耐热的血清、毒素、抗生素、药液、空气等除菌。滤菌器的除菌性能与其材料的特性、滤孔大小、静电作用等因素有关。目前常用的滤器有薄膜(滤膜孔径常用 0.45 μm 与 0.22 μm 两种)滤菌器、石棉滤菌器(又称 Seitz 滤菌器)、烧结玻璃滤菌器等。利用空气过滤器可进行超净工作台、无菌隔离器、无菌操作室、动物实验室,以及疫苗、药品、食品等生产中洁净厂房的空气滤过除菌。

二、化学因素对微生物的影响

各种化学物质对微生物的影响是不同的,有的可促进微生物的生长繁殖,有的阻碍微生物新陈代谢的某些环节而呈现抑菌作用,有的使菌体蛋白质变性或凝固而呈现杀菌作用。同一种化学物质因作用浓度、温度、时间、对象等的不同而呈现抑菌或杀菌的不同效果。

用于抑制微生物生长繁殖的化学药物称为防腐剂;用于杀灭动物体外病原微生物的化学制剂称为消毒剂;用于消灭宿主体内病原微生物的化学制剂称为化学治疗剂。化学治疗剂对于宿主和病原微生物的作用有选择性,它们能阻碍微生物代谢的某些环节,使其生命活动受到抑制或使其死亡,而对宿主细胞副作用甚小,因此可涂抹于机体表面,也适于通过口服或注射吸收到机体内治疗微生物引起的疾病。消毒剂在杀灭病原微生物的同时,对动物体的组织细胞也有损害作用,所以只能用于体表、器械或环境的消毒。

一般消毒剂在常用浓度下,只对细菌的繁殖体有效,对其芽孢则需要提高消毒剂的浓度及延长作用的时间。实际上,消毒剂在低浓度时作用效果仅表现为抑菌,而防腐剂在高浓度时具有杀菌作用,因此,它们之间并没有严格的界线,可统称为防腐消毒剂。

(一)消毒剂的主要种类

依据化学性质可将防腐消毒剂分为以下几类。

1. 卤素类

卤素类消毒剂有强大杀菌作用。卤素易渗入菌体内与菌体蛋白的氨基或其他基团相结合，或氧化活性基团，使有机物分解或丧失功能呈现杀菌作用。代表性的消毒剂为三氯异氰尿酸、漂白粉、优氯净、碘酊、聚维酮碘等产品。

2. 醇类

醇类消毒剂能使菌体蛋白变性，干扰微生物代谢，抑制细菌繁殖。醇类的杀菌作用随着分子量增加而增强，如杀菌效力丙醇＞乙醇＞甲醇。该类消毒剂优点是作用迅速、性质稳定、基本无毒、无腐蚀性；其缺点是不能杀死芽孢、真菌、病毒。乙醇是临床及实验室常用的醇类消毒剂，用于皮肤、温度计、医疗器械等的消毒。乙醇的最有效杀菌浓度是70％～75％，过高或过低杀菌效果均不佳。

3. 醛类

醛类消毒剂通过凝固菌体蛋白质，还原菌体氨基酸，使菌体蛋白质分子烷基化等途径发挥杀菌作用。该类消毒剂可杀灭细菌、芽孢、真菌和病毒，具有杀菌谱广，性质稳定，受有机质影响小，属高效消毒药物的优点；但有特殊刺激性臭味，在高温下挥发快的缺点。常用消毒剂有戊二醛、甲醛、丁二醛、乙二醛等。

4. 酚类

酚类消毒剂通过使微生物蛋白质变性、沉淀，或使氧化酶、还原酶等失去活性而起抑菌或杀菌作用。该类消毒剂对芽孢无效。其性质稳定具有特殊气味，对皮肤有刺激性，在酸性溶液中作用效果强，是常用的中效消毒剂，多用于环境及器械的消毒。主要有来苏尔(煤酚皂溶液)、石炭酸、复合酚等。

5. 氧化剂

氧化剂是一类含有不稳定的结合态氧的化合物，遇到有机物时，可释放出原子氧，通过氧化菌体内的活性基团，破坏菌体蛋白质或酶而发挥杀菌作用。该类消毒剂对组织细胞也有不同程度的损伤及腐蚀作用。常用于皮肤、黏膜、空气及环境的消毒，主要有高锰酸钾、过氧化氢等。

6. 酸碱类

强酸强碱因其强腐蚀性，很少直接应用。常用的酸类消毒剂有乳酸、醋酸、硼酸、水杨酸、过氧乙酸等；常用的碱类消毒剂有氢氧化钠(苛性钠)、氢氧化钾(苛性钾)、碳酸钠(石碱)、氧化钙(生石灰)等。

7. 重金属盐类

大多数重金属盐类，如硫酸铜、汞盐、银盐等对细菌与真菌都有毒性，杀菌效果好，对芽孢、病毒效力差。

8. 季铵盐类表面活性剂

表面活性剂能够改变细菌膜的通透性，影响细菌新陈代谢，还可使蛋白质变性，影响体内多种酶系统，从而具有抗菌活性。用于消毒的季铵盐类多为阳离子表面活性剂，应避免与阴阳离子表面活性剂(肥皂)类共同使用。该类消毒剂具有作用快、杀菌谱广的特点，常用的有苯扎溴铵、癸甲溴铵、消毒宁、度米芬、消毒净等。

9. 染料类

许多染料都有抑菌或杀菌作用，通常碱性染料的杀菌力比酸性染料强。如龙胆紫、乳酸依沙吖啶等。

(二)消毒剂的作用机理

不同的消毒剂其作用原理也不完全相同，一种消毒剂对微生物的影响常以其中某一种作用为主，兼有其他方面的作用。

1. 改变细胞膜通透性

有些消毒剂作用于细胞膜，可导致胞浆膜结构紊乱并干扰其正常功能，使小分子代谢物质溢出胞外，影响细胞传递活性和能量代谢，甚至引起细胞破裂。如酚类(低浓度)、表面活性剂、醇类等。

2. 蛋白变性或凝固

有些消毒剂可通过改变蛋白质构型而扰乱多肽链的折叠方式，造成蛋白质变性。如酚类(高浓度)、醇类、重金属盐类(高浓度)、酸碱类、醛类等。

3. 破坏微生物的酶系统

某些消毒剂与菌体酶蛋白中的巯基(—SH)作用，使之氧化为—S—S—基，使酶失去活性，从而抑制或阻断微生物的细胞代谢过程，导致菌体死亡。如重金属盐类、氧化剂、烷化剂等。

4. 改变蛋白与核酸功能

有些消毒剂作用于细菌胞内酶的功能基(如—SH 基)而改变或抑制其活性，如某些烷化剂和染料类消毒剂作用于核酸使核酸分子结构改变，导致细菌死亡。

(三)影响消毒剂作用的因素

1. 消毒剂的性质、浓度与作用时间

各类消毒剂的理化性质不同，对微生物的作用大小也有差异。例如，表面活性剂对革兰阳性菌的灭菌效果比对革兰阴性菌好，龙胆紫对葡萄球菌的杀灭效果特别强。绝大多数消毒剂浓度越高，越易杀死微生物；作用时间越长，杀死微生物的概率也越大。因此，消毒剂浓度与作用时间是相关的，浓度降低可用延长时间补偿，但当浓度降到一定限度后，即使延长作用时间，也无杀菌作用。但需要特别注意，因过高浓度的乙醇等能使微生物表面蛋白质迅速凝固，反而影响其继续渗入，降低杀菌效力，因此 70%～75%乙醇的消毒效果最好。

2. 微生物的种类和数量

同一消毒剂对不同种类和处于不同生长期的微生物的杀菌效果不同，如细菌芽孢的抵抗力最强，幼龄菌比老龄菌敏感。不同的细菌对同一消毒剂的抵抗力不同，如一般消毒剂对结核分枝杆菌的作用要比对其他细菌繁殖体的作用差；70%～75%乙醇可杀死一般细菌繁殖体，但不能杀灭细菌的芽孢。因此，必须根据消毒对象选择适合的消毒剂。此外，微生物的数量越多，所需消毒的时间就越长。

3. 温度与酸碱度

随着温度的升高，分子运动速度增加使化学反应加速，消毒所需要的时间缩短，所以温度越高消毒效果越好。一般情况下，温度每升高 10 ℃，重金属盐类的杀菌作用增加 2～5 倍。例如，2%戊二醛杀灭每毫升含 10^4 个炭疽杆菌的芽孢，在 20 ℃时只需要 15 min，在 56 ℃时仅需要 1 min。

pH 影响消毒剂的电离度，一般来说，未电离的分子，较易通过细胞壁，杀菌效果好。因此，酸碱度的变化可影响消毒剂杀灭微生物的作用效果。例如，苯扎溴铵的杀菌作用是 pH 越低所需杀菌浓度越高，在 pH 为 3 时所需的杀菌浓度较 pH 为 9 时要高 10 倍左右。

4. 环境中的有机物

当微生物和有机物特别是蛋白质混在一起时，某些消毒剂的杀菌效果可受到明显影响。因有机物会阻碍消毒剂与微生物的接触，也可中和或吸收部分消毒剂，从而降低消毒剂的杀菌功效。因此，对皮肤及伤口消毒时，要先清创再消毒。

5. 药物的拮抗作用

消毒剂由于理化性质的不同，两种药品合用时，可能产生相互拮抗，药效降低的作用。阴离子表面活性剂可降低季铵盐类和洗必泰的消毒作用，因此不能将苯扎氯铵等消毒剂与肥皂、阴离子洗涤剂合用。

(四)消毒剂的选用及注意事项

生产过程中根据被消毒物品的性状及病原微生物的特性，选择适当的消毒剂。

选择消毒剂时应注意：消毒剂应具备强大的杀菌力和穿透力，且奏效快，易溶于水，使用方便，价格低廉；性质稳定，不易氧化分解，不易燃易爆，便于贮存；对动物机体应无毒性或毒性较小，对衣物、用具、金属制品(如铁丝笼、仪器设备、器械)等无腐蚀性，无残留，对环境无污染；杀菌力不受或少受脓汁、血液、坏死组织、粪便、痰等有机物存在的影响；在低温季节使用时不易冻结。

在应用消毒剂时应注意以下几方面：消毒操作人员防护用品应穿戴齐全；腐蚀性或有毒的消毒剂一旦洒在皮肤或眼睛时，应立即用凉水冲洗并及时治疗；应事先对被消毒物品或环境清洗或打扫，以保证消毒效果；参考消毒剂的使用说明书，根据不同对象采用适当的浓度和消毒时间；防止病原微生物对消毒剂产生抗药性，可用两种或多种消毒剂轮换使用；消毒剂最好现用现配。

三、生物因素对微生物的影响

在自然界，各种不同类群的微生物能在多种不同的环境中生长繁殖。微生物与微生物之间，微生物与其他生物之间彼此联系，相互影响，共同影响了整个生物界的发展与进化。

1. 协同

两种或多种生物在同一生活环境中，互相协助，共同完成或加强某种作用，称为协同(synergism)。例如，牛、羊瘤胃内厌氧真菌和纤维分解细菌协同降解粗纤维。病原微生物之间也可协同致病，如猪流行性感冒病毒引发猪流感，一般表现为体温升高、食欲不振、精神委顿、呼吸急促、咳嗽等，多数猪可在 5～10 d 康复，但如果伴随副猪嗜血杆菌、巴氏杆菌、肺炎链球菌或沙门菌等继发感染，则猪流感病情变得复杂严重，常因继发出血性肺炎或肠炎而死亡。

2. 共生

微生物之间、微生物与其他生物之间共居在一起，相互分工合作、互相得利的一种极其紧密的相互关系，称为共生(symbiosis)。最典型例子就是微生物间共生的地衣。它是真菌和蓝细菌或藻类的共生体。藻类或蓝细菌进行光合作用，为真菌提供有机养料，而真菌则以其产生的有机酸去分解岩石中的某些成分，为藻类或蓝细菌提供所必需的矿质元素。根瘤菌与豆科植物之间的关系也是共生关系。根瘤菌单独在土壤内生存时，并不能固定大气氮，只有与豆科植物共生时，才有固氮作用。

3. 寄生

一种生物在另一种生物体内或体表生活并从其体内获得营养，进行生长、繁殖，并对后者产生损害作用的现象，称为寄生(parasitism)。前者称为寄生物，后者称为寄主或宿主。有些寄生物一旦离开寄主就不能生长繁殖，这类寄生物被称为专性寄生物，如病毒、噬菌体、立克次体等只能存活于动物、植物体内或活的组织细胞内。有些寄生物在脱离寄主以后营腐生生活，这些寄生物称为兼性寄生物，如大多数的病原性细菌、真菌、放线菌等。在微生物中，噬菌体寄生于宿主菌是常见的寄生现象。此外，细菌与真菌，真菌与真菌之间也存在着寄生关系。土壤中存在着一些溶解真菌细菌，它们侵入真菌体内，生长繁殖，最终杀死寄主真菌，造成真菌菌丝溶解。真菌间的寄生现象比较普遍，如某些木霉寄生于丝核菌的菌丝内。寄生于动植物及机体的微生物也极其普遍，常引起各种病害。微生物也能使害虫致病，利用昆虫病原微生物防治农林害虫，已成为生物防治的重要方法。

4. 拮抗

一种微生物在其生命活动中，产生某种代谢产物或改变环境条件，从而抑制其他微生物的生长繁殖，甚至杀死其他微生物的现象称为拮抗(antibiosis)作用。在生产青贮饲料时，乳酸杆菌产生大量乳酸，致使环境变酸，最终导致大量不耐酸腐败细菌死亡，保障了青贮饲料的长时间保存。可产生抗生素的微生物，则能够抑制甚至杀死其他微生物。例如，青霉菌产生的青霉素能抑制一些革兰阳性菌，链霉菌产生的链霉菌素能够抑制酵母菌和霉菌等。微生物间的拮抗关系已被广泛应用于抗生素的筛选、食品保存、医疗保健和动植物病害的防治等领域。

导致拮抗作用的物质基础，除常见的抗生素、细菌素外，动物机体细胞也能产生对病原微生物有拮抗作用的物质。例如，人和动物的唾液、腹水、血液、乳汁及鸡蛋的蛋白中均含有的溶菌酶；细胞在病毒和干扰素诱生剂作用下产生的干扰素等。另外，某些植物中存在有杀菌物质，这种杀菌物质一般称为植物杀菌素，如大蒜、金银花、连翘、鱼腥草、黄连、黄柏、黄芩、穿心莲、板蓝根等中草药中都含有杀菌物质。其中，有些中药及其提取物已经被制备成为注射剂、预混剂、饮水剂等剂型，广泛用于动物保健及临床疾病治疗。

任务四　微生物的变异

遗传和变异是生物的基本特征之一，也是微生物的基本特征。所谓遗传，是指亲代与子代的相似性，是物种存在的基础；所谓变异，是指亲代与子代以及子代之间的差异性，是物种发展的基础。生物离开遗传和变异就没有进化。

基因(gene)是遗传的基本单位。微生物的各种性状受相应基因的控制。基因是能编码产生有功能的肽链、蛋白质或RNA的一段DNA(在RNA病毒可以是一段RNA),它具有相对稳定性,编码的产物决定微生物的性状,是微生物遗传和变异的物质基础。

遗传性变异,又称基因型变异,是由于微生物体内基因的改变发生的,但可稳定传给子代。遗传性变异只发生在少数个体,产生变种或新种,有利于物种的进化。非遗传性变异,又称为表型变异,是由于环境条件的改变引起的变异,基因未改变,所以该种变异一般不遗传给后代。非遗传性变异多是由外界因素所致,常波及同一环境中的大多数个体。微生物的变异可以自发地发生,也可以人为地使之发生。

随着对微生物遗传变异本质认识的不断深入,对病原微生物致病机制、耐药机制、病原的快速检测以及防治新思路也有了新的认识,因此,了解微生物的遗传与变异具有十分重要的理论意义和实用价值。

一、常见的微生物变异类型

1. 形态变异

微生物形态变异常见于细菌。细菌在异常条件下生长发育时,细菌的外形可变为多形性、衰老型,或由杆形变为圆球形等。例如,炭疽病病猪咽喉部位分离到的炭疽杆菌,多不呈现典型的竹节状排列,而是细长如丝状;慢性猪丹毒病病猪心脏病变部的猪丹毒杆菌呈弯曲的长丝状,这些都是细菌形态变异的实例。长时间保存在实验室的菌种,如未定期移植或回归易感动物,其形态也会发生变异。

2. 结构与抗原性变异

(1)细菌的结构变异。细菌的结构变异多伴随发生抗原性变异。

①荚膜变异。有荚膜的细菌,在特定条件下,可能丧失其形成荚膜的能力。如炭疽杆菌在动物体内和特殊培养基上能形成荚膜,而在普通培养基上则不形成荚膜;当将其回归易感动物时,便可完全恢复形成荚膜的能力。由于荚膜是致病菌的毒力因素之一,又是一种抗原物质,所以荚膜的丧失必然导致病原菌毒力和抗原性的改变。

②鞭毛变异。有鞭毛的细菌在某种条件下,可以失去鞭毛。如将有鞭毛的沙门菌培养于含0.075%~0.1%石炭酸的琼脂培养基上,可失去形成鞭毛的能力。细菌失去了鞭毛,也就丧失运动力和鞭毛抗原。

③芽孢变异。能形成芽孢的细菌,在一定条件下可丧失形成芽孢的能力。如巴斯德于43 ℃条件下培养强毒炭疽杆菌,结果育成了不形成芽孢且毒力减弱的菌株。

(2)病毒的抗原性变异。病毒的“型”,实质就是病毒抗原性差别的表现。这种差别是病毒抗原性变异的结果,可以用补体结合试验、沉淀试验、红细胞凝集抑制试验和中和试验等血清学方法进行鉴别。有许多“型”的病毒易于变异,如流感病毒、口蹄疫病毒。病毒血凝能力的改变,也是抗原性变异的表现。

3. 培养性状变异

(1)细菌培养性状的变异。细菌培养性状的变异主要表现为菌落变异。细菌的菌落最常见的有 2 种类型,即光滑型(S 型)和粗糙型(R 型)。S 型菌落一般表面光滑,湿润,边缘整齐;R 型菌落的表面粗糙,干燥且有皱纹,边缘不整齐。当细菌的菌落发生变异时,其他如物理特性、生化反应、形态、结构、抗吞噬能力和毒力等一些性状也会相应地发生改变。细菌的菌落在一定条件下从光滑型变为粗糙型时,称 S－＞R 变异,此情况下常伴随毒力的减弱。少数病原菌则相反,如炭疽杆菌 R 型菌落时毒力强,变为 S 型菌落时毒力减弱。在正常情况下,较少出现 R→S 的回归变异。

(2)病毒的培养性状变异。病毒的培养性状变异是指病毒在组织培养细胞或鸡胚绒毛尿囊膜上形成的蚀斑或病斑的形态和性质,是病毒所引起的细胞病变的性状。

各种病毒在组织培养细胞上产生的蚀斑性状,可因病毒和培养细胞的种类差异而有不同。另外,培养液的浓度、pH、二氧化碳含量,培养的温度和时间,甚至培养容器的种类等也会对蚀斑的产生和性状呈现明显的影响。

同一种病毒于相同的条件下通常会产生性状一致的蚀斑。因此,蚀斑性状的改变,常认为是病毒变异的一个重要标志。用蚀斑选种是挑选病毒变异株的一个重要方法。

4. 毒力变异

毒力是表示毒株或毒型间病原性的差异,主要表现为所能感染的动物种类、组织和细胞范围及其引起的临床症状、病理变化和死亡率的程度不同。在自然情况下或通过人工诱变都可以使病原微生物的毒力增强或减弱。让病原微生物连续通过在易感动物体内传代,可使其毒力增强;将病原微生物长期培养于不适宜的环境中或反复通过在非易感动物体内传代,可使其毒力减弱,这种毒力减弱的菌株或毒株可用于疫苗的制造。如炭疽芽孢苗、猪瘟兔化弱毒苗等,都是利用毒力减弱的菌株或毒株制造的预防用生物制品。

5. 耐药性变异

细菌对许多抗菌药物是敏感的,但发现在使用某些药物治疗疾病的过程中其疗效逐渐降低,甚至无效,这是由于细菌对该种药物产生了抵抗力,这种现象称为耐药性变异。如对青霉素敏感的金黄色葡萄球菌发生耐药性变异后,成为对青霉素有耐药性的菌体。细菌的耐药性大多是自发突变,也有由于诱导而产生的耐药性。在兽医临床上一方面要注意选用敏感药物,另一方面要合理使用抗生素。

6. 代谢的变异

某种微生物在原有代谢过程中能合成某种营养成分的特性会丧失,必须在人为提供该种营养成分的培养基上才能生长,成为所谓的营养缺陷型。这种变异特性,可用来作为该种营养成分的微量检测和遗传变异研究,对研究细菌代谢产物的生物合成途径很有用处。另外,营养缺陷型菌株可作为杂交、转化、转导和原生质体融合等研究中的标记菌种。

二、微生物变异现象的应用

1.传染病的诊断方面

在微生物学检查过程中，要做出准确的诊断，不仅要知道微生物的典型特征，还要了解微生物的变异现象。微生物在正常条件下生长繁殖，可以发生形态、结构、菌落特征的变异，在临床传染病的诊断中应注意防止误诊。例如，分解乳糖的基因转移到沙门菌，出现能够分解乳糖的伤寒沙门菌，若按照常规细菌鉴定容易被忽略；血浆凝固酶试验曾作为判断葡萄球菌有无致病性的一项重要指标，但目前许多凝固酶阴性的葡萄球菌也具有致病性。

2.传染病的防治方面

可利用人工变异方法，获得抗原性良好、毒力减弱的菌株或毒株，用于制造防控传染病的疫苗。如有毒的牛分枝杆菌培养于含胆汁、甘油、马铃薯的培养基中，经过13年230传代而获得的减毒活菌苗称为卡介苗，用于预防结核病。在传染病的流行中，要注意变异株的出现，并采取相应的预防措施。由于耐药菌株的不断出现与增加，使用抗菌药物预防和治疗细菌病时，药物的针对性要强，不能滥用，必要时先做药物敏感性试验。

3.流行病学的分析方面

将分子生物学的分析方法应用于流行病学调查，追踪基因水平的转移与播散，有其独特的优点。如应用指纹图谱法将不同来源细菌所携带的质粒DNA、毒力基因或耐药性基因等，经同一种限制性内切酶切割后进行琼脂糖凝胶电泳，比较所产生片段的数目和大小是否相同或相近，确定感染暴发流行菌株或相关基因的来源，或调查养殖场内耐药质粒在不同细菌中的播散情况。

4.细菌的分类方面

除传统的依靠细菌的形态、生化反应、抗原特异性以及噬菌体分型等进行细菌的分类外，现在还开展了细菌DNA分子中的遗传物质的分类，不同种细菌的亲缘关系可以反映在细菌的DNA上。亲缘关系越密切，两种细菌的DNA链核苷酸序列间越接近；如果为同一种细菌，则同源性率可为100%。因此，根据细菌遗传物质的相对稳定性，可鉴定出细菌间的相互关系。

5.基因工程方面的应用

基因工程是用人工的方法将目标基因从复杂的生物体基因组中提取分离，将其连接到能够自我复制的载体上，形成重组DNA分子，然后再将重组DNA分子转移到受体细胞中并进行筛选，使之实现功能表达，产生所需要的表达产物。质粒和噬菌体都是理想的载体。通过基因工程技术可以生产一些天然合成或分离纯化十分困难且成本昂贵的药物。如在大肠埃希菌或其他生物体内可有效地表达重组胰岛素、生长激素、干扰素等的DNA分子，完成其生产。此外，基因工程方法还可应用于生产有效的新型疫苗，为预防传染病开辟了新途径。

技能一　消毒剂消毒效果评价

【目的要求】

(1)熟悉影响消毒效果的因素,理解消毒效果评价的必要性。

(2)掌握化学消毒剂的质量评价方法和消毒后效果评价指标,明确其临床应用范围。

(3)通过规范每个操作步骤,构建坚守细节的“大国工匠”精神。

【设备与材料】

普通琼脂培养基、灭菌生理盐水和棉拭子、5 cm×5 cm 灭菌规板、空气采样器、中和剂等。

【方法步骤】

1.物体表面和工作人员手的微生物学检测

在养殖场内物体表面的微生物学检测主要是测定圈舍内墙壁、地面、门窗、笼具、水槽、食槽等设备表面细菌的污染程度和消毒后的效果。工作人员手的微生物学检测是测定饲养员以及其他工作人员手被细菌污染的情况。

(1)物体表面采样时,将内径为 5 cm×5 cm 的灭菌规板放在被测物体表面。

(2)在装有 4～5 mL 灭菌生理盐水的试管中浸湿灭菌的棉拭子,在试管壁上压挤出多余的盐水,然后在规板范围内滚动棉拭子涂抹取样。

(3)剪去(或折去)棉拭子的手持端,使棉拭子头落入生理盐水试管内,塞紧试管塞,带回实验室检测。

(4)以同样方法,在同一物体上的不同处采样 4～5 个。

(5)工作人员手采样时,按上述方法在右手每个手指掌面取样。

(6)利用提拉棉拭子或敲打采样管的方法将棉拭子的细菌全部洗入生理盐水中。

(7)用灭菌吸管从采样管中吸取 1 mL 菌悬液转入另一支装有 9 mL 灭菌生理盐水的试管中,做 10 倍递增稀释。

(8)根据物体表面污染程度选择 3 个稀释度,每个稀释度分别取 1 mL 放入灭菌平皿内,用普通琼脂做倾注培养。每个稀释度做平行样品 2 个,置 37 ℃温箱中,培养 24 h,观察并计数平板上的菌落数。计算公式为:

$$\text{菌落数(个/cm}^2\text{)}=\frac{\text{平均菌落数}\times\text{稀释倍数}\times\text{采样管液体毫升数}}{\text{采样面积(cm}^2\text{)}}$$

2.空气中细菌含量的检测

空气中细菌含量的检测有 2 种方法,即空气微生物采样器法和平板暴露法。

(1)空气微生物采样器法

用空气微生物采样器,在圈舍内四周和中央采样,采样 1～2 min,然后将琼脂平板置 37 ℃温箱培养 24 h,观察并计数平板上的菌落数,求出 5 个采样点的平均菌落数。计算公式为:

$$\text{菌落数(个/m}^3\text{)}=\frac{\text{平均菌落数}}{\text{每分钟采气量(L)}\times\text{采样时间(min)}}\times 1\,000$$

(2)平板暴露法

将普通琼脂平板或血琼脂平板，水平放置在圈舍内四角和中央各 1 个，将平皿盖打开，扣放在平皿底的底边，根据圈舍内的污染程度，暴露 10～20 min，然后盖好平皿，将平皿放在 37 ℃ 温箱中培养 24 h，观察并计数平板上的菌落数，求出 5 个平板中的平均菌落数。

据测试，5 min 内在 100 cm^2 面积上降落的细菌数，相当于 10 L 空气中所含的细菌数，因此，可按下列公式计算：

$$\text{菌落数(个}/m^3) = N \times \frac{100}{A} \times \frac{5}{T} \times 100 = \frac{50\,000N}{AT}$$

式中，A 为平板面积(cm^2)；T 为平板暴露于空气中的时间(min)；N 为平均菌落数(个)。

3. 动物圈舍空气中细菌允许量(以鸡舍为例)

一般认为在带鸡的情况下，鸡舍每立方米空气中微生物(细菌和霉菌)不应高于 25 万～30 万个；笼养雏鸡每立方米空气中微生物总数不应超过 13 万个，其中大肠埃希菌群不应超过 1 900 个；否则，可引起大肠埃希菌病，必须采取预防措施。

4. 消毒剂微生物学检测

消毒剂微生物学检测是指消毒剂使用过程中的效果测定。

(1)采样地点：圈舍消毒池，圈舍入口和用具消毒池，洗手的消毒盆，实验室所用的消毒剂等。

(2)方法：①每个检测对象至少取 3 个样品。无菌取使用过的消毒剂 1 mL 加入 9 mL 加有中和剂(表 5-7)的蒸馏水中，混匀。②取 1 mL 混合液放入灭菌平皿内，做倾注培养。③求其平均菌落数。

(3)标准：①每毫升消毒剂含细菌总数 250 个以下，消毒剂还可使用。②每毫升消毒剂含细菌总数 250 个以上，则消毒剂不可使用，需更换。

表 5-7　常用消毒剂的中和剂

消毒剂及其浓度	中和剂及其浓度
含氯(碘)消毒剂(有效氯(碘)0.1%～0.5%)	硫代硫酸钠(0.1%～1.0%)
过氧乙酸(0.1%～0.5%)	硫代硫酸钠(0.1%～0.5%)
过氧化氢(0.1%～3.0%)	硫代硫酸钠(0.5%～1.0%)
福尔马林(甲醛 1%)	双甲酮(1%)与吗啉(0.6%)混合液 亚硫酸钠(0.1%～0.5%) 氢氧化铵(25%)
戊二醛(2%)	甘氨酸(1%)或双甲酮(1%)与吗啉(0.6%)混合液
季铵盐类消毒剂(0.1%～0.5%)	吐温-80(0.5%～3.0%)
醋酸氯己定溶液(0.1%～0.5%)	卵磷脂(1.0%～2.0%)
酚类消毒剂(3.0%～5.0%)	吐温-80(3.0%～5.0%)
汞类消毒剂(0.002%～0.5%)	巯基醋酸钠(0.2%～2%)
碱类消毒剂	等当量酸
酸类消毒剂	等当量碱

【考核标准】

序号	考核点		分值	标准	评分		
					自评	互评	师评
1	知识	原理	10分	能正确阐述影响消毒剂作用的基本因素。			
2	技能	方法选择	20分	依据实验目的及消毒场所，正确选择检测方法。			
3		材料准备	10分	依据检测方法，全面准备实验材料。			
4		样本采集与处理	10分	能合理划分样本采集区域；正确采集区域样本；能应用合理方法对样本进行处理及培养。			
5		菌落数计算	10分	能正确观察并准确对平板中菌落数进行计数；能正确计算单位面积或空间中的平均菌落数。			
6		结果判断	10分	能与标准相对比，正确对本次检测结果进行判断。			
7	素质	结束清场	10分	场地清理、卫生打扫、物品整理。			
8		工作态度	10分	服从任务安排、遵守实验室行为规则。			
9		规范意识	10分	具备细节决定成败的规范操作意识。			
总分							

技能二　细菌的药物敏感性试验

【目的要求】

(1)理解细菌药物敏感性试验的基本原理。

(2)掌握圆纸片扩散法测定细菌对抗生素等药物的敏感性试验的操作方法和结果判定，并明确该试验在实际生产中的应用。

(3)理解规范畜禽养殖用药的重要性，增强对国家相关政策的认同感及执行力。

【设备与材料】

麦氏比浊管、细菌药敏试纸、游标卡尺、无菌MH培养基、无菌棉签、镊子、恒温培养箱、酒精灯、超净工作台、目标菌、质控菌(大肠埃希菌ATCC25922和金黄色葡萄球菌ATCC25923)。

【方法步骤】

将含药物的纸片贴在接种有待测菌的固体培养基上，通过药物在培养基上的扩散，观察是否出现抑菌环，推断是否抑制细菌的生长。药物扩散的距离越远，药物浓度越低抑菌能力越强，因此可根据抑菌环的大小，判定药物对细菌的抑制作用强弱。

(1)用灭菌肉汤矫正菌液浓度为0.5麦氏浊度标准菌悬液。

(2)在超净工作台下点燃酒精灯。

(3)用记号笔对装有无菌MH培养基的平皿背侧进行药敏片放置标记，间距不少于24 mm，中心距平皿边缘不少于15 mm。

(4)用无菌棉拭子蘸取0.5麦氏浊度的菌液，挤掉多余菌液。

(5)用棉拭子涂布整个无菌MH培养基表面，每次将平板旋转60°，共旋转6次，最后沿周边擦绕两圈，以保证菌液涂抹均匀。

(6)用无菌镊子取药敏纸片贴在标记对应的平板表面，纸片一贴后不可再拿起。用镊子轻轻按压，使药敏纸片与培养基充分贴合。每个平板贴3张纸片，纸片间距不少于24 mm，纸片中心距平皿边缘不少于15 mm。

(7)在菌液接种后10 min内贴完纸片。静置15 min，待药敏纸片与培养基贴合紧密后可倒置。37 ℃恒温培养18～24 h后取出。

(8)抑菌环边缘以肉眼见不到细菌明显生长为限。用游标卡尺测量抑菌环直径，由平板背面测量最接近的整数毫米数并记录，每个平板各设三个平行组的平板，测量抑菌环直径时，应取三个平板的平均值为最终结果。

(9)每次药敏试验用大肠埃希菌ATCC25922和金黄色葡萄球菌ATCC25923做质控。药敏判读标准根据CLSI标准(2009年)所载受试药对质控菌的抑菌环直径范围作为实验质控标准(判读标准见表5-8)。

表5-8 纸片扩散法——用质控菌株抑菌环直径(mm)允许范围监测抗菌药物敏感性试验准确性

抗菌药物	纸片含药量/μg	抑菌环直径/mm				
		S	I	R	大肠埃希菌ATCC25922	金黄色葡萄球菌ATCC25923
KF	30	≥18	15～17	≤14	16～22	27～35
AMP	10	≥17	14～16	≤13	28～35	27～28
CIP	5	≥21	16～20	≤15	30～40	22～30
NOR	5	≥17	13～16	≤12	15～21	29～37

注：KF，头孢噻吩；AMP，氨苄西林；CIP，环丙沙星；NOR，诺氟沙星；S，敏感；I，中介；R，耐药

二维码5-1 细菌的药物敏感性实验
(纸片扩散法)

【考核标准】

序号	考核点		分值	标准	评分		
					自评	互评	师评
1	知识	实验原理	10 分	可正确阐述细菌药物敏感性试验的基本原理。			
2	技能	无菌操作	10 分	在本实验过程中可始终保持无菌操作。			
3		接种培养	10 分	可用正确方法将目标菌接种于无菌 MH 培养基中。			
4		药敏纸片放置	10 分	以合理间距准确放置药敏纸片,并进行培养。			
5		抑菌环测量	10 分	可用游标卡尺准确测量抑菌环直径。			
6		结果判断	20 分	可正确判断药物敏感性试验的结果。			
7		生物安全	10 分	接触过细菌的器材选择适宜方式进行灭菌,操作环境进行消毒处置。			
8	素质	解决问题	10 分	能将药物敏感性实验结果,进行合理分析,指导临床疫病药物筛选。			
9		政策认同	10 分	明确药敏试验的必要性及规范畜禽养殖用药的重要性,增强对国家相关政策的认同感及执行力。			
总分							

内容小结

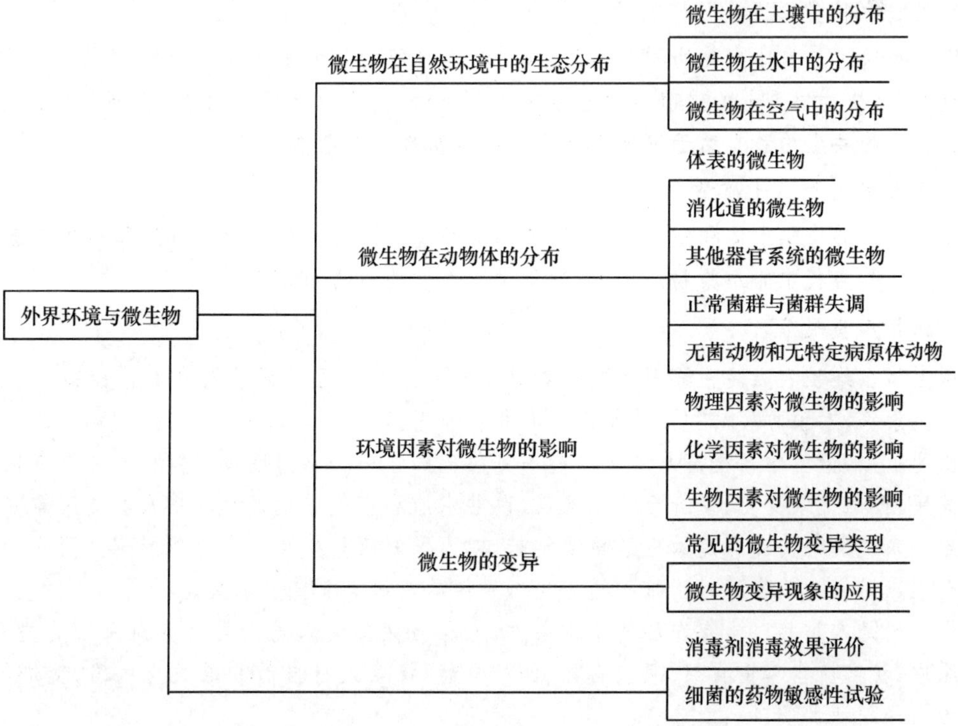

思政园地

生物多样性　生态文明

最近的研究表明，地球上可能有1万亿(10的12次方)个物种。微生物类群是地球上最丰富、分布最广、进化时间最长的生命形式，它们在地球上生存了数十亿年，遍布地球的每一个角落。从海底到天空，从两极到赤道，从冰原到干谷，从最偏远的丛林到人口最密集的城市，都有微生物的分布。

微生物在地球生态系统中发挥着不可或缺的作用。

1. 分解和循环有机物

微生物能够分解死亡的植物和动物残骸中的有机物，将其转化为简单的化合物，如碳、氮和磷等。这些化合物随后可以被其他生物再次利用，从而维持生态系统的物质循环。这种分解作用不仅有助于有机物的再利用，还促进了生态系统的能量流动。

2. 维持土壤健康

微生物在土壤中起着至关重要的作用。它们通过分解有机物、调节氮、磷等元素的循环以及维持土壤pH的稳定，有助于土壤的保水性、保肥性和肥效的提高。此外，微生物还能为植物提供养分，促进植物的生长和发育，并通过与植物根系的互惠互利关系，提高植物的水分利用效率、耐盐碱能力和抗逆性。

3. 控制气候变化

微生物通过分解和吸收温室气体，如二氧化碳和甲烷等，有助于减缓气候变化的速度。此外，微生物还能影响大气中的气体成分，对维持地球的气候稳定具有重要作用。

4. 促进生物多样性

微生物通过与其他生物的相互作用，促进生态系统的生物多样性。例如，在菌类与植物共生的过程中，植物根系上的细菌能够与植物共同作用，促进植物吸收营养，提高植物的生长率和产量。这种共生关系有助于维持生态系统的丰富性和复杂性。

5. 改善水质和空气质量

微生物能够净化水体和空气，减少污染物对环境的污染。它们通过分解和转化有害物质，降低了水体和空气中的污染物浓度，有助于维护环境的清洁和健康。

6. 保护人类健康

微生物在维护人类健康方面也发挥着重要作用。它们可以帮助人类消化食物、产生维生素和抗生素等，对预防疾病和保持健康具有积极作用。

由此可见，微生物在生态系统中具有不可替代的作用。它们通过分解和循环有机物、维持土壤健康、控制气候变化、促进生物多样性、改善水质和空气质量以及保护人类健康等方式，为地球生态系统的平衡和稳定做出了重要贡献，对人类健康和生活具有重要影响。因此，积极保护和合理应用微生物资源对于维护地球生态系统的健康具有重要意义。

大自然是人类赖以生存发展的基本条件，人与自然的关系是人类社会最基本的关系。在此关系中，我们应当尊重自然、顺应自然、保护自然，探索人与自然和谐共生之路，促进经济发展与生态保护协调统一。

学习测试

一、单项选择题

1. 畜禽舍熏蒸消毒常选用的消毒剂为(　　)。

A. 来苏尔　　B. 苯扎溴铵　　C. 季铵盐　　D. 福尔马林

2. 酒精的有效杀菌浓度是(　　)。

A. 60%～65%　　B. 70%～75%　　C. 80%～85%　　D. 90%～95%

3. 消毒液可用作空间消毒的方法是(　　)。

A. 浸泡　　B. 熏蒸　　C. 涂擦　　D. 撒布

4. 呼吸道疾病的最主要传播方式是(　　)。

A. 飞沫传播　　B. 接触传播　　C. 眼结膜传播　　D. 血液传播

二、多项选择题

1. 常用消毒液的使用方法有(　　)。

A. 浸泡　　B. 喷洒　　C. 涂擦　　D. 洒布

2. 在自然条件下,降低微生物毒力的方法有(　　)。

A. 异种动物接种　　B. 在高温环境下培养

C. 培养基中加入特殊物质　　D. 低温存放

3. 湿热灭菌优于干热灭菌的原因是(　　)。

A. 导热快　　B. 穿透力强

C. 比干热灭菌所需的温度低　　D. 使细菌蛋白迅速凝固变性

4. 常见的微生物结构与抗原变异包括(　　)。

A. 荚膜变异　　B. 鞭毛变异　　C. 芽孢变异　　D. 核质变异

5. 动物接种可用于(　　)。

A. 分离病毒　　B. 抗血清的生产

C. 疫苗生产及疫苗效力检验　　D. 传染病的诊断

三、判断题

1. 在使用消毒药时,浓度越高效果越好。(　　)

2. 流通蒸汽灭菌法不仅可以杀死细菌的繁殖体,还可以杀死细菌的芽孢。(　　)

3. 消毒时要遵循一定的消毒次序,应由周围向中心逐渐进行消毒。(　　)

4. 紫外线穿透力弱,故对物品表面和空气具有良好的消毒效果。(　　)

5. 从动物体内分离到条件致病菌,则说明动物是患病的。(　　)

6. 从动物体血液中分离到微生物,则说明动物是患病的。(　　)

四、简答题

1. 何谓菌群失调?简述消化道菌群失调症发生的原因及保持动物正常菌群的重要意义。

2. 比较消毒剂、防腐剂、化学治疗剂的杀菌机制及影响其杀菌作用的因素。

3. 温度对微生物有什么影响?谈谈此影响在生产实践中的应用。

4. 某些传染病通过接种疫苗基本得到控制,但近几年使用同样的疫苗预防效果却不佳,分析可能的原因有哪些?

二维码 5-2　项目五学习测试参考答案

项目六
传　染

项目导学

<table>
<tr><td>学习项目</td><td colspan="3">传　　染</td></tr>
<tr><td colspan="4">学习目标</td></tr>
<tr><td>知识目标</td><td colspan="2">技能目标</td><td>素质目标</td></tr>
<tr><td>1.理解传染的概念及其发生的必要条件。
2.知道传染发生的基本过程及结局。
3.了解国家防控动物疫病的基本原则。</td><td colspan="2">1.能分析动物疫病流行的基本要素。
2.针对以上要素制订防止动物疫病发生及流行的相关措施。</td><td>1.培养逆向思维、发散性思维。
2.强化多学科协作意识。
3.树立遵守职业法律规范理念及用法律规范指导岗位工作的行动意识。</td></tr>
<tr><td colspan="4">导学问题</td></tr>
<tr><td colspan="4">1.什么是传染?
2.传染为什么会发生?
3.同一种疫病在不同的个体为什么结局不同?
4.有哪些措施可以防止动物疫病的流行?
5.对于已经发生的动物疫病该如何防控?</td></tr>
<tr><td colspan="4">学习安排</td></tr>
<tr><td colspan="4">1.以4～6人为一小组,完成本项目学习。
2.课前以小组为单位,查阅相关资料,完成问题的回答,并将答案反馈于线上教学系统。
3.课前以小组为单位,将本项目学习的疑难点,反馈于线上教学系统。
4.学习动物疫病防控的基本措施。
5.课后以个人为单位,限时完成本项目的在线测试。</td></tr>
<tr><td colspan="4">学习评价</td></tr>
<tr><td>自我评价(20%)</td><td>小组评价(20%)</td><td>教师评价(60%)</td><td>总评</td></tr>
<tr><td></td><td></td><td></td><td></td></tr>
<tr><td colspan="4">学习反思</td></tr>
<tr><td colspan="4"></td></tr>
</table>

任务一 传染基本知识

一、传染的概念

传染又称为感染，是指病原微生物侵入动物机体，突破机体防御屏障并在一定的部位定居、生长、繁殖，从而引起机体一系列不同程度病理反应的过程。

病原微生物进入动物机体后不一定都能引起感染，多数情况是动物机体抑制其生长繁殖或迅速动员防御力量将其消灭，从而不出现病理变化和症状，这种状态称为抗感染免疫，也称抵抗力；反之，动物对某种病原微生物缺乏免疫力而容易感染的特性，则称为易感性。病原微生物只有侵入对其具有易感性的动物机体，才有可能引起感染。

二、传染发生的必要条件

传染的发生和发展与病原微生物、易感动物、外界环境条件等因素密切相关。

1. 病原微生物

侵入机体的病原微生物必须具有一定的毒力、足够的数量，通过适宜的门户，才能突破机体的各种防御屏障而深入扩散，进而生长繁殖，引起传染。

毒力是病原微生物致病力强弱的关键要素，若病原微生物的毒力较弱，则直接被机体的免疫反应清除，所以只有具备较强毒力的病原微生物才能突破机体的防御屏障发生疾病。除需要较强的毒力外，足够数量的病原微生物也是比较重要的。一般来说病原微生物的毒力越强，致病时所需的数量就越少；反之需要的数量就越多。具有较强毒力和一定数量的病原微生物还需要适当的侵入部位，才可使易感动物发生感染。例如，狂犬病病毒，必须经直接接触才能够引起疾病的传播；破伤风梭菌、气性坏疽梭菌属于厌氧菌，若侵入部位不够深则会被外界氧气抑制无法发生感染；流行性乙型脑炎是易感动物被携带乙脑病毒的蚊虫叮咬后，病毒进入动物体内而引发的；感染伪狂犬病病毒、猪细小病毒的种公猪，其精液、精索、附睾、性腺中均可分离到该病毒，种公猪通过配种传染给易感母猪。部分病原微生物可以通过多种途径侵入动物体引起感染，如布鲁氏菌既能经消化道、生殖道又能通过破损的皮肤等途径侵入体内，引起感染；罹患新城疫的病鸡和带毒鸡，通过口鼻分泌物和粪便排出病毒，主要通过消化道和呼吸道传播，病毒也可经过眼结膜、受伤的皮肤和泄殖腔黏膜侵入健康鸡，也可通过带毒鸡蛋而传播该病。各种病原微生物之所以选择不同的侵入途径，与病原微生物的特性和宿主体内不同组织器官的感受性密切相关。

2. 易感动物

病原微生物只有侵入易感动物体内才可引起动物发生感染。一般来说动物的种属特性决定了其对某种病原微生物是否存在免疫力，这是物种进化过程中病原微生物寄生与动物免疫系统抗寄生相互作用、相互适应的结果。如兔对兔瘟病毒易感，但犬、猫则不易感；草食动物对炭疽杆菌非常易感，但禽类在正常情况下对炭疽杆菌无感受性。偶蹄兽（如牛、羊、猪）对口蹄疫病毒易感性非常大，而单蹄兽则无感受性。易感动物中，由于年龄、性别、营养状态以及免疫状态等差异，表现为个体对病原菌的抵抗力也有不同。例如，小鹅瘟病毒只侵害雏鹅，成年鹅不感染；布鲁氏菌对性成熟以后的动物易感，尤其是母畜更易感；未接种过疫苗或免疫血清的易感动物比接种过疫苗的动物更容易发生感染。另外，动物的易感性还受个体差异因素（如年龄、体重、性别）影响。所以，即便是同种病原微生物入侵动物群体时，不同个体可表现出发病或不发病，症状轻或症状重等不同的结果。

3. 外界环境条件

传染的发生与发展直接或间接地受外界环境条件的影响。外界条件一方面影响病原微生物的生命力、毒力、数量以及接触或侵入动物体可能性的程度，同时对动物机体抵抗力也产生影响。

影响传染发生的外界条件有气候、地理环境、温度、湿度、饲养管理、生物因素（如传播媒介、中间宿主）等，所以外界环境不适宜则发生感染的可能性会降低。例如，流感病毒耐冷不耐热，加之寒冷季节会降低易感动物呼吸道黏膜的抵抗力，因此动物容易在秋冬季节发生流行性感冒；乙型脑炎、马传染性贫血病等疾病均由媒介昆虫传播，所以该类疾病多发生在昆虫活跃的夏秋季节。

动物发生感染的过程是在外界环境条件下动物机体本身与病原微生物相互作用的结果。只有在适宜的环境下，病原微生物不断生长繁殖，通过适宜的侵入方式侵袭易感动物，才会发生感染。

三、传染的发展过程与结局

传染性疾病的发展过程，依据其特点大致可人为地将其划分为 4 个时期。

1. 潜伏期

从病原微生物侵入机体，开始生长、繁殖时起，直至临床上开始出现症状的这一段时间，称为潜伏期。每一个传染病的潜伏期都有一个范围（最短至最长），并呈正态分布，是疾病诊断、检疫的重要依据。潜伏期相当于病原体在体内定位、繁殖、转移、引起组织损伤和功能改变导致临床症状出现之前的整个过程，其长短不一，随病原体的种类、数量、毒力、侵入途径或部位以及动物种属或个体免疫力的强弱而定，短的仅数小时（如细菌性食物中毒），大多数在数天内（如非洲猪瘟、小反刍兽疫），有的可延至数月（如狂犬病）。即便是同一种传染病，潜伏期的表现也不完全相同，但差异不会太大。在潜伏期中，一般无临床表现。有些急性传染病发病突然，甚至猝死，以至于观察不到潜伏期。

2. 前驱期

从临床症状出现至该病典型症状显露之前的时期称为前驱期。不同传染病的前驱期长短有一定差异，有时同种传染病不同病例的前驱期也不相同。该期一般持续 1～3 d，起病急骤者，多无前驱期。

在前驱期中传染病的临床表现通常是非特异性的，如精神委顿、食欲减退、发热等，该期与病原体繁殖产生的毒性物质有关，是许多传染病所共有的表现。前驱期是发病的征兆，在此期已具有传染性，一般很难做出准确诊断。

3. 症状明显期

症状明显期是指疾病典型症状充分表现出来的一段时间，也称发病期。本期是传染病发展和病原体增殖的高峰期，也是畜禽发病的高峰阶段，该传染病典型临床症状和病理变化也相继出现，因此具有较高的临床诊断意义。

4. 转归期(结局)

从症状明显期进一步发展到疾病最后结局的一段时间称为转归期。此期的结局有三个，死亡、恢复健康及带菌状态。如果病原体的致病能力增强，或动物体的抵抗能力减弱，则疾病以动物的死亡而告终。如果动物体获得了免疫力，抵抗能力逐渐增强，机体则逐步恢复健康，表现为临床症状逐渐消退，体内的病理变化逐渐消失，正常的生理功能逐步恢复。在疾病转归期间，致病菌并未立刻消失，在体内继续存留一段时间，与机体免疫力处于相对平衡状态，称为带菌状态。带菌动物没有临床症状但会经常间歇性排出病原菌，是传染性疾病中重要的传染源。

任务二 动物疫病防控基本知识

由各种病原微生物引起，具有一定潜伏期和临床诊断症状，能在动物与动物或动物与人之间进行传播的动物类疾病，称为动物传染病。

感染了疫病的动物不仅会引起自身疾病，同时其分泌物(如唾液、粪便、尿液等)可能携带有此种病原微生物，若其他健康易感动物接触到了这些分泌物，可能也会患上相同的疾病，这种疾病能向周围传播的现象称为传染性。流行性是指在某个适宜的环境中，一段时间中的特定范围内，易感动物易被某一种传染病感染，程度从个体到群体的过程称为传染病的流行。传染性与流行性不仅是传染病与非传染病之间的重要区别，也是严重危害畜牧业的重要因素。

动物疫病不仅造成患病动物大批发病死亡，而且还引起动物群体的生产性能下降、治疗或扑灭费用增加以及动物产品质量下降，对动物群体及其产品的国际贸易信誉也有极大的负面影响，甚至有些传染病还直接危害人体健康。因此，了解动物疫病综合防治基本原则，掌握动物疫病的科学防治方法，对控制动物疫病的发生和流行，促进畜牧业持续发展和保障人民身体健康都具有重要意义。

一、动物疫病综合防控基本原则

1. 健全机构

县以上畜牧兽医主管部门是兽医行政机构，县级人民政府和乡级人民政府应当采取有效措施，加强村级防疫员队伍建设，还可根据动物防疫工作需要，向乡、镇或者特定城区派驻兽医人员，共同担负动物疫病的预防与扑灭工作。兽医防疫工作是一项系统的工程，它与农业、商业、外贸、卫生、交通等部门都有密切的关系，只有依靠政府的统一领导、协调，从全局出发，大力合作，统一部署，全面安排，才能及时有效地把兽医防疫工作做好。

2. 预防为主

动物生产过程中，做好综合性的防疫措施是极其重要的。随着集约化畜牧业的发展，“预防为主”方针的重要性应更加突出，否则兽医防疫工作将会陷入完全被动的局面，畜牧业生产也会走向危险的境地。

3. 法规建设

《中华人民共和国动物防疫法》《中华人民共和国进出境动植物检疫法》等是为了加强对动物防疫活动的管理，预防、控制、净化、消灭动物疫病，促进养殖业发展，防控人兽共患传染病，保障公共卫生安全和人体健康而制订的法规。这些兽医法规对我国动物防疫和检疫工作的方针和基本原则做了明确且具体的叙述，是兽医工作者开展防疫、检疫工作的法律依据。

4. 调查监测

由于不同动物疫病在时间、地区及动物群中的分布特征、危害程度和影响流行的因素有一定的差异，所以制订适合本地区或养殖场的动物传染病防治计划或措施，必须在对该地区开展流行病学调查和研究的基础上进行。

5. 突出重点

动物疫病的控制或消灭需要针对流行过程的三个基本环节采取综合性防治措施。但在实施和执行综合性措施时，必须考虑不同疫病的特点及不同时期、不同地点和动物群的具体情况，突出主要因素和主导措施。即使为同一种动物疫病，在不同情况下也可能有不同的主导措施，在具体条件下究竟应采取哪些主导措施要根据具体情况而定。

二、动物疫病综合防控基本内容

动物疫病的流行是由传染源、传播途径和易感动物三个相互联系的环节形成的一个复杂过程。因此，采取适当的措施来消除或切断三个环节的相互联系，就可以使动物疫病的流行终止。在采取具体防疫措施时，必须从“养、防、检、治”四个方面综合考虑，方可有效控制动物传染病的发生和蔓延，具体包括以下内容。

1. 认真选址，合理规划与布局

养殖场场址应建在地势高，地面干燥，排水方便，水源充足，水质良好，交通和供电方便，离公路、河道、村镇、工厂 500 m 以外的上风处，尤其是应远离其他养殖场、屠宰场、畜产品加工厂。四周应有天然屏障或开挖防疫沟，种植防疫林带等。

2. 建立健全防疫制度

搞好外部环境与圈舍、运动场、饲料、饮水以及饲养管理用具的卫生管理。做好消毒、灭虫、灭鼠、粪污无害化处理等工作，对病死动物尸体按规范进行严格的无害化处理，禁止畜禽与外人或外部的动物接触，养殖场内禁止饲养猫、犬、家禽等其他动物。

3. 加强畜禽饲养管理

养殖场应遵循“自繁自养、全进全出”的科学养殖方式，防止病原传入，防止将前一批畜禽可能携带的病原体传播给新进的动物。引进种用畜禽时，应严格遵守种畜跨省调运检疫审批管理制度，同时拟引进畜禽的饲养地应为非疫区，并经产地检疫合格；新购入的畜禽应按规定进行隔离观察和检疫，确认健康后方可混群饲养；出售畜禽时，应严格遵守检疫申报制度，经检疫合格后方可出售。

4. 加强免疫预防

根据本地区常发传染病的种类、疫病流行状况和本场防疫制度的建立与执行情况，制订切实可行的畜禽免疫程序，并严格按免疫程序进行计划免疫，使畜禽从新生到出栏屠宰、出售或淘汰的动物都可获得特异性免疫保护力，降低畜禽对传染病的易感性。同时，免疫预防还应特别注意疫苗的科学选择和疫苗的科学保存、运送和使用。

5. 做好药物预防工作

对目前尚无疫苗的疫病，特别是动物的细菌性传染病，可使用抗菌药物或微生态制剂，对畜禽进行群体用药预防，防止疫情发生流行。但使用药物预防时，应特别注意休药期，防止造成药物残留，形成公共卫生安全隐患。

6. 定期开展疫病监测

开展疫情监测工作，了解畜禽疫病动态，及时发现并处理患病动物，消灭传染源。同时，应认真开展流行病学调查，根据调查结果，分析发病原因，提出相应的防治措施。

内容小结

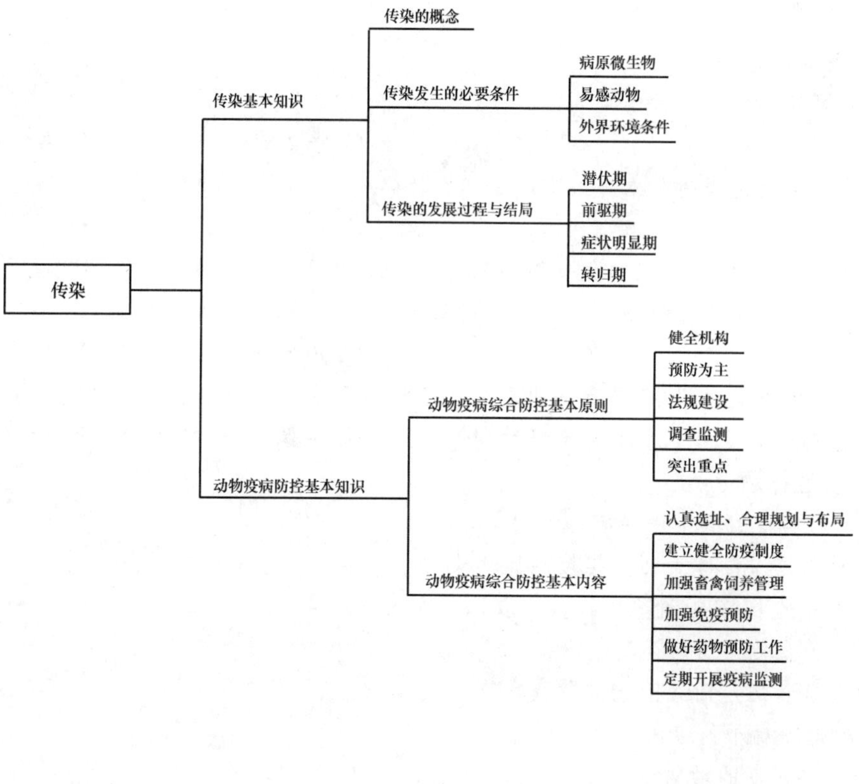

思政园地

知法懂法　依法履职

畜牧业作为农业发展中的重要组成部分，能否在新时代背景下良性发展直接影响着我国农业的发展水平，其中动物传染病不仅严重威胁动物的健康与生存，也严重威胁人类的食品安全，并逐渐成为全球瞩目的共性问题。

为保障畜牧业长期稳定健康发展，国家相继制订了一系列的法律规范与国家标准，如《中华人民共和国动物防疫法》《中华人民共和国进出境动植物检疫法》《中华人民共和国生物安全法》等。根据国内外动物疫情以及保护养殖业生产安全和人民健康的需要，我国相关畜牧兽医法律规范也在定期进行修订，以构建更科学、合理、健全的动物防疫法律制度。

思考

同学们，请学习相关法律规范后深入思考，以上这些法规分别规范了我们在畜牧业生产中的哪些行为？

学习测试

一、单项选择题

1. 国家对动物疫病实行的主要方针是(　　)。

A. 预防为主　　B. 加强检疫　　C. 监督管理　　D. 扑杀

2. 传染病流行过程的基本环节有(　　)。

A. 5 个　　B. 4 个　　C. 3 个　　D. 2 个

3. 根据《国家动物疫病强制免疫指导意见(2022—2025 年)》目标要求，强制免疫动物疫病的群体免疫密度应常年保持的比例是(　　)。

A. 50%以上　　B. 70%以上　　C. 90%以上　　D. 100%

4. 动物疾病发展过程中，从疾病出现最初症状到主要症状开始暴露前的时期称为(　　)。

A. 潜伏期　　B. 临床经过期　　C. 前驱期　　D. 转归期

二、多项选择题

1. 狂犬病病毒的感染途径有(　　)。

A. 通过伤口与黏膜表面直接接触而感染

B. 特殊情况下，可通过尘埃或气溶胶而经呼吸道感染

C. 通过胎盘传染给胎儿

D. 通过啃食病尸而经消化道黏膜感染

2. 下列选项属于传染源的有(　　)。

A. 处于潜伏期的动物　　B. 发病动物

C. 处于恢复期的动物　　D. 被病原污染的环境

3. 微生物的变异中与传染病的发生与防制直接相关的有(　　)。

A. 毒力变异　　B. 抗原变异　　C. 形态变异　　D. 耐药性变异

4. 下列属于传染病特征的是(　　)。

A. 由特异的病原微生物引起

B. 具有特征性的发病表现

C. 被感染的机体发生非特异性的反应

D. 具有明显的流行规律

5. 传染病发生必须具备的基本环节有(　　)。

A. 传染源　　B. 传播途径　　C. 易感动物群　　D. 季节转换

三、判断题

1. 传染病的症状明显期是治疗传染病的最佳期。(　　)

2. 传染病的防治,应贯彻预防为主、防重于治的方针。(　　)

3. 防控疯牛病可采取以下措施:注射疫苗、加强检疫、捕杀、销毁病牛和可疑病牛。(　　)

4. 布鲁氏菌病是《国家动物疫病强制免疫指导意见(2022—2025年)》中的强制免疫病种,所有牛羊都要进行布鲁氏菌病免疫。(　　)

5. 在动物传染病的传播过程中,昆虫、野生动物和人类只能起传播媒介的作用。(　　)

四、简答题

1. 简述发生传染病时的扑灭措施。

2. 查阅资料,简述国际通行的狂犬病综合防治措施。

3. 查阅资料,简述目前我国非洲猪瘟的防控措施。

二维码 6-1　项目六学习测试参考答案

项目七
免疫学基本知识

项目导学

<table>
<tr><td>学习项目</td><td colspan="3">免疫学基本知识</td></tr>
<tr><td colspan="4">学习目标</td></tr>
<tr><td>知识目标</td><td>技能目标</td><td colspan="2">素质目标</td></tr>
<tr><td>1.理解免疫的分类和功能。
2.理解特异性免疫的获得方式以及免疫与传染的关系。
3.知道免疫系统的组成。
4.掌握构成抗原的条件，知道抗原的分类。
5.理解免疫应答的过程与生物学效应。</td><td>1.能正确识别各类免疫器官。
2.能采取合理免疫措施提高动物的免疫能力。
3.能对免疫失败原因进行正确分析并制订初步改进方案。</td><td colspan="2">1.通过学习免疫与感染之间的关系，强化唯物辩证的科学思维。
2.强化将学科知识与技能融合应用的职业素养。
3.通过学习古人疫病防控的史实，坚定“四个自信”。</td></tr>
<tr><td colspan="4">导学问题</td></tr>
<tr><td colspan="4">1.什么是免疫？有哪些功能？
2.免疫分为哪几种类型？各自具有哪些特点？
3.哪些因素会影响机体的免疫能力？
4.在动物不同发育时期(幼龄、青壮)分别破坏免疫器官(中枢、外周)对机体免疫系统有什么影响？
5.与免疫功能相关的细胞有哪些？
6.何为抗原的特异性与交叉性，各自的临床优势和应用在哪里？
7.免疫应答的分类及其各自的效应特点有哪些？
8.临床上哪些因素会影响特异性免疫应答的效果？</td></tr>
<tr><td colspan="4">学习安排</td></tr>
<tr><td colspan="4">1.以4～6人为一小组，完成本项目学习。
2.课前以小组为单位，查阅相关资料，完成问题的回答，并将答案反馈于线上教学系统。
3.课前以小组为单位，将本项目学习的疑难点，反馈于线上教学系统。
4 课后以个人为单位，限时完成本项目的在线测试。</td></tr>
<tr><td colspan="4">学习评价</td></tr>
<tr><td>自我评价(20%)</td><td>小组评价(20%)</td><td>教师评价(60%)</td><td>总评</td></tr>
<tr><td></td><td></td><td></td><td></td></tr>
<tr><td colspan="4">学习反思</td></tr>
<tr><td colspan="4"></td></tr>
</table>

免疫一词来源于拉丁文，其原义为“免除服役”或“免除税赋”，引入医学领域则指免除瘟疫。很早以前人们就观察到了机体发生的免疫现象，如传染病患者痊愈后，在一段时间内对该病会产生不同程度的不感受性，即抗御病原微生物在机体内的生长增殖，解除其毒素或毒性酶等代谢产物的毒害作用。在相当长的时期内，就将这种不感受性称为“免疫”，意即免除感染、抗御疫病。古老的免疫概念是指机体对病原微生物的再感染具有抵抗力，而不再罹患该类疫病。随着学科技术的发展与研究的深入，现代免疫学将“免疫”的概念定义为：机体识别自己与非己异物，并能将非己异物排出体外，从而保持机体内平衡的复杂生理学功能。

任务一　免疫

一、免疫的分类

免疫是一种复杂的生物学过程，也是动物正常的生理功能。机体的免疫分为先天性免疫和获得性免疫两类。

(一)先天性免疫

1. 概念

先天性免疫(native immunity)又称非特异性免疫(nonspecific immunity)，是动物生来就具有的并可通过遗传而获得的重要免疫功能。它是生物体在长期种系发育和进化过程中不断与病原微生物斗争过程中而逐渐形成的一系列防御机制。这种免疫功能与动物体的组织结构和生理功能密切相关。

二维码 7-1　非特异性免疫系统的构成

非特异性免疫对外来异物起着第一道防御作用，其作用范围相当广泛，对各种病原微生物都有相差无几的防御作用。但它对异物缺乏特异性区别作用，缺乏针对性，也毫无记忆性，更不会因为与病原体的反复接触而加强。因此要特异性清除病原体，需在非特异性免疫的基础上，发挥特异性免疫的作用。非特异性免疫主要由宿主的屏障结构、吞噬细胞的吞噬功能、正常组织和体液中的抗微生物物质、炎症反应组成，此外也与机体组织对某些病原微生物的先天不感受性密切相关。

2. 构成

(1)屏障结构。屏障结构是指体表的皮肤、体内外腔道黏膜的机械阻挡和分泌物杀菌物质的作用，以及表面菌群的拮抗作用。血脑屏障、胎盘屏障等不但选择性限制物质的交换，也可部分阻挡微生物的侵入。

①皮肤和黏膜屏障。皮肤和黏膜屏障是抵御病原体入侵的第一道防线，绝大多数病原微生物不能通过正常皮肤黏膜进入，这是因为皮肤和黏膜具有机械阻挡和排除作用，如呼吸道纤毛上皮的摆动，尿液、泪液、唾液的冲洗等。除物理屏障作用外，皮肤与黏膜的附属腺体可分泌多种杀菌和抑菌物质，如皮脂腺分泌的不饱和脂肪酸、呼吸道和消化道内的溶菌酶、泪液和唾液中的溶菌酶等，都具有抑制或杀灭局部病原微生物的作用。另外，皮肤黏膜上还存在着正常菌群，对病原微生物具有拮抗作用。少数微生物(如布鲁氏菌)可以通过健康的皮肤和黏膜侵

入机体，工作中应注意防护。当烧伤和皮肤发生外伤时，病原微生物可趁机侵入，引起感染。

②内部屏障。

血脑屏障：由软脑膜、脉络膜和脑毛细血管组成，可以阻止微生物等侵入脑脊髓和脑膜内，从而保护中枢神经系统不受损害。血脑屏障随个体发育而逐渐成熟。幼龄动物容易发生脑脊髓炎和脑膜炎，就是血脑屏障发育不完善的缘故。

胎盘屏障：由母体子宫内膜和胎儿绒毛膜共同组成的。这个屏障既不妨碍母子间的物质交换，又能防止母体内的病原微生物入侵胎儿，从而保护胎儿的正常发育。

此外，动物体内还存在着血睾屏障、血胸屏障等，都是保护机体正常生理活动的重要屏障结构。以上屏障在一般情况下，足以保护动物机体免受感染，但是动物的外部防线不是很完善时，特别是当其受到创伤、烧伤、寒冷、有害气体等刺激，使屏障作用减弱时，病原体便能够突破屏障而侵入机体内部。

(2)吞噬细胞。吞噬作用是生物体最古老的，也是最基本的防御机制之一。当病原微生物突破机体的屏障进入机体后，吞噬性细胞对要消灭的对象进行无特异性的吞噬和围歼。

吞噬细胞是吞噬作用的基础。动物体内的吞噬细胞主要有两大类：一类是以中性粒细胞为代表，个体较小，属于小吞噬细胞；另一类是单核巨噬细胞系统，包括血液中的单核细胞及单核细胞移行于各组织器官而形成的多种细胞，如肺脏中的尘细胞、肝脏中的库普弗细胞、皮肤和结缔组织中的组织细胞、骨组织中的破骨细胞和神经组织中的小胶质细胞等。它们不仅具有强大的吞噬能力，还能分泌免疫活性分子。

吞噬细胞对异物的吞噬有两种不同的结果。

①完全吞噬。动物整体抵抗力和吞噬细胞的功能较强，病原微生物在吞噬溶酶体中完全被杀灭、消化后，连同溶酶体的内容物一起以残渣的形式排出细胞外。

②不完全吞噬。某些细胞内寄生的细菌如结核分枝杆菌、布鲁氏菌及某些病毒等，能抵抗吞噬细胞的消化作用而不被杀灭，甚至能在吞噬细胞内存活和繁殖，称为不完全吞噬。不完全吞噬可使吞噬细胞内的病原微生物逃避体内杀菌物质及药物的杀灭作用，甚至在吞噬细胞内生长、繁殖，或者随吞噬细胞的游走而扩散，引起更大范围的感染。

吞噬过程也可引起组织损伤。在某些情况下，吞噬细胞异常活跃，在吞噬过程中会释放溶酶体酶到细胞外，而引起邻近组织的损伤。

(3)抗微生物物质。在正常动物机体各种组织和体液中广泛分布能抑制微生物生长的各种物质，因而常见的组织浸出液、血液及腺体分泌物能够非特异地抑制某些细菌的生长。这些物质并不能直接杀灭病原体，但在机体消灭病原体过程中起着重要的辅助作用。

防御素是先天免疫系统中的一类重要的抗微生物多肽，具有阻止病毒复制的功能，还可刺激细菌产生自溶酶、产生致炎和趋化作用。补体在感染早期适应性免疫应答未形成之前，可通过多种途径发挥溶菌效应，补体的若干活性片段具有趋化活性、促炎活性和调理活性。细胞因子是机体感染病原体后，免疫细胞如单核巨噬细胞和组织细胞所合成、分泌的一类具有生物学活性的小分子蛋白质，可发挥多种非特异性致炎、致热、诱导急性期反应、抑制病原体、激活免疫细胞等功能。

(4)炎症反应。炎症是临床常见的一个病理过程，可发生于机体各部位的组织和器官。病原体一旦突破机体屏障而侵入体内，机体中各种吞噬细胞及体液因素则趋向病原入侵部位，围歼病原，往往在病原体侵入部位出现炎症反应。在炎症区内积聚大量体液防御因素，细胞死亡崩解后释放的抗感染物质(溶菌酶),以及炎症部位的糖原酵解作用增强所产生的有机酸,都可有效地杀灭病原微生物。在炎症过程中还能抑制病原体向外扩散,局限于炎症部位。

(5)机体组织的不感受性。机体的不感受性是指某种动物或其组织对该种病原或其毒素没有反应性。例如,给龟皮下注射大量破伤风毒素而不发病,但几个月后取其血液注射到马体内,马却死于破伤风。

(二)获得性免疫

1. 概念

获得性免疫又称特异性免疫(specific immunity),是动物出生前后经主动或被动方式获得的免疫力。特异性免疫具有严格的特异性和针对性,主动免疫具有免疫记忆的特点,会因为与病原体的反复接触而加强。在抗微生物感染中起关键作用,其效应比先天性免疫强。

二维码 7-2　免疫的概念、功能与分类

2. 类型

特异性免疫的种类有细胞免疫、体液免疫及黏膜免疫,主要由能够特异性识别抗原的免疫细胞(即 T 淋巴细胞和 B 淋巴细胞)所承担,虽然不能遗传给后代,但其所产生的效应在机体抗感染和其他免疫学机制中发挥主导作用。依据特异性免疫获得途径可分为天然主动免疫、人工主动免疫、天然被动免疫、人工被动免疫 4 个类型。

(1)天然主动免疫。动物自然感染某种病原微生物,耐过后产生的抵御该种病原体再次侵袭的特异性免疫力,称为天然主动免疫。这种免疫力的免疫期长短主要与病原微生物特性密切相关,短则数月,长则数年,甚至终身。

(2)人工主动免疫。用人工的方法使动物感染毒性极微的某种病原微生物或其产物等生物制剂,刺激机体免疫系统发生免疫应答而产生的特异性免疫力称为人工主动免疫。通过人工主动免疫所获得的免疫力持续时间可长达数月至数年,甚至可产生终身免疫力。免疫力产生的快慢以及维持时间的长短与此类生物制剂的种类、接种途径以及接种次数有关。生产中人工主动免疫是预防和控制传染病的行之有效的措施之一。尤其是在病毒性疾病的防治中,由于没有有效的药物进行治疗与预防,故免疫预防显得更为重要。

(3)天然被动免疫。初生仔畜经胎盘或初乳、雏禽通过卵黄被动获得母源特异性抗体,从而建立相应免疫力的方式,称为天然被动免疫。初生畜禽机体免疫功能尚未发育健全,对病原体的抵抗力较弱,此期可以通过获得母源抗体增强免疫力,以保证畜禽早期的生长发育。天然被动免疫持续时间短,只有数周至几个月,但对保护胎儿和幼龄动物免于感染,具有重要的意义。但母源抗体可干扰弱毒疫苗对幼龄动物的免疫效果,因此,畜禽初次人工主动免疫的时间要根据其体内母源抗体的水平来定。

(4)人工被动免疫。通过注射免疫血清或细胞因子等制剂而获得的对某种病原体的免疫力称为人工被动免疫。其特点是见效快,抗体进入体内以后立即发挥免疫效应,但是免疫有效期短,一般可维持 1～4 周。另外,血清制剂成本比较高。因此,人工被动免疫主要用于经济价值较高的动物的紧急预防接种和某些传染病的早期治疗,如破伤风抗毒素血清可用于破伤风患畜的早期治疗。

特异性免疫和非特异性免疫的比较见表 7-1。

表 7-1 特异性和非特异性免疫的比较

项目	非特异性免疫	特异性免疫
细胞组成	黏膜和上皮细胞、吞噬细胞、NK 细胞	T 淋巴细胞、B 淋巴细胞、抗原递呈细胞
作用时效	即刻至 96 h 内	96 h 后
作用特点	非特异性；无需增殖分化，作用迅速；无免疫记忆	特异性；抗原特异性细胞克隆增殖和分化；有免疫记忆
作用时间	作用时间短	作用时间长

二、免疫与感染的关系

病原微生物在侵入动物机体形成感染的同时，也触发了机体的免疫系统并使之产生一系列的免疫防御应答。感染与免疫相互对抗，又相互依存。没有病原微生物的感染，就没有抵抗病原微生物的免疫发生。一般情况下，传染可激发机体产生免疫，而免疫的产生又可终止传染。二者力量的对比不同，机体表现的过程也不同。当机体免疫状态良好，则病原微生物能激发强烈的免疫应答，同时病原微生物毒力较低，免疫则终止传染；如果机体由于某种原因导致免疫力低下，病原微生物入侵则容易引起传染；如果机体的免疫反应过于强烈，则不是终止传染，而是造成对自身组织的损伤。

三、免疫的特性与功能

广义的免疫涵盖非特异性免疫，而本节及之后所描述的免疫专指特异性免疫。

(一)免疫的基本特性

1. 识别自身与非自身

免疫功能正常的动物机体能识别自身与非自身的大分子物质，这是机体产生免疫应答的基础。动物免疫细胞(T 淋巴细胞、B 淋巴细胞)胞膜表面具有抗原受体，它们能与一切大分子抗原物质的表位结合。免疫系统的识别功能相当精细，不仅能识别存在于异种动物之间的一切抗原物质，而且对同种动物不同个体之间的组织和细胞的细微差别也能加以识别，是一种亚分子水平的识别。

2. 特异性

动物机体的免疫应答和由此产生的免疫力具有高度的特异性，即具有很强的针对性，如接种新城疫疫苗可使鸡产生对新城疫病毒的抵抗力，而对其他病毒如鸡马立克病病毒则无抵抗力。

3. 免疫记忆

免疫具有记忆功能。动物机体在初次接触抗原物质时，除刺激机体形成产生抗体的细胞(浆细胞)和致敏淋巴细胞外，也形成了免疫记忆细胞，如再次接触相同抗原物质可产生更快、更强的免疫应答。如动物患某种传染病康复后或使用疫苗接种后，可产生长期的免疫力，这与免疫记忆相关。

(二)免疫的基本功能

机体免疫系统通过识别自己与非己异物,并对其产生应答,主要发挥以下三大基本功能。

1. 免疫防御

免疫防御主要是指机体针对外来抗原(如微生物及其毒素)的免疫保护作用。这种能力包括两个方面:一是抗感染作用,即抵御外界病原微生物对机体的侵害;二是免疫排斥作用,即排斥异种或同种异体的细胞及器官,这是器官移植需要克服的主要障碍。在异常情况下,此功能也可能对机体产生不利影响,表现为:若免疫防御过于强烈或持续时间过长,则在清除抗原的同时,也可能导致自身组织损伤和功能异常,如发生超敏反应;若免疫防御过低或缺失,则易引起机体的反复感染。

2. 免疫稳定

这一功能在于清除衰老、受损的自身细胞,维持体内细胞的均一性,以维持机体的生理平衡。该机制如过强或过弱,则可导致自身免疫性疾病。机体免疫系统内存在极为复杂而有效的调节网络,借此实现免疫系统功能的相对稳定性。

3. 免疫监视

由于物理、化学和生物等各种体内外因素的影响,正常机体的组织细胞可突变为肿瘤细胞。机体免疫系统可识别此类细胞并将其清除,这一功能称为免疫监视。若该功能发生异常,可能导致肿瘤的发生或持续的病毒感染。

任务二　免疫系统

免疫系统是机体产生免疫应答和执行免疫功能的物质基础,由免疫器官、免疫细胞和免疫分子组成。免疫系统是生物体识别"非己物质"(如病原微生物),并能将之消灭或排除的防御系统,是人类以及其他脊椎动物在系统发生过程中长期适应外界环境进化形成的。免疫器官和组织、免疫细胞、免疫分子相互关联、相互作用,共同协调,完成机体免疫功能。

二维码 7-3　特异性免疫系统的构成
——中枢免疫器官

二维码 7-4　特异性免疫系统的构成
——外周免疫器官

一、免疫器官

免疫器官是淋巴细胞和其他免疫细胞发生、分化成熟、定居和增殖以及产生免疫应答反应的场所。按其发生的时间顺序和功能的差异可分为中枢免疫器官和外周免疫器官。

(一)中枢免疫器官

中枢免疫器官又称为初级免疫器官,是淋巴细胞等免疫细胞发生、分化、发育和成熟的场所，并对外周免疫器官发育和全身免疫功能具有调节作用，其主要包括骨髓、胸腺和腔上囊。

1. 骨髓

骨髓是机体重要的造血器官，分为红骨髓和黄骨髓。红骨髓主要分布在扁骨、不规则骨和长骨髓端的骨松质中，造血功能活跃；黄骨髓多分布于长骨的中间，没有造血的能力。当机体贫血时，一部分黄骨髓会转化为红骨髓进行造血。动物出生后一切血细胞均来自骨髓中的干细胞，同时骨髓也是各种免疫细胞发生和分化的场所。

骨髓中的多能干细胞可分化为髓样干细胞和淋巴样干细胞。前者进一步分化成红细胞系、单核细胞系、粒细胞系和巨噬细胞系等；后者发育成各种淋巴细胞（T 细胞、B 细胞、NK 细胞等）的前体细胞。一部分淋巴样干细胞分化为前 T 细胞，随血液循环进入胸腺后，被诱导并分化为成熟的淋巴细胞称为胸腺依赖性淋巴细胞，简称 T 细胞，参与细胞免疫；一部分淋巴样干细胞分化为 B 细胞的前体细胞和自然杀伤细胞（NK 细胞）。在禽类，这些前体 B 细胞随血液循环进入腔上囊发育为囊依赖性淋巴细胞，简称 B 细胞，参与体液免疫；哺乳类动物的前体 B 细胞仍继续留在骨髓内分化发育直至成熟。因此骨髓是哺乳类动物 B 细胞分化成熟的场所，也是参与免疫应答的主要部位。抗原再次刺激动物后，外周免疫器官对该抗原快速应答，但持续产生抗体的时间短；而在骨髓内可缓慢、持久地产生抗体，所以骨髓是血清抗体的主要来源。骨髓产生抗体的免疫球蛋白类型主要为 IgG 和 IgA，由此可见，骨髓是再次免疫应答发生的主要场所。

2. 胸腺

胸腺是所有脊椎动物都有的免疫器官，呈二叶，位于胸腔前部纵隔内。猪、牛、马、绵羊等动物的胸腺可向上延伸至甲状腺；鸡的胸腺沿颈部在颈静脉一侧呈多叶排列。胸腺在胚胎早期就开始发育，其大小因年龄不同而异。胚胎后期及初生时，胸腺相对重量最大，出生后继续发育，在育成期其绝对重量最大，之后随年龄增长，胸腺开始缓慢退化，淋巴细胞减少，逐渐被脂肪组织代替，但仍保留一定的功能。生长激素和甲状腺素能刺激胸腺生长，而性激素则促使胸腺退化。另外，动物常处于应激状态时，可加快胸腺的萎缩。因此久病死亡的动物，胸腺较小。

各种哺乳类动物的胸腺结构相似，胸腺表面有结缔组织被膜，结缔组织伸入胸腺实质把胸腺分成许多不完全分隔的胸腺小叶，形成胸腺的基本结构单位。胸腺小叶周边为皮质，深部为髓质。胸腺实质由胸腺细胞和胸腺基质细胞所组成。前者属于 T 淋巴细胞，但大多数是未成熟的幼稚 T 细胞；后者则包括胸腺上皮细胞、树突状细胞和巨噬细胞等。皮质层中有较幼稚的前 T 细胞和一种特殊的胸腺上皮细胞，称为胸腺哺育细胞，髓质内有髓质胸腺细胞，它们可进一步发育为成熟的 T 细胞。在正常胸腺髓质内还可见到由髓质上皮细胞、巨噬细胞和细胞碎片组成的一种圆形或椭圆形的环状结构，称为胸腺小体。研究发现胸腺小体可产生一些能引导胸腺中树突状细胞诱导 T 细胞发育的化学信号。

胸腺是重要的免疫器官，其发育缺陷或缺失可导致 T 细胞的减少或消失。如果新生动物摘除胸腺后，则外周血和免疫器官中的淋巴细胞明显减少，对排斥异体移植物能力下降，对抗体的生成也有影响，动物极易患病死亡。而成年动物切除胸腺后则不易发生免疫功能受损现象，这是由于在新生期前后已有大量成熟的 T 细胞从胸腺被运送至外周免疫器官，建立了细胞免疫。胸腺的免疫功能主要有以下两方面。

(1)诱导T细胞成熟。骨髓中的前T细胞经血液循环进入胸腺后,在胸腺哺育细胞诱导下增殖和分化,其中95%左右的T细胞在此死亡,只有不到5%的能继续分化发育成为成熟的T细胞,后期在与胸腺上皮细胞和树突状细胞等接触后再进一步分化成熟,成为具有不同功能的T细胞亚群。最后,成熟的T细胞从髓质经血液循环运输至全身,参与细胞免疫。这类成熟的外周T细胞极少返回胸腺。

(2)产生胸腺素。胸腺还有内分泌腺的功能,胸腺上皮细胞可产生多种相对分子质量$<1\times10^3$的肽类胸腺激素,如胸腺素、胸腺生成素、血清胸腺因子和胸腺体液因子等,它们对诱导T细胞成熟有重要作用。胸腺素是一种小分子多肽混合物,它使来自动物骨髓的前T细胞成熟,成为具有某些T细胞特征的细胞。胸腺生成素能诱导前T细胞的分化,促进T细胞的成熟。血清胸腺因子是胸腺上皮细胞分泌的肽类,具有抗肿瘤、抗炎、抗氧化、提高免疫力等作用。另外,胸腺激素对外周成熟的T细胞也具有一定的调节功能。

3. 腔上囊

腔上囊又称法氏囊,是禽类特有的免疫器官,是B细胞分化成熟的场所。腔上囊位于禽类泄殖腔背侧后上方,是一个盲囊状结构,鸡和火鸡的为球形,而鸭、鹅的则为椭圆形的柱状盲囊。禽类在胚胎发育的第5天即出现腔上囊的原基。刚出壳的雏禽,其腔上囊相对重量最大。雏鸡1日龄时,腔上囊重50～80 mg;育成期体积最大,重量可达3～4 g;性成熟后逐渐退化萎缩。鸭、鹅的腔上囊退化较慢,7月龄开始退化,12个月后几乎完全消失。实验证明,鸡胚在18胚龄以前切除腔上囊,对体液免疫有显著影响;18胚龄以后切除,IgM产生正常,而IgG产生受影响;出壳前后切除,只有IgA受到影响。

腔上囊是诱导分化B细胞成熟的场所。来自骨髓的多能干细胞,经血液循环迁移到腔上囊,在囊素的诱导下,分化为成熟的B细胞。成熟的B细胞离开腔上囊随血液循环迁移到外周免疫器官,参与体液免疫应答。

胚胎后期和刚孵出壳的雏禽如被切除腔上囊,则体液免疫应答受到抑制,表现出浆细胞减少或消失,在抗原刺激后不能产生特异性抗体;但是腔上囊对细胞免疫则影响很小,被切除的雏禽仍能排斥皮肤移植。某些病毒感染(如传染性法氏囊病病毒)或者某些化学药物(如注射睾丸酮)均可使腔上囊萎缩。

(二)外周免疫器官

外周免疫器官又称为次级免疫器官,是成熟T细胞和B细胞定居、增殖和对抗原刺激进行免疫应答的场所。外周免疫器官包括淋巴结、脾脏、哈德腺以及黏膜相关淋巴组织等。这类器官或组织富含捕捉和处理抗原的巨噬细胞、树突状细胞和郎罕氏细胞,它们能迅速捕获抗原,并为处理后的抗原与免疫活性细胞的接触创造最大机会。它与中枢免疫器官的差别在于来源不同,出现较晚,终生存在,切除外周免疫器官一般不明显影响机体的免疫功能。

1. 淋巴结

淋巴结呈圆形或豆状,遍布于淋巴循环通路的各个部位,以便捕获从体外进入血液－淋巴液的抗原。它由网状组织构成支架,外有结缔组织包膜,其内充满淋巴细胞、巨噬细胞和树突状细胞等。淋巴结中T淋巴细胞较多,占75%,B淋巴细胞仅占25%。

淋巴结内部实质可分为皮质区和髓质区两部分。淋巴结的皮质区中含有淋巴小结,主要由B细胞聚集而成,也称初级淋巴小结或非胸腺依赖区。接触抗原刺激后,B细胞分裂增殖形成生发中心，又称二级淋巴小结，内含处于不同分化阶段的B细胞和浆细胞(浆细胞是B细胞经抗原刺激转化后的终末细胞)，还存在少量T细胞。新生动物未发现生发中心。无菌动物生发中心很差，胸腺切除一般不影响生发中心，淋巴小结和髓质之间为副皮质区。淋巴小结周围和副皮质区是T细胞主要集中区，故称胸腺依赖区，在该区也有树突状细胞和巨噬细胞等。髓质区由髓索和髓窦组成。髓索中含有B细胞、浆细胞和巨噬细胞等。髓窦位于髓索之间为淋巴液通道，与输出淋巴管相通。髓窦内有许多巨噬细胞，能吞噬和清除细菌等异物。此外，淋巴结内免疫应答生成的致敏T细胞及特异性抗体可汇集于髓窦中随淋巴液循环进入血液循环分布到全身发挥作用。

猪淋巴结的结构与其他哺乳动物淋巴结的结构不同，其组织学图像呈现相反的构成，淋巴小结在淋巴结的中央，相当于髓质的部分在淋巴结外层。淋巴由淋巴结门进入淋巴结流经中央的皮质和四周的髓质，最后由输出管流出淋巴结。

鸡、两栖类动物和鱼类都没有淋巴结，其淋巴组织广泛分布于体内，有的为弥散性，如消化道管壁中的淋巴组织；有的为淋巴集结，如盲肠扁桃体；有的呈小结状等，它们在抗原刺激后都能形成生发中心。鹅、鸭等水禽类，有两对淋巴结，即颈胸淋巴结和腰淋巴结。

淋巴结具有以下3方面的免疫功能。

(1)过滤和清除异物作用。侵入机体的致病菌、毒素或其他有害异物，通常随组织淋巴液进入局部引流淋巴结内，淋巴窦中的巨噬细胞能有效地吞噬和清除细菌等异物、但对病毒和癌细胞的清除能力低。

(2)产生免疫应答的场所。淋巴实质中的巨噬细胞和树突状细胞能捕获和处理外来异物性抗原，并将抗原递呈给T细胞和B细胞，使其活化增殖，形成致敏T细胞和浆细胞，使生发中心增大。因此，细菌等异物侵入机体后，导致淋巴结肿大，与淋巴细胞受抗原刺激后大量增殖有关，是产生免疫应答的表现。

(3)参与淋巴细胞再循环。淋巴结深皮质区的高内皮小静脉在淋巴细胞再循环中起重要作用。来自血液循环的淋巴细胞穿过高内皮小静脉进入淋巴结实质，然后通过输出淋巴管汇入胸导管，最终经左锁骨下静脉返回血液循环。如此周而复始，使淋巴细胞从一个淋巴器官到另一个淋巴器官，从一处淋巴组织到另一处淋巴组织，此现象称为淋巴细胞再循环。通过淋巴细胞再循环增加了抗原递呈细胞(APC)与抗原的接触机会，有利于识别抗原，促进细胞间的协作，使分散于全身的淋巴细胞成为一个统一的有机体。

2.脾脏

脾脏是体内最大的外周免疫器官，是血管通路上的重要过滤器官，不同动物脾脏的形态有很大的差异，如牛的脾呈长椭圆形，犬的脾呈椭圆形，羊、鹿的脾呈三角形，猪、鼠、兔的脾呈长扁带状，马的脾上端宽、下端尖，禽类的脾呈球形。脾脏外部包有结缔组织被膜，并伸入脾实质形成脾小梁。脾脏的实质分为白髓和红髓两部分。红髓位于白髓周围，可分为脾索和脾窦两部分。脾索为网状结缔组织形成的条索状分支结构，内含大量B细胞、浆细胞、巨噬细胞、树突状细胞、红细胞、血小板等。脾窦内含有大量血细胞。脾窦和脾窦壁上的巨噬细胞能吞噬和清除血液中的细菌等有害异物和凋亡的血细胞，并具有抗原递呈作用。白髓为密集的淋巴组织，由围绕中央动脉而分布的动脉周围淋巴鞘、淋巴滤泡和边缘区组成。白髓内围绕脾中央动脉周围的淋巴组织称淋巴鞘，主要由T细胞组成，为胸腺依赖区。白髓内还有淋巴小结和生发中心，含大量B细胞，为非胸腺依赖区。淋巴小结外周的白髓区仍以T细胞分布为主，而在白髓与红髓交界的边缘区则以B细胞为多。在脾脏淋巴细胞中T细胞占35%～50%，B细胞占50%～65%。

脾脏具有以下主要的免疫功能。

(1)血液滤过作用。循环血液通过脾脏时，脾脏中的巨噬细胞可吞噬和清除混入血液的细菌等异物和自身衰老伤残的血细胞等废物。

(2)滞留淋巴细胞的作用。当抗原进入脾脏或淋巴结以后，就会引起淋巴细胞的滞留。即正常情况下能在这些器官中自由通过的淋巴细胞被滞留而不离去，从而使抗原敏感细胞集中到抗原集聚的部位附近，增进免疫应答的效应。许多免疫佐剂能触发这种滞留作用，所以滞留作用可能是佐剂增强免疫效果的原因之一。

(3)产生免疫应答的重要场所。脾脏内定居着大量淋巴细胞和其他免疫细胞，抗原一旦进入脾脏即可发生T细胞和B细胞的活化和增殖，产生致敏T细胞和浆细胞。脾脏是体内产生抗体的主要器官。

(4)产生吞噬细胞增强激素。脾脏能产生一种含苏—赖—脯—精氨酸的四肽激素，被称为特夫素(又称促吞噬素)。特夫素通过激活多形核白细胞、单核细胞、巨噬细胞，提高它们的吞噬、游离及产生细胞毒的功能，增强机体细胞免疫功能。

3.哈德腺

哈德腺又称瞬膜腺，在两栖类、爬行类、鸟类以及具有完全瞬膜(又称第三眼睑)的大多数哺乳类动物及绝大多数实验动物中均有哈德腺。它位于眼窝中腹部，眼球后中央，在视神经区呈喙状延伸，形成不规则的带状。整个腺体由结缔组织分割成许多小叶，小叶内有腺泡、腺管及排泄管。腺泡上皮由一层柱状腺上皮排列而成，上皮基膜下含大量浆细胞和部分淋巴细胞。它除具有分泌泪液润滑瞬膜，对眼睛有机械性保护作用外，还能在抗原刺激下，产生免疫应答，分泌特异性抗体。这些抗体通过泪液进入呼吸道黏膜，成为口腔、上呼吸道的抗体来源之一，在上呼吸道免疫方面起着非常重要的作用。

哈德腺不仅在局部形成坚实的屏障，还影响全身免疫系统，调节体液免疫。在免疫雏鸡时，由于它对疫苗能产生应答反应，不受母源抗体的干扰，所以对提高免疫效果起着非常重要的作用。

4.黏膜相关淋巴组织

黏膜相关淋巴组织包括扁桃体和散布全身的淋巴组织，尤其是黏膜部位的淋巴组织，构成了机体重要的黏膜免疫系统，如肠道黏膜集合淋巴结，消化道、呼吸道、泌尿生殖道黏膜下层的许多淋巴小结和弥散性淋巴组织，统称为黏膜相关淋巴组织(mucosa associated lymphoid tissue，MALT)，均含有丰富的T细胞、B细胞及巨噬细胞等。黏膜相关淋巴组织在胎儿期就已开始发育，但在出生时还未发育完全，随着年龄的增长，受骨髓和胸腺的影响以及在抗原的刺激下逐步完善。黏膜下层的淋巴组织中B细胞数量比T细胞多，而且多是能产生分泌型IgA的B细胞，T细胞则多为具有抗菌作用的T细胞。

二、免疫细胞

免疫细胞是所有直接或间接参与免疫应答细胞的统称。依据各类免疫细胞在免疫应答中的功能及作用机理,可将其分为淋巴细胞、辅佐细胞和其他免疫细胞等。

(一)淋巴细胞

淋巴细胞中受到抗原刺激后能分化增殖,产生特异性免疫应答的细胞,称为免疫活性细胞,主要指 T 细胞和 B 细胞,在免疫应答过程中起核心作用。此外,淋巴细胞还包括自然杀伤细胞和杀伤细胞等。淋巴细胞在除中枢神经系统外的所有组织都有分布,数量众多,不同类型的淋巴细胞很难从形态学上分辨,只能通过其不同的表面膜分子和不同的反应性进行区分。

二维码 7-5 T 淋巴细胞的来源、分类及功能

1. T 细胞

T 细胞又称为 T 淋巴细胞,是胸腺依赖性淋巴细胞的简称。来源于骨髓的(胚胎期则来源于卵黄囊和肝)前 T 细胞进入胸腺后,在皮质区迅速增殖并逐渐分化,发育为成熟的 T 细胞,发挥免疫功能。

成熟的 T 细胞经血流分布至外周免疫器官,有的在淋巴结的胸腺依赖区定居,约占淋巴细胞总数的 75%,有的在脾脏白髓的中央动脉周围,占淋巴细胞总数的 35%~50%,并可经血液→组织→淋巴→血液,循环往复,周游全身,以发挥细胞免疫功能和免疫调节作用。T 细胞在外周血液中的含量较多,占淋巴细胞总数的 80%~90%,在胸导管中则高达 95%以上。

依据 T 细胞在免疫应答中的不同功能,将其分为以下亚群。

(1)细胞毒性 T 细胞(cytotoxic T cell,Tc):又称为杀伤性 T 细胞,活化后称为细胞毒性 T 淋巴细胞(cytotoxic T lymphocyte,CTL)。在免疫效应阶段,Tc 细胞对靶细胞(如被病毒感染的细胞或癌细胞等)发挥杀伤作用,CTL 能连续杀伤多个靶细胞。Tc 细胞具有记忆性能,有高度特异性。它占外周血液中 T 细胞总数的 5%~10%。

(2)辅助性 T 细胞(helper T cell,Th):是体内免疫应答所不可缺少的亚群,主要是协助其他免疫细胞发挥功能。通过分泌细胞因子和与 B 细胞接触可促进 B 细胞的活化、分化和抗体产生;通过分泌细胞因子可促进 Tc 和 TD、Th 细胞的活化;在混合淋巴细胞培养中能提高 Tc 和 Ts 细胞的增殖作用,使 Tc 细胞杀伤靶细胞的功能明显增强;能协助巨噬细胞增强迟发型变态反应的强度。

(3)抑制性 T 细胞(suppressor T cell,Ts):能抑制 B 细胞产生抗体和其他 T 细胞分化增殖,从而调节体液免疫和细胞免疫。Ts 细胞占外周血液 T 细胞的 10%~20%。

(4)迟发型变态反应性 T 细胞(delayed type hypersensitivity T cell,TDTH):在免疫应答的效应阶段和Ⅳ型超敏反应中能释放多种淋巴因子导致炎症反应,发挥清除抗原的功能。

2. B 细胞

B 细胞为 B 淋巴细胞的简称。鸟类的 B 细胞在腔上囊内成熟,又称为腔上囊依赖淋巴细胞。哺乳动物的 B 细胞则在骨髓等组织中发育,又称为骨髓依赖淋巴细胞。与 T 细胞相比,其体积略大,但形态上不易区别。

二维码 7-6 B 淋巴细胞的来源、分类及功能

骨髓造血干细胞最初分化为前 B 细胞,进一步发育成未成熟 B 细胞。未成熟的 B 细胞可在细胞表面表达 IgM,此后相继表达 IgD 并发育为成熟的 B 细胞。成熟的 B 细胞经外周血迁出,进入脾脏、淋巴结,分布于脾小结、脾索及淋巴小结、淋巴索及黏膜相关淋巴组织中;若未遇抗原刺激,数天后相当数量的 B 细胞死亡。B 细胞在骨髓

和集合淋巴结中的数量较 T 细胞多，在血液和淋巴结中的数量比 T 细胞少，在胸导管中则更少，仅少数参加再循环。

B 细胞受抗原刺激后，会分化增殖为浆母细胞。大部分浆母细胞继续分化增殖为浆细胞。浆细胞为球形或椭球形，大小不等，可合成和分泌抗体，发挥体液免疫的功能。B 细胞在体内存活的时间较短，仅为数天至数周。

根据产生抗体时是否需要 Th 细胞协助，可将 B 细胞分成 B1 和 B2 两个亚群。

(1)B1 细胞。此类为 T 细胞非依赖性 B 细胞，在接受非胸腺依赖性抗原刺激后活化增殖，不需 Th 细胞的协助，只产生 IgM，不表现再次应答，易形成耐受现象。

(2)B2 细胞。此类为 T 细胞依赖性细胞，这类细胞在接受胸腺依赖性抗原刺激后发生免疫应答，必须有 Th 细胞的协助，能发生再次应答，不易形成耐受。B2 细胞可产生 IgM 和 IgG 抗体。

3. 杀伤细胞

杀伤细胞(killer cell，K cell)简称 K 细胞，主要特点是细胞表面也有 IgG 的 Fc 受体。当 K 细胞与抗原抗体复合物上的 IgG 的 Fc 受体结合，从而活化，释放溶细胞因子，裂解靶细胞，这种作用被称为抗体依赖性介导的细胞毒性作用(antibody-dependent cell-mediated cytotoxicity，ADCC)。在 ADCC 反应中，IgG 抗体与靶细胞的结合是特异性的，而 K 细胞的杀伤作用是非特异性的，不需要识别抗原，任何被 IgG 结合的靶细胞均可被 K 细胞非特异性地杀伤。如果用酶破坏 Fc 片段，或先用 IgG 封闭 K 细胞上的 Fc 受体，则靶细胞不被杀伤。

K 细胞主要存在于腹腔渗出液、血液和脾脏，淋巴结中很少，在骨髓、胸腺和胸导管中含量极微。K 细胞杀伤的靶细胞包括被病毒感染的宿主细胞、恶性肿瘤细胞、移植物中的异体细胞及某些较大的病原体(如寄生虫)等，所以 K 细胞在抗肿瘤免疫、抗感染免疫、移植物排斥反应、清除自身的凋亡细胞等方面具有积极的意义。

4. 自然杀伤细胞

自然杀伤细胞(natural killer cell，NK cell)简称 NK 细胞，是一类不需经抗原刺激和致敏，也不需要特异性抗体参与就能杀伤靶细胞的淋巴细胞，因而称为自然杀伤性细胞。NK 细胞是一类异质性、多功能的细胞群体，是由骨髓多能干细胞直接分化而来，约占外周血淋巴细胞总数的 7%。NK 细胞的免疫功能主要表现在三方面：一是抗肿瘤，它参与抗肿瘤的非特异性免疫，抑制或杀灭肿瘤细胞，其抗肿瘤作用不需要有抗原的刺激，也不需补体的协助，反应迅速，作用明显；二是抗感染，NK 细胞能够杀伤多种病毒感染的细胞；三是参与特异性免疫调节，如 NK 细胞可直接识别杀伤 B 细胞或抑制 B 细胞分泌抗体，也可通过作用于 Th 细胞或抗原递呈细胞而间接影响 B 细胞的功能。它在感染的早期发挥重要的抗感染作用。NK 细胞表面也有 Fc 受体，可以结合免疫复合物中的 Fc 段，发挥抗体介导的细胞杀伤作用。

5. NK T 细胞

NK T 细胞是继 T 细胞、B 细胞、NK 细胞之后发现的第四类淋巴细胞，因其表面既有 T 细胞受体(TCR)，又有 NK 细胞特有的抗原受体而得名。

NK T 细胞主要分布于肝脏、骨髓和胸腺，其主要的生物学功能：一是细胞毒作用，表现为非特异性杀伤效应，因而一般将该细胞归于非特异性免疫的效应细胞；二是免疫调节作用，NK T 激活后分泌某些细胞因子来发挥生物学作用。

(二)辅佐细胞

T细胞和B细胞是免疫应答的主要承担者,但这一反应的完成,必须有单核吞噬细胞和树突状细胞的协助参与,对抗原进行捕捉、加工和递呈,这些细胞称为辅佐细胞(accessory cell),简称A细胞。由于A细胞是一类在免疫过程中能有效捕获、加工和递呈抗原信息给抗原特异性淋巴细胞的免疫细胞,故又称为抗原递呈细胞(antigen presenting cel,APC)。在递呈抗原及产生和传递淋巴细胞激活所需的共刺激信号中起主要作用的是树突状细胞、巨噬细胞和B细胞。

1. 树突状细胞

树突状细胞(dendritic cell,DC)因其形状具有树突样或伪足样突起而命名。DC主要由骨髓中髓样干细胞分化而来,广泛分布于脑以外的全身各组织和器官,但数量极少。

DC的主要功能是处理和递呈抗原,是体内递呈抗原功能最强的细胞。一是DC和其他APC通过吞饮作用摄取抗原,细胞吞入液态物质或极微小颗粒的过程称为吞饮或胞饮。DC能吞饮大量胞外溶液,并有效摄取低浓度抗原。二是受体介导的内吞作用,该作用的机制是,大分子物质被细胞膜表面特异性受体识别并与之结合,经过内化并通过膜囊泡系统完成物质的转运。DC表面某些表面受体可介导内吞作用,该作用具有选择性、高效性及饱和性等特点。

处于特定发育阶段的DC具有一定的吞噬功能,细胞可非特异性地吞入较大颗粒或分子复合物(如细菌、细胞碎片等)。另外,DC能调节免疫应答,如DC递呈抗原并激发免疫应答,尤其是能激活初始T细胞,此效应是启动特异性免疫应答的关键步骤。DC分泌多种细胞因子,能调节免疫细胞分化、发育、活化及移行等,对B细胞的生长以及抗体的分泌和类别调控也有重要作用。

2. 单核吞噬细胞系统

单核吞噬细胞系统(mononuclear phagocyte system,MPS)是参与非特异性免疫和特异性免疫的重要细胞,包括血液中的单核细胞(monocyte)及组织中的巨噬细胞(macrophage,Mφ)等。单核细胞占白细胞总数的3%~8%,是白细胞中体积最大的细胞。定居在各类组织器官中的巨噬细胞寿命较长,能存活数天至数月不等。

MPS在机体内分布广,细胞数量也很多,其功能不仅是吞噬作用,还与机体的免疫功能密切相关,是机体中重要的抗原递呈细胞(APC)。当机体未受到抗原刺激时,常处于静息状态,细胞器较不发达,几乎不运动,但寿命较长。在炎症或其他因子的刺激下,可从静息转向活化,细胞增大,代谢增强,溶酶体增多,细胞的变形运动及吞噬能力均增强。单核吞噬细胞系统主要生物学作用如下。

(1)吞噬消化作用。Mφ具有强大的吞噬功能,可将病原体等大颗粒抗原异物摄入胞内,形成吞噬体,在多种酶的作用下,杀灭和消化病原体等异物。除抵御侵入体内的病原体外,Mφ还能吞噬清除体内代谢过程中不断产生的衰老、死亡细胞或退变物质,从而维持机体内环境稳定。

(2)杀伤肿瘤细胞。充分活化的Mφ能杀伤肿瘤细胞,其机制为:①Mφ分泌TNF-α、NO、反应性氧中间产物及蛋白水解酶等,直接杀伤或抑制肿瘤细胞生长;②抗肿瘤抗体与Mφ表面FcR结合,介导ADCC效应;③Mφ递呈肿瘤抗原,激活T细胞产生TNF-β、IFN-γ、穿孔素、特异性巨噬细胞武装因子等,激活巨噬细胞并可协同杀伤肿瘤细胞。

(3)加工和递呈抗原。Mφ 是一类重要的专职 APC,可经吞噬、胞饮或受体介导的胞吞作用摄取抗原。进入 Mφ 胞内的抗原被加工处理,表达于细胞表面,递呈给 T 细胞激发免疫应答。

(4)调节免疫应答。Mφ 对免疫应答具有双向调节作用:①正调节,即递呈抗原、激发免疫应答、分泌具有免疫促进作用的因子、介导免疫细胞活化、增殖并产生免疫效应分子,从而增强机体免疫应答;②负调节,指过度活化的 Mφ 可分泌前列腺素、TGF-β、氢自由基分子等免疫抑制剂,抑制免疫细胞活化和增殖,或直接损伤淋巴细胞,从而抑制免疫应答。

(5)介导炎症反应。在趋化因子、病原体组分等作用下,Mφ 可定向移行至炎症部位,是浸润炎症病灶的重要炎症细胞,其参与炎症损伤的机制为:①在吞噬、杀灭和清除病原体等异物的同时,可能发生溶酶体酶外漏,从而损伤周围组织;②分泌各种炎症介质,增强局部炎症的损伤作用。

(三)其他免疫细胞

(1)中性粒细胞。在瑞氏染色的血涂片中,中性粒细胞的胞质呈无色或极浅的淡红色,有许多弥散分布的细小的(直径 0.2～0.4 μm)浅红或浅紫色的特有颗粒;细胞核呈杆状或 2～5 分叶状,叶与叶之间有细丝相连,故又称为多形核白细胞。该细胞占血液中粒细胞总数的 90%以上,具有高度的游离与吞噬功能。

中性粒细胞来源于骨髓的造血干细胞,在骨髓中分化发育;在血管内停留的时间平均只有 6～8 h,然后很快穿过血管壁进入组织发挥作用,而且进入组织后不再返回血液中来。其存活期短,为 2～3 d。在血管中的中性粒细胞,约有一半随血流循环,通常白细胞计数只反映了这部分中性粒细胞的情况;另一半则附着在小血管壁上。同时,在骨髓中还储备了约 2.5×10^{12} 个成熟中性粒细胞,在机体需要时可立即动员这部分粒细胞大量进入循环血流。

中性粒细胞在机体的非特异性细胞免疫系统中起着十分重要的作用,它处于机体抵御微生物病原体特别是化脓性细菌入侵的第一线。当炎症发生时,中性粒细胞大量增加并被趋化性物质吸引到炎症部位,并可通过非特异性吞噬杀灭细菌。由于中性粒细胞内含有大量溶酶体酶,故能将吞噬入细胞内的细菌和组织碎片分解。中性粒细胞还表达 IgG 的 Fc 受体,可在 IgG 抗体参与下通过细胞毒性作用而特异性破坏细菌以及其他靶细胞。由于中性粒细胞是通过糖酵解获得能量,所以在肿胀并血流不畅的缺氧情况下仍能够生存。当中性粒细胞本身解体时,释出各溶酶体酶类能溶解周围组织而形成脓肿。

(2)嗜酸性粒细胞。在瑞氏染色的血涂片中,其胞质呈浅红色,因其中充满鲜红色颗粒(直径 0.5～1.5 μm)常不易见到细胞质。核为杆形或分叶形。颗粒内含组胺酶、芳基硫酸酯酶、磷脂酶、酸性磷酸酶、氧化物和过氧化物酶等。

嗜酸性粒细胞占血液粒细胞总数的 2%～5%,具有趋化作用、吞噬作用和杀菌作用,主要在抗蠕虫感染免疫中发挥作用。嗜酸性粒细胞的细胞膜可表达 IgE 的 Fc 受体。当蠕虫感染机体后,刺激细胞分泌 IL-4、IL-5,诱导 B 细胞产生抗蠕虫 IgE。IgE 先与蠕虫表面的抗原结合,嗜酸性粒细胞经表面的 Fc 受体与 IgE 结合后被激活,释放出的生物活性介质对发育中的蠕虫有强大的毒性作用。

(3)嗜碱性粒细胞。在瑞氏染色血涂片中,其胞质呈极浅棕红色,核为肾形或分叶形(1～4 叶),被颗粒所遮盖,核的轮廓常不清。颗粒为嗜碱性,呈紫色,直径 0.1～2.0 μm,内含组胺、肝素、5-羟色胺等多种生物活性介质。该细胞在血液中的数量很少，仅占血液粒细胞总数的0.2%。嗜碱性粒细胞的细胞膜表达高亲和力的IgE的Fc受体。当过敏原刺激机体产生IgE后，IgE就通过Fc受体与嗜碱性粒细胞结合；当过敏原再次进入机体时，就可与嗜碱性粒细胞上的IgE结合，激活嗜碱性粒细胞，释放各种生物活性介质，引发Ⅰ型超敏反应。

(4)肥大细胞。主要分布于黏膜与结缔组织中，与血液中的嗜碱性粒细胞一样，其胞质中也具有强嗜碱性颗粒，细胞膜也表达高亲和力的IgE的Fc受体，因此其功能类似于嗜碱性粒细胞。研究发现，肥大细胞能促进T细胞、B细胞和抗原递呈细胞的活化；还能分泌多种细胞因子及趋化因子，发挥免疫调节等作用。

(5)红细胞。红细胞是血液中数量最多的细胞。长期以来，一直认为红细胞的主要功能是运输O_2和CO_2。1981年，Siegel提出了"红细胞具有免疫功能"的理论，随后许多学者对红细胞的免疫功能进行了系统研究，取得许多可喜成果。发现越是高等动物，红细胞免疫功能越健全。由于红细胞数目众多，所以其发挥的免疫功能是白细胞所无法代替的。红细胞具有识别、黏附、浓缩、递呈抗原和清除免疫复合物的能力。另外，红细胞还具有免疫调节作用。

二维码7-7　补体激活的经典途径

二维码7-8　补体激活的旁路途径

三、免疫分子

免疫分子是指由一些免疫活性细胞或相关细胞分泌的参与机体免疫反应或免疫调节的蛋白质及多肽物质，是免疫系统的重要组成部分。免疫分子通常指补体、抗体、细胞因子等。

(一)补体

早在19世纪末，比利时科学家Jules Bordet通过体外实验发现，在新鲜免疫血清内加入相应细菌，可以将细菌溶解，并将这种现象称为免疫溶菌现象，但如果将免疫血清在60 ℃处理30 min，血清只能凝集细菌，但不再有溶菌能力。这表明在免疫血清中含有两种物质与溶菌现象有关，其中对热相对稳定的组分是抗体，而将对热不稳定的组分称为补体(complement，C)。单独的抗体或补体均不能引起细胞溶解现象。

20世纪60年代后，由于蛋白质化学和免疫化学技术的进步，补体成分的成功分离与纯化，证明了补体不是单一的成分，并对补体的生物学意义有了新的认识，从而建立了现代补体概念。补体是由广泛存在于脊椎动物血清及组织液中的30余种蛋白质组成的具有精密调控机制的蛋白质反应系统，也称补体系统，常用符号C表示。依据被发现的顺序，分别命名为C1、C2、C3……

约90%血浆补体成分由肝脏合成，仅少数成分在肝脏以外的其他部位合成。此外，多种器官和细胞(如单核吞噬细胞系统、内皮细胞、淋巴细胞、神经胶质细胞、肾脏上皮细胞、生殖器官等)也能合成补体成分。干扰素γ(IFN-γ)、白细胞介素-1(IL-1)、肿瘤坏死因子α(TNF-α)、IL-6、IL-11等细胞因子可刺激补体基因转录和表达。感染部位浸润的单核吞噬细胞系统可产生全部补体成分，从而及时补充和提高局部补体水平。因此，在组织损伤急性期以及炎症状态下，补体产生增多，血清补体水平升高。

补体占血浆球蛋白的10%～15%，含量保持相对稳定，与抗原刺激无关，不因免疫次数增加而增加。补体在－20 ℃可以长期保存，但对热、剧烈振荡、酸碱环境、蛋白酶等不稳定，经56 ℃ 30 min即可失去活性。因此，血清及血清制品必须经过56 ℃ 30 min加热处理，称为灭活。灭活后的血清不易引起溶血和溶细胞作用。

补体活化过程表现为一系列丝氨酸蛋白酶的级联酶解反应。多种微生物成分、抗原抗体复合物以及其他外源性或内源性物质可通过三条既独立又交叉的途径激活补体，发挥其生物学功能。

补体活化的共同终末效应是在细胞膜上组装膜攻击复合物(membrane attack complex, MAC)，介导细胞溶解效应。同时，补体活化过程中生成多种裂解片段，通过与细胞膜相应受体结合而介导多种生物功能，具体表现如下。

1. 细胞毒溶菌、溶解病毒作用

补体系统被激活后，可在靶细胞表面形成膜攻击复合物，导致靶细胞内外渗透压失衡，进而使细胞溶破。这一过程是补体系统参与宿主抗细菌、抗病毒及抗寄生虫等防御机制的重要方式。补体的细胞毒作用有助于免疫系统及时清除体内的病原微生物，保护机体免受感染。

2. 调理作用

补体激活过程中产生的C3b、C4b和iC3b等片段，能够直接结合于细菌或其他颗粒物质表面，通过与吞噬细胞(如中性粒细胞和巨噬细胞)表面相应受体结合，促进吞噬细胞对这些颗粒的吞噬和杀伤。补体的调理作用在机体抵御全身性细菌感染和真菌感染中起着关键作用，有助于免疫系统及时清除体内的病原体。

3. 清除免疫复合物

补体成分参与清除循环免疫复合物(IC)的过程。具体而言，C3b可与抗原抗体结合免疫复合物结合，并黏附在红细胞、血小板上，从而将抗原抗体结合免疫复合物运送至肝脏和脾脏被巨噬细胞吞噬、清除。补体的清除免疫复合物作用有助于维持机体内环境的稳定，防止免疫复合物在体内的沉积和引起的组织损伤。

4. 炎症介质作用

补体活化过程中会产生多种具有炎症介质作用的片段，如C3a、C4a和C5a(又称为过敏毒素)。这些片段可与肥大细胞、嗜碱性粒细胞等靶细胞表面的相应受体结合，触发靶细胞脱颗粒，释放组胺等生物活性物质。补体的炎症介质作用可引起血管扩张、毛细血管通透性增加和平滑肌收缩等局部炎症反应，有助于机体抵御病原体的入侵。此外，C5a还具有趋化作用，能吸引中性粒细胞和单核巨噬细胞等向炎症部位聚集，进一步增强炎症反应。

5. 参与免疫调节

补体成分还可与多种免疫细胞相互作用，调节细胞增殖、分化，参与免疫反应的调节。例如，补体活化片段C3d可桥联B细胞抗原受体(BCR)复合物和B细胞活化辅助受体复合物，促进B细胞活化。补体的免疫调节作用有助于维持机体免疫系统的平衡和稳定，防止过度免疫或免疫抑制等异常现象的发生。

综上所述，补体在机体免疫系统中具有多种重要的生物功能，包括细胞毒作用、调理作用、炎症介质作用、清除免疫复合物以及参与免疫调节等，这些功能共同构成了机体抵御病原体入侵、维持内环境稳定的重要防线。

(二)抗体

1. 抗体与免疫球蛋白的概念

抗体(antibody，Ab)是机体受到抗原刺激后由B淋巴细胞分化为浆细胞产生的并能与相应抗原发生特异性结合的免疫球蛋白。抗体的本质是免疫球蛋白，它是机体对抗原物质产生免疫应答的重要产物，具有各种免疫功能，主要存在于动物的血液(血清)、淋巴液、组织液及其他外分泌液中，因此将抗体介导的免疫称为体液免疫(humoral immunity)。有的抗体可与细胞结合，如IgG可与T淋巴细胞、B淋巴细胞、K细胞、巨噬细胞等结合，IgE可与肥大细胞和嗜碱性粒细胞结合，这类抗体称为亲细胞性抗体。

免疫球蛋白(immunoglobulin，Ig)是指存在于人和动物血液(血清)、淋巴液、组织液及其他外分泌液中的一类具有相似结构的球蛋白。依据化学结构和抗原性差异，免疫球蛋白可分为IgG、IgM、IgA、IgE和IgD。

2. 免疫球蛋白的结构

研究发现，所有单体Ig都具有双面对称的相似结构，即都有两条分子质量较小的轻链(light chain，简称L链)和两条分子质量较大的重链(heavy chain，简称H链)。一个Ig的两条H链是完全相同的，而两条L链也是完全相同的，两条H链之间以及H链与L链之间通过二硫键相互结合在一起(图7-1)。

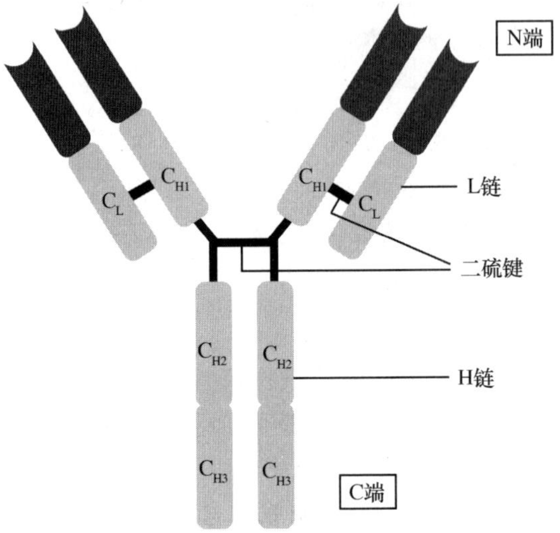

图7-1　免疫球蛋白分子的基本结构

重链由420～440个氨基酸组成，两条重链之间由一对或一对以上的二硫键互相连接。重链从氨基端(N端)开始最初的110个氨基酸的排列顺序以及结构是随抗体分子的特异性不同而有所变化，这一区域称为重链的可变区(variable region，VH)，其余的氨基酸比较稳定，称为恒定区(constant region，CH)。在重链的可变区内，有四个区域(氨基酸残基位置分别位于31～37，51～58，84～91，101～110)的氨基酸变异度最大，称为高变区(hypervariable region)，其余的氨基酸变化较小，称为骨架区(framework region)。

轻链由 213～214 个氨基酸组成，两条相同的轻链其羧基端(C 端)靠二硫键分别与两条重链连接。轻链从 N 端开始最初的 109 个氨基酸的排列顺序及结构随抗体分子的特异性变化而有差异，称为轻链的可变区(VL)，与重链的可变区相对应，构成抗体分子的抗原结合部位，其余的氨基酸比较稳定，称为恒定区(C)。在轻链的可变区内部有三个高变区(氨基酸残基位置位于 26～32，48～55，90～95)，其氨基酸变化特别大，其余的氨基酸变化较小，称为骨架区。

Ig 二条重链之间二硫键连接处附近的重链稳定区，有一个可转动的区域，称为绞链区。当与抗原结合时，绞链区可发生转动，将 Ig 分子由"T"形转变为"Y"形，一方面有利于抗原和抗体之间构型的更好匹配，另一方面使 Ig 变构，暴露出补体结合位点。

在一定条件下，免疫球蛋白分子肽链的某些部分易被蛋白酶水解为不同片段(图 7-2)。木瓜蛋白酶水解 IgG 的部位是在绞链区二硫键连接的 2 条重链的近 N 端，可将 Ig 裂解为 2 个完全相同的 Fab 片段和 1 个 Fc 片段。一个 Fab 片段为单价，可与抗原结合但不形成凝集反应或沉淀反应；Fc 片段无抗原结合活性，是 Ig 与效应分子或细胞相互作用的部位。胃蛋白酶作用于绞链区二硫键所连接的两条重链的近 C 端，水解 Ig 后可获得 1 个 F(ab)′2 片段和一些小片段 pFc′。F(ab)′2 片段可同时结合 2 个抗原表位，故与抗原结合可发生凝集反应和沉淀反应。pFc′片段最终被降解，无生物学作用。

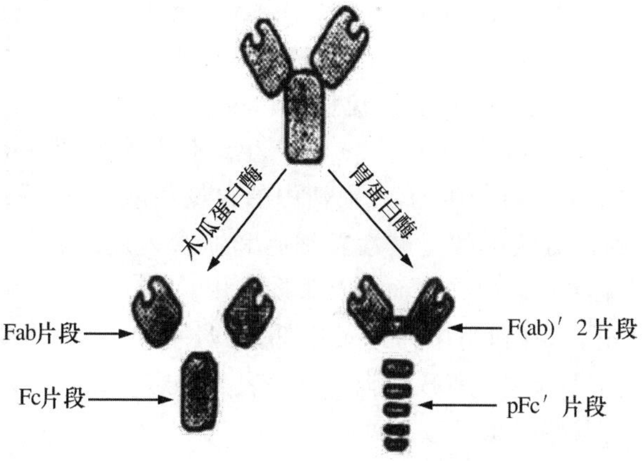

图 7-2　免疫球蛋白分子的水解片段

抗体是一种动物针对某种抗原产生的效应分子。但是，由于它是免疫球蛋白，结构复杂，分子质量又大，对另一种动物来说就能构成抗原。所以说，抗体具有双重性。用一种动物的免疫球蛋白免疫异种动物，就能获得抗这种 Ig 的抗体，这种抗体称为抗抗体或二级抗体。抗抗体能与抗原-抗体复合物中的抗体结合，形成抗原－抗体－抗抗体复合物。免疫标记技术中的间接法就是利用标记抗抗体来进行的。

3. 各类免疫球蛋白的主要特性与功能

免疫球蛋白的重链有 γ、μ、α、ε、δ 5 种类型，据此将其分为 5 类，IgG、IgM、IgA、IgE 和 IgD。因此，同一种动物，不同免疫球蛋白的差别就是由重链所决定的。5 类免疫球蛋白(IgG、IgA、IgM、IgE、IgD)的结构、主要特性和功能均不相同。分泌型 IgA 为二聚体，IgM 为五聚体，其余均为单体。

(1)IgG。IgG 是人和动物血清中含量最高的免疫球蛋白，占血清免疫球蛋白总量的

75%～80%。IgG是介导体液免疫的主要抗体,多以单体形式存在。IgG主要由脾脏和淋巴结中的浆细胞产生,大部分存在于血浆中,其余存在于组织液和淋巴液中。IgG是唯一可通过人和兔胎盘的抗体,因此在新生儿的抗感染中起着十分重要的作用。IgG是动物自然感染和人工主动免疫后,机体所产生的主要抗体,在动物体内不仅含量高,而且持续时间长,可发挥抗菌、抗病毒、抗毒素以及抗肿瘤等免疫学活性,能调理、凝集和沉淀抗原。

(2)IgM。IgM是动物机体初次体液免疫应答最早产生的免疫球蛋白,其含量仅占血清的10%左右,主要由脾脏和淋巴结中B细胞产生,分布于血液中。IgM是由五个单体组成的五聚体,是所有免疫球蛋白中分子量最大的,又称为巨球蛋白。IgM在体内产生最早,但持续时间短,因此不是机体抗感染免疫的主力,但在抗感染免疫的早期起着十分重要的作用,也可通过检测IgM抗体进行疫病的血清学早期诊断。IgM具有抗菌、抗病毒、中和毒素等免疫活性,由于其分子上含有多个抗原结合部位,所以它是一种高效能的抗体,其杀菌、溶菌、溶血、调理及凝集作用均比IgG高。IgM也具有抗肿瘤作用。

(3)IgA。IgA是以单体和二聚体两种分子形式存在,单体存在于血清中,称为血清型IgA,二聚体为分泌型免疫球蛋白A(SIgA)。血清型IgA因其在血液中含量较少,虽有IgG和IgM的某些功能,但在血清中并不显示重要的免疫功能。SIgA是由呼吸道、消化道、泌尿生殖道等部位的黏膜固有层中的浆细胞所产生的,主要存在于各种外分泌液,以及初乳、唾液、泪液中,此外在脑脊液、羊水、腹水、胸膜液中也含有SIgA,因此可抵御经黏膜感染的病原微生物,是机体黏膜免疫的一道重要“屏障”。在传染病的预防接种中,经滴鼻、点眼、饮水及喷雾等途径免疫,均可产生SIgA而建立相应的黏膜免疫力。

(4)IgE。IgE以单体分子形式存在。IgE的产生部位与分泌型IgA相似,是由呼吸道和消化道黏膜固有层中的浆细胞所产生的,在血清中的含量甚微。IgE是一种亲细胞性抗体,易与皮肤组织中的肥大细胞、血液中的嗜碱性粒细胞和血管内皮细胞结合,可介导Ⅰ型过敏反应。IgE在抗寄生虫及某些真菌感染方面也有重要作用。

(5)IgD。IgD很少分泌,在血清中的含量极低,而且不稳定,容易降解。IgD主要作为成熟B细胞膜上的抗原特异性受体,是B细胞的重要表面标志。此外还认为IgD与免疫记忆有关,也有报道认为IgD与某些过敏反应有关。

(三)细胞因子

细胞因子(cytokine,CK)是免疫原、丝裂原或其他刺激剂诱导多种细胞产生的低分子质量可溶性蛋白质或小分子多肽,是一类能在细胞间传递信息、具有免疫调节和效应功能的蛋白质或小分子多肽。细胞因子可分为白细胞介素(interleukin,IL)、干扰素(interferon,IFN)、肿瘤坏死因子(tumor necrosis factor,TNF)、集落刺激因子(colony stimulating factor,CSF)、趋化因子(chemokine)、生长因子(growth factor,GF)等。

细胞因子在体内主要通过自分泌(autocrine action)、旁分泌(paracrine action)或内分泌(endocrine action)等方式发挥作用,具有多效性、重叠性、拮抗性、协同性、级联性、网络性等多种生理特性,形成了十分复杂的细胞因子调节网络,参与机体多种重要的生理功能。

1. 细胞因子的来源和分布

体内多种免疫细胞(如T细胞、B细胞、单核巨噬细胞系统、NK细胞等)和非免疫细胞(如血管内皮细胞、表皮细胞、成纤维细胞等)均可产生细胞因子。此外,某些肿瘤细胞也可产生某些种类的细胞因子。一般情况下，免疫细胞是细胞因子的主要来源，尤其是激活的淋巴细胞和单核巨噬细胞系统可产生多种细胞因子。

2. 细胞因子的分类和命名

细胞因子的种类繁多，功能各异，可以按照其主要生物学功能给予命名并进行归类。

(1)白细胞介素。白细胞介素(interleukin，IL)是一种在淋巴细胞和其他白细胞之间传递信息的细胞因子，按照其发现的先后顺序依次命名为 IL-1、IL-2 等，目前已报道的白细胞介素有 37 种。

IL 主要负责信号传递，联络白细胞群，调节细胞的活化、增殖和分化作用。同时白细胞介素与相应细胞的结合，还可以扩大和调节免疫应答。如 IL-1 能促进胸腺细胞、T 细胞的活化、增殖和分化；能协同 IL-4 等细胞因子刺激 B 细胞的增殖和分化，促进免疫球蛋白的合成和分泌，刺激骨髓多能干细胞的增殖；通过提高 NK 细胞对 IL-2 等细胞因子的敏感性增强 NK 细胞的杀伤活性。IL-2 在体外能促进 T 细胞分化成熟和扩增，诱导 CTL、NK 和 LAK 等多种杀伤细胞的分化和效应；直接作用于 B 细胞，促进其增殖、分化和免疫球蛋白分泌，并且还能活化巨噬细胞。IL-3 作为一种造血因子促进造血干细胞的定向分化和增殖。IL-4 主要作用于 B 细胞、T 细胞、巨噬细胞、肥大细胞等 4 种靶细胞，表现为促进 B 细胞增殖，增强其表达能力，诱导其产生 IgG 和 IgE 类抗体；促进 T 细胞增殖与 CTL 产生；激活单核巨噬细胞的杀伤功能。此外，IL-4 还有单独激活小鼠腹腔巨噬细胞的抗肿瘤、协同 IL-3 刺激肥大细胞增殖等功能。IL-6 主要表现为诱导 B 细胞和 T 细胞的增殖分化，加速肝细胞急性期蛋白(acute phase protein)的合成等。IL-8 能趋化和激活中性粒细胞，趋化嗜碱性粒细胞、T 淋巴细胞。

(2)干扰素。干扰素(interferon，IFN)具有干扰病毒复制的作用，故得名。现已证实，干扰素具有十分广泛的生物学活性，在免疫应答和免疫调节中发挥重要作用，也是主要的促炎细胞因子之一。

(3)肿瘤坏死因子。肿瘤坏死因子(tumor necrosis factor，TNF)由于其在体内外均可直接杀伤肿瘤细胞而得名。TNF-α 主要由单核吞噬细胞及其他多种细胞产生，具有极为广泛的生物学活性，如参与免疫应答、抗肿瘤、介导炎症反应、参与内毒素休克、引起恶病质等。TNF-β 又称为淋巴毒素(limphotoxin，LT)，主要由淋巴细胞、NK 细胞等产生，其生物学活性与 TNF-α 类似。

(4)集落刺激因子。集落刺激因子(colony stimulating factor，CSF)是一组在体内外均可选择性刺激造血干细胞增殖、分化并成熟的因子。

(5)趋化因子。趋化因子(chemokine)又称趋化性细胞因子，是一类对不同靶细胞(如中性粒细胞、单核吞噬细胞系统等)具有趋化和激活效应的细胞因子家族。

任务三　抗原

一、抗原的概念

抗原(antigen，Ag)是指能刺激机体产生抗体和效应性淋巴细胞，并能与产生的抗体或效应性淋巴细胞结合引起特异性免疫反应的物质。因此，抗原具有两个重要特性：①免疫原性

(immunogenicity),是指抗原能够刺激机体产生抗体或致敏淋巴细胞的能力;②反应原性(immunoreactivity),是指抗原能够与其所诱生的抗体或致敏淋巴细胞特异性结合的能力。免疫原性和反应原性统称为抗原性。具备上述两种特性的物质为完全抗原;仅具备反应原性的物质被称为半抗原。

一般而言,具有免疫原性的物质均具反应原性,即均属完全抗原。半抗原若与蛋白质载体(carrier)交联或结合也可成为完全抗原,例如,许多小分子化合物及药物属半抗原,其与血清蛋白结合可成为完全抗原,并介导超敏反应(如青霉素过敏)。此外,半抗原可作为抗原决定基研究其特异性。

二、构成抗原的条件

免疫原性是判断一种物质是否为抗原的关键。免疫原性主要取决于物质本身的性质及其与机体的相互作用。抗原物质要有良好的免疫原性,需具备以下条件。

1. 异源性

在正常情况下,动物机体能识别自身物质与非自身物质,只有非自身物质进入机体内才能具有免疫原性。因此,异种动物之间的组织、细胞及蛋白质均是良好的抗原。通常动物之间的亲缘关系相距越远,生物种系差异越大,免疫原性越好,此类抗原称为异种抗原。

同种动物不同个体的某些成分也具有一定的抗原性,如血型抗原、组织移植抗原,此类抗原称为同种异体抗原。

动物自身组织细胞通常情况下不具有免疫原性,但在下列情况下可显示抗原性成为自身抗原。

(1)组织蛋白的结构发生改变,如机体组织遭受烧伤、感染及电离辐射等作用,使原有的结构发生改变而具有抗原性。

(2)机体的免疫识别功能紊乱,将自身组织视为异物,可导致自身免疫病。

(3)某些组织成分,如眼球晶状体蛋白、精子蛋白、甲状腺球蛋白等因外伤或感染而进入血液循环系统,机体视之为异物引起免疫反应。

2. 分子大小

抗原物质的免疫原性与其分子大小有直接关系。免疫原性良好的物质分子量一般都在10 000 Da以上,在一定条件下,分子量越大,免疫原性越强。分子量小于5 000 Da的物质其免疫原性较弱。分子量在1 000 Da以下的物质为半抗原,没有免疫原性,但与大分子蛋白质载体结合后可获得免疫原性。因此,蛋白质分子大多是良好的抗原,如,细菌、病毒、外毒素、异种动物的血清都是抗原性很强的物质。

3. 化学组成、分子结构与立体构象的复杂性

抗原物质除要求具有一定的分子量外,相同大小的分子如果化学组成、分子结构和空间构象不同,其免疫原性也有一定的差异。一般而言,分子结构和空间构象越复杂的物质,免疫原性越强。例如,含芳香族氨基酸的蛋白质要比含非芳香族氨基酸的蛋白质免疫原性强,将苯丙氨酸、酪氨酸等芳香族氨基酸连接到分子量大(10万Da以上)但免疫原性较弱的明胶(由直链氨基酸组成)肽链上,可使其免疫原性极大增强。

如果用物理化学的方法改变抗原的空间构象，其原有的免疫原性也随之改变或消失。同一分子不同的光学异构体之间，免疫原性也有差异。

4. 物理状态

不同物理状态的抗原物质其免疫原性也有差异，颗粒性抗原的免疫原性通常比可溶性抗原强，可溶性抗原分子聚合后或吸附在颗粒表面可增强其免疫原性。例如，将甲状腺球蛋白与聚丙烯酰胺凝胶颗粒结合后免疫家兔，可使其产生 IgM 的能力提高 20 倍。免疫原性弱的蛋白质如果吸附在氢氧化铝胶、脂质体等大分子颗粒上，可增强其抗原性。此外，蛋白质抗原被消化酶分解为小分子物质后，一般便失去抗原性。所以抗原物质通常要通过非消化道途径以完整分子状态进入体内，才能保持抗原性。

三、抗原表位

抗原的特异性不是由整个抗原分子决定的，而是由抗原分子中具有特殊立体构型和免疫活性的化学基团决定的，这些基团被称为抗原决定簇（antigenic deter minant，AD），也称抗原表位（epitope）。因此，抗原表位是被免疫细胞识别的标志及免疫反应具有特异性的物质基础。

每个抗原分子上抗原决定簇的数目称为抗原结合价或抗原价（antigen valence）。抗原物质分子表面有几个抗原决定簇即为几价抗原。简单半抗原一般只与一个抗体分子结合，称为单价抗原（monovalent antigen）。大部分天然抗原分子结构复杂，含有多个抗原决定簇，称为多价抗原（multivalent antigen）。抗原价与抗原分子质量大小有关，分子质量每达 5 000～9 000 u 有一个决定簇。例如，白喉杆菌外毒素分子质量为 70 200 U，有 8 个决定簇；牛血清白蛋白分子质量为 69 000 U，有 18 个决定簇。

四、抗原的分类

抗原性物质的种类繁多，可依据不同标准对其进行分类。

（一）依据抗原诱生抗体时对 T 细胞的依赖性

1. 胸腺依赖性抗原

胸腺依赖性抗原（thymus dependent antigen，TD antigen）又称 T 细胞依赖抗原，其刺激机体产生抗体依赖于 T 细胞辅助，绝大多数蛋白质抗原及细胞抗原属 TD 抗原。先天性胸腺缺陷和后天性 T 细胞功能缺陷的个体，TD 抗原诱导其产生抗体的能力明显低下。

2. 非胸腺依赖抗原

非胸腺依赖抗原（thymus independent antigen，TI antigen）又称 T 细胞非依赖性抗原，其刺激机体产生抗体无需 T 细胞辅助。TI 抗原可分为两类：①TI-1 抗原具备多克隆 B 细胞激活作用，如细菌脂多糖（LPS）即为典型的 TI-1 抗原，成熟或未成熟 B 细胞均可对其产生应答；②TI-2 抗原表面含多个重复表位，如肺炎荚膜多糖、聚合鞭毛素等，它们只能刺激成熟 B 细胞。

(二)依据与机体的亲缘关系

1. 异种抗原

异种抗原是与免疫动物不同种属的抗原、如微生物抗原、异种动物红细胞、异种动物蛋白。

2. 同种异型抗原

同种异型抗原又称同种抗原，是指同一种属不同个体所具有的特异性抗原。同种抗原是与免疫动物同种属的抗原，能刺激同种而基因型不同的个体产生免疫应答，如血型抗原、同种移植物抗原。

3. 自身抗原

正常情况下，动物机体免疫系统不对自身正常组织或细胞产生免疫应答，即处于自身耐受状态。在某些病理情况下(如隐蔽抗原或隔离抗原释放；自身抗原发生改变或被修饰等)，自身抗原成分可诱导动物机体产生自身免疫应答。

4. 异嗜性抗原

异嗜性抗原是指与种属特异性无关，存在于人、动物、植物及微生物之间性质相同的抗原(交叉抗原)。该现象由瑞典病理学家 Forssman 于 1911 年发现，故又称为 Forssman 抗原。他将豚鼠的肝、脾等脏器悬液免疫家兔制备的抗血清，不仅能与原来的脏器发生反应，还可以凝集绵羊红细胞，在补体的参与下红细胞发生溶解。这种抗体具有异嗜性，因此将相应抗原称为异嗜性抗原。这说明豚鼠脏器与绵羊红细胞之间有共同的抗原。异嗜性抗原的存在十分普遍，在疾病的发生和传染病诊断上具有一定的意义。如溶血性链球菌的细胞壁 M 蛋白成分与肾小球基底膜及心肌组织有共同的抗原，因此反复感染链球菌后，可刺激机体产生抗肾抗体和抗心肌抗体，这是肾小球肾炎和心肌炎等自身免疫疾病的病因之一。牛心肌与梅毒螺旋体有共同抗原，故可利用牛心肌乙醇抽提液检查梅毒患者血清抗体。

(三)依据抗原是否由抗原递呈细胞所合成

1. 外源性抗原

来源于抗原递呈细胞之外，不由其合成的抗原称为外源性抗原，如被抗原递呈细胞吞噬的细胞或细菌等。

2. 内源性抗原

由抗原递呈细胞在其胞内合成的抗原称为内源性抗原，如病毒感染细胞合成的病毒蛋白，肿瘤细胞合成的肿瘤抗原等。

(四)根据抗原物质的性质

根据抗原物质是天然生物物质还是人工合成物质，可将抗原分为天然抗原、人工抗原和合成抗原。

1. 天然抗原

天然抗原是指自然界中天然存在的，来自动物、植物和微生物的抗原物质。如微生物及其毒素、寄生虫、动物血清、各种血细胞以及植物花粉等均为天然抗原。天然抗原有的呈颗粒状，如血细胞、细菌等；有的为可溶性，如血清蛋白、细菌毒素等。

2. 人工抗原

经过人工化学改造的天然抗原即为人工抗原。制备人工抗原主要是为了研究免疫原性的化学基础，因此将高度复杂的天然抗原用已知的化学基团置换，这种方法可以为免疫反应的特异性本质提供很多重要的信息。

3. 合成抗原

合成抗原是指用化学方法将某些已知氨基酸按一定顺序聚合成大分子多肽，使其具有抗原性。可以使用一种氨基酸也可以使用多种氨基酸构成多肽，这种合成肽可以是直链的，也可以是带有侧链的。合成抗原一方面可用于抗原结构、抗原特异性等免疫理论的研究，同时合成肽所构成的新一代疫苗已经成为无副作用的人工主动免疫生物制品。

五、常见的微生物抗原

(一)细菌抗原

细菌的抗原结构比较复杂，每个菌的每种结构都由若干抗原组成，因此细菌是多种抗原成分的复合体。根据细菌的结构，抗原组成有菌体抗原、鞭毛抗原、荚膜抗原和菌毛抗原等。

1. 菌体抗原

菌体抗原又称为 O 抗原，其化学本质为脂多糖(LPS)的多糖侧链，与外膜连接。菌体抗原主要是指革兰阴性细菌细胞壁的抗原。菌体抗原由多糖、类脂和蛋白质组成。紧靠胞质膜外有一层肽聚糖网，之外为脂蛋白，它与外边的外膜相连。外膜之外是类脂 A，类脂 A 之外附着一个多糖组成的核心，称为共同基核(common core)。菌体抗原的特异性决定于侧链上单糖的种类、序列及空间立体构型。许多革兰阴性杆菌，如沙门菌 O 抗原具有很强的毒性，每千克体重 0.01 mg 就可以引起机体发热、白细胞减少等症状。由于这些物质是细菌细胞壁组成成分，只有在细胞溶解时才释放出来，故又称为内毒素。内毒素与菌体抗原密切相关，但二者不完全相同，用特殊方法可将其分开。如沙门菌用酚水溶液(酚∶水＝45∶55，体积比)在 68 ℃条件下进行提取，可以得到有毒性的类脂，而菌液用 0.1 mol/L 的醋酸 100 ℃处理 2 h，则可以得到无毒的具有抗原特异性的多糖，说明类脂多糖可以分开。

2. 鞭毛抗原

鞭毛抗原又称 H 抗原。鞭毛由鞭毛丝、鞭毛钩和基体三部分组成，其中鞭毛丝占鞭毛的 90%以上，因此鞭毛抗原主要决定于鞭毛丝。细菌鞭毛是一种空心管状结构，由蛋白亚单位组成，此亚单位称为鞭毛蛋白或鞭毛素。不同种类细菌鞭毛蛋白质的氨基酸种类、排列顺序等可能彼此有所不同，但均不含半胱氨酸，芳香族氨基酸含量低，无色氨酸。鞭毛抗原不耐热，56～80 ℃即被破坏。鞭毛、鞭毛蛋白多聚体的免疫效果好于鞭毛蛋白单体，并可产生 IgG 和 IgM。鞭毛抗原的特异性较强，用其制备抗鞭毛因子血清，可用于沙门菌和大肠埃希菌的免疫诊断。

3. 荚膜抗原

荚膜抗原又称 K 抗原。荚膜由细菌菌体外的黏液物质组成，电镜下呈致密丝状网络。多数细菌的荚膜是由两个以上的单糖组成的多聚糖。各种细菌荚膜多糖互有差异，同种不同型间多糖侧链也有差异，因此抗原性也不同。有荚膜的细菌，能抵抗吞噬作用，所以有荚膜的细菌，除非有抗体存在，通常不易从血流中清除。因此针对 K 抗原的抗体具有较好的免疫保护作用，不含 K 抗原的疫苗免疫效果较差。

4. 菌毛抗原

菌毛由菌毛素（蛋白质）组成，有很强的抗原性。60 ℃加热处理不影响其抗原性，对盐酸和乙醇的抵抗力强，但 100 ℃加热 1 h 即失去其抗原性。菌毛抗原与相应抗体发生凝集时反应很迅速，外观呈云雾状，所以易与鞭毛凝集相混淆，但菌毛凝集的特性不会因 0.05 mol/L 盐酸或 50%乙醇处理而消失。

菌毛与致病性有密切关系，正常机体存在着天然抗病菌侵袭的能力，如呼吸道的纤毛、肠蠕动、细胞分泌的杀菌物质和分泌液的荡涤作用等。因此，细菌要侵犯消化道、呼吸道及泌尿生殖道，就必须具有附着该处细胞表面的能力。越来越多的实验证明，细菌的普通菌毛具有黏附能力，因此菌毛又称黏附素。

猪源的病原性大肠埃希菌的 K88、K99、987P 和禽源的 F1 等，已经证明属于菌毛抗原，在细菌学诊断上也极其重要。针对菌毛抗原研发的疫苗在相应疫病的防控中也证明是有效的。目前，菌毛疫苗已广泛应用，在防止新生小猪、犊牛的腹泻中起到重要作用。鉴于菌毛的类别很多，且不同种间无交叉保护作用，因此找出具有广泛保护作用的菌毛，以此制备疫苗将会在防治细菌性感染中发挥重大作用。

（二）病毒抗原

各种病毒结构不一，因而其抗原成分也很复杂，各种病毒都有相应的抗原结构。一般有囊膜抗原（V 抗原）、衣壳抗原（VC 抗原）、可溶性抗原（S 抗原）等。

1. 囊膜抗原

囊膜抗原又称为 V 抗原（envelope antigen）。有囊膜的病毒，抗原特性主要由囊膜上的纤突（spikes）决定。囊膜抗原有型和亚型的特异性，如正黏病毒和副黏病毒，特别是流感病毒外膜上的血凝素（hemagglutinin，HA）和神经氨酸酶（neura minidase，NA）具有很高的特异性，是流感病毒亚型分类的基础。血凝素和神经氨酸酶的变异，导致出现新的抗原性，即出现新的变异型，可引起流感的又一次流行。

2. 衣壳抗原

衣壳抗原又称 VC 抗原。无囊膜的病毒，其抗原特异性决定于病毒颗粒表面的衣壳结构蛋白，如口蹄疫病毒的结构蛋白 VP1、VP2、VP3 和 VP4 即为此类抗原，其中 VP1 能使机体产生中和抗体，可使动物获得抗感染能力，是口蹄疫病毒的保护性抗原。这些抗原具有型和亚型的特异性。

病毒在体内复制时，常出现某些大分子物质。如口蹄疫病毒，在同一培养物中常有四种抗原成分：一是感染性病毒粒子；二是空衣壳；三是衣壳降解蛋白（壳微体）；四是病毒感染相关抗原（virus infection associated antigen，VIA 抗原）。口蹄疫病毒的空衣壳及壳微体都不产生细胞致病作用（CPE），无蚀斑，都没有感染力，但有免疫原性和血清反应能力。VIA 抗原也可使机体产生抗体，但病毒在装配完成后，VIA 抗原并不存在于病毒结构中。它可能是没有酶活力的病毒特异性核糖核酸聚合酶，因为它的抗体能抑制聚合酶的活力，只有当病毒在动物体内或组织培养物内复制时才能形成。用灭活的疫苗免疫动物则不产生此种抗原及相应的抗体。由于 VIA 抗体只存在于感染动物的血清中，故检查此类抗体在临床诊断及进出口检疫中极为重要。

3. 可溶性抗原

可溶性抗原又称S抗原(soluble antigen),在病毒感染的早期出现,不具有感染性,是指病毒的内部抗原。病毒在不敏感的宿主体内仅引起对病毒表面抗原的免疫应答,而病毒在易感宿主体内增殖,释放全部病毒抗原,包括表面抗原、内部抗原(即可溶性抗原)及非结构蛋白抗原,均能引起免疫应答。

(三)毒素抗原

破伤风杆菌、肉毒梭菌等多种细菌能产生外毒素,其成分为糖蛋白或蛋白质,具有很强的抗原性,能刺激机体产生相应抗体成为抗毒素。外毒素经甲醛或其他方法处理后,毒力减弱或完全丧失,但仍保持其免疫原性,称为类毒素(toxoid)。

外毒素分子的毒性基团与抗原决定簇不是同一物质,但在空间排列上是互相靠近的基团。如对白喉毒素的研究表明,它是一条多肽链,可被酶降解为两个具有不同功能的片段。片段A具有酶活性,为毒素的活性中心;片段B能识别敏感细胞受体,与之结合后使片段A进入细胞。即对活体细胞的毒性作用需要毒素分子两个片段的协同作用,片段B识别细胞受体,片段A发挥毒性作用。研究证明,片段B的抗体对毒素分子具有高度亲和力,能在机体内中和毒素,阻止毒素与敏感细胞结合,而片段A的抗体则缺乏中和毒素的能力。

(四)真菌抗原

真菌的细胞壁抗原主要有壳多糖和脂多糖等成分组成。浅部真菌感染后一般无显著的免疫性,深部真菌感染后可能产生一定程度的免疫性。

(五)保护性抗原

微生物具有多种抗原成分,但其中只有1～2种抗原成分能刺激机体产生抗体,对机体具有免疫保护作用,这种抗原称为保护性抗原,也称为中和抗原,抗体称为保护性抗体。当中和抗体与相应的抗原结合时,可使病原体失去感染力。

任务四　免疫应答

免疫应答是指免疫活性细胞(T细胞和B细胞)对抗原的识别、自身的活化、增殖和分化(结构和功能的改变)以及产生免疫效应的过程。

免疫应答是一个十分复杂的生物学过程,除由单核吞噬细胞系统和淋巴细胞系统协同完成外,还有许多细胞因子发挥辅助作用,是一个连续不可分割的过程。为便于理解,可人为将其划分为以下三个阶段(图7-3)。

1. 识别阶段

即从巨噬细胞对抗原的捕获与处理,一直到免疫活性细胞通过其表面抗原受体与抗原特异性结合。但少数可溶性抗原可直接与免疫活性细胞表面的抗原受体结合。

2. 激活阶段

即免疫活性细胞受抗原刺激后母细胞化,引起形态、功能的改变和数量的增加。最后分别使B细胞和T细胞形成浆细胞、致敏淋巴细胞以及少量的记忆细胞。

3. 效应阶段

即由抗体、淋巴因子和包括致敏淋巴细胞在内的各种免疫细胞及分子相互配合，互相促进，共同清除抗原的阶段。其中由浆细胞产生的大量特异性抗体构成了体液免疫的物质基础，由致敏淋巴细胞本身及其释放的各种淋巴因子构成了细胞免疫的效应基础。

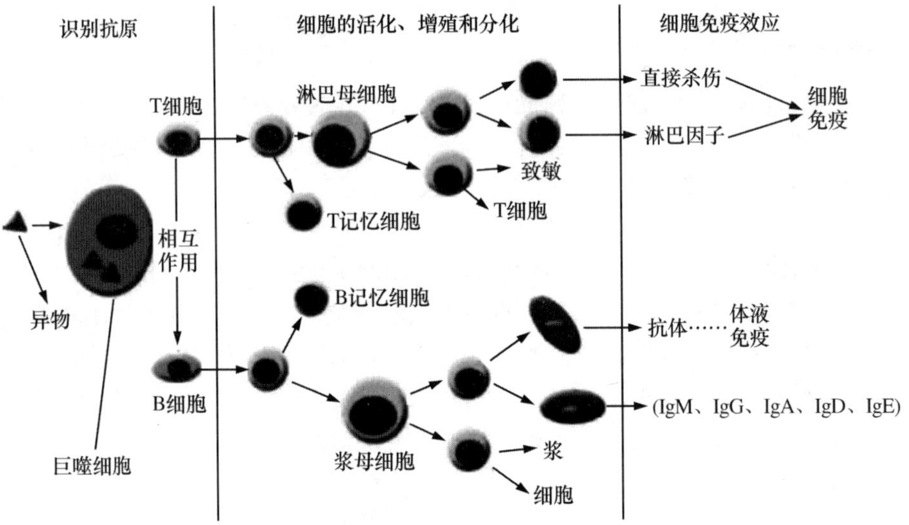

图7-3 免疫应答基本过程示意图

一、细胞免疫应答

细胞免疫应答是指T细胞在抗原的刺激下增殖分化为效应性T细胞并产生细胞因子，从而发挥免疫效应的过程。广义的细胞免疫应答还包括巨噬细胞的吞噬作用、K细胞和NK细胞介导的细胞毒作用。

（一）细胞免疫应答的过程

细胞免疫应答同体液免疫应答一样先要经过对抗原的识别，但T细胞一般只能结合肽类抗原，其他异物和细胞性抗原等需经抗原递呈细胞的吞噬，将其消化降解成抗原肽，再与主要组织相容性复合体(major histocompatibility complex，MHC)分子结合成复合物，然后表达于抗原递呈细胞表面，供T细胞识别。T细胞识别抗原信息后活化、增殖、分化出各种类型的效应性T细胞，并产生多种细胞因子，完成细胞免疫效应。

（二）介导细胞免疫效应的细胞

细胞免疫效应主要由Tc和TD介导，并依赖于多种免疫细胞和细胞因子的共同参与。

1. Tc介导的细胞毒效应

Tc细胞在体内以非活化的前体细胞形式存在，需经抗原刺激，并接受Th细胞释放的IL-2等细胞因子的作用，才能分化为效应细胞。活化的Tc释放穿孔素和数种溶细胞酶到靶细胞，使靶细胞膜溶解，并断裂靶细胞的DNA。Tc的细胞毒效应在抗病毒感染、抗肿瘤和同种异体移植排斥反应中有重要作用。

2. TD介导的炎症反应

TD在体内也是以非活化的前体细胞形式存在，其活化过程类似Tc，需抗原刺激和IL-2等细胞因子的双重刺激，增殖分化为效应性T细胞，活化的TD释放多种淋巴因子，作用于数种细胞，呈现多方位的效应。其中，主要有淋巴因子吸引以巨噬细胞为主的多种细胞聚集在局部，巨噬细胞发挥强大的吞噬和杀伤作用，某些淋巴因子作用于淋巴细胞，起着扩大反应范围和强度的作用。

致敏TD必须由同种抗原激发才能释放淋巴因子，因此上述炎症反应的诱发是抗原特异性的，但淋巴因子及被淋巴细胞动员的巨噬细胞的作用无特异性。

(三)细胞免疫应答的生物学效应

机体的细胞免疫效应是由CTL和TD细胞以及细胞因子体现的，主要表现为抗感染作用及抗肿瘤效应。此外，细胞免疫效应也可引起机体的免疫损伤。

1. 抗感染作用

主要针对胞内感染的细菌，如结核分枝杆菌、布鲁氏菌等；还包括抗病毒、真菌、寄生虫感染等。

2. 抗肿瘤作用

通过CTL的特异性杀伤作用、巨噬细胞的作用、细胞因子直接或间接作用，发挥杀肿瘤效应。

3. 免疫损伤作用

参与IV型变态反应、移植排斥反应；另外，某些自身免疫病的发生与发展也与此有关。

二、体液免疫应答

体液免疫是B细胞介导的免疫应答，是B细胞通过对抗原的识别、活化、增殖，最后分化成浆细胞并分泌抗体，由抗体实现的免疫效应。

(一)体液免疫应答的过程

1. B细胞对抗原的识别

B细胞是体液免疫应答的核心细胞，一个B细胞表面有10^4～10^5个抗原受体，可以和大量的抗原分子结合而被选择性地激活。B细胞对TD抗原和TI抗原的识别有很大的不同，两种抗原引发的体液免疫也有不同的特点。

(1)对TD抗原的识别。一般情况下，大量抗原进入未经免疫的机体诱发初次免疫应答时，多经巨噬细胞和树突状细胞等抗原递呈细胞捕捉、吞噬、处理，然后把含有抗原决定簇的片段递呈到抗原递呈细胞表面，只有Th细胞识别带有抗原决定簇的抗原递呈细胞后，B细胞才能与抗原结合被激活。

(2)对TI抗原的识别。TI抗原不需要抗原递呈细胞和Th细胞的协助，抗原能直接与B细胞表面的抗原受体特异性结合，引起B细胞活化。

2. B细胞的活化、增殖和分化

B细胞通过表面的抗原受体结合摄入抗原时，即可获得活化的第一信号(抗原刺激)，B细胞活化的第二信号是活化的Th细胞表面相关结构与B细胞的结合。接受双重信号刺激的B细胞被激活，进一步增殖分化为浆细胞，浆细胞是B细胞的终末细胞，具有合成分泌各种类型Ig的能力。接受TD抗原刺激的B细胞，在分化阶段有部分B细胞停止增殖分化，成为记忆性B细胞(Bm)，记忆性B细胞具有高度的抗原亲和性，当再次接触相同抗原时，能迅速接受抗原刺激而活化、增殖、分化为浆细胞，合成分泌抗体。TI抗原不刺激机体产生记忆性B细胞，故无此增强的免疫记忆反应。

3. 抗体的产生

活化的B细胞最终分化成能产生各种类型Ig的浆细胞，即IgM型浆细胞(主要由TI抗原活化的B细胞分化而来)、IgG型浆细胞、IgA型浆细胞、IgE型浆细胞等，从而合成并分泌各种抗体。

二维码7-9 抗体产生的一般规律

(二)抗体产生的一般规律

1. 免疫应答规律

对同一种抗原发生初次免疫应答与再次免疫应答产生抗体的速度、数量、种类及持续时间具有以下规律。

(1)初次应答。机体初次接触适量抗原刺激后，引起机体抗体产生的过程，称为抗体产生的初次应答。初次应答的主要特点如下。

①抗体产生的诱导期比较长。从抗原进入机体，到机体血清中检测出抗体需要的时间称为抗体产生的诱导期。抗原初次进入机体，需要抗原递呈细胞对抗原进行捕捉、加工处理，然后在Th细胞的协助下才能激活B细胞，B细胞进一步增殖分化为浆细胞产生抗体，该过程复杂且较长。

②初次应答产生最早的是IgM，可在几天内达到高峰，然后下降；接着产生IgG，IgA产生最迟；产生的抗体中以IgM为主。

③初次应答产生的抗体总量较低，维持时间也较短，与抗原的亲和力较弱。

(2)再次应答。机体再次接触相同的抗原后，引起机体抗体产生的过程，称为抗体产生的再次应答。其特点如下。

①抗体产生的诱导期显著缩短，约为初次应答的一半。这是因为TD抗原刺激机体产生了记忆性T细胞和记忆性B细胞，记忆性T细胞再次受到相同抗原刺激时，可很快增殖并分化为Th细胞，促进B细胞的增殖和抗体的产生。记忆性B细胞再次接触相同抗原时，可很快活化，并分化为产生各种Ig的浆细胞，产生抗体。

②再次应答中产生抗体的顺序与初次应答相同，但以IgG为主，再次应答间隔时间越长，机体越倾向于只产生IgG，经消化道等黏膜途径进入机体的抗原可诱导产生分泌型IgA。

③再次应答产生抗体的总量较多，维持时间较长，且对抗原的亲和力更强。

再次应答在抗体产生的速度、数量、质量以及维持时间等方面均优于初次应答(图7-4)，因此在预防接种时，间隔一定时间进行疫苗的再次接种，可起到强化免疫的作用。

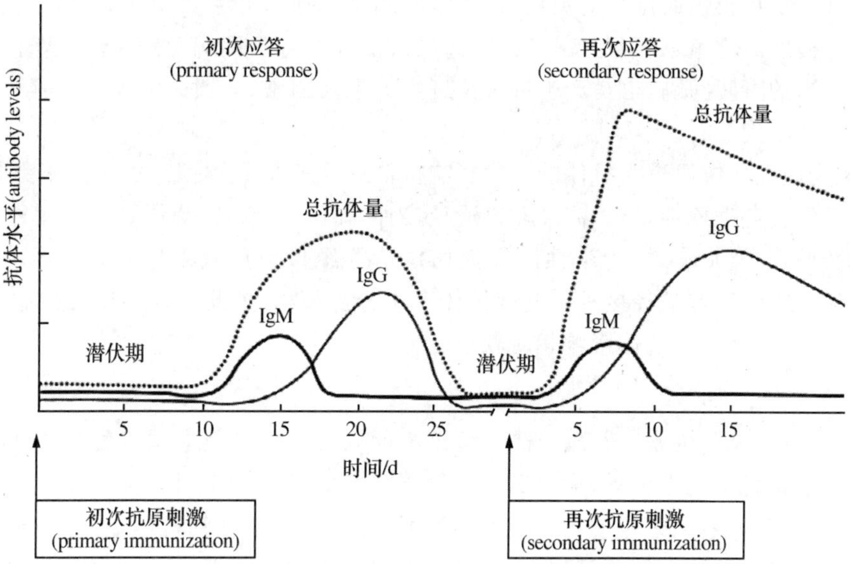

图 7-4　初次应答与再次应答抗体产生规律

2. 免疫球蛋白产生的顺序

当抗原刺激机体后可以产生多种 Ig。其出现的顺序一般是 IgM 最早，但消失也快，在血液中只维持数周至数月。IgG 出现稍迟于 IgM，当 IgM 接近消失时，IgG 方达高峰阶段，并维持较长时间，甚至达到数年之久。IgA 出现最晚，常在 IgM 和 IgG 出现后 2 周至 1～2 个月才能在血液中查出，但维持时间较长。在检验工作中，可通过对 IgM 的检测，达到早期诊断的目的。

(三)影响抗体产生的因素

抗体是机体免疫系统受到抗原的刺激后产生的，因此抗体产生的水平取决于抗原和机体两个方面。

1. 抗原方面

(1)抗原的性质。首先抗原的类型影响机体发生的免疫应答类型。一般来说，抗原刺激机体同时产生体液免疫和细胞免疫，但有主次之分。细胞外寄生的病原体以及胞内寄生的病原体体外生活阶段多引起体液免疫；胞内寄生的病原体如病毒、胞内菌、胞内原虫等，在细胞内增殖时主要引起细胞免疫应答。

抗原的物理状态、化学结构等方面不同，对机体刺激的强度也不同，机体产生抗体的速度和维持时间也不同。聚合状态的抗原一般比单体抗原的免疫原性强，颗粒性抗原比可溶性抗原的免疫原性强，某些佐剂增强免疫的机理即如此。

细菌荚膜多糖等 TI 抗原不能引起免疫记忆，而 TD 抗原则可产生长期的免疫记忆。

(2)抗原的用量、接种次数及接种间隔时间。在一定限度内，抗体产生的量与接种的量呈正相关。但抗原用量超过一定限度时，机体产生抗体的量不再增加，即所谓的免疫麻痹；而抗原用量过少，则不能引起足够强烈的免疫应答。因此，实际工作中应按照规定用量使用疫苗。一般活疫苗用量较少，灭活疫苗用量较大。

为使机体获得较强而持久的免疫力，需多次刺激机体以产生再次应答。活疫苗因其在机体内有一定程度的增殖，只需免疫一次即可；灭活苗和类毒素则应免疫 2～3 次才能产生足够的抗体。适当的时间间隔，也是产生持久免疫力的重要因素，一般灭活疫苗，间隔 7～10 d，类毒素则需间隔 6 周左右。

(3)免疫途径。抗原进入机体的途径影响抗体产生的量和类型。由于大多数抗原易被消化酶水解而失去免疫原性，所以需经非口途径接种，如注射、滴鼻、点眼、吸入、刺种等。但某些弱毒苗如新城疫 Lasota 系、传染性法氏囊病疫苗等经口免疫效果也较好。经消化道（如饮水）、呼吸道（如滴鼻）等途径接种可刺激机体产生分泌型 IgA，此抗体不仅在抗感染第一线起到保护作用，而且受母源抗体影响相对较小。

2. 机体方面

动物的年龄、遗传因素、营养状况、内分泌激素以及疾病等因素均可影响抗体的产生。除先天性免疫功能低下的个体外，大多数机体只要营养良好，都能产生足够的抗体。但是幼小动物因免疫系统尚未成熟、老年动物免疫功能逐渐下降、营养不良的机体免疫系统发育不良、处于感染状态的动物免疫系统受到损害等，都可影响抗体的产生。此外，处于特殊生理时期如妊娠的动物，抗体的产生也受一定影响。

在影响幼小动物免疫效果的因素中，母源抗体有举足轻重的作用。母源抗体，是指幼小动物通过胎盘、初乳、卵黄等从母体获得的抗体。一方面，母源抗体可帮助幼小动物抵抗感染，如新生的仔猪在 3 个月内对猪丹毒杆菌、新生羔羊对布鲁氏菌具有较强的不感受性，原因在于获得了母源抗体。但母源抗体对免疫接种后机体的免疫应答有严重干扰，故在实际工作中，如何兴利除弊地利用母源抗体的抗感染作用，避免其对免疫的干扰，对做好防疫工作十分重要。

(四)体液免疫应答的生物学效应

由抗体发挥的免疫效应在大多数情况下表现为免疫保护作用，但有时也会造成机体的病理损伤。抗体的免疫效应归纳如下。

1. 中和作用

由病毒刺激机体产生的抗体，可以与病毒表面抗原发生特异性结合，使病毒失去对细胞的感染性，称为病毒的中和作用。针对病毒的抗体与相应的病毒结合后可阻止病毒与靶细胞的结合，在细胞外的病毒易被抗体等体液因素及吞噬细胞消灭。体内针对细菌毒素的抗体与相应毒素结合后，可改变毒素分子的构型而使其失去毒性作用；同时，毒素与抗体的复合物也易被单核巨噬细胞吞噬，从而发挥中和作用。

2. 调理作用

抗体以其抗原结合位点与病原菌表面的抗原结合，形成细菌抗体复合物，或者激活补体形成细菌-抗体-补体复合物，然后以其 Fc 段与吞噬细胞表面的 Fc 受体结合，从而促进吞噬细胞对病原菌的吞噬作用。

3. 激活补体

抗体与病原体结合后可经经典途径激活补体，在病原体表面形成膜攻击复合物而使病原体细胞溶解死亡，即免疫溶解作用。补体激活所产生的活化片段也可发挥调理作用，促进抗原的清除。

4. 局部黏膜免疫作用

由黏膜固有层中浆细胞产生的分泌型 IgA 可阻止病原微生物对黏膜上皮的吸附，是抵抗从呼吸道、消化道和泌尿生殖道感染的病原微生物的主要防御力量。

5. 抗体依赖性细胞介导的细胞毒性作用(ADCC)

一些效应性淋巴细胞(如 K 细胞、NK 细胞等)的表面具有抗体分子的 Fc 片段的受体，当抗体分子与病毒感染的细胞、肿瘤细胞等靶细胞结合后，效应细胞就可借助 Fc 受体与抗体的 Fc 片段结合，从而发挥其细胞毒作用，杀伤靶细胞。

6. 免疫损伤作用

抗体在体内引起的免疫损伤主要是介导由 IgE 参与的Ⅰ型和由 IgG、IgM 参与的Ⅱ型和Ⅰ型变态反应，以及一些自身免疫疾病。

7. 对病原微生物生长的抑制作用

一般而言，细菌的抗体与细菌结合后，不会影响其生长和代谢，仅表现为凝集和制动现象，只有支原体和钩端螺旋体与抗体结合后可表现出生长抑制作用。

三、黏膜免疫应答

黏膜免疫系统(mucosal immune system，MIS)是指广泛分布于呼吸道、胃肠道、泌尿生殖道黏膜下及一些外分泌腺体如唾液腺、泪腺、乳腺的淋巴组织，是执行局部特异性免疫功能的主要场所。该系统在体内覆盖范围很广，是机体整个免疫网络的重要组成部分，并且又是具有独特结构和功能的独立免疫体系，它在抵抗感染方面起着极其重要的作用，黏膜表面与外界抗原直接接触，是机体抵抗感染的第一道防线。

(一)黏膜免疫系统的结构

MIS 是机体免疫系统的一部分，它存在于黏膜表面，直接接触外部抗原环境。根据形态和功能的不同，黏膜免疫系统主要分为两个部分：有结构的黏膜表面相关淋巴组织(MALT)和弥散性淋巴组织。MALT 包括肠黏膜相关淋巴组织(GALT)、支气管黏膜相关淋巴组织(BALT)、鼻咽黏膜相关淋巴组织(NALT)和近年发现的眼结膜相关淋巴组织(FAE)，是免疫应答的诱导部位；弥散性淋巴组织广泛分布于黏膜固有层中，主要由上皮内淋巴细胞(IEL)和固有层淋巴细胞(LPL)组成，是免疫应答的效应部位。MIS 的主要功能是为机体提供黏膜表面的防御作用，包括非特异性保护和特异性保护两个方面。

(二)黏膜免疫应答机制

在黏膜免疫应答过程中，有多种免疫细胞和免疫介质参与，多种因素相互制约，共同调节，形成一个复杂而精细的网络系统，维持机体内环境的稳定。

1. 体液免疫

(1)抗原摄取与递呈。可溶性蛋白或病原微生物作为抗原接触黏膜淋巴组织的 M 细胞并与之结合，随后抗原被摄入 M 细胞的吞饮泡，被转运至细胞内，最后未经降解的抗原释放至上皮深部淋巴组织，由专职 APC 递呈给 B 细胞和 T 细胞。致敏的 B 细胞和 T 细胞通过淋巴导管系统离开黏膜相关淋巴组织，随后通过胸导管进入血液循环，进而到达消化道、呼吸道等处的黏膜固有层和腺体。

(2)分泌型免疫球蛋白的合成与分泌。体液免疫是黏膜免疫的主要过程,即产生 SIgA,它是黏膜表面最重要的免疫球蛋白。在小肠,SIgA 由固有层成熟的浆细胞合成。两个 IgA 分子通过共价连接形成二聚体复合物后,经黏膜上皮细胞转运分泌至肠腔中。SIgA 在黏膜免疫抗感染过程中,主要是阻止病原微生物在黏膜上皮层定居繁殖,阻挡它们进入上皮层。

2. 细胞免疫

MIS 的细胞免疫包括固有层淋巴细胞和上皮内淋巴细胞免疫。固有层淋巴细胞中的 T 细胞具有重要作用,活化的 Tc 细胞可对靶细胞发挥杀伤作用,未受损伤的 Tc 细胞可与靶细胞分离,并再次攻击新的特异性靶细胞。上皮内淋巴细胞是体内最大的淋巴细胞群,主要功能是宿主对病原体入侵及上皮细胞变性做出快速反应机制的溶细胞活动,还可发挥多种特异的免疫功能,包括 NK 活性、特异细胞毒性、抗肿瘤活性等。

内容小结

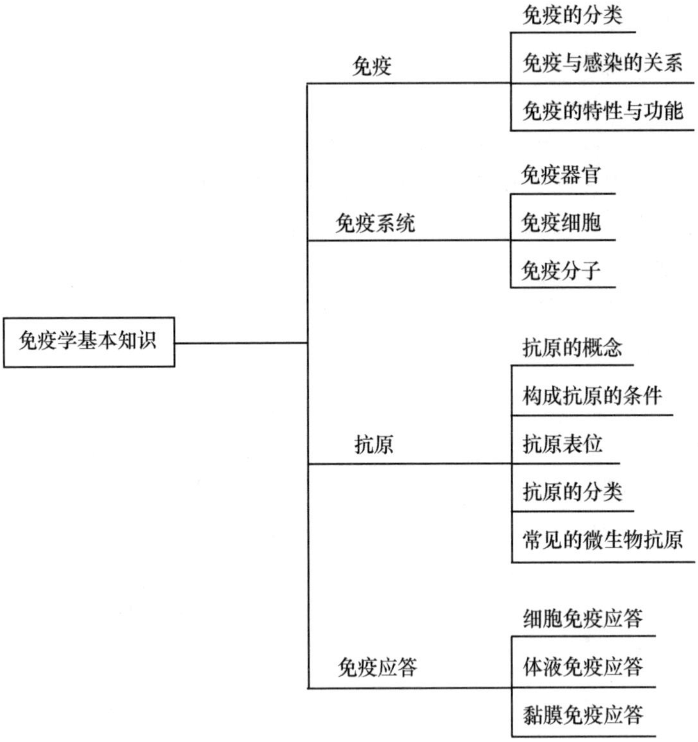

思政园地

唯物辩证　科学思维

无论是传染和免疫之间的相互关系,还是免疫系统-神经系统-内分泌系统三者之间通过相互影响、相互制约维持机体平衡的关系,其中无不蕴含着唯物辩证的逻辑思维。辩证思维的核心思想，即用联系、发展、全面的观点看待事物和思考问题，强调整体性和动态性，反对独立性和静态性。生命有机体的每个层次相互联系、相互制约、相互影响，形成复杂的个体。没有传染就无法激发机体的免疫，而免疫的发生也会导致传染的终止。免疫系统是机体的“防御部队”，承担免疫监视、防御、调控的职能。免疫系统不是孤军作战，而是与神经系统、内分泌系统通力合作，三者的关系很“微妙”，可谓“相爱相杀”，既可互相促进，又可相互抑制，但是他们最终共同的目标就是维持机体的平衡。一旦失衡或遭到破坏，将导致疾病的发生。

唯物辩证法作为一种科学思维方式，具有重要的指导作用。在科学研究和思维活动中，我们应立足于实践，善于分析事物的矛盾，运用辩证思维方法进行多元、系统地思考，同时注重培养创新思维。唯物辩证法的科学思维方式将帮助我们提升科学素养、加深认识能力，更好地应对日益复杂的现实问题。

学习测试

一、单项选择题

1. 下列属于人工主动免疫的是（　　）。

A. 注射卵黄抗体获得的免疫

B. 患传染病康复后获得的免疫

C. 接种疫苗获得的免疫

D. 通过胎盘获得的免疫

2. 下列属于中枢免疫器官的是（　　）。

A. 脾脏　　B. 胸腺　　C. 淋巴结　　D. 哈德腺

3. 抗感染免疫的主力抗体为（　　）。

A. IgG　　B. IgM　　C. IgA　　D. IgE

4. 体液免疫再次应答产生的抗体主要是（　　）。

A. IgA　　B. IgM　　C. IgG　　D. IgE

5. 下列属于人工被动免疫的是（　　）。

A. 注射卵黄抗体获得的免疫　　B. 患传染病康复后获得的免疫

C. 通过胎盘获得的免疫　　D. 接种疫苗获得的免疫

6. 下列关于抗原的表述，错误的是（　　）。

A. 抗原一定是外来物质

B. 抗原分子量越大，结构越复杂，其抗原性越强

C. 抗原物质与机体亲缘关系越远，抗原性越强

D. 颗粒性抗原比可溶性抗原免疫原性强

7. 机体抵抗病原微生物感染的功能称为（　　）。

A. 免疫监视　　B. 免疫防御　　C. 免疫耐受　　D. 免疫稳定

8. 下列不属于成熟 T 淋巴细胞、B 淋巴细胞定居和免疫应答主要场所的是（　　）。

A. 胸腺　　B. 脾脏　　C. 哈德腺　　D. 淋巴结

9. 动物机体初次接触某种抗原时，最早产生的抗体是（　　）。

A. IgG　　B. IgM　　C. IgA　　D. IgE

10. 由五个单体分子构成五聚体的免疫球蛋白是(　　)。

A. IgG　　B. IgM　　C. IgA　　D. IgE

11. 先天性免疫应答具有的特点是(　　)。

A. 特异性强　　B. 具有一定的免疫期

C. 具有免疫记忆　　D. 具有遗传性

12. 下列不属于免疫应答特点的是(　　)。

A. 特异性　　B. 免疫记忆　　C. 有免疫期　　D. 遗传性

二、多项选择题

1. 下列关于免疫球蛋白 IgM 的表述,正确的有(　　)。

A. 血清中的主要免疫球蛋白,含量最高

B. 结构为五聚体,是分子量最大 Ig

C. 参与Ⅱ型、Ⅲ型变态反应

D. 在血清中含量极低

2. 免疫的功能包括(　　)。

A. 免疫防御　　B. 免疫稳定　　C. 免疫监视　　D. 免疫记忆

3. 免疫应答的主要场所有(　　)。

A. 脾脏　　B. 淋巴结　　C. 肝脏　　D. 骨髓

4. 中枢免疫器官包括(　　)。

A. 胸腺　　B. 淋巴结　　C. 腔上囊　　D. 骨髓

三、判断题

1. 动物的母源抗体水平不会影响疫苗的免疫效果。(　　)

2. 血清中补体和抗体水平均可因抗原反复刺激而升高。(　　)

3. 免疫接种时,疫苗用量越大,机体产生的抗体量就越多。(　　)

4. 存在于动物初乳和消化道、呼吸道等黏膜表面的主要抗体为 IgG。(　　)

5. Tc 在细胞免疫效应中主要表现为抗细胞内感染、抗肿瘤作用。(　　)

6. IgE 在血清中含量极低,不稳定,易被降解,主要作为成熟 B 细胞膜上的抗原特异性受体。(　　)

7. 鸡没有淋巴结,但淋巴组织广泛分布在体内。(　　)

8. 只具有反应原性而没有免疫原性的物质称为半抗原。(　　)

四、简答题

为什么在一个养殖周期内要进行同一类疫苗的多次免疫?

二维码 7-10　项目七学习测试参考答案

第二篇 岗位知识与技能

项目八
兽用生物制品制备及检测

项目导学

<table>
<tr><td>学习项目</td><td colspan="3">兽用生物制品制备及检测</td></tr>
<tr><td colspan="4">学习目标</td></tr>
<tr><td colspan="2">知识目标</td><td>技能目标</td><td>素质目标</td></tr>
<tr><td colspan="2">1. 了解兽用生物制品的概念、分类及命名原则。
2. 熟悉不同类型疫苗、高免血清和卵黄抗体生产的基本工艺流程。
3. 掌握常见兽用生物制品检测的项目以及标准。</td><td>1. 能制订兽医生物制品系统的评估方法。
2. 能科学地对不同兽医生物制品的质量进行判定。</td><td>1. 强化对国家兽用生物制品政策的认同感。
2. 强化忠于岗位职责的职业素养。
3. 培养与时俱进，勇于创新的科技创新精神及强农兴牧的职业担当。</td></tr>
<tr><td colspan="4">导学问题</td></tr>
<tr><td colspan="4">1. 什么是兽用生物制品？其用途有哪些？
2. 兽用生物制品依据临床用途可分为哪些类别？
3. 兽用生物制品命名的基本原则有哪些？
4. 病毒性疫苗与细菌性疫苗分别是如何制备的？
5. 兽用生物制品的检测内容有哪些？</td></tr>
<tr><td colspan="4">学习安排</td></tr>
<tr><td colspan="4">1. 以 4～6 人为一小组，完成本项目学习。
2. 课前以小组为单位，查阅相关资料，完成问题的回答，并将答案反馈于线上教学系统。
3. 课前以小组为单位，将本项目学习的疑难点，反馈于线上教学系统。
4. 课后以个人为单位，限时完成本项目的在线测试。</td></tr>
<tr><td colspan="4">学习评价</td></tr>
<tr><td>自我评价(20%)</td><td>小组评价(20%)</td><td>教师评价(60%)</td><td>总评</td></tr>
<tr><td></td><td></td><td></td><td></td></tr>
<tr><td colspan="4">学习反思</td></tr>
<tr><td colspan="4"></td></tr>
</table>

任务一 兽用生物制品的认知

一、兽用生物制品概念

兽用生物制品，也称为兽医生物制品（veterinary biologics 或 veterinary biological products），是指以天然或人工改造的微生物、寄生虫、生物毒素或生物组织及代谢产物为材料，采用生物学、分子生物学或生物化学、生物工程等相应技术制成的，用于预防、诊断、治疗动物疫病或改善动物生产性能的产品。

狭义上讲，兽用生物制品主要指兽用疫苗、血清制品及诊断制剂；广义上讲，兽用生物制品还包括多种血液制剂（如血浆、白蛋白、球蛋白）、抗生素、脏器制剂（如胰蛋白酶、胰岛素、胸腺素、肝素）及非特异性免疫制剂（如干扰素、微生态制剂、白细胞介素）。由此可见，兽用生物制品的含义和内容随着科学技术的发展而变化。

在实际工作中最常接触到的兽用生物制品通常包括：疫苗、抗体、诊断制剂、微生态制剂、生化制剂等 5 大类。

二、兽用生物制品分类

1. 疫苗

兽用疫苗通常情况下指用于免疫接种以达到预防动物病毒病、细菌病或寄生虫病的生物制品。随着科学技术的发展，现代疫苗的用途有了新的发展，除用于预防传染病和寄生虫病外，已扩展到预防非传染性疾病（如自身免疫性疾病和肿瘤等），并出现了治疗性疫苗（如肿瘤、过敏和一些传染性疾病等）以及改善动物生产性能和产品品质的去势疫苗。此类疫苗和通常所指的疫苗存在很多不同，但其作用机理符合疫苗的免疫学特征。

综合以上情况，现代兽医疫苗系指以天然的或人工改造的微生物（细菌、病毒、支原体）、寄生虫及其组分（蛋白质或核酸）或产物（毒素）、模拟抗原等为材料，采用生物学、分子生物学或生物化学等相关技术制成的，用于预防动物疫病或有目的地调节动物生理功能的一类兽医生物制品，称为疫苗。

疫苗接种动物后，能刺激动物免疫系统产生特异性免疫应答，继而使动物体主动产生相应免疫力，因此又称为主动免疫制品。疫苗与一般药物具有明显的不同点，主要区别在于：一般药物主要用于患病动物，而疫苗主要用于健康动物；一般药物主要用于治疗疾病和减轻发病症状，而疫苗主要通过免疫机制使健康动物预防疾病；一般药物包括天然药物、化学合成药物、生化药品等，而疫苗均为生物制品。

根据分类依据的差异，可对兽用疫苗进行多种不同的分类。

根据疫苗中所含微生物种类，可以将兽用疫苗分为细菌苗、病毒苗、寄生虫苗等。

根据疫苗中所含抗原型别的多少，可以将兽用疫苗分为单价苗和多价苗。

根据疫苗中所含抗原种类或防制疾病种类多少，可以将兽用疫苗分为单苗和联苗。

根据抗原制备方法，可以将兽用疫苗分为动物组织苗，如猪瘟活疫苗（兔源）、鸡胚苗，细胞苗(又可细分为转瓶培养苗、悬浮培养苗),培养基苗,合成肽苗等。

根据疫苗中是否含有感染性微生物,可以将兽用疫苗分为活疫苗、灭活疫苗等。核酸疫苗兼具活疫苗和灭活疫苗的特性,尽管接种动物体后不能在体内繁殖,但能被动物体细胞吸纳并在细胞内指导疫苗抗原合成,诱导机体产生类似于活疫苗的免疫反应(既诱导产生保护性抗体,又激发机体产生细胞免疫反应),是一类具有广阔前景的新型疫苗。

根据疫苗株构建技术或抗原设计技术的应用情况,可以将兽用疫苗分为传统疫苗(弱毒活疫苗、灭活疫苗和抗原抗体复合物疫苗)和新型疫苗(亚单位疫苗、合成肽疫苗、基因工程疫苗和抗原独特型疫苗等)。

根据疫苗的外观,可以将兽用疫苗分为冻干疫苗、液体疫苗、干粉疫苗等。未来还可能会出现片剂、颗粒剂等疫苗。

根据疫苗中的佐剂类型,可以将兽用疫苗分为矿物油佐剂疫苗、铝胶佐剂疫苗、蜂胶佐剂疫苗、复合佐剂疫苗、水佐剂疫苗等。

根据疫苗接种方式,可以将兽用疫苗分为注射苗、口服苗、滴鼻点眼苗、气雾苗等。

由于兽用疫苗的研发技术在不断进步,新的兽用疫苗种类也将不断涌现,故很难依据一种分类方法对所有兽用疫苗进行全面分类。

2. 抗体

抗体统称为被动免疫制品。抗体注入机体后免疫产生快,但免疫持续期短,既能用于特异性治疗,又能用于短期内的特异性预防。包括高免血清抗体、高免卵黄抗体、单克隆抗体以及基因工程抗体等。临床上常用的有抗炭疽血清、抗猪瘟血清、抗小鹅瘟血清、抗鸭病毒性肝炎血清、破伤风抗毒素等。

3. 诊断制剂

诊断制剂主要是指用于动物体内或体外试验检测抗原、抗体或病原核酸的各种制品,如诊断抗原、诊断抗体、试纸条、试剂盒等,常用于诊断动物疾病、监测动物机体免疫状态及病原微生物鉴定等。诊断制剂种类繁多,针对每种疾病或病原,均可设计、研发多种各具特点的诊断制剂。

按学科分,兽医诊断制剂包括细菌学诊断制剂、病毒学诊断制剂、免疫学诊断制剂及其他诊断制剂。

按是否直接用于动物体分,兽医诊断制剂包括体内诊断制剂(如鼻疽菌素)和体外诊断制剂(如鸡新城疫血凝抑制试验抗原)。我国目前所用兽医诊断制剂多属于体外诊断制剂。

多数情况下,按诊断或检测试验的类别进行兽医诊断制剂分类,如凝集试验抗原和阴性或阳性血清、沉淀试验抗原和阴性或阳性血清、补体结合试验抗原和阴性或阳性血清、ELISA 抗体检测试剂盒、荧光抗体检测试剂盒、PCR 检测试剂盒等。

4. 微生态制剂

微生态制剂是利用非病原微生物(如乳酸杆菌、蜡样芽孢杆菌、地衣芽孢杆菌、双歧杆菌等)制成的活菌制剂,用于防治畜、禽、鱼的消化道、泌尿道疾病。目前,微生态制剂因其绿色、安全、无污染、无残留、无毒副作用的特点,不仅在兽医临床作为抗生素替代品,用于动物疫病的防控,还作为微生物饲料添加剂,广泛地用于猪、牛、鸡、兔等禽畜的育肥,保障了畜牧业的安全生产。

5. 生化制剂

生化制剂是从动物组织中提取或通过基因工程技术人工表达或人工合成的，可以刺激动物机体，提高特异性和非特异性免疫力的免疫调节剂，如干扰素、胸腺素、转移因子、免疫刺激复合物、CpG 寡核苷酸等。

三、兽用生物制品命名基本原则

为使兽用生物制品的名称更科学、简练、明确，并使每个具有不同特性的产品具有唯一的通用名，根据中华人民共和国《兽用新生物制品管理办法》规定了生物制品命名的基本原则。

1. 基本命名原则

兽用生物制品的通用名采用规范的汉字进行命名，标注微生物的群、型、亚型、株名和毒素的群、型、亚型等时，可以使用字母、数字或其他符号。采用的病名、微生物名、毒素名等应为其最新命名或学名。采用的译名应符合国家有关规定。

2. 兽用疫苗的命名

(1)兽用疫苗的通用名一般采用“病名＋制品种类”的形式命名。如马传染性贫血灭活疫苗、猪萎缩性鼻炎灭活疫苗。

(2)当通用名中涉及微生物的型(血清型、亚型、毒素型、生物型等)时，采用“微生物名＋X 型(亚型)＋制品种类”的形式命名。如牛口蹄疫病毒 O 型灭活疫苗。

(3)由属于相同种的两个或两个以上型(血清型、毒素型、生物型或亚型等)的微生物制成的一种疫苗，采用“微生物名＋若干型名＋×价＋制品种类”的形式命名。如牛口蹄疫病毒 O 型、A 型二价灭活疫苗。

(4)当疫苗中含有两种或两种以上微生物，其中一种或多种微生物含有两个或两个以上型别(血清型或毒素型等)时，采用“微生物名 1＋微生物名 2(型别 1＋型别 2)＋ X 联＋制品种类”的形式命名。如鸡新城疫病毒、副鸡嗜血杆菌(A 型、C 型)二联灭活疫苗。

(5)对用转基因微生物制备的疫苗，采用“微生物名(或毒素等抗原名)＋修饰词＋制品种类＋(株名)”的形式命名。如猪伪狂犬病病毒基因缺失活疫苗(C 株)、禽流感病毒 H5 亚型重组病毒灭活疫苗(Re-1 株)。

(6)对类毒素疫苗，采用“微生物名＋类毒素”的形式命名。如破伤风梭菌类毒素。

(7)当一种疫苗应用于两种或两种以上动物时，采用“动物＋病名(微生物名等)＋制品种类”的形式命名。如猪、牛多杀性巴氏杆菌病灭活疫苗，牛、羊口蹄疫病毒 O 型灭活疫苗。

(8)当按照上述原则获得的通用名不足以与已有同类制品或与将来可能注册的同类制品相区分时，可以按照顺序在通用名中标明动物种名、株名(一般标注在制品种类后，通用名中含有两个或两个以上株名时，则分别标注在各自的微生物名后，加括号)、剂型(标注在制品种类前)、佐剂(标注在制品种类前)、保护剂(标注在制品种类前)、特殊工艺(标注在制品种类前)、特殊原材料(标注在制品种类后，加括号)、特定使用途径(标注在制品种类前)中的一项或几项，但应尽可能减少此类内容。如犬狂犬病灭活疫苗(ERA 株)、鸡马立克病冻结活疫苗(HVT FC-126 株)、鸡多杀性巴氏杆菌病蜂胶佐剂灭活疫苗(G190 株)。

3.用于预防或治疗的抗血清、抗体的命名

(1)对于抗血清，采用“微生物名＋抗血清”的形式命名。如多杀性巴氏杆菌抗血清。

(2)对于抗体，采用“微生物名＋抗体”的形式命名，必要时，在抗体前标明特殊生产工艺和来源。如鸡传染性法氏囊病病毒纯化卵黄抗体、鸡传染性法氏囊病病毒单克隆抗体。

4.微生态制剂的命名

(1)对含有一种细菌的活菌制剂，采用“微生物名＋活菌制剂”的形式命名，必要时，在活菌制剂后标明菌株名。如蜡样芽孢杆菌活菌制剂(SA38 株)。

(2)对含有两种或两种以上细菌的活菌制剂，采用“若干微生物名＋复合活菌制剂”的形式命名。必要时，在活菌制剂后标明菌株名。如嗜酸乳杆菌、粪链球菌、蜡样芽孢杆菌复合活菌制剂。

5.诊断制剂的命名

(1)诊断制剂的通用名，一般采用“病名＋试验名称＋制品种类”的形式，这里的制品种类包括抗原、抗原与阴性或阳性血清等。如猪支原体肺炎微量间接血凝试验抗原、布鲁氏菌病试管凝集试验抗原与阴阳性血清。

(2)当通用名中涉及微生物特征(群、亚群、型、亚型、生物型、抗原种类)时，采用“微生物名＋型别＋试验名称＋制品种类”的形式命名。如禽流感病毒 H5 亚型血凝抑制试验抗原与阴性或阳性血清、大肠埃希菌 K88 纤毛抗原定型血清。

(3)对抗体检测试剂盒的命名，采用“微生物名＋试验名称＋抗体检测试剂盒”的形式。如猪瘟病毒 ELISA 抗体检测试剂盒、鸡传染性法氏囊病病毒 ELISA 抗体检测试剂盒。

(4)对抗原检测试剂盒的命名，采用“微生物名＋试验名称＋检测试剂盒”的形式。如鸡传染性法氏囊病病毒夹心 ELISA 检测试剂盒。

(5)按照上述原则进行抗原、抗体检测试剂盒命名时，如果检测的对象为特殊的抗原或抗体，可在微生物名后适当增加说明。如口蹄疫病毒 O 型非结构蛋白 ELISA 抗体检测试剂盒、锥虫循环抗原 ELISA 检测试剂盒。

(6)对试纸条的命名，采用“微生物名＋检测试纸条”的形式，如用于检测抗体则在微生物名后加“抗体”二字。如传染性法氏囊病病毒检测试纸条、传染性法氏囊病病毒抗体检测试纸条。

(7)对不能标明或无须标明试验方法的诊断制剂的命名，可在上述原则的基础上适当简化。如猪瘟病毒酶标抗体、猪瘟病毒荧光抗体。

6.其他兽用生物制品的命名

对细胞因子、干扰素等，参考通行学术名进行命名，必要时增加动物品种、特殊生产工艺等。如猪白细胞干扰素(冻干型)。

任务二　兽用生物制品的制备

兽用生物制品在控制动物疫病，维护养殖业安全、动物卫生安全、动物产品质量安全和生态安全中发挥了重要作用。因此制造生物制品的条件必须达到《药品生产质量管理规范》(good manufacturing practice of medical products,GMP)的要求，建立国家监察制度，对生物制品质量进行监督。各类生物制品的生产必须遵循《兽用生物制品注册分类及注册资料要求》《兽药管理条例》《兽药注册办法》等国家法律规范的要求。

不同类型的兽用生物制品由于性质各异，制备方法和工艺流程差别较大。其中细菌类疫苗、病毒性疫苗、免疫血清等在疾病预防和控制中起到重要而深远的作用，下面就以疫苗的制备和抗体的制备为例，介绍兽用生物制品的制备方法。

一、疫苗的制备

制备疫苗所用的菌种、毒种是国家的重要生物资源，世界各国都为此设置了专业性保藏机构。用于疫苗生产的菌种和毒种应该符合背景资料完整、生物学特性典型、遗传性状稳定等要求，对其进行毒力、免疫原性及稳定性等鉴定后方可进行应用。

(一)细菌性疫苗的制备

根据疫苗的成分及制备方法，可将细菌性疫苗分为细菌减毒活疫苗、细菌灭活疫苗和类毒素疫苗等三大类，下面以细菌减毒活疫苗和细菌灭活疫苗为例介绍其制备工艺流程(图 8-1)。

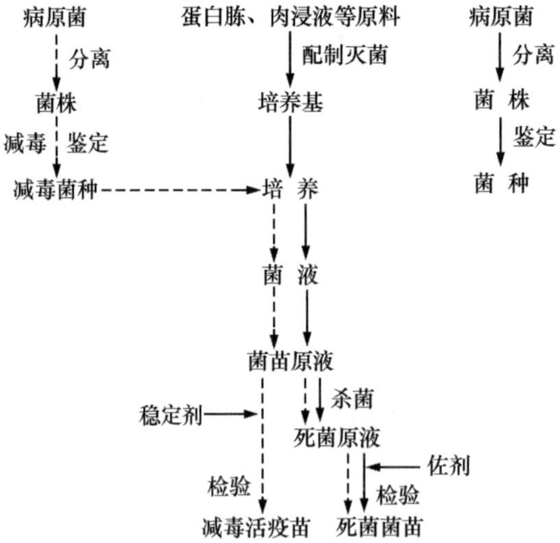

图 8-1 细菌类疫苗的生产工艺流程

细菌性灭活疫苗应用强菌株增殖生产制备，细菌性活疫苗是应用弱毒菌株增殖生产制备，两者制备程序基本相同。

1. 种子培养

疫苗生产对菌种有着严格的要求，如高抗原性或高抗原表达能力；遗传特性稳定；生长繁殖能力强，有较高的生长速率；有较强的耐受性，易于培养控制。制备的种子菌必须具有如下特征：菌种的生长活力强，移种至发酵罐后能迅速生长，延缓期短；生理性状、生产能力稳定；菌体量及浓度能满足大容量发酵罐的要求；无杂菌污染。

种子制备，即种子扩大培养，是指先将保存在冻存管中处于休眠状态的生产用菌种接入适宜的琼脂培养基上活化，经菌落形态、生化反应、菌落染色、抗原特性及毒力等检测后，符合该细菌的标准；再将该种子接种于扁瓶或摇瓶及种子罐逐级扩大培养而获得一定数量和质量纯细菌的培养过程。种子菌液通常在 0～4 ℃下可保存 2 个月，在保存期内可作为菌苗生产的批量种子使用。

2. 菌液培养

用于规模化细菌培养的方法有很多，依据微生物本身的特性，选择不同的规模化细菌培养方法及培养条件。可供菌体培养的方法有固体培养基表面培养法、液体静置培养法、液体深层通气培养法和透析培养法等。

(1)固体培养基表面培养法：将融化的营养琼脂培养基，分装于大型克氏瓶中，灭菌后平放使其凝固，经过培养观察无污染。在无菌室接入种子液，使均匀分布固体培养基表面，平放室温静置培养，然后倾去凝集水，收集菌苔制成细菌悬浮液。

(2)液体静置培养法：适用于一般菌苗的生产，培养容器可用大玻璃瓶，也可用发酵罐。根据容器的深度装入适量(容器深度 1/2～2/3)经高压灭菌后的液体培养基，在无菌条件下接入细菌种子，保持适宜温度静置培养。

(3)液体深层通气培养法：使用全自动细菌发酵罐进行细菌培养，生产流程为试管菌种→三角瓶液体培养→大三角瓶液体培养→大立瓶或中、小体积发酵罐培养→大体积发酵罐培养，直至菌液浓度达到标准。

一般固体培养易获得高浓度细菌悬液，含培养基成分少，易稀释成不同浓度，但生产量较小。因此，大量生产疫苗时常用液体培养法。培养基中应考虑微生物适量添加特殊营养物质，保证其正常生长。采用活菌计数法或比浊计数法，以概略算出每毫升菌液中的细菌总数。

3. 菌液浓缩

为提高单位体积抗原含量，常采用离心沉降或氢氧化铝吸附沉淀等方法对菌液进行浓缩。浓缩菌液应抽样进行纯粹性检验、无菌检验及活菌计数等。

4. 灭活、乳化或冻干

(1)细菌性灭活疫苗。将检验合格的细菌培养产物，加入适当的灭活剂，在适当的条件下进行灭活，常用的灭活剂有福尔马林、戊二醛、β-丙内酯。灭活后的细菌抗原与佐剂按照一定比例和条件进行乳化，常用的疫苗佐剂有铝胶佐剂、乳剂佐剂和蜂胶佐剂等。

(2)细菌性活疫苗。检验合格的细菌培养产物，加入适当的冻干保护剂，通过冷冻真空干燥技术制成疫苗干粉。细菌性活疫苗生产中常用的冻干保护剂有 10％蔗糖、5％蔗糖脱脂乳、5％蔗糖、1.5％明胶、10％～20％脱脂奶粉、含 1％谷氨酸钠的 10％脱脂乳、含 5％牛血清白蛋白的蔗糖、灭活马血清等。

(二)病毒性疫苗的制备

根据疫苗组成成分和生产工艺，可以将病毒性疫苗分为灭活疫苗、减毒活疫苗、亚单位疫苗、基因工程重组蛋白疫苗。下面就以病毒性细胞疫苗和病毒性禽胚疫苗等为例，介绍其制备工艺流程(图 8-2)。

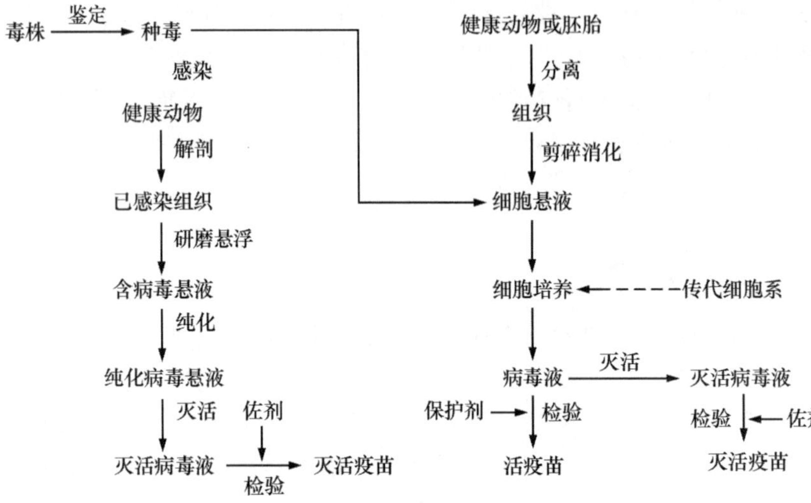

图 8-2 病毒性疫苗的生产工艺流程

1.病毒性细胞疫苗制备

(1)种毒。生产用种毒由国家指定的菌、毒种保存鉴定部门分发,多为冻干品。按规定在细胞上传代培养后用作毒种,继代培养必须控制在一定代数以内。

(2)细胞培养。细胞培养是一种简单而有效的病毒培养方式,常用的培养细胞有 BHK-21(幼仓鼠肾传代细胞)、Vero(非洲绿猴肾细胞)、MARC-145(非洲绿猴胚胎肾细胞)、ST(猪睾丸细胞)、MDCK(犬肾细胞)、BT(牛鼻甲骨细胞)、CRFK(猫肾细胞)、F81(猫肾细胞)、PK-15(猪肾细胞)等传代细胞。

①静止培养:是指将制备好的细胞悬液分装在适宜的培养瓶中(密封瓶口或透气瓶塞),置恒温培养箱内静置培养,是最基本的、常用的细胞培养方式。

②转瓶培养:是指将制备好的细胞悬液分装在玻璃瓶或塑料原瓶(转瓶)中,密封瓶口,置转瓶机上,以 5～10 r/s 的速度转动培养,细胞在转动培养时,贴附于瓶壁四周。转瓶培养法的培养面积大,细胞接触空气多,细胞生长良好。

③纯悬浮细胞培养:又称无载体悬浮细胞培养,是指一种在受到不断搅动或摇动的液体培养基里培养单细胞及小细胞团的组织培养系统,是非贴壁依赖细胞的一种培养方式。纯悬浮细胞培养是在细胞生物反应器中进行的,其可以分为机械搅拌式生物反应器、升气式生物反应器、膜式生物反应器、流化床细胞反应器、旋转细胞生物反应器、固定床细胞反应器、波氏生物反应器、灌注式生物反应器共 8 种类型。

④微载体细胞培养:微载体是指直径 60～250 μm、在细胞培养中使用的一类无毒性、非刚性、密度均一、透明的微球,能使贴壁依赖的细胞在悬浮培养状态下贴附在微球表面单层生长,极大地扩大了细胞贴附面积,更有利于大规模培养和收集细胞。根据物理学性质,一般将微载体分为液体微载体和固体微载体,固体微载体较为常见,又分为实心微载体和大孔或多孔微载体。

(3)病毒培养。病毒是严格的细胞内寄生物,由于病毒缺乏自主复制的酶系统,不能独自进行物质代谢,必须依赖宿主细胞或细胞的某些成分合成核酸和蛋白质。根据不同病毒的特性,将种毒按照一定的病毒感染复数(Multiplicity of Infection,MOI)接种于适宜的单层细胞或适宜密度的悬浮细胞中，在一定温度和 CO_2 条件下进行病毒增殖培养。

大多数病毒最适培养温度为 35～37 ℃，有的病毒培养最适温度为 33 ℃。病毒感染贴壁细胞后，大多数引起致细胞病变效应(Cytopathic Effect，CPE)，无需染色可直接在普通显微镜下观察，待 CPE 达到 75%以上时收获含毒培养液。病毒接种悬浮细胞以后，无法在显微镜下观察到细胞的 CPE，可根据细胞的活力判断细胞病变时间，待活细胞达到 25%以下时收获含毒培养液。

目前，在猪病病毒增殖中，采用微载体悬浮技术培养 PK-15 细胞增殖猪细小病毒、猪圆环病毒，采用激流式生物反应器培养 MARC-145 细胞增殖猪繁殖与呼吸综合征病毒，采用悬浮培养 BHK-21 细胞增殖口蹄疫病毒、伪狂犬病病毒，采用微载体生物反应器培养 Vero 细胞增殖猪流行性腹泻病毒、乙型脑炎病毒；在禽病病毒增殖中，采用悬浮技术培养 MDCK 细胞增殖禽流感病毒，采用微载体悬浮技术培养 Vero 细胞增殖鸡传染性法氏囊病病毒等均处于研究阶段。

(4)浓缩纯化。病毒培养产物中除含有完整的病毒颗粒以外，还有细胞或细胞碎片、细胞代谢产物、病毒非结构蛋白及缺损的病毒粒子，这些物质都会对疫苗的质量产生影响。在疫苗生产过程中，根据病毒的特性和生产工艺，通过离心法(连续流离心机)、沉淀法(盐析法、等电点沉淀法和非离子型聚合物沉淀法)、膜分离法(超滤和微滤)和层析法(离子交换层析、凝胶层析和亲和层析)对病毒培养产物进行纯化和浓缩，在除去杂蛋白的同时对抗原进行浓缩。

(5)灭活、乳化/冻干。

①病毒性灭活疫苗。将检验合格的病毒培养产物，加入适当的灭活剂，在适当的条件下进行灭活，常用的灭活剂有甲醛、β-丙内酯和二乙烯亚胺(Binary Ethylenimine，BEI)。灭活后的病毒抗原与佐剂按照一定比例和条件进行乳化制成疫苗，常用的疫苗佐剂有铝胶佐剂、乳剂佐剂和蜂胶佐剂等。

②病毒性活疫苗。检验合格的病毒培养产物，加入适当的冻干保护剂，通过冷冻真空干燥技术制成疫苗干粉，使用时用稀释液进行稀释后使用。与细菌性活疫苗冻干保护剂不同，病毒性活疫苗冻干保护剂的常见成分为明胶、蛋白胨、蔗糖、乳糖、山梨醇、葡萄糖、BSA(牛血清)、PVP(聚乙烯吡咯烷酮)、水解乳蛋白、乳酸钙、海藻糖和硫脲等。上述物质常按不同浓度或比例混合组成冻干保护剂发挥作用。

2. 病毒性禽胚疫苗的制备

(1)种毒。痘病毒、鸡新城疫病毒、禽流感病毒等疫苗仍利用禽胚(特别是鸡胚)制备，适用于鸡胚的种毒多为弱毒且为冻干毒种，使用前需在鸡胚上继代复壮 3 代以上检验合格以后才能用于生产。

(2)鸡胚的选择。生产用灭活疫苗的鸡胚需要源于健康易感的种鸡群，其种蛋需要新鲜、清洁。生产用活疫苗的鸡胚需要 SPF 鸡胚。种鸡群必须定期进行相关病原抗体检测，不得含有繁殖病毒的相应抗体，或只能有低水平的抗体。

(3)鸡胚的接毒。鸡胚接毒可根据不同病毒于不同疫苗生产工艺选择最佳的接种途径和最佳的接种量，目的在于获得最高的毒价。常用的接种途径有尿囊腔接种、绒毛尿囊膜接种、卵黄囊接种、羊膜腔接种和鸡胚静脉接种。

(4)鸡胚收毒。鸡胚接毒后一般在 37 ℃左右继续孵化 2～7 d，弃去接种后 24 h 非特异性死亡的鸡胚。收获的组织依接种途径、病毒种类而定，主要有胚胎、卵黄囊、尿囊液、绒毛尿囊膜等。

(5)浓缩纯化。抗原浓缩纯化方法与病毒性细胞疫苗方法一致。

(6)灭活、乳化/冻干。灭活疫苗和冻干疫苗的灭活、乳化/冻干方法与病毒性细胞疫苗方法一致。

二、抗体的制备

(一)高免血清

高免血清是一类含有特异性抗体,用于疾病诊断、预防、治疗或微生物学鉴定的生物制剂,目前主要生产的是抗毒素及各种诊断血清、分群血清、分型血清等。优质高免血清的制备取决于免疫抗原的质量、纯度和免疫剂量及所免疫的动物。

1. 免疫动物的选择

制备高免血清的动物有很多,如家兔、豚鼠、马、骡、牛、羊及 SPF 鸡等。动物在进行免疫前,需经健康检查,确认无传染病时方可使用,实验条件下最好选用 SPF 动物。选择动物首先要考虑其是否有较好的免疫效果,宿主动物与抗原来源物种之间最好具有较远的亲缘关系。其次要考虑抗血清的产量,如实验量较小,可选择小鼠等;制备商品化抗血清,则可选用羊、驴、马等大型动物。

2. 免疫抗原的制备

良好的抗原必须具备以下四个特点:分子量足够大、免疫原性强、结构尽可能复杂、可降解性好。免疫抗原与合适的免疫佐剂混合后免疫动物,不但可以刺激机体引起免疫防疫,还能起到缓释的作用。制备抗细菌血清的抗原一般是微生物体或其毒素(类毒素),或微生物提取物等纯化的完全抗原。制备抗病毒血清的抗原一般为全病毒蛋白、纯化的天然病毒蛋白、纯化的重组病毒蛋白和人工合成病毒表位多肽等。

3. 免疫接种

免疫方法和程序一般注意事项如下。

(1)免疫部位的选择。通常大型动物多以皮下或肌内注射免疫为主,小体型动物除此之外还可选择腹腔、脚垫、静脉等部位进行注射免疫。免疫接种以注射为主,还可选择灌服、气雾、饮水等多种方式。大量抗原注射多以静脉途径较好,但毒素免疫以背部多点注射为宜。

(2)免疫剂量的选择。免疫剂量因被免疫动物、免疫部位及抗原本身的特性而有所不同。对于家兔,首次免疫(皮下)一般为 200～1 000 μg;对于大鼠,首次免疫(皮下)为 100～500 μg;对于小鼠,首次免疫(皮下)一般为 10～100 μg。加强免疫一般为首次免疫剂量的 20%～50%。

(3)免疫程序的选择。首次免疫后,一般在 10～15 d 抗体产生量会达到一个峰值,但此时抗体亲和力不够,大部分都是 IgM,因此需要进行加强免疫。加强免疫一般在首免后 3～4 周进行,第 2 次、第 3 次加强免疫间隔时间可以缩短至 2～3 周。按照设计的免疫程序免疫完动物后,可以取少量的血液进行效价检测,以确定动物免疫是否成功。

4. 血清采集与提取

动物免疫后的一定时间内,通过适当的途径进行无菌采血,采血量按照每千克动物体重采

10 mL 左右。血液可根据需要采用自然凝结加压法、柠檬酸钠血浆分离血清法、虹吸法等分离血清。分离的血清可以直接使用，也可以用盐析法（包括硫酸铵、硫酸钠等中性盐）和胃酶消化进行精制，或低温酒精沉淀、等电点沉淀、金属离子沉淀、电泳、超速离心、离子交换、纤维素层析和凝胶过滤等方法进行提纯。

5. 血清检验与标化

（1）免疫血清检验。抗病毒血清需要达到一定的中和效价；诊断用血清最重要的是特异性；分型用血清应无交叉反应，如作标记抗体使用，免疫球蛋白含量要达到一定值；一般沉淀反应用阳性血清，效价应达到 1∶(16～32) 及以上。

（2）免疫血清标化。抗毒素和诊断用阳性血清，特别是分群血清和分型血清等，均需标化，称为标准品或参考品，有些还需用国际标准品进行标化，定出国际单位（IU）。

（二）卵黄抗体的制备

卵黄抗体（Immunoglobulin yolk，IgY），是鸟类（多指鸡）经特定抗原免疫后，产生相应的特异性抗体，并转运、贮存于卵黄中，可用于相应疾病的预防和治疗。IgY 的性质与哺乳动物 IgG 相似，但是 IgY 具有较强的耐热、耐酸、抗离子强度和一定的抗酶降解能力。IgY 已经被广泛应用于包括人类医学、动物医学和其他诸多生命科学领域，包括对病原体和半抗原的检测与诊断，预防与治疗人和动物胃肠道疾病、口腔疾病，畜禽、水产养殖疾病治疗，中毒（如蛇毒）解救，抗生素替代以及生物反恐、器官移植、肿瘤抑制、食品安全与蛋白质组织学等方面。

1. 实验蛋鸡的选择

用于生产 IgY 的鸡最好选用近交系的蛋鸡，常用的实验蛋鸡种类有白来航鸡、星杂白鸡等。根据生产 IgY 的不同目的选择合适的鸡群，如用于治疗目的 IgY 的生产应选用 SPF 鸡，而用于预防目的 IgY 的生产可以选用商品蛋鸡。商品蛋鸡必须选择健康无传染病的产前或开产鸡群，购进后饲养 1 周左右，观察鸡群健康状况。

2. 抗原剂量及佐剂

在一定剂量范围内，免疫效果会随着抗原浓度的增加而增加，但过高的抗原剂量容易引起免疫抑制。此外，不同佐剂的选择也会造成免疫效果的差异。弗氏完全佐剂（Freunds complete adjuvant，FCA）是常用的强效佐剂，但是也常常造成对实验动物组织的损伤，如果 FCA 与适当的胶状悬浮液混合，其副作用可控制在轻微范围内。弗氏不完全佐剂（Freunds incomplete adjuvant，FIA）的佐剂效力较低，但较少发生机体损失。因此，在实验中通常会在免疫应答最敏感的首次免疫时使用 FCA，以增强免疫效果。在跟踪免疫时采用 FIA，以维持鸡体健康。

此外，大多数商品化疫苗可以直接免疫鸡群，用于 IgY 的制备。

3. 免疫接种

根据所用抗原和佐剂的性质，可采取皮下、皮内、肌内注射或皮肤刺种、点眼、滴鼻、喷雾、口服及基因枪技术等方法。进行免疫接种 IgY 制备过程中最常使用的方法是胸肌多点注射，免疫效果好，所有灭活疫苗均可使用此法。首次免疫后，一般在 3～4 周进行加强免疫，第 2 次、第 3 次、第 4 次加强免疫间隔时间可以缩短至 2～3 周。

4. 卵黄抗体的提取与分离

（1）卵黄收集。一般使用琼脂扩散试验或血清中和试验检测免疫鸡血清中的抗体效价，一般效价达到 1∶64 以上时，可以开始收集免疫鸡所产的鸡蛋。用水清洗鸡蛋表面后将其浸泡于苯扎溴铵中，浸泡 1～3 min，取出用纱布擦干后，再用 75%酒精擦一遍，自然晾干，尽量保证在无菌条件下去除卵白，刺破卵黄膜，再收集卵黄。

(2)卵黄抗体分离。IgY 的分离方法有聚乙二醇沉淀法、聚乙二醇/乙醇沉淀法、硫酸葡聚糖沉淀法、氯仿/聚乙二醇法、水稀释法、天然胶法、特殊化学物提取法以及去垢剂提取法等。聚乙二醇沉淀法是目前实验室条件下 IgY 提取的标准技术，水稀释法是规模化生产企业 IgY 粗提中常采用的方法。

5. 卵黄抗体纯化

通过以上的提取分离获得的水溶性 IgY 仅仅是粗制的 IgY，不能完全满足于临床或实验要求，往往需要进一步精细纯化，目前可采用的进一步精细纯化的方法有凝胶过滤层析、离子交换层析、亲和层析和疏水层析等。

任务三 兽用生物制品的检测

高质量的兽用生物制品应安全(或灵敏)、有效(或特异)、质量可控、均一且稳定、便于保存运输和使用，其最重要的内在质量指标为其安全性及有效性。兽用生物制品的质量不仅直接关系到动物疫病防控的安全性及有效性，更关系到人类健康。因此兽用各类生物制品的产品质量必须符合《兽医生物制品制造及检验规程》《中国兽药典》等的规范要求。

一、理化性质检测

(一)外观检查

1. 液体疫苗和诊断液

(1)非油佐剂类液体制品。将产品倾倒至透明玻璃瓶中，室温静置至少 1 d，然后在自然光照下观察产品的颜色及澄清度，最后将产品上下翻转 30 s 后观察产品状态，按照制品质量标准进行判定。

(2)油佐剂液体制品。将产品倾倒至透明玻璃瓶中，在自然光照下观察产品的颜色及状态，按照制品质量标准进行判定。

2. 血清制品

应为微带乳光橙黄色或茶色液体，不应有摇晃不散的絮状沉淀与异物。

3. 冻干疫苗

应为海绵状疏松物，色微白、微黄或微红，无异物和干缩现象。如为安瓿瓶，应无裂口及烧焦物。冻干制品加稀释液或水(原量)稀释振荡后，应在常温几分钟内迅速溶解成均匀一致的悬浮液。

(二)剂型检查

油佐剂灭活疫苗一般为油包水或水包油两种剂型，需要对其剂型进行确定。取适量冷水至 500 mL 烧杯中，待液面平静后，取一清洁 1 mL 吸管，吸取适量疫苗，在距离液面上方 2～3 cm 处，滴 1 滴疫苗于冷水表面，3～5s 后再滴入 2～3 滴疫苗，观察疫苗在液面的扩散情况。除第 1 滴外，油包水型灭活疫苗应不扩散，水包油型灭活疫苗应扩散。

(三)稳定性检测

油佐剂灭活疫苗需要进行稳定性检查。一种方法是在 37 ℃条件下放置 21 d 应不破乳；另一种方法是待检样品恢复至室温，吸取 10 mL 疫苗加入离心管中，3 000 r/min 离心 15 min，管底析出的水相应不多于 0.5 mL。

(四)黏度检查

油佐剂灭活疫苗一般要求进行黏度检测，常用的检测方法有吸管法和黏度计法。吸管法是指用 1 mL 吸管吸取疫苗 1 mL，记录吸管垂直流出 0.4 mL 疫苗所用的时间。

(五)干燥制品剩余水分测定

干燥制品要求测定剩余水分含量，《中国兽药典》要求冻干制品水分含量应不超过 4%，一般以 1%～3%为宜。测定制品剩余水分的方法主要有以下两种：真空烘干法，在五氧化二磷的真空烘干箱内对样品进行两次烘干，样品重量减少值为含水量；卡氏水分测定法，又称为费休氏水分测定法，是利用碘、二氧化硫、甲醇、吡啶等化学试剂来测定制品中的含水量。

(六)真空度测定

真空度测定常采用高频火花真空测定器，通过测定器高频发射器尖端的强力火花，使冻干容器内部的残余气体电离而产生不同颜色的辉光。凡容器内出现白色、粉色或紫色光者为合格。

(七)汞类防腐剂残留量测定

生产过程中添加了汞类防腐剂的生物制品，要求进行残留量测定，《中国兽药典》要求其含量不高于 0.01%。待检样品中加入硫酸、硝酸，加热可使硫柳汞变成无机汞离子；在一定条件下，汞离子可与二硫腙生成螯合物，二硫腙由墨绿色变为黄色；利用二硫腙溶液进行滴定，滴定至二硫腙绿色不变，汞离子全部螯合为终点；根据待检样品和对照品溶液消耗滴定液的体积，计算出待检样品中汞离子的量，即硫柳汞含量。

(八)甲醛残留量测定

采用甲醛溶液作为灭活剂的生物制品，需要进行甲醛残留含量测定，《中国兽药典》要求含梭状芽孢杆菌制品的甲醛残留含量不高于 0.5%甲醛溶液(含 40%甲醛)，其他制品的甲醛残留含量不高于 0.2%甲醛溶液(含 40%甲醛)。依据甲醛与乙酰丙酮在一定 pH 条件下反应的生成物为黄色，采用分光光度法测定反应物在 410 nm 波长处的吸收值，然后根据待检样品和对照品的吸收值，计算待检样品中甲醛的含量。

(九)苯酚(石炭酸)含量测定

生产过程中添加了苯酚(石炭酸)的生物制品，需要进行苯酚(石炭酸)残留量检测，《中国兽药典》要求其含量不高于 0.5%。依据苯酚(石炭酸)与重氮化合物在一定 pH 条件下反应生成红色偶氮化合物，采用分光光度法测定反应物在 550 nm 波长处的吸收值，然后根据待检样品和对照品的吸收值，计算待检样品中苯酚(石炭酸)的含量。

(十)辛酸含量测定

依据游离脂肪酸能与铜离子结合形成脂肪酸的铜盐而溶于三氮甲烷，其量与游离脂肪酸含量成正比，用铜试剂测定其中铜离子的含量，即可推算出游离脂肪酸的含量。由于IgY制品在提取过程中采用辛酸进行处理，故需要对其辛酸含量进行测定。如鸡传染性法氏囊病等的IgY制品要求辛酸含量不高于0.1%。

(十一)pH测定

为了保证生物制品的稳定性和生物活性，有些生物制品需要控制pH范围。一般采用酸度计进行测定，精度要求不高时，也可选择试纸法。

二、微生物学检测

(一)无菌检验和纯粹检验

1.无菌检验

生物制品都不应有外源微生物污染。常用于无菌检验的培养基有：用于厌氧菌和需氧菌检测的硫乙醇酸盐流体培养基(Fluid Thioglycollate Medium，TG)；用于真菌和需氧菌检测的胰酪氨大豆胨液体培养基(Trypticase Soy Broth，TSB，又称大豆酪蛋白消化物培养基，Soybean-casein Digest Medium)。

处理好的待检样品1.0 mL接种50 mL TG培养基，置35～37 ℃培养，3 d后吸取培养物，接种TG小管2支，每支0.2 mL，1支置35～37 ℃培养，1支置23～25 ℃培养；另取0.2 mL，接种1支TSB小管，置23～25 ℃培养7 d，应无菌生长。

2.活菌纯粹检验

适用于本菌生长的培养基。处理好的待检样品接种TG小管和适于本菌生长的培养基各2支，每支0.2 mL，1支置35～37 ℃培养，1支置23～25 ℃培养；另用1支TSB小管，接种0.2 mL，置23～25 ℃培养，均需培养5 d，应纯粹。

(二)杂菌计数和病原性鉴定

一些特定的生物制品中允许存在一定数量的非病原菌，如动物病毒组织制备的疫苗(山羊传染性胸膜肺炎灭活疫苗)、鸡胚组织制备的活疫苗(鸡痘活疫苗)以及使用硫酸铵提取毒素蛋白的疫苗(羊梭菌病多联干粉灭活疫苗)。这些疫苗不仅要进行杂菌计数，还要进行病原性鉴定，评价这些杂菌是否会导致动物发病。

杂菌计数用含4%血清及0.1%裂解红细胞全血的马丁琼脂培养基。病原性鉴定用TG培养基、马丁汤、厌气肉肝汤或其他适宜培养基。

(三)禽沙门菌检验

大多数鸡胚组织活疫苗，如鸡传染性喉气管炎活疫苗、鸡传染性支气管炎活疫苗、鸡痘活疫苗、鸡新城疫活疫苗等除需要进行杂菌计数及病原性鉴定外，还需要进行禽沙门菌检验，一旦发现有沙门菌污染，则该批次产品不合格。常选用麦康凯琼脂和SS琼脂(Salmonella Shigella agar，沙门-志贺琼脂培养基)检验。

(四)衣原体检验

用5～10日龄敏感鸡胚10枚,分别于卵黄囊内接种待检样品(不处理,疫苗应含有10个使用剂量)0.3 mL,如4～10 d内有死亡,取卵黄囊膜涂片进行吉姆萨染色。镜检如发现紫红色或宝石红色圆形或卵圆形颗粒,则该批次产品不合格。

(五)支原体检验

《中国兽药典》明确规定:所有以细胞、动物组织、鸡胚生产的病毒活疫苗,都不得污染支原体。兽用生物制品的支原体检验,目前国内外普遍采用培养基法,即以支原体培养基作为基础,应用支原体培养技术来检验制品中有无支原体污染。

三、外源病毒检验

疫苗中外源病毒的污染主要来源于细胞、种毒。以及细胞和种毒培养过程中使用的其他动物源性材料,如血清、胰酶、白蛋白及细胞培养基中的动物源性添加物。有些兽用生物制品采用动物组织或鸡胚进行生产,也容易污染动物或鸡胚携带的其他外源病毒。此外,环境、设备、人员等因素也会造成外源病毒污染。

(一)禽源细胞及其生物制品外源病毒检验

1.样品处理

取不少于2瓶的样品,用相应的特异性抗血清中和后作为检验品。用鸡检查法检验时,样品不作处理。

2.鸡胚检查法

经尿囊腔和绒毛尿囊膜分别接种10枚9～11日龄SPF鸡胚,置37 ℃培养7 d,弃去接种后24 h内死亡的鸡胚,但每组应至少存活8枚,实验方可成立。鸡胚胎应发育正常,绒毛尿囊膜应无病变。取鸡胚液做血凝试验,应为阴性。

3.细胞检查法

(1)细胞观察。上述处理后的待检样品接种已生长良好鸡成纤维细胞(Chick Embryo Fibroblast,CEF)的细胞瓶,培养5～7 d后,应不出现细胞病变。

(2)红细胞吸附。对出现细胞病变的细胞培养产物进行红细胞吸附试验,应不出现由外源病毒所致的红细胞吸附现象。

(3)禽白血病病毒检验。按现行《中国兽药典》进行。

(4)禽网状内皮组织增生症病毒检验。按现行《中国兽药典》进行。

4.鸡检查法

用鸡胚进行外源病毒检验无结果或可疑时,可用鸡进行检验,也可直接用鸡进行外源病毒检验。免疫接种适龄的SPF鸡,在42 d内不应出现因疫苗引起的局部或全身症状或死亡。免疫后42 d采血进行有关病原的血清抗体检测,除本疫苗病毒抗体外,其他病毒抗体均应为阴性。

(二)非禽源细胞及其制品外源病毒检验

1. 致细胞病变检验法

选择拟检测病毒最敏感细胞对待检样品进行培养,培养过程中需要观察是否出现细胞病变,任何一代细胞出现因该外源病毒引起的细胞病变即可判定其待检样品不合格。

2. 红细胞吸附性外源病毒检验

正黏病毒、副黏病毒、黄病毒、细小病毒、痘病毒、腺病毒等感染细胞后,在细胞表面可以产生与动物红细胞吸附的物质,并与动物红细胞产生吸附作用,从而检测是否有外源病毒存在。

3. 荧光抗体检查法

应选择拟检测病毒的最敏感细胞进行病毒增殖,通过直接免疫荧光(FA)或间接免疫荧光(IFA)进行检测。当阳性对照组出现荧光,正常细胞对照无荧光时,实验成立。若被检样品出现荧光,则疫苗中存在该外源病毒污染。

四、安全性检验

生物制品的安全性是其商品化的首要条件,各种生物制品都必须经过安全检验。

(一)实验动物

疫苗的安全检验方法主要是动物检验,可分为本动物安全检验和实验小动物安全检验两种。常用的实验小动物为小鼠、豚鼠和兔。疫苗的安全检验一般采用本动物安全检验。

(二)接种剂量

本动物安全检验时,病毒类活疫苗接种 10 倍使用剂量,病毒类灭活疫苗或细菌灭活疫苗接种 2 倍使用剂量。实验小动物安全检验中,豚鼠和兔接种 1 倍使用剂量,小鼠皮下或腹腔接种注射 0.1～0.5 mL(1/5～1/2 使用剂量),脑内接种注射 0.03 mL。

(三)接种途径

大多数以肌内注射、皮下注射为主;用禽检验还有点眼、滴鼻和口服等方式;用牛检验还有皮内接种法(舌背面多点注射),如牛口蹄疫灭活疫苗;用小鼠检验还有脑内接种、腹腔接种和静脉注射法。

(四)观察时间

本动物安全检验观察 14～21 d,小鼠安全检验观察 7 d,豚鼠安全检验观察 10 d。

(五)临床观察

接种后,逐日观察动物的临床表现,如精神、食欲、呼吸、体况、注射部位反应、粪便、被毛、死亡情况等,必要时测定体温。

五、效力检验

(一)动物免疫攻毒法

动物免疫攻毒法是兽用生物制品最常用、最经典、最直接有效的方法。按照实验动物不同,可分为本动物免疫攻毒法和敏感小动物免疫攻毒法;按免疫接种和攻毒方式的不同,可分为定量强毒攻击法、定量免疫变量攻击法和变量免疫定量攻击法。其中,定量强毒攻击法是兽用生物制品最常用的动物保护力测定方法,即以被检制品接种动物,经过一定免疫期后,用相应的强毒攻击,观察接种后动物的存活或不受感染的情况。

(二)血清学检验法

疫苗制品免疫动物,一定免疫期后采血,分离血清,通过中和试验、血凝抑制试验(HI)、酶联免疫吸附试验(ELISA)、免疫过氧化物酶单层细胞染色法(IPMA)等测定血清中的抗体效价,从而间接地反映疫苗制品的效力。

(三)抗原含量的测定

(1)细菌活菌计数。某些细菌类活疫苗可以采用细菌计数的方法评估疫苗的保护力,如布鲁氏菌病活疫苗、仔猪/牦牛副伤寒活疫苗的表面培养计数法,无荚膜炭疽芽孢疫苗/Ⅱ型炭疽芽孢疫苗的芽孢计数法。

(2)支原体计数。支原体活疫苗保护力评估方法,以颜色变化单位(CCU)表示。

(3)病毒含量测定。某些病毒类活疫苗可以通过接种敏感细胞,测定该病毒的半数感染剂量($TCID_{50}$)。禽用疫苗多用鸡胚进行含量测定,一般用半数胚感染量(EID_{50})或半数胚致死量(ELD_{50})表示。

(4)抗原相对效力。灭活疫苗可以测定抗原相对效力(RP),常用的方法有双抗体夹心ELISA,如猪圆环病毒Ⅱ型杆状病毒载体灭活疫苗、狂犬病灭活疫苗、猪支原体肺炎灭活疫苗等。

(5)有效抗原成分含量测定。针对疫苗中诱导中和性抗体生成的保护性抗原组成进行测定,如口蹄疫病毒灭活疫苗可以检测疫苗中完整的口蹄疫病毒粒子(146S),目前比较成熟的146S检测方法有蔗糖密度梯度离心法、高效液相体积排阻法、ELISA等。此外,猪圆环病毒Ⅱ型基因工程亚单位疫苗可以通过检测有效蛋白含量评价疫苗的效力。

技能一　猪伪狂犬病活疫苗病毒含量测定

【目的要求】

(1)理解病毒性活疫苗含量测定基本原理。

(2)掌握猪伪狂犬病活疫苗病毒含量的检测方法。

(3)具有精细入微、躬行求真的职业素养。

【设备与材料】

生物安全柜、倒置显微镜、3%～4% CO_2培养箱(37±1)℃、20～200 μL单道自动移液器、20～50 μL连续多道移液器、50～200 μL连续多道移液器、细胞计数板、巴氏助吸器、10 mL移液管、96孔培养板、50～200 μL吸头、无菌加样槽、废液缸、洗水布、冰块(放置2块96孔板)

DMEM 培养液、细胞生长液、细胞维持液、猪肾细胞系细胞（PK15）或仓鼠肾细胞（BHK21）、新生犊牛血清、青霉素、链霉素、待检猪伪狂犬病活疫苗。

【方法步骤】

1. 微量反应板上准备 PK15 细胞

（1）方瓶培养 PK15 细胞，当单层细胞长满之后，分 3 次加胰酶消化，每次加 10 mL，前 2 遍润洗，弃去胰酶，第 3 遍保留胰酶消化 1～2 min，观察细胞消化情况。

（2）细胞松动后，用手拍打方瓶，使细胞脱离瓶壁，加入 2 mL 细胞生长液重新悬浮细胞，用移液管吹打分散细胞，然后加入适宜的细胞生长液，使细胞密度在（5.5～7.5）$\times 10^4$ cells/mL。

（3）无菌 96 孔板中，每个孔加入 200 μL 的细胞悬浮液。

（4）在 36～38 ℃，3%～4% CO_2 培养箱中培养 24 h，使 80%细胞贴壁。

2. 待检样品稀释

（1）待检疫苗稀释：将待检猪伪狂犬病灭活疫苗干粉用含 2%新生牛血清的 DMEM 细胞培养液稀释为 1 头份/mL。

（2）取已稀释好的待检疫苗样品再做 10 倍系列稀释，取 10^{-4}、10^{-5}、10^{-6}、10^{-7} 4 个稀释度样品。

3. 感染

（1）确定 96 孔反应板上细胞形态以及近 80%的细胞铺满，将板中的培养液弃至无菌容器中。

（2）在 96 孔反应板中加入 100 μL/孔含有 2%新生牛血清的 DMEM 培养基。

（3）将 10^{-4}、10^{-5}、10^{-6}、10^{-7} 4 个稀释度样品加入 96 孔反应板中，100 μL/孔，每个稀释度做 4 个重复。

（4）在 36～38 ℃，3%～4% CO_2 培养箱中培养 48～72 h。

4. 结果观察

（1）用光学倒置显微镜检查所有反应孔，按照稀释浓度最高的向稀释浓度最低的顺序检查样品。

（2）病毒滴度的计算，用 $TCID_{50}$ 来表示（组织培养半数感染剂量），用 Reed-Muench 法计算。

示例：

反稀释	CPE	CPE/%
1	4/4	100
2	4/4	100
3	4/4	100
4	3/4	75
5	0/4	0

$$距离比=\frac{高于50\%病变稀释度的病变率-50\%}{高于50\%病变稀释度的病变率-低于50\%病变稀释度的病变率}$$

$$=\frac{75\%-50\%}{75\%-0}$$

$$=0.33$$

$$\lg TCID_{50}=高于50\%死亡率稀释度的对数+距离比\times稀释系数的对数$$

$$=-4+0.33\times(-1)$$

$$=-4.33$$

$$病毒滴度=10^{4.33}\ TICD_{50}/100\ \mu L$$

$$=10^{5.33}\ TICD_{50}/mL$$

【考核标准】

序号	考核点		分值	标准	评分		
					自评	互评	师评
1	知识	方法原理	10 分	可正确阐述病毒活疫苗病毒含量检测的实验操作原理。			
2	技能	方法选择	10 分	根据疫苗类型，选择合适的抗原含量检测方法。			
3		细胞培养	10 分	掌握细胞传代、消化、培养和计数方法，细胞培养中没有污染产生。			
4		试验操作	20 分	能正确地进行病毒活疫苗病毒含量测定。			
5		结果观察及判定	20 分	能在显微镜下准备找到病毒引起的致细胞病变效应(CPE)，掌握病毒滴度计算方法。			
6	素质	科学思辨	10 分	能细致认真地完成实验的每个步骤，能对检测结果进行正确记录及结果合理性分析。			
7		生物安全意识	5 分	接触过细菌的器材选择适宜方式进行灭菌，对操作环境进行消毒处置。			
8		无菌意识	5 分	在整个实验过程中能充分利用环境条件，保持无菌操作状态。			
9		科学应用	10 分	针对不同类型病毒活疫苗可合理选择方法进行疫苗含量鉴定。			
总分							

内容小结

- 兽用生物制品制备及检测
  - 兽用生物制品的认知
    - 兽用生物制品概念
    - 兽用生物制品分类
    - 兽用生物制品命名基本原则
  - 兽用生物制品的制备
    - 疫苗的制备
      - 细菌性疫苗的制备
      - 病毒性疫苗的制备
    - 抗体的制备
      - 高免血清
      - 卵黄抗体的制备
  - 兽用生物制品的检测
    - 理化性质检测
      - 外观检查
      - 剂型检查
      - 稳定性检测
      - 黏度检查
      - 干燥制品剩余水分测定
      - 真空度测定
      - 汞类防腐剂残留量测定
      - 甲醛残留量测定
      - 苯酚（石炭酸）含量测定
      - 辛酸含量测定
      - pH测定
    - 微生物学检测
      - 无菌检验和纯粹检验
      - 杂菌计数和病原性鉴定
      - 禽沙门菌检验
      - 衣原体检验
      - 支原体检验
    - 外源病毒检验
      - 禽源细胞及其生物制品外源病毒检验
      - 非禽源细胞及其制品外源病毒检验
    - 安全性检验
      - 实验动物
      - 接种剂量
      - 接种途径
      - 观察时间
      - 临床观察
    - 效力检验
      - 动物免疫攻毒法
      - 血清学检验法
      - 抗原含量的测定
  - 猪伪狂犬病活疫苗病毒含量测定

思政园地

科技创新　强农兴牧

在还没有发明疫苗之前，传染病对于动物和人来说就是一场场无情的灾难。在与传染病的抗争中最主要的手段就是预防，而接种疫苗被认为是最行之有效的措施。

有史料表明，我国是最早使用人工免疫方法预防传染病的国家。早在公元10世纪，唐宋时代已有接种人痘预防天花的记载。1727年俞茂鲲《痘科金镜赋集解》记载，明隆庆年间(1567—1572年)安徽太平县首创种痘法。到清代初期，人痘接种已广泛使用，并逐步推广至俄罗斯、意大利、希腊、英国、土耳其等，以后又传至其他大洲。

随着时间的推移，更多的科学家投身于疫苗的研究中，越来越多的新技术应用于开发新疫苗，亚单位疫苗、重组疫苗、核酸疫苗等新型疫苗层出不穷。这些疫苗针对不同传染病及非传染病，具有更少的副作用和更高的安全性，更符合现代社会发展的需求。由于天花疫苗的应用，1980年，世界卫生组织宣布天花在地球上绝迹——人类彻底消灭了天花。在动物疫病防控中，我国通过疫苗使用，已经彻底消灭了牛瘟和牛肺疫。

总的来说，疫苗的发展史是一段充满创新和成就的历史，它提醒我们疫苗在预防和控制传染病方面的重要性。同时也提示，科技创新引领高质量发展，只有通过不断的技术创新才能提升国家的国际竞争力，为国家社会稳定、畜牧产业发展升级，人民福祉做出更大的贡献。

思考

在诸多科学家攻坚克难矢志不渝的创新下，才开启了动物疫病防控的生物学新领域。同学们，在推动畜牧业发展中，你有哪些创新性的想法呢？

学习测试

一、单项选择题

1. 可中和破伤风梭菌产生的毒素的生物制品是(　　)。

A. 破伤风类毒素　　B. 破伤风抗毒素　　C. 抗生素　　D. 干扰素

2. 下列不能用于人工被动免疫的生物制品有(　　)。

A. 疫苗　　B. 抗毒素　　C. 高免卵黄抗体　　D. 高免血清

3. 下列生物制品中，属于人工主动免疫的有(　　)。

A. 疫苗　　B. 抗毒素　　C. 高免卵黄抗体　　D. 高免血清

4. 下列试剂中，不能在生物制品制备中用作病毒灭活剂的是(　　)。

A. 甲醛　　B. 乙醇　　C. β-丙内酯　　D. BEI

5. 生物制品检验中最首要的内在质量检测指标是(　　)。

A. 安全性　　B. 有效性　　C. 稳定性　　D. 特异性

二、简答题

1. 以细菌灭活苗为例，说明疫苗生产的基本过程与检验程序。
2. 兽用生物制品的检测内容有哪些？

二维码 8-1 项目八学习测试参考答案

项目九 动物疫病检测

项目导学

<table>
<tr><td>学习项目</td><td colspan="3">动物疫病检测</td></tr>
<tr><td colspan="4">学习目标</td></tr>
<tr><td>知识目标</td><td colspan="2">技能目标</td><td>素质目标</td></tr>
<tr><td>1.了解动物疫病检测工作程序。
2.理解动物疫病检测各类方法的基本原理和临床应用范围。</td><td colspan="2">1.掌握病料采集、保存、运送方法。
2.能够制订常见病原体实验室检测方案。
3.掌握常见血清学诊断操作及结果判断方法。
4.掌握变态反应诊断(结核菌素)操作及结果判断方法。</td><td>1.建立遵守国家法律法规及职业标准开展岗位工作的法治意识。
2.培养动物疫病检验员恪尽职守的责任担当和坚守规范的职业素养。
3.强化精益求精的探索精神。
4.强化利用所学知识,发现问题,分析判断问题与改进提升的科学能力。</td></tr>
<tr><td colspan="4">导学问题</td></tr>
<tr><td colspan="4">1.病料采集后拟分别进行细菌性及病毒性病原的双重检测,该病料应如何保存?
2.血清学检测中造成实验结果假阴性或假阳性的原因是什么?该如何避免?
3.血清学实验结果判读的顺序是什么?
4.变态反应诊断可应用于哪些疾病的检测?</td></tr>
<tr><td colspan="4">学习安排</td></tr>
<tr><td colspan="4">1.以 4～6 人为一小组,完成本项目学习。
2.课前以小组为单位,查阅相关资料,完成问题的回答,并将答案反馈于线上教学系统。
3.课前以小组为单位,将本项目学习的疑难点,反馈于线上教学系统。
4.学习凝集、沉淀、ELISA 及 PPD 诊断的基本方法。
5.课后以个人为单位,限时完成本项目的在线测试。</td></tr>
<tr><td colspan="4">学习评价</td></tr>
<tr><td>自我评价(20%)</td><td>小组评价(20%)</td><td>教师评价(60%)</td><td>总评</td></tr>
<tr><td></td><td></td><td></td><td></td></tr>
<tr><td colspan="4">学习反思</td></tr>
<tr><td colspan="4"></td></tr>
</table>

任务一 病料的获取

实验室诊断是畜禽传染性疾病诊断的重要环节。传染病除少数凭借临床症状、流行病学和病理学检验可以确诊外，多数常需要通过实验室病原体检测或其特异性抗体检查进行确诊。而实验室诊断准确与否很大程度上取决于病料采集。病料采取方法是否得当、保存是否得法和送检是否及时都影响着实验室诊断结果的准确性。因此工作人员必须以高度负责的精神及科学严谨的职业素养，做好病料的采集和送检工作。

一、病料采集的基本要求

二维码 9-1 病料的采集原则

1. 安全采样

采样过程中，由于部分动物疫病（如链球菌病、炭疽病、布鲁氏菌病、狂犬病等）都属于人兽共患病，感染后会引起严重后果，甚至造成巨大的生物安全威胁，所以采样人员一定要按照操作规范做好安全防护工作，防止病原污染，尤其要防止外来疫病的扩散，避免事故发生。

剖检取材之前，应先对病情、病史有充分了解，并详细进行剖检前检查。如怀疑为炭疽时（如突然死亡、皮下水肿、天然孔出血、尸僵不全、尸体迅速膨胀等）禁止解剖，可在颈静脉处切开皮肤，用消毒注射器抽取血液做血涂片数张，立即送检，排除炭疽后，才可剖检取样。采集完病料后必须对解剖场地、尸体及各类器械用品等进行彻底消毒处理。

2. 无菌采集

采集病料时，对采集病料的器械及容器必须提前消毒，减少因器械或盛放病料的容器对病料的污染。取样必须按规定进行，采样用具、容器固定专用；严格遵循无菌操作程序，避免病料间的交叉污染。一件器械只能采取一种病料，否则，该器械必须经过消毒（如火焰消毒、酒精消毒），才能采取另一种病料。采取的脏器分别装入不同的容器内，一般先采集微生物学检验材料，再采集病理组织学检验材料。

3. 适时采样

选择适当的采样时机十分重要，必须采取新鲜的病料；已经污染或腐败的病料都不适合用于检验。病料最好在病初发热期或出现典型症状时采取；病死动物应立即采样，夏季不超过 4 h，冬季不超过 24 h，拖延过久，易发生组织变性、腐败等，影响检验结果。

4. 合理取材

不同疫病需检验的病料各异，应按可能的疫病侧重采样；未能确定为何种疫病的，应全面采样或根据临床和病理变化有所侧重。有败血症病理变化时，应采心血和淋巴结、脾、肝等组织；有明显神经症状者，应采取脑、脊髓等；有黄疸、贫血症状者，应采肝、脾等。此外还可选取有病变的器官送检；如有多数动物发病，最好能选择未经药物治疗的病例，取材时应选择症状和病变典型、有代表性的病例。小家畜、幼畜、家禽等可选择典型病例生前活体送检，或整个尸体送检。

5. 适量采样

按照检测规定要求，采集病料的数量要满足检测需求，并留样以备复检。病料采集量一般为检测需要量的4倍。

有条件做细菌培养的场合，在尸体剖开后可先进行细菌培养，然后采样。细菌培养通常采集心血和肝、脾等组织，先用脱脂棉球蘸取95%乙醇，点燃后在脏器的表面烧灼消毒，再用灭菌手术刀，切一小口，用灭菌环自小口深处取材料接种。

二、采样前的准备工作

(一)采样人员准备

采样人员应熟悉动物防疫的有关法律规定，具有一定的专业技术知识，熟练掌握采样工作程序和操作技术。

(二)器械与试剂准备

1. 器械准备

采样前应准备采集器械（如酒精灯、解剖刀、剪刀、镊子、锯、注射器、探杯、无菌棉拭子）、储运设备（如冷藏箱、试管、离心管、试管架、平皿、西林瓶、易封口样品袋、封条、封口膜、玻片、冰袋）等。

2. 器械消毒

刀、剪、镊子、锯子等用具应煮沸消毒30 min或0.105 MPa(121.5 ℃)高压维持30 min，使用前用酒精擦拭，用时进行即时火焰消毒。器皿（如玻璃制品、陶制品）经0.105 MPa(121.5 ℃)高压维持30 min；或经160 ℃烘干2 h灭菌；或放于0.5%～1%的碳酸氢钠溶液中煮沸10～15 min，水洗后，再用清洁纱布擦干，保存于酒精、乙醚等溶液中备用。注射器和针头放于清洁水中煮沸30 min。一般要求使用一次性针头和注射器。

需特别注意，检查过传染性海绵状脑病的器械要放在2 mol/L的氢氧化钠溶液中浸泡2 h以上，才可再次使用；采取一种病料，使用一套器械及容器，严禁用其再采集或容纳其他病料；采过病料的用具应先消毒后清洗。

3. 记录用品

不干胶标签、签字笔、记号笔、采样单、记录本等。

4. 保存液

30%甘油盐水缓冲保存液（细菌性病料保存）、50%甘油盐水溶液（病毒性病料保存）、pH 7.4磷酸盐缓冲液(PBS液)、10%福尔马林固定液（病理标本保存）、阿氏液等。

5. 人员防护用具

防护服、防护帽、一次性口罩、乳胶手套、护目镜、胶鞋等。

6. 消毒物品

酒精棉球、碘酒棉球、甲醛、消毒液等。

三、病料的采集与保存

二维码 9-2 病料的保存条件及运送注意事项

根据采样目的、内容和要求，选择样品采集的种类，具体采样方法参照国家 NY/T 541—2016《兽医诊断样品采集、保存与运输技术规范》及有关规定执行。

(一)病料的采集

1. 活体动物病料的采取

(1)血液。采血前对采血部位剪毛或拔毛，先用碘酒消毒，再用75%酒精脱碘，采血完毕后，用干棉球压迫止血。

猪常用采血部位是耳缘静脉和前腔静脉；禽类可在翅静脉或心脏采血；牛、羊常在颈静脉采血，但牛也可在尾静脉采血；兔可从耳缘静脉、颈静脉或心脏采血；啮齿类动物可从尾尖采血，也可从眼窝内的血管丛采血。

全血(抗凝血)样品制备：采集的新鲜血液样品为防止血凝，应进行脱纤处理或加入抗凝剂。采血前，在真空采血管或其他容器内按每毫升血液加入 0.1%肝素 1 mL 或 EDTA 20 mg，采集的血液立即与抗凝剂充分混合，防止凝固。采集脱纤血时，先在容器内加入适量小玻璃珠，加入血液后，反复振荡，以便脱去血液纤维。用于细菌性病原检测的血液样本，必须在未经药物治疗期间采集，抗凝剂可选择肝素、EDTA 或枸橼酸钠。用于病毒性病原检测的血液样本，抗凝剂可选用肝素或 EDTA，枸橼酸钠对病毒有轻微毒性，一般不宜采用。必要时，可在血液中按每毫升加入青霉素和链霉素各 500～1 000 IU，以抑制采集血液中污染的细菌。

采集的血液经密封后贴上标签，以冷藏状态立即送实验室，否则需置 4 ℃冰箱内暂时保存，但时间不宜过久，以免溶血。

血清学检测样品：用于血清学检测的样品不加抗凝剂或脱纤处理。一般情况下，为保障血清质量，采集空腹动物血液较好。采集的血液贴上标签，室温静置待凝固后送实验室，也可用离心机 2 500～3 500 r/min 离心 5～8 min。若能及时检测，可将血清放于 0～4 ℃冰箱冷藏。若暂时不检测，需置－20 ℃冰箱冷冻保存，但不能反复冻融，否则抗体效价下降。用于血清学检测的血液，在采血、运送、分离血清过程中，应避免溶血，以免影响检测结果。采集双份血清检测比较抗体效价变化的，第一份血清采于发病的初期并做冻结保存，第二份血清采于第一份血清后 3～4 周，双份血清同时送实验室。

(2)鼻分泌物。一般用灭菌棉签从口腔、鼻腔深部或咽喉部采取所需分泌物，也可用消毒的拭子采取咽或食道分泌物。

牛、羊 O-P 液(食道-咽喉部位分泌液)：牛、羊在采样前禁食 12 h(可饮水)，以免胃内容物严重污染 O-P 液。采样探杯在使用前经 0.2%柠檬酸或 2%氢氧化钠浸泡 5 min，再用自来水冲洗干净。每采完一头动物，探杯要重复进行消毒和清洗。采样时动物站立保定，将探杯随牛、羊吞咽动作送入食道上部 10～15 cm 处，轻轻来回移动 2～3 次，然后将探杯拉出，如采集的 O-P 液被胃内容物严重污染，要用生理盐水或自来水冲洗口腔后重新采样。采集 8～10 mL O-P 液，倒入含有等量 PBS 缓冲液灭菌容器中，加盖密封后充分摇匀，标记后放入冷藏箱及时送检，若不能及时送检应转往－60 ℃冰箱冷冻保存。

家禽泄殖腔拭子和咽拭子：取无菌棉签，插入禽口腔至咽的后部直达喉气管，慢慢旋转，沾上气管分泌物。或将棉拭子插入家禽泄殖腔 1.5～2 cm，旋转沾上粪便。将拭子的样品端剪下，置于含抗生素 PBS 溶液的塑料离心管中，封口，做好标记。

(3)乳汁。先用消毒剂清洗并消毒乳房、乳头及采样人员手臂，将最初挤出的乳汁弃去，再以灭菌容器采取 10～20 mL，加塞密封，编号后冷藏保存。进行血清学检验的乳汁避免冻结、加热或剧烈振动。

(4)尿液。用灭菌容器采取中段尿液，可在自然排尿时采取，也可用导尿管或膀胱穿刺采取。采取的尿液应立即送检。若不能及时检查，应置 4 ℃冰箱中保存。

(5)流产物及生殖道分泌物。可用灭菌棉签采取阴道深部或宫颈分泌物，采取后立即置含有无菌肉汤或 PBS 溶液的试管中，冷藏送检。采取公畜精液时，先清洗消毒阴茎皮肤后，以人工采精方法将精液收集于灭菌容器内。若有流产胎儿，可将整个胎儿用塑料薄膜或数层不透水的油纸包紧，装入放有冰袋的密闭容器内，立即送往实验室。

(6)粪便。小动物可先用消毒液擦净肛门周围的污物，然后用灭菌棉签从直肠蘸取粪便，置装有少量 pH 7.4 磷酸盐缓冲液的试管中，立即冷藏送检。大动物可从直肠直接采取，先将肛门周围皮肤清洗消毒，再戴上长臂手套伸入直肠深部掏取少量粪便，也可用压舌板插入直肠，轻轻下压，刺激排便。采好的粪便样品需立即冷藏，及时转送实验室检验。

(7)脓汁或局部渗出液。对于未破口的肿胀病灶，用无菌注射器或吸管抽取脓汁或渗出液。对于已破口的肿胀病灶，用无菌棉球或纱布，蘸取深部脓汁或渗出液。

(8)水泡皮、水泡液。若水泡皮表面有污物，可用清水冲洗，切忌使用酒精、碘酒等消毒剂消毒、擦拭。用灭菌注射器抽取水泡中的水泡液装入灭菌小瓶中。若水泡已破裂，剪取新鲜水泡皮放入灭菌小瓶中，加入 2 倍体积的 50%甘油磷酸盐缓冲液(pH 7.4)，加盖密封，尽快冷冻送检。

(9)体腔液。胸水、腹水、脑脊液、关节囊液等体腔内的液体，可用穿刺的方法采取。

2.新鲜死亡动物(动物尸体)病料的采取

组织样品的采集：组织样品一般在扑杀动物或病死尸体剖检中采集。从尸体采样时，先剥去动物胸腹部皮肤，以无菌器械将腹腔打开，根据检测目的和生前疫病的初步诊断，无菌采集不同的组织。

(1)内脏实质器官。心、肝、脾、肺、肾等实质性器官组织，无菌采取有病变的部位 1～2 cm^3 小块即可，无病变时也要采集。若动物幼小时也可采取完整的内脏器官，分别置于灭菌容器或青霉素瓶中。

(2)淋巴结。采取病变组织器官相邻近的淋巴结。采集淋巴结时应与周围组织一起采集，并尽可能多采集几个。

(3)血液。通常在右心房采取心血，先用烧红的剪刀或刀片烙烫心肌表面，然后用灭菌的外科手术刀自烙烫处刺一小孔，再用灭菌吸管或注射器吸取血液，盛于灭菌的试管或青霉素小瓶中。

(4)胆汁。个体小的动物，可采集整个胆囊。大动物可用灭菌注射器吸取胆汁数毫升，吸取方法同心血烧烙采取方法。

(5)肠管或肠内容物。选择病变明显的一段肠管(5～10 cm)，用外科线扎紧两端，自扎线外侧剪断，把该段肠管置于灭菌器皿中。也可用吸管扎穿肠壁，从肠腔内吸取内容物，放入盛有灭菌的50%甘油盐水缓冲液中保存或送检。

(6)皮肤及羽毛。皮肤病料要选择病变明显区的边缘部分，用剪刀和镊子采取约1 cm^2的皮肤一块，保存于50%甘油磷酸盐缓冲液中。若皮肤有丘疹、结节、脓包、坏死等病变，可直接剪取放入灭菌容器中。如做螨等体外寄生虫检查，则在病变皮肤和健康皮肤的交界处，即螨活动旺盛的地方，用小刀在皮肤表面垂直刮取皮屑，直到皮肤轻微出血，接取皮屑供检。

羽毛也应在病变明显的部位采集，用无菌刀刮取少许羽毛及根部皮屑，放入灭菌容器中送检。

(7)脑。做病毒检查时，可将脑浸入灭菌的50%甘油盐水缓冲保存液，或将整个头部割下，以浸过防腐消毒液的纱布包裹，置于不透水容器内冷藏送检。

(8)脊髓液。可采用颈椎穿刺法或腰椎穿刺法采集。

颈椎穿刺法：采样前，常规消毒术部和器具。使用特制的专用穿刺针，穿刺点为环枢孔。动物站立或横卧保定，使其头部向前下方屈曲，穿刺针与皮肤面呈垂直缓慢刺入。将针头刺入蛛网膜下腔，立即拔出针芯，脑脊液自动流出或点滴状流出，盛入消毒容器中。大动物颈椎穿刺一次采集量35～70 mL。

腰椎穿刺法：动物站立保定，术部剪毛消毒后，用专用穿刺针刺入腰荐孔，当刺入蛛网膜下腔时，即有脊髓液滴出，用消毒注射器抽取，盛入消毒容器内。大动物腰椎穿刺一次采集量15～30 mL。

(9)骨。应将附着的肌肉和韧带等全部去除，表面撒上食盐，然后用浸过防腐消毒液的纱布或油布包裹，装于不透水的容器送检。

(10)生殖器官。母畜应分别采取子宫、胎盘等病变部位的组织及其分泌物。公畜采取睾丸及附睾。

(11)胎儿、小动物及家禽。可采取整个动物尸体，用不透水的塑料薄膜或数层油纸包裹送检。

3. 环境样品的采集

为监测环境卫生状况或调查疫病，也可从遗弃物、通风管、下水道、孵化场、屠宰场等采集环境样品。将固体平板培养基暴露静置于空气中，可采集空气中的微生物。

(二)病料的保存

样品抽取后，采样人员在现场将样品分为3份，其中2份送检，1份留样备查。供细菌检验的病料，若能1～2 d内送到实验室，可放在有冰的保温瓶或4～10 ℃冰箱内，也可放入灭菌液体石蜡或30%甘油盐水缓冲保存液中。病毒病病料采集的原则、方法以及保存运送的方法与细菌病病料的采集、保存和运送方法基本是一致的，不同的是病毒病病料的保存除可冷冻外，还需放在50%甘油盐水缓冲保存液中，液体病料采集后可直接加入一定量的青霉素、链霉素或其他抗生素以防细菌和霉菌的污染。

四、采样记录

病料采集的同时，应填好动物疫病采样单(表9-1)，做好样品标记。

1. 采样单的信息

畜主姓名和畜禽场地址；场内饲养动物品种及数量；被感染动物或易感动物种类及数量；

始发病例和继发病例的日期；感染动物在畜禽中的分布情况；死亡动物数、出现临床症状的动物数量及年龄；临床症状及持续时间，包括口腔、眼睛和腿部情况，产奶或产蛋记录、死亡情况和时间；免疫和用药情况；采样数量，样品名称，样品编号，采样人和被采样单位签章等。

2.采样单的填写要求

采样单位应用钢笔或签字笔逐项填写，一式三份。样品标签和封条应用签字笔填写，保温容器外封条应用钢笔或签字笔填写，塑料离心管上可用记号笔做标记。应将采样单和病史资料装在塑料包装袋中，并随样品送实验室。样品信息除采样单要求的信息外，还应包括：饲养类型和标准；送检样品清单和说明，包括病料种类、保存方法等；动物诊疗史；要求做何种试验或检测；送检者姓名、地址、联系方式，送检日期等。

表 9-1　动物疫病采样单

<table>
<tr><td colspan="2">场名或畜(禽)主</td><td colspan="2"></td><td>动物代次</td><td colspan="2">□原种□祖代
□父母代□商品代</td></tr>
<tr><td>通信地址</td><td colspan="4"></td><td>邮编</td><td></td></tr>
<tr><td>联系人</td><td colspan="4"></td><td>电话</td><td></td></tr>
<tr><td>栋号</td><td>样品名称</td><td>品种</td><td>日龄</td><td>存栏量</td><td>采样数量</td><td>编号起止</td></tr>
<tr><td></td><td></td><td></td><td></td><td></td><td></td><td></td></tr>
<tr><td></td><td></td><td></td><td></td><td></td><td></td><td></td></tr>
<tr><td></td><td></td><td></td><td></td><td></td><td></td><td></td></tr>
<tr><td>既往病史</td><td colspan="6"></td></tr>
<tr><td>临床症状和
病理剖检情况</td><td colspan="6"></td></tr>
<tr><td>免疫、治疗
情况</td><td colspan="6"></td></tr>
<tr><td>备注</td><td colspan="6"></td></tr>
<tr><td rowspan="3">采样单位</td><td>单位名称</td><td colspan="2"></td><td>联系人</td><td colspan="2"></td></tr>
<tr><td>通信地址</td><td colspan="2"></td><td>邮编</td><td colspan="2"></td></tr>
<tr><td>联系电话</td><td colspan="2"></td><td>传真</td><td colspan="2"></td></tr>
<tr><td colspan="4">被采样单位盖章或负责人签名
年　月　日</td><td colspan="3">采样单位盖章
采样人 1：
采样人 2：
年　月　日</td></tr>
</table>

注：此单一式三份，第一联由采样单位保存，第二联随样品，第三联由被采样单位保存。“编号起止”统一用阿拉伯数字 1、2、3…表示，各场保存原动物编号。

五、病料的运送

运送原则及要求:样品采集后应于 24 h 内冷藏送往实验室,否则应将样品冷冻保存(有特殊保存要求的除外),并以此状态运送。样品的包装要防水、防漏、密闭性良好,以防液体样品泄漏。样品与容器间应填充防震材料,以防玻璃容器破裂。样品外包装要加贴生物安全警示标识、提示用语等。

任务二 病原体检测技术

动物传染性疾病多数由微生物引起,其中细菌性病原占 50%左右,病毒性病原占 40%左右,因此在动物生产过程中必须做好传染性疾病防治工作。对于发病的动物群体,及时而准确地判定病原,是制订高效疾病防治方案的关键一环。不同的病原其诊断方法及程序各不相同,下面以细菌性疾病及病毒性疾病实验室诊断为例进行介绍。

一、细菌性疾病的实验室诊断

(一)细菌的形态检查

细菌的形态检查是细菌检验技术的重要手段之一。在细菌病的实验室诊断中,形态检查的应用有两个时机。一是将病料涂片染色镜检,它有助于细菌的初步认识,也是决定是否进行细菌分离培养的重要依据,有时通过这一环节即可得到确切诊断。如禽霍乱和炭疽的诊断有时可通过病料组织触片、染色、镜检即可确诊。二是在细菌的分离培养之后,将细菌培养物涂片染色,观察细菌的形态、排列及染色特性,这是鉴定分离菌的基本方法之一,也是进一步生化鉴定、血清学鉴定的前提。

常用的染色方法项目二已讲述,包括单染色法和复染色法,应用时可根据实际情况选择适当的染色方法。如对病料中的细菌进行检查,常选择单染色法,如亚甲蓝染色法或瑞氏染色法,而对培养物中的细菌进行染色检查时,多采用可以鉴别细菌的复染色法。当然,染色方法的选择并非固定不变。

(二)细菌的分离培养

细菌的分离培养及移植是细菌学检验中最重要的环节,细菌病的诊断与防治以及对未知菌的研究,常需要进行细菌的分离培养。

细菌病的临床病料或培养物中常有多种细菌混杂,其中有致病菌,也有非致病菌,从采集的病料中分离出目的病原菌是细菌病诊断的重要依据,也是对病原菌进一步鉴定的前提。不同的细菌在一定培养基中有其特定的生长现象,如在液体培养基中的均匀、浑浊、沉淀、菌环或菌膜,在固体培养基上形成的菌落和菌苔等。细菌菌落的形状、大小、色泽、气味、透明度、黏稠度、边缘结构和有无溶血现象等,均因细菌的种类不同而异,根据菌落的这些特征,即可初步确定细菌的种类。

将分离到的病原菌进一步纯化，可为进一步的生化试验鉴定和血清学试验鉴定提供纯的细菌。此外，细菌分离培养技术也可用于细菌的计数、扩增和动力观察等。

细菌分离培养的方法很多，最常用的是平板划线接种法，另外还有倾注平板培养法、斜面接种法、穿刺接种法、液体培养基接种法等，内容详见本项目实训六。

（三）生化试验

细菌和其他微生物一样，具有一定的化学组成和物理形状。不同种类的细菌，由于其细胞内新陈代谢的酶系不同，对营养物质的利用和分解能力不一致，代谢产物等也具有很大差异。细菌的生化试验就是检测某种细菌能否利用某些物质及其某些物质的代谢及合成产物，确定细菌合成和分解代谢产物的特异性，借此来鉴定细菌的种类。细菌的生化反应在种、型鉴定中具有重要的应用价值。

一般只有纯培养的细菌才能进行生化试验鉴定。细菌生化试验内容较多，常用的有碳水化合物代谢试验，如糖发酵试验、吲哚试验、甲基红试验、维培试验等；蛋白质、氨基酸和含氮化合物代谢试验，如明胶液化试验、吲哚试验、硫化氢试验等；有机酸利用试验，如柠檬酸盐试验；脂类代谢试验，如卵磷脂分解试验等。

（四）动物接种试验

实验动物有“活试剂”或“活天平”之誉，是生物学研究的重要基础和条件之一。动物实验也是微生物学检验中常用的技术，有时为了证实所分离菌是否有致病性，可进行动物接种试验，最常用的是本动物接种和实验动物接种。

（五）血清学试验

在细菌检验中，常用血清学反应来鉴定分离到的细菌，以最终确认检测结果，这是临床细菌性疫病诊断和病原菌鉴定的重要手段之一。细菌细胞含有蛋白质、脂蛋白、脂多糖等具有抗原性的物质，由于不同种类细菌的抗原物质结构不同，赋予它们不同的抗原特性。一种细菌的抗原除可与自身的抗体发生特异性反应外，若还与其他种类的细菌有共同的抗原组分，它们的抗原抗体之间就会发生交叉反应。因此可以用已知抗体（即含特异性抗体的免疫血清和单克隆抗体等）检测标本中或分离培养物中未知细菌的种型或细菌抗原，称为血清学鉴定。

血清学试验具有特异性强、检出率高、方法简易快速的特点。常用的血清学试验有凝集试验、沉淀试验、补体结合试验、免疫标记技术等。

（六）分子生物学鉴定技术

随着生物技术和分子生物学的不断进步和发展，细菌的分类鉴定技术也有了很大的突破，尤其是分子水平上发展起来的检测鉴定方法。分子生物学检测又称基因诊断，主要是针对不同病原微生物所具有的特异性核酸序列和结构进行测定，该方法不仅可用于及时发现并确诊病原，为细菌分类鉴定提供了相对于表型分析更可靠的依据外，还可以从分子水平上通过研究和比较微生物乃至整个生物界的基因型特征来探讨生物的进化、系统发育和分子鉴定。

分子生物学检测技术的特点是反应灵敏度高、特异性强、检出率高，是目前最先进的诊断技术，常用的如聚合酶链反应（PCR）等。

二维码 9-3　细菌病的实验室诊断程序

二、病毒性疾病的实验室诊断

二维码 9-4 病毒实验室诊断基本流程

(一)包涵体检查

有些病毒能在易感细胞中形成包涵体。将被检材料直接制成涂片、组织切片或冰冻切片,经特殊染色后,用普通光学显微镜检查。这种方法对能形成包涵体的病毒性传染病具有重要的诊断意义。但包涵体的形成有个过程,出现率也不是100%,所以,在包涵体检查时应注意。能产生包涵体的畜禽常见病毒见表9-2。

表 9-2 能产生包涵体的畜禽常见病毒

病毒名称	感染范围	包涵体类型及部位
痘病毒类	人、马、牛、羊、猪、鸡等	嗜酸性,胞浆内,见于皮肤的棘层细胞中
狂犬病病毒	狼、马、牛、猪、人、猫、羊、禽等	嗜酸性,胞浆内,见于神经元内及视网膜的神经节层的细胞中
伪狂犬病病毒	犬、猫、猪、牛、羊等	嗜酸性,核内,见于脑、脊椎旁神经节的神经元中
副流感病毒Ⅲ型	牛、马、人	嗜酸性,胞浆及胞核内均有,见于支气管炎、肺泡上皮细胞及肺的间隔细胞中
马鼻肺炎病毒	马属动物	嗜酸性,核内,见于支气管及肺泡上皮细胞、肺间隔细胞、肝细胞、淋巴结的网状细胞等
鸡新城疫病毒	鸡	嗜酸性,胞浆内,见于支气管上皮细胞中
传染性喉气管炎病毒	鸡	嗜酸性,核内,见于上呼吸道的上皮细胞中

(二)病毒的分离培养

为了充分释放细胞内感染的病毒,常通过剪切和研磨、超声波裂解、反复冻融等方式破碎细胞。获得的样本在进行病毒分离培养前都需要做适当的处理,以去除其他的无关物质,确保病毒分离的成功率。为避免细菌污染,样品一般采用滤器除菌、高速离心除菌和加入抗生素等方式处理。不同样品的处理方式不完全相同。如用实质性组织脏器作为病料进行病毒分离培养时,将送检的病料置平皿内,以灭菌的pH7.6磷酸盐缓冲液洗涤数次,并用灭菌滤纸吸干、称重、剪碎、研磨制成1∶5悬液,为防止细菌污染,每毫升加青霉素1 000 IU、链霉素1 000 μg,置2~4 ℃冰箱内4~6 h,然后用8 000~10 000 r/min速度离心沉淀30 min,吸取上清液备用。

将获得的病毒液接种动物、禽胚或组织细胞,可进行病毒的分离培养。被接种的动物、禽胚或细胞出现死亡或病变时(但有的病毒需盲目传代后才能检出),可应用血清学试验及相关的技术进一步鉴定病毒。

(三)动物接种试验

病毒病的诊断也可应用动物接种试验来进行。取病料或分离到的病毒处理后接种实验动物,通过观察记录动物的发病时间、临床症状及病变甚至死亡的情况,也可借助一些实验室的方法来判断病毒的存在。此方法尤其在病毒毒力测定上应用广泛。

(四)血清学试验

经分离获得的病毒或者组织等样品中的病毒,都可以用已知的抗病毒血清或单克隆抗体进行血清学试验，鉴定病毒的种类乃至型别。常用的方法有中和试验、补体结合试验、红细胞凝集和凝集抑制试验、免疫扩散试验、免疫标记技术等。

（五）分子生物学鉴定技术

随着现代生物技术的快速发展，建立在分子生物学基础上的快速检测病原微生物的技术得到了迅速发展并广泛地应用。分子生物学鉴定技术可以及时发现并确诊病原，分析病原的流行特征及遗传特性，了解病原的进化特点。应用较为广泛的有聚合酶链反应（PCR）技术、实时荧光定量 PCR 技术、核酸杂交技术、DNA 芯片技术等。

任务三　血清学诊断

一、血清学试验概述

（一）血清学试验的概念

抗原和抗体会发生特异性的结合反应，称为抗原抗体反应。它既可以发生在生物体内，也可发生在体外。抗体在体外同相应的抗原发生的特异性结合反应，这些反应可依据可见的体外反应现象来判定试验结果，检测样本中抗原或抗体的存在情况，是常用的诊断方法。因抗体主要存在于血清中，所以将体外发生的抗原抗体结合反应称为血清学反应，或血清学试验。血清学试验具有高度的特异性和敏感性，广泛应用于微生物的鉴定、传染病及寄生虫的诊断和监测。

（二）血清学试验的特点

1. 特异性和交叉性

抗原刺激机体能够产生相应的抗体，并与之结合。这种结合本质上是指抗原上的某一抗原决定簇和与之对应的抗体分子的可变区的结合，具有高度的特异性。其物质基础是抗原决定簇和抗体在蛋白质空间构象上形成了互补配对的关系，类似于一把“钥匙”只能开与之“凸凹”相应的一把“锁”，如猪伪狂犬病病毒的抗体只能与猪伪狂犬病病毒相结合而不能与除猪伪狂犬病病毒以外的其他病毒相结合。然而，分子量较大的蛋白质往往含有多个抗原决定簇，这些抗原决定簇会刺激机体产生不同的抗体。如果两种抗原之间含有部分共同的抗原决定簇，其抗体则会发生交叉反应。如牛痘病毒与人类天花病毒二者具有许多相似抗原决定簇，因此接种牛痘可以预防人感染天花。

2. 敏感性

抗原抗体的结合还具有高度的敏感性，这是由二者之间的亲和力决定的。在极低浓度下，二者也可发生反应，检测到抗原或抗体的存在，其敏感程度大大超过了当前所应用的化学分析法。

3. 可逆性

抗原与抗体结合复合物借助分子间的静电力、氢键、范德华力等，这些结合是可逆的。在温度为 0～40 ℃、pH 为 4～9 时，抗原抗体能够有效结合。当温度过高、pH 改变或有解离剂

(如硫氰化钾、尿素)等的存在时,抗原抗体复合物解离;当结合条件恢复时,抗原抗体的结合又恢复,这称为抗原抗体结合的可逆性。

4. 反应的二阶段性

抗原抗体反应分为特异性结合阶段和可见反应阶段。在特异性结合阶段,抗原与抗体迅速结合,反应发生快,只需经历数秒钟或数分钟,但不出现可见反应。第二阶段为可见反应阶段,在不同的环境因素(如电解质、pH、温度、补体)影响下,抗原抗体复合物可表现为凝集、沉淀、补体结合等可见反应。此阶段反应速度较慢,往往需数分钟、数十分钟或更久。

5. 最适比例与带现象

抗原抗体想要形成彼此连接的复合物,出现凝集、沉淀等可见反应,需要合适的抗原、抗体比例。大多数情况下,抗体为二价的,抗原为多价的。若反应体系中,加入的抗原或抗体比例不合适,会出现抑制可见反应发生的情况,称为带现象(图 9-1)。当抗体过量时,称为前带现象;当抗原过量时,称为后带现象。因此,进行血清学反应时,往往需要对抗原或抗体做适当的梯度稀释,寻找二者的最适反应浓度。

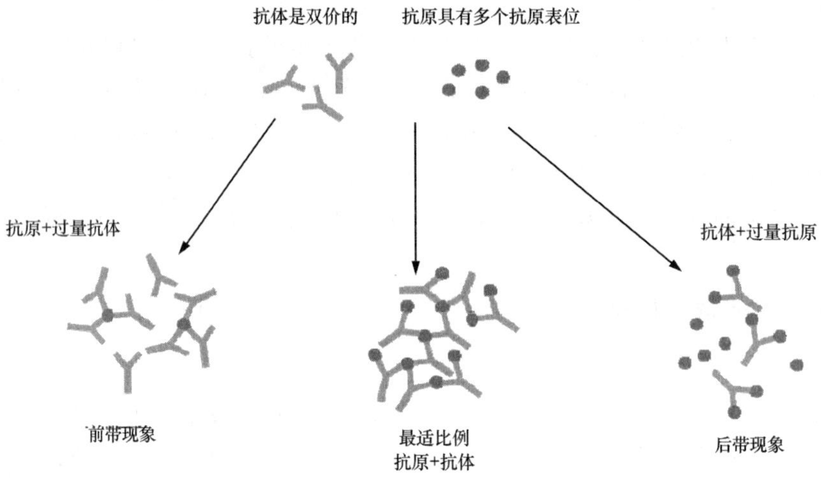

图 9-1 抗原抗体结合的前带与后带现象

6. 用已知测未知

在血清学试验中,已知某种材料可以检测另外一种材料,即可以使用已知的抗原来测定未知的抗体,也可以使用已知的抗体来测定未知的抗原。

(三)血清学试验的影响因素

1. 电解质

抗原或抗体溶解于水中时,因其表面带有电荷,具有亲水性;抗原抗体结合后形成复合物,此时疏水性加强。适当浓度的电解质溶液可使抗原-抗体复合物进一步失去表面的电荷,破坏水化层,增加疏水性,最终免疫复合物互相聚集,形成肉眼可见的沉淀或凝集物。因此,在血清学试验中,常使用生理盐水、磷酸盐缓冲液等作为反应缓冲液。

2. 温度

抗原抗体发生非特异性结合反应时,温度越高,抗原抗体分子运动越剧烈,彼此碰撞的机会越多反应越彻底。通常情况下 20～40 ℃是抗原抗体反应的最适温度，随着温度的升高，反应逐渐变得剧烈，特异性结合反应也越来越彻底。37 ℃是大多数血清学试验使用的反应温度。如果温度超过 56 ℃，会导致抗原和抗体的蛋白变性，直至失活。

3. 酸碱度

血清学试验需要在一定的 pH 溶液中才能发生，当溶液的 pH 大于 8 或者小于 6 时，反应生成的免疫复合物容易发生解离。若 pH 降至抗原或抗体的等电点时，会发生非特异的凝集，造成假阳性。

4. 振荡

适宜的振荡会加速抗原抗体分子之间的碰撞，有助于抗原抗体复合物的生成，但过于强烈的振荡会使反应生成的复合物发生解离。

5. 杂质和异物

如果血清学试验的反应溶液中存在杂质和异物（如蛋白质、脂类、多糖），有时候会影响血清学试验的特异性和敏感性。若杂蛋白含有与抗原相同的抗原决定簇，会造成非特异性结合；某些物质甚至可以抑制抗原抗体的反应。因此，血清学试验需要设置阴性、阳性对照，以排除假阳性或假阴性情况。

（四）血清学试验的应用及发展趋势

血清学试验作为一种基于抗原-抗体反应的检测技术，在医学、兽医学、生物学等领域得到了广泛应用。血清学试验是疾病诊断最重要的手段，可用于检测传染病、寄生虫病、肿瘤、自身免疫病和变态反应性疾病等的抗原或抗体，从而做出确切诊断。同时，也可用于生物活性物质的超微定量，如激素、酶等。另外，通过血清学试验还可以鉴定物种和微生物的类型，对于生物学和医学研究具有重要意义。

血清学试验的发展从早期的肉眼观察凝集、沉淀现象的阶段，随后出现利用荧光显微镜观察结果的免疫荧光技术、底物显色判读结果的酶联免疫吸附试验（ELISA）、化学发光免疫分析等，使其检测的特异性、敏感性大大提高，检测范围更加广泛。未来，随着生物技术、纳米技术、基因测序技术等的不断发展和应用，血清学诊断将有望实现更高的灵敏度、特异性和便捷性。例如，基于微流控芯片的血清学诊断方法有可能实现微型化、集成化和自动化，从而降低检测成本、提高检测效率。同时，基于大数据和人工智能的血清学诊断方法有望实现对复杂疾病的多维度、精细化诊断，为兽医学疾病防控、医学的临床治疗和预后评估提供更加准确的信息。

二、凝集试验

（一）凝集试验的原理

当细菌、红细胞等颗粒性抗原或吸附在红细胞、乳胶颗粒性载体表面的可溶性抗原，与对应的抗体在合适的电解质存在下，在适当的温度和 pH 下反应一定时间以后，会形成大量的肉眼可见的凝集物的试验称为凝集试验（Agglutination test）。参与凝集试验的抗原称为凝集原；抗体称为凝集素，主要抗体类型为 IgG 和 IgM。凝集试验既可以用来检测抗原，也可以用来检测抗体，其优点是操作简便、快速、结果稳定，不依赖于其他仪器设备，便于基层的诊断工作。

(二)凝集试验的分类

根据抗原的性质、反应的方式不同,可将凝集试验分为直接凝集试验和间接凝集试验。

1. 直接凝集试验

颗粒性抗原和相应的抗体发生直接结合反应并出现肉眼可见的凝集现象的凝集试验称为直接凝集试验(Direct agglutination test)。通常分为玻片法和试管法。

(1)玻片法。玻片法凝集试验是指将已知抗体的诊断血清与待检抗原悬液滴加在无硅玻璃、瓷片或反应纸板上,混匀后静置数分钟,观察凝集现象。若出现颗粒状或絮状凝集,即为阳性反应;反之,则为阴性反应。该方法适用于已知抗体检测未知抗原,如通过检测受试者红细胞膜表面的凝集原来判断受试者的ABO血型;或新分离菌的鉴定,如沙门菌、链球菌等。同时也适用于用已知抗原检测未知抗体,如布鲁氏菌的虎红平板凝集试验,可以检测出待检样品中是否含有布鲁氏菌抗体(图9-2)。

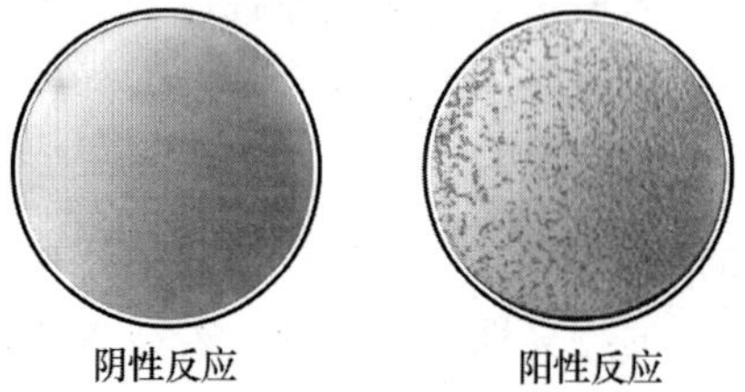

图9-2 虎红平板凝集试验检测布鲁氏菌抗体

(2)试管法。试管法凝集试验是在试管中或者类似试管的反应孔中进行的凝集试验。相比较玻片法的定性,试管法可用于定量或半定量检测,用于检测待检血清中是否存在相应的抗体及该抗体的效价(滴度)。通常来说,试验使用恒定浓度的抗原,将待检抗体使用生理盐水进行倍比稀释,二者混匀后37 ℃保温反应数小时,观察凝集现象。通常用"+"的多少来表示凝集程度,从而来反应抗体的含量。如"+ + + +"(100%凝集)、"+ + +"(75%凝集)、"+ +"(50%凝集)、"+"(25%凝集)和"-"(不凝集)。根据每管内细菌的凝集程度判断血清中抗体的含量,发生凝集反应的最后一个试管,血清最高稀释倍数为该血清的效价(凝集价、滴度)(图9-3)。

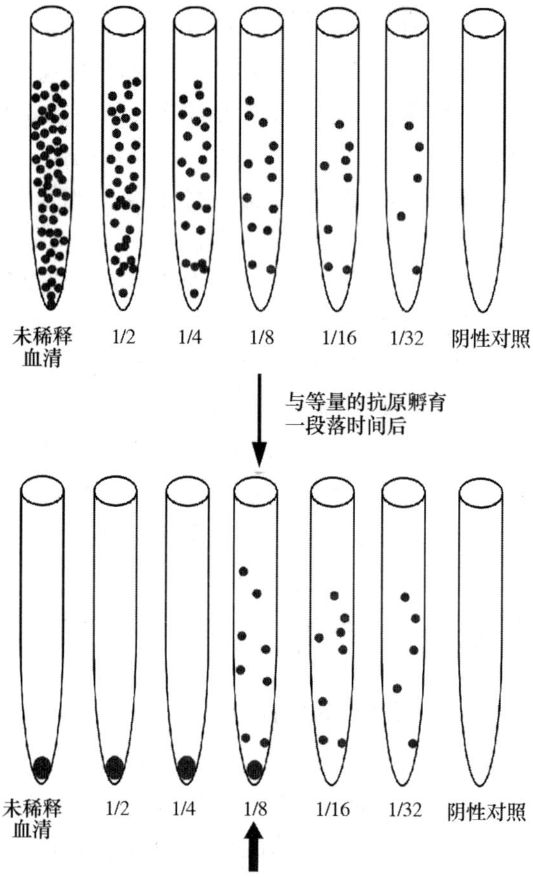

图9-3 试管凝集试验测定血清凝集价示意图

试管凝集试验常用于布鲁氏菌病的诊断与检疫、脑膜炎球菌的诊断等。

2. 间接凝集试验

将可溶性抗原或可溶性抗体先吸附于一种不参与免疫反应、不可溶的颗粒性载体(如红细胞、聚苯乙烯乳胶、活性炭)上,然后与相应的抗体或抗原发生特异性结合反应,所出现的特异性凝集反应称为间接凝集试验(Indirect agglutination test)(图9-4)。

当抗原吸附于颗粒载体表面,与相应的

抗体发生反应时，称为正向间接凝集反应，又称正向被动间接凝集反应；当抗体吸附于颗粒载体表面，与相应的抗体发生反应时，称为反向间接凝集反应。

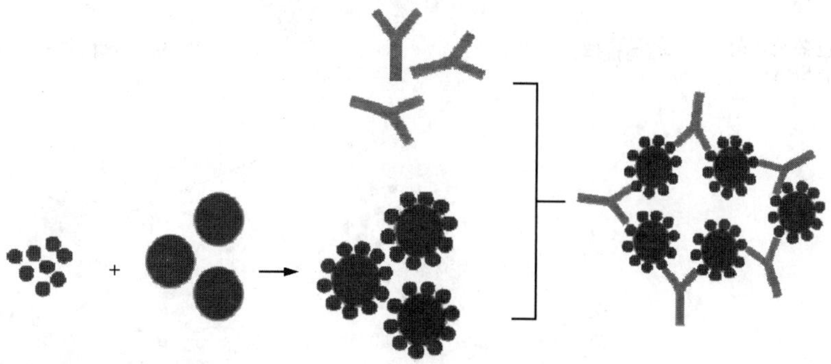

图 9-4　间接凝集试验原理示意图

（1）间接血凝试验。间接血凝试验是以红细胞为载体的间接凝集试验。将可溶性抗原或可溶性抗体与"载体"红细胞相结合，从而致敏红细胞。被致敏的红细胞可以吸附大多数抗原和抗体，而红细胞又可以作为是否发生凝集反应的"指示剂"用以显示凝集反应的反应程度。当用抗原致敏红细胞与相应抗体发生凝集反应时，称为正向间接血凝试验；当用抗体致敏红细胞与相应抗原发生凝集反应时，称为反向间接血凝反应。由于红细胞吸附抗原的广泛性及易于观察的特性，所以，间接血凝试验广泛应用于病毒性传染病、支原体病、寄生虫病的诊断与检疫。

（2）乳胶凝集试验。乳胶凝集试验是以乳胶颗粒作为载体的凝集试验。因乳胶颗粒对蛋白质、核酸等大分子物质具有非常好的吸附能力，故用它作载体吸附抗原（或抗体），可用以检测相应的抗体（或抗原）。乳胶凝集试验的优点是快速简便、保存方便、准确性较高等。

（3）协同凝集试验。金黄色葡萄球菌的细胞壁上含有葡萄球菌 A 蛋白（SPA），SPA 能与人和大多数哺乳动物血清中的 IgG 分子的 Fc 片段结合，将 Fab 段暴露于葡萄球菌的表面，此时 IgG 抗体仍保留其生物学活性和特异性。当遇到相应的抗原时便会与之结合，发生特异性凝集反应，产生肉眼可见的凝集物。这种以金黄色葡萄球菌为载体的凝集试验称为协同凝集试验（图 9-5）。

三、沉淀试验

（一）沉淀试验的原理

可溶性抗原（如细菌的外毒素、内毒素、菌体裂解液，病毒的可溶性抗原、血清、组织浸出液等）与相应的抗体在合适的介质中发生特异性结合反应，生成肉眼可见的白色沉淀物的反应称为沉淀试验。该反应中的可溶性抗原称为沉淀原，可溶性抗体称为沉淀素。凝集试验与沉淀试验的区别如图 9-6 所示。

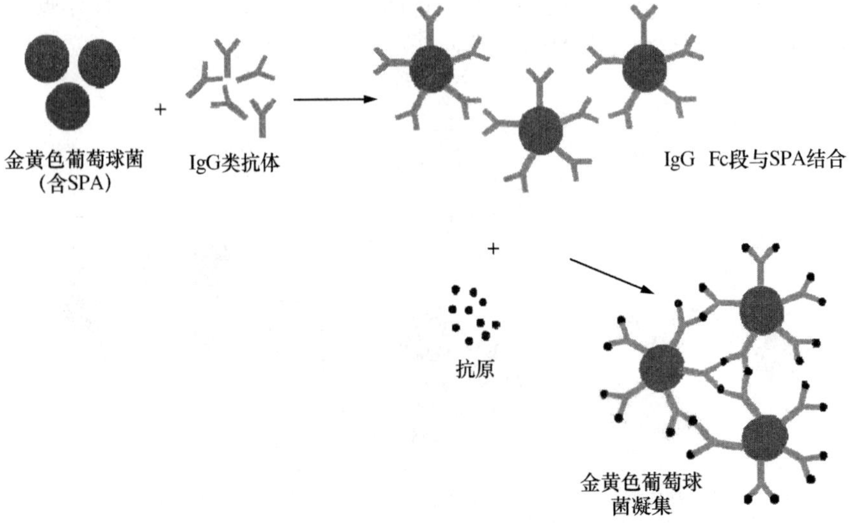

图 9-5 协同凝集试验原理示意图

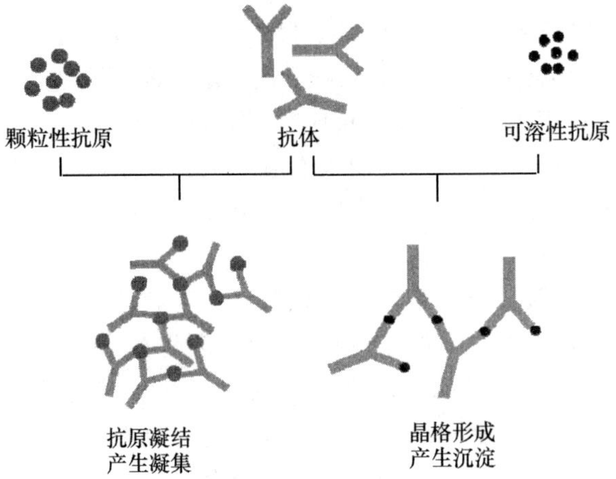

图 9-6 凝集试验与沉淀试验的区别

(二)沉淀试验的分类

根据沉淀试验发生的介质的不同，将沉淀试验分为溶液内发生的液相沉淀试验和固相沉淀试验。液相沉淀试验主要有环状沉淀试验和絮状沉淀试验，其中环状沉淀试验比较常用；固相沉淀试验有琼脂凝胶扩散和免疫电泳技术。

1. 环状沉淀试验

环状沉淀试验是在两种液体界面发生反应的试验，具体操作方法如图 9-7 所示。将小口径试管中加入已知的血清，沿试管壁缓慢加入等体积的待检抗原，由于血清蛋白或乳汁浓度较高，此时血清或乳汁和抗原会形成界线清晰的两层。数分钟后，两层液面交界处会出现白色环状沉淀，即为阳性反应。本法主要用于抗原的定性试验，如诊断炭疽的 Ascoli 试验、链球菌的血清学鉴定等。

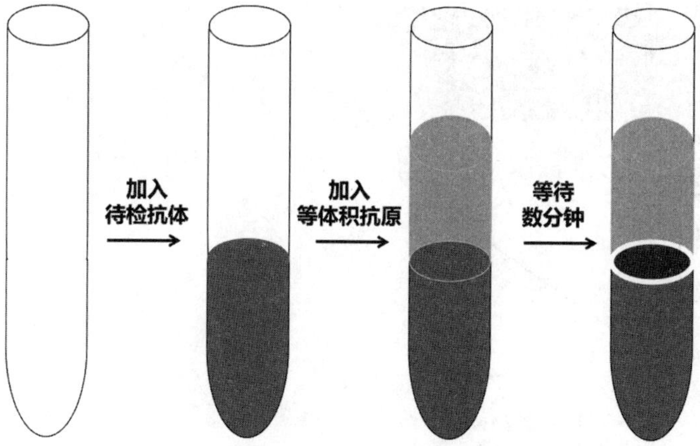

图 9-7　环状沉淀试验操作示意图

二维码 9-5　环状沉淀试验操作示意图彩图

2. 琼脂凝胶扩散试验

可溶性抗原与相应抗体在含有电解质的琼脂或琼脂糖中进行特异性反应生成白色沉淀的试验称为琼脂凝胶扩散试验，简称琼扩试验。该试验是利用琼脂糖特殊的性质实现的。琼脂糖在 98 ℃时溶于水，45 ℃以下又冷却形成具有多孔网状结构的琼脂凝胶，这种多孔网状结构可以允许直径较小的抗原或抗体分子通过，而形成抗原-抗体复合物的直径大于“网孔”，因而被阻隔，在凝胶中不能自由扩散而形成肉眼可见的沉淀带(图 9-8)。

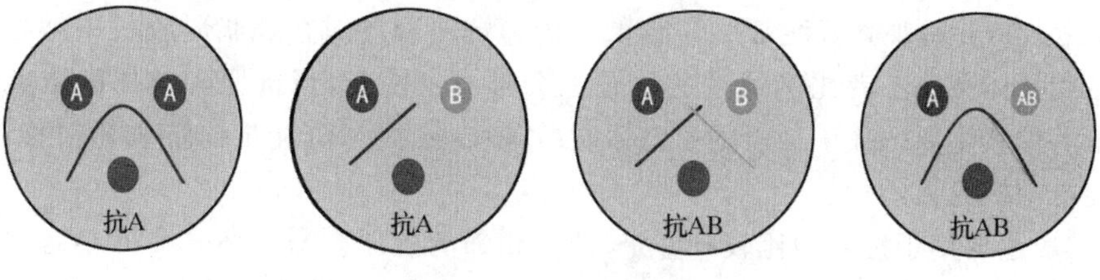

图 9-8　琼脂凝胶扩散试验原理示意图

依据扩散成分不同，将抗原和抗体只有一方扩散，另一方均匀分布在琼脂凝胶中的扩散称为单扩散；抗原抗体都扩散的称为双扩散。根据扩散方向不同，又将琼脂扩散分为朝一个方向直线扩散的单向扩散和向四周辐射扩散的双向扩散。因此，琼脂扩散可分为单向单扩散、单向双扩散、双向单扩散和双向双扩散 4 种类型。

(1)双向单扩散。该方法是将已知抗体均匀分布于琼脂凝胶中，使待检抗原向四周辐射扩散的方法。具体操作步骤如下：①琼脂凝胶的制备。将质量分数为 1.6%～2.0%的琼脂溶液冷却到 45 ℃(接触手背感到不烫手)后，加入一定量的已知抗血清，混匀，立刻浇注成厚度为 2～3 mm 的琼脂板或琼脂平皿，用 2～3 mm 的单孔琼脂打孔器在琼脂平板上打直径为 2～3 mm 的小孔，并迅速用微弱的酒精灯外焰的温度封底。②加入待检抗原。待琼脂平板再次凝固后，在相应小孔内滴加抗原。③孵育反应阶段。将滴入抗原的琼脂平板放入密闭湿盒中扩散 24～48 h，抗原在孔内向四周辐射扩散，在比例适当处与凝胶中的抗体结合形成白色沉淀环，白色沉淀环面积随扩散时间的延长而增大，直至不再变化为止。④结果观察与分析。沉淀环面积与抗原浓度成正比，故可用标准浓度抗原制成标准曲线，用来测定未知浓度抗原的含量，如图 9-9 所示。

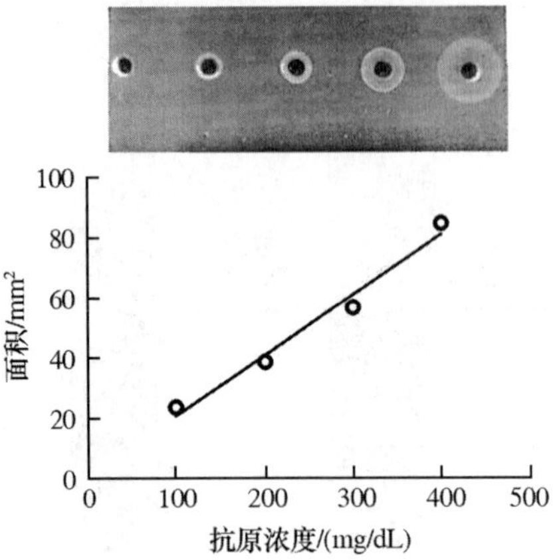

图 9-9 琼脂凝胶扩散试验测定位置抗原浓度示例

此法常被用来在兽医临床领域做传染病的诊断，如鸡马立克病的诊断。试验时将马立克病高免血清浇成血清琼脂平板，拔取病鸡羽毛并剪下毛根尖端插入琼脂凝胶平板上，因马立克病毒核酸阳性鸡的毛囊中含有马立克病毒，所以会形成白色沉淀环。

(2)双向双扩散。双向双扩散是将抗原和抗体都滴加至琼脂凝胶的孔中，二者同时扩散并发生反应，该方法使用的琼脂凝胶的质量分数与双向单扩散的相比较低。具体步骤如下：①琼脂凝胶的制备。采用质量分数为 1%的琼脂浇注成厚度为 2～3 mm 的凝胶板，用梅花形打孔器在凝胶板上打 7 个孔，用酒精灯封底。②抗原抗体孵育。在相邻孔内滴加抗原和抗体，在湿盒内扩散 24～96 h 后观察沉淀带。③结果分析。抗原和抗体在琼脂凝胶板中做相向扩散运动，在抗原和抗体孔间二者比例最适的位置上会形成沉淀带，当抗原和抗体的浓度基本平衡时，沉淀带的位置主要取决于二者的扩散系数。若抗原过多，沉淀带向抗体孔前移；若抗体过多，则沉淀带向抗原孔前移。

双向扩散主要用于抗原的比较和鉴定，两个相邻的抗原孔与抗体孔之间会各自形成相应的沉淀带。当沉淀带形成时其余的相同的抗原抗体只能使沉淀带加浓加厚，而不能再向外扩散。沉淀带的基本形式有以下 3 种：①当两相邻孔为同一抗原时，抗原抗体形成的两条沉淀带会完全融合，当两相邻孔的抗原含有相同抗原决定簇时，则两条沉淀带有部分相连。②两种完全不同的抗原会形成两条交叉的沉淀带。③不同分子量的抗原抗体复合物可各自形成两条或更多的沉淀带。

双向扩散也可用于未知抗体的检测。检测时加待检血清的相邻孔应加入标准阳性血清作对照，进行比较。测定抗体效价时可倍比稀释血清，以出现沉淀带的血清最大稀释度作为抗体的效价。

3. 免疫电泳

免疫电泳技术是把凝胶扩散试验与直流电场相结合的免疫检测技术。即将琼脂扩散置于直流电场中进行，让电流来加速抗原与抗体的扩散并规定其扩散方向，在比例合适处形成可见的沉淀带。此技术在琼脂扩散的基础上，提高了反应速度、反应灵敏度和分辨率。在临床上应用比较广泛的有对流免疫电泳和火箭免疫电泳等。

(1)对流免疫电泳。对流免疫电泳是将双向双扩散与电泳技术相结合的免疫检测技术。多数抗原在碱性溶液(pH>8.2)中会携带负电荷，电场通电以后向正极移动；而抗体球蛋白携带电荷较弱，电场通电后，由于电渗作用，则向相反的负极移动。如果将抗体置于正极端，抗原置于负极端，则电泳时抗原抗体相向泳动，在两孔之间形成沉淀带。试验时，首先制备琼脂凝胶板（免疫电泳需选用优质琼脂或琼脂糖），以 pH 8.2～8.6 的巴比妥缓冲液制备 1%～2%琼脂，浇注凝胶板，厚约 4 mm，待其凝固后，用打孔器在琼脂凝胶板上打孔，用针挑去孔内琼脂后，将抗原置于负极一侧孔内，抗血清置于正极一侧孔。加样后电泳 30～90 min，观察结果。沉淀带出现的位置与抗原抗体含量和泳动速度相关。如果抗原抗体含量相当，则生成的沉淀带在两孔间呈一条直线；若二者含量和泳动速度差异较大，沉淀带则出现在对应孔附近，呈月牙形；如果抗原或抗体含量过高，可使沉淀带溶解。如果抗原量极微，沉淀带不明显，则需要提高反应温度，把凝胶板在 37 ℃中保温数小时，以增加沉淀带的清晰度。

对流免疫电泳比双向双扩散敏感 10～16 倍，沉淀带出现的时间短，操作简易快速，现已用于多种传染病的快速诊断。

（2）火箭免疫电泳。火箭免疫电泳是将辐射扩散与电泳技术相结合的一项检测技术。用 pH 为 8.2～8.6 的巴比妥缓冲液将琼脂融化后，冷却至 56 ℃左右，加入一定量的已知抗血清，浇成含有抗体的琼脂凝胶板。在负极端打一列孔径为 3 mm、孔距为 8 mm 的孔。滴加待检抗原和已知抗原，电泳 2～10 h。电泳时，抗原在含抗血清的凝胶板中向正极迁移，形成火箭状沉淀弧，随着抗原继续向前移动，火箭状峰也不断向前推移，开始形成的沉淀弧由于抗原过量而重新溶解。最后抗原抗体达到平衡时，即形成稳定的火箭状沉淀弧。在试验中由于抗体浓度保持不变，故火箭状沉淀弧的高度与抗原浓度成正比（图 9-10）。

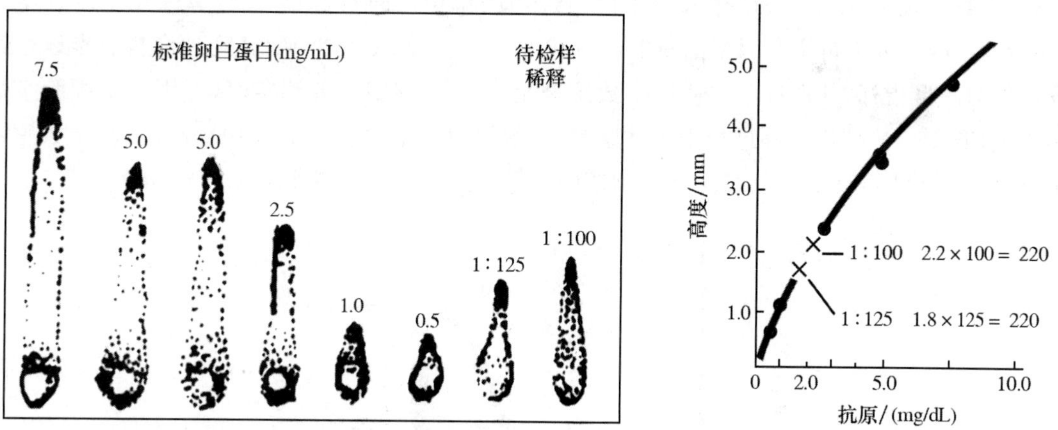

图 9-10　火箭免疫电泳示意图

四、中和试验

（一）中和试验的原理

中和试验是利用病毒或毒素与其相应的抗体相结合，致使病毒或毒素失去感染或致病力而建立的试验方法。中和试验具有特异性强、敏感性高的特点，主要用于病毒感染的血清学诊断、病毒的分离和鉴定、抗原性分析、疫苗免疫原性的评价、血清抗体效价的检测等。

中和试验在体内体外均可进行。体内中和试验通常用于病毒疫苗免疫原性的评价和抗血清的质量评价。试验时先将疫苗或抗血清注入实验动物体内，经过一定时间后，用相应病毒对实验动物进行攻毒试验，通过实验动物的致病情况对疫苗或抗血清的质量进行评估。

体外中和试验是先将抗血清与病毒混合培养一定时间后，将培养物接种于病毒敏感细胞、组织及实验动物中，从而检测混合液中病毒对敏感细胞、组织及实验动物的感染力。根据保护效果的差异，判断该病毒是否已被抗血清中和。根据测定方法不同，临床上常用的中和试验有终点法中和试验和空斑减数法中和试验。

毒素和抗毒素的中和试验方法与病毒的中和试验基本相同。

(二)中和试验的分类

1. 终点法中和试验

通过病毒滴定使病毒感染力减少至 50%时含有中和抗体的血清的中和效价或中和指数。常用的滴定方法有固定病毒稀释血清法和固定血清稀释病毒法。

(1)固定病毒稀释血清法。将已知的病毒量化为每一单位确定的病毒量，待检抗血清做倍比稀释，通常用来测定待检抗血清的中和效价。

①病毒毒价单位。不同剂量的病毒或毒素感染一组动物，引起组内动物死亡的数量不同。我们把引起一组受试实验动物个别中毒死亡的化学物的最小剂量(MLD)，引起半数动物死亡的剂量称为半数致死量(LD_{50})。由于剂量的增加和死亡率的升高呈现 S 形曲线，越接近全部死亡时对剂量的递增越不敏感，而在死亡率接近 50%时，剂量与死亡率接近直线关系(图 9-11)。因此，半数致死量(LD_{50})被用作病毒毒价(毒力)的单位。同时，LD_{50} 的计算采用了统计学方法，减少了因实验人员主观因素的影响而造成的个体差异，更加准确、客观。许多病毒以感染发病作为测量指标，其毒价单位使用半数感染量(ID_{50})；细胞培养测定时，可用组织细胞半数感染量($TCID_{50}$)；使用鸡胚进行中和试验时，一般用鸡胚半数致死量(ELD_{50})或鸡胚半数感染量(EID_{50})；在测定疫苗的免疫性能时，则用半数免疫量(IMD_{50})或半数保护量(PD_{50})。

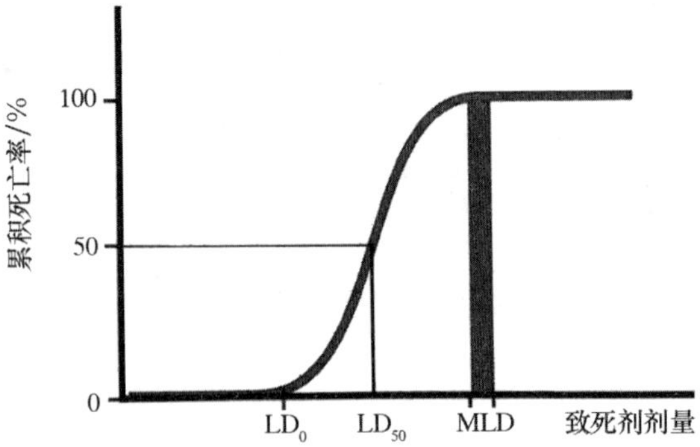

图 9-11　累积死亡率与致死剂量关系曲线

②病毒毒价测定。将待测病毒原液做 10 倍梯度稀释，即 10^{-1}、10^{-2}、10^{-3}、10^{-4}…，选择其中的 4～6 个稀释度，分别接种体重在一定范围内的实验动物(鸡胚或细胞)，每组 3～6 只(枚)或 8 孔。接种后，记录规定时间内的死亡数(或细胞病变)和生存数。根据累计死亡数和生存数计算致死百分率。然后按 Karber 法或 Reed-Muench 两氏法计算半数剂量。

以 $TCID_{50}$ 测定为例说明如下。

a)Karber 法。计算公式为：

$$\lg \mathrm{TClD}_{50}=L+d(S-0.5)$$

式中：L 为病毒最低稀释度的对数；d 为组距，即稀释系数，10 倍递进稀释时 d 为 -1；S 为死亡比值之和(计算固定病毒稀释血清法中和试验效价时，S 应为保护比值之和)，即各组死亡(感染)数/试验数相加。

若以测定某种病毒的 TCID_{50} 为例，对病毒作 $10^{-4}\sim \mathrm{I}0^{-7}$ 稀释，记录其出现细胞病变(CPE)的情况。则 $L=-4$，$d=-1$，$S=6/6+5/6+2/6+0/6=2.16$

$$\lg \mathrm{TCID}_{50}=(-4)+(-1)\times(2.16-0.5)=-5.66$$

$\mathrm{TCID}_{50}=10^{-5.66}$，0.1 mL TCID_{50} 为毒价的单位，表示该病毒经稀释至 $10^{-5.66}$ 时，每孔细胞接种 0.1 mL，可使 50%的细胞孔出现 CPE。而病毒的毒价通常以每毫升或每毫克含多少 TCID_{50} 或 LD_{50} 等表示。如上述病毒的毒价为 $10^{-5.66}$ TCID_{50}/0.1 mL。

b)Reed-Muench 两氏法。病毒稀释度如表 9-3 所示，计算公式如下。

表 9-3　Reed-Muench 两氏法计算示例

病毒稀释度	出现 CPE 孔数	无 CPE 孔数	累计 CPE 孔数	累计无 CPE 孔数	出现 CPE 孔所占百分数
10^{-1}	8	0	27	0	100(27/27)
10^{-2}	8	0	19	0	100(19/19)
10^{-3}	7	1	11	1	91.6(11/12)
10^{-4}	3	5	4	6	40(4/10)
10^{-5}	1	7	1	13	0.7(1/14)
10^{-6}	0	8	0	21	0(0/21)

距离比例＝(高于 50%病变率的百分数－50%)/(高于 50%病变率的百分数－低于 50%病变率的百分数)

＝(91.6－50)/(91.6－40)

＝0.8

$\lg \mathrm{TCID}_{50}$＝距离比例×稀释度对数之间的差＋高于 50%病变率的稀释度的对数

＝0.8×(－1)＋(－3)

＝－3.8

TCID50＝$10^{-3.8}$/0.1 mL

结果表示：将该病毒稀释 $10^{-3.8}$ 接种 100μL 可使 50%的细胞发生病变。

③正式试验。将病毒原液稀释成每一单位剂量含 100 LD_{50}(或 EID_{50}、或 TCID_{50})，与等量递进稀释的待检血清混合，置 37 ℃孵育 1 h。每一稀释度接种 3～6 只(个、管)实验动物(鸡胚或 8 孔细胞)，记录每组动物的存活数/死亡数或正常/感染数，同样按 Karber 法或 Reed-Muench 两氏法计算其半数保护量(PD_{50})，即该血清的中和价。

(2)固定血清稀释病毒法。将病毒原液做 10 倍梯度稀释，分别注入两列无菌试管，第一列对照组加等量正常血清，第二列中和组加等量待检血清；混合后置 37 ℃孵育 1 h，每一稀释度接种 3～6 只实验动物(鸡胚或 8 孔细胞)，记录每组动物死亡数、累积死亡数和累积存活数，按

Karber 法计算 LD_{50} 然后计算中和指数：

$$中和指数=中和组 LD_{50}/对照组 LD_{50}$$

通常待检血清的中和指数大于 50 者即可判为阳性，10～40 为可疑，小于 10 为阴性。

2. 空斑减数法中和试验

空斑减数法中和试验是采用空斑技术，使空斑数减少 50% 的血清稀释度为该血清的中和效价。具体方法是将已知空斑形成单位(PFU)的病毒稀释成每一接种剂量含 100 PFU 的病毒液，然后加等量梯度稀释的抗血清，37 ℃孵育 1 h。每一稀释度至少接种 3 个已形成单层细胞的培养瓶，每瓶 0.2～0.5 mL，37 ℃ 孵育 1 h。使病毒与血清最大化接触并反应，再将 44 ℃水浴预温的营养琼脂覆盖在病毒液和血清的反应液上，待营养琼脂冷却后，置 37 ℃二氧化碳培养箱中培养。对照组将抗血清替换为 Hanks 液。数天后分别计算空斑数，用 Reed-Muench 两氏法或 Karber 法计算血清的中和滴度。

五、补体结合试验

(一)补体结合试验的原理

可溶性抗原与抗体形成的抗原-抗体复合物可以与补体结合，结合后的复合物能够失去对致敏红细胞的溶血作用(图 9-12)。因此，通过溶血反应来判断系统中是否有相应的抗原或抗体。参与补体结合试验的抗体称为补体结合抗体，主要为 IgG 和 IgM；IgE 和 IgA 通常不能结合补体。

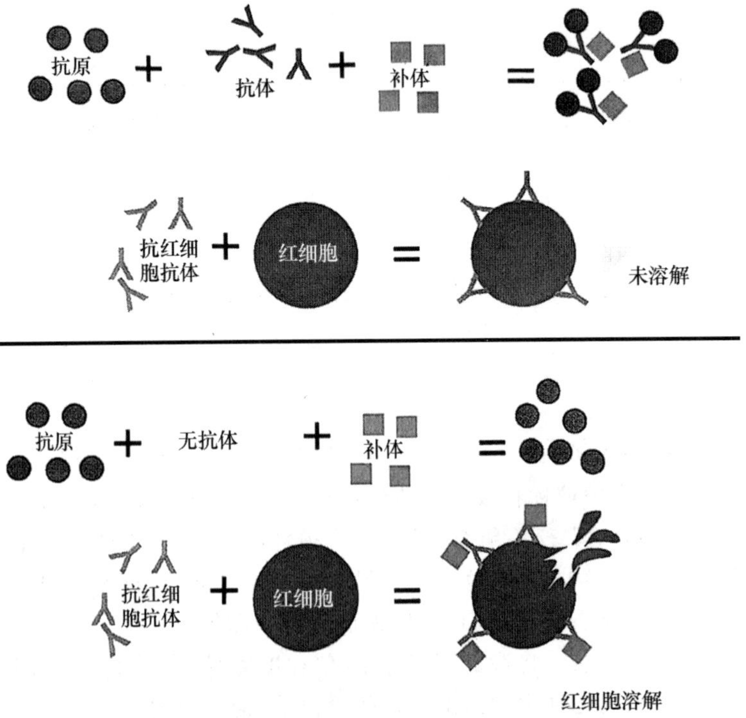

图 9-12 补体结合试验实验原理

(二)补体结合试验的基本过程及应用

补体结合试验共包括检测系统和指示系统两部分。检测系统,主要有 3 种成分,即抗原、抗体和补体;指示系统,包括绵羊红细胞、溶血素和补体。以用已知抗原检测未知抗体的试验过程为例,首先是检测系统反应阶段,将待检血清倍比稀释,加最适反应浓度的抗原和补体,三者混合在 37 ℃恒温反应 30～90 min 或 4 ℃过夜反应,使结合反应充分发生。接着是溶血系统作用阶段,在上述反应管中加入致敏红细胞,置 37 ℃水浴作用 30～60 min,观察是否有溶血现象。若反应液透明不溶血,则表示待检血清中的抗体与加入的抗原发生了特异性结合从而使抗体 Fc 段上的补体结合位点外露,与加入体系中的补体发生了结合,没有游离的补体使致敏红细胞发生溶血,反应结果呈阳性;若反应液发生溶血,则说明待检的血清中不含有与加入的抗原相对应的抗体,反应结果呈阴性。

补体结合试验特异性高,临床中常用来诊断人兽传染病和未知的病原体及对病原体进行定性等。

六、免疫标记技术

免疫标记技术是指用荧光素、酶、放射性同位素或电子致密物质等标记抗原或抗体进行的抗原抗体反应。免疫标记技术不仅极大地提高了抗原抗体反应的敏感性,以便对微量物质进行定性或定量检测,而且结合显微镜或电镜技术,能对待测物进行精确的定位检测。免疫标记技术有 3 种基本类型:荧光标记技术、酶标抗体技术和胶体金标记技术等。由于荧光标记技术和酶标抗体技术被广泛地用于传染病的诊断、病原微生物的鉴定以及分子生物学中基因表达产物的分析,此处作为重点介绍。

(一)荧光标记技术

1. 基本原理

荧光标记技术(fluorescent labeled technique)是将荧光素标记在抗原或抗体上,发生免疫反应后,使用荧光显微镜观察所标记的荧光,以分析示踪相应的抗原或抗体。该技术利用超低浓度的荧光素、抗原抗体反应的特异性以及荧光显微镜的精确性三者结合,提高免疫检测的适用范围和敏感性。其中,最常用的是荧光素标记抗体或抗抗体,用于检测相应的抗原或抗体。

2. 荧光素及抗体的标记

荧光素是一类在特定波长的光激发下能够产生明显荧光的有机化合物。常用于标记的荧光素有异硫氰酸荧光黄(FITC)、四乙基罗丹明(RB200)和四甲基异硫氰酸罗丹明(TRITC)等,其中 FITC 应用最为广泛,为黄色结晶,最大吸收光波波长为 493～495 nm,最大发射光波波长为 520～530 nm,可呈现明亮的黄绿色荧光。在碱性条件下(pH 9.0～9.5),FITC 分子中含有的异硫烷基可以与 IgG 分子的自由氨基结合,形成 FITC-IgG 结合物,从而制成荧光抗体。经荧光素标记的抗体,其结合抗原的能力和特异性不变。当荧光抗体与相应的抗原结合时,就形成了带有荧光性的抗原抗体复合物,从而可在荧光显微镜下检出抗原存在。

3. 荧光抗体染色及荧光显微镜观察

(1)标本片的制备。将待检抗原固定,并保持抗原完整性和透光性,是荧光抗体检测成功与否的关键。因此，在制备过程中需尽量减少微生物或组织细胞的形态变化，取单层组织或细胞。

根据被检样品的不同，采用不同的制备方法。细菌培养物、血液、脓汁、粪便、尿沉渣及感染的动物组织等，可制成涂片或压印片；感染组织最好制成冰冻切片或低温石蜡切片，也可用生长在盖玻片上的单层细胞培养作标本。

标本的固定有两个目的：一是防止被检材料从玻片上脱落；二是消除抑制抗原抗体反应的因素。最常用的固定剂是丙酮和95%乙醇。固定后用PBS反复冲洗，晾干后即可用于染色。

(2)染色方法。荧光抗体染色法有多种类型，常用的有直接法、间接法和抗体补体法三种。直接法是指直接使用荧光标记的抗体检测待检样品中的抗原的方法；间接法是使用特异性抗体检测抗原，再使用荧光标记的抗抗体（二抗）再与特异性抗体结合，最终形成抗原－抗体－二抗－荧光素，而被观察到；抗体补体法是使用能够与特异性抗体结合的补体，该补体上被标记有荧光，最终形成抗原-抗体-补体-荧光素。

以间接法为例，具体操作步骤如图9-13所示。

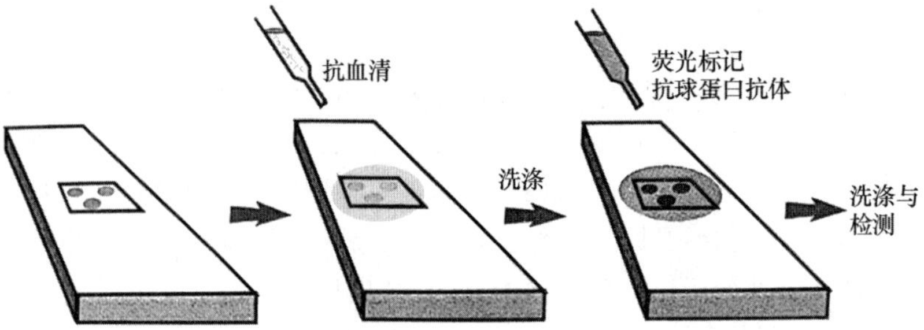

图 9-13 间接免疫荧光抗体试验检测特定抗原

①孵育特异性抗体。取待检抗原的标本片，滴加特异性抗体染色液于其上，置于湿盒中，于37 ℃作用30 min，用pH 7.2的PBS漂洗15 min，冲去游离抗体。

②孵育荧光二抗。滴加荧光素标记的第二抗体（抗抗体）染色，再置于湿盒中，于37 ℃作用30 min，继续使用PBS清洗未结合的二抗。

③干燥及封片。将标本片液体晾干后，滴加浓度90%甘油的封片（分析纯甘油9份加PBS 1份）封片。

④结果观察。标本滴加缓冲甘油后用盖玻片封固，将荧光显微镜的激发光波长的滤光片调整至所需要的滤光片，此时，只有设置波长的光可通过，即可激发荧光，用于结果判定。

直接法和补体结合法依据其加入抗体的不同，其实验步骤会做相应的调整。每次实验均需要设置阴性和阳性对照，以保证实验结果的可靠性。

(3)三种检测方法利弊比较。三种检测荧光标记方法各有利弊。直接法进行检测因只需要加一步抗体，故其优点是操作步骤更加简单，节约时间成本，缺点是要检测不同抗原，需要制备不同的荧光标记抗体，会增加检测成本；而间接法因加入了二抗，是对反应体系的放大作用，比直接法更敏感，且对一种动物而言，只需要制备一种荧光抗抗体即可用于多种抗原或抗体的检测，镜检所见荧光也比直接法更明亮。补体结合法特异性和敏感性均高，但易产生非特异性荧光。因此，在选择实验方法时，要根据实验需求和材料合理安排实验。

4. 荧光标记技术的应用

荧光标记技术反应快速、操作简单、敏感性高、特异性强，同时具有直观性，因此已广泛用于细菌、病毒、原虫的鉴定和传染病的快速诊断，同时应用在淋巴细胞表面抗原的测定和自身免疫病的诊断等方面。

(1)细菌病诊断。目前，已建立了30余种细菌的荧光抗体标记技术检出或鉴定方法，具有较高的敏感性和特异性，其中较常用的是链球菌、致病性大肠埃希菌、沙门菌、马鼻疽杆菌、猪丹毒杆菌等。动物的粪便、黏膜拭子涂片、病变部渗出物、体液或血液涂片、病变组织的触片或切片以及尿沉渣均可作为检测样本，经直接法检出目的菌，这对于细菌病的诊断具有很高的价值。

(2)病毒病诊断。荧光抗体标记技术可检出患畜病变组织中的病毒，是快速确诊病毒病的重要手段。猪瘟、鸡新城疫等可取感染组织做成冰冻切片或触片，用直接或间接免疫荧光染色可检出病毒抗原，一般可在2 h内做出诊断报告；猪传染性胃肠炎在临床上与猪流行性腹泻十分相似，将患病小猪小肠组织做成冰冻切片，用猪传染性胃肠炎病毒的特异性荧光抗体做直接免疫荧光检查，即可对猪传染性胃肠炎进行确诊。

(二)酶标抗体技术

酶标抗体技术，是一种利用酶标记抗原或抗体以检测相应抗原或抗体的免疫学标记技术，是继免疫荧光技术之后发展起来的一种大型的血清学技术，目前，已成为免疫诊断、检测和分子生物学研究中应用最广泛的免疫学方法之一。

1. 基本原理

酶标抗体技术基本原理是将抗原或抗体结合到某种固相载体表面，并保持其免疫活性，而相对应的抗体或抗原与某种酶连接成酶标抗体或抗原，酶标抗体或抗原既保留了免疫活性可以与固相载体表面的抗原或抗体结合，又保留了酶活性能够以酶为检测信号。加入酶反应的底物后，底物被酶催化为有色产物，产物的量与受检抗体或抗原的量成比例，故可根据颜色深浅来定性或定量分析。酶标抗体法具有灵敏性强、特异性高、重复性好、检测速度快的特点，尤其适用于大批量样本检测，是国际认可的标准化诊断方法。

酶标抗体技术的基本程序是：①将酶分子与抗原或抗体分子共价结合，这种结合既不改变抗体免疫反应活性，也不影响酶的催化活性。②将此种酶标记的抗体(抗抗体)与存在于组织细胞或吸附在固相载体上的抗原(抗体)发生特异性结合，并洗下未结合的物质。③滴加底物溶液后，底物在酶作用下水解呈色；或者底物不呈色，但在底物水解过程中由另外的供氢体提供氢离子，使供氢体由无色的还原型变为有色的氧化型，呈现颜色变化。因而可通过底物的颜色反应来判定有无相应的免疫反应发生。颜色反应的深浅与标本中相应抗原(抗体)的量成正比。此种有色产物可用肉眼或光学显微镜或电子显微镜看到，或用分光光度计加以测定。这样，就将酶化学反应的敏感性和抗原抗体反应的特异性结合起来，用以在细胞或亚细胞水平上示踪抗原或抗体的所在部位，或在微克、纳克水平上测定它们的量。所以，本法既特异又敏感，是目前应用最为广泛的免疫检测技术之一。

2. 用于标记的酶

用于标记的酶有辣根过氧化物酶(HRP)、碱性磷酸酶、葡萄糖氧化酶等，其中以 HRP 应用最广泛，其次是碱性磷酸酶。HRP广泛分布于植物界，辣根中含量最高。HRP是由无色的酶蛋白和深棕色的铁卟啉构成的一种糖蛋白，相对分子质量为40 000。HRP的作用底物是过氧化氢，常用的供氧体有邻苯二胺（OPD）和3，3-二氨基联苯胺（DAB），它们能在HRP催化H_2O_2生成H_2O过程中提供氢，而自己生成有色产物。

OPD氧化后形成可溶性产物，呈橙色，最大吸收波长为492 nm，可用肉眼判定。OPD不稳定，需现用现配，常作为酶联免疫吸附试验中的显色剂。OPD有致癌性，操作时应予注意。DAB反应后形成不溶性的棕色物质，可用光学显微镜和肉眼观察，适用于各种免疫酶组织化学染色法。

HRP可用戊二醛交联法或过碘酸盐氧化法将其标记于抗体分子上制成酶标抗体。生产中常用的酶标抗体技术有免疫酶组织化学染色技术和酶联免疫吸附试验（ELISA）两种。

3. 免疫酶组织化学染色技术

免疫酶组织化学染色技术又称免疫酶染色法，是将酶标记的抗体应用于组织化学染色，以检测组织和细胞中或固相载体上抗原或抗体的存在及其分布位置的技术。

（1）标本制备和处理。用于免疫酶染色的标本有组织切片（冷冻切片或低温石蜡切片），组织压印片，涂片以及细胞培养的单层细胞盖片等。这些标本的制备和固定与荧光抗体技术基本相同，但需进行特殊处理。

用酶结合物作细胞内抗原定位时，由于组织和细胞内含有内源性过氧化酶，可与标记在抗体上的过氧化物酶在显色反应上发生混淆。因此，在加酶结合物前通常将制片浸于0.3% H_2O_2中室温处理15～30 min，可同时起到固定和消除内源酶的作用，效果较好。

组织成分对球蛋白的非特异性吸附所致的非特异性背景染色，可用10%卵蛋白作用30 min进行处理，用0.05%吐温-20和含1%牛血清白蛋白（BSA）的PBS对细胞培养标本进行处理，可起到消除背景染色的效果。

（2）染色方法。可采用直接法、间接法、抗抗体搭桥法、杂交抗体法、酶抗酶复合物法、增效抗体法等各种染色方法，其中直接法和间接法最常用。反应中每加一种反应试剂，均需于37 ℃作用30 min，然后以PBS反复洗涤3次，以除去未结合物。

①直接法。以酶标抗体处理标本，然后浸入含有相应底物和显色剂的反应液中，通过显色反应检测抗原抗体复合物的存在。

②间接法。标本首先用相应的特异性抗体处理后，再加酶标记的抗抗体，然后经显色揭示抗原-抗体-抗抗体复合物的存在。

（3）显色反应。免疫酶组织化学染色的最后一步是使相应底物反应显色。不同的酶所用底物和供氢体不同。同一种酶和底物如用不同的供氢体，则其反应物的颜色也不同。如辣根过氧化物酶，在组化染色中最常用DAB，用前应以0.05 mol/L pH 7.4～7.6的Tris-HCL缓冲液配成0.5～0.75 mg/mL溶液，并加少量（0.01%～0.03%）H_2O_2混匀后加于反应物中置室温10～30 min，反应产物呈深棕色；如用甲萘酚，则反应物呈红色；如用4-氯-苯酚，则呈浅蓝色或蓝色。

（4）标本观察。显色后的样本可在普通显微镜下观察，抗原所在部位DAB显色，呈棕黄色。也可用常规染料作反衬染色，使细胞结构更为清晰，有利于抗原定位。本法优于免疫荧光抗体技术之处，在于无须应用荧光显微镜，且标本可长期保存。

4. 酶联免疫吸附试验

ELISA 是应用最广，发展最快的一项新技术。其基本过程是将抗原(或抗体)吸附于固相载体，在载体上进行免疫酶反应，底物显色后用肉眼或分光光度计判定结果。

(1)固相载体。有聚苯乙烯微量滴定板、聚苯乙烯珠等。聚苯乙烯微量滴定板(40 孔或 96 孔板)是目前最常用的载体，小孔呈凹形，操作简便有利于大批样品的检测。新板用前一般无须特殊处理，直接使用或用蒸馏水冲洗干净，自然干燥后备用。一般均一次性使用，如用已用过的滴定板，需特殊处理。

用于 ELISA 的另一种载体是聚苯乙烯珠，由此建立的 ELISA 又称微球 ELISA。球的直径 0.5～0.6 cm，表面经过处理以增强其吸附性能，并可做成不同颜色。此小球可事先吸附或交联上抗原或抗体，制成商品。检测时将小球放入特制的凹孔板或小管中，加入待检标本将小球浸没进行反应，最后在底物显色后比色测定。本法现已有半自动化装置，用以检验抗原或抗体，效果良好。

(2)包被。将抗原或抗体吸附于固相表面的过程称为载体的致敏或包被。用于包被的抗原或抗体必须能牢固地吸附在固相载体的表面，并保持其免疫活性。大多数蛋白质可以吸附于载体表面，但吸附能力不同。可溶性物质或蛋白质抗原，如病毒蛋白、细菌脂多糖、脂蛋白、变性的 DNA 等，均较易包被上去。较大的病毒、细菌或寄生虫等难以吸附，需要将它们用超声波打碎或用化学方法提取抗原成分，才能供试验用。

用于包被的抗原抗体需纯化，纯化抗原和抗体是提高 ELISA 敏感性与特异性的关键。抗体最好用亲和层析和 DEAE 纤维素离子交换层析方法提纯，也可用化学法提纯。有些抗原含有多种杂蛋白，需用密度梯度离心等方法除去，否则易出现非特异性反应。蛋白质(抗原或抗体)很易吸附于未使用过的载体表面，适宜的条件更有利于包被过程。包被的蛋白量通常为 1～10 μg/mL 浓度，高 pH 和负离子强度缓冲液一般有利于蛋白质包被。通常用 0.1 mol/L pH 9.6 碳酸盐缓冲液或 0.01mol/L 的 PBS 作为包被液。一般包被均在 4 ℃过夜或在 37 ℃处理 2～3 h。包被后的微孔板置于 4 ℃冰箱，可贮存 3 周。如真空塑料封口，于 −20 ℃冰箱可贮存更长时间。用前充分洗涤。

(3)洗涤。在 ELISA 的整个过程中，需进行多次洗涤，目的是防止重叠反复反应，避免非特异吸附现象。因此，洗涤必须充分。通常采用含助溶剂吐温-20(终浓度为 0.05%)的 PBS 作为洗涤液。洗涤时，先将前次加入的溶液倒空，吸干，然后加入洗涤液洗涤 3 次，每次 3 min，倒空，并用滤纸吸干。

(4)试验方法。ELISA 的核心是利用抗原抗体的特异性吸附，在固相载体上一层层地叠加，可以是 2 层、3 层甚至多层。整个反应都必须在抗原抗体结合的最适条件下进行。每层试剂均稀释于最适合抗原抗体反应的稀释液(0.01～0.05 mol/L pH 7.4 PBS 中加吐温-20 至 0.05%，10%犊牛血清或 1%的 BSA)中，加入后置 4 ℃过夜或 37 ℃处理 1～2 h。每加一层反应后均需充分洗涤。阳性、阴性应有明显区别。阳性血清颜色深，阴性血清颜色浅，二者吸收值的比值最大时的浓度为最适浓度。试验方法主要有以下几种(图 9-14)。

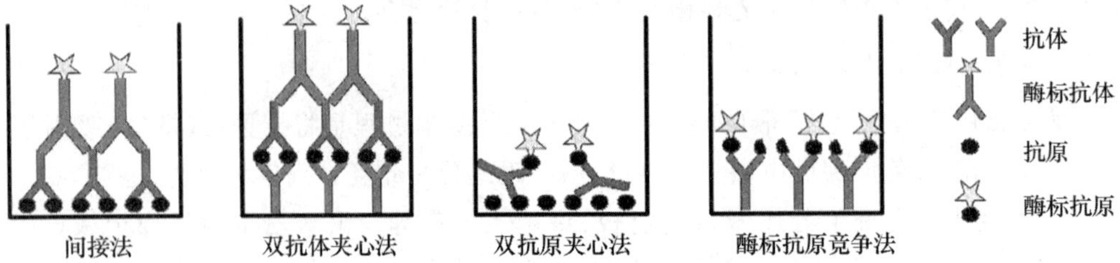

图 9-14 几种 ELISA 方法反应示意图

①间接法。用于测定抗体。用抗原包被固相载体,然后加入待检血清样品,经孵育一定时间后,若待检血清中含有特异的抗体,即与固相载体表面的抗原结合形成抗原－抗体复合物。洗涤除去其他成分,加上酶标记的抗抗体,反应后洗涤,加入底物,在酶的催化作用下底物发生反应,产生有色物质。样品中含抗体越多,出现颜色越快越深。

②双抗体夹心法。用于测定大分子抗原。将纯化的特异性抗体包被于固相载体,加入待检抗原样品,孵育后,洗涤,再加入酶标记的特异性抗体,洗涤除去未结合的酶标抗体结合物,最后加入酶的底物,显色,颜色的深浅与样品中的抗原含量成正比。

③双抗原夹心法。此法是标记一种抗原用于测定大分子抗体。将已知抗原包被至反应孔中,加入待检抗体,吸取未结合抗体,加入标记抗原,使之与待检抗体结合,吸取未结合的标记抗原,此时形成 Ag-Ab-Ag-HRP 复合物,加入底物显色,洗涤后加底物显色,显色反应的深浅与样品中的抗体含量成正比。

④酶标抗原竞争法。用于测定小分子抗原及半抗原。用特异性抗体包被固相载体。加入含待测抗原的溶液和一定量的酶标记抗原共同孵育,对照仅加酶标抗原,洗涤后加入酶底物。被结合的酶标记抗原的量由酶催化底物反应产生有色产物的量来确定。如待检溶液中抗原越多,被结合的酶标记抗原的量越少,显色就越浅。可用不同浓度的标准抗原进行反应绘制出标准曲线,根据样品的 OD 值求出检测样品中抗原的含量。

⑤PPA-ELISA。以 HPR 标记 SPA(葡萄球菌 A 蛋白)代替间接法中的酶标抗抗体进行的 ELISA。因 SPA 能与多种动物 IgG 的 Fc 片段结合,可用 HRP 标记制成酶标记 SPA,而代替多种动物的酶标抗抗体,该制剂有商品供应。

此外,还有酶-抗酶抗体法、酶标抗体直接竞争法、酶标抗体间接竞争法等。

(5)底物显色。与免疫酶组织化学染色法不同,本法必须选用反应后的产物为水溶性色素的供氢体,最常用的为邻苯二胺(OPD),产物呈棕色,可溶,敏感性高,但对光敏感,因此要避光进行显色反应。底物溶液应现用现配。底物显色以室温 10～20 min 为宜。反应结束,每孔加浓硫酸 50 μL 终止反应,其产物为黄色。也常用四甲基联苯胺(TMB)为供氢体,加氢氟酸终止,其产物为蓝色。

(6)结果判定。ELISA 试验结果可用肉眼观察,也可用 ELISA 测定仪测样本的光密度(OD)值。每次试验都需设阳性和阴性对照,肉眼观察时,如样本颜色反应超过阴性对照,即判定为阳性。用 ELISA 测定仪来测定 OD 值,所用波长随底物供氢体不同而异,如以 OPD 为供氢体,测定波长为 492 nm;TMB 为 450 nm(硫酸终止)或 650 nm(氢氟酸终止)。

定性结果通常有两种表示方法：①以 P/N 表示，求出该样本的 OD 值与一组阴性样本平均吸收值的比值，即为 P/N 值。比值若≥2 或 3，即判为阳性。若样本的吸收值≥规定吸收值(阴性样本的平均吸收值+2 标准差)为阳性。②定量结果以终点滴度表示，可将样本稀释，出现阳性(如 P/N>2 或 3，或吸收值仍大于规定吸收值)的最高稀释度为该样本的 ELISA 滴度。

5. 斑点-酶联免疫吸附试验(Dot-ELISA)

该试验是近些年创建的一项新技术，不仅保留了常规 ELISA 的优点，而且还弥补了抗原或抗体对载体包被不牢的缺点。此法的原理及其步骤与 ELISA 基本相同，不同之处在于：一是将固相载体以硝酸纤维素膜、硝酸醋酸混合纤维素膜、重氮苯氧甲基化纸等固相化基质膜代替，用以吸附抗原或抗体；二是显色底物的供氢体为不溶性的。结果以在基质膜上出现有色斑点来判定。可采用直接法、间接法、双抗体法、双夹心法等。

6. 酶标抗体技术的应用

此技术具有敏感、特异、简便、快速、易于标准化和商品化等优点，是当前应用最广，发展最快的一项新技术。目前已广泛应用于多种细菌病和病毒病的诊断和检测，大多利用商品化的 ELISA 试剂盒进行操作，如猪传染性胃肠炎、牛副结核病、牛结核病、鸡新城疫、牛传染性鼻气管炎、猪伪狂犬病、蓝舌病、猪瘟、口蹄疫、沙门菌病等传染病的诊断和抗体监测常用此技术。

(三)胶体金标记技术

胶体金是一种常用的标记技术，免疫胶体金是以胶体金作为示踪标志物应用于抗原抗体的一种新型的免疫标记技术，有其独特的优点。

1. 基本原理

胶体金是由氯金酸水溶液在还原剂如白磷、抗坏血酸、枸橼酸钠、鞣酸等作用下，聚合成特定大小的金颗粒，颗粒之间因静电作用形成一种稳定的胶体状态，也称金溶胶。胶体金具有胶体稳定性和高电子密度等特性，在弱碱环境下带负电荷，可与蛋白质分子的正电荷基团形成牢固地结合，由于这种结合是静电结合，所以不影响蛋白质的生物特性。胶体金标记，实质上是蛋白质等高分子被吸附到胶体金颗粒表面的包被过程。在金标蛋白结合处，在显微镜下可见黑褐色颗粒，当这些标记物在相应的配体处大量聚集时，肉眼可见红色或粉红色斑点，因而可用于定性或半定量的快速免疫检测方法中。

胶体金除与蛋白质结合外，还可以与许多其他生物大分子结合，如植物血凝素(PHA)、刀豆蛋白 A(ConA)、葡萄球菌 A 蛋白(SPA)等。根据胶体金的一些物理性状，如高电子密度、颗粒大小、形状及颜色反应，加上结合物的免疫和生物学特性，因而使胶体金广泛地应用于免疫学、组织学、病理学和细胞生物学等领域。

2. 胶体金标记技术的应用

(1)免疫胶体金电(光)镜染色法。细胞悬液涂片或组织切片，可用胶体金标记的抗体进行染色，也可在胶体金标记的基础上，以银显影液增强标记，使被还原的银原子沉积于已标记的金颗粒表面，可明显增强胶体金标记的敏感性。还可使用胶体金标记的抗体或抗抗体与负染的病毒样本或组织超薄切片结合，在电子显微镜下观察，用于病毒形态的观察和病毒的检测。

（2）斑点免疫胶体金渗滤法。应用微孔滤膜作载体，先将抗原或抗体点于膜上，封闭后加待检样本，洗涤后用胶体金标记的抗体检测相应的抗原或抗体。

（3）胶体金免疫胶体层析法。将特异性的抗原或抗体以条带状固定在膜上，胶体金标记试剂（抗体或单克隆抗体）吸附在结合垫上，当待检样本加到试纸条一端的样本垫上后，通过毛细作用向前移动，溶解结合垫上的胶体金标记试剂后相互反应，再移动至固定的抗原或抗体的区域时，待检物与金标试剂的结合物又与之发生特异性结合而被截留，聚集在检测带上，可通过肉眼观察到显色结果（图 9-15）。该法现已发展成为诊断试纸条，使用十分方便。

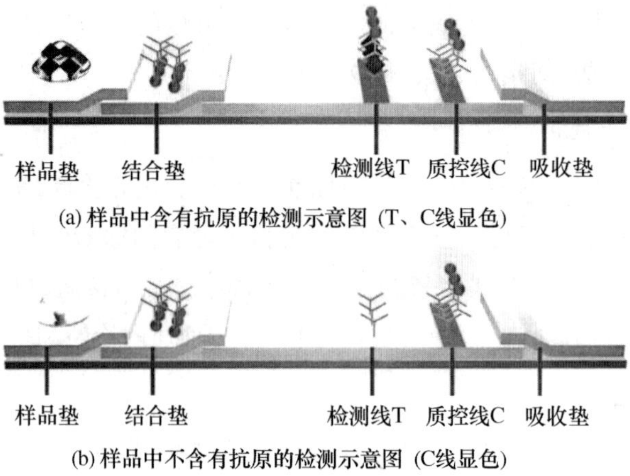

图 9-15 胶体金免疫层析法原理示意图

任务四 变态反应

一、变态反应的类型及特点

变态反应是指免疫系统对再次进入机体的抗原物质做出的过于强烈或不适当的，并导致组织器官损伤的免疫反应。除伴有炎症反应和组织损伤外，它们与本项目任务二所描述的维持机体正常功能的免疫反应并无实质性区别。引起变态反应的物质，称变应原。变应原可通过呼吸道、消化道、皮肤、黏膜等途径进入动物机体引发变态反应。

根据变态反应中所参与的细胞、活性物质、损伤组织器官的机制以及产生反应所需的时间等，将变态反应分为Ⅰ、Ⅱ、Ⅲ、Ⅳ 4 个类型，即过敏反应型（Ⅰ型）、细胞毒型（Ⅱ型）、免疫复合物型（Ⅲ型）及迟发型（Ⅳ型）。其中，前三型均由抗体介导，共同特点是反应发生快，故称为速发型变态反应；Ⅳ型则是由 T 细胞介导，反应较慢，至少 12 h 以后发生，故称迟发型变态反应。变态反应的类型及特点见表 9-4。

表 9-4　变态反应的类型及特点

型别	参加成分		反应速度	特点	临床常见病
	效应分子	效应细胞			
Ⅰ型	IgE	肥大细胞、 嗜碱性粒细胞、 嗜酸性粒细胞、 血小板	数分钟内迅速开始，15～30 min 达到高峰	很快出现反应高峰； IgE 为亲细胞性抗体，无补体及淋巴因子参与； 有功能性障碍，无组织损伤； 有个体差异及遗传倾向	过敏性休克、支气管哮喘、过敏性鼻炎、过敏性胃肠炎、荨麻疹
Ⅱ型	IgG、 IgM、 补体	单核巨噬细胞、 中性粒细胞、 K 细胞、 NK 细胞	开始反应后数小时内达到高峰	达到反应高峰较快； 发生过程中有细胞性抗原； 有抗体及补体参与，无细胞因子参与； 既有功能障碍又有组织损伤	异型输血反应、新生畜溶血症、免疫性血细胞减少症
Ⅲ型	IgG、 IgM、 补体	中性粒细胞、 嗜碱性粒细胞、 单核巨噬细胞、 血小板	接触抗原数小时后开始反应，18 h 后达到高峰	达到反应高峰较慢； 由可溶性抗原和抗体复合物引起； 有抗体及补体参与，无细胞因子参与； 既有功能障碍又有组织损伤	血清病、感染后肾小球肾炎、系统性红斑狼疮、类风湿性关节炎
Ⅳ型	细胞因子	单核巨噬细胞、 致敏 T 细胞、 粒细胞、 NK 细胞	接触抗原 12～24 h 内开始反应，48～72 h 达到高峰	由反应开始达到反应高峰极慢； 与抗体和补体无关，属细胞免疫； 无明显个体差异； 既有功能障碍又有组织损伤	传染性超敏反应、接触性皮炎、移植排斥反应

(一)Ⅰ型变态反应(速发型)

Ⅰ型变态反应是指致敏机体当再次接触变应原时，在数分钟至数小时内出现反应，也称速发型变态反应。变应原有异种血清、生物提取物(如花粉、胰岛素、肝素、脑垂体后叶提取物)、疫苗、半抗原性药物(如抗生素)、有机碘、尘埃、油漆等。

变应原首次进入机体，刺激机体产生亲细胞性的过敏性抗体 IgE，IgE 吸附于皮肤、消化道和呼吸道黏膜毛细血管周围组织中的肥大细胞和血液中嗜碱性粒细胞表面，使之致敏。当致敏细胞再次接受同一变应原刺激，变应原即与细胞表面的 IgE 结合，形成抗原抗体复合物，导致细胞内的嗜碱性颗粒脱出，脱出的颗粒迅速释放具有药理作用的活性介质，如组胺、缓激肽、5-羟色胺和过敏毒素等。这些介质可使支气管平滑肌收缩，毛细血管扩张，通透性增强，腺体分泌增加等。若反应发生在呼吸道，引起呼吸困难、哮喘、肺水肿等；发生在胃肠道，引起腹痛、腹泻；发生在皮肤，引起皮肤红肿、荨麻疹；发生于全身，可引起过敏性休克，甚至死亡。

Ⅰ型变态反应的特点是反应局限在某一系统，有时也呈全身反应，无补体参加，有明显的个体差别。

临床上常见的过敏反应有注射青霉素引起的急性全身性反应，吸入花粉、霉菌孢子、动物皮屑，食入某种总蛋白质含量高的饲料、蠕虫感染以及某种磺胺类药物，使用疫苗等引起的局部过敏反应。

过敏反应的确诊比较困难，易行的控制措施是使用非特异性脱敏药，避免动物再次接触可能的变应原，如更换垫草或饲料等。

(二) Ⅱ型变态反应(细胞毒型)

引起Ⅱ型变态反应的变应原可以是体内细胞本身的表面抗原，也可以是外来药物半抗原，药物半抗原可与血细胞牢固地结合形成完全抗原。这两种抗原均可刺激机体产生细胞溶解性抗体(IgG 和 IgM)，这些抗体与血型抗原结合，或与吸附在血细胞上的药物半抗原发生结合，形成抗原-抗体-血细胞复合物。通过以下 3 种途径将复合物中的血细胞杀死：①激活补体，使细胞溶解；②通过吞噬细胞吞噬而被溶解；③通过 K 细胞将其杀死。

Ⅱ型反应的特点是不释放介质，需补体参加，可造成组织损伤和靶细胞的破坏。

临床上常见的Ⅱ型变态反应有输血反应、新生动物溶血病、药物和传染性病原体引起的溶血性贫血等。

(三) Ⅲ型变态反应(免疫复合物型)

引起Ⅲ型变态反应的变应原可以是异性动物血清、微生物、寄生虫和药物等。参与反应的抗体主要为 IgG，也有 IgM 和 IgA。

免疫复合物是指抗原抗体形成的复合物。因抗原抗体比例不同，形成的复合物大小也不同。当抗原抗体比例合适或抗体略多于抗原时，则形成颗粒较大的不溶性免疫复合物，易被吞噬细胞吞噬清除；当抗原量多于抗体量时，可形成细小的可溶性复合物，易通过肾小球过滤而排出。上述两种复合物对机体均不造成损害作用。只有当抗原量稍超过抗体量时，可形成中等大小的免疫复合物，它不易被机体排出，也不易被吞噬细胞吞噬清除，且随血流在肾小球、关节、皮肤等处形成沉积，引起炎症、水肿、出血、局部坏死等一系列反应。

临床上常见的Ⅲ型变态反应疾病有系统性红斑狼疮、链球菌感染后引起的肾小球肾炎、类风湿性关节炎、局部免疫复合物病(阿萨斯反应)等。阿萨斯反应(Arthus)是由于多次皮下注射同种抗原，形成中等大小的免疫复合物沉积在注射抗原的局部毛细血管壁上，引起的局部炎症反应。

(四) Ⅳ型变态反应(迟发型)

引起Ⅳ型变态反应的抗原可以是异种蛋白或蛋白质为载体结合的半抗原复合物。反应特点是无抗体或补体参加，反应发生缓慢，多数于再次接触变应原后 12 h 或更长时间达到高峰，故又称迟发型变态反应。

当机体受到某种迟发型变应原刺激时，使 T 淋巴细胞母细胞化，进一步分化成效应性淋巴细胞，使机体致敏，当机体再次接触同一变应原时，效应淋巴细胞释放多种细胞因子引起变态反应。如淋巴毒素、杀伤性 T 淋巴细胞均能杀伤靶细胞。此型反应表现较突出的是局部炎症。

临床常见的Ⅳ型变态反应有传染性变态反应、组织移植排斥反应及接触性皮炎等。

接触性皮炎也是一种经皮肤致敏的迟发型变态反应。致敏原通常是药物、油漆染料、某些农药和塑料小分子半抗原，可与表皮细胞内的胶原蛋白和角质蛋白等结合形成完全抗原，导致 T 细胞致敏。当机体再次接触同一变应原，24 h 后发生皮肤炎症，48～96 h 达高峰，表现为局部红肿、硬结、水疱，严重者可发生剥脱性皮炎。

二、变态反应诊断

结核分枝杆菌、布鲁氏菌、鼻疽杆菌等细胞内寄生菌，在传染的过程中能引起以细胞免疫为主的Ⅳ型变态反应。这种变态反应是以病原微生物或其代谢产物作为变应原，是在传染过程中发生的，因此可用传染性变态反应来诊断。例如，利用结核分枝杆菌素给牛点眼的同时颈部皮内注射，然后根据局部炎症情况判定是否感染结核病，并进行结核病的检疫。结核菌素试验阳性者，表明该动物感染过结核分枝杆菌，发生了传染性变态反应。利用鼻疽菌素进行鼻疽病的检疫原理与此相同。

三、变态反应的防治

防治变态反应要从变应原及机体的免疫反应两方面考虑。临床上采取的措施是：①要尽可能找出变应原，避免动物的再次接触。②用脱敏疗法改善机体的异常免疫反应。如避免动物血清过敏症的发生，在给动物大剂量注射血清之前，可将血清加温至 30 ℃后使用，并且先少量多次皮下注射血清（0.2～2 mL/次），间隔 15 min 后再注射中等剂量血清（中等体型动物 10 mL/次，大体型动物 100 mL/次），若无严重反应，15 min 后可全量注射。③如果动物在注射后短时间内出现不安、颤抖、出汗或呼吸急促等过敏反应症状，首先用 0.1％的肾上腺素皮下注射（大体型动物 5～10 mL，中小体型动物 2～5 mL），然后采取其他对症治疗措施。常用的药物有肾上腺皮质激素、抗组胺药物和钙制剂等。

技能一　凝集试验

以羊布鲁氏菌病为例，参照《动物布鲁氏菌病的诊断技术》（GB/T 18646—2018）介绍该试验。

【目的要求】

（1）熟悉凝集试验的概念、类型；掌握凝集试验的基本原理；明确凝集试验在生产中的应用。

（2）掌握凝集试验的操作方法；能够正确判定凝集试验结果。

（3）建立动物疫病检测员标准操作的意识及严守标准的职业操守，培养恪尽职守的责任担当和坚守规范的职业素养。

【设备与材料】

生物安全柜、恒温培养箱、鼓风干燥箱、高压灭菌锅、微量移液器、微量移液枪头、凝集管、试管架、待检牛血清、布鲁氏菌虎红平板凝集试验抗原、布鲁氏菌标准阳性血清、布鲁氏菌标准阴性血清、生理盐水、布鲁氏菌试管凝集抗原、布鲁氏菌试管凝集标准阳性血清、布鲁氏菌试管凝集标准阴性血清、0.5％石炭酸生理盐水、按照说明书进行 20 倍稀释的布鲁氏菌试管凝集试验抗原等。

【方法步骤】

(一)平板凝集

(1)将待检血液 3 000 r/min、4 ℃离心 15 min 取上清液至离心管中，做好标记。

(2)用记号笔将玻璃板划分为 4 个大小约为 4 cm^2 的区域，分别标记为“待检、标阳、标阴及抗原”。

(3)分别吸取 25 μL 的待检血清、标准阳性血清、标准阴性血清及生理盐水，滴加于相应区域。注意每一个样本需更换一个清洁的微量移液枪头。

(4)将每个区域分别滴加布鲁氏菌虎红平板凝集试验抗原 25 μL。

(5)用灭菌牙签快速混匀血清和抗原，涂成 2 cm 直径的圆形，于室温(15 ℃以上)混匀后 2 min，在自然光下观察。注意每一个区域需更换一根牙签。

(6)结果判定。在对照标准阳性血清(＋)、标准阴性血清(－)、生理盐水(－)反应正常的前提下，被检血清出现大的凝集片或小的颗粒状物，液体透明判为阳性(＋)，液体均匀浑浊，无任何凝集物判为阴性(－)。

本法操作简便，容易掌握和判断，适用于大群家畜的检疫。筛选出的阳性反应血清，再做试管凝集试验，以试管凝集的结果为被检血清的最终结果。

(二)试管凝集试验

(1)按常规方法采集和分离待检血清。

(2)样本稀释。布鲁氏菌试管凝集抗原、布鲁氏菌试管凝集标准阳性血清、布鲁氏菌试管凝集标准阴性血清依照说明书进行稀释。

(3)待检血清的稀释。

①以羊血清为例，每份血清用 4 支凝集试管；另取 3 支试管作为对照，分别为抗原对照、标准阳性血清对照及标准阴性血清对照。如待检血清多时，对照只需做一份。

②记号笔分别标记每支试管。

③按表 9-5，在第 1 管中加入 0.5%石炭酸生理盐水 920 μL。

④第 2～4 管各加入 0.5%石炭酸生理盐水 500 μL。

⑤取待检血清 80 μL，加入第 1 管内，反复吹洗混合均匀。

⑥从第 1 管中取 500 μL 混合液加入第 2 管并充分混匀，如此倍比稀释至第 4 管，从第 4 管弃去混匀液 500 μL。

(4)将已稀释的布鲁氏菌试管凝集抗原分别加入第 1～4 管，每管各 500 μL，充分振摇均匀。此时待检羊的血清稀释度分别为 1∶25、1∶50、1∶100 和 1∶200。

(5)对照管反应

①抗原对照：取 0.5%石炭酸生理盐水 500 μL 加入第 5 支试管，再加入 500 μL 已稀释的布鲁氏菌试管凝集抗原，充分振摇均匀。观察抗原是否有自凝现象。

②阳性血清对照：取已稀释的布鲁氏菌试管凝集标准阳性血清加入第 6 支试管，再加入 500 μL 已稀释的布鲁氏菌试管凝集抗原，充分振摇均匀。

③阴性血清对照：取已稀释的布鲁氏菌试管凝集标准阴性血清加入第 6 支试管，再加入 500 μL 已稀释的布鲁氏菌试管凝集抗原，充分振摇均匀。

(6)将加样后的所有试管置温箱(37 ℃±1 ℃)孵育 18～24 h，取出检查并记录结果。

表 9-5　布鲁氏菌试管凝集实验术式表

μL

项目	试验组				对照组		
	1	2	3	4	5（抗原）	6（阳性）	7（阴性）
血清稀释倍数	1:25	1:50	1:100	1:200			
0.5%石炭酸生理盐水	920	500	500	500	500		
被检血清	80	500	500	500	弃去500		
标准阳性血清						500	
标准阴性血清							500
1:20 稀释抗原	500	500	500	500	500	500	500
振荡混匀，37 ℃±1℃ 孵育 18～24 h							

【结果判断】

1. 凝集反应程度

判定结果时用“＋”表示反应的强度。

(1)“＋＋＋＋”：液体完全透明，菌体完全被凝集呈伞状沉于管底，振荡时，沉淀物呈片状、块状或颗粒状，表示菌体 100%凝集。

(2)“＋＋＋”：液体稍有浑浊，菌体大部分被凝集沉于管底，振荡时情况同上，表示菌体 75%凝集。

(3)“＋＋”：液体呈淡乳白色浑浊，管底有明显的凝集沉淀，振荡时有块状或小片絮状物，表示菌体 50%凝集。

(4)“＋”：液体浑浊，不透明，管底有少许凝集沉淀，表示菌体 25%凝集。

(5)“－”：液体完全浑浊，不透明，有时管底中央有一部分圆点状沉淀物，振荡时均匀浑浊，表示菌体完全不凝集。

2. 试验成立条件及结果判定

当抗原对照无自凝集(－)，阳性对照血清出现完全凝集(＋＋＋＋)，阴性对照血清无凝集(－)出现时，试验成立，可对待检血清样本进行结果如下判定。

(1)牛、马、鹿和骆驼 1:100 血清稀释度，猪、山羊、绵羊和犬 1:50 血清稀释度，出现“＋＋”及以上凝集现象时，判定为阳性。

(2)牛、马、鹿、骆驼 1:50 血清稀释度，猪、山羊、绵羊和犬 1:25 血清稀释度，出现“＋＋”以上凝集现象时，判定为可疑。

【结果处理】

试验结果可疑的家畜经 30 d 后采血重检，如果仍为可疑，该牛、羊判为阳性。猪和马经重检仍保持可疑水平，而农场的牲畜没有临床症状和大批阳性患畜出现，该畜判为阴性。

二维码 9-6 平板凝集试验

二维码 9-7 试管凝集试验

【考核标准】

序号	考核点		分值	标准	评分		
					自评	互评	师评
1	知识	实验原理	10 分	可正确阐述实验原理及应用范围。			
2	技能	实验器材	10 分	能够正确准备实验所需所有器材；能正确规范使用器材；能对操作台面进行清洁处理。			
3	技能	实验条件设置	5 分	能正确设置并核查实验反应所需环境条件。			
4	技能	实验操作	20 分	熟悉实验操作流程，并能正确进行具体操作。			
5	技能	结果判断	10 分	能对实验结果进行正确判断和记录。			
6	技能	实验结论	15 分	能依据实验结果给出正确实验结论，并给出临床处理意见。			
7	技能	消毒灭菌	5 分	对实验所产生的废弃物进行正确无害化处理，对用过的器材选择适宜方式进行清洁消毒，对操作环境进行消毒处置。			
8	技能	清场	5 分	场地清理，卫生打扫，物品整理、复位。			
9	素质	职业操守	10 分	在实验进行全程精益求精，实事求是记录实验过程及数据，具备动物疫病检测员的恪尽职守的责任担当和坚守规范的职业素养。			
10	素质	科学思维	10 分	能对实验结果进行科学分析，发现其中的错误，并对错误原因进行分析，并提出改进性意见。			
总分							

技能二 沉淀试验

以现行国家标准《鸡马立克病诊断技术》（GB/T 18643—2021）中琼脂免疫双向双扩散检测为例介绍本试验。

【目的要求】

(1)熟悉沉淀实验的概念、类型;掌握沉淀试验的基本原理;明确沉淀试验在生产中的应用。

(2)掌握沉淀试验的操作方法;能够正确判定沉淀试验结果。

(3)建立动物疫病检测员标准操作的意识及严守标准的职业操守,培养恪尽职守的责任担当和坚守规范的职业素养。

【设备与材料】

三角烧瓶、高压灭菌器、酒精灯、玻片或平皿、打孔器、针头、温箱及湿盒、微量移液器及枪头等;磷酸盐缓冲液(PBS pH 7.4)、1%硫柳汞溶液、生理盐水、琼脂糖、氯化钠;鸡马立克病标准抗原,鸡马立克病标准阴性、阳性血清。

【方法步骤】

1. 抗原检测

(1)琼脂平板的制备。在 250 mL 容量的三角瓶中分别加入 pH 7.4 的 PBS 缓冲液 100 mL、琼脂糖 1 g、氯化钠 8 g,将三角瓶在水浴中煮沸使琼脂糖充分融化,再加入 1%硫柳汞 1 mL,混匀,冷却至 45～50 ℃,将洁净干热灭菌的直径为 90 mm 的平皿置于平台上,每个平皿加入 18～20 mL 加盖待凝固后,把平皿倒置以防水分蒸发。放普通冰箱 4 ℃中冷藏保存备用,有效期为 2 周。

(2)打孔。在已制备的琼脂板上,用直径 4 mm 或 3 mm 的打孔器按六角形图案打孔,或用梅花形打孔器打孔。中心孔与外周孔距离 3 mm,将孔中的琼脂用针头挑出,避免琼脂层脱离琼脂底部。

(3)封底。用酒精灯火焰轻烤平皿底部至琼脂轻微融化为止,封闭孔底。

(4)加样。用微量移液器吸取用灭菌生理盐水稀释的标准阳性血清(按产品使用说明书的要求稀释),滴入中央孔。标准阳性抗原悬液分别加入外周相对的两孔中,在外周的其余孔中加入被检的羽髓浸出液。每孔均以加满不溢出为度,每加一个样品应更换一个吸头。

(5)加样完毕后,静置 5～10 min,将平皿轻轻倒置,放入湿盒内,置 37 ℃温箱中反应,分别在 24 h 和 48 h 观察结果。

2. 抗体检测

操作方法同上,按如下操作加样:标准抗原液用灭菌生理盐水稀释(按产品使用说明书的要求稀释),用微量移液器吸取,滴入中央孔,标准阳性血清分别加入外周相对的两孔中,待检血清按顺序分别加入外周的其余孔中。每孔均以加满不溢出为度,每加一个样品应更换一个吸头。

【结果判断】

鸡马立克病琼脂免疫扩散试验结果判定示意图如图 9-16 所示。

(1)将琼脂板置日光灯或侧强光下进行观察,当标准阳性血清与标准抗原孔间有明显沉淀线,表明阳性对照成立;在阳性对照成立情况下,当待检血清(或抗原)与标准抗原(或标准阳性血清)孔间有明显沉淀线,且此沉淀线与标准抗原和标准血清孔间的沉淀线末端相融合,则待检样品为阳性。

(2)当标准阳性血清与标准抗原孔的沉淀线的末端在毗邻的待检血清孔或待检抗原孔处的末端向中央孔方向弯曲时,待检样品为弱阳性。

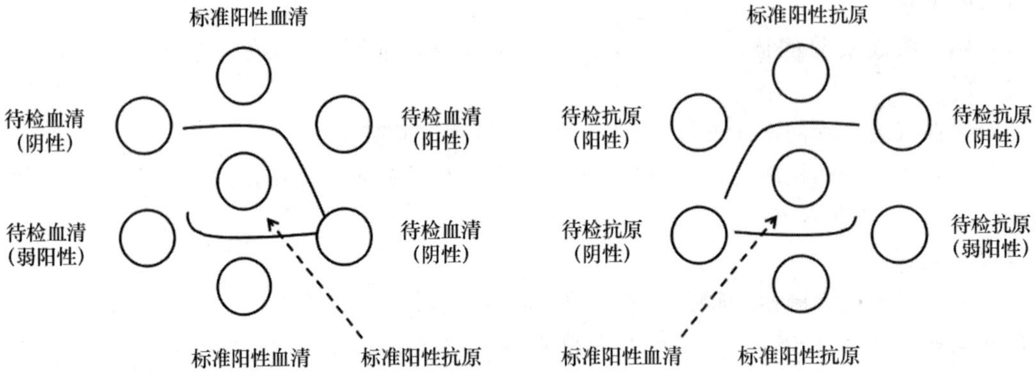

图 9-16 鸡马立克病琼脂免疫扩散试验结果判定示意图

(3)当阳性对照成立,而待检血清(或抗原)与标准抗原(或标准阳性血清)孔之间无沉淀线,或标准阳性血清与抗原孔之间的沉淀线末端向毗邻的待检血清孔或待检抗原孔直伸或向外侧偏弯曲时,该待检血清为阴性。

(4)介于阴性、阳性之间为可疑。可疑应重检,二次检测仍为可疑判为阳性。

【考核标准】

<table>
<tr><th rowspan="2">序号</th><th colspan="2" rowspan="2">考核点</th><th rowspan="2">分值</th><th rowspan="2">标准</th><th colspan="3">评分</th></tr>
<tr><th>自评</th><th>互评</th><th>师评</th></tr>
<tr><td>1</td><td>知识</td><td>实验原理</td><td>10 分</td><td>可正确阐述实验原理及应用范围。</td><td></td><td></td><td></td></tr>
<tr><td>2</td><td rowspan="7">技能</td><td>实验器材</td><td>10 分</td><td>能够正确准备实验所需所有器材;能正确规范使用器材;能对操作台面进行清洁处理。</td><td></td><td></td><td></td></tr>
<tr><td>3</td><td>实验条件设置</td><td>5 分</td><td>能正确设置并核查实验反应所需环境条件。</td><td></td><td></td><td></td></tr>
<tr><td>4</td><td>实验操作</td><td>20 分</td><td>熟悉实验操作流程,并能正确进行具体操作。</td><td></td><td></td><td></td></tr>
<tr><td>5</td><td>结果判断</td><td>10 分</td><td>能对实验结果进行正确判断和记录。</td><td></td><td></td><td></td></tr>
<tr><td>6</td><td>实验结论</td><td>10 分</td><td>能依据实验结果给出正确实验结论,并给出临床处理意见。</td><td></td><td></td><td></td></tr>
<tr><td>7</td><td>消毒灭菌</td><td>5 分</td><td>对实验所产生的废弃物进行正确无害化处理,对用过的器材选择适宜方式进行清洁消毒,对操作环境进行消毒处置。</td><td></td><td></td><td></td></tr>
<tr><td>8</td><td>清场</td><td>10 分</td><td>场地清理,卫生打扫,物品整理、复位。</td><td></td><td></td><td></td></tr>
<tr><td>9</td><td rowspan="2">素质</td><td>职业操守</td><td>10 分</td><td>在实验进行全程精益求精,实事求是记录实验过程及数据,具备动物疫病检测员的恪尽职守的责任担当和坚守规范的职业素养。</td><td></td><td></td><td></td></tr>
<tr><td>10</td><td>科学思维</td><td>10 分</td><td>能对实验结果进行科学分析,发现其中的错误,并对错误原因进行分析,并提出改进性意见。</td><td></td><td></td><td></td></tr>
<tr><td colspan="5">总分</td><td colspan="3"></td></tr>
</table>

技能三　中和试验

中和试验是有生物活性的抗原与相应抗体结合后，可使其失去原有生物活性的一种血清学试验，该反应具有高度特异性，并有严格的量的关系。下面以《猪流行性腹泻诊断技术》(NY/T 544—2015)中的血清中和试验为例介绍。

【目的要求】

(1)熟悉中和试验的概念；掌握中和试验的基本原理；明确中和试验在生产中的应用。

(2)掌握中和试验的操作方法；能够正确判定中和试验结果。

(3)建立实事求是的职业操守，培养严谨细致的工匠精神、科学思维素养。

【设备与材料】

Vero 细胞系、病毒抗原和标准阴性血清、阳性血清、指示毒(毒价测定后立即小量分装－30 ℃冻存，避免反复冻融，使用剂量为 500～1 000 $TCID_{50}$)、同头份的健康(或病初)血清和康复 3 周后的双份被检血清或单份血清；稀释液、细胞培养液、病毒培养液；微量移液器及配套枪头、96 孔微量平底反应板、二氧化碳培养箱或温箱、倒置显微镜、微量振荡器、小培养瓶等。

【方法步骤】

(1)用稀释液倍比稀释血清，每份血清加 4 孔，每孔 50 μL，再分别加 50 μL 指示剂。

(2)经微量振荡器振荡 1～2 min，置于 37 ℃中和 1 h。每孔加细胞悬液 100 μL[$(2\sim3)\times10^5$个细胞/mL]，微量板置于 37 ℃二氧化碳培养箱或用胶带封口置于 37 ℃温箱培养，72～96 h 判定结果。

(3)设阴性对照、阳性对照、病毒对照和细胞对照，阴性血清与待检血清同倍稀释，阳性血清做 2^{-6}稀释。

【结果判断】

(1)当病毒抗原及阴性血清对照组均出现细胞病变作用[细胞面粗糙、颗粒增多，有多核细胞(7～8 个甚至几十个)，并可见空斑样小区，细胞逐渐脱落]，阳性血清及细胞对照组均无细胞病变作用时，试验成立。以能抑制 50%以上细胞出现细胞病变作用的血清最高稀释度的倒数判定为该血清猪流行性腹泻抗体效价的滴度。

(2)血清中和抗体效价 1∶8以上为阳性反应；1∶4为疑似反应；小于 1∶4为阴性反应。疑似血清复检一次，仍为可疑时，则判为阴性。

(3)发病后 3 周以上的康复血清滴度是健康(或病初)血清滴度的 4 倍或以上，判为阳性反应。

【考核标准】

序号	考核点		分值	标准	评分		
					自评	互评	师评
1	知识	实验原理	10分	可正确阐述实验原理及应用范围。			
2	技能	实验器材	10分	能够正确准备试验所需所有器材；能正确规范使用器材；能对操作台面进行清洁处理。			
3		实验条件设置	5分	能正确设置并核检实验反应所需环境条件。			
4		实验操作	20分	熟悉实验操作流程，并能正确进行具体操作。			
5		结果判断	10分	能对实验结果进行正确判断和记录。			
6		实验结论	10分	能依据实验结果给出正确实验结论，并给出临床处理意见。			
7		消毒灭菌	5分	对实验所产生的废弃物进行正确无害化处理，对用过的器材选择适宜方式进行清洁消毒，对操作环境进行消毒处置。			
8		清场	10分	场地清理，卫生打扫，物品整理、复位。			
9	素质	实事求是	5分	在实验操作过程中细致认真进行操作，实事求是记录实验过程及数据。			
10		科学思维	10分	能对实验结果进行科学分析，发现其中的错误，并对错误原因进行分析，并提出改进性意见。			
11		职业操守	5分	在实验进行全程精益求精，忠于客观实验结果与数据。			
总分							

技能四　酶联免疫吸附试验

以口蹄疫O型液相阻断抗体ELISA检测为例介绍。

【目的要求】

(1)熟悉标记试验的概念和类型；掌握酶联免疫吸附试验的基本原理。

(2)掌握酶联免疫吸附试验的操作方法；能够正确判定酶联免疫吸附试验结果。

(3)具有实验室规范操作意识；具备实验室行为的基本素质。

【设备与材料】

酶联检测仪(酶标仪)、微量移液器、微量移液枪头、吸水纸、湿盒、恒温培养箱、待检血清、口蹄疫O型液相阻断抗体ELISA试剂盒(含有兔抗包被ELISA板、抗原抗体反应板、移液槽、口蹄疫O型病毒抗原、口蹄疫O型豚鼠抗体工作液、兔抗豚鼠IgG-HRP工作液、口蹄疫O型阳性血清、口蹄疫阴性血清、过氧化氢、洗涤液、终止液)。

【方法步骤】

(1)使用前将试剂盒置于室温30 min，恢复至室温。

(2)抗原抗体反应：在抗原抗体反应板上分别加入 100 μL 稀释好的待检血清、阳性血清和阴性血清，并做倍比稀释；每孔加入口蹄疫 O 型病毒抗原 50 μL，封板膜封板反应。

(3)将抗原抗体混合液从反应板上转移到口蹄疫 O 型兔抗包被 ELISA 板上，封板，37 ℃孵育 60 min。

(4)洗板：吸干孔内反应液，用洗涤液过洗一遍(将洗涤液注满板孔后，即甩去)，之后将洗涤液注满板孔，浸泡 1～2 min，间歇摇动。甩去孔内液体后在吸水纸上拍干。重复洗涤 3～4 次。

(5)每孔加入口蹄疫 O 型豚鼠抗体工作液 50 μL，封板，37 ℃孵育 30 min。

(6)洗板，同 4。

(7)每孔加入兔抗豚鼠 IgG-HRP 工作液 50 μL，封板，37 ℃孵育 30 min。

(8)洗板，同 4。

(9)每孔加 TMB 显色液 50 μL，37 ℃避光孵育 15 min。

(10)每孔加 50 μL 终止液终止反应。

(11)分别测 450 nm 吸光值 W_1 和 630 nm 吸光值 W_2，最终测得的 OD 值为两者之差(W_1-W_2)，以减少由容器上的划痕或指印等造成的光干扰。

二维码 9-8　ELISA 试验

(12)数据处理：在得出标本(S)和阴性对照(N)的 OD 值后，计算 S/N 值。S/N≥2.1 为阳性判定标准。

【考核标准】

序号	考核点		分值	标准	评分		
					自评	互评	师评
1	知识	实验原理	10 分	可正确阐述实验原理及应用范围。			
2	技能	实验器材	10 分	能够正确准备实验所需所有器材；能正确规范使用器材；能对操作台面进行清洁处理。			
3		实验条件设置	5 分	能正确设置并核查实验反应所需环境条件。			
4		实验操作	20 分	熟悉实验操作流程，并能正确进行具体操作。			
5		结果判断	10 分	能对实验结果进行正确判断和记录。			
6		实验结论	10 分	能依据实验结果给出正确实验结论，并给出临床处理意见。			
7		消毒灭菌	5 分	对实验所产生的废弃物进行正确无害化处理，对用过的器材选择适宜方式进行清洁消毒，对操作环境进行消毒处置。			
8		清场	10 分	场地清理，卫生打扫，物品整理、复位。			
9	素质	实事求是	5 分	在实验操作过程中细致认真进行操作，实事求是记录实验过程及数据。			
10		科学思维	10 分	能对实验结果进行科学分析，发现其中的错误，并对错误原因进行分析，并提出改进性意见。			
11		职业操守	5 分	在实验进行全程精益求精，忠于客观实验结果与数据。			
总分							

技能五 PPD 诊断

【目的要求】

(1)熟悉变态反应的概念和类型;掌握变态反应的基本原理及在生产中的应用。

(2)掌握变态反应操作方法;能够正确判定结果。

(3)建立实事求是的职业操守,培养严谨细致的工匠精神、科学思维素养。

【检测原理】

PPD试验即结核菌素试验,是基于Ⅳ型变态反应原理的一种皮肤试验,用来检测机体有无感染过结核分枝杆菌。凡感染过结核分枝杆菌的机体,会产生相应的致敏淋巴细胞,具有对结核分枝杆菌的识别能力。当再次遇到少量的结核分枝杆菌或结核菌素时,致敏T淋巴细胞受相同抗原再次刺激会释放出多种可溶性淋巴因子,导致血管通透性增加,巨噬细胞在局部集聚,导致浸润。在48～72 h内,局部出现红肿硬结的阳性反应。若受试者未感染过结核分枝杆菌,则注射局部无变态反应发生。

【设备与材料】

牛型提纯结核菌素、鼻钳、毛剪、镊子、游标卡尺、1～2.5 mL注射器和针头、工作服、工作帽、口罩、胶靴、注射用水等。

【方法步骤】

一、方法

(一)提纯结核菌素(PPD)皮内反应

用牛型提纯结核菌素(PPD)进行变态反应试验,出生后20 d的牛即可用本试验进行检疫。

1. 注射部位

将牛编号后在颈侧中部上1/3处,3个月以内的犊牛,也可在肩胛部进行,局部剪毛(或提前1 d剃毛),直径约10 cm,用卡尺测量术部中央皮皱厚度(D_1),做记录。如术部有变化时,应另选部位或在对侧进行。

2. 注射方法

以75%酒精棉球消毒术部,不论大小牛,一律皮内注射10 000 IU,即将牛型提纯结核菌素(PPD)稀释成每毫升100 000 IU后,皮内注射0.1 mL,注射后局部应出现小丘。冻干菌素稀释后应当天用完。如注射有疑问时,应另选15 cm以外的部位或对侧重做。

3. 观察反应

皮内注射后经72 h判定,仔细观察局部有无热痛、肿胀等炎性反应,并以卡尺测量皮皱厚度(D_2),做好详细记录(表9-6)。对疑似反应牛应在对侧以同一批菌素同一剂量进行第二回皮内注射,再经72 h观察反应。

如有可能,对阴性和疑似反应牛,于注射后96 h和120 h再分别观察一次,以防个别牛出现较晚的迟发型变态反应。

表 9-6　牛结核病检疫记录表

单位：　　　　　　　　　　　　　　　　　　　　年　月　日　　检疫员：

编号	牛号	年龄	提纯结核菌素皮内注射反应									
			次数		注射时间	部位	原皮厚/mm	注射后皮厚/mm			皮厚差	判定
								72 h	96 h	120 h		
			第　次	一回 二回								
			第　次	一回 二回								
			第　次	一回 二回								
			第　次	一回 二回								
			第　次	一回 二回								

受检头数________　阳性头数________　疑似头数________　阴性头数________

4.结果判断

(1)阳性反应：局部疼痛、发热、水肿等，炎性反应明显，皮厚差等于或大于 4 mm(对进口牛的检疫，皮厚差大于 2 mm)者，判为阳性，其记录符号为(＋)。

(2)疑似反应：局部炎性反应不明显，皮厚差在 2.1～3.9 mm，其记录符号为(±)。

(3)阴性反应：无炎性反应，皮厚差在 2 mm 以下，其记录符号为(－)。

凡判定为疑似反应的牛只，于第一次检疫 30 d 后进行复检，其结果仍为可疑反应时，经 30～45 d 后再复检，如仍为疑似反应，应判为阳性。

5.注意事项

(1)利用变态反应检疫牛结核病时，注射方法必须正确，剂量准确。

(2)游标卡尺测量皮肤厚度时，松紧度应适宜。结果观察时，不要更换检疫人员，减少人为误差。

(二)PPD 点眼法

1.点眼前检查

点眼前，对两只眼睛做具体检查。正常时方可点眼，有眼部疾病或结膜反应不正常者，可不做点眼检疫。

2.点眼

将每毫升 50 000 IU 的 PPD，以注射用水或无菌蒸馏水稀释 2 倍(1∶1)，2～3 滴点眼。结核菌素一般点于左眼，左眼有眼病时可点于右眼，但必须记录说明，点眼后留意。将牛拴好，防止风沙进入眼内，避免阳光直射牛头部以及牛与四周物体摩擦。

3. 点眼后观察

点眼后于 3 h、6 h、9 h 各观察 1 次，必要时可观察 24 h 的反应。观察时，留意两眼的结膜与眼睑肿胀的状态，流泪及分泌物的性质和量的多少，由于结核菌素而引起的食欲减退或停止以及全身战栗、呻吟、不安等其他变态反应，均应详细记录。阴性和可疑的牛 72 h 后，于同一眼内再滴一次结核菌素，观察记录同上。

4. 结果判断

(1)阳性反应：有两个大米粒大小或者 2 mm×10 mm 以上的呈黄白色的脓性分泌物自眼角流出，或散布于眼的四周，或积聚在结膜囊及其眼角内，或以上反应轻微者，但有明显的结膜充血、水肿、流泪并有其他全身反应者，为阳性反应，其记录符号为(＋)。

(2)疑似反应：有两个大米粒大小或者 2 mm×10 mm 以上的呈灰白色、半透明的黏液性分泌物积聚在结膜囊内及其眼角处，无明显的结膜充血、水肿、流泪并有其他全身反应者，为疑似反应，其记录符号为(±)。

(3)阴性反应：无反应或仅有结膜稍微充血，流出透明浆液性分泌物者，为阴性反应，其记录符号为(－)。

二、综合判定

结核菌素皮内注射和点眼反应两种方法中的任何一种呈阳性反应者，即可判定为结核菌素阳性反应牛；两种方法中任何方法为疑似反应时，即可判定为疑似反应牛。

三、复检

在健康牛群中(即无一头变态反应阳性的牛群)经第二次检疫判定为可疑的牛，要单独隔离饲养，1 个月后再做第 2 次检疫，仍为可疑时，经半个月做第 3 次检疫，如仍为可疑，可继续观察一定时间后再进行检疫。根据检疫结果做出适当处理。如在牛群中发现有开放性结核病牛，同群牛如有可疑反应的牛只，也应视为被感染。通过二次检疫都为可疑的牛只，即可判定为结核菌素阳性牛。

四、其他家畜结核病结核菌素诊断法

马、绵羊、山羊和猪可使用牛结核菌素(PPD)皮内注射法进行检疫。

1. 注射部位及剂量

部位：马位于左侧颈中部上 1/3 处，猪和绵羊在左耳根部外侧，山羊在肩胛部。剂量：成年家畜为 0.2 mL，3 个月至 1 年的幼畜为 0.15 mL，3 月龄以下的幼畜为 0.1 mL。除猪使用结核菌素原液外，马、绵羊、山羊均使用稀释的结核菌素(结核菌素 1 份，加灭菌 0.5%石炭酸蒸馏水 3 份)。

2. 观察反应时间及判断标准

于注射后 48 h，72 h 进行再次观察。猪、绵羊和山羊，可按照牛的判定标准进行判定。

判定为疑似反应的马、绵羊、山羊和猪经过 25～30 d 后于第 1 次注射后的对侧再进行一次复检，如果仍判定为疑似反应，可参照疑似反应的办法处理。

【考核标准】

序号	考核点		分值	标准	评分		
					自评	互评	师评
1	知识	实验原理	10分	可正确阐述实验原理及应用范围。			
2	技能	实验器材	10分	能够正确准备实验所需所有器材；能正确规范使用器材；能对操作台面进行清洁处理。			
3		实验条件设置	5分	能正确设置并核查实验反应所需环境条件。			
4		实验操作	20分	熟悉实验操作流程，并能正确进行具体操作。			
5		结果判断	10分	能对实验结果进行正确判断和记录。			
6		实验结论	10分	能依据实验结果给出正确实验结论，并给出临床处理意见。			
7		消毒灭菌	5分	对实验所产生的废弃物进行正确无害化处理，对用过的器材选择适宜方式进行清洁消毒，对操作环境进行消毒处置。			
8		清场	10分	场地清理，卫生打扫，物品整理、复位。			
9	素质	实事求是	5分	在实验操作过程中细致认真进行操作，实事求是记录实验过程及数据。			
10		科学思维	10分	能对实验结果进行科学分析，发现其中的错误，并对错误原因进行分析，并提出改进性意见。			
11		职业操守	5分	在实验过程中能做到精益求精，忠于客观实验结果与数据。			
总分							

综合实训一　疑似大肠埃希菌病的实验室诊断

【学习目标】

(1)掌握细菌性病料采集原则；理解革兰染色、油镜观察、细菌分区划线分离培养、生化试验以及致病性试验的原理。

(2)能科学合理设计猪大肠埃希菌病的传统实验室诊断；能正确实施细菌性病料采集、细菌革兰染色、油镜观察、分区划线培养、生化试验和致病性试验操作，以及对各实验结果进行判定、汇总并给出疾病诊断结果。

(3)具有灵活运用专业知识和技能解决临床实际问题的能力，合作交流、互促共进的意识，传承经典、精益求精的职业素养。

【实施情景】

动物养殖场、动物医院、动物疾病检测机构、生物制品厂以及科研机构等。

【实验器材】

药敏试剂盒、MH 培养基、细菌肉汤培养物、灭菌生理盐水、无菌 PBS 缓冲液、30%甘油缓冲液、普通琼脂培养基试剂、麦康凯培养基试剂、SS 培养基试剂、肉汤培养基试剂及生化培养基试剂(葡萄糖、麦芽糖、甘露醇、蔗糖,MR 试验、VP 试验、枸橼酸试验、硫化氢试验、吲哚试验);健康昆明小鼠;香柏油、擦镜液、载玻片、吸水纸、革兰染色液;酒精灯、接种环、试管架、记号笔、眼科镊子、解剖刀、剪刀、镊子、酒精棉、采样单、记录本、口罩、乳胶手套等。

【方法步骤】

一、病料的采集

无菌环境下采集未经治疗发病仔猪的粪便,或新鲜尸体小肠前段内容物,病变明显的肝脏、肾、肺、肠系膜淋巴结等。肝脏、肾、肺、肠系膜淋巴结等组织采集后装入含有 30%甘油缓冲液无菌的试管中。采集的粪便应力求新鲜,病死仔猪肠道选择特征明显的部分,将带有粪便的肠管两端结扎,从两端剪断,或将小肠前段内容物装入含有无菌 PBS 缓冲液的试管中;发病仔猪可用拭子插到直肠黏膜表面采集粪便。采集的粪便或直肠拭子装入含有无菌 PBS 缓冲液的试管中。所有病料低温保存(4~10 ℃)尽快送到实验室。

二、染色镜检

取肝脏做组织触片,革兰染色后进行显微镜观察。大肠埃希菌为革兰染色阴性、中等大小、两端钝圆的杆菌,无芽孢,有鞭毛和菌毛,能够运动。

三、划线分离与纯化

1. 培养基制备

按照以下流程进行培养基的制备。计算、称量、加热溶解、调节 pH,分装、标记、灭菌,无菌检验合格后,4 ℃保存备用。

2. 分区划线

以无菌操作的方式将病料分区划线接种到普通琼脂培养基、麦康凯培养基、SS 培养基和肉汤上,37 ℃培养 24 h。

3. 纯化培养

在普通琼脂培养基上生长出直径为 1~3 mm 大小、表面湿润光滑且呈浅灰色的透明菌落。在麦康凯培养基上生长出粉红色、中间凹陷的致病菌群落。在 SS 培养基上生长出带有特殊金属光泽的铁黑色菌落。肉汤均匀浑浊。将在麦康凯培养基上生长的粉红色菌落进行纯化。

纯化后进行染色镜检,观察纯化结果。显微镜下为统一的革兰阴性、中等大小、两端钝圆的无芽孢杆菌,则说明纯化结果良好。

四、细菌的生化实验

1. 细菌接种

以半固体穿刺培养的方法进行糖发酵、枸橼酸及硫化氢试验;以液体培养基接种的方法,进行 MR、VP 与吲哚试验。

2. 结果观察

发酵糖苷、葡萄糖、麦芽糖、甘露醇均产酸产气,不发酵蔗糖,VP 试验、枸橼酸试验、硫化氢试验均为阴性，MR 试验、吲哚试验为阳性。

五、动物致病性实验

1. 动物接种

实验分为试验组和对照组。选取体重约为 20 g，无病原感染、健康的昆明小鼠（健康状况相同），雌雄数量各一半，取 0.2 mL 大肠埃希菌肉汤培养物（细菌量约为 1×10^9 CFU/只）进行腹腔注射，并应用同剂量生理盐水对对照组小鼠进行腹腔注射。观察并记录小鼠有无致死。

2. 结果观察

细菌接种后每 2 h 进行观察和记录。观察试验组小鼠是否出现精神萎靡现象、腹泻或死亡等。对照组小鼠应健康，无死亡。对试验组小鼠进行心血涂片，可以观察到革兰阴性、中等大小、两端钝圆的无芽孢杆菌；复涂于麦康凯培养基，观察到粉红色、中间凹陷的菌落，判定检测出的大肠埃希菌为致病性大肠埃希菌。

六、药物敏感性试验

1. 药敏试验

采用纸片扩散法进行药物敏感性试验，详见项目五技能二细菌的药物敏感性试验。

2. 结果观察

抑菌圈直径的测量详见项目五技能二细菌的药物敏感性试验，试验结果的判定应根据实际使用的药敏试剂盒使用说明书进行。

七、诊断结果判定

综合以上检测结果即可进行判断。

【考核标准】

序号	考核点		分值	标准	评分		
					自评	互评	师评
1	知识	实验设计	10 分	能正确阐述实验设计方案与原理。			
2	技能	实验前准备	10 分	能够正确准备实验所需所有器材，能对操作台面进行清洁处理。			
3		实验操作	20 分	熟悉实验操作流程，并能正确进行具体操作。			
4		结果判断	10 分	能对实验结果进行正确分析和判断。			
5		消毒灭菌	15 分	对实验所产生的废弃物进行正确无害化处理，对用过的器材选择适宜方式进行清洁消毒，对操作环境进行消毒处置。			
6		清场	10 分	场地清理，卫生打扫，物品整理、复位。			

续表

序号	考核点		分值	标准	评分		
					自评	互评	师评
7	素质	实验素养	5 分	实验结束，认真记录实验过程并填写仪器设备使用记录；各物品归位。			
8		团队协作	10 分	积极参与小组任务，对小组任务具有一定贡献。			
9		职业素养	10 分	针对细菌药物敏感性实验结果，能给出实验结论，并初步制订用药方案。			
总分							

综合实训二　鸡新城疫抗体水平检测

以全国职业院校技能大赛(动物疫病检疫检验)赛项规程中规定的鸡新城疫抗体水平检测为例进行介绍，试验操作参照 GB/T 16550—2020 进行。

【学习目标】

(1)掌握在鸡新城疫抗体水平检测血凝抑制试验的原理。

(2)掌握血凝抑制试验操作流程、具体操作、结果判定。

(3)具有相互协作、共同进步的合作精神；具有精细入微、躬行求真的职业素养。

【实施情境】

动物养殖场、动物医院、动物疫病检测机构、生物制品厂以及科研机构等。

【实验器材】

微型振荡器、微量可调移液器(10 μL、100 μL、200 μL、1 000 μL 等不同规格)、微量移液器吸头、96 孔 V 形血凝板、50 mL 烧杯、采血器、15 mL 具盖离心管、酒精棉球、干棉球；0.01 mol/L pH 7.2 磷酸盐缓冲液(PBS)、鸡红细胞(RBC)悬液、AIserve 液、1% RBC、新城疫病毒标准阳性抗原、新城疫病毒标准阳性血清、阴性血清；记号笔、记录纸、一次性无菌手套、口罩等。

【方法步骤】

一、1%红细胞制备

1. PBS 准备

0.01 mol/L pH 7.2 磷酸盐缓冲液(PBS)的配制方法如下。

(1)氯化钠(NaCl)　8.0 g

(2)氯化钾(KCl)　0.2 g

(3)磷酸氢二钠(Na_2HPO_4)　1.44 g

(4)磷酸二氢钾(KH_2PO4)　0.24 g

(5)加蒸馏水至 800 mL。

将上述成分依次溶解，用 HCl 调 pH 至 7.2±0.1，灭菌双蒸水加至 1 000 mL，定容。121 ℃ 高压灭菌 15 min。

2. AIserve 液配制

葡萄糖 2.05 g、柠檬酸钠 0.8 g、柠檬酸 0.055 g、NaCl 0.42 g，加蒸馏水至 100 mL，混匀，pH 调至 6.1，在 121 ℃ 15 min 高压灭菌，置 4 ℃备用。

3. 1% RBC 制备

用 Alserve 液作为抗凝剂，采集至少 3 只 SPF 公鸡或无新城疫抗体的非免疫鸡的抗凝血液，放入离心管中，加入 3～4 倍体积的 PBS 混匀，以 2 000 r/min 离心 5～10 min，去掉血浆和白细胞层，重复以上过程，反复洗涤 3～4 次，至洗净血浆和白细胞，2 000 r/min 离心 10 min，最后吸取压积红细胞用 PBS 配成体积分数为 1% 的悬液，于 4 ℃保存备用。

二、血凝试验

(1)在 96 孔 V 形微量血凝板第 1～12 孔均加入 PBS 25 μL。

(2)在第 1 孔中加入 25 μL 抗原或病毒悬液，吹打 3～5 次，充分混匀。

(3)将抗原或病毒悬液在反应板上进行系列倍比稀释，即从第 1 孔中吸取 25 μL 悬液至第 2 孔，混匀后再吸取 25 μL 悬液至第 3 孔，依次进行倍比稀释至第 11 孔，最后从第 11 孔吸取 25 μL 弃去，第 12 孔不加抗原或病毒悬液，作为 PBS 对照。

(4)每孔加入 25 μL PBS。

(5)每孔加入 25 μL 体积分数为 1% 的鸡红细胞悬液(将鸡红细胞悬液充分均匀后加入)，将微量反应板在微型振荡器振荡混匀或轻扣反应板混匀反应物，室温静置 20～30 min 或 2～8 ℃ 静置 60 min，当对照孔(第 12 孔)红细胞呈显著纽扣状时判定结果。

(6)结果判定：将反应板倾斜，观察红细胞有无泪珠状流淌。以完全凝集(不流淌)的最高稀释倍数为抗原或病毒悬液的血凝效价。完全凝集的病毒的最高稀释倍数为 1 个血凝单位(HAU)。

三、血凝抑制试验

(1)根据测得抗原或病毒悬液血凝效价配制 4 单位抗原(4 HAU)。4 HAU 的配制方法如下：假设抗原的血凝效价为 8 $\log_2$(1∶256)，则 4 HAU 抗原的稀释倍数应是 1∶64(256 除以 4)，稀释时，将 1 mL 抗原加入 63 mL PBS 中即为 4 HAU 抗原。

(2)4 HAU 检测。4 单位抗原应现用现配，在使用前进行标定。将配制的 4 HAU 进行系列稀释，使最终稀释度分别为 1∶2、1∶3、1∶4、1∶5、1∶6 和 1∶7，然后进行血凝试验。如果配制的抗原液为 4 HAU，则 1∶4 稀释度将给出凝集终点；如果 4 HAU 高于 4 个单位，可能 1∶5 或 1∶6 为终点；如果较低，可能 1∶2 或 1∶3 为终点。应根据检验结果将抗原稀释度做适当调整，使工作液确为 4 HAU。

(3)取 96 孔 V 形微量血凝板，用移液器在第 1～11 孔各加 25 μL PBS，第 12 孔加入 50 μL PBS。

(4)在第 1 孔加入 25 μL 血清，充分混匀后移出 25 μL 至第 2 孔，以此类推，倍比稀释至第 10 孔，并从第 10 孔弃除 25 μL。

(5)在第 1～11 孔各加入 25 μL 4 HAU 抗原，振荡 15 s，使液体混合均匀，室温静置至少 20 min 或 2～8 ℃静置至少 60 min。

(6)在第 1～12 孔每孔加入 25 μL 1% 的鸡红细胞悬液，振荡混匀，室温静置 20～40 min 或 2～8 ℃静置 40～60 min，对照孔红细胞呈显著纽扣状时判定结果。

(7)第 11 孔为抗原对照，第 12 孔为 PBS 对照，每次测定还应设已知效价的标准阳性血清和阴性血清作对照。

(8)结果判定：将反应板倾斜，从背侧观察加样孔底部的红细胞是否呈泪痕状流淌。以完全抑制 4 HAU 抗原的最高血清稀释倍数为该血清的 HI 抗体效价。只有当阴性血清对照孔血清效价 $\leqslant 2\ log_2$，阳性血清对照孔血清效价与标定效价相差 $\leqslant 1$ 个滴度，红细胞对照无自凝现象时，试验结果有效。HI 效价 $\leqslant 3\ log_2$，判为 HI 试验阴性；HI 效价 $\geqslant 4\ log_2$，判为 HI 试验阳性。

(9)注意事项：

①采集的抗凝血液保存时间不超过 24 h，制备的 1%红细胞悬液最好现配现用。

②当检测除鸡外的其他禽(如水禽、鸽)血清时可用与待检血清宿主来源相同的 1%红细胞进行血凝抑制试验，禽 1%RBC 制备方法按上述“1%RBC 制备”执行。

③有些禽类血清(如水禽、鸽)可能对鸡红细胞产生非特异性凝集，需先用待检血清做血凝试验，如果待检血清出现红细胞凝集现象，则说明有非特异凝集素存在，需用鸡红细胞对待检血清进行吸附，具体方法为：每 0.5 mL 血清中加入 25 μL 鸡红细胞，轻摇后静置至少 30 min，800*g* 离心 2～5 min，收集上清液，即为处理后的血清。用处理后的血清进行 HI 试验时，需设处理阳性血清对照。

【考核标准】

为对接国家技能大赛，提升学生技术操作能力与竞赛能力，参照 2023 年全国职业院校技能大赛“动物疫病检疫检验”项目技能竞赛评分标准制订本技能考核标准(表 9-7)。

二维码 9-9 血凝试验

二维码 9-10 4 单位抗原配制+血凝抑制试验

二维码 9-11 全国职业院校技能大赛(动物疫病检疫检验)赛项规程(2023 年)

表 9-7 全国职业院校技能大赛评分表(2023 年)

序号	考核内容	考核要点	分值	评分标准
一	试验器材准备(6 分)	仪器使用与材料准备	2	仪器正确使用，1 分； 材料准备到位，1 分。 参考评分要点： 未检查清点仪器材料，仪器使用不正确，材料准备不到位，口罩、乳胶手套穿戴不规范，酌情扣分。
		物品标识	2	标识合理，1 分； 制作标签，标识清晰 1 分。 参考评分要点： 使用的烧杯、离心管(包括管盖)和血凝反应板均要标记；标识遗漏或标识不清，酌情扣分，不标识不得分。
		桌面整洁度	2	摆放合理，2 分。 参考评分要点： 试验器材无序摆放，不得分。

续表 9-7

序号	考核内容	考核要点	分值	评分标准
二	配制 1%鸡红细胞悬液（12 分）	采血方法和采血量	5	抗凝剂适量，1 分； 采血方法规范、熟练，2 分； 采血量控制在 2～4 mL，2 分。 参考评分要点： 血液与抗凝剂比例 4∶1； 采血时，鸡放置于鸡笼上保定采血； 采血部位宜首选翅静脉； 采血局部合理消毒； 采血时一针见血； 采血量控制在 2～4 mL； 用干棉球按压止血； 采血后采血局部未见明显血肿； 采血未成功的，该项不得分。 * 以上细节未规范操作，酌情扣分，累计扣完 5 分为止。
		离心机使用	2	离心机使用规范，2 分。 参考评分要点： 离心前配平，对称放入离心机中； 规范使用天平，应“左物右码”； * 以上细节未规范操作，酌情扣分，累计扣完 2 分为止。
		红细胞悬液配制方法	5	稀释液倍数正确，1 分； 离心机转数、离心时间正确，2 分； 血球洗涤次数适宜，1 分； 压积红细胞吸取正确，1 分。 参考评分要点： 红细胞洗涤时，用 3～4 倍体积的灭菌生理盐水进行稀释， 稀释后离心管中液体体积最大不可超过 12 mL； 红细胞洗涤时灭菌生理盐水与红细胞充分混匀； 离心参数设定：2 000 r/min，5～10 min/次； 红细胞洗涤时吸除血浆和白细胞等杂质； 红细胞洗涤应 3～4 次； 最后配制 1%红细胞悬液为 10～20 mL。 * 以上细节未规范操作，酌情扣分，累计扣完 5 分为止。
三	血凝试验（18 分）	器材使用	4	微量移液器使用规范，2 分； 吸头更换操作规范，2 分。 参考评分要点： 更换吸头时操作规范，不可用力撞击吸头盒； 微量移液器量程设置准确； 微量移液器吸取和排出液体操作规范； 移液器垂直加样为规范，倾斜角度不要过大； 微量移液器用完后应置于移液器架，不得随意放于桌面。 * 以上细节未规范操作，酌情扣分，累计扣完 4 分为止。

续表 9-7

序号	考核内容	考核要点	分值	评分标准
三	血凝试验（18 分）	操作程序	4	吸取试剂更换吸头，1 分； 加样顺序正确，1 分； 倍比稀释操作规范，1 分； 振荡及感作时间得当，1 分。 参考评分要点： 稀释液加样完成后，在吸取待检品前需更换吸头； 倍比稀释时不产生大量气泡； 倍比稀释时混匀充分，移液正确； 1%红细胞悬液加之前应充分混匀； 边滴加边振荡混匀，依照病毒低浓度往高浓度的方向加样； 加样时，吸头与液面不接触； 试剂不滴加孔外； 可以使用振荡器，以液体不振出来为准； 固、液废弃物分开放置。 * 以上细节未规范操作，酌情扣分，累计扣完 4 分为止。
		结果判定准确	10	能依据生理盐水对照孔的 RBC 呈明显纽扣状沉到孔底时判定结果，4 分； 对照孔结果正确时，能确定完全凝集的新城疫标准抗原最高稀释倍数为病毒的血凝价，4 分； 能把完全凝集的病毒的最高稀释倍数作为 1 个血凝单位，2 分。 参考评分要点： 判定血凝价时机不正确扣 4 分； 结果判定不正确扣 4 分； 对照孔凝集扣 4 分； HA 重复 3 排，少做 1 排扣 1 分； 未做记录扣 2 分； 读数时，结果有跳孔现象的，每跳 1 孔扣 2 分。 * 以上细节累计扣完 10 分为止。
四	4 HAU 的标定与配制（20 分）	器材选择	2	器材选择合理，1 分； 使用规范、熟练，1 分。 参考评分要点： 加吸头时操作规范，不可用力撞击枪盒； 选择合适量程微量移液器移取样品； 微量移液器吸取和打出液体操作规范。 * 以上细节未规范操作，酌情扣分，累计扣完 2 分为止。
		配制方法	2	稀释倍数计算正确，1 分； 稀释液加入得当、操作规范，1 分。 参考评分要点： 计算错误扣 1 分； 微量移液器选择适宜，设置准确，未规范操作酌情扣分。

续表 9-7

序号	考核内容	考核要点	分值	评分标准
四	4 HAU 的标定与配制（20 分）	配制量适宜	2	配制量适宜，2 分。 参考评分要点： 配置量 10～20 mL 为适量，每超过 10 mL 扣 1 分，扣完 2 分为止。
		4 HAU 病毒系列稀释	4	器材选择合理，使用规范，1 分； 系列稀释正确，符合国标要求，3 分。 参考评分要点： 器材选择不合理，使用不规范，扣 1 分； 稀释方法不正确，稀释度不正确，量不适宜，扣 3 分。
		系列稀释病毒液的血凝试验	4	微量移液器使用规范，吸头更换操作规范，1 分； 加样顺序及加样量正确，2 分； 振荡及感作时间得当，1 分。 参考评分要点： 微量移液器使用不规范，吸头更换操作不规范，扣 1 分； 加样顺序及加样量不正确，扣 2 分； 振荡及感作时间不得当，扣 1 分。
		系列稀释度血凝试验的结果判定与调整	6	能依据生理盐水对照孔的 RBC 呈明显纽扣状沉到孔底时判定结果，1 分； 对照孔结果正确时，能正确读出 4 HAU 病毒标定的结果，2 分； 能根据标定结果将抗原稀释度做适当调整，使工作液确为 4 HAU，3 分。 参考评分要点： 判定时机不正确，扣 1 分； 对照孔凝集，扣 1 分； 结果判定不正确，扣 2 分； 不会根据标定结果将抗原稀释度做适当调整的或调整计算出现错误，扣 2 分。 * 以上细节累计扣完 6 分为止。
五	血凝抑制试验（18 分）	器材使用	2	器材使用规范、熟练，2 分。 参考评分要点： 加吸头时操作规范，不可用力撞击枪盒； 微量移液器设置准确； 微量移液器吸取和打出液体操作规范，移液器垂直加样为规范，倾斜角度不要过大。 * 以上细节未规范操作，作酌情扣分，累计扣完 2 分为止。
		操作程序	6	加样顺序正确，2 分； 倍比稀释操作规范，2 分； 感作时间得当，1 分； 吸头更换正确，1 分。

续表 9-7

序号	考核内容	考核要点	分值	评分标准
五	血凝抑制试验（18分）	操作程序	6	参考评分要点： 参照国标，对照设立完整，每缺一个对照扣1分； 稀释液加样完成后，在吸取待检样品前需更换吸头； 倍比稀释时不产生气泡； 加样时，吸头与液面不接触； 试剂不滴加到孔外； 加1%红细胞时边滴加边振荡混匀，加样顺序正确； 感作时间正确； 固、液废弃物分开放置。 *以上细节未规范操作，酌情扣分，累计扣完6分为止。
		结果判定准确	10	能在生理盐水对照孔红细胞呈明显纽扣状沉淀到孔底时判定结果，2分； 在对照孔结果正确情况下，能从背侧观察RBC有无呈泪珠样流淌，2分； 能以完全抑制4HAU抗原的最高血清稀释倍数作为该血清的HI抗体效价，3分； 阴性血清与标准对照的HI滴度不大于2 $\log_2$，阳性血清与标准抗原对照的HI滴度与已知滴度相差1个稀释度范围内，3分。 参考评分要点： 阴性血清与标准抗原对照的HI滴度大于2 $\log_2$或/和阳性血清与标准抗原对照的HI滴度与已知滴度相差大于±1扣3分； 结果有跳孔现象的，每跳1孔扣2分； 判定血清HI滴度，做好记录； 判读不准扣1分，未做记录扣2分。 *以上细节累计扣完10分为止。
六	抗体滴度报告（24分）	抗体滴度报告	2	抗体滴度报告方式正确，1分； 试验记录清晰，1分。 参考评分要点： 抗体滴度用以2为底的对数（$\log_2$）表示； 试验记录和报告书写整洁，不乱涂改。 *以上细节未规范书写，酌情扣分，累计扣完2分为止。
		结果误差	20	每个样本1分，共20个样本。 参考评分要点： 结果误差±1，得1分； 误差超过±1，得0分。
		场地整洁度	2	场地整洁，2分。 参考评分要点： 移液枪未调到最大量程； 其他仪器和器皿未复位； 采血器、残留红细胞泥离心管等未放入固废缸等。 *以上细节未规范操作，每错1项扣1分，累计扣完2分为止。

续表 9-7

序号	考核内容	考核要点	分值	评分标准
七	结果分析 （2 分）	结果分析	2	结果分析正确合理，2 分。
总分			100	

内容小结

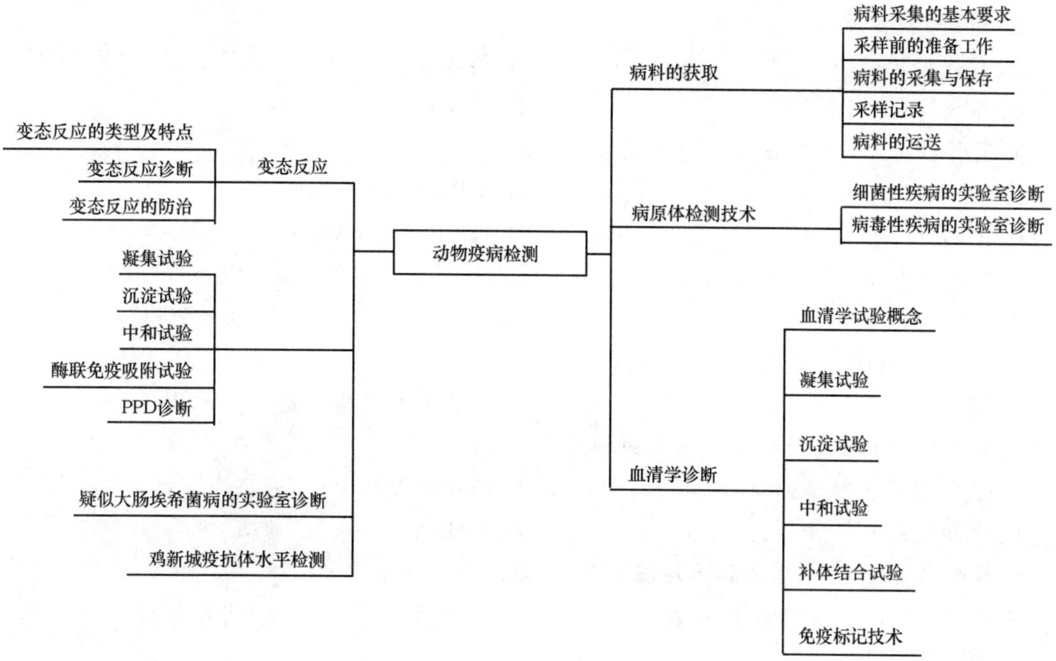

思政园地

传承经典　精益求精

如今人与动物关系日益亲密，动物检疫检验员的责任更加重大，他们是动物和人类之间一道安全屏障，可以保护人类免受动物疾病和病毒的伤害。动物检疫检验员使用现代化检疫、检验仪器与工具解剖动物，并通过感官和经验对动物及其产品进行鉴别、检查，识别病、死动物和病害动物产品，对病害动物及其产品进行无害化处理。动物检疫检验员在工作时应遵守相关法律法规、技术标准及技术规范，具备细致认真的工作态度和科学严谨的职业素养，这样才能切实履行自己的岗位职责。

在精益求精的探索与创新精神推动下，前辈学者们不断创新检测方法，检测技术的准确性、时效性、便捷性与经济性都得到了大幅的提高。作为畜牧兽医专业的学生，我们不仅要持续学习专业的知识与技能，更要传承学科前辈们精益求精的探索精神和工作作风，守好动物和人类安全的第一关,担当起我们对畜牧业健康发展负责、对公共卫生安全负责的历史重任。

学习测试

一、单项选择题

1. 可以采用迟发型变态反应来诊断的传染病是(　　)。

A. 结核病　B. 疯牛病　C. 流行性乙型脑炎　D. 猪附红细胞体病

2. 鸡白痢检疫常用的血清学试验是(　　)。

A. HI　B. 中和试验　C. 琼脂扩散试验　D. 全血平板凝集试验

3. 不属于沉淀试验类型的是(　　)。

A. 琼脂扩散试验　B. 补体结合试验

C. 环状沉淀试验　D. 免疫电泳

4. 区别不同致病型新城疫病毒的试验方法是(　　)。

A. ICPI、IVPI 和 MDT　B. ICPI、IVPI 和 HI

C. ICPI、HI 和 MDT　D. HI、IVPI 和 MDT

5. 采集到的样品若能在 24 h 内送抵实验室,则运送容器中的温度保持在(　　)。

A. 4 ℃　B. 0 ℃　C. −20 ℃　D. −70 ℃

6. 鸡马立克病常用的血清学诊断方法是(　　)。

A. HI　B. 中和试验　C. 琼脂扩散试验　D. ELISA

7. 实际生产上布鲁氏菌病常采用的检疫方法是(　　)。

A. 试管或平板凝集试验　B. 琼脂扩散试验

C. 中和试验　D. ELISA

8. 样品采集过程中,以冰作为冷冻剂时,一定要采取的措施是(　　)。

A. 防震　B. 防挥发　C. 防渗漏　D. 防辐射

二、多项选择题

1. 下列动物传染病可以采用血凝与血凝抑制试验来测定的有(　　)。

A. 流行性感冒　B. 犬传染病性肝炎　C. 痒病　D. 口蹄疫

2. 下列猪病可以剖检的有(　　)。

A. 猪痢疾　B. 猪丹毒　C. 猪炭疽　D. 猪萎缩性鼻炎

3. 以下是病毒的血清学检测方法的有(　　)。

A. 探针杂交技术　B. 中和试验　C. ELISA　D. 血凝抑制试验

4. 病毒病料保存和运送正确的是(　　)。

A. 病料中可以加抗生素　B. 病料冷冻保存

C. 用 30%甘油盐水保存　D. 使用 50%甘油磷酸缓冲液保存

三、判断题

1. 夏季采血室温最好保持在 15~20 ℃。(　　)

2. 炭疽是严重危害畜牧业发展和人体健康的人兽共患病,发生炭疽后,要立即进行剖检并进行实验室诊断。(　　)

3. 沉淀试验的抗原属于颗粒性抗原。(　　)

4. 免疫标记技术主要有免疫电泳技术、酶标抗体技术、同位素标记技术。（　　）

5. 血清学试验中，适度的振荡有利于抗原和抗体的结合。（　　）

6. 尸体剖检中，如脏器被污染，用清水冲洗后观察更清晰。（　　）

7. 对细菌标本片进行染色时都需要进行固定。（　　）

8. 在结核病的诊断中，结核菌素试验是目前诊断结核病最有现实意义的方法，而细菌学诊断对开放性结核病的诊断具有实际意义。（　　）

四、简答题

1. 血清学检测中造成实验结果假阴性或假阳性的原因是什么，该如何避免？

2. 病料采集的基本原则是什么？

五、综合分析题

随机抽取某规模化养鸡场20份血清进行鸡新城疫血凝抑制(HI)试验，检测抗体结果见下表，请根据检测结果，进行鸡新城疫抗体效价平均数和群体免疫合格率分析与评价，并提出建议。

序号	新城疫抗体效价	序号	新城疫抗体效价
1	3 $\log_2$	11	3 $\log_2$
2	4 $\log_2$	12	3 $\log_2$
3	3 $\log_2$	13	3 $\log_2$
4	4 $\log_2$	14	4 $\log_2$
5	6 $\log_2$	15	2 $\log_2$
6	5 $\log_2$	16	3 $\log_2$
7	4 $\log_2$	17	5 $\log_2$
8	5 $\log_2$	18	4 $\log_2$
9	6 $\log_2$	19	5 $\log_2$
10	2 $\log_2$	20	4 $\log_2$

二维码9-12　项目九学习测试参考答案

项目十 动物疫病防治

项目导学

<table>
<tr><td>学习项目</td><td colspan="3">动物疫病防治</td></tr>
<tr><td colspan="4">学习目标</td></tr>
<tr><td>知识目标</td><td colspan="2">技能目标</td><td>素质目标</td></tr>
<tr><td>1. 了解抗感染免疫的作用机理。
2. 掌握不同类型疫苗的优缺点和免疫失败的主要原因。
3. 理解动物疫病特异性及非特异性治疗的基本原理。</td><td colspan="2">1. 能根据养殖场及动物体具体情况选用合适的生物制品用于疫病的防治。
2. 能够根据养殖场自身的情况、动物的种类、日龄等因素制订合适的免疫程序。</td><td>1. 建立合理使用兽用生物制品、保障动物源性食品安全，打造健康生态环境的人与自然生命共同体意识。
2. 培养动物疫病防治员的恪尽职守的责任担当和坚守规范的职业素养。</td></tr>
<tr><td colspan="4">导学问题</td></tr>
<tr><td colspan="4">1. 生物制品与常见化学药品相比有哪些优点？
2. 免疫失败的原因有哪些？
3. 动物疫病防治可以从哪些因素着手？</td></tr>
<tr><td colspan="4">学习安排</td></tr>
<tr><td colspan="4">1. 以 4～6 人为一小组，完成本项目学习。
2. 课前以小组为单位，查阅相关资料，完成问题的回答，并将答案反馈于线上教学系统。
3. 课前以小组为单位，将本项目学习的疑难点，反馈于线上教学系统。
4. 以常见犬瘟热为例，学习动物疫病防治基本方法。
5 课后以个人为单位，限时完成本项目的在线测试。</td></tr>
<tr><td colspan="4">学习评价</td></tr>
<tr><td>自我评价(20%)</td><td>小组评价(20%)</td><td>教师评价(60%)</td><td>总评</td></tr>
<tr><td></td><td></td><td></td><td></td></tr>
<tr><td colspan="4">学习反思</td></tr>
<tr><td colspan="4"></td></tr>
</table>

任务一　抗感染免疫

当病原体进入机体后可通过各种不同的形式保存自己并扩大增殖，而在此时机体也发挥特有的防御功能，阻止病原体的增殖和扩张，降低病原体所造成的危害。这就形成了病原体和机体双方相互作用的复杂的感染和抗感染免疫过程。机体抵抗病原微生物感染的免疫机制包括非特异性免疫与特异性免疫。抗感染过程中的免疫反应除保护自身免遭病原体的侵袭和毒害外，也可导致自身组织、器官的损伤或某些功能的改变，甚至出现严重的病理变化。由于病毒、细菌和寄生虫等病原体的形态、结构和致病特点各不相同，所以机体抗感染免疫的方式、机制也不尽相同。即使是同一种病原体由于其致病特点不同，机体所表现出的抗感染特性也不完全相同。

一、机体抗感染的非特异性免疫

机体感染后，非特异性免疫应答几乎立即启动，包括机体防御屏障、吞噬细胞、补体、溶菌酶、细胞因子等。非特异性免疫应答启动后可以通过机械性阻挡、非特异性吞噬、补体固定、炎症反应等方式清除病原体。这种非特异性免疫应答不能完全清除细菌、病毒、真菌、寄生虫等病原体，但提供了关键的第一道防线，可与特异性免疫协作完成清除病原体的目的。

二、机体抗感染的特异性免疫

特异性免疫应答是清除感染的关键，特异性免疫应答可以通过体液免疫、细胞免疫两种途径来完成，分别产生特定的生物学效应，清除病原体。

（一）体液免疫途径的抗感染免疫

动物机体在受到病原感染后，体液中可出现相应的特异性抗体。抗体的抗感染免疫可以表现在以下几个方面。

1. 中和作用

特异性抗体与相应的病原结合后可使该病原的感染性降低或消失，此类抗体称为中和抗体。中和抗体可以在细胞外结合病毒或者毒素，使其失去感染细胞的能力。此类作用取决于抗体的种类、病毒的量以及病毒感染细胞的过程。因此，中和抗体只在病毒感染的早期才具有保护作用，并且量越多，其抗感染效果就越好。

2. 抗体介导的免疫调理作用

抗体介导的调理吞噬作用是通过与免疫球蛋白分子的 Fc 片段的结合来实现的。动物的中性粒细胞、单核巨噬细胞及 K 细胞的细胞膜上均具有 IgG 的 Fc 受体。IgG 一方面通过其 Fab 片段同病原表面的抗原表位结合，另一方面又通过其 Fc 片段同吞噬细胞的 Fc 受体结合，这样在病原菌与吞噬细胞之间架起了一座桥梁，从而促进吞噬细胞对病原微生物的吞噬。

动物的中性粒细胞和单核巨噬细胞的细胞膜上还具有 C3b 受体。在有补体存在时，细菌与所有能结合补体的抗体(IgG 或 IgM)形成的复合物均能发挥免疫调理作用。当特异性抗体 IgG 或 IgM 同相应的病原微生物结合成抗原-抗体复合物后,便通过经典途径激活补体,产生的 C3b 能迅速结合到细菌细胞膜上。此时 C3b 又同吞噬细胞表面的 C3b 受体结合并刺激吞噬细胞的细胞膜,加速吞噬细胞的吞噬作用。

IgA 介导的黏膜免疫能阻止病原菌对黏膜细胞的黏附,从而阻止了病原菌黏附于易感细胞,也起到了抗感染作用。

(二)细胞免疫途径的抗感染免疫

在免疫监视和排除突变细胞与异物,以及清除细胞内寄生物等过程中,细胞免疫发挥着极为重要的作用。在病毒感染中,病毒核酸整合于宿主细胞遗传物质以及病毒呈现细胞至细胞方式传播的情况下,由于病毒接触不到体液抗体,体液免疫作用不明显,细胞免疫就成为最主要的免疫因素。能在宿主细胞内繁殖的胞内菌被吞噬后,可通过干扰吞噬体与溶酶体的融合或逃离吞噬体进入胞质等机制来逃避机体的免疫功能,因而存活下来。机体对胞内菌的防御,主要通过细胞免疫完成。真菌感染虽然可刺激机体产生抗体,但该抗体也无明显保护作用。因而,在抗真菌感染中细胞免疫较为重要。

1. 直接杀伤

抗原致敏的细胞毒性 T 细胞能特异性地识别病毒和其他病原感染细胞表面的抗原,从而杀伤或裂解感染细胞。NK 细胞的膜表面具有针对各种靶细胞表面不同抗原的独特受体,当 NK 细胞识别并与靶细胞结合后,经靶细胞的作用而被活化,分泌并释放杀伤靶细胞的物质,使靶细胞溶解。

2. 淋巴因子参与的抗感染免疫

致敏 T 细胞可释放淋巴因子或干扰素干扰或抑制病毒的复制。IL-12 和 γ-干扰素能够促进 Th 细胞的发育,增强特异性免疫。在致敏 T 细胞释放的淋巴因子中,巨噬细胞趋化因子(macrophage chemotactic factor,MCF)能吸引游走的巨噬细胞趋向于病菌侵犯的部位;巨噬细胞移动抑制因子(macrophage migration inhibitory factor,MIF)能使巨噬细胞定位于病灶部位,并能增强巨噬细胞摄菌和杀菌的能力;巨噬细胞活化因子(macrophage activating factor,MAF)能活化巨噬细胞内的酶系统,增加溶酶体的存在,促进巨噬细胞的氧化代谢。此外,白细胞抑制因子(leukemia inhibitory factor,LIF)、中性粒细胞趋化因子(neutrophil chemotactic factor,NCF)和嗜酸性粒细胞趋化因子(eosinophil chemotactic factor,ECF)能使中性粒细胞和嗜酸性粒细胞聚集于炎症反应部位,更有利于它们发挥吞噬和销毁异物的功能。虽然病菌刺激 T 细胞释放淋巴因子这一过程具有特异性,但是被淋巴因子激活的巨噬细胞免疫功能表现出非特异性,除能杀灭诱发细胞免疫的病菌外,也能杀灭其他胞内寄生菌,甚至对恶性肿瘤细胞的杀伤能力也明显提高。

三、病原体的免疫逃避机制

免疫逃避是病原体持续感染的本质。不同类型病原体用来躲避免疫系统监视和清除作用的策略有所不同,总体来说主要有以下几方面。

1. 病毒的免疫逃避机制

有些病毒在细胞内处于潜伏状态，很少或不表达病毒蛋白，从而逃避免疫监视；有些病毒感染免疫系统不易接近的组织或者细胞；有些病毒蛋白上抗体识别的关键性位点发生突变或漂移也是一种逃避中和性抗体的高效手段；多种病毒感染中存在病毒蛋白干扰细胞因子功能。有些病毒感染后导致部分免疫耐受。

2. 胞内菌的免疫逃避机制

胞内菌之所以能够在机体内长期存在，主要是因为它具有抵抗吞噬细胞杀伤的能力。胞内菌抵抗吞噬杀伤的机制是多方面的：一方面，胞内菌可躲避或破坏吞噬细胞的杀伤性介质；另一方面，有些胞内菌能产生超氧化物歧化酶和过氧化氢酶，可分别对 O_2 和 H_2O_2 解毒，过氧化氢酶还能间接抑制活性氮物质的产生。

四、抗感染免疫过程中的免疫病理

机体的免疫反应在清除病毒感染过程中也可引起组织的免疫损伤，这种现象称为免疫病理。在某些病原感染过程中，这种免疫损伤比病原本身引起的组织损伤更为严重。最常见的免疫病理现象是由于真菌、胞内菌感染引起的迟发型变态反应，还有寄生虫感染引起的速发型变态反应。

任务二　免疫预防

免疫预防是指机体通过自然或人工的方式获得对某些疾病的抵抗力，从而预防疾病的发生。而动物人为获得传染性疾病预防能力的主要方式就是接种疫苗。

狭义的疫苗是指利用病原微生物及其组分或代谢产物制成的，用于人工主动免疫的生物制品。但是近年来随着科学技术的不断发展，新型疫苗已不再局限于动物疫病防控。例如，目前正在进行临床试验研究的猫重组促性腺激素释放激素（Gonadotropin-releasing hormone，GnRH）-白细胞毒素融合蛋白（大肠埃希菌源），该产品用于免疫去势，即以人工合成激素类物质为模拟抗原制备的疫苗，应用于动物后诱导体内产生特异性抗 GnRH 的抗体。该抗体特异性地中和动物体内的 GnRH，从而影响与 GnRH 有关的促黄体素（luteotropic hormone，LH）、促卵泡激素（follicle-stimulating hormone，FSH）等激素的合成与分泌，使动物性腺发育受阻，从而达到绝育。

因此新学科背景下，兽用疫苗是指用天然的或人工改造的微生物（如细菌、病毒、支原体）、寄生虫及其组分（蛋白质或核酸）或产物（毒素）、模拟抗原等为材料，采用生物学、分子生物学或生物化学、生物工程等相应技术制成的，用于预防动物疫病或有目的地调节动物生理功能的一类兽用生物制品。

疫苗作为兽用生物制品中最大的一类，其种类繁多，分类方法也较多，如依据疫苗中所含抗原型别分类、依据疫苗中所含抗原种类或防制疾病种类分类等。本书主要根据疫苗株构建技术或抗原设计技术的应用情况，将兽用疫苗分为传统疫苗和新型疫苗。

一、预防类免疫制品的分类

(一)传统疫苗

传统疫苗主要包括活疫苗、灭活疫苗、类毒素及抗原抗体复合物疫苗。

1. 活疫苗

活疫苗简称活苗,可分为强毒苗、弱毒苗和异源苗三种。

强毒苗是应用最早的疫苗种类,但因其危险性较大,目前已被禁用。

异源苗是利用具有类似保护性抗原的非同种微生物所制成的疫苗。如用火鸡疱疹病毒(HVT)疫苗预防鸡马立克病等。

目前市场上应用最广泛的活疫苗是弱毒苗,是筛选来源于田间的自然弱毒株或采用传统的物理、化学、生物学方法诱变获得的弱毒株,或是失去毒力的无毒株所制备的疫苗。

弱毒苗的优点有很多。一是病毒在免疫动物后能在体内不断复制,可以持续产生抗原以刺激机体产生相应的免疫力;二是弱毒苗接种动物后见效比较快,通常情况下接种疫苗1周左右即可产生保护性抗体,个别弱毒苗接种动物后2~3 d即可产生较高水平的抗体;三是使用方便,弱毒苗一般采取点眼、滴鼻、饮水、气雾等方式进行免疫接种,省时省力、操作便捷;四是生产成本较低。

与灭活疫苗相比,弱毒苗也有很多缺点。一是不易保存,贮藏、运输条件要求高,虽然市场上陆续出现的耐热保护剂活疫苗如鸡传染性支气管炎耐热保护剂活疫苗、猪瘟耐热保护剂活疫苗等在一定程度上缓解该问题,但是要想将所有弱毒苗全部升级为耐热保护剂活疫苗还需要更多的时间;二是不同的病原微生物之间易出现干扰现象;三是易污染外源病原微生物,目前我国相关法规中已明确规定用于禽类活疫苗生产的鸡和鸡胚应符合SPF要求,该规定在很大程度上降低了弱毒苗污染外源病毒的风险;四是有排毒风险,故某些产品如果灭活疫苗可以满足防疫需求,就不再使用相应的弱毒苗。我国自2017年7月1日起开始停止生产狂犬病活疫苗(包括多联活疫苗)。

2. 灭活疫苗

灭活疫苗简称死苗,是利用化学或物理灭活方法将细菌或病毒灭活后制成的疫苗。灭活疫苗的优点是:不能在体内生长繁殖,安全性好;再次免疫时,灭活疫苗可刺激机体产生较高的抗体水平;稳定性比较好,便于贮藏运输。缺点是:免疫后见效慢,容易产生免疫空白期;生产成本高;免疫方式比较单一,一般采用注射的方式;容易引起接种部位的炎症反应。

3. 代谢产物疫苗

代谢产物疫苗是利用细菌生长繁殖过程中产生的代谢产物(如毒素、酶等)制备而成的疫苗。如破伤风毒素、白喉毒素经甲醛灭活后制成的类毒素具有良好的免疫原性,是一种良好的主动免疫制剂。此外,致病性大肠埃希菌的肠毒素、链球菌的扩散因子等都可作为代谢产物疫苗。

4. 抗原抗体复合物疫苗

抗原抗体复合物疫苗是指将活疫苗与特异性的高免血清按一定的比例混合后制备的疫

苗。如鸡传染性法氏囊病免疫复合物疫苗(CF 株),该疫苗的主要优点是受母源抗体的干扰比较小,既可以用于高母源抗体水平的鸡群,又可以用于低免疫抗体水平的鸡群。

(二)新型疫苗

1. 亚单位疫苗

亚单位疫苗是指采用物理、化学等技术直接从细菌、病毒、寄生虫的免疫原性结构成分或代谢产物中提取的有效抗原制成的兽用疫苗,此类疫苗研制的关键在于后期有效成分的提取与纯化。有效抗原成分主要包括细菌的菌毛、荚膜多糖、外膜蛋白等,病毒的囊膜和衣壳蛋白,寄生虫虫体的分泌物和代谢产物。该类疫苗的优点是成分明确、稳定性好、不含传染性材料,且接种动物后副反应小。

2. 合成肽疫苗

合成肽疫苗是指用化学合成技术人工合成病原体保护性抗原并将其连接到适宜大分子载体上,再加入佐剂制成的兽用疫苗。

口蹄疫合成肽疫苗是我国研究最早,也是研究最多的合成肽疫苗。作为一种新型疫苗合成肽疫苗有很多优点。第一,合成肽疫苗可在同一载体上连接多种保护性肽链或多个血清型的保护性抗原肽链,这样只要一次免疫就可预防几种传染病或一种传染病的多个血清型。第二,作为可以通过化学方法人工合成的多肽疫苗,与传统疫苗生产过程相比可以避免出现与微生物污染有关的大多数问题。第三,合成肽疫苗大多是水溶性的,易于贮藏、运输。第四,合成肽疫苗不含传染性核酸,具有良好的安全性。除此之外,因大多数合成肽疫苗中不含非结构蛋白,所以可以通过血清学方法快速区分免疫动物和自然感染动物。虽然合成肽疫苗有很多优点,但因其免疫原性不高所以在临床上没有得到广泛应用。随着生物技术的不断进步,对合成肽疫苗的了解也在不断深入,相信在不久的将来该类疫苗会在实际生产中发挥越来越大的作用。

3. 抗独特型抗体疫苗

抗独特型抗体疫苗是指根据免疫网络学说、利用第一抗体分子中的独特抗原表位制备的具有抗原"内影像"结构的第二抗体制成的疫苗。这种疫苗是以抗病原微生物的抗体作为抗原来免疫动物,抗体的独特型决定簇可刺激机体产生抗独特型抗体,抗独特型抗体是始动抗原的内影像,可刺激机体产生对始动抗原的免疫应答,从而产生保护作用。

与其他疫苗相比,抗独特型抗体疫苗的优点主要包括 3 个方面。一是安全性好。抗独特型抗体疫苗,它既不是天然抗原的本身,也不是人工合成的抗原自身,而是抗原本身的"模拟物",用这种疫苗接种时,动物因为没有直接接触病原微生物,所以可以有效避免病原微生物的传播。二是来源稳定。一些病原微生物在当前条件下不能培养或培养时产量很低时,抗独特型抗体疫苗可利用单克隆抗体技术获得足量的抗原。三是能够避免由病原微生物引起的宿主自身免疫病。

抗独特型抗体疫苗作为一种新型疫苗,与传统疫苗相比其缺点主要有 3 个方面。一是该类疫苗免疫原性不好;二是该类疫苗用抗体作为抗原,易因引入异种蛋白而产生副作用;三是该类疫苗抗独特型抗体筛选的难度比较大。所以到目前为止,我国商品化的抗独特型抗体疫苗种类很少，市场上见到的牙鲆鱼溶藻弧菌、鳗弧菌、迟缓爱德华菌病多联抗独特型抗体疫苗，是我国第一个运用抗独特型抗体疫苗技术研发的创新型鱼类疫苗，该疫苗产品为天然生物蛋白制品，无任何毒副作用，生产及使用过程无污染，绿色环保，不会造成药物及有害物质残留。

4. 基因工程疫苗

基因工程疫苗是指将利用基因工程技术获得的菌毒株进行培养并经适当处理后制成的疫苗，包括基因缺失疫苗、嵌合疫苗、基因工程载体(灭)活疫苗、基因工程亚单位疫苗、核酸疫苗、转基因植物疫苗等。

(1)基因缺失疫苗。基因缺失疫苗是指利用基因工程技术去掉基因组中与毒力相关及病毒复制非必需的基因而获得的疫苗株制备的疫苗。目前市场上主要的基因缺失疫苗约有13种，包括猪伪狂犬病病毒 gE/gI 基因缺失灭活疫苗(ZJ011G 株)、猪传染性胸膜肺炎基因缺失活疫苗(APP-HB-04M 株)、布鲁氏菌基因缺失活疫苗(M5-90△26 株)等。

基因缺失疫苗最大的优点是可以区分野毒感染群体和免疫群体，为种群的净化提供有效的监测方法；其次是基因缺失突变株具有不易发生毒力返强、缺失部分毒力的优点，所以基因缺失活疫苗与传统活疫苗相比安全性更好。缺点是活疫苗株在自然状态下可能会与野毒株发生重组，重新恢复其毒力。

(2)嵌合疫苗。嵌合疫苗是应用基因工程手段构建基因能表达两种及两种以上病原体抗原的一类新型疫苗，包括多疾病嵌合疫苗和单疾病嵌合疫苗。如猪繁殖与呼吸综合征嵌合病毒活疫苗(PC 株)为单疾病嵌合疫苗，它是通过反向遗传操作和基因重组技术，将经典猪繁殖与呼吸综合征病毒 sp 株的部分基因剪切，替换成高致病性猪繁殖与呼吸综合征病毒的 GD 株相对应的部分基因，整合成一个新的嵌合毒株-PC 疫苗毒株。

嵌合疫苗与基因缺失疫苗一样都带有可供鉴别诊断的标识，属于标记疫苗的一种，其最主要的优点是可以区分野毒株与疫苗株，便于动物疾病的净化。

(3)基因工程载体(灭)活疫苗。载体疫苗是指利用微生物做载体，将保护性抗原基因重组到微生物中，使用能表达保护性抗原基因的重组微生物制成的疫苗，分为载体活疫苗和载体灭活疫苗。用作载体的病毒主要有痘病毒、火鸡疱疹病毒、杆状病毒、腺病毒等，如鸡传染性喉气管炎重组鸡痘病毒基因工程疫苗、鸡传染性法氏囊病病毒火鸡疱疹病毒载体活疫苗(vHVT-013-69 株)、兔出血症病毒杆状病毒载体灭活疫苗(BAC-VP60 株)。

与亚单位疫苗相比，载体疫苗不需后期进行纯化，直接依靠重组微生物刺激机体产生保护性抗体。载体疫苗的主要优点是成本低、免疫效果好且易组成多联多价疫苗，如禽流感、新城疫重组二联活疫苗(rLH5-6 株)，该疫苗是以新城疫病毒 LaSota 弱毒疫苗株为载体，用于预防鸡的 H5 亚型禽流感和新城疫。缺点是动物体如果对载体微生物已经有免疫力，接种相应的载体活疫苗后可能会阻碍重组微生物的生长繁殖，影响疫苗的免疫效果。同时，与其他的基因工程活疫苗相比，载体活疫苗同样会遇到生物安全的问题。

(4)基因工程亚单位疫苗。利用 DNA 重组技术，将微生物的保护性抗原基因重组于载体质粒后导入受体菌或细胞，使该基因在受体菌或细胞中高效表达，产生保护性抗原肽片段，提取这些基因产物，加入适当佐剂制成的疫苗。由于该疫苗是通过其他生物表达系统获得微生物的抗原，故又称生物合成亚单位疫苗。目前我国市场上的亚单位疫苗大都属于基因工程亚单位疫苗，如鸡衣原体病基因工程亚单位疫苗、猪圆环病毒2型亚单位疫苗（重组杆状病毒OHM株）和猪链球菌病、副猪嗜血杆菌病二联亚单位疫苗等。

基因工程亚单位疫苗的主要优点是将有一定风险或风险程度较高的病原微生物的保护性抗原基因转移到风险程度较低或无害的微生物中，故安全性好；其次是纯度高，稳定性好。缺点是该类疫苗保护性较差，需要多次免疫才能得到有效保护。

（5）核酸疫苗。又称DNA疫苗、基因疫苗、多核苷酸疫苗，是将编码外源性抗原蛋白的基因插入含真核表达系统的质粒上，然后将质粒直接导入动物体内，让抗原蛋白在宿主细胞中表达，诱导机体产生免疫应答，从而达到预防或治疗疾病的目的。

DNA疫苗有很多优点。一是DNA疫苗的本质是含有病原体抗原基因的真核表达载体，疫苗本身只含有病原微生物的部分基因组序列，故不会出现微生物灭活不彻底或毒力返强的问题，安全性极好；二是既可刺激机体产生细胞免疫，又可刺激机体产生体液免疫，激发机体产生全面的免疫应答；三是制备简单，成本低廉且易于保存运输；四是不受母源抗体的影响，可广泛用于许多疾病的早期预防；五是免疫应答时间持久，使用一次，即能产生长期免疫力。

DNA疫苗作为一种新型疫苗虽然有很多优点，同样也有自身值得争议之处。一是外源DNA进入机体后有可能会整合到宿主基因组，导致癌基因激活或抑癌基因失活等；二是外源基因长期在体内表达有可能会诱导机体产生免疫耐受，自身免疫疾病和过敏反应等不良后果；三是DNA疫苗作为一种外来物质，可能会引起机体产生抗DNA抗体。目前，我国研制成功并获批的DNA疫苗有禽流感DNA疫苗（H5亚型，Ph5-GD）。

DNA疫苗作为在分子生物学基础上发展起来的第三代疫苗，因其具有众多优点已经成为新型疫苗的研究方向之一，未来必将有广阔的发展前景。

（6）转基因植物疫苗。转基因植物疫苗是将病原微生物的主要保护性抗原基因导入植物形成转基因植物，利用植物作为生物反应器大量表达外源蛋白作为疫苗，或者将转基因植物直接加工饲喂动物而获得免疫保护。因此该类疫苗又称为食用疫苗，它可以通过定量食用表达疫苗的植物而使动物体获得免疫保护。

该类疫苗的优点是免疫效果好、成本低。存在的问题是，一般情况下保护性抗原蛋白在植物体内表达水平不高，表达产物稳定性比较差，若为口服类疫苗，蛋白很容易在起作用之前在胃肠道内被消化。

除上述分类方法外，根据抗原制备方法，可以将兽用疫苗分为动物组织苗、鸡胚苗、细胞苗、培养基苗、合成肽苗等。

根据疫苗中所含抗原型别的多少，还可将兽用疫苗分为单价苗和多价苗。单价苗是利用同一种微生物菌（毒）株或一种微生物中的单一血清型菌（毒）株的增殖培养物所制备的疫苗。单价苗对相应的单一血清型微生物所致的疾病有良好的免疫保护效能。多价苗是指将同种细菌或病毒不同血清型混合制成的疫苗，如口蹄疫O、A型双价苗。

根据疫苗中所含抗原种类或防制疾病种类多少，可以将兽用疫苗分为单苗和联苗。单苗是由一种病原体制备而成的疫苗，只预防单一疾病。联苗是由两种或两种以上的病原体联合制备而成的疫苗，一次免疫可达到预防几种疾病的目的。如新城疫-减蛋综合征-传染性法氏囊病三联苗。多价苗或联苗的应用可减少疫苗的免疫接种次数，减少接种动物的免疫应激反应,节约人力与时间,因此有利于畜牧业生产管理。

随着科技的进步,很多新的知识运用到疫苗的研制中,兽用疫苗的研发技术也在不断地取得新的成果,更多安全、高效、无副反应的新型兽用疫苗种类也将不断涌现,因而也会有新的分类方法随之出现。

二、预防类免疫制品的应用

(一)疫苗应用前的注意事项

1. 外观和物理性状

在使用疫苗前应仔细检查,如发现疫苗瓶破损、封口不严、无标签或标签不清楚、疫苗有异物或变质、已过有效期或未在规定条件下保存的,均不能使用。

2. 运输和贮藏温度

疫苗的保存一般对温度都有严格要求,贮藏和运输过程中应严格按照说明书要求保持温度,避免高温和阳光直射。一般来说,灭活疫苗要保存在 2～15 ℃的阴暗环境中,非经冻干的活苗要保存在 4～8 ℃的冰箱中,这两种疫苗都不应该冻结。冻干的弱毒苗,一般都要求低温冷冻－15 ℃以下保存,并且保存温度越低,疫苗中病原体死亡越少,免疫效果越能得到保障。有些冻干苗因使用耐热保护剂而保存在 4～6 ℃。对于需在液氮中保存的疫苗,疫苗生产厂家及经销和使用单位应指定专人进行检查补充液氮,一旦发现疫苗露出液氮面,应废弃不用。所有疫苗在运输和贮藏过程中其温度应均一、稳定,忌温度波动较大,尤其是反复冻融,否则疫苗病毒(或细菌)会迅速大量死亡,导致疫苗应用效果不佳。

3. 消毒和灭菌

接种前,做好环境卫生管理和消毒工作,降低空气中微生物密度,操作人员洗手、消毒并更换工作服,注射器具和注射部位应严格消毒。接种时,应执行常规无菌操作,大家畜一般每接种一头更换一次针头,家禽一般采用连续注射器,接种一定数量后更换一次针头。接种后,严防散毒,用过的疫苗瓶、器具和未用完的疫苗等应进行无害化处理,不要使疫苗污染到其他地方和人身上。

4. 疫苗稀释

必须选择符合要求的稀释剂来稀释疫苗,除马立克病疫苗等个别疫苗要用专用的稀释剂外,一般用于滴鼻、滴眼、刺种、擦肛及注射的疫苗,可用灭菌的生理盐水或灭菌的蒸馏水作为稀释剂;饮水免疫时,稀释剂最好用蒸馏水或去离子水,也可用洁净的深井水,但不能用含消毒剂的自来水;气雾免疫时,稀释剂可用蒸馏水或去离子水,如果稀释水中含有盐类,雾滴喷出后,由于水分蒸发,盐类的浓度增高,也会使疫苗病毒死亡。为了保护疫苗病毒,可在饮水或气雾的稀释剂中加入 0.1%的脱脂奶粉或山梨糖醇。

稀释疫苗时,首先将疫苗瓶盖消毒,然后用注射器把少量的稀释剂注入疫苗瓶中,充分摇振,使疫苗完全溶解后,再加入其余量的稀释剂。如果疫苗瓶太小,不能装入全部的稀释剂,应把疫苗吸出来放于一容器中,再用稀释剂把原疫苗瓶冲洗若干次,以便将全部疫苗病毒(或细菌)都洗下来。

冷冻条件下保存的冻干疫苗和液体疫苗，若取出即开始稀释注射，动物往往会因局部肌肉受到冷刺激而出现收缩，导致疫苗外流量增多，同时动物的疼痛应激也比较大，故大多数疫苗会在稀释并恢复至室温后注射。在液氮中保存的疫苗，如鸡马立克病活疫苗(814 株)，从液氮中取出后应迅速放于 38 ℃温水中，待完全融化后加稀释液稀释，摇匀后注射，否则影响疫苗效力。活毒疫苗稀释后，于高温条件下或被太阳光照射易死亡，时间越长，死亡越多。一般来说，马立克病疫苗应于稀释后 1～2 h 内用完，其他疫苗也应于 2～4 h 内用完，超过此时间的要灭菌后废弃，更不能隔天使用。

(二)疫苗应用和方法

1. 疫苗型别

有些传染病的病原有多种血清型，并且各血清型之间无交互免疫，因此对于这些传染病的预防就需要对型免疫或用多价苗免疫。如口蹄疫、禽流感、鸡传染性支气管炎的免疫就应注意对型免疫或使用多价苗。

2. 免疫程序

目前没有适用于所有地区及所有养殖场的固定的免疫程序。由于影响免疫效果的因素很多，免疫程序应根据疫病在本地区的流行情况及规律、畜禽的用途(如种用、肉用或蛋用)、年龄、母源抗体水平、饲养条件，以及使用疫苗的种类、性质、免疫途径等方面的因素制订，不宜做统一要求。免疫程序应随情况的变化而做适当调整，不存在普遍适用的最佳免疫程序。血清学抗体监测是重要的参考依据。

3. 免疫剂量

在一定限度内，疫苗用量与免疫效果成正相关。过低的剂量刺激强度不够，不能产生足够强烈的免疫反应；而疫苗用量超过了一定限度后，免疫效果不但不增加，还可能导致免疫受到抑制，称为免疫麻痹。因此疫苗的剂量应按照规定使用，不得任意增减。同种疫苗，如果可以选择多种免疫方式，根据免疫方式的不同使用的剂量也略有不同，如鸡传染性支气管炎活疫苗，与滴鼻免疫相比，饮水接种时剂量应加倍。

疫苗使用时，在初次应答之后，间隔一定时间重复免疫，可刺激机体产生再次应答或回忆反应，产生较高水平的抗体和持久免疫力，所以生产中常进行 2～3 次的连续接种，时间间隔视疫苗种类而定。细菌或病毒疫苗免疫产生快，时间间隔 7～10 d 或更长一些。类毒素是可溶性抗原，免疫反应产生较慢，时间间隔至少 4～6 周。

4. 免疫动物自身情况

一般情况下疫苗仅接种健康动物，接种前对接种动物进行检查，患病、营养不良动物应谨慎接种；接种怀孕家畜时，保定和注射动作应轻柔，以免影响胎儿，防止因粗暴操作导致母畜流产。

5. 免疫途径

根据病原微生物的侵入门户、定位及疫苗自身的种类和特点，每种制品接种时应选用相应的免疫途径。节约人力与时间的群体免疫方式有饮水免疫、气雾免疫等；能实现精准免疫的个体免疫方式有注射免疫、滴鼻免疫、点眼免疫、刺种免疫、擦肛免疫等。

(1)注射免疫。注射免疫主要有皮下、肌内、皮内、肺部、后海穴和腹腔注射六种方式。

①皮下注射。凡能引起全身性广泛性损伤的疾病，采用皮下免疫基本可获得较好的保护效果。皮下血管丰富，油佐剂疫苗吸收相对较为迅速，免疫效果比较好，大多数灭活疫苗均可采用皮下注射的方式接种。接种疫苗时，如果注射不当容易将疫苗注入脂肪层或颈部肌肉层。注入脂肪层疫苗很难被吸收，注入颈部肌肉层，易引起家禽颈部肿胀，若注射部位靠近家禽头部，极易出现肿头肿脸的现象。

②肌内注射。大多数疫苗都可采用肌内注射的方式接种，肌内注射可将疫苗贮存于血管分布密集的位点，利于抗原充分暴露于免疫系统中。该种免疫方式操作方便，接种的疫苗好吸收。接种疫苗时进针应达到肌内适当的深度，切勿注入皮下或脂肪层，以免影响免疫效果。禽类腿部的主要血管、神经都在内侧，腿部内侧注射易损伤神经、血管，引起禽类出现跛行、瘫痪、注射部位出血等不良后果，故腿部肌内注射时选腿肌外侧；胸肌注射不能垂直刺入，以防刺破胸腔而损伤内脏器官造成家禽死亡。

③皮内注射是一种非常高效的免疫方式，疫苗接种后抗原极易被捕获并被输送到局部淋巴结，产生高水平的抗体。该种免疫方式不易掌握，且接种时接种部位疼痛感强烈。常用于山羊痘活疫苗的接种。

④肺内或胸腔注射。接种时使用疫苗配套的专用注射针头，从肺脏所处位置中间部位的肋间隙垂直进针注射。该种注射方式的优点是能同时刺激机体产生体液免疫(循环抗体)、局部黏膜免疫(分泌型免疫球蛋白 A，SIgA)以及细胞免疫三种免疫效应，可以很好地保护机体免受疾病的侵袭。有报道称分别以滴鼻、肺内免疫猪支原体肺炎活疫苗(168 株)后攻毒，肺脏剖检显示肺内注射组的保护率(100%)高于滴鼻组(保护率 60%)。

⑤后海穴注射。用该种免疫方式接种疫苗时，除疫苗本身诱导机体产生特异性抗体外，后海穴的穴位刺激激活了机体的神经内分泌系统，神经系统参与免疫调节大幅缩短了免疫系统对疫苗产生免疫应答的时间。后海穴位于尾根和肛门之间的凹陷处，因该部位易粘有粪便，需先对穴位周围进行清洗、消毒后再接种疫苗。临床上猪传染性胃肠炎、猪流行性腹泻、猪轮状病毒(G5 型)三联灭活疫苗(弱毒华毒株＋弱毒 CV777＋NX 株)常采用后海穴注射进行免疫接种。

⑥腹腔注射。接种的疫苗可以通过腹膜吸收，腹膜面积大、内含丰富的血管和淋巴管，所以吸收速度快。该种免疫方式多用于鱼类疫苗的免疫，如草鱼出血病灭活疫苗、大菱鲆迟钝爱德华氏菌活疫苗(EIBAV1 株)。

(2)经口免疫。经口免疫是比较常见的免疫方式，饮水或拌料均可，但在临床上饮水免疫比拌料效果更好。同为饮水免疫，鸭因为饮水时整个鼻部浸入水中，增加鼻咽黏膜接触疫苗的机会而效果好于鸡。口服免疫的优点是养殖场内动物能同时被接种，操作方便，效率高，应激反应较注射免疫小；其缺点是此方法免疫持续时间不长，免疫效果易受较多因素影响。

饮水接种时，水中不应含消毒剂；饮水器要清洁，忌用金属容器；接种前应视地区、季节、饲料等情况，停水 2～4 h。饮水器应置于不受日光直射的凉爽地方，在说明书规定的时间内将饮水器内含疫苗的水饮完。

需要注意，球虫疫苗饮水免疫时，会在疫苗水溶液中添加球虫疫苗助悬剂，用于提高球虫疫苗混悬液的黏稠度，使球虫疫苗卵囊在混悬液中能较长时间保持上下均匀分布，从而保证球虫疫苗在使用时达到均匀免疫的效果。

(3)点眼、滴鼻。禽类的眼部拥有哈德腺，且鼻腔的黏膜下淋巴样组织非常丰富，用点眼、滴鼻的方式接种疫苗对预防禽类的呼吸道疾病具有较好的免疫效果。接种前用专用的稀释液、生理盐水、注射用水或水质良好的冷开水稀释疫苗。

(4)气雾免疫。气雾免疫主要用于家禽,是通过气雾发生器将稀释的疫苗形成雾化颗粒,悬浮在空气里,动物通过呼吸吸入疫苗达到免疫接种的目的。该种免疫方式能快速诱导机体在气管、支气管表面形成局部抗体,有效预防病原微生物从呼吸道侵入体内。通过气雾的方式能够在最短的时间内免疫最大数量的鸡群,但如果有慢性呼吸道疾病的鸡群采用该种免疫方式易使疾病加重。

用气雾免疫的方式,喷雾时要做好人员的防护工作,佩戴防毒面具;同时为保证免疫效果,应在温度、湿度合适的环境下进行免疫,因为温度过高,湿度过低,含有疫苗的雾滴易快速蒸发。

(5)刺种免疫。刺种主要用于禽类,该种免疫方式能够诱导机体产生细胞免疫。多用于弱毒活疫苗的接种,如禽脑脊髓炎、禽痘以及以鸡痘病毒做载体的活疫苗。接种时将稀释后的疫苗用接种针蘸取刺入禽类翅膀内侧无血管处的翼膜内即可,一般接种后3～4 d,刺种部位出现轻微红肿,偶有结痂,很快即可恢复正常。

(6)其他免疫途径。一些传染病还可以采取胚内接种的方式,该种免疫方式可以抵抗病毒的早期感染,使鸡在孵出之前就有免疫反应;强毒型的鸡传染性喉气管炎活疫苗采用擦肛或涂肛的免疫方法。

除此之外,鱼类疫苗还可采用浸泡法进行免疫,该种免疫方式是将鱼类浸泡在一定浓度的疫苗溶液中作用一定时间,鱼类通过体表和鳃组织吸收疫苗刺激机体产生免疫反应。浸泡免疫对机体刺激小、操作方便省时省力,不过免疫效果不如注射免疫。如牙鲆鱼溶藻弧菌、鳗弧菌、迟缓爱德华菌病多联抗独特型抗体疫苗,注射型抗独特型抗体疫苗对海鱼的保护率为70％～80％,而浸泡型抗独特型抗体疫苗对海鱼的保护率仅为50％～60％。

6.疫苗接种记录

接种时,须有专人做好记录,以备后期核查。

7.药物干扰

使用活菌苗前后10 d不得使用抗生素及其他抗菌药,活菌苗和活病毒苗不能随意混合使用。

(三)疫苗应用后的注意事项

1.疫苗接种后的不良反应

免疫接种时,应注意被免疫动物的年龄、体质和特殊的生理时期(如怀孕期和产蛋期)。幼龄动物应选用毒力弱的疫苗免疫。如鸡新城疫的首次免疫用Ⅳ系而不用Ⅰ系,对特殊的生理时期(如怀孕期和产蛋期)可选用灭活疫苗,以防引起流产和产蛋下降等不良后果。接种时注意观察动物的状态和反应,有些疫苗使用后会出现短时间的轻微反应。如发热、局部淋巴结肿大、减食等,属正常反应,这些症状大都会随时间的延长而减轻、消失。如出现剧烈或长时间的不良反应,建议及时使用肾上腺素等药物治疗,同时采用适当的辅助治疗措施,以减少损失。

2.休药期

疫苗属于兽药的一种,屠宰前规定时间内禁止使用。

3. 饲养管理的要求

为保证疫苗的免疫效果，动物接种疫苗后不要立即调舍、更换垫料或调整舍内的温度、湿度等，以免影响免疫的效果。

由于病原微生物的特殊性，接种疫苗只是消灭和预防传染性疾病的多项措施之一，为了预防疾病的发生，减少经济损失，在饲养管理中还应该采取其他措施进行综合防制。

三、免疫失败的原因及防控对策

《中华人民共和国动物防疫法》中明确指出，我国的动物防疫政策是实行以预防为主，预防与控制、净化、消灭相结合的方针。而疫苗接种是预防动物传染性疾病最经济最有效的方法之一。免疫接种虽然在大多数情况下都可以很好地预防传染性疾病的发生，但近年来接种疫苗后的动物暴发传染性疾病的案例时有报道。因此，分析和了解造成动物免疫失败的原因，并在此基础上提出有效的防控措施，对减少动物的发病与死亡，降低养殖业的经济损失具有重要的意义。

免疫失败是指免疫接种过的动物机体不产生相应或预期的免疫应答，并因此造成不能预防相应动物疫病的现象。造成免疫失败的原因错综复杂，现将免疫失败的原因及防控对策归纳如下。

(一)动物机体因素

1. 免疫失败原因

(1)遗传因素：动物机体对接种抗原的免疫应答，在一定程度上受遗传因素的控制。因此同一种动物不同品种，甚至同一品种的不同动物个体对同一种疫苗的免疫反应强弱也不相同。有研究表明，文昌鸡接种新城疫疫苗后抗体水平低于安卡鸡，且 2 种试验鸡母鸡产生的抗体水平均高于公鸡。除此之外，有的动物个体甚至有先天性的免疫缺陷，从而导致接种疫苗后不能产生相应的保护性抗体，造成免疫失败。

(2)母源抗体的干扰：母源抗体是指新生动物通过母体胎盘、初乳或卵黄等途径从母体所获得的特异性抗体。母源抗体虽然能给幼龄动物带来对某些疾病的特异性保护，但其存在也会与疫苗中的抗原发生中和反应，干扰幼龄动物对接种的疫苗的免疫应答。

(3)被动免疫残留的抗体：疫苗的接种能够有效地预防传染病的发生与流行，但是大多数疫苗接种一次不能使动物获得终生免疫，为了保护动物免受疫病的侵袭，往往需要多次免疫同一种疫苗。对动物进行再次接种同一种疫苗时，若上次机体免疫接种后残留的抗体水平较高，则会导致接种的部分疫苗被机体内残留的抗体中和，从而造成免疫失败。

(4)疾病的影响：现代化大规模集约化养殖方式在增加经济效益的同时，也降低了畜禽的基本免疫力，加速了疾病的传播。在动物体内传播的某些疾病会引起动物机体免疫抑制，如猪繁殖与呼吸综合征、鸡传染性法氏囊病、犬细小病毒病等。动物感染免疫抑制性疾病时，病原微生物往往会破坏机体的免疫器官，产生免疫抑制或干扰，影响疫苗的免疫效果而造成免疫失败。有些疾病可以引起免疫麻痹，如猪瘟，仔猪通过母体感染后，先天持续性的感染往往使仔猪对猪瘟病毒不产生免疫应答，从而造成疫苗免疫失败。

(5)野毒感染：疫苗接种后动物机体需要一定的时间才能产生保护性抗体，若在此期间或疫苗接种前动物感染相应的病原微生物，通常会造成动物的免疫失败。

(6)营养不良：营养物质是动物能正常生长发育的基础，若饲料中缺乏维生素、蛋白质、氨基酸、微量元素等动物正常代谢所必需的物质，不仅会影响动物的生产性能，还会造成动物机体免疫力下降，导致免疫失败。

2. 防控对策

(1)选用受母源抗体影响比较小的疫苗。如鸡传染性法氏囊病活疫苗(NF8 株)，该疫苗既可供有母源抗体的雏鸡接种，又可供无母源抗体的鸡群使用。又如 DNA 疫苗，因其抗原的识别方式与母源抗体对蛋白抗原的识别方式不一样，故 DNA 疫苗不受母源抗体的干扰。

在某些情况下，加大疫苗的接种剂量也可以克服母源抗体的干扰。如猪瘟活疫苗(细胞源)，断奶前仔猪可接种 4 头份疫苗，以防母源抗体的干扰而造成免疫失败。同样，通过优化疫苗的接种途径可以实现母源抗体的干扰，如猪伪狂犬病活疫苗，采用滴鼻而非肌内注射的方式免疫仔猪，利用抗原的黏膜免疫避免母源抗体的干扰。

(2)定期对动物的免疫抗体水平进行监测，根据其群体的抗体水平高低制订合理的免疫程序，避免母源抗体或上次免疫残存抗体的干扰。及时免疫，防止野毒的侵袭。

(3)科学饲养动物，使动物保持均衡全价的营养摄入。在免疫接种期间可以饲喂蛋白质、维生素及微量元素含量高的饲料，确保所饲养动物的营养摄入水平。

(4)疫苗接种前对动物进行检验，将患病动物隔离出来进行治疗，痊愈后再进行免疫；对同群的其他动物进行紧急预防接种，控制疫病的蔓延。

(5)添加免疫增强剂。具体内容见任务三。

(二)环境因素

1. 免疫失败原因

(1)应激反应。应激反应是指动物遭遇到应激原刺激后，机体发生的一系列非特异性的生物学反应的总和。使动物发生应激反应的因素有很多，如温湿度突变、强光照射、噪声过大、外人入舍、突然更换饲料、饲养密度过大、运输、转群等。以上因素的刺激会导致机体肾上腺皮质激素分泌增加，继而抑制巨噬细胞对抗原的吞噬和处理，减少循环血液中的淋巴细胞数量，增加免疫球蛋白的分解代谢，从而使机体产生免疫抑制，造成免疫失败。

(2)卫生状况。养殖场为了降低成本，提高经济效益，往往会忽视圈舍及周围环境的卫生消毒，卫生状况不良的环境会滋生大量的微生物，动物长期处于该环境下，随时有可能感染疾病，因此动物机体的防御功能时常处于疲劳状态，导致机体免疫功能下降，造成免疫失败。若环境中的病毒量远超过疫苗免疫提供的能抵抗感染病毒阈值时，即使动物体内的抗体水平能达到相应要求也会发生感染。

2. 防控对策

(1)加强饲养管理，做好圈舍内温度、湿度、光照、噪声、通风、饲养密度的控制。免疫接种前，避免更换饲料、更换工作人员、断喙等活动，使动物处于平静稳定的状态；饲喂维生素 C、维生素 E 等抗应激药物，尽量减少应激反应。

二维码 10-1　不同动物免疫接种方法

(2)定期对养殖场进行卫生消毒，合理使用消毒剂，优化养殖场的环境卫生；此外，要加强场内人员的生物安全管控，尽量避免不必要的人员流动，防止病原微生物的传播。

(三)疫苗及免疫程序

1. 免疫失败原因

(1)疫苗质量。质量好的疫苗至少具备安全、有效 2 个特点。

疫苗的安全性是考察其质量的重要指标之一，来源不明的疫苗其安全性往往无法保证，比如用于制备灭活疫苗的强毒灭活不彻底，其内携带致病性的外源病毒等。接种安全性存在问题的疫苗很有可能引起传染性疾病在畜禽体内传播而造成免疫失败。

疫苗内抗原含量直接决定其对靶动物的免疫效力，因此质量合格的疫苗内必须含有足够数量的微生物。如仔猪副伤寒活疫苗含猪霍乱沙门菌 C500 株（CVCC 79500）每头份活菌数不少于 3.0×10^{9} CPU。

(2)疫苗的贮藏和运输。疫苗作为特殊的生物制品，其对贮藏和运输的要求比较严格。大多数情况下灭活疫苗、液体活疫苗需 2～8 ℃保存，如猪传染性胃肠炎、猪流行性腹泻二联灭活疫苗；冻干活疫苗需－15 ℃或－20 ℃以下保存，如鸡传染性喉气管炎重组鸡痘病毒基因工程疫苗。近年来，不断出现的耐热保护剂活疫苗一般情况下只需 2～8 ℃保存即可，如鸡传染性法氏囊病耐热保护剂活疫苗（B87 株）；个别疫苗如鸡马立克病活疫苗（814 株）需在液氮中保存。贮藏和运输环境温度的把控不仅影响疫苗的免疫效果，也影响疫苗的保存期。若疫苗处于长期温度失控、反复冻融的情况下，很容易引起效价下降、提前失效，造成免疫失败。

(3)疫苗的选择不当。许多病原体存在不同的血清型或亚型，且不同血清型之间无交叉免疫保护作用或仅有部分交叉免疫保护作用。即使是同一血清型，各地区同一传染性疾病流行毒株也存在较大差异，不同生产厂商的疫苗毒株同样也不完全相同，如 H9 亚型禽流感病毒，我国目前用于制备疫苗的毒株有 F 株、G 株、HL 株、JD 株、JY 株、L 株、YT 株等二十多个毒株，为了取得较好的免疫效果，不至于造成免疫失败，在免疫接种前进行流行病学分析，选择相同血清型且抗原相关性最近的疫苗株制备的疫苗进行免疫接种。

首免一般不会选择毒力较强的毒株，如鸡传染性支气管炎病毒的预防，一般选用 H120 株对雏鸡进行首免，毒力较强的 H52 株在 1～2 月龄时加强免疫。若首免选用毒力偏强的活疫苗毒株，则很有可能起不到免疫保护的作用，反而可能引起疾病的发生。

(4)疫苗之间的相互干扰。临床上严重的动物群体发病大多是多种病原体共同作用的结果，因此往往会出现同时或短时间内需要接种多种疫苗的情况。间隔时间比较短或同时给动物体内通过相同或不同途径接种疫苗，会降低机体对某种疫苗的免疫应答，出现彼此之间的干扰现象。疫苗的这种相互干扰作用常见于活疫苗中。曾有报道猪瘟弱毒疫苗与猪繁殖与呼吸综合征弱毒疫苗联合免疫后，猪瘟抗体与猪繁殖与呼吸综合征抗体水平均较低，而猪繁殖与呼吸综合征灭活疫苗则无此现象发生。因此，应尽量避免短期内或同时接种多种疫苗，以免出现干扰现象而造成免疫失败。

(5) 免疫操作不当。每种疫苗根据其自身的特性所采取的免疫方式也不一样，而正确的免疫接种方式才能够使机体获得充分的免疫应答，避免出现免疫失败。目前，免疫接种方式有注射、点眼、滴鼻、口服、饮水、气雾、刺种等。大多数灭活疫苗采用注射的免疫方式，活疫苗一般采用点眼、滴鼻、饮水及注射的免疫方式。寄生虫疫苗一般采用口服的免疫方式，鱼类疫苗除注射的方式外，还可以采用浸泡方式进行免疫，如草鱼出血病灭活疫苗。

疫苗接种除了要采用正确的接种方式，还要弄清楚适宜的接种部位。例如，伪狂犬病灭活疫苗，采用颈部皮下注射的接种方式；猪口蹄疫（O型）灭活疫苗（OZK/93株），采用耳根后部肌内注射的方式；猪细小病毒灭活疫苗（CP-99株），采用深部肌内注射的方式；牦牛副伤寒活疫苗，采用臀部或颈部浅层肌内注射；羊败血性链球菌病活疫苗，采用尾根皮下注射。接种方式不正确很难达到理想的免疫效果，甚至造成免疫失败。

有时候由于免疫过程中的操作不规范，即使按规定的方式和部位接种疫苗，也有可能造成免疫失败。例如，点眼、滴鼻免疫时，动物出现甩头等动作将未吸收的疫苗甩出体外；注射免疫前未对注射器、针头等器具消毒，接种过程中出现“飞针”或注射器针头型号过大导致疫苗从针孔漏出，未按规定更换针头等；饮水免疫前未对饮水器进行消毒，饮水器中含有氯离子、消毒剂、抗生素等。

（6）免疫程序不合理。疫苗接种次数太少，或间隔时间太长则无法保证动物体内含有高滴度的抗体；疫苗接种次数太多，则易引起免疫耐受或毒副反应；疫苗接种间隔时间过短，则易产生干扰现象。为保证疫苗的免疫效果，应在符合国家强制免疫计划的基础上，结合当地的动物疫病流行情况、养殖场的饲养管理条件、动物健康状况、日龄、品种、免疫抗体监测结果以及疫苗自身特点等制订科学合理的免疫程序。养殖场若长时间按照同一个免疫程序，或机械地照搬他人的免疫程序，很有可能造成免疫失败。

2. 防控对策

（1）选择有生产许可证的厂家生产的有批准文号的真兽药。根据相关法规规定，我国自2016年7月1日起生产的兽药将全部赋予“二维码”，没有使用统一的兽药二维码标识和未上传产品信息的兽药不得上市销售。通过“国家兽药综合查询”系统，扫描兽药产品包装上的“二维码”，溯源查询产品生产和流向信息，即可判别兽药的真假。

（2）从有兽药经营许可证的兽药经营企业购买兽药。我国《兽药经营质量管理规范》中明确规定，兽药经营企业应当具有与经营的兽药品种、经营规模相适应并能够保证兽药质量的常温库、阴凉库（柜）、冷库（柜）等仓库和相关设施、设备；有温度控制要求的兽药，在运输时应当采取必要的温度控制措施，并建立详细记录。同样《兽用生物制品经营管理办法》也对生物制品的运输、贮藏同样有相应的要求。这些规定可以保证疫苗从出厂到用户使用的各个环节处于可控的状态下。

（3）根据当地流行病学调查结果，如有需要尽量选择多联苗或多价苗。根据相关法规规定，多联苗或多价苗在研制阶段必须进行疫苗各组分间的相容性研究，使用多联多价疫苗可以避免因为同时或短期内接种多种疫苗而出现的干扰现象。

（4）按照说明书规定的接种方式及部位接种疫苗，并建立严格的操作规范。

（5）制订合理的免疫程序，并根据养殖场的实际情况及时调整，做到既能保证动物免受传染病的影响，又不会过度免疫。

（四）其他因素

1. 免疫失败原因

（1）饲料霉变：饲料霉变后，霉菌在合适的条件下迅速生长繁殖，

二维码 10-2　免疫血清

一方面会消耗饲料内的营养物质，另一方面会产生大量的毒素（如黄曲霉毒素、单端孢霉毒素、赭曲霉毒素等），引起动物的免疫抑制，造成免疫失败。

（2）化学污染：在环境中，广泛存在着来自工业废水、汽车尾气、化肥、鼠药、油漆等物质中的铅、汞、镉、砷等重金属物质。环境中的重金属物质具有免疫毒性，可以通过动物的皮肤、呼吸和食物链等途径在体内富集，造成机体免疫抑制，从而引起免疫系统紊乱。

（3）药物因素：许多药物能够影响机体的免疫效果。例如，抗生素类药物能够抑制或杀灭活的细菌，影响细菌性疫苗内活细菌在机体内的增殖；四环素、糖皮质激素等药物对机体的免疫系统存在破坏和抑制作用；氯霉素、卡那霉素对B淋巴细胞的增殖有一定的抑制作用。

2. 防控对策

（1）加强饲料的贮藏和运输管理，在易发霉的饲料中加入防霉剂，饲喂前检查饲料的外包装及外观，严禁将发霉变质、已过有效期等其他不符合规定的饲料饲喂给动物。

（2）严格核查购买饲料的各种证明性文件，必要时对饲料中的重金属等有害物质的含量进行检测。

（3）合理使用药物。

任务三 免疫治疗

免疫治疗已有上百年的发展历史，是指针对机体低下或亢进的免疫状态，人为地通过增强或抑制免疫反应的疾病治疗方法。该方法包括两个方面的内容：一是免疫调节，即运用物理、化学和生物学等手段增强或减弱机体的免疫功能；二是免疫重建，目前主要运用于人类疾病的治疗，通过给免疫功能缺陷的个体注入免疫功能正常的个体的造血干细胞或淋巴细胞而使其免疫功能全部或部分恢复。随着生物科技的不断进步，免疫治疗已广泛应用于免疫缺陷病、自身免疫病、病毒病、肿瘤、变态反应性疾病等的防治。

免疫治疗有多种分类方法，根据免疫的种类不同，可分为细胞免疫治疗和体液免疫治疗；根据对机体免疫应答的影响，分为免疫增强疗法和免疫抑制疗法；根据治疗所用制剂的特点，分为主动免疫疗法和被动免疫疗法；而根据免疫的针对性不同，分为特异性免疫治疗和非特异性免疫治疗。这几种分类方法相互交叉，不能完全分开。

一、治疗类生物制品分类

（一）特异性治疗制剂

1. 多克隆抗体

天然抗原分子中常含有多种不同的抗原特异性的抗原表位。以天然抗原免疫动物，体内多个不同的B细胞克隆被激活，产生的抗体实际上是针对多种不同抗原表位的Ig，称为多克隆抗体（polyclonal antibody，pAb）。此种方法得到的抗体是不均一的，被称为第一代抗体，主要包括高免血清与卵黄抗体。

(1)高免血清:利用微生物及其代谢产物或微生物亚单位、亚结构等特异性抗原作为免疫原,经反复多次免疫接种同一动物体,使之产生大量特异性抗体。采集经高度免疫的动物血清,进行适当处理而制成的制品,称为高免血清。根据制备免疫血清所用抗原物质的不同,免疫血清可分为抗菌血清、抗病毒血清和抗毒素(抗毒素血清)。根据制备免疫血清所用动物的不同,免疫血清还有同种血清和异种血清之分,用同种动物制备的血清称为同种血清,用异种动物制备的血清称为异种血清。

pAb 的优点是制备方法简便,廉价易得,应用后很快产生免疫力,所以常用于人与动物的紧急预防或感染后的治疗;pAb 的缺点是存在与靶抗原无关抗原的抗体、质量难以控制、不易标准化,并且生产成本高,生产周期长、产量低不易满足生产需要等,因此在动物和人类传染病诊断、免疫预防和治疗及科学研究的应用等方面受到了一定的限制。目前,在国家兽药基础数据库中有产品批准文号的高免血清制品仅剩破伤风抗毒素。

(2)卵黄抗体:用细菌、病毒、类毒素等抗原接种鸡或其他禽类后,采集禽蛋制成的多克隆抗体即为卵黄抗体,又称蛋黄抗体。目前我国的卵黄抗体制品主要有小鹅瘟蛋黄抗体、鸡传染性法氏囊病蛋黄抗体、鸭病毒性肝炎蛋黄抗体、禽腺病毒蛋黄抗体四种,主要用于短期内疫病的预防与治疗。依据其剂型可以分为液体制剂和冻干制剂 2 种,目前,市场上出现了很多纯度更高的精制卵黄抗体。卵黄抗体的优点主要是:特异性好、无毒副作用、易于制备、注射部位无残留。其缺点:一是免疫后保护期比较短,一般 5～7 d,所以需要多次免疫;二是由于该类制品很难用 SPF 鸡制备,所以该类制品中可能会含有水平不一的其他未知抗体。

2. 单克隆抗体

单克隆抗体(monoclonal antibody,mAb)又称第二代抗体,是由一个 B 细胞分化增殖形成的浆细胞产生的针对单一抗原表位的抗体。mAb 的型、亚型和独特型及识别抗原表位的抗原结合表位特异性、亲和力等完全一致,可有效避免了 pAb 的缺陷(表 10-1)。

通过人工方法将可产生特异性抗体但短寿的浆细胞与不产生抗体但长寿的骨髓瘤细胞融合,形成 B 细胞杂交瘤,这种杂交瘤既具有 B 细胞分泌特异性抗体的能力,又具有骨髓瘤细胞无限增殖的能力。同时建立了能够持续分泌 mAb 的杂交瘤细胞株,也称为 mAb 技术。mAb 技术被誉为免疫学技术上的一场革命,极大地推动了免疫学及其他生物学科的发展。

表 10-1　mAb 与 pAb 的比较

项目	pAb	McAb
Ab 产生细胞	多个 B 细胞克隆	单个 B 细胞克隆
Ab 特异性	较高,识别多种 Ag 表位	高,仅识别单一 Ag 表位
Ab 同质性	不同特异性,不同类别 Ig 的混合	类别、结构及其特异性高度一致
标准化	较难,批次间不同,个体间有差异	批次间差异小,易于标准化
交叉反应	常有	极少
有效 Ab 含量	0.1～1.0 mg/mL	0.5～5 mg/mL(小鼠腹水)
其他血清蛋白	较多	体外培养仅有少量小牛血清,腹水中有少量杂蛋白
凝聚性反应	有	无
无关 Ig 含量	10.0～15.0 mg/mL	体外培养一般没有,小鼠腹水中 0.5～1.0 mg/mL

单克隆抗体特异性强，大大降低了抗原抗体的非特异性反应，使实验结果更加可信；单克隆抗体的均一性和生物学活性的一致性使抗原抗体反应结果质量稳定且更具有可比性，有利于标准化和规范化，是建立亲和层析、免疫组化、免疫检验方法的重要物质基础，同时也是肿瘤治疗的导向武器（生物导弹）。目前，国内外报道的畜禽单克隆抗体已达数百种，其中针对畜禽病毒性传染病病原的单克隆抗体也有100多种，包括了大多数主要的动物传染病的单克隆抗体；另外一部分则是针对动物免疫球蛋白、独特型抗体、激素、组织抗原、毒素、酶类等。随着研究的深入，单克隆抗体在传染性疾病与肿瘤性疾病的诊断与治疗、抗原纯化、微量生物活性物的测定等生物医学领域中被广泛应用。

目前，市场上商品化的单克隆抗体主要有犬瘟热病毒单克隆抗体注射液、犬细小病毒单克隆抗体注射液，前者主要用于治疗犬瘟热，后者主要用于治疗犬细小病毒性肠炎。

3. 基因工程抗体

基因工程抗体（genetically engineered antibodies，GeAb）又称重组抗体，是指利用重组DNA技术及蛋白质工程技术，对编码抗体或抗体片段的基因，按不同需要进行加工改造和重新组装成抗体基因，经转染适当的受体细胞所表达的抗体分子，也被称为第三代抗体。主要包括嵌合抗体、重构抗体、单链抗体、单区抗体、抗体库等几个类型，其中以嵌合抗体研究的最多。与传统抗体相比，基因工程抗体具有分子小、免疫原性低、可塑性强及成本低等优点，有效避免了mcAb在临床治疗中的缺陷，从而更好地发挥抗体在抗病毒、抗肿瘤治疗中的作用；与单克隆抗体相比，重组抗体通过基因工程技术的改造，可以降低甚至消除机体对抗体的排斥反应。

除抗体外，治疗用生物制品还包括一些血液制品，如犬细小病毒免疫球蛋白注射液，用于治疗犬细小病毒引起的急性出血性肠炎。

（二）其他

1. 微生态制剂

随着人们生活水平的提高，动物源性食品安全也越来越受到人们关注。《中华人民共和国生物安全法》中明确提到，国家不断加强对抗生素等抗微生物药物使用和残留的管理，这也就促使人们寻求新的方法来解决动物传染性疫病的防治问题，在这种趋势下，微生态制剂等无毒副作用、无残留的兽药已经在兽药中占有一席之地。目前国内兽药有生字批文的微生态制剂有双歧杆菌、乳酸杆菌、粪链球菌、酵母菌复合活菌制剂和酪酸菌活菌制剂。此类产品的主要作用是在畜禽和水产动物体内快速建立良好的肠道菌群，防腹泻，抗应激，促进消化吸收与增强机体免疫力，提高饲料利用率，促进生长。鉴于此，我们将此类产品独立出来，在项目十一中进行详细讲解。

2. 干扰素

干扰素是一类在同种细胞上具有广谱抗病毒活性的蛋白质，其活性的发挥又受细胞基因组的调节和控制，涉及RNA和蛋白质的合成。干扰素的生物活性主要有抗病毒、抗肿瘤和免疫调节作用。商品化的干扰素分为2类：一种是天然干扰素，如猪白细胞干扰素，该制品具有抗病毒作用，用于治疗猪流行性腹泻；另一种是基因工程重组干扰素，如重组犬α干扰素，用于治疗早期犬细小病毒性肠炎。与天然干扰素相比，基因工程重组干扰素的效价与纯度更高，生产成本更低且质量稳定性好，故我国目前正在研发中的多为基因工程重组干扰素，如重组鸡 α 干扰素、重组猫 ω 干扰素。

3. 转移因子

转移因子又称传输因子，是由具有细胞性免疫功能的淋巴细胞产生的一类小分子可透析物质。目前，商品化的产品主要有转移因子口服溶液、猪脾转移因子注射液、羊胎盘转移因子注射液等产品，该类产品具有非特异性免疫调节作用，可增强动物的免疫力和抗病力。

二、特异性免疫治疗

（一）特异性免疫治疗方法

特异性免疫治疗方法是一种通过加强或者抑制针对特定抗原而产生特异性免疫应答的治疗方法。

1. 疫苗接种

用抗原对机体进行免疫，通过机体对该抗原产生特异性的免疫应答或建立免疫耐受来达到治疗疾病的目的。如抗原抗体复合物疫苗，该种治疗方法见效慢但持续时间长。

2. 抗体接种

将含有特异性抗体的制剂输入动物体内，可使动物获得对某种疾病的抵抗力。这种具有治疗疾病的抗体主要包括各种免疫血清、卵黄抗体、单克隆抗体、基因工程抗体及免疫球蛋白等。如犬特应性皮炎免疫治疗剂，该制剂含有犬源化抗 IL-31 单克隆抗体，用于减轻与犬特应性皮炎相关的临床症状。利用特异性的抗体治疗疾病具有见效快但持续时间短的特点。

3. 输注效应淋巴细胞

将效应淋巴细胞直接输注给机体，使机体立即获得针对某种抗原的免疫能力。例如，CAR-T 细胞疗法（Chimeric Antigen Receptor T-Cell Immunotherapy），又称嵌合抗原受体 T 细胞免疫疗法。原理是自患者体内分离 T 淋巴细胞，经过实验室重新改造加入能识别肿瘤细胞并且同时激活 T 细胞杀死肿瘤细胞的嵌合抗体后，成为 CAR-T 细胞，将其体外扩增后再次回输入患者体内，从而识别并杀死具有相应特异性抗原的肿瘤细胞。这种方法又称为过继性细胞免疫疗法，用于肿瘤的治疗，优点是见效很快，缺点是在临床上面临引起细胞因子风暴的风险。

4. 利用抗体剔除免疫细胞亚群或进行靶向性治疗

利用抗原抗体的特异性反应而去除动物体内某一类免疫细胞。该种治疗方式主要用于类风湿关节炎等自身免疫病的治疗。

（二）注意事项

目前，商品化的治疗用生物制品最多的是卵黄抗体，以下主要讲解卵黄抗体的应用。

卵黄抗体一般在 2～8 ℃保存，个别产品可在 −20 ℃冻结保存。作为在防治动物传染性疾病中起较大作用的生物制品之一，在临床应用中需要注意以下几点。

1. 外观

液体制剂一般为透明液体，久置后瓶底有少许微细白色沉淀，不影响使用。

2. 使用次数

卵黄抗体免疫动物后获得的被动免疫保护期短，因此一般需要重复接种 2～3 次。

3. 使用时间

该类制品一般用于疾病的紧急预防与早期治疗，如鸭病毒性肝炎卵黄抗体，对未出现临床症状的雏鸭有较好的效果，而出现症状后的雏鸭接种该抗体治疗效果并不理想。故使用该类制品防治疫病时，越早越好。

4. 使用剂量

根据动物的日龄和使用目的确定卵黄抗体的使用剂量，一般情况下，治疗剂量是预防剂量的 1.5～4 倍。如小鹅瘟冻干卵黄抗体，用作预防时，4 日龄以上，每只 1.0 mL；若用于治疗，每只 1.0～1.5 mL。

5. 活疫苗的干扰

卵黄抗体对相应的活疫苗接种后的主动免疫应答有干扰作用，故接种卵黄抗体后短期内不宜接种相应的活疫苗。

6. 免疫途径

口服无用，大多采用皮下注射或肌内注射的接种方式，除上述接种方式外，还可以采用腹腔注射，如鸡传染性法氏囊病精制蛋黄抗体。

高免血清作为治疗用生物制品，在使用中除上述几点外，还应注意防止过敏，这是因为多种高免血清都属于异种血清，用异种动物制备的血清在使用时可能会引起过敏反应，造成不必要的经济损失，故在使用中要注意预防过敏反应。

目前，商品化的单克隆抗体如犬细小病毒单克隆抗体注射液，在使用前需要恢复至室温，且因该产品为异种球蛋白，个别动物会产生过敏反应，若发生严重的过敏反应需使用抗过敏药物进行治疗。

三、非特异性免疫治疗

采用非特异性免疫调节剂来调节机体免疫功能失衡的状况，以达到治疗或辅助治疗的目的。包括非特异性免疫增强疗法和非特异性免疫抑制疗法。

（一）非特异性免疫增强疗法

非特异性免疫增强疗法主要用于治疗感染、肿瘤、免疫缺陷等免疫功能低下的疾病。用于非特异性免疫增强的药物主要有以下几种。

1. 动物免疫系统的产物

如白细胞介素、集落刺激因子、干扰素、肿瘤坏死因子、小分子免疫肽（转移因子、胸腺素）等。主要功能详见项目七。

2. 微生物来源的免疫增强剂

微生物以及从微生物提取的某些成分具有非特异性的刺激免疫功能的作用，研究和应用比较多的如卡介苗和短小棒状杆菌。卡介苗，除可以用于结核病的预防接种外，它还具有活化巨噬细胞，促进 IL-1、IL-2、IL-4、TNF 等多种细胞因子的产生及增强 NK 细胞和 K 细胞的活性的功能，具有很强的非特异免疫刺激作用。短小棒状杆菌，可与其他药物联合使用用于肿瘤的治疗。

3. 化学合成药物

如左旋咪唑、异丙肌苷等。左旋咪唑通过刺激吞噬细胞的吞噬功能、促进 T 细胞产生 IL-2 等细胞因子及增强 NK 细胞的活性等作用，对免疫功能低下的机体具有较好的免疫增强作用。异丙肌苷为人工合成的免疫调节剂，体内试验证实它有增强细胞介导的免疫反应且具有抗病毒感染作用。

4. 中药及其有效成分

许多中药制剂及其有效成分，如黄芪多糖、姜黄素、枸杞子多糖、刺五加多糖、胎盘脂多糖等都有明显的免疫刺激作用，具有增加抗体产生、提高机体的细胞免疫和体液免疫功能的作用。

5. 真菌多糖类

如香菇多糖、灵芝多糖、银耳多糖、云芝多糖等，这些真菌多糖有明显的非特异免疫刺激作用，可以促进淋巴细胞的分裂、增殖并产生多种细胞因子。目前，主要用于传染病和恶性肿瘤的辅助治疗。

（二）非特异性免疫抑制疗法

非特异性免疫抑制疗法主要用于超敏反应、自身免疫病、移植排斥、炎症等免疫功能亢进性疾病的治疗。用于该类疗法的制剂大多具有明显的毒副作用，可导致机体免疫功能下降，增加感染机会，长期应用还可能诱发肿瘤。用于免疫抑制的药物主要有下面几类。

1. 化学制剂

用于免疫抑制治疗的化学制剂主要有烷化剂和抗代谢药二大类。前者包括氮芥、苯丁酸氮芥、环磷酰胺等；后者主要包括嘌呤和嘧啶的类似物，以及叶酸拮抗剂。这些化学制剂通过对淋巴细胞的抑制作用而达到治疗的目的，多用于器官移植的治疗。

2. 激素

许多激素都可以参与免疫应答的调节。如糖皮质类激素地塞米松，具有防止或抑制细胞介导的免疫反应，延迟性的过敏反应，减少 T 淋巴细胞、单核细胞、嗜酸性细胞的数目等功能。主要用于过敏性与自身免疫性炎症性疾病。

3. 真菌代谢产物

一些真菌的代谢产物如环孢素 A 对 T 细胞有较好的选择性抑制作用，用于抑制器官移植的排斥反应。

4. 中药及其有效成分

有些中药具有免疫增强作用，而有些中药具有明显的免疫抑制作用。如雷公藤多苷，具有抑制体液免疫和细胞免疫反应的功能，用于红斑狼疮、类风湿关节炎等疾病的治疗。

内容小结

- 动物疫病防治
  - 抗感染免疫
    - 机体抗感染的非特异免疫
    - 机体抗感染的特异生免疫
    - 病原体的免疫逃避机制
    - 抗感染过程中的免疫病理
  - 免疫预防
    - 预防类免疫制品的分类
    - 预防类免疫制品的应用
    - 免疫失败的原因及防控对策
  - 免疫治疗
    - 治疗类生物制品分类
    - 特异生免疫治疗
    - 非特异性免疫治疗

思政园地

恪尽职守　责任担当

据2021年《*One Health*》杂志发表的一篇文章报道，在全球范围内，自1980年以来，影响人类的传染病暴发数量显著增加，影响人类的新病毒物种以平均每年3种以上的速度被发现。至少60%的人类新发传染病是人畜共患病。做好畜间防控工作，能很大程度避免人类感染人畜共患病，这是守护生物安全的第一道关口。从某种意义上看，做好动物疫病防控，关注动物健康，就是关注人类健康。

2023年8月28日，农业农村部网站刊发《关于政协第十四届全国委员会第一次会议第02484号（农业水利类223号）提案答复的函摘要》（以下简称《答复的函摘要》），对杨云彦委员提出的《关于将人畜共患病防控纳入国家公共卫生体系的提案》做出书面答复。《答复的函摘要》指出“人病兽防、关口前移”，发挥联防联控机制作用，深入推进源头防控。

思考

结合“人病兽防、关口前移”，动物疫病防控总要求，如何才能在兽医的日常工作中，真正的肩负促进畜禽健康成长之责，坚守构建人类健康防线之任，担当兴牧强农之使命？

学习测试

一、单项选择题

1. 对动物采取免疫接种的目的是(　　)。

A. 降低易感动物的易感性　　B. 控制传染源

C. 切断传播途径　　D. 控制疫源地

2. 畜牧业生产中，紧急免疫接种的目的是(　　)。

A. 保护发病的动物　　B. 控制传染源

C. 切断传播途径　　D. 保护没有发病的易感动物

3. 国家对动物疫病实行的主要方针是(　　)。

A. 预防为主　　B. 加强检疫

C. 监督管理　　D. 扑杀

4. 家禽肌肉免疫接种的最佳部位是(　　)。

A. 耳后或臀部　　B. 胸部肌肉

C. 颈部　　D. 背部

5. 下列不适于家禽常用的免疫接种方法是(　　)。

A. 刺种免疫接种　　B. 腹腔注射

C. 气雾免疫接种　　D. 饮水免疫接种

6. 根据《国家动物疫病强制免疫指导意见(2022—2025年)》目标要求，强制免疫动物疫病的群体免疫密度应常年保持在(　　)的比例。

A. 50%以上　　B. 70%以上

C. 90%以上　　D. 100%

7. 任何单位和个人发现疑似新城疫疫情时，都应当向(　　)报告。

A. 当地人民政府　　B. 当地动物防疫监督机构

C. 省级动物防疫监督机构　　D. 省级兽医行政管理部门

8. 预防大肠埃希菌感染最好使用(　　)。

A. 类毒素　　B. 多联疫苗

C. 多价疫苗　　D. 基因工程活载体疫苗

9. 自疫区内最后一头(只)发病动物及其同群动物处理完毕起，经过一个(　　)以上的监测，未出现新的病例的，经验收合格，解除封锁。

A. 周期　　B. 潜伏期

C. 治疗期　　D. 星期

10. 与弱毒疫苗相比，灭活疫苗的特点是(　　)。

A. 难保存　　B. 接种量小

C. 体内可繁殖　　D. 使用安全

11. 与多克隆抗体相比，单克隆抗体的优点是(　　)。

A. 稳定性好　　B. 与抗原的结合力强

C. 特异性强　　D. 针对多种抗原表位

12. 可中和破伤风梭菌产生的毒素的生物制品是(　　)。

A. 破伤风类毒素　　B. 破伤风抗毒素

C. 抗生素　　D. 干扰素

二、多项选择题

1. 下列用于人工被动免疫的生物制品有(　　)。

A. 疫苗　　B. 抗毒素

C. 高免卵黄抗体　　D. 高免血清

2. 下列制剂对病毒无抑制作用的有(　　)。

A. 干扰素　　B. 破伤风类毒素

C. 抗生素　　D. 佐剂

3. 在下列抗微生物药中,适宜用来治疗真菌感染的是(　　)。

A. 泰乐菌素　　B. 制霉菌素

C. 克霉唑　　D. 小诺米星

4. 下列生物制品中,属于人工主动免疫的有(　　)。

A. 疫苗　　B. 抗毒素

C. 类毒素　　D. 高免血清

三、判断题

1. 动物的母源抗体水平不会影响疫苗的免疫效果。(　　)

2. 非洲猪瘟是人兽共患病,目前没有有效的疫苗使用,防控必须靠综合的生物安全防控措施。(　　)

3. 传染病的防治,应贯彻预防为主、防重于治的方针。(　　)

4. 类毒素可刺激机体产生抗毒素,因此可用于治疗由外毒素所致的疾病。(　　)

5. 免疫接种时,疫苗用量越大,机体产生的抗体量就越多。(　　)

6. 被疯犬咬伤后,应立即打破伤风针。(　　)

7. 紧急预防接种是在畜禽饲养过程中按照一定免疫程序,对健康畜禽以预防发病为目的进行的接种。(　　)

四、简答题

1. 简述免疫接种的含义并分析免疫接种失败的原因。

2. 简述免疫接种时,常用同种疫苗进行两次或两次以上的原因。

3. 简述高免血清与疫苗在临床应用时的注意事项。

二维码 10-3　项目十学习测试参考答案

项目十一 动物保健

项目导学

<table>
<tr><td colspan="3">学习项目</td><td colspan="9">动物保健</td></tr>
<tr><td colspan="12">学习目标</td></tr>
<tr><td colspan="4">知识目标</td><td colspan="4">技能目标</td><td colspan="4">素质目标</td></tr>
<tr><td colspan="4">1.掌握动物微生态制剂和酶制剂的概念。
2.了解常用微生态制剂的类型及其作用原理。
3.掌握常见微生态制剂的使用方法。
4.掌握酶制剂的类型及使用方法。</td><td colspan="4">1.能正确区分临床常见微生态制剂的种类。
2.能正确保存并临床应用常见微生态制剂。</td><td colspan="4">1.强化国家种质资源的保护与挖掘。
2.强化对国家政策的认同感及健康低碳养殖的责任担当。</td></tr>
<tr><td colspan="12">导学问题</td></tr>
<tr><td colspan="12">1.益生素与益生菌的区别？
2.EM 制剂的保存与使用条件是什么？
3.酶制剂的临床用途有哪些？
4.宠物临床常用的生物制剂类保健品有哪些？各有什么功效？</td></tr>
<tr><td colspan="12">学习安排</td></tr>
<tr><td colspan="12">1.以 4～6 人为一小组，完成本项目学习。
2.课前以小组为单位，查阅相关资料，完成问题的回答，并将答案反馈于线上教学系统。
3.课前以小组为单位，将本项目学习的疑难点，反馈于线上教学系统。
4.课后以个人为单位，限时完成本项目的在线测试。</td></tr>
<tr><td colspan="12">学习评价</td></tr>
<tr><td colspan="3">自我评价(20%)</td><td colspan="3">小组评价(20%)</td><td colspan="3">教师评价(60%)</td><td colspan="3">总评</td></tr>
<tr><td colspan="3"></td><td colspan="3"></td><td colspan="3"></td><td colspan="3"></td></tr>
<tr><td colspan="12">学习反思</td></tr>
<tr><td colspan="12"></td></tr>
</table>

微生物及其产物不仅可制备成为兽用生物制品以预防、治疗及诊断动物疾病，并且还可作为保健制剂有目的地改变动物生产性能。非致病性微生物本身及其产生的酶对动物具有多种生物学作用，由它们制成的制剂统称为微生物活性制剂，其中最常用到的是微生态制剂与酶制剂。

任务一 微生态制剂

微生态制剂是通过对宿主有益的正常微生物及其代谢产物和生长促进物质所制成的制剂，通过酶作用、黏附定植、抗菌及生物屏障等调整和保持微生态平衡，从而改善宿主的健康状态。微生态制剂的品种很多，主要有益生素、益生元、合生元三种类型。

一、益生素

益生素，又名益生菌，是 1907 年由 Metchnikoff 最早提出益生素的概念。到 1965 年，Lilley 等提出益生素是一种微生物分泌的并能刺激另一种微生物生长的物质，具有调节动物消化道微生态环境的作用。1989 年，Fuller 提出益生菌可作为一种对宿主产生有益作用的微生物饲料添加剂，可以直接饲喂动物并通过调节动物胃肠道微生态平衡达到预防疾病、促进生长和提高饲料转化率的作用。

益生素菌种主要来源于动物肠道正常生理菌或非生理菌，不同的菌种对动物生理代谢有着不同的调节作用。益生素菌株能够黏附于动物肠道黏膜上或与黏膜受体结合，产生特异性的黏附，在动物肠道中发挥占位定植作用，可以有效地减少肠道黏膜受体被病原菌侵蚀和黏附，导致病原菌随粪便排出体外。

(一)益生素的类型

根据制备益生素所使用的菌种类型，可将益生素分为乳酸菌类、酵母菌类和芽孢杆菌类；根据作用效果，可分为生长促进剂和微生态治疗剂；按照菌种组合，又可以分成单一菌制剂和复合菌制剂。

1. 单一菌制剂

(1)乳酸菌制剂。乳酸菌是益生菌的主要菌种之一，可将糖类进行分解产生乳酸，广泛地存在于人和动物的肠道中。乳酸菌具有提供营养、促进物质吸收、调节胃肠道微环境、增强免疫力、抑制病原菌和防治疾病的作用。常用于制备乳酸菌制剂的菌种有：嗜酸乳杆菌、德氏乳杆菌、干酪样乳杆菌等。这类菌制剂是活乳酸菌制剂，有较好的厌氧特性，无毒副作用，但是这类菌通常不耐高温，一般在 65～75 ℃条件下会死亡，在制备过程中死亡率通常较高，因此在饲料中添加时需要注意保持其活性。

(2)芽孢杆菌制剂。芽孢杆菌为好氧菌，能够产生芽孢，有耐酸、耐碱、耐高温和耐挤压的特性，虽然在动物胃肠道中分布较少，却是最理想的微生物添加剂，作为饲料添加剂已被广泛地用于动物的饲养中。常用于制备芽孢杆菌制剂的菌种有：枯草芽孢杆菌、地衣芽孢杆菌等。

芽孢杆菌能在体内形成孢子，进入肠道后可迅速复活，消耗肠道内的氧气，使肠道形成厌氧环境，促进有益厌氧菌生长，抑制致病菌繁殖，改善动物微生态平衡。此外，芽孢杆菌制剂能够产生多种酶，参与调节动物肠道菌群平衡、促进营养物质消化吸收、促进动物肠道发育，从而提高动物的生产性能。

(3)酵母菌制剂。动物肠道中酵母菌的数量较少，但含有多种氨基酸、维生素等，可有效地改善动物胃肠道微生态环境，如酵母菌细胞壁主要成分葡萄糖和甘露聚糖，可以增强吞噬细胞活性，提高动物免疫力。酵母菌作为饲料添加剂，还可以提供多种营养物质，提高酶的活性，增强肠道对矿物质、维生素的消化利用等，已被广泛用于反刍动物的饲养中。常用于制备这类制剂的酵母菌种有红色酵母、啤酒酵母、产朊假丝酵母等。

2. 复合菌制剂

复合菌制剂就是多种菌种按照一定的比例配制而成的制剂。复合菌制剂中多种菌种优势互补、协同生存，相比单一菌种制剂，其调节效果更为显著，可以同时满足动物所需要的多种生态和生理需求。通常根据养殖需求，选择几种或几类菌种按一定比例联合配伍，各菌之间相互促进发挥协同作用，完成对动物机体的调节作用，提高动物的生产性能。

(二)益生素的作用特点

(1)维持肠道微生态平衡。动物体内的细菌种类繁多，其中厌氧菌是优势群体，其对整个肠道的微环境起着非常重要的作用，外界的应激会对此形成冲击，当应激超过一定的范围时便会引起宿主腹泻，益生菌群的添加有利于专性厌氧菌的增加，在肠道内大量繁殖后大大降低氧气浓度，保持了良好的厌氧环境，改善了肠道内菌群结构。

(2)能够刺激和提高动物的免疫系统。益生菌可以促进动物机体的细胞产生干扰素，增强NK细胞、中性粒细胞和吞噬细胞的活力，同时还可以作为佐剂刺激免疫应答，增加宿主血清中IgG、IgM和IgA的含量。

(3)提高饲料利用率，促进动物生长。微生物能够促进各种消化酶的产生，而这些消化酶能够提高饲料转化率，补充各种营养素，促进动物的良好发育，提高养殖效益。一些益生菌中自带许多营养成分以及动物生长所需的微量元素，因此在服用益生素后，这些有益的物质会自然而然地被动物吸收，提高他们的免疫力，转化为能量。

(4)减少有害物质的产生。益生素能够在动物体内建立有益菌群，不仅保证了蛋白质的营养，也减少了动物粪便中的氨浓度，提升圈舍内的空气质量，降低了一些感染类疾病的发生率。

(三)益生素的临床应用

益生素可以促进动物生长、防御胃肠疾病，防止腹泻发生，增长饲料转化率，提高动物产品产量，被广泛应用于畜禽的养殖中。

在猪饲养中不同生长阶段的猪饲料中添加益生素，均可促进猪的生长，预防腹泻类疾病，提高猪的生产性能。尤其是在仔猪饲喂中添加益生素，可促进断奶仔猪的生长发育，减少仔猪胃肠疾病。例如，在仔猪饲料中添加1.0%复合益生菌可以改善断奶仔猪的生长性能，显著降低胃和十二指肠的内容物pH，显著提高仔猪的肝脏指数和脾脏指数，显著降低仔猪的腹泻率。

在家禽养殖中，添加益生素可促进家禽的生长，抑制肠道有害菌繁殖，对改善养殖环境和提高动物产品品质等有很大的影响。在蛋鸡饲养中使用抗生素时，蛋鸡盲肠有害菌和有益菌均减少，而在蛋鸡饲料中添加益生菌后，蛋鸡盲肠内有益菌群密度和丰度均增加，有害菌群减少，饲料粗蛋白质和钙的表观利用率也明显提高。在饲料中添加 0.2%益生菌时，雏鸡免疫器官指数增高，血清总蛋白升高，尿素氮含量降低，红细胞数量增加，白细胞数量减少。在饲料中添加益生素可提高鹅的产蛋性能、促进脂肪代谢、改善机体的消化和提高免疫状况。

在牛羊饲养中，通过添加益生菌，可有效地防治牛羊便秘、腹泻、下痢、消化不良，有效率高达 85%，提高牛羊的抗应激能力，促进牛羊肠道发育，增强消化酶的活性，提高饲料利用率。在荷斯坦奶牛日粮中添加复合益生菌，可以提高荷斯坦奶牛产奶量及乳制品的质量。在奶牛日粮中添加 20 g/d 的复合益生菌，可以显著提高泌乳中后期奶牛的产奶量，提高瘤胃中氨氮(NH_3—N)和微生物蛋白含量、粗蛋白和粗脂肪的表观消化率。

(四)益生素使用的注意事项

1. 益生菌制剂的正确选用

饲用益生菌制剂自 20 世纪 80 年代在我国开始应用至今，在养殖业已得到广泛应用，目前市场上益生菌制剂产品种类多且乱，产品标准不统一，质量不稳定，使用后效果差异大。因此在选用益生菌制剂时，一定要选择科技含量高、有生产批文号、生产质量标准及售后服务有保障的产品。

2. 注意益生菌制剂的适用对象

动物品种、年龄等因素的影响，导致益生菌的使用效果差异较大，因此在畜禽生产中，应根据畜禽的品种、年龄、消化道生理特征和动物需求，选择适合的益生菌制剂。例如，益生菌制剂在动物早期应用效果较好，可占据肠道位点，减少或阻止病原菌的入侵和定居。动物出生后肠道处于无菌状态，此时添加乳酸菌和酵母菌等益生菌可抢先占据肠道内菌类生长环境，快速建立肠道微生物平衡，减少有害病原体的植入，防止动物消化道疾病发生。在动物断奶、生病后、应激前后以及母畜产仔前后也是添加不同类型益生菌制剂的最佳时机，可促进动物对营养物质的消化利用，防止疾病发生。此外，细菌通常具有特异性，从某种动物分离的细菌对该动物消化道上皮具有较强的吸附性。因此，在使用同种动物分离的细菌时，更有利于细菌在肠道中的定植和繁殖，促进其发挥较好的功效。

3. 正确掌握益生菌的使用剂量

益生菌制剂的种类很多，有粉状剂、颗粒剂、胶囊剂等多种类型，可直接添加到饲料或饮水中。在添加时应根据动物的品种、年龄、生理状况、环境和需求选择不同的类型，并根据试验效果确定添加的最佳剂量，否则菌群数量不足时不能形成菌群优势，难以发挥益生菌的作用，而菌群数量过多时，超出肠道附着量，造成浪费。因此，在使用益生菌前应根据试验效果确定其添加比例，避免影响益生菌的作用效果。

4. 注意益生菌制剂的活性

益生菌制剂是活菌生物制剂，多种因素如温度、湿度、酸碱性、时间等都会影响其活性。因此，在其生产加工、包装、运输和贮藏中应注意菌种活性。益生菌制剂应妥善保管，定期对菌种活力进行检测与评估，确保益生菌制剂添加后能保持较好的活力，在动物肠道中顺利定植，发挥其良好的调控作用。此外，应注意饲料中其他成分，如维生素、矿物质、抗氧化剂等可降低益生菌的活性，使其不能有效地发挥正常功能。因此，在使用益生菌时应当天拌入当天用完，不可混合后放置时间过长。

5. 注意与其他物质的配合使用

益生菌在临床使用时通常和其他物质配合使用，在使用时需要注意以下问题：第一，与中草药配合使用。益生菌和中草药都是比较丰富的资源，且价格相对较低，常被搭配使用，但是在选择时需要注意筛选能够配伍的益生菌和中草药，不能具有拮抗作用，将其科学配比，用于促进动物健康生长，提高动物产品数量和质量。第二，与抗生素配合使用。在益生菌和抗生素联合使用时，一定要注意先使用抗生素处理肠道，将肠道中的有害微生物清除后，再添加益生菌，对肠道内的有益微生物进行补充，帮助恢复肠道微生物平衡。第三，与酶制剂配合使用。益生菌和酶制剂联合使用时可以促进动物对营养物质的消化吸收，降低饲料成本，提高动物生产性能，但是在两者进行联合使用时，应注意两者之间的比例，应按照说明书已优化好的配比进行添加，否则会对效果造成影响。第四，与肽配合使用。肽是调节体内氨基酸平衡的理想物质，可以补充动物体内必要的氨基酸，提高动物对营养物质的吸收能力，但益生素与肽联合使用时应注意两者的比例，力求达到调节效果最佳。

二、益生元

益生元是指不易被宿主主动消化的、可选择性地刺激肠道中的一种或几种细菌的生长或活性的食物成分。这是 1995 年英国 Reading 大学的国际“益生元之父”Dr. Glenn Gibson 对益生元进行的定义。而在 2004 年 Gibson 等又给出了益生元最新的定义：益生元是一种可被选择性发酵而专一性地改善肠道中有益于宿主健康的菌群组成和活性的食物配料。根据最新定义，益生元应具备至少 4 个基本条件：一是在胃肠道的上部既不能被水解也不能被吸收；二是能够选择性地刺激肠道内有益菌（如乳酸菌、双歧杆菌等）的生长繁殖并激活其代谢；三是能够优化肠道有益菌的构成和数量；四是有利于增强宿主机体健康。

（一）益生元的类型

根据益生元的来源和功能可以将益生元分为功能性低聚糖类、微藻类和天然植物提取物等。

1. 功能性低聚糖类

该类益生元又称为寡糖，是指 2～10 个单糖以糖苷键连接而成的具有直接或支链的低度聚合糖类。这类糖通常不被小肠消化，可直接进入结肠，被结肠中的细菌作为基质利用，降低肠道 pH，产生短链脂肪酸，减少病原菌的侵入，增强动物机体健康。根据功能差异低聚糖可分为普通低聚糖和功能性低聚糖，普通低聚糖可被机体消化吸收，产生能量，如蔗糖、麦芽糖等，不符合益生元的特点，而功能性低聚糖不能被机体吸收，促进有益菌的生长和活性，促进动物的健康生长，符合益生元的特点，包括菊粉（Inulin）、低聚果糖（Fructooligosaccharide，FOS）、低聚木糖（Xylo-oligosaccharide，XOS）、低聚半乳糖（Galactooligosaccharides，GOS）、低聚异麦芽糖（Isomaltooligosaccharide，IMO）、低聚乳果糖（Lactosyl fructoside，LACT）、大豆低聚糖（Soybean Oligosaccharides，SOS）等。

2.微藻类

微藻在自然界分布广泛，在沼泽、土壤、淡水、湖泊等中均能生长，微藻中含有丰富的蛋白质、维生素、不饱和脂肪酸、藻多糖、胡萝卜素、叶绿素等，其中藻多糖可作为免疫佐剂增强机体免疫功能，被认为是一类良好的益生元，如螺旋藻、节旋藻、小球藻等，被机体选择性吸收后，促进双歧杆菌的增长，增强机体免疫能力。

3.天然植物提取物

天然植物中的蔬菜、中草药、野生植物等也能作为益生元使用。很多益生元由3～10个分子单糖组成，该部分碳水化合物可从多种植物或酵母细胞壁中提取。中草药既有营养作用又有药用作用，可调节肠道菌群平衡，改善肠道形态结构，其有效成分提取物被认为是重要的益生元。

(二)益生元的作用特点

(1)在消化道内通过吸附肠道病原菌，促进其随粪便排出，同时还具有通便作用。

(2)被肠道有益菌群利用，促进其生长繁殖，形成微生态竞争优势，同时有益菌代谢产生的一些抗菌物质和短链脂肪酸直接抑制外源性致病菌和肠内腐败菌的生长，减少有毒物质的产生。

(3)刺激免疫应答，提高机体的免疫力。

(4)改善肠道内环境，防止腹泻。

(5)营养作用，促进生长。

(三)益生元的临床应用

国外益生元的使用始于20世纪80年代中后期，我国自90年代末开始将益生元应用到猪饲料、鸡饲料和水产饲料等养殖业中，已运用到生产中的益生元有果寡糖、甘露寡糖、异麦芽寡糖等。

在断奶仔猪日粮中添加3%低聚糖对仔猪日增重和日采食量均有显著影响，对仔猪的体型和毛色也有明显的改善。在仔猪日粮中添加褐藻聚糖，可显著提高血清中谷胱甘肽过氧化物酶和过氧化氢酶，增强了总抗氧化能力，改善了仔猪生长性能。给猪只按照35 g/kg的剂量喂食益生元6周后，可引起双歧杆菌数量和乙酸水平显著增加，同时还降低了肠道pH，增强了对营养物质的消化吸收，促进了猪的健康生长。在肉鸡日粮中添加菊粉，其回肠和结肠微生物菌群发生改变，乳酸菌数量增加，大肠埃希菌和产气芽孢杆菌减少。在肉鸡日粮中按照4 g/kg添加低聚果糖后，可明显促进鸡平均日增重和双歧杆菌及乳酸菌的生长，也抑制了鸡胃肠大肠埃希菌的生长。在日粮中添加甘露寡糖酵母菌可明显减少肠道沙门菌，而在患有斑疹沙门菌的肉鸡日粮中添加低聚异麦芽糖可明显减少斑疹伤寒的数量，而且咀嚼、消化和喂养效果都有显著的改善。在牛日粮中添加低聚果糖可降低犊牛肠道疾病的发生率和严重程度，该糖能够阻止肠道中大肠埃希菌和沙门菌在肠上皮细胞上的附着，也可防止断奶早期牛肠道萎缩，维持肠道的正常形态，提高犊牛的免疫性能。甘露低聚糖、果聚糖等均能作为免疫刺激因子，激活机体的免疫系统，增强机体对抗原的免疫应答能力，促进动物体液免疫和细胞免疫能力，从而提高犊牛的抗病生长能力。除了特别幼小的反刍动物，口服益生元会被瘤胃微生物消耗而无法到达肠下端。给断奶的牛饲喂低聚糖,通过益生元补充剂使牛体内形成的理想肠道(瘤胃或肠下端)菌群,在牛长大后可进一步促进其生长。在水产动物饲养中添加益生元可改善其肠道健康,提高生长性能。给犬日粮中添加低聚果糖后,犬肠道中的双歧杆菌和乳酸杆菌的数量明显增多,而大肠埃希菌和梭状杆菌的数量显著降低,氨类和胺类有害物质的量显著减少。

(四)益生元使用的注意事项

1. 正确选择合适的益生元

益生元进入肠道后可被肠道菌群选择性地发酵利用,但不同动物的品种或年龄阶段对益生元的利用程度不同,主要表现为不同有益菌的增殖程度、有害菌的抑制程度、产酸产气程度等,因此在添加益生元时应根据动物品种、年龄及需求,选择合适的益生元进行添加。

2. 正确掌握益生元的使用剂量

益生元虽然是不易消化、非活性的膳食补充剂,但是在饲料添加时也并非越多越好,添加量过低时,不足以发挥益生元的调节作用,而过量添加又可造成浪费,所以在选择合适的益生元进行添加时,应先进行梯度试验,确定最佳添加值,实现作用效果和经济成本最优化。

3. 注意与其他物质的配合使用

在饲用添加中,益生元通常与益生菌配伍使用,称为合生元,即在补充益生菌的同时,又添加了增强肠道益生菌的益生元,两者发挥协同作用,作用效果较好。但是目前还缺乏对益生元和益生菌合适添加量或配伍比例的统一标准或指导性意见,因此,在使用时最好先做试验,确定最佳搭配比例后再进行使用,避免影响添加效果,造成浪费。

三、合生元

合生元又称合生素。由 Gibson 在 1995 年首次提出,是益生菌与益生元结合制成的生物制剂,其特点是通过促进外源性活菌在动物肠道中定植,选择性刺激一种或几种有益菌的生长和繁殖,使其能同时发挥益生菌和益生元促生长的双重作用,调节免疫系统,提高机体对病原菌的抵抗力,从而使动物的免疫力增强,更好地促进动物生长和维持动物的健康。

(一)合生元的作用特点

1. 增强肠道有益菌的竞争优势

大肠埃希菌、沙门菌等许多病原菌的细胞表面或菌毛上都含有外源凝集素,其能与肠黏膜上皮细胞中的低聚糖受体发生特异性结合,使病原菌黏附在肠壁上并大量增殖,从而破坏动物肠道的微生态平衡。

2. 可以促进肠道有益菌的增殖

低聚糖可直接抑制病原菌的生长,还能够降低肠道内的还原电位,调节肠道的正常蠕动,间接阻止病原菌在肠道中定植,从而起到有益菌增殖因子的作用。

3. 发挥益生元和益生菌的双重协同作用

目前，合生元中益生菌与益生元的协同作用机理尚未明确，但是这两种物质的配合使用有可能提高穿过胃肠道中部分益生菌的存活率，还可增强其在大肠中的作用，其作用可能具有协同性或叠加性。

（二）合生元的临床应用

合生元能减轻仔猪的断奶应激反应，减少腹泻率和死亡率，提高仔猪的平均日增重和消化率，降低料重比，能够不同程度地影响仔猪的血液生理生化指标，并增强其免疫功能，显著提高其生产性能。在家禽生产中，利用黄芪多糖和益生菌能够提高雏鸡的生长性能，显著增强机体的免疫功能，表明黄芪多糖和益生菌组合是一种良好的免疫促进剂。合生元是将益生菌与益生元联合使用，共同发挥两者益生作用的复合微生态制剂，已被公认为是可替代抗生素的理想微生态制剂之一，随着进一步地探索，合生元将在畜牧业生产中发挥更大的作用。

（三）合生元使用的注意事项

对于合生元的饲喂方法及应用研究还比较少，主要停留在使用效果上，目前合生元主要的饲喂方法是将益生菌和益生元按一定比例配合，然后拌入基础料中饲喂动物，也有加入饮水中让动物通过饮水食入合生元，或者制成微胶囊制剂、泡腾片等方式让动物食入，比较直接的是灌胃，但由于此法应激比较大，所以现实应用比较局限。在使用合生元作为饲料添加剂时，应注意以下问题。

1. 科学搭配与保存

首先，应该选择良好的菌种与有效的益生元。其次，合生元属活菌制剂，应有良好的保存条件，防止细菌失活。一般应保存在阴凉、干燥的地方，并注意其保质期。使用合生元制剂时，一般不与抗生素及其他抑菌、杀菌药物混合使用。

2. 使用时机要恰当

在断奶、分圈、天气突变、饲料更换、长途运输等应激条件下，动物体内微生态平衡遭到破坏，若预先使用合生元制剂，对增强抵抗力是极为有效的。

3. 保证剂量要充足

合生元制剂必须含有效数量的活菌数才能达到效果。我国正式批准生产的制剂中，要求芽孢杆菌含量$\geqslant 5\times 10^{8}$ CFU/g。合生元不同于抗生素，进入机体后需要一定时间的适应来进行微生物群系调整，应长时间连续饲喂才能达到理想效果。

任务二　酶制剂

酶是生物体内各种物质化学变化的催化剂。酶制剂就是利用物理或化学方法，将生物体组织或细胞中的酶进行提取，并经过加工后制成的具有催化活性的生物制品，用于催化生产过程中的各种化学反应，具有催化效率高、高度专一性、作用条件温和、降低能耗等特点。

一、酶制剂的类型

饲料酶制剂作为一种新型添加剂在我国自20世纪80年代开始应用至今，包括多个种类，按照酶组成方式可将酶制剂分为单一酶制剂和复合酶制剂两类。

1. 单一酶制剂

单一酶制剂是指只含有一种酶的生物制剂，又可分为消化酶和非消化酶两类。

(1)消化酶即内源性酶，是动物体内能够合成的酶，这类酶不用于消化营养物质，但是却是需要强化补充的酶，主要包括蛋白酶、淀粉酶、糖化酶和脂肪酶等。蛋白酶是能够催化分解蛋白质肽键的一类酶的总称，在饲料中添加酸性或中性蛋白酶主要是将摄入的饲料蛋白分解成氨基酸，供机体吸收后重新组合成新的蛋白质。淀粉酶可将淀粉水解为双糖、寡糖和糊精，便于消化吸收，也可将淀粉迅速液化，减轻胃肠胀感，促进消化吸收。糖化酶主要是水解双糖、寡糖和糊精为葡萄糖和果糖，也可将淀粉水解生成葡萄糖，帮助糖类和淀粉的消化吸收。脂肪酶主要参与脂肪代谢，将脂肪分解成甘油、脂肪酸和磷脂酸等。

(2)非消化酶即外源性酶，主要包括纤维素酶、半纤维素酶、果胶酶和β-葡聚糖酶。纤维素酶主要是将结晶纤维素分解生产葡萄糖，供动物机体吸收利用，如C1酶、Cx酶和β-葡萄糖苷酶等。半纤维素酶主要是降低半纤维素溶于水的黏度，并将其降解为五碳糖，如聚半乳糖酶、木聚糖酶等。纤维素酶和半纤维素酶协同作用可破坏植物细胞壁，分解多糖，提高饲料利用率。果胶酶可以降解果胶单糖间的糖苷键，分解果胶，使营养物质充分被吸收利用。

2. 复合酶制剂

复合酶制剂是指含有两种或两种以上酶的生物制剂。动物饲料中含有多种营养成分，需经酶分解后利用，而酶通常具有特异性和专一性，故多种酶协同作用效果远远大于单种酶的作用，可最大限度地提高酶的利用率。目前常见的复合酶制剂按其功能分为以下几类。

(1)以蛋白酶和淀粉酶为主的饲用复合酶制剂，主要用于补充内源性酶，降解和利用蛋白质和多糖等大分子物质。

(2)以纤维素酶、果胶酶和木聚糖酶为主的饲用复合酶制剂，主要破坏细胞壁，使营养物质充分释放、消化和吸收，增加饲料利用率。

(3)以β-葡聚糖酶为主的饲用复合酶制剂。β-葡聚糖为一类抗营养因子，这类酶主要是降解β-葡聚糖等抗营养因子。

(4)植酸酶制剂，主要是水解饲料中植酸等的抗营养作用。目前制备兽用酶制剂的主要方法有固态发酵法、液态发酵法、固定化细胞发酵法和单体酶复配技术。

二、酶制剂的作用机理

1. 消除饲料中的抗营养因子，提高饲料利用率

如植酸酶和半纤维素酶可降低饲料中的植酸、木聚糖和葡聚糖等，从而节省饲料，提高饲料利用率。非淀粉多糖酶可打破细胞壁的纤维素、半纤维素和果胶等成分，释放对养分的束缚，使得消化酶迅速消化营养物质，加快营养物质的吸收。

2. 补充内源酶,提高动物对饲料营养物质的利用率

幼龄动物消化酶不完善,老年动物消化酶退化,在遇到突发状况,如生病、惊吓或环境改变时,可引起消化酶分泌紊乱,此时及时补充外源消化酶可以及时补充消化酶的不足,增强动物对饲料养分的消化吸收。

3. 减轻环境污染

在动物日粮中添加酶制剂可以有效地减少排泄物中有机物、氮和磷的排泄量,减少对周围环境的污染。如在谷物类饲料中添加非淀粉多糖酶,可以降低排泄物的黏度,添加植酸酶可以提高氮的利用率,减少排泄物中磷含量。

4. 可为人类提供更健康的动物产品

酶作为天然产物,无残留、无毒无副作用,可改善动物肠道健康,预防动物疾病,获得安全、优质的动物产品。

三、酶制剂的临床应用

在临床上酶制剂可通过多种方法添加到动物饲料中,如直接添加、制粒后添加、饲料调制等。酶制剂已在多种动物饲养中广泛应用。

酶制剂在不同阶段的猪饲料中均有添加。例如,在哺乳仔猪诱食料中添加 0.1% 胃蛋白酶,能够增加仔猪的体重和饲料利用率;添加 0.25% 胃蛋白酶时可有效克服下痢。仔猪早期断奶应激可以降低仔猪胰腺和空肠内容物中胰蛋白酶、淀粉酶和脂肪酶的活性,影响仔猪消化能力和生长发育,而在断奶仔猪日粮中添加酶制剂如蛋白酶、α-淀粉酶、β-葡萄糖酶、纤维素酶等,可有效弥补酶分泌的不足,帮助消化各种营养物质,改善仔猪断奶后的日增重和饲料转化率。饲料中的酶制剂可改善育肥猪的生长性能、肉品质和肌肉脂肪酸含量。例如,在基础日粮中添加复合酶制剂饲喂海南黑猪去势公猪后发现,采食量和日增重明显提高,料重比显著降低。此外,酶制剂也能够提高母猪采食量和营养物质需要,减少母猪哺乳期间背膘和体重的损失,提高断奶仔猪体重。例如,在经产母猪饲粮中添加植酸酶,降低蛋白质和磷含量时,母乳泌乳期体重损失显著减少,粪便中氮和磷的排放量减少。

在家禽日粮中添加适量的碳水化合物酶、植酸酶或其他酶类,可有效地提高机体对玉米、豆粕和其他饲料原料等营养物质利用率,降低成本。例如,在家禽玉米-豆粕型日粮中添加植酸酶和水解非淀粉多糖复合酶,可显著增加家禽体重和骨骼灰分含量,提高饲料转化率;在日粮能量较低时添加非淀粉多糖酶制剂可有效提高小肠的消化酶活力及吸收能力,非淀粉多糖酶制剂对提高肉鸡生长前期增重明显,但对中后期的日增重效果不明显。

在奶牛日粮中添加酶制剂,主要是提高产奶量和乳成分。例如,添加 β-葡聚糖酶、木聚糖酶、内切葡聚糖酶,可增加 2% 的牛奶真蛋白产物;添加 2 g/kg 纤维素酶和木聚糖酶,可提高营养物质消化,牛奶产量增加 1.9 kg/d。在肉牛苜蓿干草或牧草干草中添加木聚糖酶和纤维素酶等酶制剂时,可使肉牛日增重明显提高,但添加在大麦青贮料中无明显效果。添加外源酶对小反刍动物的生产性能影响不大,如在赛特母羊和羔羊的日粮中添加酶制剂,对其日增重、饲料转化率和羊毛产量等性能均没有显著的影响。

四、酶制剂使用的注意事项

酶制剂在动物养殖中已被广泛应用，但在使用酶制剂时应注意以下一些问题。

1. 注意酶制剂的使用对象

在使用酶制剂时应根据动物种类、年龄和日粮组成制订合理的酶制剂配方进行使用。

(1)动物种类。由于动物生理条件不同，酶制剂在不同动物中的作用效果存在差异，如酶制剂在单胃动物饲喂中效果较为明显，而对草食性动物效果不理想。家禽消化道较短且肠道微生物活力较低，饲料在消化道存留时间短，故在饲料中添加复合酶制剂可有效地促进营养物质消化吸收，提高饲料的利用率。

(2)动物年龄。动物年龄不同，消化道差异较大，对饲料的消化利用也有较大差异，如在不同生长阶段猪的消化器官分泌的酶不同，所以应选用不同的酶制剂。断奶仔猪消化系统不成熟，分泌的消化酶不足，可在饲料中添加淀粉酶、蛋白酶和脂肪酶对内源性酶进行补充，促进营养物质的充分消化吸收，提高饲料利用率，同时也防止或减少仔猪消化性疾病。

(3)动物日粮组成。由于酶具有专一性和特效性，所以不同的日粮组成应选用不同的复合酶制剂。谷物、麦麸等饲料中纤维素含量高，应选用以纤维素酶为主的复合酶制剂。玉米饲料中主要抗营养因子为木聚糖，因此在选用复合酶时应选择含有木聚糖酶的复合酶制剂，才能有效地提高饲料在动物体内的消化利用率。

2. 应重视酶制剂的质量检验

在使用酶制剂时应确保其质量可靠，可将酶制剂送往有关检验部门进行检测，确定其有效含量及质量安全，方可使用。

3. 注意影响酶制剂活性的因素

酶制剂是一种具有生物催化活性的蛋白质，其本身的稳定性是影响饲用酶制剂品质的关键因素。多种因素均可影响酶的活性，如酶制剂的活性可随温度升高而增加，但是当温度过高或过低时，均可影响其活性。一般最适宜温度在 30～45 ℃，而超过 60 ℃时，通常可导致酶变性而丧失活性。肠道 pH 对酶的活性也很重要。除一些特殊的酶，如胃蛋白酶最适 pH 为 1.5 外，一般酶活性最适 pH 为 6.5～8.0，pH 过高或过低都将影响酶的活性。此外，还应注意饲料制作工艺中的高温、高压、高湿等外界环境对酶的影响。因此，在饲料生产过程中一定要注意影响酶制剂活性的因素，以求达到酶制剂的最佳使用效果。

4. 正确掌握酶制剂的添加剂量

在饲料中添加酶制剂可有效改善饲料的利用率，但在添加时应注意效果最适量和经济最适量。效果最适量是指获得最大的添加效果，经济最适量是指最大的投入和产出比。在饲料中添加酶制剂并非越多越好，应根据试验效果得到在饲料中添加酶制剂的最佳比值，高于或低于这个比值，都会影响酶制剂在体内所发挥的最佳作用。

内容小结

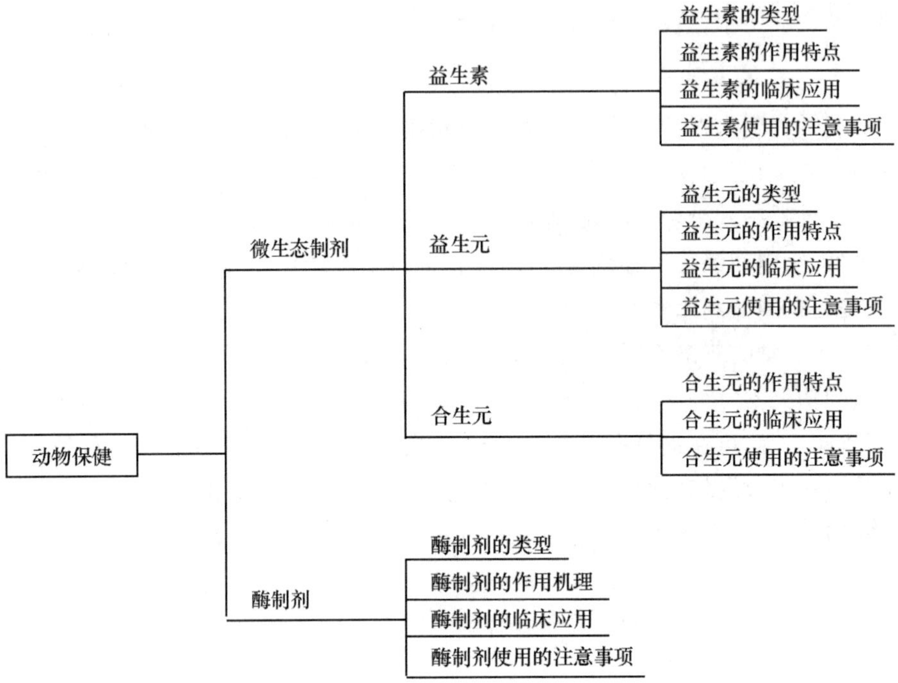

思政园地

低碳养殖　大国担当

随着全球变暖的加剧，冰川融化、海平面上升、极端气候出现与生物多样性减少等自然灾害频频出现，严重威胁人类生存。

导致全球变暖的主要原因是二氧化碳、甲烷及其他一些气体（即温室气体）的大量排放。我们必须采取有效措施来减少二氧化碳等温室气体的排放，以减缓全球变暖的速度。

习近平总书记于 2020 年 9 月 22 日在第 75 届联合国大会一般性辩论上首次承诺，中国将力争于 2030 年前实现二氧化碳（CO_2）排放达峰，努力争取在 2060 年前实现碳中和。在 2021 年 4 月 22 日领导人气候峰会上，习近平总书记再次重申这一重大战略决策，承诺实现碳达峰到碳中和的时间远远短于发达国家，中国将会把碳达峰和碳中和纳入生态文明建设整体布局中，对于中国这既是挑战也是机遇，中国是国际低碳行动的引领者和开拓者，体现了中国构建人类命运共同体的责任担当。

“碳达峰、碳中和”，是以习近平同志为核心的党中央统筹国内国际两个大局做出的重大战略决策，是着力解决资源环境约束突出问题、实现中华民族永续发展的必然选择，是构建人类命运共同体的庄严承诺，也彰显了负责任大国的使命与担当。

推动实现碳中和是可持续发展的关键，减少温室气体排放是推动实现碳中和的根本。

农业生产活动是中国温室气体的第三大排放源，其中畜牧业贡献了农业非二氧化碳温室气体排放的80%，是农业主要温室气体排放源。因此，畜牧业的低碳减排对实现碳中和至关重要。

通过研究动物的肠道发酵管控、饲料成分升级、粗粮与精粮比例的调整、使用添加剂、选育优质动物品种、畜舍环境及设备能耗调控、动物管理方式优化、精准畜牧业的应用、粪污处理以及畜产品供应链的优化等内容，探索畜牧业的低碳减排途径，将大大促进畜牧业绿色低碳可持续发展。

思考

同学们，从我们日常生活中你受到了哪些温室效应带来的不良影响？你认为我们畜牧业发展是否需要遵从低碳减排发展方向？而我们在畜牧业发展中又该如何贡献自己的一份力量？

学习测试

一、多项选择题

1. 微生物活性制剂包括(　　)。

A. 疫苗　　B. 抗毒素　　C. 酶制剂　　D. 微生态制剂

2. 微生物酶制剂的主要应用方向有(　　)。

A. 作为饲料添加剂　　B. 作为饲料的辅助原料

C. 用于饲料脱毒　　D. 防病保健

3. 微生态制剂的功能有(　　)。

A 巩固或重建正常菌群　　B. 提高饲料转化率

C. 作为饲料的辅助原料　　D. 作为饲料添加剂

4. 微生态制剂的种类包括(　　)。

A. 疫苗　　B. 益生菌　　C. 合生元　　D. 益生元

二、简答题

1. 简述应用微生态制剂应注意的问题。

2. 简述应用酶制剂应注意的问题。

二维码 11-1　项目十一学习测试参考答案

动物微生物

第三篇 拓展知识与技能

项目十二
常见病原微生物

项目导学

学习项目	常见病原微生物	
学习目标		
知识目标	技能目标	素质目标
1. 掌握常见致病性细菌的生物学特点。 2. 掌握常见致病性病毒的生物学特点。 3. 掌握常见致病性其他微生物的生物学特点。	1. 能依据不同病原的生物学特性制订合理的疫病检测方案。 2. 能依据不同病原的生物学特性制订合理的疫病防控方案。	1. 通过病原微生物的学习，树立正确的人生观价值观及伦理道德规范。 2. 强化学无止境的学习态度及终身学习的习惯。
导学问题		
1. 遇到疑似炭疽杆菌的病例该如何处置？ 2. 作为畜牧兽医工作者该如何预防自身感染布鲁氏菌病？ 3. 被犬猫咬伤后如何防控狂犬病的发生？		
学习安排		
1. 以 4～6 人为一小组，完成本项目学习。 2. 课前以小组为单位，查阅相关资料，完成问题的回答，并将答案反馈于线上教学系统。 3. 课前以小组为单位，将本项目学习的疑难点，反馈于线上教学系统。 4. 课后以个人为单位，限时完成本项目的在线测试。		

学习评价			
自我评价(20%)	小组评价(20%)	教师评价(60%)	总评
学习反思			

任务一 常见病原性细菌

一、炭疽杆菌

炭疽杆菌全称炭疽芽孢杆菌，能引起人兽共患传染病炭疽（Anthrax），世界动物卫生组织（WOAH）将其列为必须报告的动物疫病，炭疽杆菌在兽医学和人类医学上均占有相当重要的地位。

（一）形态与结构特点

炭疽杆菌为长而直的粗大杆菌，大小为（1.0～1.5）μm×（3～8）μm，革兰染色阳性。无鞭毛，不运动。芽孢为椭圆形，位于菌体中央。可形成荚膜。在动物组织和血液中，菌体呈单个或短链状排列，相邻菌体接触面呈竹节状或轻微凹陷，游离端钝圆，可形成荚膜（图 12-1）。炭疽杆菌在猪体内形态较为特殊，菌体呈弯曲或部分膨大，轮廓不清晰，散在或二三相连。在牛、绵羊体内可形成明显荚膜，马、骡体内次之。炭疽杆菌在接触空气中的游离氧之后，才形成芽孢，因此可在体外环境进行培养并产生芽孢，芽孢形成一般需要 7～8 h，在 30 ℃温度下发芽仅需 8 min，不同温度下产生的芽孢成分不同。

图 12-1 竹节状的炭疽杆菌

（二）培养及生化特性

炭疽杆菌为需氧或兼性厌氧菌，最适生长温度 30～37 ℃，pH 7.2～7.6。在普通琼脂培养基经 18～24 h，可长成灰白色、表面粗糙、边缘不整齐、直径 2～4 mm 的扁平菌落，低倍镜下可观察到卷发状边缘。在血琼脂培养基上一般不形成溶血环，但个别菌株培养一定时间后可出现轻度溶血。在普通肉汤中培养 18～24 h，管底出现絮状沉淀，液面无菌膜或菌环，菌液清亮。在 20% CO_2 环境中将炭疽杆菌置于含血清或碳酸氢钠的培养基中培养，可形成黏液状有荚膜菌落。在明胶培养基中穿刺培养，菌体呈倒立松树状生长，培养 2～3 d 后，其表面被液化成漏斗状。在含青霉素的琼脂培养基中，菌体出现“串珠现象”。

炭疽杆菌能分解葡萄糖、麦芽糖和蔗糖，产酸而不产气，不能发酵阿拉伯糖、木糖和甘露醇,能水解淀粉、明胶和酪蛋白。维-培试验阳性,靛基质试验阴性,能还原硝酸盐,不能产生硫化氢。牛乳经 2～4 d 凝固,然后缓慢胨化。卵磷脂酶试验阳性或弱反应,触酶试验阳性,不能或微弱还原亚甲蓝。

(三)抗原性

相关抗原包括荚膜抗原、菌体抗原、芽孢抗原、保护性抗原及外毒素复合物等。

1. 荚膜抗原

该抗原仅见于强毒菌株,与毒力有关。荚膜抗原由 *D*-谷氨酸多肽组成,抗原性单一,尸体腐败可导致抗原性消失。该抗原刺激机体产生的抗体无保护作用,但其反应性较特异,由此可建立各种血清型鉴定方法。如荚膜肿胀试验,将高效价抗荚膜血清与具荚膜炭疽杆菌相互作用,在其周边处可发生抗体的特异性沉淀反应,镜下可见荚膜肿胀。

2. 菌体抗原

该抗原是由等分子量的乙酰基葡萄糖胺和 *D*-半乳糖组成的,与毒力无关,但具有耐热性,煮沸或高压蒸汽灭菌,都不会破坏其抗原性。该抗原无特异性,与其他需氧芽孢杆菌、肺炎球菌有交叉反应。

3. 芽孢抗原

该抗原是由芽孢外膜层和皮质层组成的,有较强的特异性,具有血清学诊断价值。

4. 保护性抗原(PA)

该抗原是炭疽毒素的关键成分,由炭疽芽孢杆菌 pXO1 质粒上的 *pag* 基因编码,是一种钙结合单体蛋白质,相对分子质量为 83 000。PA 可附着在宿主细胞上,与炭疽毒素受体结合,并在细胞膜表面寡聚化形成通道,结合致死因子(lethal factor,LF)或水肿因子(edema factor,EF),使其进入细胞质,引起感染。PA 可以诱导机体的保护性免疫。

5. 外毒素复合物

炭疽杆菌具有外毒素,包含水肿因子、保护性抗原(因子)及致死因子。三种成分均具有抗原性,不耐热,是致病的物质基础之一。

(四)抵抗力

繁殖体抵抗力较弱,60 ℃作用 30～60 min 或 75 ℃作用 5～15 min 可将其杀死,对常用消毒剂、青霉素、链霉素等多种抗生素及磺胺类药物高度敏感。

芽孢抵抗力极强,在干燥的环境中可存活 40 年,在皮毛中可存活数年,在土壤中可存活 20～30 年。煮沸 25 min、121 ℃作用 15 min 或 160 ℃干热作用 1 h 可杀死芽孢。炭疽芽孢对碘特别敏感,0.04%碘液作用 10 min 可将其灭活。皮毛消毒可在 25～30 ℃条件下用含 2%盐酸的 5%盐水浸泡 40 h,或室温下用 1∶44(*W*/*W*)环氧乙烷∶溴甲烷混合液,以 1.5 kg/m^3 的用量熏蒸 24 h。

(五)致病性

本菌可引起各种家畜、野生动物和人类的炭疽,其感染不受季节限制。在各类动物中,牛、绵羊、鹿等易感性最强,马、骆驼、猪、山羊等次之,而犬、猫等肉食动物则表现出较强的抵抗力,禽类感染相对罕见。在食草动物中表现为急性败血症,猪炭疽多表现为慢性的咽部局限感染,犬、猫等食肉动物则多表现为肠炭疽。感染途径多样,主要经消化道、呼吸道、皮肤创伤或吸血昆虫感染,实验动物可经健康皮肤毛囊感染。芽孢在感染部位发芽,进入全身淋巴系统繁殖,最后进入血液,导致动物数小时内死亡。部分动物由于其吞噬细胞可分泌富含赖氨酸的多肽,对炭疽有先天抵抗力。炭疽杆菌的潜伏期一般为 2～3 d,最短只有 1～2 h,长的可达 14 d。

人类对炭疽杆菌的易感性介于食草动物与猪之间,一般经接触病畜尸体材料或污染的畜产品而感染,引起咽喉、肠、肺或皮肤炭疽以及脑膜炎、败血症等。

(六)微生物学诊断

疑为炭疽杆菌死亡的动物尸体严禁剖检。任何单位和个人发现患有本病或者疑似本病的动物,都应立即向当地动物防疫监督机构报告。严禁在非生物安全条件下进行疑似患病动物、患病动物的尸体剖检。如需进行该病的实验室病原学诊断,则必须在相应级别的生物安全实验室进行。

1. 病料采集

如需病料采集,只能在末梢血管部位,如耳尖部采血,切口用烧红烙铁烧烙止血封口。必要时可在做好防护的情况下采集脾脏组织。皮肤炭疽可采集病灶水肿液或渗出物,肠炭疽可采集粪便。若已误剖病尸,可采集脾、肝、肺、脑等组织进行检验,并用浸有 0.2%升汞或 5%石炭酸的棉球对所有切口处覆盖消毒。

病料装入试管或玻璃瓶内严密封口,用浸有 0.2%升汞的纱布包好,装入密封袋,再置于广口瓶中,由专人送检。

2. 细菌学诊断

(1)形态检查。为确保安全,在送检来的病料涂片时用 1∶1 000 的升汞液固定 5 min。新鲜病料可以用碱性亚甲蓝染色法、瑞氏染色法或吉姆萨染色法染色镜检,如发现有荚膜的竹节状大杆菌,即可做出初步诊断。材料不新鲜时菌体易消失,可观察到“菌影”。

(2)分离鉴定。确诊需要进行病原的分离培养。可接种病料于普通琼脂或血琼脂平板,37 ℃ 培养 16～24 h 后观察菌落形态,并做革兰染色镜检。挑取纯培养物通过生物化学试验与其他芽孢杆菌如枯草芽孢杆菌、蜡状芽孢杆菌、巨大芽孢杆菌等鉴别。还可使用喷他脒多黏菌素 B 琼脂、溶菌酶-正铁血红蛋白琼脂或 Knisely 培养基等选择性培养基进行培养。

(3)动物实验。将被检病料或培养物用生理盐水制成 1∶5乳悬液,皮下注射小鼠 0.1 mL 或豚鼠、家兔 0.2～0.3 mL。动物通常于注射后 24～36 h(小鼠)或 2～4 d(豚鼠、家兔)死于败血症,剖检可见注射部位皮下胶样浸润及脾脏肿大等病变,取血液、脏器涂片镜检,如发现有荚膜的竹节状大杆菌,即可确诊。

3. 血清学检查

目前,已有多种用已知抗体来检测抗原的血清学方法,最常用的为 Ascoli 沉淀反应。该方法不仅适用于各种新鲜病料,对皮张,甚至严重腐败污染的尸体材料也可进行检查,但特异性不高,敏感性也略差。此外还可通过荚膜肿胀试验、协同凝集试验、串珠荧光抗体检测、间接血凝试验等方法进行确诊。

目前,还有 PCR 方法,靶标荚膜或毒素基因,可直接针对检样,不需分离培养,快速可靠。

(七)防治

炭疽痊愈动物可获得坚强免疫力。受威胁地区易感家畜免疫接种疫苗是防治炭疽病的有效措施。我国动物炭疽疫苗主要有 3 种——巴氏弱毒苗、34F2 苗和 PA 佐剂苗，其中巴氏弱毒苗有荚膜，一般不会引起接种反应，而 34F2 苗无荚膜，接种后可能反应剧烈，PA 佐剂苗可以提高疫苗安全性和免疫效果，如新型疫苗传递增强系统 DPX 和新型共轭纳米佐剂 DV230-Ficoll 均有利于增强 PA 的免疫原性。抗血清可用于治疗，或在发生炭疽的疫区用作紧急预防。治疗时可选择青霉素、四环素、链霉素等抗生素及磺胺类药物等。炭疽病畜尸体需焚烧处理。

二、大肠埃希菌

大肠埃希菌(Escherichia coli)是肠杆菌科埃希菌属的细菌，俗称大肠杆菌。大多数大肠埃希菌是人和动物肠道内的正常菌群，在人和动物出生后数小时即可经口进入消化道后段，大量繁殖定居，并可经粪便排出。大肠埃希菌在环境卫生和食品卫生学上，常被用作粪便直接或间接污染的检测指标。还有一部分大肠埃希菌对人和动物具有较强的致病力，可引起肠道外感染和肠道感染。

(一)形态与结构特点

大肠埃希菌为革兰阴性直杆菌，大小为(0.4～0.7) μm×(2～3) μm，两端钝圆，散在或成对存在。大多数菌株以周生鞭毛运动，多数对人和动物致病的菌株还常有与毒力相关的特殊菌毛。某些致病菌株有荚膜或微荚膜。

(二)培养及生化特性

本菌为兼性厌氧菌，对营养无特殊要求，最适生长温度为 37 ℃，pH 7.2～7.4。在普通营养肉汤中均匀浑浊生长，管底有黏性沉淀，液面管壁有菌环；在普通琼脂培养基上形成大小中等、凸起、湿润、半透明的光滑菌株；在麦康凯琼脂上形成表面光滑的红色菌落；在伊红亚甲蓝琼脂上形成黑色带金属光泽的菌落；在 SS 琼脂上一般不生长或生长较差，生长菌落呈红色。一些致病性菌株在 5%绵羊血平板上呈 β-溶血。

大肠埃希菌能分解多种碳水化合物并产酸产气。大多数菌株可迅速发酵乳糖和山梨醇，仅极少数迟发酵或不发酵。约半数菌株不分解蔗糖。不产生硫化氢，不分解尿素。吲哚试验和甲基红(MR)试验为阳性，维培(VP)试验和枸橼酸盐利用试验为阴性。见表 12-1。

表 12-1　大肠埃希菌的生化特性

菌种 试验	葡萄糖	乳糖	甘露醇	吲哚	甲基红	维培	枸橼酸盐利用	硫化氢	尿素酶	苯丙氨酸脱氨酶	靛基质	硝酸盐还原	动力
结果	⊕	⊕	⊕	+	+	−	−	−	−	−	+	+	±

注：⊕表示细菌被糖利用，分解产酸产气；+表示细菌被糖利用，分解产酸不产气；−表示细菌没有被糖利用。

(三)抗原及血清型

大肠埃希菌抗原主要有菌体抗原(O 抗原)、表面抗原(K 抗原)、鞭毛抗原(H 抗原)和菌毛抗原(F 抗原)。O 抗原是光滑型菌的一种耐热菌体抗原。每个菌株只含有一种 O 抗原，其种类以阿拉伯数字 1～181 表示(其中去除了 31、47、67、72、93、94、122)，可通过 O 抗原单因子血清试管凝集试验进行鉴定。H 抗原是一类不耐热的鞭毛抗原，能刺激机体产生高效价凝集抗体。K 抗原是菌体表面的一种热不稳定抗原，多存在于被膜或荚膜中，个别位于菌毛中。根据 K 抗原的热稳定性，可将其分为 L、A 和 B 三型。F 抗原与细菌对细胞的黏附作用有关，根据 F 抗原对细胞的凝集作用能否被甘露醇抑制，可将 F 抗原分为甘露醇敏感型(MS 型)和甘露醇抵抗型(MR 型)。

(四)抵抗力

大肠埃希菌的生存能力较强，在自然界中可存活数月。其耐热性较强，60 ℃作用 15 min 仍有部分细菌存活。但对化学消毒剂比较敏感，5%石炭酸、3%来苏尔等作用 5 min 可将其杀死。某些化学药品如胆酸盐、亚硒酸盐、煌绿等对大肠埃希菌有抑制作用。大肠埃希菌对磺胺脒、链霉素、氯霉素、红霉素、庆大霉素、卡那霉素、新霉素、多黏菌素、金霉素等敏感，但耐药菌株多，用药前最好进行药物敏感试验选择适当的药物。

(五)致病性

大肠埃希菌是肠道的正常菌群，大多数情况下不致病，但在特定条件下可致大肠埃希菌病(colibacilosis)。还有少数致病性大肠埃希菌不存在于健康机体内，可引起人和动物的大肠埃希菌病。

根据毒力因子与发病机制的不同，可将大肠埃希菌分为两大类：肠道致病性大肠埃希菌(*Pathogenic E. coli causing intestinal infection*)和肠道外致病性大肠埃希菌(*Extraintestinal pathogenic E. coli*，ExPEC)。前者又分为六类：肠产毒素型大肠埃希菌(*Enterotoxigenic E. coli*，ETEC)、肠致病型大肠埃希菌(*Enteropathogenic E. coli*，EPEC)、肠出血型大肠埃希菌(*Enterohemorrhagic E. coli*，EHEC)、肠侵袭型大肠埃希菌(*Enteroinvasive E. coli*，EIEC)、肠聚集型大肠埃希菌(*Enteroaggregative E. coli*，EAEC)和弥散黏附型大肠埃希菌(*Diffusely adherent E. coli*，DAEC)等。其中 EIEC 和 EAEC 主要导致炎症性腹泻，其余 4 类均引起非炎症性腹泻。EHEC 中多种血清型的大肠埃希菌具有产生志贺毒素的能力，也称为产志贺毒素大肠埃希菌(*Shiga toxin-producing E. coli*，STEC)。

肠产毒素型大肠埃希菌(ETEC) 是一类致人和幼畜(如初生仔猪、犊牛、羔羊及断奶仔猪)腹泻最常见的病原性大肠埃希菌，主要由黏附素和肠毒素等毒力因子共同作用而致病。初生幼畜被 ETEC 感染后常因剧烈水样腹泻导致脱水而死亡，发病率和死亡率均很高，如仔猪黄痢。

产志贺毒素大肠埃希菌是一类在体内或体外生长时能产生志贺毒素的病原性大肠埃希菌。可引起猪的水肿病、犊牛出血性结肠炎、幼兔腹泻等。

(六)微生物学诊断

1. 病料采集

对致病性大肠埃希菌采集病料后进行分离鉴定，不同类型的大肠埃希菌采集不同的病料。败血症病例可无菌采集其病变的内脏组织；幼畜腹泻及猪水肿病病例，可取其各段小肠内容物或黏膜刮取物以及相应肠段的肠系膜淋巴结。

2. 细菌学诊断

(1)形态学检查。取采集的病料涂片染色镜检，如发现革兰阴性、散在或成对、中等大小、两端钝圆的直杆菌，即可初步诊断。

(2)分离鉴定。将采集的病料分别接种麦康凯平板、血平板和伊红亚甲蓝平板，37 ℃培养24～48 h，在麦康凯平板上形成红色菌落，在血平板上出现β-溶血，在伊红亚甲蓝平板上形成带金属光泽的菌落即可诊断。挑取典型菌落，分别接种三糖铁(TSI)培养基和普通琼脂斜面做初步生化鉴定和纯培养，以确定分离株是否为大肠埃希菌。

(3)动物实验。取分离菌株悬液，对健康小鼠进行腹腔接种，另设对照组。攻毒后，观察小鼠的临床表现，包括精神、食欲、呼吸及死亡情况等。也可将仔猪按自然窝群、日龄、体重等指标随机分为感染高、中、低剂量组和空白对照组，每组肌内注射不同剂量大肠埃希菌菌液，连续10 d观察腹泻次数、粪便形状、精神状态、饮食欲等临床症状，从发病仔猪粪便，采样分离细菌培养鉴定。对死亡仔猪进行剖检，取小肠内容物，进行细菌分离培养鉴定。

3. 血清学鉴定

血清学试验是区分普通大肠埃希菌和致病性大肠埃希菌最主要的方法。玻片凝集试验在30～60 s呈现明显凝集为阳性反应，呈均匀浑浊为阴性。

4. 分子生物学检测

对于细菌含量比较低的样本，可以先预增菌，再采用特异性免疫磁珠富集，然后进行PCR，既特异又敏感。对纯化菌株的鉴定，多重PCR的使用比较普遍。

(七)防治

目前，国内外已有多种预防幼畜腹泻的商品化菌苗，如仔猪大肠埃希菌病基因工程灭活疫苗(GE-3株)、仔猪大肠埃希菌志贺毒素亚单位疫苗、鸡多杀性巴氏杆菌病和大肠埃希菌病二联蜂胶灭活疫苗(A群BZ株+O78型YT株)等，可用于预防幼畜腹泻。在已发生仔猪黄痢的猪群中，仔猪出生后立即口服或肌内注射ETEC肠毒素抗血清，可获预防效果，发病初期仔猪用此血清也可取得较好的治疗效果。选择抗菌药物治疗时最好先经过药敏试验确认为高效的抗生素后再使用，防止细菌产生耐药性并在动物体内残留。

三、沙门菌

沙门菌(Salmonella)是肠杆菌科沙门菌属的细菌，种类繁多。主要寄生于人类及各种温血动物肠道，绝大多数能引起不同种类的沙门菌病，是食物中毒的主要病原之一。

(一)形态与结构特点

沙门菌的形态与大肠埃希菌相似，为革兰阴性菌，呈直杆状、两端钝圆、大小为(0.7～1.5) μm×(2.0～5) μm。无荚膜和芽孢，除鸡白痢和鸡伤寒沙门菌无鞭毛、不运动，其他沙门菌都有周鞭毛、能运动，个别菌株可偶尔出现无鞭毛的变种，多数有菌毛。

(二)培养及生化特性

沙门菌为兼性厌氧菌，最适生长温度为37 ℃，pH 6.8～7.8。在普通培养基上，除鸡白痢、鸡伤寒和甲型副伤寒等沙门菌生长贫瘠，形成直径约0.5 mm的较小的菌落外，其他沙门菌生长良好，形成直径为1.5 mm左右的中等大小、圆形、表面光滑、无色、半透明、边缘整齐的菌落。在普通肉汤中均匀浑浊生长。在含有乳糖、胆盐和中性红指示剂的麦康凯琼脂平板上或SS琼脂平板上形成无色半透明、中等大小、表面光滑的菌落。培养基中加入硫代硫酸钠、胱氨酸、血清、葡萄糖、脑心浸液和甘油等有助于本菌生长。

沙门菌能发酵葡萄糖产酸产气，不发酵乳糖、蔗糖。不产生吲哚，不分解尿素，能利用枸橼酸盐，甲基红试验阳性，维培试验阴性，在三糖铁琼脂上常产生硫化氢。主要沙门菌的生化特性见表 12-2。

表 12-2 主要沙门菌的生化特性

菌种试验	葡萄糖	乳糖	麦芽糖	甘露醇	蔗糖	甲基红	维培	枸橼酸盐利用	硫化氢	靛基质	尿素分解
鼠伤寒沙门菌	⊕	－	⊕	⊕	－	＋	－	±	＋	－	－
猪霍乱沙门菌	⊕	－	⊕	⊕	－	＋	－	＋	±	－	－
猪伤寒沙门菌	⊕	－	⊕	－	－	＋	－	－	－	－	－
都柏林沙门菌	⊕	－	⊕	⊕	－	＋	－	＋	＋	－	－
肠炎沙门菌	⊕	－	⊕	⊕	－	＋	－	±	＋	－	－
马流产沙门菌	⊕	－	⊕	⊕	－	＋	－	＋	＋	－	－
鸡白痢沙门菌	⊕	－	－	⊕	－	＋	－	－	＋	－	－
鸡伤寒沙门菌	＋	－	＋	＋	－	＋	－	－	±	－	－

注：⊕表示产酸产气；＋表示产酸不产气和阳性；±表示部分阳性部分阴性；－表示阴性。

(三)抗原性

沙门菌具有菌体抗原(O 抗原)、鞭毛抗原(H 抗原)、毒力抗原(Vi 抗原)。O 抗原和 H 抗原是其主要抗原，O 抗原是每个菌株必有的成分。O 抗原是细胞壁外膜中的耐热多糖抗原，100 ℃经 2.5 h 不被破坏。O 抗原以阿拉伯数字表示，一种沙门菌可同时具有多种不同的 O 抗原。将具有共同 O 抗原的血清型菌归入一群，以大写英文字母表示。对人和温血动物致病的沙门菌大多属于 A～F 群。H 抗原是蛋白质性鞭毛抗原，对热不稳定，65 ℃作用 15 min 或纯酒精作用后可被破坏，可抵抗甲醛。Vi 抗原是沙门菌细胞表面的 N-乙酰半乳糖醛酸组成的荚膜多糖抗原，通常与毒力相关，具有血清抗性，可抗补体系统的溶解作用及宿主吞噬细胞的吞噬作用。具有 Vi 抗原的菌株在 100 ℃作用 60 min 才能与相应 O 抗原的血清产生凝聚反应。

(四)抵抗力

沙门菌抵抗力中等，60 ℃作用 15 min 即可杀死，常用消毒剂如 5%石炭酸、0.1%升汞、3%来苏尔作用 10～20 min 即可杀死。沙门菌对阿米卡星、头孢曲松、氟苯尼考等药物敏感，对土霉素、四环素、链霉素和磺胺类药物等易产生耐药性。

(五)致病性

沙门菌是一种重要的人兽共患病病原。多数沙门菌对人和动物有致病性，且具有广泛的宿主谱，沙门菌可产生较强的内毒素和肠毒素，可引起动物发热和中毒性休克，导致幼龄动物和青年动物发生败血症、胃肠炎及其他组织局部炎症，引发怀孕动物流产。

在发病的动物群中，存在部分隐性感染或康复带菌者，其通过间歇性排菌，成为主要传染源。沙门菌主要通过消化道和呼吸道传播，也可通过气溶胶感染，没有中间宿主。其主要传染途径是消化道，也可通过气溶胶感染。

(六)微生物学诊断

1. 病料采集

根据病型采取不同的病料,如粪便、肠内容物、阴道分泌物、血液或病变组织器官等。采集好的样品最好立即培养,即使在冰箱中保存也不得超过 24 h。运送和保存样品时,需使用单独的容器和工具,以防止沙门菌的灭活和交叉污染。

2. 细菌学诊断

(1)形态检查。此属细菌在形态上与其他肠道菌相似,无明显特征,单凭形态难以区分。

(2)分离鉴定。未污染的被检组织可直接接种普通琼脂、血琼脂或鉴别培养基,已污染的被检材料如饮水、粪便、饲料、肠内容物和已腐败的组织等,因所含杂菌远远超过沙门菌,需做普通预增菌培养基培养,然后采用选择性增菌培养基增菌,再用鉴别培养基分离。普通预增菌培养基常用蛋白胨水;选择性增菌培养基最常用的有亮绿-胆盐-四硫黄酸钠肉汤、四硫磺酸盐增菌液、亚硒酸盐增菌液以及亮绿-胱氨酸-亚硒酸氢钠增菌液等;鉴别培养基常用麦康凯、伊红亚甲蓝、SS、去氧胆盐钠-枸橼酸盐和 HE 等琼脂培养基,必要时还可用亚硫酸铋和亮绿中性红等琼脂培养基。绝大多数沙门菌因不发酵乳糖,故在这类平板上其菌落颜色与大肠埃希菌不同。

挑取鉴别培养基上的可疑菌落分别纯培养,并同时分别接种三糖铁(TSI)琼脂和尿素琼脂培养基,37 ℃培养 24 h。若有二者反应结果均符合沙门菌者,则取其 TSI 琼脂的培养物或与其相应菌落的纯培养物如图 12-2 所示步骤进行沙门菌生化特性和 O 抗原群的鉴定。必要时可利用 O 抗原单因子血清进一步做血清型分型。

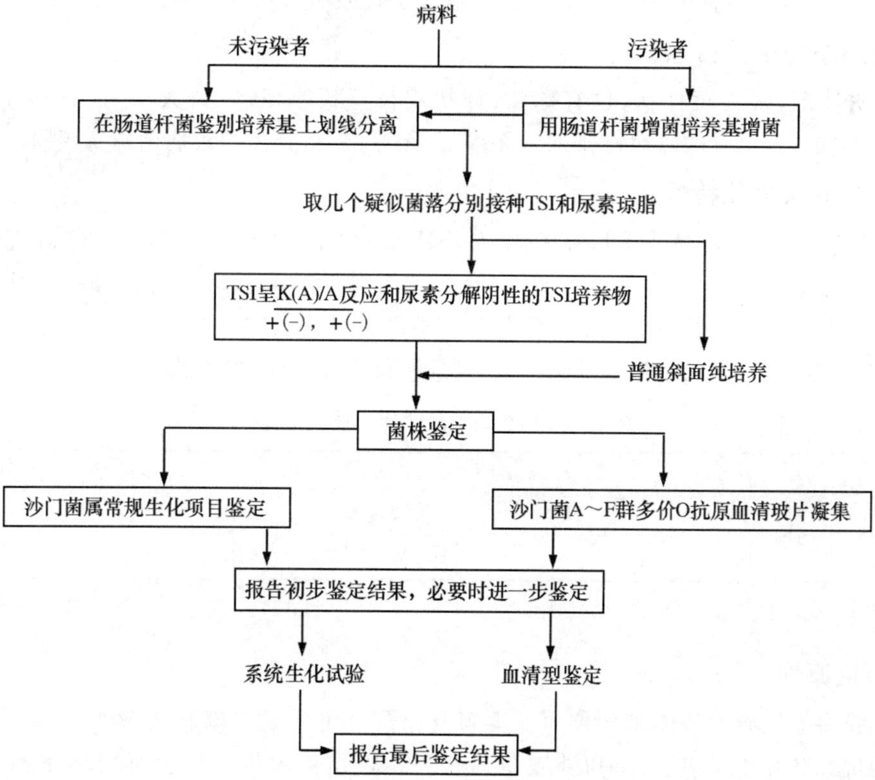

图 12-2 沙门菌的分离鉴定

(3)动物实验。将纯化的菌液经肌内注射蛋鸡,同时设置对照组,接种后试验组和对照组隔离饲养,观察 10 d,记录发病及死亡情况,对死亡鸡只进行剖检,取肝脏病料进行细菌分离,观察内脏病变情况。也可通过腹腔注射将稀释后的菌液注射至小鼠体内,小鼠死亡后剖解观察,取肝和肾组织制备病理切片观察。

3. 血清学诊断

可以使用快速诊断方法进行鉴别,如免疫荧光抗体试验、凝集试验、血清或蛋黄琼脂凝胶沉淀试验、对流免疫电泳、核酸探针和 PCR 等。

(七)防治

目前,应用的兽用疫苗多限于预防各种家畜特有的沙门菌病,如猪副伤寒、马流产以及牛羊的都柏林等沙门菌的灭活疫苗,两次接种即可预防孕畜流产或幼畜感染。用减毒或无毒活菌注射或口服免疫动物,效果优于灭活疫苗。药物治疗有明显疗效,因本属菌的耐药菌株不断在增加,使用之前最好做药敏试验。

四、副猪嗜血杆菌

嗜血杆菌是革兰阴性杆菌,其酶系统不完全,生长需要血液中的生长因子 V 因子。大多数嗜血杆菌存在于人和其他灵长类动物的呼吸道黏膜。副猪嗜血杆菌可引起猪的格氏病(Glaesser's disease),表现为高热、关节肿胀、呼吸道紊乱及中枢神经症状。严重者剖检可见多发性浆膜炎,包括心肌炎、腹膜炎、胸膜炎、脑膜炎以及关节炎。

(一)形态与结构特点

革兰阴性菌,多为短杆状,也有球状、杆状或长丝状等多形态,大小为 1.5 μm×(0.3~0.4) μm。多单在,也有的以短链排列。无鞭毛,无芽孢,新分离的致病菌株有荚膜。

(二)培养及生化特性

需氧或兼性厌氧菌,最适生长温度 37 ℃,pH 7.6~7.8。在 5%~10% CO_2环境中生长良好。在巧克力琼脂上 37 ℃培养 24~48 h,长出灰白色半透明圆形、表面光滑、边缘整齐的菌落。菌落的大小可因菌种和培养基的营养程度不同而异,从针尖大直至绿豆大小。副猪嗜血杆菌不溶血,脲酶试验阴性,触酶试验阳性,发酵阿拉伯糖,不发酵甘露醇。见表 12-3。

表 12-3 副猪嗜血杆菌的生理生化特性

菌种 试验	需 X 因子	需 Y 因子	触酶	氧化酶	CO_2 促生长	溶血性	吲哚	脲酶	鸟氨酸脱羧酶
结果	−	+	+	−	V	−	−	−	−

注:V 表示变化不定;+表示阳性;−表示阴性。

(三)抗原性

有荚膜多糖抗原和菌体结构抗原。荚膜抗原成分主要是多糖和磷壁酸,具有型特异性。菌体结构抗原包括脂多糖抗原和外膜蛋白抗原。根据荚膜抗原的差异可将本菌分为至少 15 个血清型,优势菌型为 4 型及 5 型。不同血清型毒力存在差异,1、5、10、12、13、14 型为高毒力，2、4、15型为中毒力，其他血清型视为无毒力。但同一血清型的不同菌株毒力可不同，人工感染SPF猪或豚鼠可显示菌株毒力的差异。

(四)抵抗力

本菌对外界的抵抗力不强。干燥环境中易死亡，60 ℃作用5～20 min可被杀死，4 ℃中可存活7～10 d。常用消毒剂都可将其杀灭。对结晶紫、杆菌肽、红霉素、磺胺类药物等敏感，已发现耐药菌株。

(五)致病性

本菌多存在于猪的上呼吸道，为正常菌群。本菌可引起猪格氏病，猪繁殖与呼吸综合征病毒等感染造成的免疫抑制可能加剧本菌的感染。本菌常与猪流感病毒联合感染引起猪流感。10日龄以下仔猪往往从带菌母猪感染。断奶猪因其母源抗体水平较低较易发病。应激因素常是发病的诱因。

(六)微生物学诊断

1.病料采集

无菌采集疑似副猪嗜血杆菌感染病死猪的肺脏、心脏、脑等新鲜组织，胸腔、腹腔、心包积液或关节液，抗凝血等样品。采集或处理的样品在2～8 ℃条件下保存不应超过24 h。采集的样品密封后，采用保温壶或保温桶加冰密封，运送到实验室。

2.细菌学诊断

(1)形态检查。取脑脊液、血液等分泌液涂片，亚甲蓝染色，显微镜下可见两极染色。

(2)分离鉴定。接种病料于巧克力琼脂和血琼脂平板，在37 ℃下于5%～10% CO_2中培养24～48 h，观察菌落生长情况。副猪嗜血杆菌对营养要求较高，在血琼脂平板上生长贫瘠或不生长，在巧克力琼脂平板上生长缓慢。分离细菌可用TSA平板，结合PCR法，可快速检出病料中100 CFU的细菌。

(3)动物实验。取稀释后的菌液对小鼠进行腹腔接种(0.2 mL/只)，同时设立对照组。观察并记录发病及死亡情况，死亡小鼠立即剖检，记录病变情况，同时取心血、肺血分菌鉴定，并计算小鼠半数致死量(50% lethal dose，LD_{50})。

3.血清学诊断

可采集病猪或者疑似病猪的血清进行检测，常用检测方法包括补体结合试验、间接血凝试验及酶联免疫吸附试验等。

4.分子生物学检测

副猪嗜血杆菌常用的分子生物学检测方法包括PCR、实时荧光定量PCR等，分子生物学检测法呈现出灵敏性好、特异性佳、易于操作、检测快速等优势，因而具备较好的适用性。

(七)防治

接种疫苗是预防和控制该病最有效的措施。仔猪主要通过母源抗体和疫苗刺激机体产生的抗体来抵御副猪嗜血杆菌的感染。目前，国内猪场流行的副猪嗜血杆菌的血清型非常多，不同地区流行的血清型不一，且不同血清型之间没有交叉保护效果。因此猪场在使用疫苗前需要确定场内流行菌株的血清型，选择与场内菌株血清型一致的疫苗，其保护效果才会更加牢固。在临床中，初产母猪产前 40 d 一免，产前 20 d 二免。经产母猪产前 30 d 免疫一次即可。受本病严重威胁的猪场，仔猪也要进行免疫，免疫剂量按说明书执行，一免后 15 d 再加强免疫一次。

五、布鲁氏菌

布鲁氏菌又名布氏杆菌，能够引起多种动物以及人类的布鲁氏菌病(brucellosis)，不仅对畜牧业的生产活动构成了严重的威胁，而且对人类的健康也造成了极大的损害。由于其对人类和动物健康的重大影响，布鲁氏菌受到了广泛的关注和重视。

(一)形态与结构特点

革兰阴性菌，呈球形或短杆状。大小为(0.5～0.7) μm×(0.6～1.5) μm，多单在(图 12-3)。无鞭毛，无芽孢，无荚膜。抗酸染色阳性(红色)。

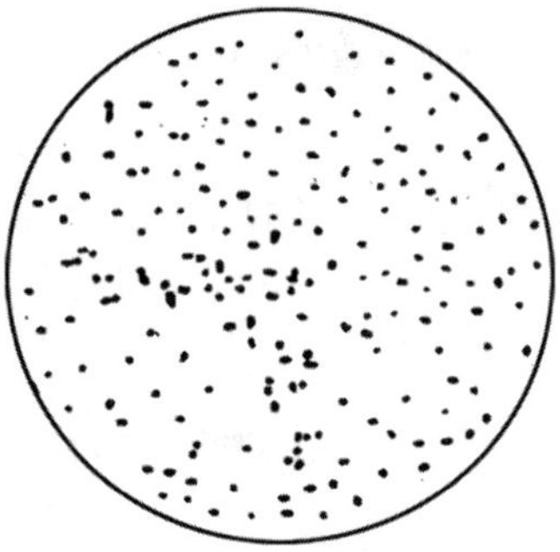

图 12-3 布鲁氏菌

(二)培养及生化特性

布鲁氏菌为专性需氧菌，初次培养时在 5%～10% CO_2环境下，培养 10～30 d 可形成菌落。最适生长温度 37 ℃，pH 6.6～7.4。布鲁氏菌对营养要求较高，在普通培养基中生长缓慢，在富含营养物质(如血液、血清、葡萄糖)的培养基中生长良好。在液体培养基中布鲁氏菌呈轻微浑浊生长，无菌膜，长时间培养可形成菌环。在普通琼脂培养基上可长出湿润、隆起、边缘整齐且有光泽的圆形针尖大小菌落，长时间培养后菌落增大呈灰黄色。在血琼脂培养基上培养 2～3 d 后，可长出灰白色、不溶血的小菌落。

布鲁氏菌种类繁多，不同类型分解糖的能力不同，一般类型都能分解葡萄糖，产生少量酸，不能分解甘露醇。靛基质试验、甲基红试验和维培试验阳性，触酶和氧化酶试验阳性，柠檬酸盐利用试验阴性。除绵羊布鲁氏菌外，其余各类均可水解尿素。除绵羊布鲁氏菌和一些犬布鲁氏菌菌株外，其余各类均可还原硝酸盐和亚硝酸盐。

(三)抗原性

布鲁氏菌抗原结构复杂，可分为属内抗原和属外抗原两类。属内抗原主要包括 A、M 及 R 等表面抗原。光滑型布鲁氏菌具有 A 和 M 两种表面抗原，其抗原决定簇位于 LPS 多糖链部分。非光滑型布鲁氏菌共同具有 R 抗原，为低蛋白含量的脂多糖复合物，其抗血清可与绵羊布鲁氏菌和犬布鲁氏菌凝集，而不与光滑型布鲁氏菌凝集。

(四)抵抗力

布鲁氏菌对环境有较强的抵抗力，能在土壤、皮毛、水、粪便以及流产的胎儿体内存活 1～4 个月，在子宫渗出物中甚至可以存活 200 d。对湿热环境抵抗力较弱，60 ℃作用 30 min 或 70 ℃ 作用 5 min 即可将其杀死，煮沸可立即杀灭。常见消毒剂如 0.5%氯己定、0.01%度米芬或苯扎氯铵作用 5 min 可将其杀死；2%石炭酸、来苏尔、烧碱溶液及 0.1%升汞作用 1 h，5%新鲜石灰乳作用 2 h，1%～2%福尔马林作用 3 h 可将其杀死，pH≤3.5 迅速死亡。布鲁氏菌对磺胺类药物有一定敏感性。

(五)致病性

布鲁氏菌可致人和多种动物的布鲁氏菌病。光滑型流产布鲁氏菌入侵机体黏膜，被机体内的吞噬细胞传送到局部淋巴结生长繁殖，形成感染灶。经过2周到7个月的潜伏期进入血流，引发菌血症，并最终在网状内皮系统、乳腺及生殖器官定居。妊娠中期，布鲁氏菌在富含赤藓醇的胎盘绒毛膜及其周边大量繁殖，引发坏死性胎盘炎，导致孕畜流产。布鲁氏菌感染幼童时可致心肌炎、脑膜炎、神经系统病变、头痛、视力损伤等，感染成人时可引发支气管肺炎、弥漫性斑丘疹等。

不同种型的菌株毒力强弱不同。羊型布鲁氏菌毒力最强，猪型布鲁氏菌次之，牛型布鲁氏菌较弱。

(六)微生物学诊断

布鲁氏菌病常表现为慢性或隐性感染，其诊断和检疫主要依靠血清学及变态反应。细菌学诊断仅用于流产动物或其他特殊情况。

1. 细菌学诊断

(1)形态学检查。采集流产胎儿的胃内容物、肺、肝、脾、胎盘、羊水及流产数日内的阴道分泌物等，直接涂片染色镜检。

(2)分离鉴定。无污染病料可直接接种，污染病料应在含放线菌酮、杆菌肽、多黏菌素等的选择培养基中培养。如出现可疑菌落，则进一步做玻片凝集试验或PCR鉴定；如培养至30 d后仍无细菌生长，则判为阴性。

2. 血清学诊断

血清学抗体检测可用于动物的群体检疫。抗体在感染后7～15 d出现。用虎红平板凝集试验、玻板凝集试验、乳汁环状试验等操作简便的方法进行大规模检测初筛，再通过试管凝集试验、补体结合试验或ELISA进行最后确诊。

3. 变态反应检查

家畜感染布鲁氏菌20～25 d后出现变态反应阳性，因此不宜早期诊断。变态反应适用于绵羊、山羊和猪的大群检疫。检测时，注入布鲁氏菌水解素0.2 mL于羊尾根皱襞或猪耳根部皮内，24 h和48 h各观察一次，若注射部位红肿，即为变态反应阳性。

布鲁氏菌感染初期，凝集反应出现，但消失较快；之后补体结合试验出现，消失较晚；最后出现变态反应，持续时间长。因此，进行布鲁氏菌诊断时，可根据不同感染时段选择不同的诊断方法。感染初期，凝集试验阳性，补体结合试验阳性或阴性，变态反应阴性。感染晚期恢复阶段，凝集试验和补体结合试验阴性，变态反应阳性。

4. 分子生物学技术

通过梯度多重PCR和连接酶链反应(ligase chain reaction，LCR)，能一次性检出多个种型，且准确度高。

(七)防治

预防布鲁氏菌通常对畜群进行定期检疫、淘汰，并每年定期接种疫苗。感染布鲁氏菌的病畜不提倡抗生素治疗，以免产生耐药菌株。

羊布鲁氏菌活疫苗(S2 株)：皮下或肌内注射免疫，口服免疫也可，不推荐饮水免疫。口服免疫可用于孕畜，注射免疫不能用于孕畜。每年对 3～4 月龄健康羔羊实施免疫，以后每年可视免疫效果加强免疫一次。

羊布鲁氏菌基因缺失活疫苗(M5-90Δ26 株)或布鲁氏菌活疫苗(M5 株)：用于 3 月龄以上的羊免疫，母羊可在配种前 2～3 个月期间接种，腿部或颈部皮下注射。以后每年接种一次。不可用于孕畜。

牛布鲁氏菌基因缺失活疫苗(A19-ΔVirB12 株)或布鲁氏菌活疫苗(A19 株)：3～8 月龄牛免疫，皮下注射，必要时可在 12～13 月龄(第 1 次配种前 1 个月)再低剂量免疫接种 1 次；以后可根据牛群布鲁氏菌病流行情况决定是否再进行接种。不可用于孕畜。

六、 链球菌

链球菌种类很多，广泛分布在自然界、动物体表、消化道、呼吸道、泌尿生殖道中。分为非致病菌和致病菌，非致病菌可构成人和动物的正常菌群，致病菌可致人或动物的各种化脓性疾病、肺炎、乳腺炎、败血症等。

(一)形态与结构特点

链球菌呈圆形或卵圆形，直径小于 2.0 μm，常成链状或成对出现(图 12-4)。肉汤中对数生长期的链球菌，常呈长链排列，革兰染色阳性。除个别菌群外，均无鞭毛，多数菌群有荚膜。

图 12-4 链球菌

(二)培养及生化特性

链球菌大多数为兼性厌氧菌，少数为厌氧菌。最适生长温度 37 ℃，pH 7.4～7.6。致病菌对营养要求较高，在添加营养物质(如血液、血清、葡萄糖)的培养基中生长较好。在普通琼脂平板上生长不良。在血琼脂平板上长成直径 0.1～1.0 mm，灰白色，表面光滑，边缘整齐的小菌落。在血清肉汤中培养，先液体呈均匀浑浊样，后在管底出现颗粒状沉淀，上清液透明。

根据链球菌在血琼脂平板上的溶血现象可分为 α、β、γ 3 类，在鉴定链球菌的致病性方面有一定的意义。

(1)α 型溶血性链球菌。在菌落周围形成不透明的草绿色溶血环，红细胞未溶解，血红蛋白变成绿色。这类细菌统称为草绿色链球菌(*S. viridans*)，致病力不强，多为机会致病菌。

(2)β 型溶血性链球菌。菌落周围形成完全透明的溶血环，红细胞完全溶解。这类菌致病力强，常引起人及动物各种疾病。

(3)γ 型溶血性链球菌。菌落周围无溶血现象。一般为非致病菌。

链球菌能发酵葡萄糖、蔗糖，对其他糖的利用能力因菌种不同而异。主要链球菌的生化特性见表 12-4。

表 12-4　主要链球菌的生化特性

菌种试验	6.5% NaCl 生长	马尿酸钠	七叶苷	甘露醇	山梨醇	乳糖	菊糖	棉子糖	海藻糖	水杨苷
无乳链球菌	－	＋	－	－	－	＋	－	－	＋	＋
牛链球菌	－	－	＋	±	－	＋	＋	＋	＋	＋
犬链球菌	－	－	±	－	－	＋	－	－	＋	－
停乳链球菌停乳亚种	－	－	－	－	－	＋	－	－	＋	－
停乳链球菌类马亚种	－	－	－	－	－	±	－	－	＋	＋
马链球菌马亚种	－	－	－	－	－	－	－	－	－	＋
马链球菌兽疫亚种	－	－	－	－	＋	＋	－	－	－	＋

注：＋阳性反应；－阴性反应；±表示部分阳性部分阴性。

(三)抗原性

链球菌的抗原结构比较复杂，机体感染后有多种抗体产生，已知抗 M 蛋白的抗体具有保护作用，M 蛋白有多种抗原型，各型间缺乏有效的交叉保护。

(四)抵抗力

本属细菌的抵抗力不强，不耐热，煮沸可很快被杀死，常用消毒药都能杀死该菌。对青霉素、磺胺类药物敏感。

(五)致病性

致病性链球菌可产生各种毒素或酶，可导致人和多种动物感染疾病。

链球菌溶血素(streptolysin)分为对氧敏感和对氧稳定两种。前者称为溶血素 O(streptolysin O,SLO)，后者称为溶血素 S(streptolysin S,SLS)。SLO 为一种胆固醇结合的穿孔毒素，对氧敏感，所含—SH 基遇氧被氧化为—SS 基，暂时失去溶血能力，加入亚硫酸钠或半胱氨酸等还原剂时可恢复溶血作用。SLO 对心肌有较强的毒性作用，也能破坏中性粒细胞、巨噬细胞和神经细胞，静脉注射家兔和小鼠可迅速致死。各群链球菌产生的 SLO 的抗原性相同，人和动物感染后可检出 SLO 抗体。SLS 是含糖的小分子肽，呈 β 溶血，对氧稳定，无抗原性，对热和酸敏感，不易保存。SLS 也能破坏白细胞、血小板等，静脉注射家兔也可迅速致死。

致热外毒素(pyrogenic exotoxin)主要由 A 群链球菌产生，可导致人的猩红热，C、G 群的一些菌株也产生。此毒素是一种蛋白质，有 A、B、C 三种，分子质量分别为 8 000 u、17 000 u、13 000 u，具有抗原性，小剂量皮内注射家兔可引起局部红疹，大剂量注射可致全身红疹。

链球菌的不同致病菌株分别可产生链激酶(streptokinase,SK)(又名溶纤维蛋白酶)、链道酶(streptodornase,SD)(又名链球菌 DNA 酶)、透明质酸酶等，其性质和作用与葡萄球菌的酶类似。

致病性链球菌细胞壁上的脂磷壁酸(LTA)等与动物皮肤及黏膜表面的细胞具有高度亲和力，其荚膜成分、M 蛋白等具有抗吞噬作用，后者是菌毛样物，还有黏附作用。

(六)微生物学诊断

1. 病料采集

根据链球菌所致疾病不同,可采取相应的病料,如脓汁、渗出液、乳汁、血液等。取样后应立即做形态学检查或划线接种于血琼脂平板进行培养以获得最佳效果。

2. 细菌学诊断

(1)形态检查。采取病料做瑞氏染色、亚甲蓝染色或革兰染色镜检,若发现有链状排列的球菌可做初步诊断。在链球菌所致的败血症中,对羊、猪等动物组织涂片染色观察时,可看到双球状有荚膜的球菌;在腹腔或心包液等组织液中常呈长链状排列,但荚膜不如组织中明显。

(2)分离鉴定。将病料接种于血琼脂平板上,培养后观察菌落特征和溶血情况。若样品超过 2 h 未做培养,可在肉汤中孵育 2～4 h 后,再在血琼脂平板上培养,如想提高菌数,可在营养肉汤中培养过夜后再划线接种。分离培养后可进一步涂片观察分离菌的形态及染色特点,必要时做生化及血清学试验分型鉴定。

(3)动物实验。取稀释后的菌液对小鼠进行腹腔接种,同时设立对照组。观察并记录发病及死亡情况,死亡小鼠立即剖检,观察记录病变情况。

3. 血清学诊断

血清分型鉴定一般采用标准分型血清对其培养物做活菌玻片凝集试验,确定血清型。

4. 分子生物学诊断

可以应用 PCR、荧光定量 PCR 等方法进行快速诊断,可提高诊断的灵敏性和特异性。

(七)防治

接种疫苗是预防本病最有效的方法,但因链球菌种类多,不同菌苗对不同血清型的猪链球菌感染并无交叉保护作用,因此必须选择当地流行的血清型弱病毒疫苗来进行免疫预防。

七、鸭疫里氏杆菌

鸭疫里氏杆菌(riemerella anatipestifer,RA)是里氏杆菌属的重要代表,原名鸭疫巴氏杆菌,是引起雏鸭传染性浆膜炎的病原菌。

(一)形态与结构特点

鸭疫里氏杆菌菌体呈杆状或椭圆形,大小为(0.3～0.5) μm×(0.7～6.5) μm,液体培养可见丝状长达 11～24 μm。多单在,少数成双或短链排列。可形成荚膜,无芽孢,无鞭毛。瑞氏染色可见两极着色,革兰染色阴性,印度墨汁染色可显示有荚膜。

(二)培养与生化特性

鸭疫里氏杆菌最适生长温度 37 ℃,某些菌株可在 45 ℃生长。本菌对营养要求较高,在普通培养基和麦康凯培养基上不生长,在血琼脂、巧克力琼脂和胰蛋白胨大豆琼脂(TSA)上生长良好。培养时增加 CO_2浓度,并在培养基中加入血清、酵母浸出物等营养物质,可帮助细菌生长。在二氧化碳培养箱中 37 ℃培养 24～48 h,可在血琼脂平板上形成直径 1～2.5 mm、圆形、凸起、边缘光滑、有光泽的菌落；在巧克力或胰蛋白胨大豆琼脂平板上形成直径 0.5～1.5 mm、表面光滑微突起、圆形或椭圆形、奶油状菌落。在普通大气环境中培养，形成菌落较小，呈露珠状。在含血清或胰蛋白胨酵母的肉汤中 37 ℃培养 48 h，可见菌液轻微浑浊，管底无或出现少量灰白色沉淀物。

本菌不发酵葡萄糖、蔗糖、半乳糖、乳糖、果糖、木糖、棉子糖、山梨醇、甘露醇、甘露糖等，极少菌株发酵麦芽糖或肌醇。吲哚、硫化氢、硝酸盐还原、枸橼酸盐利用、甲基红、维培试验均为阴性，氧化酶、触酶试验为阳性。大多不溶血，可液化明胶。

(三)抗原性

vapl 基因的编码产物是可能的毒力因子，为 CAMP 协同溶血素(cohemolysin)，该抗原存在于 1、2、3、5、6、19 型菌株。该菌分泌的明胶酶可能与鸭血脑屏障功能障碍有关。已研制出某些血清型的灭活菌苗和弱毒菌苗，具有良好的免疫效果，但各血清型之间缺乏交叉保护力。不同血清型菌株存在共同的外膜蛋白组分，为研制各血清型通用的亚单位疫苗提供了物质基础。

(四)抵抗力

本菌对外界环境的抵抗力不强。37 ℃或室温下，大多数鸭疫里氏杆菌菌株在固体培养基中只能存活 3～4 d，4 ℃下可存活 1 周。4 ℃下本菌在肉汤培养基中可存活 2～3 周。－20 ℃下本菌可在抗凝血液里保存 20 个月。55 ℃作用 12～16 h，细菌全部失活，常用消毒药可杀死本菌，本菌对庆大霉素、新霉素、壮观霉素、磺胺类药物等敏感，但易产生耐药性。

(五)致病性

鸭疫里氏杆菌(RAI)是鸭、鹅、火鸡等多种禽类的接触性传染病，主要感染雏鸭，多发生于 2～3 周龄的小鸭，可引起雏鸭急性或慢性的败血症和浆膜炎。感染雏鸭表现为眼鼻出现分泌物、绿色下痢、共济失调和抽搐；慢性病例则表现为斜颈、纤维素性渗出等，阻碍其生长发育。病理剖检可见纤维素性心包炎、肝周炎、气囊炎、脑膜炎，部分病例还可出现干酪性输卵管炎、结膜炎、关节炎。兔和小鼠不敏感，豚鼠腹腔注射大量细菌可致死。

(六)微生物学诊断

根据临诊症状和剖检变化做出初步诊断，然后进行微生物学检查。

1. 病料采集

疾病急性阶段，易于分离细菌，可取心血、脑、肝、脾、胆囊、气囊、骨髓、肺以及病变中的渗出物分离本菌。

2. 细菌学诊断

(1)形态检查。取样本进行涂片染色镜检，瑞氏染色后可见两极浓染的小杆菌，菌体往往很少，且不易与鸭多杀性巴氏杆菌相区别。

(2)分离鉴定。未污染的病料可直接接种于血琼脂或巧克力培养基上，37 ℃下于二氧化碳培养箱中培养 24～48 h，观察菌落形态并染色镜检。分离时应同时接种麦康凯培养基，与大肠埃希菌区别。污染的病料培养时，可在平板中加入 5%的胎牛血清和庆大霉素，有助于鸭疫里氏杆菌分离。

3. 血清学诊断

常用平板凝集试验、试管凝集试验、琼脂凝胶沉淀试验鉴定鸭疫里氏杆菌的血清型。还可使用荧光抗体技术、酶联免疫吸附试验检测病禽组织中的抗体水平。

(七)防治

预防可用疫苗进行免疫接种，疫苗种类包括灭活疫苗、减毒活疫苗、菌体成分疫苗和联合疫苗等种类。目前，国内外已成功研制针对血清 1 型、2 型、3 型的油乳剂三价灭活疫苗和针对血清 1 型、2 型、4 型和 5 型的铝胶复合佐剂四价灭活疫苗，具有良好的免疫效果。同时应完善饲养管理制度，实行全进全出，改善育雏条件，特别注意通风、干燥、防寒以及改善饲养密度，勤换垫料。还可通过药物防治，通过药物敏感性试验选用敏感药物，混于饲料，防治效果显著。

八、分枝杆菌

分枝杆菌在自然界广泛分布，是人和动物的病原菌。其中对人和动物有致病作用的主要是结核分枝杆菌(图 12-5)、牛分枝杆菌、禽分枝杆菌和副结核分枝杆菌。

图 12-5　结核分枝杆菌形态

(一)形态与结构特点

结核分枝杆菌革兰阳性菌，呈细长、平直或稍弯的杆菌，两端钝圆，单个呈“V”“Y”和“人”字形排列，也有成丛堆集的，且有分支趋势，无鞭毛、芽孢和荚膜。牛分枝杆菌菌体短而粗，禽分枝杆菌呈球状、杆状或链状等多形性。在陈旧的培养基或干酪性病灶内的菌体可见分枝现象。该菌抗酸染色法被染为红色，其他杂菌被染成蓝色或绿色。

(二)培养与生化特性

本菌属专性需氧菌。最适生长温度为 37～37.5 ℃，最适 pH 为 6.4～7.0，在 30～34 ℃可生长，低于 30 ℃或高于 42 ℃均不生长，但禽分枝杆菌可在 42 ℃生长。本菌对营养要求较高，在添加特殊营养物质(如蛋黄、甘油、马铃薯、无机盐)的培养基上才能生长，初代培养生长缓慢，一般需要 10～30 d 才能看到菌落。其中生长速度由快至慢依次为禽分枝杆菌、结核分枝杆菌、牛分枝杆菌。本菌属在固体培养基中形成乳白色或米黄色菌落，表面粗糙皱缩坚硬，隆起，不易破碎，形态呈颗粒状、菜花状或结合状；在液体培养基中培养可见清澈菌液，液面形成有皱褶的菌膜。

常用的培养基包括罗杰二氏培养基、改良罗氏培养基、丙酮酸钠培养基和小川氏培养基。在上述培养基中，结核分枝杆菌需 14～15 h 分裂一次，加入 5%～10%的二氧化碳或 5%甘油可刺激结核分枝杆菌的生长，但 5%甘油对牛分枝杆菌生长有抑制作用。

本菌不发酵糖类。结核分枝杆菌可产生烟酸，还原硝酸盐，牛分枝杆菌和禽分枝杆菌不能。吡嗪酰胺酶、酸性磷酸酶、触酶试验阳性，有的菌株中性红试验阳性。分枝杆菌的生化特性见表 12-5。

表 12-5　分枝杆菌的生化特性

菌种试验	脲酶	吡嗪酰胺酶	硝酸盐还原	酸性磷酸酶	触酶	热触酶试验	烟酸产生	对硝基苯甲酸（0.5 mg/mL）	海藻糖异烟肼（1 μg/mL）	噻吩二羧酸酰肼（1 μg/mL）
结核分枝杆菌	+	+	+	+	+	−	+	−	−	+
牛分枝杆菌	+	−	−	+	+	+	−	−	−	−
禽分枝杆菌	−	+	−	−	+	+	−	+	+	+

注：热触酶试验将细菌浓悬液置 68 ℃水浴 20 min，然后加 H_2O_2 观察是否产生气泡。

（三）抗原性

结核病的免疫是带菌免疫，即所谓传染性免疫（infectionimmunity），当结核分枝杆菌在机体消失或死亡后，其免疫也终止。1977 年，Lenzin 发现结核病的细胞免疫和体液免疫存在分离现象，细胞免疫随病情的加重而减弱，体液免疫则随病情的加重而增强。凡病情得到控制或康复的动物，其细胞免疫可达到一定水平，而血清中抗体水平较低。重症动物的细胞免疫反应低下，甚至消失，血清中特异性抗体水平显著增加。

细胞免疫是结核分枝杆菌与巨噬细胞、抗原递呈细胞、T 细胞以及多种促炎细胞因子和抗炎细胞因子共同作用的一个复杂过程。结核分枝杆菌通过 Toll 样受体等识别，激活巨噬细胞和树突状细胞的天然免疫，分泌各种细胞因子。激活的免疫细胞递呈各种抗原给 CD4 T 细胞、CD8 T 细胞、CD1 T 细胞、γδ T 细胞等，CD4 T 细胞激活后通过 T 辅助细胞 1 型（Th1）释放 γ 干扰素（IFN-γ），刺激趋化因子表达，与 TNF 共同激活巨噬细胞，通过活性氧、活性氮介导杀死胞内细菌。活化的 CD8T 细胞通过分泌颗粒溶素、穿孔素，杀死胞内结核分枝杆菌。而活化的 CD4 Th2 细胞释放 IL-4 和 IL-13、CD4 调节性 T 细胞（Treg）产生 IL-10 和转化生长因子 β（TGF-β），它们均抑制 IFN 介导的杀菌作用，下调炎症反应，从而有利于细菌存活。大量的结核分枝杆菌繁殖产生的特异性蛋白和脂质，诱导机体迟发性变态反应，加强了对机体的进一步损伤。IFN-γ 也能抑制 Th17 分泌 IL-17，有利于限制结核分枝杆菌诱导的免疫病理损伤。

结核分枝杆菌在激发机体细胞免疫应答的同时诱导了机体迟发性变态反应，二者均由 T 细胞介导产生。但诱导产生免疫与变态反应的物质不同，结核菌素与其胞壁成分可促使机体产生变态反应，但不产生免疫保护；而结核分枝杆菌核蛋白体 RNA 则促使机体产生保护性免疫应答，但不产生变态反应。这是由于不同抗原成分激活不同的 T 细胞，可产生巨噬细胞移动抑制因子（MIF）或结核分枝杆菌生长抑制因子（MycolF），前者可致变态反应性炎性反应，后者可特异性地抑制巨噬细胞内的结核分枝杆菌的繁殖，从而获得免疫。完整的结核分枝杆菌可刺激 MIF 及 MycolF 同时产生，因此检测机体对结核分枝杆菌是否发生变态反应，即可判定是否有免疫力，结核菌素试验正是根据这一原理设计的最常用的免疫学检测手段。

结核菌素（tuberculin）是结核分枝杆菌的蛋白质组分之一，用结核菌素进行皮内注射或滴入眼结膜囊，可判定机体对结核分枝杆菌是否导致变态反应。常用的结核菌素有两种：一种是旧结核菌素（OT），是将结核分枝杆菌培养于甘油肉汤培养基中，经 4～8 周加热浓缩过滤制成。另一种是纯蛋白衍生物（PPD），是 OT 经三氯醋酸沉淀后的纯化物。

（四）抵抗力

本菌细胞壁含有丰富脂肪，因此对干燥寒冷环境及一般消毒药具有较强的抵抗力。在干燥环境中可存活6～8个月；在0 ℃下可存活4～5个月；4%氢氧化钠、3%盐酸、6%硫酸作用15 min不受影响；75%乙醇或10%漂白粉作用数分钟即可杀死本菌。对湿热环境、紫外线较敏感，60 ℃作用30 min失去活力，阳光直射2～7 h可杀死本菌。在水中可存活5个月，在土壤可存活7个月。本菌对链霉素、异烟肼、对氨基水杨酸和环丝氨酸等药物敏感，但长期应用易产生耐药性，而对常用的磺胺类药物、青霉素及其他广谱抗生素均不敏感。

(五)致病性

本菌可使人、动物发生结核病。牛分枝杆菌毒力最强，主要引起牛发病，其他家畜、野生反刍动物、人、灵长目动物、犬、猫等肉食动物均可感染，实验动物中豚鼠、兔高度敏感，对仓鼠、小鼠有中等致病力，对家禽无致病性。禽分枝杆菌毒力最弱，主要引起禽结核，包括家禽与野兽，也可引起猪的局限性病灶，实验动物中小鼠有一定的敏感性。

(六)微生物学诊断

结核病常以结核菌素做变态反应进行诊断，也可采用细菌学、血清学和分子生物学方法诊断。

1. 细菌学诊断

(1)形态学检查：取患病组织(如脾、肝、骨髓或腹膜)的结核结节及病变与非病变交界处组织直接涂片，乳汁以2 000～3 000 r/min离心40 min，分别取脂肪层和沉淀层涂片。涂片干燥固定后抗酸染色，镜检时如发现红色、细长弯曲、有分枝、散在或成团排列的杆菌时，即可初步诊断。

(2)分离培养。先将病料中加入4%氢氧化钠或3%盐酸、6%硫酸作用15 min，杀死杂菌、液化异物。中和离心后，将沉淀物接种至固体斜面培养基上，每份病料接4～6管，管口封严，于37 ℃培养8周。每周观察1次，一般2～8周可形成肉眼可见的菌落，观察菌落特点并进行涂片染色鉴定，若结果为阳性，则需进行生化特性鉴定。

(3)动物接种。将上述经处理的供分离培养用的病料接种于实验动物，皮下或腹腔注射。牛分枝杆菌对兔有致病性，接种后3周至3个月死亡；结核分枝杆菌对豚鼠有较强的致病性，皮下注射3～5周可引起明显病变；禽分枝杆菌可使鸡致病。

2. 变态反应诊断

本法是临床结核病检疫的主要方法。临床上应用最广泛的是迟发性变态反应试验，即结核菌素试验(PPD)，具体诊断方法见“项目九技能五”。

3. 血清学诊断

可用荧光抗体技术、间接血凝试验及ELISA等进行诊断。ELISA因其操作简单、敏感性高、特异性强，也是目前常用的检测方法。

4. 分子生物学诊断

本病也可用PCR检测分离菌株，PCR检测特异性强而且快速，但该菌DNA提取较困难，含菌量少的样本检测结果的可靠性较差。

(七)防治

医学上广泛采用卡介苗给婴儿做免疫接种，效果很好，免疫期达4～5年。但牛因接种卡介苗在1年后仍维持变态反应阳性，结核菌素检疫时无法与自然感染的牛区别，故此法不宜推广。

牛分枝杆菌为人兽共患病病原，凡对人结核病有效的药物，对动物也有效。但除珍稀动物或观赏动物外，不提倡用药物治疗。珍稀和观赏动物可用链霉素、异烟肼、对氨基水杨酸和环丝氨酸等药物治疗。

饲养牛群每年春秋两季用变态反应和 ELISA 方法结合进行检疫，检出的病牛应及时扑杀处理。

九、厌氧性病原梭菌

厌氧芽孢杆菌又称梭状芽孢杆菌，多数为腐生菌，少数对人畜致病。如破伤风梭菌、魏氏梭菌、肉毒梭菌等，这类梭菌的主要特性是：厌氧菌；革兰染色阳性；有芽孢的大杆菌，芽孢的直径一般大于菌体的宽度，呈圆形或卵圆形，芽孢的形状及位置有鉴别意义。多数是由于创伤感染而致病，均能产生强烈的外毒素，有的产生侵袭性酶。

破伤风梭菌(*Cl. tetani*)是破伤风的病原菌，大量存在于动物肠道及粪便中，由粪便污染土壤，机体因创伤感染而引起疾病。

(一)形态与结构特点

本菌为两端钝圆、细长、直或稍弯曲的杆菌，大小为(0.5～1.7) μm×(2.1～18.1) μm，长度变化很大。多单在，有时成对出现，偶有短链。无荚膜，周鞭毛，能运动，动物体内外均能形成圆形芽孢(图 12-6)，位于菌体一端，直径比菌体宽度大，形似鼓槌状。

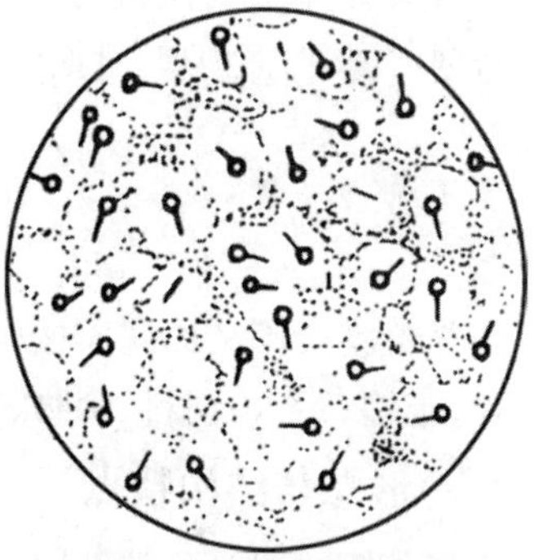

图 12-6　破伤风梭菌芽孢

(二)培养与生化特性

本菌严格厌氧，最适生长温度 37 ℃，pH 7.0～7.5。对营养要求不高，在普通琼脂平板上培养 24～48 h，形成中心紧密，周围疏松，边缘似羽毛状的菌落，整个菌落呈小蜘蛛状；在血琼脂平板上有轻度溶血。在厌氧肉肝汤、庖肉培养基和 PYG 肉汤中，轻微浑浊生长，有细颗粒状或黏稠状沉淀，产生气体并散发特殊臭味。

(三)抗原性

鞭毛抗原不耐热，凝集试验将其分为 10 个血清型，其中 6 型为无鞭毛菌株，我国常见的是 5 型。各型细菌都有一个共同的耐热性菌体抗原，而 2、4、5、9 型还有共同的第二菌体抗原。所有型均产生相同的外毒素，即破伤风毒素(tetanospas min；tetani neurotoxin，TeNT)，故 TeNT 只有一个血清型。

(四)抵抗力

芽孢的抵抗力极强。在土壤中可存活数十年，120 ℃经 20 min、煮沸 10～90 min 或干热 160 ℃经 2 h 可杀死芽孢。对青霉素敏感，磺胺类药物对本菌有抑制作用。

(五)致病性

破伤风梭菌主要产生两种外毒素：一种为强直性痉挛毒素，主要作用于神经系统，使动物出现特征性的强直症状；另一种为溶血毒素，可使红细胞崩解。马对破伤风毒素最易感，猪、牛、羊和犬次之，人很敏感，实验动物中以小鼠和豚鼠感受性最强。

在有氧的环境中，破伤风梭菌生长繁殖受到抑制。在深而窄的创口内易形成厌氧环境，使细菌在局部大量生长繁殖，产生毒素而致病。

（六）微生物学诊断

破伤风的临床症状特征明显，一般不需微生物学诊断。如有特殊需要，可采集创伤部的分泌物或坏死组织进行细菌学检查。可将患病动物血清或细菌培养滤液 0.5～1.0 mL 注射至小鼠尾根皮下进行毒素检查，观察 24 h，是否出现尾部和后腿强直或全身肌肉痉挛等症状，且不久死亡。还可用破伤风抗毒素，进行毒素中和试验。

（七）防治

破伤风梭菌毒素具有良好的免疫原性，主动免疫预防可用明矾沉淀破伤风类毒素，注射后 1 个月产生免疫力，免疫期 1 年，第二年再注射 1 次，则免疫力可持续 4 年。紧急预防接种或治疗破伤风患病动物时，可用破伤风抗毒素血清，其免疫力仅能维持 14～21 d。动物一旦感染发病，及时清创扩创，加强护理，早期注射足量抗破伤风血清并结合对症治疗，可收到良好效果。

产气荚膜梭菌

产气荚膜梭菌又称魏氏梭菌（*Cl. welchii*）或产气荚膜杆菌（*Cl. perfringens*），在自然界分布极广，土壤、污水、饲料、食物、粪便以及人畜肠道等都有存在，可引起多种严重疾病。

（一）形态与结构特点

产气荚膜梭菌为两端钝圆的粗大杆菌，大小为（0.6～2.4）μm×（1.3～19.0）μm，单在或成双，革兰染色阳性。无鞭毛，不运动。偏端芽孢呈椭圆形，芽孢直径不比菌体大，但在一般条件下罕见形成芽孢，必须在无糖培养基中才能形成芽孢。多数菌株可形成荚膜。

（二）培养与生化特性

本菌属厌氧性细菌，但对厌氧要求不严格，对营养要求不高，生长温度范围 20～50 ℃，在普通平板上形成灰白色、不透明、表面光滑、边缘整齐的菌落。有些菌落中间有突起，外周有放射状条纹，边缘呈锯齿状。在血琼脂平板上，多数菌株有双层溶血环，内环透明，外环淡绿。在牛乳培养基中，能分解乳糖产酸，并使酪蛋白凝固，产生大量气体，冲开凝固的酪蛋白，气势凶猛，称为“暴烈发酵”。

（三）抗原性

毒素至少已发现 20 种，均为蛋白质，其中 α、β、ε 和 ι 为主要致死毒素。传统上以这 4 种毒素的产生情况将本菌分为 A（α）、B（α、β、ε）、C（α、β）、D（α、ε）和 E（α、ι）5 个型。这种传统分型与基因分型并不一致，目前，对毒素的命名也不统一，α、β、ε 和 ι 毒素又被称为 CPA、CPB、ETX 和 ITX。

很多菌株还产生肠毒素（*C. perfringens enterotoxin*，CPE）、β_2 毒素、产气荚膜梭菌溶血素（PFO）、坏死性肠炎毒素（NetB）和产气荚膜梭菌大分子细胞毒素（tpeL）。

毒素对宿主细胞的作用机理有两类：细胞膜损伤及细胞穿孔和细胞内活性作用。α 毒素属损伤细胞膜型；β_1、β_2、ε、PFO、CPE 和 NetB 属穿孔毒素；tpeL 具细胞内活性作用。α 毒素在各型菌都产生，是最基本最重要的毒力因子，β_2、CPE、NetB 和 tpeL 是肠道疾病和食物中毒的重要毒力因子。

(四)抵抗力

本菌在含糖的厌氧肉肝汤中，因产酸于几周内即可死亡，而在无糖厌氧肉肝汤中能生存几个月。90 ℃作用 30 min 或 100 ℃作用 5 min 可杀灭芽孢，但食物中毒型菌株的芽孢可耐煮沸 1～3 h。

(五)致病性

产气荚膜梭菌由消化道或伤口侵入机体，产生致死毒素、坏死毒素和溶血毒素等多种外毒素和酶，引起局部组织的分解、坏死、产气、水肿和全身中毒。

产气荚膜梭菌的外毒素有 α、β、ε、ι、γ、δ、η、θ、κ、λ、μ 和 ν 等 12 种。根据产生外毒素的不同，可将本菌分成 A、B、C、D、E 等五型。每型菌产生一种重要毒素，一种或数种次要毒素。A 型菌主要产生 α 毒素，B、E 型主要产生 β 毒素，D 型产生 ε 毒素。α 毒素最为重要，具有坏死、溶血和致死作用，β 毒素有坏死和致死作用。

产气荚膜梭菌能引起人畜多种疾病，A 型菌主要引起人气性坏疽和食物中毒，B 型菌主要引起羔羊痢疾，C 型菌主要是绵羊猝狙的病原，D 型菌引起羔羊、绵羊、山羊、牛以及灰鼠的肠毒血症，E 型菌可致犊牛、羔羊肠毒血症。实验动物以豚鼠、小鼠、鸽和幼猫最易感，家兔次之。各型产气荚膜梭菌的致病性见表 12-6。

表 12-6　各型产气荚膜梭菌的致病性

型别	所致疾病	主要毒素
A	人食物中毒，禽坏死性肠炎(主要)，人和动物气性坏疽，驹、犊牛、羊、新生羊驼、野山羊、仔猪、犬、家兔肠炎、肠毒血症	α
B	羊痢疾，驹、犊牛、羔羊、绵羊和山羊的肠毒血症或坏死性肠炎	α、β、ε
C	人、禽坏死性肠炎(次要)，驹、仔猪、羔羊、犊牛、绵羊、山羊坏死性肠毒血症，绵羊猝疽(急性 α、β 肠毒血症)，仔猪血痢	α、β
D	羔羊(最多)、绵羊、山羊、牛、马以及灰鼠的肠毒血症(突发死亡)，山羊小肠结肠炎	α、ε
E	牛、羔羊肠毒血症	α、ι

(六)微生物学诊断

A 型菌所致人气性坏疽和食物中毒的微生物学诊断，主要依靠细菌分离鉴定。其余各型所致的疾病，均是细菌在肠道产生毒素所致，正常人畜肠道中常有此菌存在。因此，从病料中检出该菌，并不能说明它就是病原，细菌学检查只有当分离到毒力强大的此菌时，才具有一定参考价值。鉴定本菌的要点为：厌氧生长、菌落整齐、生长快、革兰阳性、粗大杆菌、不运动、有双层溶血环，涂片可见有荚膜的菌体。有效的微生物学诊断方法是肠内容物毒素检查。

(七)防治

预防羔羊痢疾、猝狙、肠毒血症以及仔猪肠毒血症，可用羊快疫-猝狙-肠毒血症三联菌苗，或用羊快疫-猝狙-肠毒血症-羔羊痢疾-羊黑疫五联菌苗免疫接种，注射后 14d 产生免疫力，免疫期 6 个月以上。治疗本病，早期可用多价抗毒素血清，并结合抗生素和磺胺类药物，有较好的疗效。

肉毒梭菌

肉毒梭菌(*Cl. botulinum*)是一种腐生菌，广泛分布于土壤、海洋和湖泊的沉积物、哺乳动物和鱼类等的肠道、饲料和食品中。此菌不能在活的机体内生长繁殖，即使进入人畜消化道，也随粪便排出。当有适宜营养且获得厌氧环境时，即可生长繁殖并产生肉毒毒素，人畜食入含此毒素的食品、饲料或其他物品，即可发生中毒。

(一)形态与结构特点

肉毒梭菌多呈直杆状，单在或成双，革兰染色阳性。周鞭毛，能运动。芽孢椭圆形，大于菌体宽度，位于偏端，使菌体呈汤匙状或网球拍状。

(二)培养与生化特性

本菌专性厌氧生长，在血琼脂平板上菌落较大且不规则，有 β 溶血现象。在疱肉培养基中，能消化肉渣，使之变黑并有腐败恶臭。肉毒梭菌的芽孢抵抗力很强，但肉毒毒素不耐热。

(三)抗原性

肉毒梭菌分为 A、B、C、D、E、F、G 七个毒素型，A、B 型菌株多存在于土壤中，根据 16S rRNA，本菌分 4 个生物群(Ⅰ～Ⅳ)。Ⅰ群包括所有 A 型菌、B 和 F 型分解蛋白质菌株，Ⅱ群包括所有 E 型菌、B 和 F 型非分解蛋白质菌株，Ⅲ群包括 C 和 D 型菌，Ⅳ群包括 G 型(16S rRNA 与阿根廷梭菌几乎完全相同，故已被更名)。4 个生物群之间的种系进化距离比距其他梭菌还要远，足可分成 4 个种，其中Ⅲ群应与诺维梭菌分为一个种。

大多数菌株只产生一种毒素，有些菌株可产生两种，即双价毒素(其中一种占优势)，如 Ab、Af、Ba、Be、Bf，有些菌株产生 C/D 嵌合毒素(对禽类的致死性比单一 C 或 D 型更强大)，但没有菌株可同时产生 C 和 D 两种毒素，C、D 毒素有共同表位，多抗有交叉反应。

(四)抵抗力

芽孢的抵抗力极强。121 ℃经 15 min 才能被杀灭。肉毒素在 pH 为 3～6 其毒性不减，正常胃液和消化酶经 24h 不能将其破坏。但对碱敏感，pH8.5 以上即可被破坏。0.1%高锰酸钾、100 ℃经 20 min，均能破坏毒素。

(五)致病性

肉毒毒素毒性强大。肉毒毒素对所有温血动物和冷血动物均有作用，在家畜中以马最为易感，猪最迟钝。根据毒素抗原性的不同，目前可分为 A、B、Cα、Cβ、D、E、F、G 八个型，各型毒素之间抗原性不同，其毒素只能被相应型别的抗毒素所中和。在自然条件下，家畜对肉毒毒素很敏感，其中马、骡的中毒多由 Cβ 型或 D 型毒素引起；牛由 C、D 型毒素引起；羊和禽类由 C 型毒素引起；人由 A、B、E、F 型毒素引起；猪主要由 A、B 型毒素引起。家畜中毒后，出现特征性临床症状，引起运动肌麻痹，从眼部开始，表现为斜视，继而咽部肌肉麻痹，咀嚼吞咽困难，膈肌麻痹，呼吸困难，心力衰竭而死亡。我国报道的多为 A 型，死亡率为 50%～100%。

肉毒梭菌可产生毒性极强的肉毒毒素，该毒素是目前已知毒素中毒性最强的一种，1 mg

纯化结晶的肉毒毒素能杀死 2 000 万只小鼠，对人的致死量小于 1 μg。肉毒梭菌的毒素型及易感动物见表 12-7。

表 12-7　肉毒梭菌的毒素型及易感动物

型别	最易感动物	毒素来源
A	人、鸡、貂	蔬菜、水果、肉、鱼
B	人、马、牛	肉及其制品、蔬菜、鱼
C	水禽、狐狸、牛、马、貂、犬、猪	尸体、青贮饲料等
D	牛、绵羊	尸体、腐尸周围的土壤
E	人、鱼类、海洋哺乳动物	鱼及其制品、鱼塘污泥
F	人	肝酱、鱼
G	人	土壤

(六)微生物学诊断

(1)细菌分离鉴定：本菌芽孢耐热性强，接种于疱肉培养基后，先 80 ℃加热 30 min 杀灭杂菌，再 30 ℃培养 5～10d，芽孢发芽，然后移植于血琼脂平板上 35 ℃厌氧培养 48h。挑取可疑菌落，涂片染色镜检。

(2)毒素检查：取饲料或胃肠内容物用生理盐水制成悬液，沉淀后取上清液注入小鼠腹腔，1～2 d 后观察发病情况，有流涎、眼睑下垂、四肢麻痹、呼吸困难等症状，最后死亡。

(七)防治

在动物肉毒中毒多发地区，可用明矾沉淀类毒素做预防注射，有效免疫期可持续半年至一年，也可用氢氧化铝或明矾菌苗接种。人畜一旦出现肉毒中毒症后，可立即用多价抗毒素血清进行治疗。若毒素型别已确定，则应用同型抗毒素血清。预防肉毒梭菌食物中毒，主要是要加强食品卫生管理和监督，定期进行食品安全检查。

十、多杀性巴氏杆菌

多杀性巴氏杆菌(Pasteurella multocida)是畜禽巴氏杆菌病的病原，能使多种畜禽发生出血性败血症或传染性肺炎。本菌分布广泛，正常存在于多种健康动物的口腔和咽部黏膜，是一种条件性致病菌。

(一)形态与结构特点

本菌为球杆状或短杆状，两端钝圆，大小为(0.25～0.4) μm×(0.5～2.5) μm，单个存在，有时成双排列。无鞭毛，不形成芽孢，新分离的强毒株具有荚膜，革兰染色阴性。病畜的血液涂片或组织触片经亚甲蓝或瑞氏染色时，可见典型的两极着色，即菌体两端染色深，中间浅(图 12-7)。

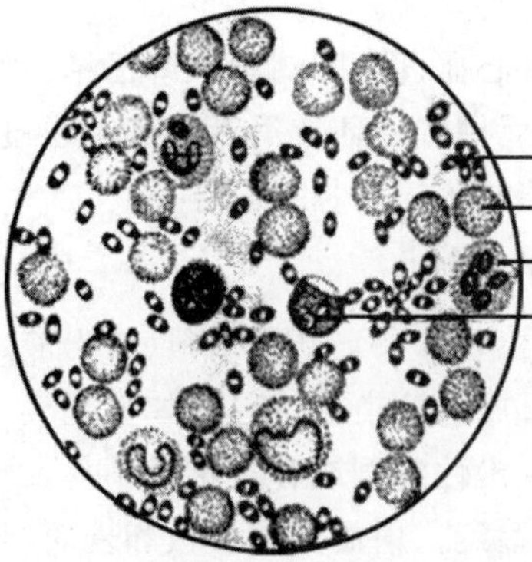

图 12-7　多杀性巴氏杆菌

(二)培养与生化特性

本菌为需氧或兼性厌氧菌,对营养要求较严格,在普通培养基上生长贫瘠,在麦康凯培养基上不生长,在加有血液、血清或微量血红素的培养基上生长良好,最适温度为 37 ℃,pH 为 7.2～7.4。在血清琼脂平板上培养 24 h,可形成淡灰白色、闪光的露珠状小菌落。在血琼脂平板上,长成水滴样小菌落,无溶血现象。在血清肉汤中培养,开始轻度浑浊,4～6 d 后液体变清朗,管底出现黏稠沉淀,振摇后不分散,表面形成菌环。

本菌可分解葡萄糖、果糖、蔗糖、甘露糖和半乳糖,产酸不产气。大多数菌株可发酵甘露醇,一般不发酵乳糖,吲哚、MR 和 VP 试验均为阴性,不液化明胶,产生 H_2S,触酶和氧化酶试验均为阳性。

(三)抗原性

本菌主要以其荚膜抗原和菌体抗原区分血清型,荚膜抗原有 6 个型,用大写英文字母表示,菌体抗原有 16 个型,以阿拉伯数字表示菌体抗原型。我国分离的禽多杀性巴氏杆菌以 5∶A 为多,其次为 8∶A;猪的以 5∶A 和6∶B 为主,8∶A 和2∶D 其次;羊的以 6∶B 为多;家兔的以 7∶A 为主,其次是 5∶A。C 型菌是犬猫的正常栖居菌,E 型主要引发牛、水牛的流行性出血性败血症,F 型主要发现于火鸡。

(四)抵抗力

多杀性巴氏杆菌抵抗力不强,在无菌蒸馏水和生理盐水中很快死亡。在阳光曝晒 10 min、56 ℃作用 15 min 或 60 ℃作用 10 min 可被杀死。厩肥中可存活 1 个月,埋入地下的病死鸡,经 4 个月仍残存活菌。在干燥的空气中 2～3 d 可死亡。3%石炭酸、3%福尔马林、10%石灰乳、2%来苏尔、1%氢氧化钠等作用 5 min 可杀死本菌。对青霉素、链霉素、四环素、土霉素、磺胺类药物及许多新的抗菌药物敏感。

(五)致病性

本菌对鸡、鸭、鹅、野禽、猪、牛、羊、马、兔等都有致病性,家畜中以猪最敏感,致猪肺疫,禽类中以鸭最易感,其次是鹅、鸡,致禽霍乱。急性型呈出血性败血症迅速死亡;亚急性型于黏膜关节等部位发生出血性炎症等;慢性型则呈现萎缩性鼻炎(如猪、羊)、关节炎及局部化脓性炎症等。实验动物中小鼠最易感。

(六)微生物学诊断

1.病料采集

病料可从心血、肝、脾、脑膜、淋巴结、骨髓、渗出液等采取。采取病料时可用刀片烧灼组织或渗出物,然后用接种环或消毒棉拭子通过烧灼的表面插入组织内取样。活禽可通过挤出鼻孔黏液或将棉拭子插入鼻裂取样。

2.细菌学诊断

(1)形态检查。采集新鲜病料(渗出液、心血、肝、脾、淋巴结、骨髓等)涂片或触片,用碱性亚甲蓝或瑞氏染色液染色,镜检,如发现典型的两极浓染的短杆菌,结合流行病学及剖检,即可做初步诊断。慢性病例或腐败材料不易发现典型菌体,需进行分离培养和动物实验。

(2)分离鉴定。用血琼脂平板和麦康凯琼脂同时分离培养,麦康凯培养基上不生长,在血琼脂平板上生长良好,形成水滴样小菌落,不溶血。将此菌接种在三糖铁培养基上可生长,使底部变黄。必要时可进一步做生化反应鉴定。

(3)动物实验。用病料研磨制成1:10乳剂或24 h肉汤培养液0.2～0.5 mL，皮下注射小鼠、家兔或鸽，动物多于24～48 h死亡。由于健康动物呼吸道内常可带菌，所以应参照患病动物的生前临床症状和剖检变化，结合分离菌株的毒力试验，做出最后诊断。

3. 血清学诊断

若要鉴定荚膜抗原和菌体抗原型，则要用抗血清或单克隆抗体进行血清学试验。检测动物血清中的抗体，可用试管凝集、间接凝集、琼脂扩散试验或ELISA。

(七)防治

疫苗免疫是控制畜禽巴氏杆菌的有效方法，猪可选用猪肺疫氢氧化铝甲醛苗，或用猪瘟-猪丹毒-猪肺疫三联苗，禽用禽霍乱弱毒苗，牛用牛出血性败血症氢氧化铝苗。预防和治疗还可用抗生素、磺胺类药物、喹诺酮类药物等，尤其在养猪、养禽生产中，药物预防也是行之有效的措施。

十一、葡萄球菌

葡萄球菌(*Staphylococcus*)广泛分布于空气、水、土壤及人和物体的体表，因常堆聚成葡萄串状而得名。多数为非致病菌，少数可导致疾病。致病性葡萄球菌可引起各种化脓性疾病，败血症和脓毒败血症，污染食品、饲料时可引起食物中毒。

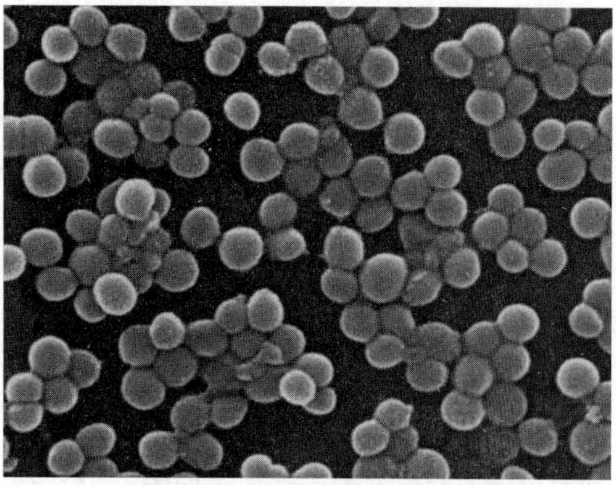

图12-8　电镜下的葡萄球菌

(一)形态与结构特点

葡萄球菌呈球形或椭圆形，直径0.5～1.5 μm，常单个、成对或呈葡萄串状排列(图12-8)。在脓汁或液体培养基中的球菌呈双球或短链排列。致病性菌株的菌体稍小，且各个菌体的排列和大小较为整齐。葡萄球菌无鞭毛，无芽孢，除少数菌株外一般不形成荚膜。革兰染色阳性。

(二)培养与生化特性

本菌为需氧或兼性厌氧菌，对营养要求不高，在普通培养基上均可生长，若加入血液或葡萄糖，生长更为繁茂。在15～42 ℃和pH为4.5～9.8均能生长。致病菌的最适生长温度为37 ℃，最适pH为7.4。本菌耐盐性强，在含10%～15%氯化钠的培养基中仍能生长。在肉汤培养基中培养24 h后均匀浑浊，2～3 d产生菌膜，长时间培养可在管底形成多量黏稠沉淀。在普通琼脂平板上培养18～24 h后，形成中等大小、圆形、隆起、湿润、边缘整齐、表面光滑、有光泽、不透明的菌落。在血琼脂平板上生长的菌落较大，多数致病菌能产生溶血毒素，在菌落周围形成明显的全透明溶血环(β溶血)，非致病菌则无溶血现象。在甘露醇盐琼脂上，致病菌在厌氧条件下能分解甘露醇产酸，在菌苔周围形成黄晕。

葡萄球菌的生化反应并不恒定，常因菌株及培养条件而异。多数能分解乳糖、葡萄糖、麦芽糖、蔗糖，产酸不产气。致病菌株多能分解甘露醇，还原硝酸盐，不产生靛基质，可产生血浆凝固酶，触酶阳性，氧化酶阴性。

(三)抗原性

根据产生的色素和生化反应，本菌可分为金黄色葡萄球菌、表皮葡萄球菌和腐生葡萄球菌三种。其中金黄色葡萄球菌多为致病菌，表皮葡萄球菌偶尔致病，而腐生葡萄球菌一般不致病。致病的金黄色葡萄球菌能产生金黄色色素、溶血素、甘露醇分解酶及血浆凝固酶。一般来说，凝固酶阴性者无致病性。

葡萄球菌抗原构造复杂，含有蛋白质和多糖类两类抗原。

(1)蛋白质抗原。所有人源菌株都含有该抗原，来自动物源的则很少。主要为A蛋白(SPA)，存在于细胞壁的表面，是一种单链多肽，能与人和各种哺乳动物血清IgG分子的Fc非特异性结合，结合后的IgG仍能与相应抗原发生特异性结合反应，这一性质已被广泛应用于免疫诊断技术。

(2)多糖抗原。具有型特异性，可用于葡萄球菌的定型。金黄色葡萄球菌的多糖抗原为A型，化学组成为磷壁酸中的核糖醇残基。表皮葡萄球菌的多糖抗原为B型，化学成分为甘油残基。

(四)抵抗力

葡萄球菌是无芽孢菌中抵抗力最强的。在干燥的脓汁中或血液中可存活15～20 d，80 ℃作用30 min可被杀死，煮沸可迅速灭活。5%石炭酸、0.1%升汞作用10～15 min死亡。1∶20 000洗必泰、消毒净、苯扎氯铵、1∶10 000度米芬作用5 min可杀死本菌。对碱性染料较敏感，如1∶(100 000～200 000)稀释的龙胆紫能抑制其生长。

葡萄球菌对青霉素、庆大霉素高度敏感，对磺胺类药物、金霉素、红霉素、新霉素等也敏感，但易产生耐药性。

(五)致病性

葡萄球菌的致病因素主要是毒素和酶，产生的毒素主要是溶血毒素、杀白细胞毒素、肠毒素等。产生的酶主要是血浆凝固酶、耐热核酸酶，还可产生溶纤维蛋白酶、透明质酸酶、磷酸酶、卵磷脂酶等。葡萄球菌常引起两类疾病：一类是化脓性疾病，如动物的创伤感染、脓肿、蜂窝织炎、关节炎、败血症和脓毒败血症等，此外还包括乳腺炎，在许多地区金黄色葡萄球菌是奶牛乳腺炎最主要的病原。另一类是毒素性疾病，被葡萄球菌污染的食物或饲料引起人或动物的中毒性呕吐、肠炎及人的毒素休克综合征等。

(六)微生物学诊断

1.病料采集

采取病料应根据不同的病型确定，如化脓性病灶中取脓汁或渗出物，败血症取血液，乳腺炎取乳汁，食物中毒取可疑食物、呕吐物及粪便等。

2.细菌学诊断

(1)形态检查。将病料直接涂片，用亚甲蓝、瑞氏或革兰染色后镜检，若观察到单个、成双或呈短链排列(在病料中不成典型的葡萄球状排列)的蓝紫色球菌，为疑似葡萄球菌感染。

(2)分离鉴定。将病料划线接种于普通琼脂平板、5%绵羊或兔血琼脂平板，血液、剩余食品、呕吐物、粪便等最好用肉汤增菌培养后再划线接种血液平板。37 ℃培养 18～24 h，菌落呈金黄色，周围呈溶血现象者多为致病菌。挑取菌落涂片、染色进行镜检，可呈典型的葡萄球状排列。进一步鉴定可做甘露醇发酵试验、血浆凝固酶试验、耐热核酸酶试验，阳性者多为致病菌。

(3)动物实验。实验动物中家兔最为易感。取 24 h 纯培养物 1.0 mL 皮下接种家兔，可引起局部皮肤溃疡、坏死；若静脉接种纯培养物 0.1～0.5 mL，家兔在 24～28h 后死亡，剖检时可见浆膜出血，肾、心肌及其他脏器有大小不等的脓肿。也可将病料接种于肉汤培养基中，使之产生毒素，然后将培养物注入幼猫或猴，可出现急性胃肠炎的症状。

食物中毒时可取剩余食物、呕吐物或粪便做分离培养后接种于普通肉汤培养基中，置 30%二氧化碳培养 40 h，离心沉淀后取上清液，100 ℃加热 30 min 后，注入 6～8 周龄幼猫静脉或腹腔内，15 min 至 2 h 出现寒战、呕吐、腹泻等急性症状，表明有肠毒素存在。

此外，用反向间接血凝、酶联免疫吸附试验(ELISA)、DNA 探针杂交技术也可快速检出肠毒素。

(七)防治

注意卫生，对皮肤创伤应及时妥善处理，防止病菌侵入繁殖。青霉素是防治葡萄球菌病的首选药物，葡萄球菌容易形成耐药性，可通过药敏试验，选择敏感的抗生素。感染葡萄球菌痊愈后，不产生明显免疫力，可再次感染。

十二、猪丹毒杆菌

猪丹毒杆菌是猪丹毒病的病原体，又称红斑丹毒丝菌。广泛分布于自然界，可寄生在猪、羊、鸟类和其他动物体表、肠道等处。

(一)形态与结构特点

猪丹毒杆菌为直或稍弯曲的细杆菌，两端钝圆，大小为(0.2～0.4) μm×(0.8～2.5) μm，单在或呈 V 形、锥状或短链排列，在白细胞中成丛存在。革兰染色阳性，在老龄培养物中菌体呈弯曲的长丝状，着色能力较差，常呈阴性(图 12-9、图 12-10)。

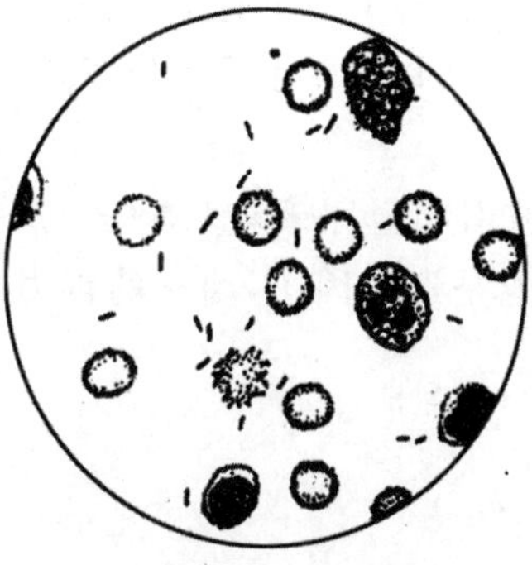

图 12-9　猪丹毒杆菌

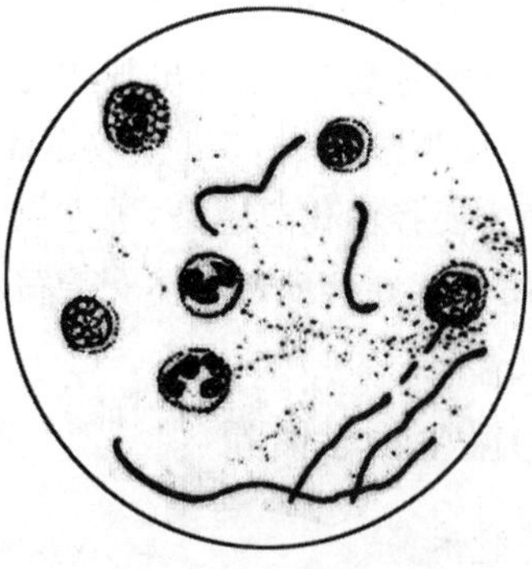

图 12-10　呈丝状的猪丹毒杆菌
(心内膜病灶涂片)

(二)培养与生化特性

本菌为需氧菌或兼性厌氧菌。最适温度 30～37 ℃,最适 pH 7.2～7.6。在普通培养基中生长较差,如加入葡萄糖、血液或血清等营养物质则生长较好。在血琼脂平板上形成灰白色、圆形、透明、湿润、露滴状的小菌落,并出现狭窄的绿色溶血环(α 溶血环)。急性猪丹毒病例形成光滑型菌落,慢性猪丹毒病例形成粗糙型菌落。在麦康凯培养基上不生长。在肉汤中生长呈轻度浑浊,试管底部有少量白色黏稠沉淀,振荡后呈云雾状上升,不形成菌膜和菌环。

在含有 5%马血清和 1%蛋白胨水的糖培养基中可发酵葡萄糖、果糖和乳糖,产酸不产气;不发酵甘露醇、山梨醇、肌醇、水杨酸、鼠李糖、蔗糖、菊糖等。过氧化酶试验阴性,MR、VP、尿素酶和吲哚试验阳性,能产生硫化氢。明胶穿刺培养 6～10 d 生长特殊,沿穿刺线向四周横向生长,形成试管刷状,但不液化明胶。

(三)抗原性

猪丹毒杆菌抗原结构复杂,分为耐热抗原和不耐热抗原。根据其对热、酸的稳定性,又分为型特异性抗原和种特异性抗原,用阿拉伯数字表示型,用英文小写字母表示亚型,目前共有 25 个血清型和 1a、1b 及 2a、2b 亚型。分型是依据种特异性热不稳定蛋白和对热、酸稳定的多糖抗原。大多数猪源菌株为 1 型或 2 型(相当于以前的 A 型和 B 型),从急性败血症分离的菌株多为 1a 型,从亚急性及慢性病病例分离的则多为 2 型。

(四)抵抗力

猪丹毒杆菌是无芽孢杆菌中抵抗力较强的。尤其对腐败和干燥环境有较强的抵抗力,尸体内可存活 9 个月,干燥状态下可存活 3 周。此外,在饮水中可存活 5 d,在污水中可存活 15 d,在熏腌制肉品中能存活 3 个月,肉汤培养物封存于安瓿中可存活 17 年。对湿热的抵抗力较弱,70 ℃作用 5～15 min 可完全杀死。常用消毒剂如 1%漂白粉、0.1%升汞、5%石炭酸、5%氢氧化钠、5%福尔马林等可在短时间内杀死本菌。用 10%石灰乳或 0.1%过氧乙酸涂刷墙壁和喷洒猪圈是目前较好的消毒方法。本菌可耐 0.2%的苯酚,对青霉素很敏感。

(五)致病性

本菌分布十分广泛,可从多种动物中分离出本菌。其中猪分离率最高,可使 3～12 月龄的猪发生猪丹毒病;也可感染马、山羊、绵羊,引起多发性关节炎;禽类也可感染,鸡与火鸡感染后呈衰弱和下痢等症状,鸭可出现败血症,并侵害输卵管;实验动物中以小鼠和鸽子最易感,试验感染时,经皮下注射 2～5 d 呈败血症死亡。

本菌主要经消化道感染,进入血液,而后定殖在局部或引起全身感染。本菌可产生神经氨酸酶,该酶的存在有助于菌体侵袭宿主细胞,故认为其可能是毒力因子,菌株的毒力与该酶的数量有相关性。

(六)微生物学诊断

1. 病料采集

不同病例可采集不同的病料。败血型猪丹毒病例,生前耳静脉采血,死后可采取胃、脾、肝、心血、淋巴结,尸体腐败可采取长骨骨髓;疹块型猪丹毒病例,可采取疹块皮肤;慢性病例,可采取心脏瓣膜症状增生物和肿胀部关节液。

2. 细菌学诊断

(1)形态检查。取病料涂片染色镜检,如发现革兰染色阳性、细长、单在、成对或成丛的纤细小杆菌,特别在白细胞内排列成丛,即可初步诊断。如为慢性病例,可见长丝状菌体。

(2)分离鉴定。将病料接种于血琼脂平板,培养 24～36 h,可观察到针尖状菌落,并在菌落周围呈 α 溶血,挑取菌落涂片染色镜检,若为革兰阳性纤细小杆菌,即可诊断。为了提高分辨率可采取含有结晶紫,叠氮钠的 10%马血清肉汤及琼脂平板。必要时可进一步做明胶穿刺等生化反应鉴定。

(3)动物实验。取病料制成 5～10 倍生理盐水的乳剂,小鼠皮下注射 0.2 mL,鸽子胸肌内注射 1 mL,若病料中有猪丹毒杆菌,则接种的动物于 2～5 d 死亡。死后取病料涂片镜检或接种培养基,根据细菌形态及菌落特征进行确诊。

3. 血清学诊断

可用凝集试验、协同凝集试验、血清培养凝集试验(ESCA)、免疫荧光法进行诊断。

(七)防治

本菌有良好的免疫原性,用猪丹毒氢氧化铝甲醛苗或猪瘟猪丹毒猪肺疫三联苗,能有效地预防猪丹毒。马或牛制备的抗猪丹毒血清,可用于紧急预防和治疗,也可用青霉素治疗猪丹毒,效果良好。四环素、林可霉素、泰乐菌素等也有效,高免血清结合青霉素治疗效果更好。

任务二　常见的动物病毒

一、猪瘟病毒

猪瘟病毒是世界范围内最重要的猪病病毒,发病率、死亡率均很高,对养猪业危害很大。

(一)生物学特性

猪瘟病毒是单股 RNA 病毒,属于黄病毒科、瘟病毒属。病毒呈颗粒球状,直径为 38～44 nm,核衣壳为二十面体,有一层结合牢固的类脂囊膜及不明显的膜粒。病毒在内质网的囊泡内成熟,不出芽,通过胞吐或细胞裂解释放。

本病毒仅在猪的特定细胞中增殖,如猪肾细胞、睾丸细胞和白细胞等,但不引起细胞病变。通过人工接种方式可使病毒适应于兔,获得弱毒兔化病毒。

猪瘟病毒对理化因素的抵抗力较强。血液中的病毒在 56 ℃作用 60 min 或 60 ℃作用 10 min 才能被灭活,室温环境能存活 2～5 个月。1%～2%氢氧化钠或 10%～20%石灰水作用 15～60 min 能杀灭病毒,对紫外线和 0.5%石炭酸溶液抵抗力较强。

猪瘟病毒没有型的区别,只有毒力强弱之分。目前,认为本病毒只存在单一的血清型,但其毒力差异很大,包括强毒株、弱毒株和几乎无毒力的毒株,并存在多种过渡型毒株。研究发现猪瘟病毒与牛病毒性腹泻病病毒群有共同抗原性,既有血清学交叉,又有交叉保护作用。

(二)致病性

猪瘟病毒只能感染猪,无论其年龄、性别或品种,都存在感染的风险,野猪也有易感性。人工接种马、猫、鸽等动物易感并表现临床症状，其他动物均不出现感染迹象。

猪瘟病毒的感染途径主要是采食。病毒进入机体后，先在扁桃体定居，然后在内皮细胞、淋巴器官及骨髓增殖，导致出血症及血细胞和血小板减少。其特征性病变是组织器官出现出血病灶和脾梗死。在亚急性或慢性病例中可见肠黏膜的坏死性溃疡。病死的慢性病猪可出现胸腺、脾及淋巴结生发中心完全萎缩等显著病变。健康猪对病毒可迅速产生强大的免疫力。

典型的猪瘟为急性感染，伴有高热、厌食、萎顿及结膜炎。潜伏期 2～4 d。病猪白细胞严重减少，低于任何其他猪病的水平。仔猪表现为无症状死亡，成年猪可因细菌继发感染在 1 周内死亡。死亡率高达 100%。

(三)微生物学诊断

1. 分离病毒

采用细胞培养法分离病毒是诊断猪瘟的一种灵敏方法。通常使用对猪瘟病毒敏感的细胞系如 PK-15 细胞等，加入 2%扁桃体、肾脏、脾脏或淋巴结等待检组织悬液于培养液中。37 ℃培养 48～72 h 后用荧光抗体染色法检测细胞培养物中的猪瘟病毒。

2. 动物接种

可采用兔体交互免疫试验检测疑似猪瘟病料中的猪瘟病毒。将病猪的淋巴结和脾脏，磨碎后用生理盐水做 1∶10 稀释，对 3 只健康家兔做肌内注射，5 mL/只，另设 3 只不注射病料的对照兔，间隔 5 d 对所有家兔静脉注射 1∶20 的猪瘟兔化病毒(淋巴脾脏毒)，1 mL/只，24 h 后，每隔 6 h 测体温一次，连续测 96 h，对照组 2/3 出现定型热或轻型热，试验成立。

3. 血清学检查

用荧光抗体染色法、荧光抗体病毒中和试验、猪瘟中和试验、免疫酶组化染色法或 ELISA、琼脂扩散试验等可快速检出组织中的病毒抗原。

4. 分子生物学检查

可采用实时荧光 RT-PCR、RT-nPCR 等方法检测样本中的猪瘟病毒核酸。

(四)防治

我国研制的猪瘟兔化弱毒疫苗是国际公认的有效疫苗，得到广泛应用。猪瘟兔化弱毒苗对强毒有干扰作用，接种后不久，就有保护力；接种后 4～6 d 产生较强的免疫力，维持时间可达 18 个月，但仔猪产生的免疫力较弱，可维持 6 个月；接种后无不良反应，妊娠母猪接种后没有发现胎儿异常的现象；制法简单，效力可靠。猪瘟病毒亚单位疫苗是将猪瘟病毒粒子中保护性的抗原体分离出来，然后将其与佐剂融合，或者偶联到相应的载体当中去，能够诱导机体产生良好的免疫保护效果，但在实际应用中这种疫苗仍然存在一定的缺陷，因此并没有得到广泛应用。

发达国家控制猪瘟的有效措施是“检测加屠宰”：通过有效的疫苗接种，将需淘汰的猪降到最低数量，以减少经济损失；用适当的诊断技术对猪群进行检测，将检出阳性的猪全群扑杀。同时，尽可能地消除持续感染猪不断排毒的危险性。猪瘟的消灭需要政府部门及相关人员高度负责。

二、非洲猪瘟病毒

非洲猪瘟病毒(African swine fever virus,ASFV)在自然条件下仅家猪易感。临床表现与猪瘟相似,以急性高热为特征,全身出血,病程短,死亡率高。20 世纪 90 年代以前,ASFV 感染主要流行在撒哈拉沙漠以南的非洲及南欧,且以弱毒株为主,表现为温和的亚急性及慢性型。2006 年底由非洲经黑海传入格鲁吉亚、亚美尼亚及俄罗斯,2011 年又突然出现于俄罗斯,2018 年 8 月 3 日中国确诊首例非洲猪瘟疫情。

除家猪外,在非洲还从疣猪及林猪中分离到本病毒,但均无症状。实验感染家兔及山羊与猪交叉传代已获成功。

(一)生物学特性

非洲猪瘟病毒颗粒有囊膜,直径 175～215 nm,核衣壳为二十面体对称,直径 180 nm。非洲猪瘟病毒是唯一已知的核酸为 DNA 的虫媒传染病毒,由软蜱(Ornithodoros)传播,此种昆虫同时还是达氏疏螺旋体(Borrelia duttonii)的传播媒介,而且 ASFV 的基因组与达氏疏螺旋体的线状质粒的结构、大小及序列均相似。

非洲猪瘟病毒及脊椎动物的虹彩病毒对温度及脂溶剂敏感,但能耐受各种酸碱度,甚至在 pH 4 或 13 时也能存活数小时。非洲猪瘟病毒在冻肉中可存活数年甚至数十年。

(二)致病性

病毒可由呼吸道入侵,首先在扁桃体和鼻黏膜附近的淋巴结增殖,然后进入血流形成病毒血症,红细胞及白细胞中含毒,此后全身分泌物中均含有大量病毒。

在感染的巨噬细胞中,ASFV 可抑制抗病毒活性的若干细胞因子的合成,如干扰素、肿瘤坏死因子、白细胞介素-1、白细胞介素-8 等,是由病毒基因 *A238L* 编码一种与环孢霉素(cyclosporin)类似的免疫抑制蛋白所致。

(三)微生物学诊断

1. 分离病毒

病毒分离是将样品接种易感的猪源原代细胞、单核细胞和巨噬细胞而进行的检测。如果在样品中存在 ASFV,则会在易感细胞中复制,在感染细胞中产生细胞病变。非洲猪瘟病毒可在感染细胞中产生细胞病变效应和红细胞吸附现象,这是非洲猪瘟病毒感染细胞特有的现象,其他猪病毒无法引起单核细胞和巨噬细胞吸附红细胞,因此红细胞吸附试验可用于非洲猪瘟的诊断。当病毒在这些培养物中复制时,ASFV 毒株会产生红细胞吸附反应(HAD),在感染的白细胞周围吸附红细胞形成“玫瑰花环”。

2. 动物接种

取病料或分离到的病毒处理后接种实验动物,通过观察记录动物的发病时间、临床症状及病变甚至死亡的情况,也可借助一些实验室的方法来判断病毒的存在。

3. 血清学检查

非洲猪瘟常见的血清学诊断方法主要有酶联免疫吸附试验(ELISA)、免疫胶体金技术和化学发光免疫分析技术等。ELISA 具有特异性强、敏感性高、重复性好和检测速度相对较快等优点，因此非常适用于“群体”检测和流行病学调查；免疫胶体金技术因其操作方法简便，不需要专业设备和人员进行操作、快速、便宜且测试结果明确等特点在非洲猪瘟的检测中具有广泛的前景；化学发光免疫分析技术具有灵敏度高、检测范围广、反应速度快、分析时间短、操作简单等特点。

4. 分子生物学检查

非洲猪瘟分子生物学检测方法主要包括 PCR、荧光定量 PCR、环介导等温扩增。其中 PCR 和荧光定量 PCR 是实验室诊断最常用的实验技术，后者的灵敏度更高，速度更快，应用也更广泛。

(四)防治

目前，国内市场上尚无商品化非洲猪瘟疫苗，针对其开展的研究包括以下几类。

1. 灭活病毒疫苗

灭活疫苗的现阶段研究效果不是很理想，由于 ASFV 的基因组很大，病毒基因组编码的蛋白质有 200 多种，每种蛋白质的结构与功能尚不完全清楚，病毒存在逃避宿主免疫机制，利用 ASF 灭活疫苗免疫后无法有效地抵御强毒株的攻击，不能为猪群提供有效的免疫保护。

2. 减毒活病毒疫苗

减毒活疫苗可诱导高达 100%的保护，但疫苗株可能会造成不利影响，并可能导致病毒持续存在和传播。

3. 亚单位疫苗

基于单个或小组 ASFV 基因或蛋白质的疫苗，最终可能比减毒活疫苗更安全。ASF 病毒的基因组庞大，由一种蛋白制备的亚单位疫苗往往抗体水平较低，可以考虑制备多种亚单位联合疫苗提高免疫后的抗体水平，ASF 在亚单位疫苗方面的研究还有很大的提升空间。

由于被感染的生猪是非洲猪瘟疫情传播的源头，可以通过多种途径导致其他健康猪感染发病。为了防止疫情扩散蔓延，危及更多的生猪养殖场户，保护生猪产业发展，不仅对感染发病的生猪进行了扑杀，还对疫点内的生猪和疫区内检测阳性的生猪进行扑杀，并通过化制、深埋等措施进行无害化处理。同时，还对生猪饲养圈舍、运输车辆等进行彻底清洗消毒，对其他养殖废弃物一并进行无害化处理，确保疫病不扩散、不传播。

三、狂犬病病毒

狂犬病病毒能感染所有的人类和温血动物，引起狂犬病，感染的人和动物一旦发病，死亡率达 100%。

(一)生物学特性

狂犬病病毒是单股 RNA 病毒，属于弹状病毒科、狂犬病病毒属。病毒一端圆而细，另一端粗而平截，呈子弹状，故称弹状病毒。有囊膜及膜粒，在细胞质内复制。圆柱状的核衣壳螺旋形对称(图 12-11)。

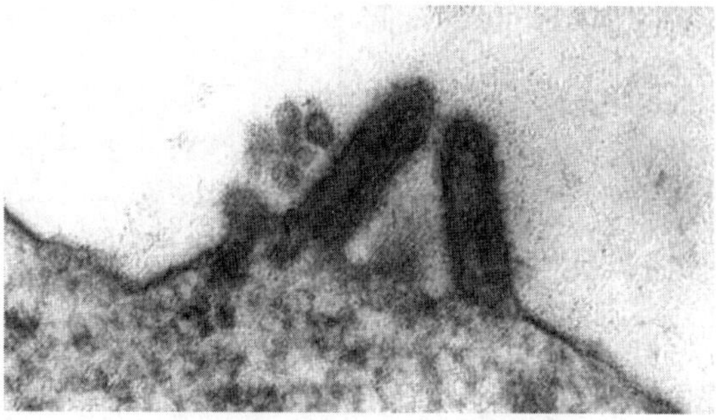

图 12-11　电镜下的狂犬病病毒

狂犬病病毒抵抗力不强，56 ℃作用 30 min 或 100 ℃作用 2 min 即可灭活病毒。0.1%升汞、1%来苏尔等化学消毒剂可迅速使其灭活。

在自然条件下，能使动物感染的强毒株称为野毒或街毒。街毒对兔的毒力较弱，如用脑内接种，连续传代后，对兔的毒力增强，而对人及其他动物的毒力降低。街毒可在小鼠、豚鼠、家兔脑内繁殖，但有时需盲目传代 2～3 代。感染街毒的动物在脑组织神经细胞可形成细胞质包涵体（即内基氏小体）。内基氏小体的直径平均为 3～10 μm，位于神经细胞的原生质中，呈圆形、椭圆形或棱形。

（二）致病性

狂犬病病毒的主要传播途径为被带毒动物咬伤，是否发病取决于咬伤的部位、程度以及带毒动物的种类。各种哺乳动物对狂犬病病毒都有易感性，常因被疯犬、健康带毒犬或其他狂犬病患畜咬伤而发病。病毒特异结合神经肌肉结合处的乙酰胆碱受体及神经节苷脂等受体，在伤口附近的肌细胞内复制，然后通过感觉或运动神经末梢侵入外周神经系统，沿神经轴索上行至中枢神经系统，在脑的边缘系统大量复制，导致脑组织损伤，行为失控而出现症状。病毒从脑沿传出神经扩散至唾液腺等器官，在其内复制，分泌高浓度病毒到唾液中。在出现兴奋狂暴症状乱咬时，唾液具有高度感染性。病毒存在于神经系统和唾液腺中，经咬伤而传染。本病的病死率几乎 100%。实验动物中，家兔、小鼠、大鼠均可用人工接种而感染。人也有易感性。鸽及鹅对狂犬病病毒有天然免疫性。

（三）微生物学诊断

在大多数国家仅限于获得认可的实验室及具有确认资格的人员才能做出狂犬病的实验室诊断，常用的方法如下。

1. 分离病毒

病毒分离取脑或唾液腺等材料用缓冲盐水或含 10%灭活豚鼠血清的生理盐水研磨成 10%乳剂，脑内接种 5～7 日龄乳鼠，每只乳鼠注射 0.03 mL，每份病料接种 4～6 只乳鼠。唾液或脊髓液则在离心沉淀和用抗生素处理后，直接接种。乳鼠在接种后继续由母鼠同窝哺养，3～4 h 后如发现哺乳力减弱、痉挛、麻痹死亡，即可取脑检查包涵体，并制成抗原，做病毒鉴定。如经 7 d 仍不发病，可致死其中 2 只，剖取鼠脑做成悬液，如上传代。如第二代仍不发病，可再传代，连续盲传三代，第一、二、三代总计观察 4 周仍不发病者，诊断为阴性。

2. 包涵体检查

包涵体检查取脑组织（海马角、小脑和延脑等）做触片或组织切片，染色检查。约 90%的病犬可检出细胞质包涵体，牛、羊的出现率较低。

3. 动物接种

将脑组织磨碎，用生理盐水制成10%悬液，低速离心15～30 min。取上清液，给9～10只小鼠脑内注射，剂量为0.01 mL。一般在注射后第9～11天死亡。为了及早诊断，可于接种后第5天起，每天或隔天致死一只小鼠，检查其脑内的包涵体。

4. 血清学检查

可取疑似动物脑组织（如小脑、海马）或唾液腺，进行荧光抗体染色检查或IgG抗体检测。

5. 分子生物学检查

常用套式RT-PCR或荧光定量RT-PCR技术检测组织中的狂犬病病毒。

（四）防治

该病致死率为100%，目前发病后无任何有效治疗方案，因此该病重点在于预防。

由于狂犬病的病死率高，人和宠物又密切接触，所以对狂犬病的控制是保护人类健康的重要任务。应及时扑灭狂犬病患畜，对家养犬、猫进行免疫接种。注意监测带毒的野生动物。发达国家投放含弱毒疫苗的食饵控制狐狸和狼的狂犬病，对臭鼬和浣熊则计划使用金丝雀痘病毒为载体表达狂犬病毒糖蛋白的基因工程重组疫苗。

四、口蹄疫病毒

口蹄疫病毒是牛、猪等动物口蹄疫的病原体，人类偶能感染。本病毒能导致患畜的口、鼻、蹄、乳房等部位发生特征性的水疱，严重时可引起死亡。本病流行范围广泛、传播迅速，对畜牧业影响巨大，是各国最关注的传染病之一。

（一）生物学特性

口蹄疫病毒是单股RNA病毒，属于微核糖核酸病毒科、口蹄疫病毒属，无囊膜，二十面对称体，外表光滑呈球形，直径20～25 nm，衣壳上有32个壳粒，在细胞质内复制。用感染细胞做超薄切片，在电子显微镜下可看到细胞质内呈晶格状排列的口蹄疫病毒。

口蹄疫病毒有7个不同的血清型，分别为A、O、C、南非（SAT）1、南非（SAT）2、南非（SAT）3及亚洲1型，各型之间无交互免疫保护作用，每一血清型又有若干个亚型。各亚型之间的免疫性存在不同程度的差异。

口蹄疫病毒对外界环境的抵抗力较强，污染物品，如饲草、被毛和木器上的病毒可存活几周，厩舍墙壁和地板上的干燥分泌物中的病毒可以存活1个月（夏季）至2个月（冬季）。日光直射能使口蹄疫病毒迅速灭活，70 ℃作用10 min、80 ℃作用1 min、1%氢氧化钠作用1 min或pH≤3时也可灭活病毒。最常用的消毒液是1%氢氧化钠。

（二）致病性

在自然条件下，牛、猪、山羊和绵羊等偶蹄动物对口蹄疫病毒易感，水牛、骆驼、鹿等偶蹄动物也能感染，而马和禽类不感染。病畜口、鼻、蹄等部位出现水疱为主要症状，且可能跛行。不同动物的症状稍有不同，怀孕母牛可能流产，然后导致繁殖力降低。猪则以跛蹄为最主要的症状。山羊和绵羊的症状通常比牛温和。实验动物中豚鼠最易感，但大部分可耐过，因此常用其做病毒的定型试验。乳鼠对本病毒很易感，可用以检出组织中的微量病毒。皮下注射 7～10 日龄乳鼠，数日后出现后肢痉挛性麻痹，最后死亡，其敏感性比豚鼠足垫注射高 10～100 倍，甚至比牛舌下接种更敏感。其他动物如猫、犬、仓鼠、野鼠、大鼠、小鼠、家兔等均可人工感染。小鼠化和兔化的口蹄疫病毒对牛毒力显著减弱，可用于制备弱毒疫苗。人类偶能感染，多发生于与患畜密切接触人员或实验室工作人员，且多为亚临床感染，可能出现发热、食欲差以及口、手、脚产生水疱。

(三)微生物学诊断

口蹄疫诊断必须在指定的实验室进行。

1. 分离病毒

将患有口蹄疫病的组织样本接种到敏感性较高的原代牛甲状腺细胞或羔羊、牛、猪原代肾细胞中进行病毒分离，也可用于 IB-RS-2 和 BHK-21 传代细胞培养。然后通过鉴定病毒的形态、抗原特性和基因序列等来确定病毒类型。

2. 动物接种

将病毒液接种 3 日龄乳鼠，每只乳鼠颈背部皮下接种 0.2 mL，同时设健康对照，对照乳鼠颈背部皮下接种 0.2 mL 0.04 mol/L pH 7.4 PBS。接种 12 h 以后，要对乳鼠进行连续观察。健康对照乳鼠应在整个病毒分离期间，无异常表现。通常在接种 2～3 d 后，实验乳鼠出现口蹄疫感染症状，常表现出后腿运动障碍、麻痹，头部不能抬起，呼吸紧张，死亡等症状。发病或病死乳鼠在解剖时常可见膀胱积尿。

3. 血清学检查

口蹄疫血清学诊断就是通过检测动物体液中的特异性抗体如血清等，对口蹄疫病毒感染和免疫状况做出诊断。常见方法有病毒中和试验、凝集试验、琼脂凝胶免疫扩散试验和酶联免疫吸附试验(ELISA)等，其中最常用的检测方法是病毒中和试验和酶联免疫吸附试验。

4. 分子生物学检查

通过采集患病动物的血液、唾液、尿液、粪便等样本，使用 PCR、RT-PCR 等分子生物学技术，检测样本中是否存在口蹄疫病毒的核酸。核酸检测是口蹄疫诊断中较为敏感的方法之一，在病毒感染初期即可检测出病毒。

(四)防治

由于本病毒的传染力高，控制措施必须非常严格。无病地区严禁从疫区调运牲畜及有关畜产品，如乳制品、皮毛等。一旦发病，应立即封锁现场，焚毁或深埋病畜。疫区周边的畜群应接种疫苗，建立免疫防护带。人工主动免疫可用弱毒苗或灭活苗。牛 O 型口蹄疫灭活疫苗系选择抗原谱广、抗原性和免疫原性良好的牛源强毒 OA/58 为毒种，接种于 BHK-21 传代细胞系单层培养，制备病毒抗原，经(BEI)灭活，加矿物油佐剂制成的乳剂疫苗，用于各种年龄的黄牛、水牛、奶牛、牦牛预防接种和紧急接种，免疫持续期为 6 个月。猪 O 型口蹄疫灭活疫苗是用猪源强毒接种 BHK-21 或 IBRS-2 细胞单层，收获细胞毒液，经二乙烯亚胺(BEI)灭活，与油佐剂混合乳化制成，用于预防猪 O 型口蹄疫，免疫持续期 6 个月。口蹄疫 O 型鼠化弱毒活疫苗是用口蹄疫 O 型鼠化弱毒株接种乳兔，收获含毒组织并磨碎，将病毒浸出液加入等量甘油制成，用于预防 1 岁以上的黄牛、牦牛和 4 个月以上的绵羊、山羊 O 型口蹄疫。

五、小反刍兽疫病毒

小反刍兽疫病毒(peste des petits ruminants virus,PPRV)又名小反刍兽瘟病毒,主要感染山羊和绵羊,类似于牛瘟,以发热、口炎、腹泻、肺炎为特征。

(一)生物学特性

小反刍兽疫病毒属副黏病毒科麻疹病毒属,为单股负链 RNA 病毒。与牛瘟病毒有相似的物理化学及免疫学特性。根据 N、F 和 H 基因序列的差异,PPRV 可分为四个基因谱系,其中Ⅰ、Ⅱ、Ⅲ系分离于非洲地区,Ⅳ系主要分离于亚洲地区,PPRV 只有一个血清型。

(二)致病性

小反刍兽疫病毒可引起一种急性病毒性传染病,主要感染小反刍动物,以发热口炎、腹泻、肺炎为特征。此病山羊和绵羊易感,山羊的发病率和病死率均高,WOAH 将其列为法定报告动物疫病。

(三)微生物学诊断

1. 分离病毒

采集眼睑下结膜分泌物和鼻腔分泌物、颊部、直肠黏膜病料拭子,血液,组织脏器,精液等,接种羔羊原代肾细胞或 Vero 细胞进行分离,将可疑病料接种单层细胞培养物,逐日观察细胞病变(CPE),存在 PPRV 的样品可在 5 d 内形成 CPE,表现为细胞圆化、聚集,在羔羊细胞内形成核环形排列的、呈"钟盘状"外观的合胞体;在 Vero 细胞内能见到合胞体,多数在染色时可见小的合胞体。

2. 包涵体检查

小反刍兽疫病毒对胃肠道淋巴细胞及上皮细胞具有特殊的亲和性,故能引起特征性病变。感染细胞中出现嗜酸性胞浆包涵体(极少有核内包涵体),并可形成多核巨细胞。脾脏、扁桃体、淋巴结细胞坏死。消化道上皮细胞发生坏死,感染细胞发生核固缩和核破裂,在表皮生发层形成含有嗜酸性胞浆包涵体的多核巨细胞。

3. 动物接种

将病毒液接种于小鼠,同时设立健康对照组。对接种后的小鼠进行连续观察,并记录发病及死亡情况,死亡小鼠立即剖检,观察记录病变情况。

4. 血清学检查

血清学诊断技术可细分为酶联免疫吸附试验(ELISA)、对流免疫电泳试验(CIE)、病毒中和试验(VNT)、琼脂凝胶免疫扩散试验(AGID)等。其中,WOAH 将 ELISA、VNT 作为诊断小反刍兽疫的标准检测方法,尤其是酶联免疫吸附试验的应用频率最高。

5. 分子生物学检查

常用的分子生物学检测法有 RT-PCR、实时荧光定量 PCR 等。具有特异性强、灵敏度高、响应时间短等优点,但是其 RNA 易降解、样品易污染,诊断结果可能出现假阴性、假阳性,且检测成本居高不下,再加上操作相对复杂,不太适用于普及性检验检疫和流行病学调查。

(四)防治

1. 检疫监管

禁止来自涉疫地区的牛羊及相关产品调入，严厉打击从疫区调运牛羊及相关产品、不按规定处置染疫动物及相关产品等违法行为。

2. 疫情报告

任何单位和个人发现以发热、口炎、腹泻为特征，发病率、病死率较高的山羊和绵羊疫情时，应立即向当地动物疫病预防控制机构报告。

3. 疫苗免疫

小反刍兽疫弱毒疫苗(Clone 9 株)安全有效，保护期长，一次免疫可保护 3 年。怀孕母羊、羔羊均可接种。所有 1 月龄以上的羊进行一次全面免疫后，每年春秋两季对未免疫的新生羊进行补免，同时对免疫满 3 年的羊追加免疫一次。

六、禽流感病毒

禽流感病毒能使家禽或野生鸟类发生禽流感，也可感染包括人类在内的哺乳动物。高致病性禽流感(HPAI)已经被 WOAH 定为 A 类传染病，并被列入国际生物武器公约动物类传染病名单。我国把高致病性禽流感列为一类动物疫病。

(一)生物学特性

禽流感病毒(AIV)属于正黏病毒科、甲型流感病毒属。典型病毒粒子呈球形，也有的呈杆状或丝状，直径 80～120 nm。含单股 RNA，核衣壳呈螺旋对称。外有囊膜，囊膜表面有许多放射状排列的纤突。纤突有两类，一类是血凝素(H)纤突，另一类是神经氨酸酶(N)纤突。H 和 N 是流感病毒两个最为重要的分类指标，二者又以不同的组合，产生多种不同亚型的毒株，不同的 H 抗原或 N 抗原之间无交互免疫力。H5N1、H5N2、H7N1、H7N7 及 H9N2 是引起鸡禽流感的主要亚型。不同亚型的毒力相差很大，高致病力的毒株主要是 H5 和 H7 的某些亚型毒株。禽流感病毒能凝集鸡、牛、马、猪和猴的红细胞。

禽流感病毒能在鸡胚、鸡胚成纤维细胞中增殖，病毒通过尿囊腔接种鸡胚后，经 36～72 h，病毒量可达最高峰，导致鸡胚死亡，并使胚体的皮肤、肌肉充血和出血。高致病力的毒株 20 h 即可致死鸡胚。大多数毒株能在鸡胚成纤维细胞培养形成蚀斑。

禽流感病毒在 55 ℃作用 60 min 或 60 ℃作用 10 min 即可灭活。紫外线以及大多数消毒药和防腐剂可将其杀死。在干燥的尘埃中能存活 14 d。

(二)致病性

禽流感病毒除感染鸡和火鸡外，也可感染鸭、鸽、鹅、鹌鹑、麻雀等，脑内接种小鼠可使其发病，并可形成包涵体。禽流感发病急，致死率高达 40%～100%。血液及组织液中病毒滴度高，直接接触或间接接触均可传染。哺乳动物的流感病毒仅在呼吸道和肠道增殖，但禽流感病毒的大多数强毒株感染鸡或火鸡可出现病毒血症，导致胰腺炎、心肌炎、肌炎及脑炎等。在发病后 3～7 d 可检出中和抗体，在第 2 周时达到高峰，可持续 18 个月以上。有些毒株感染虽然发病率高，但死亡率较低。主要引起呼吸道感染、产蛋率下降或呈隐性感染，只引起少量死亡或不死亡。

（三）微生物学诊断

禽流感病毒的分离和鉴定应在指定的实验室进行。

1. 分离病毒

分离病毒时可用棉拭子从病禽（或病禽尸体）气管及泄殖腔采取分泌物组织样品充分研磨，按照 1 g 样品加入 10 mL PBS 的比例配成悬液，离心取上清液经尿囊腔途径接种 9～11 d 无特定病原体鸡胚，每个样品接种 3～5 枚鸡胚，在 37 ℃孵化箱内孵育，每天上午和下午定点观察鸡胚死亡情况。无菌收取死胚及 96 h 仍存活鸡胚的尿囊液，检测 HA 活性。若无 HA 活性，则收取尿囊液进行盲传，至少盲传 1 代，若仍阴性，则认为病毒分离阴性；若有 HA 活性说明可能有正黏病毒科的流感病毒，可进一步验证。

2. 动物接种

将含病毒的鸡胚尿囊液用灭菌生理盐水做 1∶10 稀释，静脉接种 4～8 周龄 SPF 鸡 8 只，每只 0.2 mL，隔离饲养观察 10 d，死亡≥6 只者，判定为高致病力禽流感病毒。

3. 血清学检查

采取尿囊液，做血凝和血凝抑制试验或 ELISA 等，对该病毒进行诊断检测。毒力分析可将分离毒株做空斑试验，检测其毒力，有毒株能产生空斑，无毒株不能产生。

4. 分子生物学检查

常用的分子生物学检测法有 RT-PCR、实时荧光 RT-PCR 等方法，具有检测速度快、灵敏度高、特异性强、准确性高的特点。

（四）防治

高致病性禽流感被 WOAH 列为 A 类疫病，一旦发生应立即上报。国内主要措施为防止病毒传入及蔓延。养禽场还应侧重防止病毒由野禽传给家禽，要有隔离设施阻挡野禽。一旦发生高致病性禽流感，应采取断然措施防止扩散。我国规定对确定为 HPAI 疫点周围 3 km 范围内所有禽类要全部扑杀，禽尸体进行无害化处理，严格消毒。疫区周围 5 km 范围内所有禽类应进行强制性免疫。疫区 10 km 范围内禁止活禽交易，6 个月不许养禽。

疫苗免疫接种是目前防控禽流感最有效的方法。核酸疫苗主要是 DNA 疫苗，优点是注射剂量低，免疫保护力持久，且制备简单，易批量生产、成本低、储运方便，免疫效果不受机体免疫功能和母源抗体的影响，缺点是免疫效率和表达效率低，而且核酸疫苗可能会携带抗生素基因，存在生物安全隐患；重组活载体疫苗，可使用痘病毒、新城疫病毒、火鸡疱疹病毒、禽腺病毒作为载体制备疫苗，此类疫苗具有灭活疫苗的优势，使用方便，又可以做到“一针多防”，但是载体的免疫与目的抗原的免疫会发生竞争；亚单位疫苗，生物安全性高，其制备过程中使用的佐剂虽然能显著增强疫苗的免疫原性，但是此类疫苗不能刺激机体产生较强的免疫应答反应，诱导免疫保护期短，且制作成本高，应用不广泛；基因工程重组灭活苗，2006 年以后在我国使用较为广泛，相比于传统灭活苗，此类疫苗在安全性、生产难易程度、免疫效果上都有明显提升；减毒活疫苗，稳定性好，免疫原性高，接种方法简单，一次免疫即可刺激机体产生良好的免疫保护力，但是要警惕其“毒力返祖”现象，使用不当，可能引起禽发病；灭活疫苗在安全性、稳定性、贮存运输、生产周期，以及针对流行毒株的保护效率等方面都具有优势，但是需要接种 2 次以上才能产生高水平抗体，免疫保护期短，并且不能中和变异产生的新病毒。

七、犬瘟热病毒

犬瘟热病毒是引起犬瘟热的病原体。犬瘟热是犬科、浣熊科、鼬科及猫科动物的高度接触性急性传染病。以双相热、鼻炎、支气管炎、卡他性肺炎、严重的胃肠炎和神经症状为特征。

(一)生物学特性

本病毒为单负股 RNA 病毒，属副黏病毒科的副黏病毒亚科、麻疹病毒属，病毒粒子多数呈球形，有时为不规则形态。病毒颗粒直径为 150～300 nm，核衣壳呈螺旋对称排列。

犬瘟热病毒对理化因素抵抗力较强。病犬脾组织内的病毒在－70 ℃环境可存活 1 年以上，在 4 ℃环境下只能存活 7～8 d，冻干病毒可以长期保存。55 ℃作用 30 min 以上或 100 ℃作用 1 min 以上可灭活，2%氢氧化钠作用 30 min 灭活，3%氢氧化钠作用迅速死亡，3%甲醛和 5%石炭酸溶液均能灭活本病毒。生长最适 pH 为 7～8，在 pH 4.4～10.4 条件下可存活 24 h。

(二)致病性

本病主要侵害幼犬，但狼、狐、豺、鼬鼠、熊猫、浣熊、山犬、野犬、狸和水貂等动物也易感。雪貂对犬瘟热病毒特别易感，自然发病的死亡率高达 100%，因此，常用雪貂作为本病的实验动物。人和其他家畜无易感性。患病动物在感染后第 5 天临床症状出现之前，所有的分泌物及排泄物均排毒，有时持续数周。传播方式主要是直接接触及气雾传播。幼龄犬比成年犬更易感，4～6 月龄的幼龄犬不再有母源抗体的保护，最易感。

犬瘟热病毒首先在上呼吸道及结膜上皮细胞复制，继而在局部淋巴结复制后被淋巴细胞携带进入血流，产生初始毒血症，同时伴有第一次发热，此时病毒散播到网状内皮系统。在淋巴器官增殖的病毒被淋巴细胞及单核细胞携带进入血流，产生二次病毒血症，伴有第二次体温升高。

(三)微生物学诊断

1.分离病毒

从自然感染病例分离病毒比较困难。通常用易感的犬或雪貂分离病毒，也可以用犬肾原代细胞、鸡胚成纤维细胞及犬肺巨噬细胞进行分离。

2.包涵体检查

包涵体主要存在于病犬的膀胱、胆管、胆囊、肾盂的上皮细胞内。可用涂片法诊断犬瘟热。吉姆萨染色镜检，可见细胞核为淡蓝色，细胞质为淡玫瑰红色，包涵体在细胞质内，呈圆形或椭圆形(1～2 μm)，染为红色，一个细胞内可发现 1～10 个包涵体。

3.动物接种

常选择水貂进行动物实验。每只水貂滴鼻 2 mL、腹腔注射 4 mL 病毒液，实验同时设立对照组，攻毒后观察 21 d，每日观察水貂的临床表现，包括精神状态、食欲、粪便、眼鼻分泌物、鼻镜、足垫等，攻毒后7～14 d采集眼鼻拭子，用CDV胶体金试纸条检测排毒情况。

4. 血清学检查

常用补体结合试验、中和试验、ELISA、胶体金试验等进行血清学诊断。

5. 分子生物学检查

可取临死前动物外周血淋巴细胞或剖检动物的肺、胃、肠及膀胱组织做压片或提取RNA，用免疫组化技术或RT-PCR检测病毒。

(四)防治

检疫、卫生及免疫是控制本病的关键措施。本病毒相当脆弱，任何规范的消毒都可杀灭犬舍中的病毒。耐过犬瘟热的动物可以获得坚强的甚至终生的免疫力。幼龄犬免疫接种的日龄取决于母源抗体的滴度。可在6周龄时用弱毒疫苗免疫，每隔2～4周再次接种，直至16周龄。治疗可用高免血清或纯化的免疫球蛋白。

八、新城疫病毒

新城疫病毒能使鸡和火鸡发生新城疫，又称亚洲鸡瘟或伪鸡瘟。此病具有高度传染性，死亡率在90%以上，对养鸡业危害极大。

(一)生物学特性

新城疫病毒(NDV)是RNA病毒，属于副黏病毒科、副黏病毒亚科、腮腺炎病毒属。病毒呈球形，直径140～170 nm，能凝集鸡、鸭、鸽、火鸡、人、豚鼠、小鼠等的红细胞，这种血凝性能被特异的抗血清所抑制，多用鸡胚或鸡胚细胞培养来分离病毒。

新城疫病毒对外界环境的抵抗力较强，55 ℃作用45 min或阳光直射下作用30 min才被灭活。病毒在4 ℃中可保存数周，在－20 ℃中可保存数月，在－70 ℃中保存数年。

NDV只有一个血清型，但毒株的毒力有着较大差异，可分为多种基因型，这主要取决于其HN及F蛋白的裂解及活化。无毒株的HN及F蛋白为无活性的前体，有毒株的这些前体可被组织内的蛋白酶切割并活化。病毒只有在具有嗜性的感染组织才能裂解活化和扩散。强毒型致死率可达100%，引起广泛的出血性损伤。天然弱毒株已作为疫苗使用。

(二)致病性

新城疫病毒对鸡有很强的致病力，对水禽、野禽的致病力较差。强毒株可引起火鸡感染但症状轻。哺乳动物中牛及猫也有感染死亡的病例。绵羊、猪、猴、小鼠及地鼠可用人工方法感染。

本病毒通过气雾、污染的食物及饮水传播。病毒首先在呼吸道及肠道黏膜上皮复制，借助血流扩散到脾及骨髓，产生二次病毒血症，从而感染肺、肠及中枢神经系统。因肺充血及脑内呼吸中枢的损伤导致呼吸困难。本病毒的相对稳定性及广泛的宿主范围有利于在种群之间的机械传递。弱毒株主要经卵传递。耐过鸡可通过分泌物及排泄物至少排毒4周，有的持续感染鸡甚至在接种疫苗后40 d左右仍能排出所感染的野毒。

(三)微生物学诊断

1. 分离病毒

采集病料制成的匀浆液，通过鸡胚尿囊腔接种 9～11 日龄鸡胚分离病毒，若病毒能凝集鸡、人及小鼠的红细胞，再做血凝抑制试验进行鉴别。

2. 动物接种

经确定仅为新城疫病毒的情况下，将新鲜感染的尿囊液进行稀释，脑内接种出壳后 24～48 h SPF 雏鸡，观察 8 d 的病死量，计算致病指数，测定病毒毒力。

3. 血清学检查

可用血凝抑制试验作为监测手段。此外，还可应用 ELISA 检测新城疫病毒。

4. 分子生物学检查

采样后可使用 PCR 技术或 RT-PCR 技术进行诊断，灵敏度高，特异性强。

(四)防治

新城疫是 WOAH 规定的 A 类疫病，许多国家都有相应的立法。防治需采取综合性措施，包括卫生、消毒、检疫和免疫等。由于 NDV 只有一个血清型，所以疫苗免疫效果良好。通常采用由天然弱毒株筛选制备的活疫苗及强毒株制备的油乳剂灭活苗。

目前，我国常用的弱毒疫苗的毒株有 Mukteswar 系(又称印度系)、B1 系、F 系以及 LaSota 系四种，制备的疫苗分别称为Ⅰ、Ⅱ、Ⅲ、Ⅳ系疫苗。其中Ⅰ系疫苗为中毒型，适用于经新城疫弱毒苗(如Ⅱ、Ⅲ、Ⅳ系)免疫过的 2 月龄以上的鸡，不得用于雏鸡。常用方法是皮下刺种和肌内注射。Ⅱ、Ⅲ、Ⅳ系疫苗毒力较弱，适用于所有年龄段的鸡，可采用饮水、气雾、滴眼或滴鼻途径。免疫后约 1 周可产生免疫保护，产蛋鸡应每 4 个月免疫 1 次。新城疫的免疫接种除使用弱毒疫苗外，近 10 年新城疫油佐剂灭活苗的应用也很广泛。由于鸡在免疫接种后 15 d 仍能排出疫苗毒，有些国家规定鸡在免疫接种 21 d 后才可调运。

九、猪圆环病毒

猪圆环病毒(porcine circovirus，PCV)是迄今发现的最小的动物病毒之一。1982 年德国科学家在猪肾细胞系 PK15 中发现第一个与动物有关的圆环病毒，命名为 PCV1(Porcine circovirus 1)。1997 年在法国首次分离到 PCV2(Porcine circovirus 2)型病毒，PCV2 存在于患僵猪综合征的仔猪，所致疾病称为断奶猪多系统衰竭综合征(post－weaningmultisystemic wasting syndrome，PMWS)，PCV2 感染还与繁殖障碍、皮炎与肾病综合征、呼吸道疾病等有关，统称为猪圆环病毒相关疾病(porcine circovirus－associated disease，PCVAD)。PCV3(Porcine circovirus 3)首次发现于 2016 年，该基因型主要引起育肥猪皮炎肾病综合征(PDNS)、母猪生殖功能障碍等。PCV4(Porcine circovirus 4)首次在 2019 年于中国湖南发现，该病毒主要从临床表现为呼吸道症状、PDNS 及腹泻症状的病猪中分离获得，目前有关 PCV4 基因型的研究较少。

(一)生物学特性

猪圆环病毒(Porcine circovirus，PCV)属圆环病毒科(Circoviridae)，病毒颗粒无囊膜，

20 面体对称，直径 17 nm。病毒颗粒常可见于感染细胞，以珍珠串样排列。PCV 分为 4 个基因型：PCV1、PCV2、PCV3 和 PCV4，不同基因型毒株又可分为多个亚型。PCV1 基因组全长不到 1 800 bp，基因组大小与 PCV2、PCV3、PCV4 相似。PCV2 共有 PCV2a、PCV2b、PCV2c、PCV2d、PCV2e、PCV2f 六种基因型。PCV2 可在 PK15 细胞上生长，但不产生细胞病变，D 氨基葡萄糖能够促进其增殖。PCV2 的变异度不大，各国分离株序列的基因组 96% 相似。PCV3 基因组全长约为 2 000 bp。PCV4 的基因组全长为 1 770 bp，是 PCV 中最晚被发现的亚型。

猪圆环病毒在环境中极其稳定，能抵抗 60 ℃ 30 min 以及 pH 3～9。

(二)致病性

PCV2 感染所致 PMWS 自然病例的外周血中单核细胞和未成熟粒细胞增加，而 $CD4^+$ T 细胞和 B 细胞数量减少，提示感染猪的免疫功能受到抑制。近年的试验表明，单独 PCV2 感染并没有明显致病作用。一些病原体如猪繁殖与呼吸综合征病毒、猪细小病毒、猪细环病毒、伪狂犬病病毒、多杀性巴氏杆菌、猪肺炎支原体等有协同致病作用。免疫刺激、环境因素以及其他应激因素（如运输和猪的混群）也是发病诱因。急性 PMWS 的死亡率可达 10%，如有继发感染还可升高。除粪口途径感染外，PCV2 还可垂直传递。

PCV3 的感染过程始于病毒颗粒与宿主细胞表面特定受体的结合，其详细机制仍在探索中。PCV3 的传播主要通过垂直和水平途径进行，垂直传播是病毒利用生殖道通过母猪传播给后代的过程；水平传播则主要通过直接或间接接触而发生，如接触被污染的设施、饲料、器械或其他受感染的动物。现阶段研究显示，PCV3 的致病机理与 PCV2 高度相似，也能引起断奶仔猪多系统综合征、猪皮炎肾病综合征等猪圆环病毒病相关症状，且易与其他猪病原体发生混合感染。

(三)微生物学诊断

1. 分离病毒

可取肺脏、淋巴结、肾脏、血清等组织，制成组织悬液后接种于 PK15 细胞进行培养分离，使用免疫荧光染色或荧光定量 PCR 鉴定病毒。

2. 动物接种

取病毒液，采取肌内注射的方式对 4 头 30 日龄未接受过免疫接种的猪只进行注射，每头接种剂量为 2.5 mL，作为试验组；同时取 2 头未接种疫苗，也未注射过病毒的猪只作为空白对照组，隔离饲养，定期采集血液，监测体重变化，体温变化，临床反应等情况，试验组的猪只在注射完病毒后的 28 d 剖杀，观察病理变化，进行 PCR 鉴定、间接免疫荧光鉴定及血清抗体分析。

3. 血清学检查

可通过酶联免疫吸附试验测定血清，该方法具有特异性强、灵敏性高的特征，同时检测速度较快，诊断结果相对准确，操作方法简单，对于大规模生猪养殖场较为适用。也可采用免疫胶体金技术进行检测，具有操作简便，检测速度快的特点。

4. 分子生物学检查

基于分子生物学相关原理对猪圆环病毒进行检测，主要采用 PCR 技术或荧光定量 PCR 诊断方法，试验结果准确度高，特异性强。

（四）防治

目前 PCV2、PCV3 为国内主要流行基因型，且均与其余病毒或细菌等微生物存在二重感染，同时 PCV 各个血清型之间几乎不存在交叉保护力，因而疫苗保护效果较差。目前，针对 PCV2 基因型已研发出 PCV2 灭活疫苗、PCV2 弱毒疫苗、PCV2 亚单位疫苗、PCV2 DNA 疫苗与 PCV2 噬菌体疫苗，这些疫苗均能够保护生猪免受 PCVD 的侵害。但是针对 PCV3 与 PCV4 基因型目前还暂无相关疫苗可以应用。除进行疫苗免疫外，加强猪群饲养管理，搞好环境卫生消毒，控制继发感染也十分重要。

十、猪繁殖与呼吸综合征病毒

猪繁殖与呼吸综合征病毒属脉炎病毒科，几乎遍及世界各地的家猪及野猪，导致严重的经济损失。

（一）生物学特性

病毒颗粒直径为 50～70 nm。核衣壳立体对称，直径 35 nm。有囊膜紧贴，并有蜂窝样的表面结构，为单分子线状正链单股 RNA 病毒。病毒有两个基因型：1 型为欧洲型，代表毒株是 Lelystad 病毒；2 型为美洲型，代表毒株为 VR2332 病毒。在我国的猪群中流行高致病力毒株，人工感染猪死亡率超过 50%。

（二）致病性

感染猪在若干星期内抗体存在的同时出现病毒血症。病毒可穿过胎盘感染仔猪，导致脐带出血性病变，组织学检查可见坏死性脐带动脉炎。猪肺泡巨噬细胞（PAM）为病毒的主要靶细胞，造成免疫抑制。PAM 的病毒受体为唾液酸黏附素、硫酸乙酰肝素及 CD163。

感染猪表现为厌食、发热、耳发绀、流鼻涕等。母猪则表现为子宫内膜炎及子宫肌炎，在怀孕 110 d 左右流产，可见早产、死产、木乃伊胎，产出的仔猪十分衰弱，呼吸困难，在出生 1 周内半数死亡。成年猪也可有某些类似症状。

本病毒在猪群中传播极快，在 2～3 个月内一个猪群 95%以上的猪均变为血清学阳性。许多国家的猪群均检出高滴度的抗体。低温有利于病毒存活，因此在冬季易于流行传播。病毒可经接触、气雾及精液传播。外观健康猪持续感染成为传染源，超过 5 个月还能从其咽喉部分离到病毒。

（三）微生物学诊断

1. 分离病毒

可采肺脏、脾脏、淋巴结等分离病毒，病毒培养较困难，组织悬液做无菌处理后接种于猪肺巨噬细胞、Marc-145 细胞、Vero 细胞、MA-104 细胞进行培养，采用免疫过氧化物酶单层试验（IPMA）或间接免疫荧光试验（IFA），对出现细胞病变的培养物进行鉴定。

2. 动物接种

取病毒液，采取肌内注射的方式分别接种 30 日龄 PRRSV 和 PCV2 阴性仔猪，作为试验组，同时设立空白对照组，隔离饲养，观察、记录和对比各试验组感染猪的临床症状、体温变化、体外排毒、病毒血症及组织病变等情况。

3. 血清学检查

常用的血清学诊断方法包括免疫过氧化物酶单层试验(IPMA)、间接免疫荧光抗体试验(IFA)、血清中和试验(SN)、酶联免疫吸附试验(ELISA)、乳胶凝集试验(LAT)、胶体金标记技术等。其中,ELISA 是目前应用最广泛的检测 PRRSV 抗体的方法,间接免疫荧光抗体试验(IFA)和血清中和试验(SN)也经常被用到。

4. 分子生物学检查

常用的分子生物学检测方法主要有 RT-PCR、套式 PCR、实时 RT-PCR、核酸探针原位杂交技术(ISH)及 DNA 序列测定。利用 RT-PCR 方法可以特异性检测血清、精液和组织中的病毒 RNA。

(四)防治

猪繁殖与呼吸综合征是 WOAH 规定通报的疫病。应加强感染猪场饲养管理、控制继发感染,同时应加强对种猪的检疫,建立无病猪场。常见的猪繁殖与呼吸综合征疫苗包括以下几种。

1. 灭活疫苗

其中最为常见的是经典毒株 CH-1a 研制的疫苗和高致病毒株 NVDCJXA1 株灭活疫苗。灭活疫苗研制生产过程简单,运输与保存较为方便。但缺点是免疫效果差,猪群要进行多次免疫,可能会出现疫苗应答不平衡,或诱发其他疾病。

2. 弱毒活疫苗

常见的弱毒活疫苗有 CH-1R 毒株活疫苗、高致病性 JXA1-R 毒株活疫苗、高致病性毒株 HuN4-F112 株活疫苗、高致病性猪繁殖与呼吸综合征活疫苗 GDr180 株、高致病性猪繁殖与呼吸综合征和猪瘟二联活疫苗(TJM-F92 株+C 株)等。弱毒疫苗可以使病原在免疫动物体内繁殖,使用的剂量小,免疫期较长,使用方便。但弱毒株毒力存在返强现象,有一定的危险性,运输与保存有限制。

3. DNA 疫苗

常见的猪繁殖与呼吸综合征 DNA 疫苗是中国农业大学研制的 PRRSv-BJ24 株 GP5 的 DNA 重组质粒,在小鼠免疫和猪体免疫试验中均会产生体液免疫和细胞免疫,并伴有淋巴细胞的增殖和 NK 细胞杀伤活性。但 DNA 疫苗还没有在生猪养殖业广泛应用,对它的安全存在疑虑,但是与其他的疫苗相比,DNA 疫苗工艺简单,安全性高,存在潜在的使用前景。

4. 重组亚单位疫苗

亚单位疫苗与传统疫苗相比更加安全,疫苗免疫后,没有持续感染,对疾病的预防效果较好,重组亚单位疫苗的应用前景广阔。但该疫苗的生产成本较高,免疫时长较短,要与佐剂联合使用,在使用亚单位疫苗时要注意选择合适的佐剂,保证疫苗的免疫效果。

任务三　常见其他病原微生物

引起动物发生传染病的病原微生物除细菌和病毒外,还有许多其他微生物,如真菌、放线菌、支原体、螺旋体、衣原体等也会引起人和动物传染病的发生。

一、常见病原性真菌

(一)念珠菌属

念珠菌属(*Candida*)为半知菌纲的酵母菌,其种类超过 150 种,白色念珠菌(*C. albicans*)作为典型的病原体,可导致人类及动物患上念珠菌病。本菌常见于人类和动物的消化系统、呼吸系统以及泌尿生殖系统黏膜中,属于条件性致病微生物。

动物感染念珠菌后,会在其消化道黏膜上形成带有乳白色的伪膜样坏死斑点。该疾病主要感染家禽,雏鸡尤其易感,此外,牛、猪、犬类以及啮齿类动物也有易感性。

1. 生物学特性

念珠菌为假丝酵母菌,在病变组织渗出物和普通培养基上产生芽生孢子和假菌丝,不形成有性孢子。菌体圆形或卵圆形,大小为 2 μm×4 μm,革兰染色阳性(图 12-12)。在普通琼脂、血琼脂和沙堡培养基上生长良好。本菌为需氧菌,在室温或 37 ℃条件下培养 1～3 d 可长出菌落。菌落表面光滑,呈灰白色或奶油色,有酵母气味,随着培养时间的增长,菌落体积会逐渐增大。菌落无气生菌丝,但存在向下生长的营养假菌丝,在玉米粉培养基上可长出厚垣孢子,通过这些特性可以进行菌种鉴定。

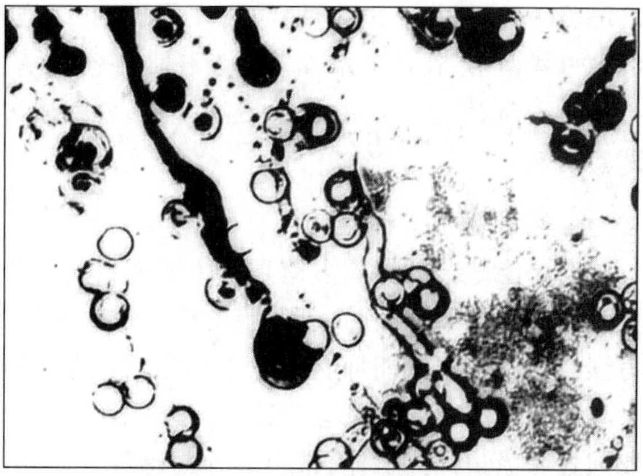

图 12-12　白色念珠菌

白色念珠菌能发酵葡萄糖、麦芽糖、果糖、甘露糖等,产酸产气;发酵蔗糖、半乳糖,产酸不产气;不发酵乳糖、棉子糖等。将本菌的生理盐水悬浮液通过静脉注射至家兔或小鼠体内,4～5 d 后可引起死亡,病理剖检可见肾脏皮质出现白色脓肿。分子生物学检测发现,本菌不同菌株存在细微差别,可分为 10 个亚型。2%甲醛溶液或 1%氧化钠溶液作用 1 h 或 5%氯化碘溶液作用 3 h,可以有效抑制本菌的生长。

2. 致病性

白色念珠菌为条件致病菌,常寄生于机体黏膜部位,如口腔、上呼吸道、肠道、阴道等部位。当机体出现菌群失调或免疫力下降时,可引起念珠菌病。近年来,由于抗生素、激素和免疫抑制剂等的频繁使用,导致念珠菌感染逐渐增多。

3. 微生物学检查

采集坏死的伪膜组织,经氢氧化钾处理后,革兰染色镜检,若发现大量椭圆形酵母状细胞或假菌丝,即可进行初步判断。同时可用血琼脂培养基进行分离培养,初代分离培养可见大量菌落。

4. 防治

为降低感染风险,需采取综合性管理策略。加强饲养管理,提高机体免疫力,正确使用抗生素,可有效预防感染。治疗时可在饮水中添加硫酸铜或在饲料中加入制霉菌素。

(二)隐球菌属

隐球菌属(*Cryptococcus*)种类多达 50 种,其中新生隐球菌(*C. neoformans*)和格特隐球菌(*C. gattii*)是常见的人和动物病原。能够引发马的呼吸道疾病,牛、羊的乳腺炎,以及人类的肺炎和慢性脑膜炎。鸟类尤其是鸽作为本菌的自然宿主,一般不产生致病性。

1. 生物学特性

隐球菌属为酵母样真菌,形态呈圆形或卵圆形,直径为 4~20 μm,在组织中菌体稍大,经培养后变小,通过芽殖方式繁殖。本菌具有胶样物质构成的黏多糖荚膜,厚 1~2 μm,是一种特异的可溶性半抗原。新生隐球菌包括 A、D 和 AD 三个血清型,临床常见的分离菌株是A 型或 D 型;格特隐球菌包含 B、C 两个血清型。本菌在沙堡葡萄糖培养基上生长缓慢,在 20~37 ℃培养 1~2 周可长出白色、皱纹样菌落,继续培养可见乳酪色或淡褐色、湿润、黏稠、光滑的典型酵母样菌落;在血液培养基上生长良好;在 37 ℃下培养能产生黑色素,是判断毒力株的重要指标。本菌对 40~42 ℃极为敏感,能够分解尿素、肌醇、麦芽糖和卫茅醇,不分解乳糖,硝酸盐试验阴性。

2. 致病性

新生隐球菌的荚膜多糖是其主要的致病因子,其作用机理是能抑制机体免疫功能及增加免疫耐受性。研究表明,无荚膜的突变株对小鼠的致病力显著降低,恢复产生荚膜能力后致病力恢复。荚膜多糖能抑制中性粒细胞的吞噬作用,减弱 T 细胞的免疫应答。

新生隐球菌的常见感染途径为外源性感染,菌体广泛存在于鸟类和鸽子的排泄物中。主要通过呼吸道侵入机体,常引起肺部感染。此外,新生隐球菌也属于人体正常菌群之一,当宿主免疫力下降,如患白血病、艾滋病或糖尿病时,可引发内源性感染。新生隐球菌还可通过血液循环从肺部扩散至身体其他部位,尤其容易侵袭中枢神经系统,引发脑膜的亚急性或慢性感染,具有较高的死亡率,并可能扩散至皮肤、黏膜、骨骼及内脏等器官。

3. 微生物学检查

直接镜检时,可采集脑、肺、乳汁、脊髓液、脓汁等制片,印度墨汁负染观察;弱光下观察可见厚壁菌细胞呈圆形,直径 4~20 μm,出芽或不出芽,革兰染色阳性。外围有一层较厚的荚膜,但非致病性隐球菌无厚荚膜。动物实验可给小鼠腹腔或静脉注射 37 ℃培养物或病料乳剂,2~3 周死亡。血清学诊断常用乳胶凝集试验、ELISA、荧光抗体技术进行检测,具有较高的敏感性和特异性。

4. 防治

新生隐球菌广泛分布于全球各地,而格特隐球菌主要分布于热带和亚热带地区。预防本病的主要措施是避免吸入被鸟类排泄物污染的尘埃。减少长期使用皮质类固醇和免疫抑制剂,一旦发病,可以使用两性霉素 B 等药物治疗。

(三)皮肤癣菌

皮肤癣菌(*Dermatophyte*)属于半知菌亚门、丝孢菌纲、丝孢目的丛梗孢科,包括 3 个属,毛癣菌属(*Trichophyton*)、小孢子菌属(*Microsporum*)和表皮癣菌属(*Epidermophyton*)。亲动物性皮肤癣菌主要是毛癣菌属和小孢子菌属,须癣毛癣菌(*T. mentagrophyte*)、犬小孢子菌(*M. canis*)和石膏样小孢子菌(*M. gypseu*)对犬猫具有显著的致病性,可引发脓癣、体癣、须癣和白癣。感染动物表现为极度瘙痒，皮肤上出现圆形脱毛斑、丘疹、渗出液、鳞屑、结痂或脓疱。人类也可通过接触感染的犬猫而患病。

1. 生物学特性

在沙堡葡萄糖琼脂培养基上，于 28 ℃培养 1～3 周，可见犬小孢子菌菌落中心无气生菌丝，表面覆有白色或黄色粉末，周边环绕白色羊毛状气生菌丝；石膏样小孢子菌菌落中心隆起形成一圈小环，周围平坦，表面覆有绒毛样气生菌丝，菌落初呈白色，逐渐变为棕黄色粉末状，并聚集成片；石膏样毛癣菌菌落呈绒毛状，菌丝排列整齐，中央隆起，呈现多种颜色。显微镜下观察可见须癣毛癣菌小分生孢子数量较多，呈球形，常聚集成葡萄状；大分生孢子数量较少，呈棒状，外壁薄而光滑。犬小孢子菌可见大量纺锤形、末端似球状、6 隔以上的厚壁大分生孢子，而小分生孢子较少见。石膏样小孢子菌可见大量较小的纺锤形、4～6 隔的薄壁大分生孢子，小分生孢子数量较少。

2. 微生物学检查

传统的分型鉴定方法主要是基于培养菌落的特征、镜下孢子和菌丝的形态以及生理生化试验。近年来发展的 RAPD、RFLP 等基因分型方法，是以皮肤癣菌的基因组 DNA 为模板进行 PCR 扩增，然后采用指纹图谱分析或酶切后电泳分析限制性片段长度差异。

3. 防治

预防主要采取病患隔离，畜舍、用具消毒的方式，对同群的健康动物，采用 0.5%洗必泰溶液进行预防。轻度感染者通常采用局部治疗方式，清除皮屑、痂皮，涂擦克霉唑软膏、咪康唑软膏等；重度感染者除局部治疗外，还应内服灰黄霉素、酮康唑等抗真菌药物，以加强治疗效果。

（四）烟曲霉

烟曲霉菌（*A. fumigatus*）是曲霉菌属致病性最强的霉菌，常引起家禽的曲霉性肺炎及呼吸器官组织炎症，并形成肉芽肿结节，也可感染哺乳动物和人。在混合感染病例中，除烟曲霉外，还可见黄曲霉、黑曲霉、构巢曲霉、青霉菌及毛霉菌。

1. 生物学特性

烟曲霉在形态与结构方面与其他曲霉属成员相似，其菌丝透明或略带绿色，分生孢子梗较短，长度通常小于 300 μm，顶囊直径 20～30 μm，单层小梗，长 6～8 μm，末端着生分生孢子，孢子链长 400～500 μm（图 12-13）。分生孢子呈圆形或卵圆形，直径 2～3.5 μm，呈灰色、绿色或蓝绿色。

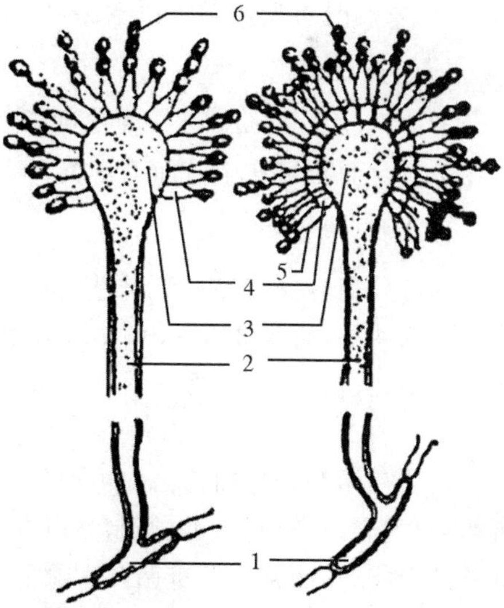

1.足细胞　2.分生孢子柄　3.顶囊　4.初生小梗　5.次生小梗　6.分生孢子

图 12-13　曲霉菌形态结构

在葡萄糖马铃薯培养基、沙堡培养基、血琼脂培养基上，于 25～37 ℃培养，生长较快，菌落最初呈白色绒毛状，后迅速变为绿色、暗绿色以及黑色，有的菌株呈黄色、绿色和红棕色。在感染宿主组织时，烟曲霉能够生成多种免疫抑制性真菌毒素，如胶霉毒素（GT）、烟曲霉素、烟曲霉酸和烟曲霉溶血素等。这些毒素能够抑制中性粒细胞的移动、超氧化物的生成以及抗真菌素的产生，其中以GT的抑制效果最为显著。

烟曲霉在自然界中分布广泛，具有强大的产孢能力，其孢子常见于禽舍地面、垫草、用具及空气中。孢子对外界理化因素的作用有较强的抵抗力，煮沸5 min灭活，一般消毒液作用1～3 h能灭活。烟曲霉对多数抗生素不敏感，但制霉菌素、两性霉素B、灰黄霉素和碘化钾对该菌种具有一定的抑制作用。

2. 致病性

本菌在感染组织的过程中，可释放一种蛋白质毒素，这种毒素能引发动物组织的痉挛和麻痹，最终导致宿主死亡。烟曲霉的孢子和菌丝侵入家禽的腔性器官并进行繁殖，导致器官机械性阻塞，在毒素的作用下，常引发曲霉菌性肺炎，尤其是对幼禽敏感性极高。在潮湿条件下，曲霉孢子能够穿透蛋壳，进入蛋内，导致蛋品腐败、胚胎死亡，或导致雏鸡出现曲霉菌性肺炎。毒素的提取物对家兔、豚鼠、小鼠和禽表现出毒性作用，兔和犬尤为敏感，鸽子可表现出一定的抵抗力。

3. 微生物学检查

结合临床症状和病理变化进行综合诊断十分必要。微生物学检查时采取病料，如肺部结节、鼻腔分泌物、痰液或病损处刮取物，制成切片或压片镜检。在高倍镜下观察，可见分隔菌丝、分生孢子梗及孢子等结构。分离培养可见菌落呈暗绿色至黑褐色，分生孢子梗逐渐膨大形成烧瓶状顶囊，单层小梗着生于顶囊的上半部，小梗和分生孢子链沿着与分生孢子梗平行的方向升起。

4. 防治

防治主要措施是加强饲养管理，不使用发霉的垫草，环境及用具保持清洁，育雏室注意通风干燥，发病时可使用制霉菌素。

（五）黄曲霉

黄曲霉(*A. flavus*)是一种常见的腐生真菌，多见于霉变的粮食、粮制品及其他霉腐的有机物上。黄曲霉可产生黄曲霉毒素，不仅能引起畜禽中毒死亡，而且有致癌作用。

1. 生物学特性

菌丝分支分隔，分生孢子梗壁厚、无色，直径10～20 μm；顶囊大、呈球状或近似球状，小梗为一层或两层，直径300～400 μm；分生孢子呈圆形或椭圆形，呈链状排列。在培养基上，最初出现扁平、灰白色菌落，后菌落出现放射状皱纹，颜色转为黄色至暗绿色，菌落背面为无色至淡红色。

黄曲霉菌和寄生曲霉菌均可产生黄曲霉毒素。该毒素常见于霉变的花生、玉米等谷物，在鱼粉、肉类产品、腌制鱼类、奶制品以及肝脏中也可检测到。黄曲霉菌中有30%～60%的菌株具有产毒能力，而寄生曲霉菌几乎都能产生黄曲霉毒素。

黄曲霉毒素是一类结构相似的化合物，基本结构都是二氢呋喃氧杂萘邻酮的衍生物，包括一个双呋喃环和一个氧杂萘邻酮，前者为毒性结构，后者与致癌有关。从化学结构上可分为18种，其中B1、B2、G1、G2、M1、M2较为常见。M1、M2是人类或哺乳动物摄入B1、B2后经体内循环代谢产生，主要存在于动物的代谢产物中，如尿液和排泄产物。其毒素能被强碱(pH 9～10)和氧化剂分解。在水中溶解度低，溶于油及一些有机溶剂(如氯仿、甲醇)，不溶于乙醚、石油醚，对热稳定，裂解温度为280 ℃以上。

2. 致病性

黄曲霉毒素对多种动物表现出毒性作用，猪、鸭、兔、猫、犬敏感性较高，羊、猴、豚鼠、小鼠敏感性较低。根据黄曲霉毒素的毒性作用，可将中毒分为三类，即急性或亚急性、慢性和致癌性。

急性或亚急性中毒：雏鸭急性中毒时，主要出现肝细胞变性、坏死、出血等。其毒性比氰化钾大 100 倍，仅次于肉毒毒素，是霉菌毒素中毒性最强的一种。

慢性中毒：人或动物持续地摄入一定量的黄曲霉毒素，引起中毒，主要呈现肝脏的慢性损伤。

致癌性中毒：人和动物长期摄入较低水平的黄曲霉毒素，或在短期摄入一定数量的黄曲霉毒素，经过较长时间后发生肝癌。

实验证明，黄曲霉毒素是目前已知最强烈的致癌物质之一，其致癌强度，比二甲基偶氮苯高 900 倍以上。除引发肝癌外，还能诱变胃腺癌、肾癌、直肠癌等其他肿瘤。各种黄曲霉毒素中，B1 的毒性和致癌性最强，其次是 G1。黄曲霉污染物中，最常见的是黄曲霉毒素 B1，其含量最高。

3. 微生物学诊断

对该病症的诊断主要依赖于对毒素的检测。从疑似含毒饲料中提取毒素，饲喂 1 日龄鸭，可观察到肝脏坏死、出血以及胆管上皮细胞增生等症状；此外，也可以采用薄层层析技术来测定毒素。薄层色谱法是毒素检测的经典方法，但其检测效率较低；ELISA 适用于处理大批样本，但可能会出现假阳性结果，适用于初筛。进一步确诊可使用免疫亲和柱-高效液相色谱法（IACHPLC）。

4. 防治

预防措施同烟曲霉，一旦中毒发生，治疗意义不大。

二、牛放线菌

放线菌属于单细胞原核微生物，能够形成分枝状菌丝，其细胞壁含有与细菌相同的肽聚糖，不产生芽孢和分生孢子，菌落由有隔或无隔菌丝组成，革兰染色阳性。介于细菌和真菌之间。放线菌分布广泛，多数无致病性，少数对动物有致病性，其中牛放线菌较为常见。

1. 生物学特性

（1）形态及染色。形态随生长环境而异，在培养基上呈短杆状或棒状，可形成“Y”“V”或“T”形排列的无隔菌丝，直径为 0.6～0.7 μm。老龄培养物常呈分枝丝状或杆状。本菌无荚膜、无鞭毛，不产生芽孢，革兰染色阳性。在感染灶中，可观察到类似大头针帽大小的黄白色小菌块，形似硫黄颗粒，此颗粒压片镜检呈菊花状，菌丝末端膨大并呈放射状排列。革兰染色菌块中央呈阳性，周围膨大部分呈阴性。

（2）培养及生化特性。本菌为厌氧或微需氧菌，在 10% CO_2 环境中生长良好。初代培养需在厌氧条件下进行，最适温度 37 ℃，pH 7.2～7.4。培养基中加入甘油、血清或葡萄糖等营养物质时生长良好。在血琼脂上，37 ℃厌氧培养 24 h 可见半透明、乳白色、不溶血的粗糙型菌落，紧贴在培养基上，呈小米粒状，无气生菌丝。

本菌能分解葡萄糖、果糖、乳糖、麦芽糖、蔗糖，产酸不产气，不分解木糖、鼠李糖和甘露醇，不液化明胶，不还原硝酸盐，能产生硫化氢，甲基红试验阴性，尿素酶试验阳性。

(3)抵抗力。本菌对干燥、高热、低温抵抗力很弱，80 ℃作用 5 min 或 0.1%升汞作用 5 min 可灭活。对石炭酸抵抗力较强，对青霉素、链霉素、红霉素、四环素、头孢霉素、林可霉素及磺胺类药物敏感，但药物很难渗透到脓灶中，故难以达到杀菌目的。

2. 致病性

主要侵害牛和猪，奶牛发病率较高，人无易感性。牛感染放线菌后主要侵害颌骨、唇、舌、咽、齿龈、头颈部皮肤及肺，常见颌骨缓慢肿大，猪感染后病变常见于乳房。

3. 微生物学诊断

取少量脓汁加入无菌生理盐水中冲洗，沉淀后将硫黄样颗粒放在载玻片上，加 5%KOH 1 滴，盖上盖玻片用力按压镜检，可见菊花形或玫瑰花形菌块，周围有屈光性较强的放射状、棒状体。如果将压片加热固定，革兰染色镜检，可见放射状排列的菌丝，结合临床特征即可做出诊断。必要时可做病原的分离。

4. 防治

(1)预防。避免低洼潮湿区域放牧。饲喂干硬饲料和糠壳或有芒刺饲料前应软化、调制饲料，避免口腔黏膜损伤。防止皮肤和黏膜外伤，一旦出现外伤应及时治疗。手术时应严格消毒，以防止本菌菌丝和孢子的侵入。

(2)治疗。可通过手术切除放线菌硬结和瘘管，用 10%碘酒纱布填充，24～48 h 更换 1 次。连续内服碘化钾 2～4 周。结合链霉素、红霉素、林可霉素、头孢霉素等抗生素使用，可提高本病治愈率。

三、常见病原性支原体

支原体是一类无细胞壁、能独立生活的、介于细菌和病毒之间的最小单细胞原核微生物。支原体广泛分布于污水、土壤、植物、动物和人体中，腐生、共生或寄生，对人或畜禽有致病性。常见病原性支原体有以下几种。

(一)猪肺炎支原体

猪肺炎支原体是猪地方流行性肺炎(猪气喘病)的病原。

1. 生物学特性

(1)形态及染色。形态多样，大小不等。在液体培养物和肺触片中可见环形、球状、两极杆状、新月状，丝状菌体。大小为 0.1～0.3 μm，革兰染色阴性且着色不佳，吉姆萨或瑞氏染色效果良好。

(2)培养及生化特性。本菌为兼性厌氧菌，对营养要求较高，需加入猪血清水解乳蛋白、酵母浸液等物质，并在 5%～10% CO_2 环境下才能生长。在固体培养基上可长成直径 25～100 μm 的菌落，不呈荷包蛋状。

(3)抵抗力。对外界环境的抵抗力较弱，存活不超过 26 h。病猪肺组织中的病原体在－15 ℃可保存 45 d，1～4 ℃可存活 4～7 d。在甘油中 0 ℃可保存 8 个月，－30 ℃可保存 20 个月。经冷冻干燥的培养物在－4 ℃可存活 4 年。常用化学消毒剂、1%苛性钠、20%草木灰等作用数分钟可灭活。对放线菌素 D、丝裂菌素 C 最敏感；对四环素、土霉素、泰乐菌素、螺旋霉素、林可霉素敏感；对青霉素、链霉素、红霉素和磺胺类药物不敏感。

2. 致病性

自然感染仅见于猪，引起猪地方流行性肺炎。不同年龄、性别、品种的猪均可感染，以哺乳仔猪和幼猪最易感。临床表现为咳嗽和气喘，发病率高，死亡率低。病原菌主要存在于病猪肺部的细支气管和支气管上皮细胞表面和纤毛上，通过呼吸道传播，通常由带菌猪向幼猪传播，也可经风力传播数公里。环境因素的影响或继发感染猪鼻支原体以及巴氏杆菌时，常使猪的病情加剧甚至死亡。将培养物滴鼻接种 2～3 月龄健康仔猪，能引起典型病变。感染过的康复猪，对再感染具有较坚强的免疫力。

3. 微生物学诊断

分离培养可取病肺组织剪成 1～2 mm 的碎块，放入液体培养基中培养，或用棉拭子采取呼吸道分泌物，置液体培养基过滤器除菌，37 ℃培养。因其在液体培养物中浑浊度低，不易观察，常通过分解葡萄糖产酸，使培养基颜色变黄来推断，往往要做 4～5 代连续移植以提高分离率。当液体培养物出现疑似菌体时，应适当稀释接种于固体培养基，在 5%～10% CO_2 环境下于 37 ℃培养 3～10 d，逐日观察有无菌落。

动物感染试验可取分离的纯培养物或病料悬液，经气管、肺或鼻腔接种于无病的健康仔猪，经 2 周后可发病。再根据临床症状、X 线检查、病理剖检或血清学试验加以确诊。

4. 防治

预防本病可接种猪气喘病冻干兔化弱毒菌苗，有一定的免疫效果。临床的预防和治疗，还可选用广谱抗生素，如土霉素、卡那霉素、泰乐菌素等。

(二)鸡毒支原体

鸡毒支原体，又称禽败血支原体，是引起鸡和火鸡等多种禽类慢性呼吸道疾病(CD)或火鸡传染性窦炎的病原，可从多种禽类中分离出本菌。

1. 生物学特性

(1)形态及染色。菌体通常为球形或卵圆形，直径 0.2～0.5 μm，细胞的一端或两端具有“小泡”极体，该结构与菌体的吸附性有关。吉姆萨或瑞氏染色效果良好，革兰染色为弱阴性。

(2)培养及生化特性。本菌为需氧和兼性厌氧菌，一般常用牛脑心浸出液培养基，用前加入 10%～20%血清，为了抑制杂菌的生长可加入醋酸铊和青霉素(1 000 IU/mL)，调节 pH 为 7.8～8.0。在液体培养基中加酚红作为指示剂，固体培养基中加 1.0%～1.5%琼脂。在液体培养基中，37 ℃经 2～5 d 的培养可呈现轻度浑浊，在固体培养基上，生长缓慢，在潮湿的环境中培养 3～5 d 可形成圆形、表面光滑透明、边缘整齐、露珠状小菌落，直径为 0.2～0.3 mm，用放大镜观察，可见菌落中央有颜色较深且致密的乳头状突起，呈荷包蛋状。该菌落能吸附猴、大鼠、豚鼠和鸡的红细胞，这种凝集现象能被相应的抗体所抑制。在 5～7 日龄鸡胚卵黄囊内繁殖良好，并可使鸡胚在接种后 5～7 d 死亡，病变表现为胚体发育不良、水肿、肝肿大、坏死等，死胚的卵黄及绒毛尿囊膜中含本菌量最高。

(3)抵抗力。本菌对理化因素的抵抗力不强。对紫外线敏感，阳光直射迅速灭活。一般常用的化学消毒剂均能迅速灭活，50 ℃作用 20 min 可被灭活。在肉汤培养基中－30 ℃能存活

2～4 年，经低温冻干后在 -4 ℃能存活 7 年，在卵黄中 37 ℃能存活 8 周。对泰乐菌素、红霉素、螺旋霉素、放线菌素 D、丝裂霉素最为敏感；对四环素、金霉素、土霉素、链霉素、林可霉素次之，但易形成耐药菌株；对青霉素、多黏菌素、卡那霉素、新霉素和磺胺类药物有抵抗力。

2. 致病性

本病原主要侵害鸡和火鸡，可引发鼻窦炎、眶下窦炎、肺炎以及气囊炎等症状。疾病常以慢性形式发展，持续时间较长，影响机体生长。此外，珍珠鸡、鸽子、鹧鸪、鹌鹑及野生鸡等也可能受到感染。病原存在于病鸡及带菌鸡的呼吸道、卵巢、输卵管和精液中，并通过带菌鸡胚垂直传播给后代，公鸡可通过交配将病传遍全群，鸡群一旦染病就难以彻底根除。火鸡易感性高于鸡，雏鸡易感性高于成鸡，成鸡常无明显的临床症状，应激因素、其他呼吸道病原微生物以及新城疫弱毒株的共同作用，可能加剧病情，使症状更加显著。病鸡康复后具有免疫力。

3. 微生物学诊断

由于本菌培养基分离较难，鸡胚的分离率较低，非致病性支原体繁殖较快，故很少采用病原分离和鉴定来诊断。临床上常用血清学试验诊断，常用的血清学方法有平板凝集试验、试管凝集试验、血细胞凝集抑制试验及琼脂扩散试验等。多采用抽样检查法，一旦检出血液中本菌抗体阳性鸡，即可作为整个鸡群污染的定性指标，判为阳性鸡群。

4. 防治

预防本病可用鸡败血支原体弱毒苗或灭活油乳剂苗。商品鸡生产多采用药物预防。发病鸡的治疗可选用泰乐菌素、红霉素、林可霉素、土霉素等抗菌药物。

四、鹦鹉热衣原体

衣原体是一类具有滤过性，严格细胞内寄生，并经独特发育周期以二等分裂方式繁殖，能够形成包涵体样结构的革兰阴性原核细胞型微生物，介于立克次体与病毒之间。衣原体可引发人和多种动物的炎症，可影响生殖系统。在临床病例中最常见的是鹦鹉热衣原体。

1. 生物学特性

鹦鹉热衣原体在细胞内繁殖，可见两种不同的颗粒结构：一种是小而密的原体；另一种是大而疏松的网状体。原体在电子显微镜下可见中央有致密的类核结构，有细胞壁，是发育成熟的衣原体，吉姆萨染色呈紫色。当衣原体进入宿主细胞后，细胞膜围于衣原体外形成空泡。衣原体在空泡中逐渐发育，增大成为网状体。网状体体大，圆形或卵圆形，无细胞壁，代谢活泼，以二分裂方式繁殖，在空泡内发育成许多子代衣原体，在细胞内形成包涵体。

鹦鹉热衣原体一般使用鸡胚或细胞培养。鹦鹉热衣原体在鸡胚卵黄囊、Hela 细胞、猴肾细胞中易于生长。

2. 致病性

鹦鹉热衣原体的主要宿主是禽类，其次为除人类外的哺乳动物。人类接触染病动物后受到感染。鹦鹉热衣原体的传染源不局限于鹦鹉科，还传染包括家禽和野禽在内的诸多鸟类。鹦鹉热衣原体能产生不耐热的内毒素，存在于衣原体的细胞壁内。衣原体在宿主细胞内繁殖，代谢产物和毒素的毒性作用可破坏细胞。

3. 微生物学诊断

采取病料做涂片，用吉姆萨染色法染色镜检，观察上皮细胞细胞质内有无包涵体。或从病变部位取材，染色，镜检，观察有无衣原体。分离病原可取感染组织匀浆或渗出液，链霉素处理后腹腔注射小鼠，小鼠常于 7～10 d 死亡，取脾、肺、肝等涂片，染色镜检观察有无衣原体及嗜碱性包涵体。必要时可适当传代，分离得到病原后，再进行鉴定。

血清学诊断可用补体结合试验、间接免疫荧光法、特异性免疫荧光单克隆抗体鉴定不同的衣原体或血清型，也可用琼脂扩散试验、间接血凝试验及 ELISA 等方法进行检测。此外，还可用核酸探针或 PCR 等灵敏度高的分子生物学技术检测衣原体。

4. 防治

用感染衣原体的卵黄囊制成灭活苗，免疫动物可产生较好的预防效果。

内容小结

- 常见病原微生物
  - 常见病原性细菌
    - 炭疽杆菌
    - 大肠埃希菌
    - 沙门菌
    - 副猪嗜血杆菌
    - 布鲁氏菌
    - 链球菌
    - 鸭疫里氏杆菌
    - 分枝杆菌
    - 厌氧性病原梭菌
      - 产气荚膜梭菌
      - 肉毒梭菌
    - 多杀性巴氏杆菌
    - 葡萄球菌
    - 猪丹毒杆菌
  - 常见的动物病毒
    - 猪瘟病毒
    - 非洲猪瘟病毒
    - 狂犬病病毒
    - 口蹄疫病毒
    - 小反刍兽疫病毒
    - 禽流感病毒
    - 犬瘟热病毒
    - 新城疫病毒
    - 猪圆环病毒
    - 猪繁殖与呼吸综合征病毒
  - 常见其他病原微生物
    - 常见病原性真菌
    - 牛放线菌
    - 常见病原性支原体
    - 鹦鹉热衣原体

思政园地

学无止境 终身学习

随着经济全球化的发展,各种疾病层出不穷,新出现的动物疫病对我国畜牧业也造成了巨大的影响。这些疫病不仅给畜牧业带来巨大的经济损失,还可能对人类健康构成严重威胁。新发动物疫病病原的研究是一个充满挑战的领域,因为病原体不断变异、新型疫病层出不穷。例如,近年来流行的非洲猪瘟病毒(ASFV)就给全球养猪业带来了前所未有的考验;而不断变异的流感病毒也在威胁动物和人类的健康。因此,从业者需要秉持学无止境、终身学习的态度与习惯,提高对新发动物疫病的防控能力。

终身学习是从业者不可或缺的品质。动物疫病防控是一个跨学科领域,涉及微生物学、分子生物学、免疫学、流行病学等多个学科。这就要求研究人员不仅要深入掌握自己专业领域的知识,还要了解其他相关领域的进展。例如,在研究非洲猪瘟时,除要了解病毒的遗传变异和感染机制外,还需要了解病毒的传播途径、疫病流行的生态环境因素等。这种跨学科的学习和知识整合能力,正是终身学习理念的体现。

在新发动物疫病防控中,学无止境和终身学习的理念还体现在对实践的不断探索和总结。工作人员需要深入疫区,实地调查疫情的发生和传播规律,了解养殖业的实际需求。通过这些实践活动,工作人员可以不断积累经验,提高解决实际问题的能力。同时,通过对实践经验的总结和分享,推动整个领域的发展。这种实践与总结的循环,是工作人员不断成长和进步的过程。

总之,新发动物疫病病原研究是一个充满挑战和机遇的领域。工作人员需要秉持学无止境、终身学习的科学精神,不断学习新知识、掌握新技术,深入实践,才能有效地防控新发动物疫病,保护养殖业生产和人类健康。在这个过程中,终身学习不仅是一种态度,更是一种责任和担当。

学习测试

一、单项选择题

1. 鸭传染性浆膜炎的主要特征不包括( )。

A. 纤维素性心包炎　　B. 纤维素性肝周炎

C. 纤维素性肠炎　　D. 纤维素性气囊

2. 下列对禽霍乱的表述错误的是( )。

A. 病原为禽多杀性巴氏杆菌　　B. 产蛋鸡常发

C. 肉髯肿胀,变青紫色　　D. 对水禽无致病性

3. 小鹅瘟的特征性病变是( )。

A. 肝脏肿大坏死　　B. 喉头气管黏膜出血

C. 肠腔中形成腊肠状栓子　　D. 食道黏膜有痂膜

4. 口蹄疫主要的发病对象是( )。

A. 草食动物　　B. 肉食动物　　C. 偶蹄动物　　D. 单蹄动物

5. 以下微生物中，引发强直症的病原是(　　)。

A. 链球菌　　B. 葡萄球菌　　C. 破伤风梭菌　　D. 产气荚膜梭菌

6. 禽类罹患(　　)时，会影响疫苗免疫效果。

A. 鸡传染性法氏囊病　　B. 大肠埃希菌病

C. 禽伤寒　　D. 禽霍乱

7. 链球菌在血琼脂平板上生长成小菌落的特征是(　　)。

A. 红色、粗糙、圆形　　B. 光滑、无色、圆形

C. 半透明、湿润、突起　　D. 灰白色、光滑、滴露状

8. 引起母猪繁殖障碍的疱疹病毒是(　　)。

A. 猪传染性胃肠炎病毒　　B. 猪细小病毒

C. 猪圆环病毒Ⅰ型　　D. 伪狂犬病病毒

9. 抗酸染色后呈红色的细菌是(　　)。

A. 大肠埃希菌　　B. 猪链球菌　　C. 炭疽杆菌　　D. 结核分枝杆菌

10. 狂犬病病毒感染动物后排出的途径是(　　)。

A. 唾液　　B. 尿液　　C. 鼻液　　D. 生殖道分泌物

二、多项选择题

1. 禽流感病毒血清亚型划分的根据是(　　)。

A. 衣壳蛋白　　B. 血凝素　　C. 神经氨酸酶　　D. 核蛋白

2. 下列可引起高致病性禽流感发生的毒株有(　　)。

A. H5N1　　B. H7N7　　C. H7N9　　D. H9N23

3. 下列关于非洲猪瘟的描述，正确的有(　　)。

A. 人兽共患病　　B. 疫苗免疫预防

C. 软蜱叮咬可传播　　D. 需采取综合防控措施

4. 结核病是由结核分枝杆菌所引起的一种慢性传染病，以下菌型可感染人引起结核病的是(　　)。

A. 牛型　　B. 猪型　　C. 人型　　D. 禽型

5. 下列细菌既无荚膜，又无鞭毛的是(　　)。

A. 多杀性巴氏杆菌　　B. 布鲁氏菌　　C. 猪丹毒杆菌　　D. 鸡白痢沙门菌

6. 狂犬病病毒的感染途径有(　　)。

A. 通过伤口与黏膜表面直接接触而感染

B. 特殊情况下，可通过尘埃或气溶胶而经呼吸道感染

C. 通过胎盘传染给胎儿

D. 通过啃食病尸而经消化道黏膜感染

7. 以下能引起人兽共患病的微生物有(　　)。

A. 口蹄疫病毒　　B. 巴氏杆菌　　C. 猪瘟病毒　　D. 结核分枝杆菌

三、判断题

1. 猪瘟可通过消化道、呼吸道、眼结膜、生殖道黏膜等多种途径传播。　　(　　)

2. 布鲁氏菌引起的流产可发生于怀孕任何时期，但通常以怀孕后期多见。　　(　　)

3. 巴氏杆菌为条件性致病菌。　　(　　)

4. 黄牛对结核病最易感。 (　　)

5. 新城疫病毒的血清型只有1个。 (　　)

6. 口蹄疫病毒的各主型之间无交叉免疫性。 (　　)

7. 曲霉菌属于多细胞真核型微生物。 (　　)

8. 绵羊/山羊痘病毒为单股DNA病毒。 (　　)

9. 鸭疫里氏杆菌在麦康凯培养基上不生长，需要在巧克力或胰蛋白胨大豆琼脂(TSA)上才能生长。 (　　)

10. 新城疫病毒存在于病鸡所有器官、体液、分泌物和排泄物中，以脑、脾和肺含毒量最高，骨髓含毒时间最长。 (　　)

11. 防控疯牛病可采取以下措施：注射疫苗，加强检疫，捕杀、销毁病牛和可疑病牛。 (　　)

12. 羊快疫类疾病是由梭状芽孢杆菌属中的细菌引起的一类疾病。 (　　)

13. 沙门菌病包括鸡白痢、鸡伤寒、禽副伤寒。其中，具有公共卫生意义的是禽副伤寒。 (　　)

14. 在禽类中，滴鼻和点眼仅适用于接种弱毒苗。 (　　)

四、综合分析题

一群20日龄肉鸭，发病率达90%，病死率达50%；有的表现为无症状死亡，有的在发病初期出现采食量下降、食欲废绝，嗜睡、缩颈，两腿软弱无力，步态不稳、共济失调。眼睛有分泌物，常使眼周围羽毛黏连脱落。鼻孔流出浆液性或黏液性分泌物，阻塞鼻腔而使呼吸困难。部分雏鸭腹部膨胀，排绿色或黄绿色稀薄粪便，污染肛门周围羽毛，气味恶臭。濒死时出现神经症状，两腿伸直呈角弓反张状，不久抽搐而死，病程一般为1～3 d。病理剖检可见心包膜、肝脏表面有灰白色或黄白色的渗出物沉着。请问该病最有可能是哪种病？由哪种病原微生物感染引起？如何对该微生物进行分离培养？除分离培养外，还有哪些实验室诊断方法可用于诊断该病？如何预防该病？

二维码 12-1　项目十二学习测试参考答案

项目十三
分子生物学检测技术

项目导学

<table>
<tr><td>学习项目</td><td colspan="2">分子生物学检测技术</td></tr>
<tr><td colspan="3">学习目标</td></tr>
<tr><td>知识目标</td><td>技能目标</td><td>素质目标</td></tr>
<tr><td>1.了解分子生物学检测技术分类、原理、特点和应用。
2.理解 PCR 反应体系构成、反应五要素、反应温度和循环参数的设置以及反应的影响因素。
3.了解常用 PCR 技术和 PCR 分析技术的特点。</td><td>1.能进行常规 PCR 和实时定量 PCR 技术的操作。
2.能正确对 PCR 结果进行判定。
3.能应用分子生物学检测技术相关知识和技能进行动物疾病诊断设计并完成分子生物学诊断。</td><td>1.培养科技创新精神。
2.坚定“四个自信”,强化科技为农、强农兴牧的职业责任感。</td></tr>
<tr><td colspan="3">导学问题</td></tr>
<tr><td colspan="3">1.分子生物学检测技术的原理是什么?
2.分子生物学检测技术的优势是什么?
3.PCR 反应体系是由哪几部分构成的?
4.PCR 反应的影响因素有哪些?</td></tr>
<tr><td colspan="3">学习安排</td></tr>
<tr><td colspan="3">1.以 4~6 人为一小组,完成本项目学习。
2.课前以小组为单位,查阅相关资料,完成问题的回答,并将答案反馈于线上教学系统。
3.课前以小组为单位,将本项目学习的疑难点,反馈于线上教学系统。
4.课后以个人为单位,限时完成本项目的在线测试。</td></tr>
</table>

<table>
<tr><td colspan="4">学习评价</td></tr>
<tr><td>自我评价(20%)</td><td>小组评价(20%)</td><td>教师评价(60%)</td><td>总评</td></tr>
<tr><td></td><td></td><td></td><td></td></tr>
<tr><td colspan="4">学习反思</td></tr>
<tr><td colspan="4"></td></tr>
</table>

随着生命科学和化学的不断发展，人们对生物体的认知逐渐深入微观水平。分子生物学检测技术是现代分子生物学与分子遗传学取得巨大进步的结晶，是在人们对基因的结构以及基因的表达和调控等生命本质问题深入认识的基础上产生的。分子生物学检测技术发展经历了四个阶段：以分子杂交为基础的分子诊断技术；以聚合酶链反应（Polymerase chain reaction，PCR）为基础的分子诊断技术；以生物芯片技术为代表的高通量检测技术；以第二代测序（Next-generation sequencing，NGS）为代表的基因测序技术。通过分子生物学技术检测核酸序列，可横向比较不同物种，同物种不同个体，同个体不同细胞或不同生理和病理状态的差异，为疾病的研究和诊断提供更准确、更科学的信息和依据。分子生物学检查技术具有特异性强、灵敏度高、漏检率低等优点，为诊断临床病原体感染提供了一个强有力的技术平台。

任务一　分子生物学检测技术原理

一、分子生物学检测技术基本原理

基因是生命体的遗传物质，所有生物体内都有自己独特的基因。通过分子生物学检测技术检测机体基因的存在、缺陷或异常表达，可对机体状态和疾病做出诊断。因此，分子生物学检测技术也可称为分子诊断技术。一般机体基因的异常主要来源于内源基因的变异和外源基因的入侵。内源基因的变异可导致遗传病发生，而外源基因入侵往往可导致动物疾病，如病原微生物的感染。分子生物学检测技术以核酸或蛋白质为分析材料，通过分析基因结构、表达变化，以及由此而导致的基因功能改变，可为疾病的研究和诊断提供准确、科学的依据。

分子杂交是所有分子生物学技术的基础。它是两条同源核酸分子（DNA 或 RNA）在碱基互补的原则下形成异质双链的过程。从最初的印迹杂交（Southern blot 和 Northern blot）到实时 PCR（Real time PCR），从基因芯片再到高通量的 DNA 测序技术，都离不开碱基互补的分子杂交反应。同时，分子杂交是遗传物质最重要的化学特征。理论上，可以特异性相互作用的两个不同分子间的相互作用都可以视为分子杂交的不同表现模式。例如，核酸与核酸之间的结合，如 A—T、C—G；蛋白与蛋白间的结合，如抗原和抗体；核酸和蛋白之间的结合，如抗体与多肽。因此，广义的分子杂交技术是指以核酸、蛋白、糖基、细胞、代谢物等分子的相互作用所建立的分析方法。

分子生物学检测技术狭义上是指基于核酸的诊断技术，通过对 DNA 或 RNA 的检测来实现对疾病的检测和诊断。随着第一张人类基因组测序图的完成，分子诊断的内涵已经从单纯的 DNA 或 RNA 拷贝、突变等变化的检测，拓展到核酸与 DNA 片段、蛋白与多肽、抗原与抗体、受体与配体等生物大分子的检测，并广泛应用于疾病的筛查、诊断、治疗和治疗监测、预后与预防等生命科学的各个领域，为动物疾病检测带来灵敏、快速、准确的新技术。

二、常用分子生物学检测技术的原理及其特点

分子生物学检测技术种类繁多。根据目的基因是否被放大，可分为杂交法和扩增法；根据被测基因的核酸类型不同，又可分为 Southern blot（用于检测 DNA）、Northern blot（用于检测

RNA)、斑点印迹或称斑点杂交(既可检测 DNA 又可检测 RNA);根据诊断目的或要求,可分为定性、定量和半定量检测,以及序列分析等;根据分子之间的作用形式,可分为杂交、扩增、测序。下面按分子间的作用形式将应用于疾病诊断的分子生物学检测技术进行分类,并对相关常用技术的原理和特点进行介绍。

(一)分子杂交技术

分子杂交技术依据实验方法的差异可分为两种主要类型:一类是通过特异性的标记探针检测细胞内的核酸物质,如原位杂交;另一类是通过探针检测从细胞内提取的核酸、蛋白等物质,如印迹杂交、斑点杂交、基因芯片等。常见的分子诊断技术中,Southern blot 用于确定是否存在特定的基因;原位杂交可鉴定细胞内特定基因的位置,常用于诊断生物和病原学研究;基因芯片可同时检测和分析数万到数十万个基因或其他生物分子的信息,可同时检测多种疾病,相比传统的单一基因检测方法,基因芯片具有更高的效率和准确性。

1. Southern blot

(1)原理。Southern blot 是最经典的杂交方法。其检测原理是具有一定同源性的两条核酸单链在一定的条件下,可按碱基互补的原则特异性地杂交形成双链。其操作过程是利用特定酶将 DNA 消化成大小不同的片段,再进行琼脂糖凝胶电泳分离,然后将琼脂糖凝胶上的 DNA 变性并在原位将单链 DNA 片段转移至尼龙膜或其他固相支持物上,经干烤或者紫外线照射固定,再与相对应结构的已标记的探针进行杂交反应,如果待检物中含有与探针互补的序列,则二者通过碱基互补的原理进行结合,用放射自显影或酶反应显色,从而检测特定 DNA 片段分子的含量。根据基因探针与待测 DNA 限制酶酶解片段杂交的带谱,可以直接确定宿主基因的缺陷所在或病原体的存在状态。

(2)特点。Southern blot 方法具有检测灵敏度高及结果准确的特点,它使用探针标记提高了片段检测的灵敏度,可从大型复杂样本中检测特定 DNA 序列,是某些疾病诊断的唯一方法。该方法也存在耗时长,且需大量 DNA、操作烦琐,不适用于常规诊断的缺点。

(3)应用。Southern blot 可用于特定 DNA 片段、基因突变、基因重排、RFLP(限制性片段长度多态性)、遗传性疾病的识别、传染性病原体检测、PCR 产物检测分析等。

2. 荧光原位杂交

(1)原理。荧光原位杂交(Fluorescence in situ hybridization,FISH)是原位杂交技术大家族中的一员,是一种重要的非放射性原位杂交技术,因其所用探针被荧光物质直接或间接标记而得名。基本原理是荧光标记的核酸探针在变性后与已变性的靶核酸在退火温度下复性,结合成专一的核酸杂交分子,通过荧光显微镜观察荧光信号,检测待测核酸在组织、细胞或染色体上的位置。该技术是在不改变被分析对象所在原位的前提下对靶核酸进行分析,是一种定位分析技术。

(2)特点。荧光原位杂交具有如下特点。

①探针标记后稳定。一次标记后可 2 年内使用,利于回顾性分析。

②检测快速。FISH 在染色体数目异常的诊断中,与常规核型分析的一致性可以达到 99.5%,但结果报告时间只需要 24 h,大大低于常规核型分析所需要的时间(通常为 1~3 周)。

③结果易观察。通过荧光标记探针,可以将细胞或组织中特定基因的数量及其定位可视化。通过荧光显微镜便可进行结果观察。

④可检测多种样品。不仅可用于分裂期细胞染色体数量或结构变化的研究,还可用于间期细胞、分化或未分化以及死亡细胞等的染色体数量及基因改变的研究。

⑤空间定位准确。FISH 探针是根据碱基互补配对原则与目标 DNA 结合,它能够准确显示目标 DNA 位置。

⑥无污染。FISH 是在已有的放射性原位杂交技术的基础上发展起来的一种非放射性 DNA 分子原位杂交技术。相对于放射性原位杂交技术,FISH 对外界是无污染的。

⑦灵敏度和特异性高。探针是 FISH 检测灵敏度和准确性的关键。目前 FISH 探针所覆盖的染色体片段总长可达 100~400 Kb,保证了探针的高特异性和极强的荧光信号,荧光原位杂交可以检测单个 DNA 分子,并且可以检测到非常低水平的信号。

⑧信号重叠。在某些情况下,不同的信号可能会重叠在一起,使得结果难以解释。

⑨信号弱化。长时间观察可能会导致信号逐渐弱化,从而影响结果的准确性。

(3)应用。FISH 是分子生物学、组织化学及细胞学相结合而产生的一门技术。该方法在 20 世纪 80 年代末被发明,现已从实验室逐步进入临床诊断领域。已广泛应用于染色体的鉴定、基因定位和异常染色体检测等领域。

3. 多彩色荧光原位杂交技术

(1)原理。多彩色荧光原位杂交技术(Multicolor fluorescence in sit hybridization, M-FISH)是在荧光原位杂交技术的基础上发展起来的一种新技术,它用几种不同颜色的荧光素单独或混合标记的探针进行原位杂交,能同时检测多个靶位,各靶位在荧光显微镜下和照片上的颜色不同,呈现多种色彩,因而被称为多彩色荧光原位杂交。例如,使用多种染料(如 Rhodamine、Texas-red、Cy5、FITC 以及 Cy5. 5 等)标记的探针在一次试验中定位多种不同的基因以及标记显示 24 条不同的染色体。

(2)特点。它克服了 FISH 技术的局限,可进行多种色彩观察分析,同时使用多个探针,能同时检测多个基因,可解决单个探针分开使用导致的检测周期过长和技术障碍等问题。

(3)应用。在检测遗传物质的突变和染色体上基因定位等方面得到了广泛的应用。

4. 微阵列芯片

(1)原理。微阵列芯片(Microarray chip)通过微加工技术和微电子技术将大量特定序列的寡核苷酸片段、抗原或抗体,甚至细胞或组织等生物大分子,按照矩阵方式高密度的固定或直接合成在玻璃、硅片、聚丙烯、磁性微球等固相支持物上,使得微阵列上"印"有大量已知探针分子,固化的探针分子与荧光标记的相应样本进行杂交,通过荧光检测系统扫描分析及计算机软件分析,达到高通量分析生物信息的目的。它是一种探索基因组功能的有力手段。

(2)特点。早期的微阵列芯片单指基因芯片(如 cDNA 微阵列和寡聚核苷酸微阵列),因此微阵列又称为基因芯片。但随着蛋白芯片以及糖类芯片的出现,微阵列逐渐被称为微阵列芯片。微阵列芯片解决了传统核酸印迹杂交(Southern blot 和 Northern blot 等)技术操作繁杂、自动化程度低、操作序列数量少、检测效率低等问题。并且通过设计不同的探针阵列以及使用特定的分析方法可使该技术具有多种不同的应用价值。如基因表达谱测定、突变检测、多态性分析、基因组文库作图及杂交测序等。

尽管微阵列芯片技术已经取得了长足的发展,有着许多的优点,但仍然存在着许多难以解决的问题,如技术成本昂贵、复杂、检测灵敏度较低、重复性差、分析范围较狭窄等。这些问题主要表现在样品的制备、探针合成与固定、分子的标记、数据的读取与分析等多个方面。

(3)应用。微阵列芯片主要用于基因表达分析、基因分型和测序;分析或优化蛋白质-蛋白质之间的相互作用;筛选蛋白质组来帮助实现抗体识别;病理学研究;筛选大型化合物和基因组文库,系统研究局部细胞的微环境;识别和评估小分子等。因此在制药行业中,它显得比其他技术更为有用,也被用于功能基因组学研究、毒理学试验、生物标志物的研究等。

按照芯片探针的不同,微阵列芯片可分为核酸芯片、蛋白质芯片和组织芯片等。目前应用最广泛的是核酸芯片(cDNA 微阵列和寡核苷酸微阵列)。核酸芯片主要在基因表达分析、基因功能分析、基因作图以及基因分型等方面得到了广泛应用。

5. 微流控芯片

(1)原理。微流控芯片(Microfluidics chip)是在几平方厘米的单晶硅片、石英、玻璃或有机聚合物等材料上刻制微通道,实现样本预处理、反应、分离和检测的微型检测平台,可快速高效、高通量地完成基因、蛋白及各种小分子分析和鉴定。该方法将生物、化学、医学分析过程中样品制备、反应、分离、检测等基本操作单元集成到一块微米尺度的芯片上,自动完成分析全过程,且可以多次使用。

(2)特点。微流控芯片具有液体流动可控、消耗试剂极少、分析速度极快、污染小、所需分析样品的量极少,仅几微升至几十微升,甚至纳升级或皮升级的量就可满足检测需求的特点。它可以在几分钟甚至更短的时间内进行上百个样品的同时分析,并且可以在线实现样品的预处理及分析全过程。

(3)应用。微流控分析芯片是新一代床旁诊断(Point of care testing,POCT)主流技术,可直接在被检对象身边提供快捷有效的生化指标,使现场检测、诊断、治疗成为一个连续的过程,并可以作为微反应器,应用于高通量药物筛选,单细胞测序等领域。

(二)基因扩增技术

1. 常规聚合酶链反应

(1)原理。常规聚合酶链反应(Polymerase chain reaction,PCR)技术是一种在体外模拟DNA 复制过程的核酸扩增技术。其原理是根据 DNA 的半保留复制,以及 DNA 分子在体外不同的温度下双链和单链可相互转变的机制,在体外人为地控制反应系统的温度,使双链DNA 变性,成为单链 DNA;单链 DNA 与人工引物链在退火过程中配对结合;最后,在 DNA聚合酶的催化作用下,使引物沿单链模板延伸为双链 DNA,实现 DNA 的扩增。

(2)特点。

①敏感性高。PCR 产物的生成以指数方式增加,能将极微量的靶 DNA 成百万倍地扩增到足够检测分析量的 DNA。这是 PCR 技术最主要的特点,它可对单拷贝基因、单个细胞、单根毛发、一滴血等微量标本进行分析。

②特异性强。引物与模板的结合及引物链的延伸遵循碱基配对原则,在很大程度上保障了基因扩增的特异性。同时,聚合酶链反应的忠实性及 *Taq* DNA 聚合酶耐高温性,使反应中模板与引物的结合(复性)可以在较高的温度下进行,结合的特异性大大增加,被扩增的靶基因片段也能保持很高的准确度,再通过选择特异性和保守性高的靶基因区,其特异性程度就更高。

③操作简便,快速。目前已有类型多样的 PCR 扩增仪,只需要把反应材料按一定浓度混

合，置于仪器内，反应便按所输入的程序进行。整个 PCR 操作过程，从标本处理、PCR 扩增到产物分析，实验全部过程可在 4 h 内完成。

④起始材料质量要求低。PCR 技术对扩增样品的数量及含量要求不高，皮克级或纳克级的目的 DNA、DNA 粗制样品或者总 RNA，都可用作起始材料来获得较多的目的产物。扩增样品既可以是纯化的，也可以是粗制的；既可以是新鲜组织，也可以是陈旧样品，甚至是已固定和包埋的组织切片；既可以是细胞，也可以是体液；既可以是完整的大分子，也可以是部分降解的 DNA。

⑤有一定程度单核苷酸错误掺入。*Taq* DNA 聚合酶缺少 3～5 核酸外切酶活性，因而不能纠正反应中发生的核苷酸错误掺入；与大肠埃希菌聚合酶Ⅰ Klenow 片段相比较，*Taq* DNA 聚合酶的反应错误掺入相对多些。但在 PCR 扩增过程中，其错配率一般在万分之一左右，足可供特异性分析。

(3)应用。常规 PCR 技术可用于分子生物学和基因工程实验室以及畜禽疾病检测等。例如，猪胸膜肺炎放线菌、多杀性巴氏杆菌和副猪嗜血杆菌的混合感染，在临床症状上很难区分，给传统的细菌学诊断方法带来了困难。通过 PCR 技术可在短时间内对以上致病菌特征性基因片段进行扩增，并对待检样与对照组的 PCR 扩增产物进行琼脂糖凝胶电泳或基因序列结果对比，判定检测结果。

2. 逆转录-聚合酶链反应

(1)原理。逆转录-聚合酶链反应(Reverse transcription-polymerase chain reaction，RT-PCR)是将 RNA 的反转录和 cDNA 的 PCR 相结合的技术。其原理是利用逆转录酶将 RNA 转录成 cDNA，然后利用聚合酶链反应扩增 cDNA 的数量。逆转录酶一般以随机引物或定向引物为模板，合成单链 cDNA，之后利用聚合酶链反应扩增 cDNA 的数量。

(2)特点。RT-PCR 同样具有操作简单、省时、特异性强、灵敏度高等特点。此外，RT-PCR 与常规 PCR 不同的是，它可用于检测细胞中基因表达水平，细胞中 RNA 病毒的含量和直接克隆特定基因的 cDNA 序列，即 RT-PCR 的模板可以是总 RNA、mRNA 或体外转录的 RNA 产物。

(3)应用。RT-PCR 使 RNA 检测的灵敏性提高了几个数量级，使一些极为微量 RNA 样品分析成为可能。该技术可用于分析基因的转录产物、检测细胞中 RNA 病毒的含量、合成 cDNA 探针、直接克隆特定基因的 cDNA 序列等。在临床上 RT-PCR 可用于遗传病诊断、癌症检测、RNA 病毒病检测等。

3. 实时 PCR

(1)原理。实时 PCR(Real time PCR)又称为定量 PCR、实时荧光定量 PCR(Quantitative real-time PCR，qPCR)。它是一种在 DNA 扩增反应中加入荧光基团，以荧光信号积累实时监测每次 PCR 循环后产物总量，最后通过标准曲线对待测样品中的目的序列进行定量分析的方法。

(2)特点。实时 PCR 不同于常规 PCR，它是一种动态检测法，具有以下优点。

①高灵敏性。可检测单个细胞基因。

②高特异性和精准性。该方法将 DNA 杂交的高特异性和光谱技术的高精准性融合，应用荧光探针和光电传导，直接探测基因扩增过程中荧光信号的变化，以获得定量结果，具有较

低的误差率，可以精确定量目标序列的拷贝数，这对基因表达调控、检测基因突变研究等非常重要。

③操作简单、省时。通过计算机和分析软件实现 PCR 扩增、产物检测和定量分析一体化。

④安全、无污染。实时 PCR 在全封闭状态下进行 PCR 扩增和产物分析，杜绝了传统 PCR 开放检测导致的检测结果假阳性和对环境的污染。

⑤结果观测重复性好。可在线实时观测，结果判断直观，避免人为因素干扰。

(3)应用。目前，实时 PCR 技术已经被广泛应用于基础科学研究、临床诊断、疾病研究及药物研发等领域。在动物疫病(如病毒性感染、细菌性感染、寄生虫、真菌、人兽共患病等)诊断中展现出了巨大的优势。例如，应用实时 PCR 可实现非洲猪瘟、禽流感、新城疫、口蹄疫、弓形虫病等快速诊断。

(三)基因测序技术

基因测序技术是一种重要的分子诊断学技术。各种遗传疾病，病毒或细菌的感染与变异，在基因表达水平上的个性化用药，多基因疾病的诊断与预测，最终都可以借助基因测序技术来实现。基因测序技术从第一代的双脱氧链测序技术已经发展到第四代固态纳米测序技术。测序技术的发展使人们能够方便准确地获取大量的基因组信息，并将其应用于疾病的研究，借此人们逐渐认识到基因变异与疾病发生发展的关系。

第一代 DNA 测序技术包括传统的化学降解法(Maxam-Gilbert 法)，双脱氧链终止法(Sanger 法)，基于 Sanger 原理而发展的荧光自动测序技术，以及杂交测序技术等。随着人类基因组计划的完成，进入功能基因组时代后，传统的第一代 DNA 测序技术不足以满足深度测序和重复测序等的需求，因而促进了新一代测序技术的发展。第二代测序平台包括 454 测序技术、Solexa 技术和 SOLiD 测序技术。第三代测序技术是在第二代测序技术基础上增加读长，提高了测序效率，降低了成本。第三代测序技术主要是单分子测序，能直接对 RNA 和甲基化 DNA 序列进行测序。第四代测序技术为纳米孔测序技术，具有长读长、高通量、低成本和短耗时的优势。第四代测序技术仍处于开发研究中，未来测序技术将会发挥更大的作用。

(1)原理。传统的测序是利用光学测序技术，用不同颜色的荧光标记四种不同的碱基，然后用激光光源去捕捉荧光信号从而获得待测基因的序列信息。新生的基因测序仪中，芯片代替了传统激光镜头、荧光染色剂等，芯片就是测序仪。通过半导体感应器，仪器对 DNA 复制时产生的离子流实现直接检测。当试剂通过集成的流体通路进入芯片中，密布于芯片上的反应孔立即成为上百万个微反应体系。这种技术组合，使研究人员能够在短短 2 h 内获取基因信息，改进了传统的光学测序技术需等待数周乃至数月后才能得到结果的不足，同时，检测一次的费用也大大降低。

(2)特点。

①高通量。基因测序技术能够同时测序数百万到数十亿个 DNA 分子，从而大大提高了测序速度和效率。

②高精度。基因测序技术能够在短时间内对基因组进行高精度测序，从而获取更为准确的基因序列信息。

③高灵敏度。基因测序技术能够检测到极低浓度的 DNA 样本，从而能够对极小的 DNA 样本进行测序。

④适用性广。基因测序技术不仅适用于各种生物体，还能够分析不同生物体之间的遗传

差异。

⑤数据量大。尤其第二代以后的基因测序技术能够同时测序数百万到数十亿个 DNA 分子,因此所得到的数据量非常大。

⑥数据分析难度大。由于数据量大,数据分析难度也随之增加,需要进行大量的数据处理和分析。

(3)应用。基因测序技术在动物生产中的应用包括全基因组分析、新药开发、疾病诊治、遗传改良和生物育种等。通过畜禽基因组的测序,了解各种性状与遗传变异之间的关系,利于物种改良。通过特定性状的个体鉴定,筛选具有优良性状的个体,进行有针对性的繁殖,提升动物的产量和质量。通过分析疾病相关基因和病原微生物的基因组,还可预测动物与病原之间的互动,开发新型抗病药物。

任务二 PCR 检测技术

PCR 检测技术又称无细胞分子克隆或特异性 DNA 序列体外引物定向酶促扩增技术。1983 年美国 PE-Cetus 公司科学家 Kary Banks Mullis 发明了 PCR 检测技术,使体外扩增 DNA 成为可能,推动了分子生物学的快速发展。在之后的几十年里,PCR 检测技术成为分子诊断中应用最广的技术之一,在不断地完善和改进中开发了数十种核酸扩增检测技术。PCR 技术在基因突变检测、拷贝数变异检测、病毒微生物检测、转基因食品检测以及测序等方面均得到广泛的应用。

一、PCR 反应概述

(一)PCR 反应过程

PCR 技术是在模板 DNA、引物和四种 dNTP 等存在的条件下,依赖于 DNA 聚合酶的酶促合成反应。其具体反应分三步:变性、退火、延伸。这三步为一个循环,每一个循环的产物 DNA 又可以作为下一个循环模板,经过几十次循环后,介于两个引物之间的目的 DNA 得到了大量的复制。一般 30 次左右的扩增循环后,DNA 数量可达 $2\times10^{6\sim7}$ 拷贝数。具体反应步骤如下。

1. 变性

DNA 双螺旋结构的生物功能在于复制与转录,在加热或碱性条件下可以使 DNA 双螺旋的氢键断裂,形成单链 DNA,称为 DNA 变性。解除条件后,变形的单链 DNA 可以重新结合起来,再形成双链,称为 DNA 复性,又称退火。DNA 双链离解一半时的温度称为解链温度(melting temperature,T_m)。不同 DNA 的 T_m 不同,取决于 DNA 中 G—C 与 A—T 的含量的区别。G—C 间有三个氢键,A—T 间有两个氢键,因此 G—C 比例大的 DNA 片段解链温度高,一般来说,G—C 含量每增加 1%,PCR 变性温度增加 0.4 ℃。T_m 范围通常一般在 85～95 ℃,PCR 变性温度选择 94 ℃,变性时间为 30 s 至 2 min。

2. 退火

PCR 反应体系的退火其实是模板与引物的复性。引物是与模板序列互补的一小段 DNA

片段。一般引物是根据目标 DNA 的序列人工合成的，其长度在 15～30 碱基。通常反应体系中包含两个引物所对应的模板区间的 DNA 片段。由于引物的浓度大大超出体系中模板的浓度，所以变性后，系统温度降低，引物与单链模板 DNA 结合，形成局部双链。

3. 延伸

PCR 中链的延伸是以引物为起点，从 5′端到 3′端延伸，这是由 *Taq* DNA 聚合酶决定的。DNA 模板-引物结合物在 *Taq* DNA 聚合酶的作用下，以 dNTP 为反应原料，靶序列为模板，按碱基配对与半保留复制原理，合成一条新的与模板 DNA 链互补的半保留复制链。重复循环“变性-退火-延伸”过程，就可获得更多的“半保留复制链”，而且这种新链又可成为下次循环的模板。每完成一个循环需 2～4 min，2～3 h 就能将待扩增目的基因扩增放大几百万倍，到达平台期所需循环次数取决于样品中模板的拷贝。

(二)PCR 反应条件

1. PCR 反应参考体系

10×扩增缓冲液	10 μL
四种 dNTP 混合物	各 200 μmol/L
引物	各 10～100 pmol
模板 DNA	0.1～2 μg
Taq DNA 聚合酶	2.5 U
Mg^{2+}	1.5 mmol/L
双蒸或三蒸水	加至 100 μL

2. PCR 反应五要素

参加 PCR 反应的物质主要有五种，即引物、*Taq* DNA 聚合酶、dNTP、模板 DNA 和 Mg^{2+}。这些物质的质量、浓度和比例合适时，才能保障 PCR 反应顺利完成。

(1)引物。引物是 PCR 特异性反应的关键，PCR 产物的特异性取决于引物与模板 DNA 互补的程度。理论上，只要知道任何一段模板 DNA 序列，就能按其设计互补的寡核苷酸链做引物，利用 PCR 就可将模板 DNA 在体外大量扩增。一般，一个 PCR 反应体系中加入 1 对或多对引物。例如，普通 PCR 只需要 1 对引物，而多重 PCR、巢式 PCR 和嵌入 PCR 等需要 2 对或 2 对以上的引物。

(2)*Taq* DNA 聚合酶及其浓度。目前 PCR 反应采用的主要是 *Taq* DNA 聚合酶。一般来说，当总反应体积为 100 μL，催化一典型的 PCR 反应所需酶量为 2.5 U，*Taq* DNA 聚合酶浓度过高可引起非特异性扩增，浓度过低则合成产物量减少。

(3)dNTP 的质量与浓度。dNTP 的质量与浓度和 PCR 扩增效率有密切关系。在 PCR 反应中，dNTP 应为 50～200 μmol /L，尤其是注意四种 dNTP 的浓度要相等，一般为等摩尔配制。如果其中任何一种浓度不同于其他几种时，就会引起错配。浓度过低又会降低 PCR 产物的产量。dNTP 应小量分装，−20 ℃冷冻保存，避免反复冻融导致 dNTP 降解。

(4)模板 DNA。模板核酸的量与纯化程度是 PCR 成败的关键环节之一。传统的 DNA 纯化方法通常采用 SDS 和蛋白酶 K 来消化处理标本。提取的核酸即可作为模板用于 PCR 反应。一般临床检测标本，可采用快速简便的方法溶解细胞，裂解病原体，消化除去染色体的蛋白质，使靶基因游离，直接用于 PCR 扩增。

(5)Mg^{2+}浓度。Mg^{2+}对PCR扩增的特异性和产量影响显著。在一般的PCR反应中，各种dNTP浓度为200 μmol /L时，Mg^{2+}浓度为1.5～2.0 mmol/L为宜。Mg^{2+}浓度过高，反应特异性降低，出现非特异扩增，浓度过低会降低*Taq* DNA聚合酶的活性，使反应产物减少。

3. PCR反应温度、时间和循环次数。

(1)变性温度与时间。变性温度低，解链不完全是导致PCR失败的最主要原因。一般，93～94 ℃ 1 min足以使模板DNA变性，若低于93 ℃则需延长时间，但温度不能过高，因为高温环境对酶的活性有影响。

(2)退火温度与时间。变性后温度快速冷却至40～60 ℃，可使引物和模板发生结合。由于模板DNA比引物复杂得多，引物和模板之间的碰撞结合机会远远高于模板互补链之间的碰撞，所以退火温度与时间应适宜，否则会导致非特异性产物增多。退火温度与时间，取决于引物的长度、碱基组成及其浓度，还有靶标基因序列的长度。对于20个核苷酸，G+C含量约50%的引物，55 ℃为选择最适退火温度的起点较为理想。复性时间一般为30～60 s，足以使引物与模板之间完全结合。

(3)延伸温度与时间。PCR反应的延伸温度一般为70～75 ℃，常用温度为72 ℃。过高的温度不利于引物和模板的结合。PCR延伸反应的时间，可根据待扩增片段的长度而定，一般1 kb以内的DNA片段，延伸时间1 min即可。延伸时间过长会导致非特异性产物的出现。

(4)循环次数。循环次数决定PCR扩增程度。PCR循环次数主要取决于模板DNA的浓度。一般的循环次数在30～40次，循环次数越多，非特异性产物的量也随之增多。

(三)PCR反应的影响因素

通过上述内容可以看出PCR的顺利完成，以及PCR扩增的特异性与PCR反应体系中各种材料组分、反应条件以及仪器设备等因素密切相关。在此，对其主要影响因素详述如下。

1. 温度循环参数设置

在PCR自动热循环中，最关键的因素是变性与退火的温度。变性温度是决定PCR反应中双链DNA解链的温度，达不到变性温度就不会产生单链DNA模板，PCR也就不会启动。一般变性温度可设为90～95 ℃。DNA变性只需要几秒钟，时间过久没有必要；反之，在高温时间应尽量缩短，以保持*Taq* DNA聚合酶的活力，一般加入*Taq* DNA聚合酶后最高变性温度不宜超过95 ℃。

提高退火(复性)温度可以减少不匹配的杂交，从而提高特异性。引物的长度及其碱基组成决定退火温度。引物的复性温度可通过以下公式选择合适的温度。

$$T_m\text{值(解链温度)}=4(G+C)+2(A+T)$$

$$\text{复性温度}=T_m\text{值}-(5\sim10\ ℃)$$

式中A、T、G、C分别表示引物中相应碱基的个数。在T_m值允许范围内，选择较高的复性温度可大大减少引物和模板间的非特异性结合，提高PCR反应的特异性。

一般将变性、退火、延伸的条件设置为：94 ℃ 60 s，37 ℃ 60 s，72 ℃ 120 s，共25～30个循环，即可顺利完成500 bp片段扩增。每一个环节的时间应是从反应混合液达到所要求的温度后开始计算；反应管类型、壁厚、反应混合液体积、热源(水浴或加热块)以及两步骤间的温度差会导致PCR反应混合液需要30～60 s才能由原温度变至各环节要求的温度；另外，热循环时间需要考虑 2 条引物之间的距离，距离越远合成靶序列全长所需的时间也越长。因此，在设置热循环时应充分予以重视和考虑以上因素，最好对每一仪器进行实测。

2. 引物设计

引物是 PCR 特异性反应的关键因素。良好的引物一般具有如下的特征：引物长度为 20 bp 左右；引物扩增跨度以 200～500 bp 为宜，特定条件下可扩增长至 10 kb 的片段；引物碱基组成中 G+C 含量以 40%～60%为宜，太少扩增效果不佳，过多易出现非特异条带；A、T、C、G 最好随机分布，避免 5 个以上的嘌呤或嘧啶核苷酸的成串排列；两个引物之间不应存在互补序列，尤其是在引物的 3′末端，即使无法避免，其 3′端的互补碱基也不能多于 2 个，以减少"引物二聚体"的形成，防止产生非特异的扩增条带；引物 3′端的碱基，特别是最末及倒数第二个碱基，应严格要求配对，以避免因末端碱基不配对而导致 PCR 失败；引物中有或人为加上合适的酶切位点，可便于后续进行酶切分析或分子克隆；引物应与核酸序列数据库的其他序列无明显同源性。

3. DNA 聚合酶的使用

DNA 聚合酶是影响 PCR 反应特异性关键的因素之一。它具有 3 种主要功能，分别是：聚合作用，以 DNA 为模板，将 dNTP 中的脱氧单核苷酸逐个加到 3′-OH 末端；3′-5′外切酶活力，能识别和消除错配的引物末端，与复制过程中校正功能有关；5′-3′外切酶活力，从 5′端水解核苷酸，还能经过几个核苷酸起作用，切除错配的核苷酸。高保真耐热型的聚合酶能够保证 PCR 反应的可靠性。目前，耐热 DNA 聚合酶成为 PCR 反应中使用的 DNA 聚合酶主流，如 *Taq* DNA 聚合酶。它可以耐受 93～95 ℃的高温，从而避免了反应过程中不断补加多聚酶的烦琐操作，同时使退火和延伸温度得以提高，减少了非特异性产物和 DNA 二级结构对 PCR 的干扰，增进了 PCR 特异性、产量和敏感度。但不同质量的 *Taq* DNA 聚合酶对 PCR 反应的影响不同，应根据需要选择适当的 *Taq* DNA 聚合酶和使用浓度。

另外，Mg^{2+} 和 dNTP 使用浓度也会影响 *Taq* DNA 聚合酶的活性。Mg^{2+} 是 DNA 聚合酶活性发挥所必需的，浓度过低时合成效率会下降，浓度过高时非特异性会加大。同时，dNTP 能与 Mg^{2+} 结合，故游离 Mg^{2+} 只是结合后剩余的量。若总 dNTP 浓度过高，DNA 聚合酶活力会降低；dNTP 浓度低时，PCR 产率及特异性则均增高。因此，PCR 反应体系配制时，需要科学、合理地把握各物质的使用量，避免 PCR 反应失败。

二、常见 PCR 技术及其特点

PCR 技术是体外扩增核酸的最有效和研究开发最广泛的试验技术，可以检测核酸的拷贝数、分析 mRNA 的表达水平、分析基因突变等，因此获得了广泛的临床应用。同时，在大量的应用中，根据分析目的和试验设计的不同，PCR 技术还发展衍生出许多不同的测定方法，如同时检测多个病原体的多重 PCR(Multiplex PCR)、反向 PCR、提高敏感性和特异性的巢式 PCR (Nested PCR)、研究基因表达的原位 PCR(In situ PCR)、分析 RNA 的逆转录 PCR (RT-PCR)、锚定 PCR、不对称 PCR、免疫 PCR 等。在本项目任务一的分子生物学检测技术原理中已对常规 PCR、逆转录 PCR 和实时定量 PCR 进行了讲述。下面将对动物疾病研究和诊断中常用的其他 PCR 技术的原理、特征和应用进行介绍。

(一)多重 PCR

多重 PCR(Multiplex PCR)又称多重引物 PCR 或复合 PCR,是在同一 PCR 反应体系里加入两对或两对以上引物,同时扩增出多个核酸片段的 PCR 反应,其反应原理、反应试剂和操作过程与一般 PCR 相同。

多重 PCR 技术已经广泛应用于生物医学、植物生物学、海洋生物学、法医学、食品卫生等各个方面。比如,在病原微生物的检测方面,利用一次多重 PCR 反应,可同时检测、鉴别出多种病原体,在临床混合感染的鉴别诊断上具有其独特的优势和很高的实用价值。概括地说,多重 PCR 技术具有以下几个特点。

(1)可以对病原体进行全面、系统、准确的检测与鉴定,且操作简单、快速,具有很高的特异性和灵敏度,适用于成组病原体的检测,如对肝炎病毒、肠道致病性细菌、无芽孢厌氧菌等可同时检测。

(2)多重 PCR 可实现在同一反应管中同时扩增多个不同的片段。多重 PCR 不仅意味着节约时间、试剂和样本,同时使得多个扩增子进行同时比较成为可能。应用多重 PCR 可以大大提高检测效率、缩短检测周期、降低检测成本,具有显著的经济与社会效益,适用于临床检测、卫生防疫及流行病学调查等。例如,应用多重 PCR 可特异地对猪链球菌的毒力相关表型和特异血清型进行区分。

(3)在多重 PCR 中,一个反应体系中存在多对引物,引物的设计对减少错配引起的非特异性扩增,降低非特异性扩增效率至关重要。一般要求,引物序列对于目标片段应该是独特的,且所有引物的 T_m 值差异应在 5 ℃内。在进行多重 PCR 前,每个引物对应在单个反应中验证其特异性和扩增效率。而且,扩增产物大小应有所不同,才能保证在凝胶电泳中可区分开,以便鉴定。除了引物设计和扩增子大小,热启动 DNA 聚合酶和特殊优化的 PCR 缓冲液对于多重 PCR 也是必需的,它们可提升扩增成功率和特异性。

(二)反向 PCR

反向 PCR(Inverse PCR)是克隆已知序列旁侧序列的一种方法。它起初设计用于确定临近未知区域的序列。之所以称为反向 PCR,是因为引物设计用于向两个反向的方向延伸,而不像常规 PCR 朝着相向的方向延伸。主要原理是,用一种在已知序列中无切点的限制性内切酶消化基因组 DNA,酶切后片段自身环化,以环化的 DNA 作为模板,用一对与已知序列两端特异性结合的引物,扩增夹在中间的未知序列。反向 PCR 在基因的启动子序列、基因融合、异位或转移,及病毒基因整合等研究中都能获得良好效果。

反向 PCR 主要优点是简单、快速,可以研究许多独立的克隆。但也存在不足:①必须选择一种合适的酶进行酶切才能得到合理大小的 DNA 片段。所选择的酶不能在非酶切位点切断靶 DNA。②大多数有核基因组含有大量中度和高度重复序列,这会导致通过反向 PCR 得到的探针就有可能与多个基因序列杂交,影响特异性检测。

(三)巢式 PCR

巢式 PCR(Nested PCR)是一种 PCR 改良模式,它增强了反应特异性和目标扩增产物的产量。在此方法中,需要设计两对引物:一对(外引物)在目标扩增区域的侧翼,而另一对引物(巢式引物)对应于所扩增 DNA 的准确区域。第一轮 PCR 扩增的产物作为第二轮 PCR 的模板,第二轮 PCR 扩增的产物即为目的产物。

当模板 DNA 含量较低，用一次 PCR 难以得到满意的结果时，用巢式 PCR 的两轮扩增就可以得到很好的效果。因此，对用常规 PCR 方法难以扩增出的样品，可以尝试使用巢式 PCR。

巢式 PCR 应用简单，所需条件与常规 PCR 相同，可以提高有限的靶序列的扩增效率，并且提高了 PCR 的特异性与灵敏性，应用极为广泛。但巢式 PCR 在进行第二轮 PCR 扩增时，可能会引起交叉污染。

(四)锚定 PCR

锚定 PCR(Anchored PCR) 是在基因未知序列末端添加同聚物尾序，人为赋予未知基因末端序列信息，用人工合成的与多聚尾互补的引物作为锚定引物，在与基因另一侧配对的特异引物参与下，扩增带有同聚物尾序列的过程。锚定 PCR 可克服未知序列带来的障碍，对分析未知序列基因有特殊价值。另外，当已知某蛋白质氨基端或羧基端氨基酸序列时，APCR 还可用于从基因组 DNA 克隆该蛋白质的基因。APCR 主要应用于扩增未知或全知序列。

(五)不对称 PCR

两种引物浓度比例相差较大的 PCR 技术称为不对称 PCR(Asymmetric PCR)。在 PCR 反应中采用两种不同浓度的引物，其最佳比例一般为 1∶(50～100)。经若干轮循环后，低浓度的引物被消耗尽，之后的循环只产生高浓度的延伸产物，结果产生大量特异长度的单链 DNA。该技术可应用于核酸杂交探针的制备和 DNA 测序模板制备。

(六)免疫 PCR

免疫 PCR(Immuno PCR)是目前为止最为敏感的检测方法，是抗原－抗体反应与 PCR 技术结合产生的。理论上可测到一个抗原分子的存在。免疫 PCR 主要由免疫反应和 PCR 检测两个部分组成：第一部分类似于普通 ELISA 的抗原抗体反应；第二部分为常规的 PCR 扩增和电泳检测。其原理是：通过用一个具有对 DNA 和抗体双重结合活性的连接分子，使作为标记物的 DNA 分子特异地结合到抗原抗体复合物上，从而形成抗原－抗体－DNA 复合物，附着的 DNA 标记物可用适宜的引物进行 PCR 扩增。特异性 PCR 产物的存在证明 DNA 标记物分子特异地附着于抗原抗体复合物上，进而证明有抗原存在。免疫 PCR 可应用于流行性传染病检测，还可用于体液中致癌基因和癌基因表达的微量蛋白检测等。

任务三　PCR 分析技术

PCR 产物是否为特异性扩增，其结果是否准确可靠，必须对其进行严格的分析与鉴定，以确定其序列信息和数量，才能得出正确的结论。PCR 分析技术一般包括 PCR 产物特征分析技术和 PCR 产物定量分析技术两个方面。

一、PCR 产物特征分析技术

PCR 扩增片段的检测和分析根据研究对象和目的不同可选用不同的分析方法。琼脂糖凝胶电泳可帮助判断扩增产物的大小，有助于扩增产物的鉴定；点杂交除可鉴定扩增产物外，还有助于产物的分型；Southern blot 分析可从非特异扩增产物中鉴定出特异产物的大小；最新开发的聚合酶链反应-酶联免疫吸附试验（PCR-ELISA）、聚合酶链反应-酶免疫测定（PCR-EIA）、聚合酶链反应-寡核苷酸连接试验（PCR-OLA）等，均有更高的准确性，有助于产物特异性精确分析。

1. 凝胶电泳

PCR 产物凝胶电泳分析一般有琼脂糖凝胶或聚丙烯酰胺凝胶电泳分析两种方法，其中琼脂糖凝胶电泳分析最常用。通过电泳可以判断扩增产物的大小。不同大小的 DNA 分子通过琼脂糖凝胶时，由于泳动速度不同而被分离，经溴化乙锭（Ethidium bromide，EB）染色，在紫外光照射下 DNA 分子发出荧光，与扩增时所设的阳性对照比较，即可判断阳性或阴性结果；同时，也可在电泳时以标准分子量作对照，判断其扩增片段的分子大小。在临床检测中，通过凝胶电泳判断扩增片段大小即可满足检测的需要。凝胶电泳不仅可以鉴定产物的大小，检测扩增的情况，还可纯化扩增产物。聚丙烯酰胺凝胶电泳比琼脂糖凝胶电泳烦琐，但其具有极高的分辨率，范围覆盖 10～3 000 bp 的 DNA 片段，在适当条件下，可以分离大小仅差一个碱基对的 DNA 分子。凝胶电泳常应用于引物纯化、PCR 扩增指纹图、多重 PCR 扩增、PCR 扩增产物的酶切限制性长度多态性分析。

2. 点杂交

点杂交又称斑点杂交，是指将 DNA 或 RNA 样品直接点在硝酸纤维素滤膜上，然后与核酸探针分子杂交，以显示样品中是否存在特异的 DNA 或 RNA。当扩增产物是多条带时，用点杂交更合适。若将同一种样品经不同倍数的稀释，还可以对样品进行半定量分析。它是一种分析 DNA 或 RNA 较为简便、快速、经济的方法，常在基因分析、基因诊断、基因表达研究中应用。但由于该检测中目的序列与非目的序列不能得到分离，无法了解目的序列的长度，另外，当本底干扰较高时，难以区分目的序列信号和干扰信号。

3. 微孔板夹心杂交

该法是通过一固定于微孔板的捕获探针与 PCR 产物的某一区域特异杂交使产物间接地固定于微孔板上，再用一生物素等非放射性标记物标记的检测探针与产物的另一区域杂交，漂洗后显色即可判断结果。该法需要两个杂交过程来检测一个产物，因此，其特异性较一次杂交的检测法高。该法的敏感性和特异性与 Southern blot 法相当，但该法操作简便、快速、避免了同位素标记探针的危害，显色反应类似于临床常规应用的 ELISA，适于临床实验室常规应用。

4. PCR-ELISA

PCR-ELISA 是将一步 RT-PCR 技术与酶联免疫吸附试验相结合，用于检测病毒的一项诊断技术。本方法可以用于 PCR 产物特异性检测和定量分析。PCR 的一对引物中，一个用生物素标记、另一个用地高辛标记，在酶标微孔板上用亲和素包被，PCR 扩增后纯化片段加入微孔板中。此时，微孔板上包被的亲和素将与生物素标记引物上的生物素特异性结合而捕捉了 PCR 片段，然后在微孔板中加入辣根过氧化物酶标记的抗地高辛抗体，该抗体将与地高辛标记引物上的地高辛结合，从而形成亲和素-生物素-PCR 片段-地高辛-地高辛抗体-辣根过氧化物酶复合物。加入酶的相应底物进行显色，便可判断 PCR 扩增的有无。由于该方法是 PCR 和 ELISA 技术的结合，所以它是一种两级放大系统、灵敏度更高。同时，这种方法避免了 PCR 产物分析时，电泳和染色过程，所以更为快捷、简便和灵敏。

二、PCR产物定量分析技术

PCR产物最初是通过凝胶电泳、毛细管电泳等方法进行检测，操作烦琐、易交叉污染，且只能通过电泳结果成像后观察产物条带的大小和产物条带光亮度进行定性分析。为了实现定量分析，简化操作流程，1992年出现了"第二代PCR"——实时荧光定量PCR。实时荧光定量PCR是在常规的PCR基础上加入荧光标记探针或相应的荧光染料来实现定量功能，其原理在于随着PCR反应的进行，PCR反应产物不断累积，荧光信号强度也等比例增加，每经过一个循环，收集一个荧光信号强度，从而得到一条荧光扩增曲线，再对照由已知起始拷贝数的标准品做出的标准曲线即可相对计算出该样品的起始拷贝数。实时荧光定量PCR的具体介绍可参见本项目任务一的分子生物学检测技术原理。

实时荧光定量PCR尽管在科学研究和疾病检测方面得到了广泛应用，但采用实时荧光定量PCR对核酸定量，仍存在灵敏度、准确度和重现性存在不足，难以满足对稀有突变基因的表达量、低拷贝核酸量的分析要求。为克服这个技术缺点，第三代PCR即数字PCR（Digital PCR，dPCR）技术应运而生。1999年，Bert Vogelstein和Kenneth W. Kinzler首次提出了"第三代PCR"的概念，其核心思想在于借助微液滴或微腔室，将DNA模板分散在不同的独立反应体系中，实现单个模板扩增，扩增结束后根据各个反应单元荧光信号的有或无进行统计学分析，从而不依靠标准曲线完成绝对定量。与前两代PCR技术相比，其测量精确度和灵敏度明显提高，是真正意义上的绝对核酸定量分析技术。但早期微液滴制备过程得到微液滴数量和均匀性很难达到要求，一直限制了dPCR技术的发展，直到微流控芯片、油包水乳化液滴和纳米制造等技术的出现和快速发展，dPCR才实现了市场化。基于dPCR的优点，其在感染性疾病早期诊断、样本病毒载量评估和环境病毒载量监测等方面应用效果突出。

技能一 核酸提取技术

【目的要求】

(1)掌握核酸提取的原理和要求；理解核酸自动提取仪工作原理。

(2)能正确使用核酸自动提取仪进行微生物核酸提取，能正确评估提取的核酸质量。

(3)养成严谨治学、求真务实的职业素养。

【实验器材】

超净工作台、全自动核酸提取仪、超微量分光光度计、常温低速离心机、低温高速离心机；总RNA提取试剂盒（Trizol）、三氯甲烷、异丙醇、无水乙醇、DNA提取缓冲液、蛋白酶K、TE缓冲液、无RNA酶微量移液枪头、无RNA酶1.5 mL离心管、DEPC水、酚、氯仿、异戊二醇、溶液Ⅰ（葡萄糖50 mmol/L、EDTA 10 mmol/L、Tris-HCl 25 mmol/L、pH 8.0）溶液Ⅱ（NaOH 0.2 mol/L、SDS 1%、用ddH_2O现配现用）、溶液Ⅲ（KAc 5 mol/L、pH 4.8）、全自动核酸提取试剂盒等。

【方法步骤】

以下为核酸手提法，使用核酸提取试剂盒提取核酸时请参考具体试剂盒的操作说明进行。

一、总 RNA 提取

参照购自 Invitrogen 公司的 Trizol 试剂进行总 RNA 提取。

1. 试验前准备

(1)玻璃器具蒸馏水淋洗数次，150 ℃烘烤，4 h 以上。

(2)DEPC 处理水。使用 0.1% DEPC 处理过夜后，高压蒸汽灭菌 20 min，4 ℃冷藏备用。

(3)75%乙醇的配置(1 倍的 DEPC 处理水加 3 倍的无水乙醇)预冷。

(4)Trizol 预冷(内含异硫氰酸胍等物质，能迅速破碎细胞，抑制细胞释放出的核酸酶)。

(5)氯仿预冷(能将胞膜及胞壁部分结构溶解使胞内各种物质释放出，并抑制细胞释放出的核酸酶)。

(6)异丙醇预冷(异丙醇选择性沉淀 DNA 而与在溶液中的 RNA 分离)。

2. 裂解细胞

(1)组织。将组织在液氮中磨碎，每 50～100 mg 组织加入 1 mL Trizol，用匀浆仪进行匀浆处理。样品体积不应超过 Trizol 体积的 10%。

(2)单层培养细胞。直接在培养板中加入 Trizol 裂解细胞，每 3.5 cm 直径的培养皿加 1 mL，用移液器吸打几次。Trizol 的用量应根据培养板面积而定，不取决于细胞数。Trizol 加量不足可能导致提取的 RNA 有 DNA 污染。

(3)细胞悬液。离心收集细胞，每$(5\sim10)\times10^6$动物、植物、酵母细胞或1×10^7细菌细胞加入 1 mL Trizol，反复吸打。加 Trizol 之前不要洗涤细胞以免 mRNA 降解。一些酵母和细菌细胞需用匀浆仪处理。

3. 沉淀核酸

(1)将匀浆样品在室温(15～30 ℃)下放置 5 min，使核酸蛋白质彻底分离。

(2)向管中加入 0.4 mL 氯仿，盖好管盖，剧烈振荡 15 s 后，在室温下放置 3 min。

(3)4 ℃，13 000 r/min，离心 15 min。取出后，可见样品分成三层，上层为 RNA 在水相、中层为 DNA、下层为粉色的蛋白质。

(4)将上层水相小心取出(约 0.5 mL)，加入 1.5 mL 离心管中，向管中加入等体积的异丙醇。在室温放置 5 min。

(5)4 ℃，13 000 r/min，离心 10 min。离心后，管底可见胶状沉淀。

(6)加入 2 mL 70%乙醇洗涤沉淀，之后倒出液体，注意不要将沉淀倒出，若沉淀松动，可稍离心。

(7)用微量移液枪头将剩余液体全部吸出后，向管中加入 25 μL ddH_2O，彻底溶解 RNA。

(8)电泳检测 RNA(详见本项目技能五)。各取 8 μL 样品与 2 μL loading buffer 混匀，点样。

(9)用于超微量分光光度计(图 13-1)进行 RNA 质量检测。

①打开电源。根据样品类型选择程序，并设置测量参数(体积参数设置为 1～2 μL)，测量OD_{260}/OD_{280}值。

②用擦镜纸擦拭点样口和盖子，确保样品口和盖子干净。

③在漩涡混匀器上混匀样品。

④用移液枪吸取空白样品(1～2 μL)滴在样品口,使样品形成液珠。

⑤盖上盖子,选择“blank”按钮,生成一个空白测量(调零)。

⑥用擦镜纸擦除点样口和盖子上的样品(必要时可用蒸馏水或70%酒精或异丙醇擦拭)。

⑦输入样品名称。

⑧用移液枪吸取少量(1～2 μL)样品溶液滴在测量口,使样品溶液形成小液珠。测量完成后擦拭点样口和盖子,再继续测量下一个样品。

⑨用完后用清水或70%酒精擦拭样品口,关闭电源,套上外防尘保护套。

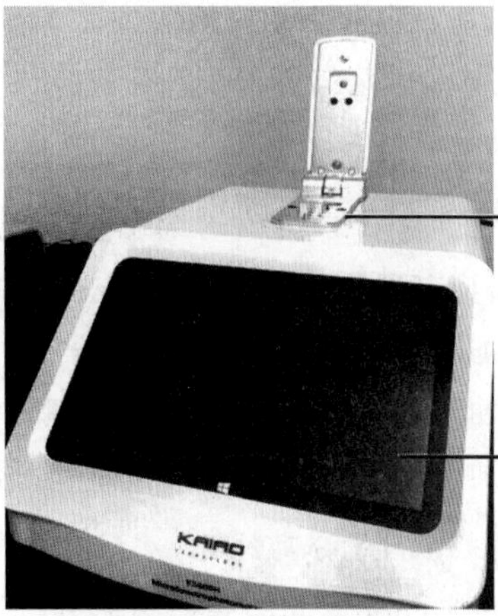

图 13-1 超微量分光光度计

⑩ 纯 RNA 的 OD_{260}/OD_{280} 值为 1.7～2.0。

(10)RNA 提取成功后,应尽快进行 cDNA 的合成,或−80 ℃保存备用。

二、基因组 DNA 提取

(1)贴壁细胞用胰酶消化,2 000 r/min 离心 5 min,收集细胞;悬浮细胞(包括细菌培养物、血液细胞)直接离心收集;动物组织则取 10～30 mg 组织于 1.5 mL 的离心管中,用眼科剪充分剪碎。

(2)细胞重悬于冰冷的 PBS 漂洗一次,离心收集。

(3)重复步骤(2)。

(4)加入 5 mL DNA 提取缓冲液(10 mmol/L Tris-HCl,0.1 mol/L EDTA,0.5% SDS)混匀。

(5)加入 25 μL 蛋白酶 K,使终浓度达到 100 μg/mL,混匀,50 ℃水浴 3 h。

(6)用等体积的酚抽提一次,2 500 r/min 离心收集水相。用等体积的(酚、氯仿、异戊醇)混合物抽提一次,2 500 r/min 离心收集水相。用等体积的氯仿,异戊醇抽提一次。

(7)加入等体积的 5 mol/L 的氯化锂,混匀,冰浴 10 min。

(8)以 2 500 r/min 离心 10 min。转移上清液到一离心管中,加入等体积的异丙醇,在室温放置 10 min。

(9)以 2 500 r/min 离心 10 min。弃上清液,加入 0.1 倍体积 3 mol/L 乙酸钠(pH 5.2)与 2 倍体积−20 ℃预冷无水乙醇,−20 ℃处理 20 min。

(10)以 12 000 r/min 室温离心 5 min。弃上清液,将 DNA 溶于适量 TE 中。

(11)应用微量分光光度计进行核酸质量检测。方法详见本技能中总 RNA 提取。纯 DNA 的 OD_{260}/OD_{280} 值约等于 1.8,大于 1.9 表明有 RNA 污染,小于 1.6 表明有蛋白质、酚等污染。

三、质粒抽提

1. 质粒扩增

(1)用单菌落或从单菌落中生长起来的少量液体培养物按 1% 比例接种于 2 mL LB 培养

基。培养基中应含有相应抗生素。

(2)37 ℃振荡培养过夜。

2. 细菌的收获和裂解

(1)将含有目的质粒的细菌培养物培养到对数晚期(OD_{600} 约 0.6),取 1.5 mL 菌体于 EP 管(指型离心管),以 4 000 r/min 离心 3 min,弃上清液。

(2)加 0.1 mL 溶液Ⅰ充分混合。

(3)加入 0.2 mL 溶液Ⅱ,轻轻翻转混匀,冰浴 5 min。

(4)加入 0.15 mL 预冷溶液Ⅲ,轻轻翻转混匀,冰浴 5 min。

3. 质粒 DNA 分离纯化

(1)以 10 000 r/min 室温离心 20 min,取上清液于另一新 EP 管。

(2)加入等体积的异丙醇,混匀后静置 10 min。

(3)以 10 000 r/min 室温离心 20 min,弃上清液。

(4)用 70%乙醇 0.5 mL 洗涤一次,抽干所有液体。

(5)待沉淀干燥后,溶于 50 μL TE 缓冲液(0.1 mol/L NaCl、pH 8.0 的 10 mmol/L Tris-HCl、pH 8.0 的 1 mmol/L EDTA)或 60 ℃温育的去离子水。

(6)核酸质量检测方法同基因组 DNA 提取质量检测。

四、全自动核酸提取

参照艾康 NSE-32 全自动核酸提取仪使用方法进行提取。

(1)样品的前处理。不同样品的前处理,应严格按核酸提取试剂盒中的操作说明进行。

(2)按照试剂盒说明书向 96 孔板中加入样本及试剂。

(3)开机。打开核酸提取仪开关,蜂鸣器发出两声短鸣,仪器开始启动,仪器进入系统后开始初始化设备、运动装置的复位和自检,此过程需要 1~2 min。

(4)放置 96 孔深孔板。将 96 孔深孔板按正确位置(A 位朝左侧)小心缓慢地放置在提取槽内。

(5)安装磁棒套。手握住磁棒套的手柄,将磁棒套从包装中取出后,将磁棒套插入磁棒架上。往里轻推,直至听到"咔嗒"一声,表示磁棒套已完全插入沟槽中。

(6)关上前盖,以避免对环境的污染。

(7)程序运行。按照说明书选择核酸提取程序,可根据自己对实验的要求,选择合适的实验程序文件并运行。或者根据自己需求编辑新的程序,按"运行"键开始运行。

(8)程序运行完毕后取出 96 孔深孔板和磁棒套,立即通过移液器将洗脱下来的核酸溶液转移到反应管中用于后续扩增实验,也可置 4 ℃暂时存放或−20 ℃长久保存。

(9)仪器工作结束,关闭仪器供电电源,可以使用 75%乙醇对实验舱进行清洁,使用时,请勿将乙醇倒入实验舱内,并使用脱脂棉进行擦拭,待乙醇晾干后,开启紫外线照射 30 min 以上进行消毒。

(10)注意事项。

①仪器在使用或实验人员进行实验的过程中,勿打开前安全门。若要强行打开,先暂停运

行程序。

②若仪器在实验过程中，实验人员打开前安全门，仪器会停止至当前状态，待关闭安全门后，系统会继续运行程序。

③若运行程序过程当中突然断电，可以保持仪器目前的运行状态，待供电后系统会提示“是否继续运行上次未运行完的程序？”可触击“是”，继续运行断电前所运行的程序；触击“否”，则先对系统进行初始化，然后再选择程序运行。

④前安全门的有机玻璃具有过滤紫外光的功能，避免发生意外请勿直视紫外灯光。

⑤仪器正在工作中禁止对实验舱或仪器表面进行清洁。

【考核标准】

序号	考核点		分值	标准	评分		
					自评	互评	师评
1	知识	实验原理	10 分	能正确阐述实验原理。			
2	技能	材料准备	10 分	可依据本次实验内容，正确选取实验器材及试剂。			
3		使用前准备	10 分	能对设备内部、工作台表面进行正确清洁和消毒。			
4		总 RNA 提取	20 分	能够准确描述细胞总 RNA 提取步骤和注意事项。			
5		基因组 DNA 提取	10 分	能够准确描述细胞基因组 DNA 提取注意事项。			
6		质粒提取	10 分	能够准确描述细菌质粒提取注意事项。			
7		技能操作	10 分	能够正确使用相关仪器、样本处理、细胞裂解、核酸分离纯化、检测核酸质量等。			
8		实验记录	5 分	实验结束，认真记录实验过程并填写仪器设备使用记录；各物品归位。			
9		清场	5 分	按实验室相关规定进行合理清场。			
10	素质	团队协作	5 分	积极参与小组任务，对小组任务具有一定贡献。			
11		科学素养	5 分	在实验过程中有大局观，能认真思考，对发现的问题能不畏艰难，融汇所学知识、创新思考，并提出自己的解决方案，探索实践。			
总分							

技能二 普通 PCR

二维码 13-1 鸡传染性支气管炎普通 PCR 检测

【目的要求】

(1)理解 PCR 反应的原理;掌握 PCR 反应流程及注意事项。

(2)能正确配制 PCR 反应体系、使用 PCR 仪、判定 PCR 结果。

(3)具有实事求是的职业素养。

【实验器材】

普通 PCR 仪、瞬时离心机、微量移液器、吸头、0.2 mL EP 管,200 μL 吸头,10 μL 吸头、引物、*Taq* DNA 聚合酶、四种 dNTP 混合物、Mg^{2+}、10×缓冲液等。

【方法步骤】

一、配置反应体系

PCR 的反应体积一般有:10、20、25、40、50、100 μL(一般不要低于 10 μL,体积过少会影响扩增效率及产物得率)。以"天根生物"*Taq* DNA 聚合酶(ET101)试剂盒使用为例,当以基因组 DNA 为模板扩增目的产物为 1 kb 的基因片段时,普通 PCR 反应体系配制如表 13-1 所示。

将表 13-1 中各成分依次加入 0.2 mL EP 管中。扩增使用热启动酶,可在常温下操作,非热启动型的酶要在低温下配置反应体系。

表 13-1 普通 PCR 反应体系

试剂	体积
10×*Taq* Buffer (含 Mg^{2+})	5 μL
Taq DNA poly merase(2.5 U/μL)	0.5~1 μL
dNTPs mix (2.5 mmol/L)	4 μL
扩增引物 1 (10 μmol/L)	1 μL
扩增引物 2 (10 μmol/L)	1 μL
基因组 DNA	可变(<1 μg)
ddH_2O	补足 50 μL

二、PCR 反应

打开机盖,将反应管平稳、端正地置入,盖好机盖;打开电源开关,按照试剂盒说明书在 PCR 仪(图 13-2)操作界面上设置"变性""退火""延伸"的时间和温度,以及反应循环次数;程序设定按照机器屏幕显示的提示逐步操作。PCR 程序一般为:95 ℃ 3 min;95 ℃ 30 s;退火温度(据引物而定) 45 s;72 ℃ 延伸(时间根据所扩增片段大小调整,一般 1 kb/min)(以上三步循环 30 次);72 ℃ 10 min。启动设置好的程序进行 PCR 反应。结束时,待风机停止工作,关闭电源。

三、核酸电泳

扩增结束后，进行琼脂糖凝胶和核酸电泳鉴定（具体操作见本项目技能四）。

四、结果观察与判定

电泳结束后，凝胶成像观察，并对比 DNA marker 确定片段大小，判断结果。若试验组出现与预期大小一致的 DNA 片段，阴性对照组中没有出现，则可初步判定为目标基因扩增成功，要最终确认目标基因是否扩增成功，还需进行基因测序和结果分析。

五、注意事项

（1）引物是决定 PCR 反应成败的关键，要保证扩增的准确、高效，引物的设计要科学合理。

（2）PCR 扩增对模板的要求不高，单链、双链 DNA 均可作为扩增片段，虽然 PCR 能够扩增微量的 DNA，为了保证扩增的特异性，对不同来源的模板，起始浓度有一定要求。模板可以是纯化后的样品也可以是粗制品，不同来源的模板采取不同的处理方法，实验模板的纯化越简单越好，但模板中如果含有任何的 *Taq* 酶抑制剂、蛋白酶、核酸酶等，会干扰反应。模板提取时注意保存，不能放置太久，避免反复冻融并防止降解。多数人会忽略这一问题，当实验结果没有任何条带时，可优先考虑是否为模板降解的原因。

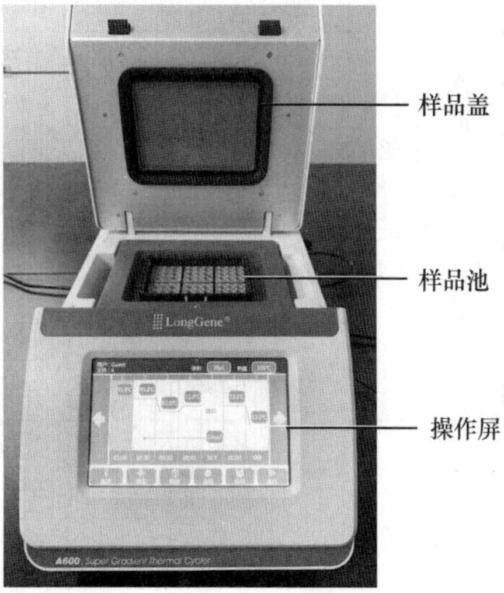

图 13-2　普通 PCR 仪

（3）*Taq* DNA 聚合酶种类有很多，如热启动酶、高保真酶，根据各自实验的应用选择合适的酶扩增。一般的反应，化学修饰的热启动酶即能很好地完成，能够避免低温下任何非特异性产物产生。酶的浓度对扩增有一定影响，酶用量过多，会导致非特异性产物，按照说明书操作即可。

（4）四种 dNTP 的浓度要相同，其中任何一种浓度偏高或偏低，都会引发碱基的错误渗入。此外，dNTP 能够和体系中镁离子结合，从而影响体系中镁离子的浓度。

（5）缓冲液一般随酶提供，一般的 PCR 试剂盒包括 *Taq* 酶、缓冲液、dNTPs、水。初次扩增，可以完全按照试剂盒的说明书操作，如果扩增结果有问题，可自己尝试摸索实验条件或重新设计引物提取模板扩增。

（6）因为空气中和手上有一定污染源，所以操作过程中要戴手套，在干净的环境中配置反应体系，防止空气中的污染源。

（7）PCR 扩增的水要经过高压灭菌或 0.2 μm 滤膜过滤。

（8）产物切胶回收，将其作为模板二次扩增前，要先鉴定，二次扩增模板稀释 1 000 倍。

【考核标准】

序号	考核点		分值	标准	评分		
					自评	互评	师评
1	知识	实验原理	10 分	能正确阐述实验原理。			
2	技能	材料准备	10 分	可依据本次实验内容，正确选取实验器材及试剂，做到不遗漏，不错拿。			
3		使用前准备	10 分	能对设备内部、工作台表面进行正确清洁和消毒。			
4		反应体系制备	20 分	能够正确标记，能按照合理的顺序添加各试剂，并能正确混匀。			
5		PCR 仪使用	10 分	能正确编制 PCR 反应程序和正确维护 PCR 仪。			
6		技能操作	10 分	能够正确使用相关仪器。			
7		结果判断	10 分	能正确使用凝胶成像仪观察结果，以及对结果进行正确判断。			
8	素质	实验记录	10 分	实验结束，认真记录实验过程并填写仪器设备使用记录；各物品归位。			
9		科学思辨	10 分	能针对实验结果进行分析梳理，积极探索优化实验反应体系与条件。			
总分							

技能三 RT-PCR

【目的要求】

(1)理解 RT-PCR 实验原理；掌握其操作流程和注意事项。

(2)能正确配制反应体系、RNA 反转录以及结果判断。

(3)具有过硬的专业素质和一丝不苟、慎思明辨的职业素养。

【实验器材】

PCR 仪、瞬时离心机、微量移液器、无 RNA 酶各型号吸头、无 RNA 酶 2.5 mL 和 0.5 mL EP 管、氯仿、异丙醇 Trizol 试剂、RT-PCR 试剂盒(包括反转录酶 M-MLV、5×First-Strand Buffer、RNase-Free ddH_2O、Super Pure dNTPs、RNA 酶抑制剂等)以及常规 PCR 需用的试剂(详见普通 PCR)等。

【方法步骤】

一、实验前准备

(1)玻璃器具蒸馏水淋洗数次，150 ℃烘烤，4 h 以上。

(2)RT-PCR 试验所需试剂盒组成(5×逆转录缓冲液、dNTPs、M-MLV、DEPC 处理水、5×定量 PCR 缓冲液、*Taq* 酶、ddH_2O、上游引物、下游引物等)。

(3)试验前将生物安全柜紫外线及标本处理间紫外线打开照射 30 min。

二、总 RNA 的抽提

详见本项目技能一中的总 RNA 提取。

三、反转录

以 TIANGEN(天根)RT-PCR 试剂盒为例反转录具体操作如下。

(1)在冰浴无 RNA 酶的离心管中加入如下反应混合物:1～5 μg 总 RNA 或 50～500 ng mRNA。

(2)2 μL oligo(dT)或 2 μL 随机引物或 2 pmol 基因特异引物。

(3)2 μL Super Pure dNTPs(10 mM)。

(4)补 RNase-Free ddH_2O 定容至 14.5 μL。

(5)70 ℃加热 5 min 后迅速在冰上冷却 2 min。简短离心收集反应液后加入以下各组分:4 μL 5×First-Strand Buffer(含有 DTT);0.5～1 μL RNasin。

(6)加 1 μL(200 U)TIANScript M-MLV,轻轻用移液器混匀。如果用随机引物,请将离心管置 25 ℃温浴 10 min。

(7)42 ℃ 温浴 50 min。

(8)95 ℃ 加热 5 min 终止反应,置冰上进行后续实验或冰冻保存。如果需要 RNase H 处理,进行步骤(9)。否则,进行步骤(10)。

(9)加 RNase H 1 μL(2 U),37 ℃ 温浴 20 min 以降解 RNA。然后 95 ℃ 加热 5 min 使酶失活。

(10)用 RNase-Free ddH_2O 将反应体系稀释到 50 μL,取 2～5 μL 进行 PCR 扩增反应。

四、PCR 反应

吸取 10%的第一链反应液(2 μL)进行 PCR 反应。注意使加入更多量的第一链反应液也不能增加其扩增的产物量,反而可能会抑制正常的 PCR 反应。

(1)将表 13-2 中的成分加入 1 个 PCR 管中并使其终反应体积为 50 μL。

表 13-2　RT-PCR 中的 PCR 反应体系配制表

组成成分	体积
10×PCR 缓冲液	5 μL
Taq DNA 聚合酶(5 U/μL)	0.5 μL
10 mmol/L dNTPs mix	1 μL
50 mmol/L $MgCl_2$	2 μL
扩增引物 1(10 μmol/L)	1 μL
扩增引物 2(10 μmol/L)	1 μL
cDNA(第一链反应)	2 μL
ddH_2O	补足 50 μL

注:为了得到最好结果,$MgCl_2$最适浓度应依不同的模板—引物对而定。

(2)PCR 仪中进行 94 ℃加热变性 2 min。

(3)PCR 退火与延伸条件依据引物和模板而定。设置 15～40 次 PCR 循环数。反应条件设定完毕,启动程序进行体外扩增。

(4)电泳鉴定。应用琼脂糖凝胶电泳对扩增产物进行检测,判定是否扩增到目的基因。方法同本项目技能二中的结果观察与判定。

(5)注意事项。

①用于 cDNA 合成反应的试剂尽可能用 DEPC 进行处理,并在高压灭菌后使用。有些试剂不能高压灭菌时,先用经过灭菌的器具、水等配制溶液后,再将溶液进行过滤除菌处理。

②RNA 样品要避免基因组 DNA 污染。

③避免多次反复冻融 RNA,使 RNA 保持在冰浴中处于融化状态。

④试剂盒的各组成成分应在－20 ℃保存。

⑤cDNA 产物应置于－20 ℃保存。

【考核标准】

序号	考核点		分值	标准	评分		
					自评	互评	师评
1	知识	实验原理	10 分	能正确阐述实验原理。			
2	技能	试剂和材料准备	10 分	能正确准备好 RT-PCR 试验用到的试剂和材料,做到不遗漏,不错拿。			
3		使用前准备	10 分	能对设备内部、工作台表面进行正确清洁和消毒。			
4		反应体系制备	20 分	能够正确标记,能按照合理的顺序添加各试剂制备合适体积的 cDNA 第一链合成和 PCR 反应体系。			
5		PCR 仪使用	10 分	能正确编制 cDNA 第一链合成和 PCR 反应程序,以及正确维护 PCR 仪。			
6		结果判断	10 分	能正确使用凝胶成像仪观察结果,以及对 RNA 抽提和 RT-PCR 反应结果进行正确判断。			
7		清场	10 分	场地清理,卫生打扫,物品整理、复位。			
8	素质	实验记录	10 分	实验结束,认真记录实验过程并填写仪器设备使用记录;各物品归位。			
9		科学思辨	10 分	能针对实验结果进行分析梳理,积极探索优化实验反应体系与条件。			
总分							

技能四　核酸电泳技术

【目的要求】

(1)理解核酸电泳技术原理;了解电泳仪的结构。

(2)能正确配制琼脂糖凝胶,正确使用电泳仪和凝胶成像仪。

(3)具有娴熟的专业技能和良好的环境安全意识。

【实验器材】

微波炉、锥形瓶、水平电泳仪、电泳仪电源、制胶模具、一体式凝胶成像仪、琼脂糖、核酸电泳缓冲液(TAE)、EB、DNAmarker 等。

【方法步骤】

一、琼脂糖凝胶配制

将适量琼脂糖(一般琼脂糖质量浓度为 1%,即 100 mL 的电泳缓冲液中加入 1 g 的琼脂糖;根据检测核酸片段大小可进行变动)放入沸水浴(微波炉)中至完全融化,冷却至 55 ℃左右,加入适量染料,充分混匀后倒板(注意排除气体);将凝胶托盘放入配套的制胶盒中,倒入染料混匀后的琼脂糖溶液,注意保持制胶盒水平放置;据需要插入加样梳,在室温下待琼脂糖自然凝固。

二、电泳

琼脂糖凝固后,轻拔出加样梳,将托盘带胶取出,移入电泳槽,凝胶梳井端应在负极。加入电泳液,用微量取样器在梳井中加样。双手把住电泳槽上盖导线底部,根据极性(红色为"+"极,黑色为"−"极)盖上盖,连接电泳仪(图 13-3),在电源控制器上设置合适电泳条件开始电泳。电泳完毕,用双手拇指按住开盖按钮,四指提上盖在底部边缘突出部分,打开上盖后取出凝胶托盘和凝胶。

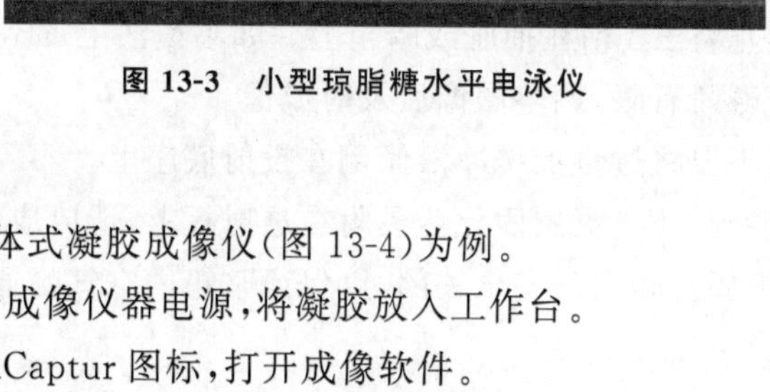

图 13-3　小型琼脂糖水平电泳仪

三、结果观察和记录

以"培清 JS-M6P"一体式凝胶成像仪(图 13-4)为例。

(1)电泳结束后,打开成像仪器电源,将凝胶放入工作台。

(2)双击桌面上 SensiCaptur 图标,打开成像软件。

(3)打开图像采集窗口。

(4)Select Application 选择相关应用。

UV Transillumination(透射 UV):针对 DNA EB胶或其他荧光;White Transillumination(透射白光):针对透光样品如蛋白凝胶,X 光片;White Epillumination(侧面白光):针对不透光样品或蛋白凝胶;Chemiluminescnece(化学发光):不打开任何光源。

(5)图像清晰度、曝光时长、大小等可在软件窗口右侧调节按钮上直接调节或在仪器面板上手工调节。待图像大小适合、图像清晰,图像满意后保存。

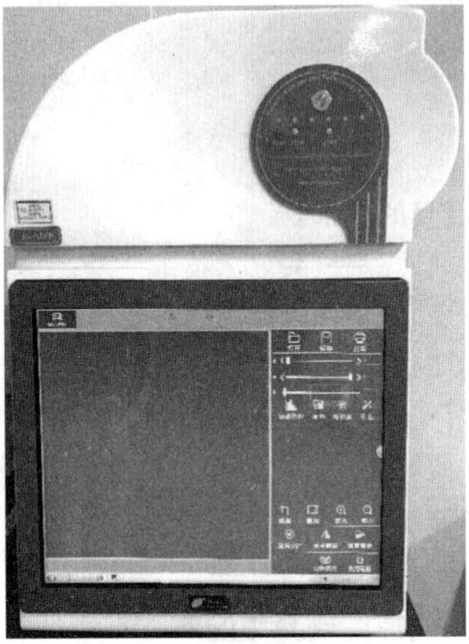

图 13-4 "培清 JS-M6P"一体式凝胶成像仪

(6)结果判定。将凝胶板放在紫外透射仪的石英玻璃台上进行检测,DNA 产物与荧光染料 EB 形成橙黄色荧光复合物。观察各泳道是否有橙黄色荧光带出现,并与扩增时所设的阳性对照比较,判断阳性或阴性结果。也可在电泳时以标准分子量作对照,判断其扩增片段是否与设计的大小相一致。

四、注意事项

(1)琼脂糖凝胶厚度为 3~5 mm。过薄则加样孔样品会溢出来,过厚观察时荧光穿透不强以致有些小片段 DNA 带型不易分辨。

(2)用于电泳检测 PCR 产物的琼脂糖浓度常为 1%~2%,应该使用纯度高的电泳纯级琼脂糖,这种琼脂糖已除去了荧光抑制剂及核酸酶等杂质,有利于电泳后 PCR 产物成像分析以及后续试验的应用。

(3)加样时一般取 PCR 反应液 5~10 μL,加入 3 μL 溴酚蓝溶液,充分混匀,加入凝胶加样孔中。

(4)电泳工作液为 0.5×TBE 缓冲液。

(5)接通电源,使样品由负极向正极移动,注意正负极方向,勿将凝胶放反。

(6)一般采用 60~100 V 恒压电泳,需要 30~60 min 便可达到良好的分离效果。如采用较高电压电泳时,电泳时间会缩短,但凝胶温度高,过热时甚至会融化,并导致分辨率降低,适合筛选样品或检查样品纯度。电泳电压低,分辨率提高,但将延长实验时间。

(7)在不需要维修或清洗时,勿拆卸电极。安装电极时应小心密封圈错位,谨防渗漏。

(8)开关抽屉时防止将 EB 粘在抽屉或暗箱上。如不慎沾上 EB,擦干后用水冲洗。

(9)透射板紫外灯寿命有限,调整图像后及时成像。

(10)拍摄时,注意不要将过量的缓冲液倾倒在投射底座上。

(11)凝胶应及时清理,防止凝胶固化后黏附在透射板上,造成成像不清晰。

(12)实验完毕后不要将暗箱门完全关闭,以保证暗箱内空气畅通。

【考核标准】

序号	考核点		分值	标准	评分		
					自评	互评	师评
1	知识	实验原理	10分	能够准确描述设备工作原理。			
2	技能	基本构造	10分	能正确说出电泳仪、凝胶成像仪各部件的名称及作用。			
3		制胶	15分	能正确配制琼脂糖凝胶，布板，注胶，拔样品梳。			
4		运行电泳	15分	能够正确将凝胶放置电泳槽、注入电泳液、加样、盖盖、连接电源、电泳条件设置、启动运行电泳，结束运行和关机。			
5		凝胶成像	10分	能正确使用凝胶成像仪进行成像，结果保存。			
6		仪器设备清理和使用记录填写	10分	实验结束，能正确进行仪器日常清洁维护和认真填写仪器设备使用记录。			
7		清场	10分	场地清理，卫生打扫，物品整理、复位。			
8	素质	实验记录	10分	实验结束，认真记录实验过程并填写仪器设备使用记录；各物品归位。			
9		科学思辨	10分	能针对实验结果进行分析梳理，积极探索优化实验反应体系与条件。			
总分							

技能五　荧光定量PCR

【目的要求】

(1)理解实时荧光定量PCR的原理；掌握实时荧光定量PCR的实验流程和注意事项。

(2)能正确配制实时荧光定量PCR反应体系，正确使用实时荧光定量PCR仪以及能对结果进行正确判断。

(3)具有娴熟的专业技能和科学严谨、实事求是的职业素养。

【实验器材】

实时荧光定量PCR仪、微量移液器、各种规格的无RNA酶硅化吸头、专用一次性12×8联管、实时荧光定量PCR试剂盒等。

【方法步骤】

参照广州然科生物技术有限公司实时荧光定量PCR试剂盒说明书，实时荧光定量PCR的方法和步骤如下。

一、梯度稀释的标准品及待测样品的关键基因(β-actin)实时定量 PCR

(1)β-actin 阳性模板的标准梯度制备,阳性模板的浓度为 10^{11},反应前取 3 μL 进行 10 倍稀释(加水 27 μL 并充分混匀)为 10^{10},后依次稀释至 10^9、10^8、10^7、10^6、10^5、10^4,以备用。

(2)反应体系如下。

①标准品反应体系

反应物	剂量
SYBR Green 1 染料	10 μL
阳性模板上游引物 F	0.5 μL
阳性模板下游引物 R	0.5 μL
dNTP	0.5 μL
Taq 酶	1 μL
阳性模板 DNA	5 μL
ddH_2O	32.5 μL
总体积	50 μL

轻弹管底将溶液混合,短暂离心。

二维码 13-2 鸡新城疫病毒荧光 PCR 检测

②关键基因反应体系。

反应物	剂量
SYBR Green 1 染料	10 μL
内参照上游引物 F	0.5 μL
内参照下游引物 R	0.5 μL
dNTP	0.5 μL
Taq 酶	1 μL
待测样品 cDNA	5 μL
ddH_2O	32.5 μL
总体积	50 μL

轻弹管底将溶液混合,短暂离心。

制备好的阳性标准品和检测样本同时上机,反应条件为:93 ℃ 2 min,然后 93 ℃ 1 min,55 ℃ 2 min,共 40 个循环。

二、制备用于绘制梯度稀释标准曲线的 DNA 模板

(1)针对每一需要测量的基因,选择一确定表达该基因的 cDNA 模板进行 PCR 反应。

反应体系如下。

反应物	剂量
10× PCR 缓冲液	2.5 μL
$MgCl_2$溶液	1.5 μL
上游引物 F	0.5 μL
下游引物 R	0.5 μL
dNTP 混合液	3 μL

Taq 聚合酶　　1 μL
cDNA　　1 μL
加水至总体积为　　25 μL

轻弹管底将溶液混合，短暂离心。35 个 PCR 循环（94 ℃ 1 min，55 ℃ 1 min，72 ℃ 1 min）；72 ℃ 延伸 5 min。

（2）核酸电泳。PCR 产物与 DNA Ladder 在 2% 琼脂糖凝胶电泳，溴化乙锭染色，检测 PCR 产物是否为单一特异性扩增条带。

（3）将 PCR 产物进行 10 倍梯度稀释：设定 PCR 产物浓度为 1×10^{10}，依次稀释至 10^9、10^8、10^7、10^6、10^5、10^4 几个浓度梯度。

三、待测样品的待测基因实时定量 PCR

（1）所有 cDNA 样品分别配置实时定量 PCR 反应体系。体系配置如下：

反应物	剂量
SYBR Green 1 染料	10 μL
上游引物	1 μL
下游引物	1 μL
dNTP	1 μL
Taq 聚合酶	2 μL
待测样品 cDNA	5 μL
ddH_2O	30 μL
总体积	50 μL

添加完所有试剂后，需轻弹管底将溶液混合，短暂离心，完成反应体系配制。

（2）将配制好的 PCR 反应溶液置于 Realtime PCR 仪上进行 PCR 扩增反应。反应条件为：93 ℃ 2 min 预变性，然后按 93 ℃ 1 min，55 ℃ 1 min，72 ℃ 1 min，共 40 个循环，最后 72 ℃ 7 min 延伸。

四、核酸电泳

各样品的目的基因和管家基因分别进行 Realtime PCR 反应。PCR 产物与 DNA Ladder 在 2% 琼脂糖凝胶电泳，检测 PCR 产物是否为单一特异性扩增条带。

五、注意事项

（1）试剂置于冰上放置，注意避免强光照射，防止荧光淬灭。

（2）所有的试剂要加到管底，尽量不要加到管壁，反应体系配制完毕后低速离心数秒，避免产生气泡。

（3）分样前，所有的样品进行隔离，可防止开盖时由于盖上沾有液体而增加污染的风险。

（4）进行样品处理时，尽量使用较长的吸头取样，防止因移液器的污染而导致样品间的交叉污染。

（5）加样时关闭生物安全柜里的照明，在冰盒上操作，尽量避免在直射光源的照射下进行。

（6）条件允许，尽量使用一次性带滤芯移液枪吸头，使用非带滤芯的吸头的时候，移液器尽量不要使用最大量程移液，移液器尽量避免使用第二档，防止打出气泡，回弹污染移液器。

(7)加样后将荧光定量 PCR 管瞬时离心,不要在荧光定量 PCR 管上做任何标志,不能用手碰到 PCR 管盖上的采光部位,以免影响实验的准确性。

(8)荧光探针应避光保存,加入核酸模板后应尽快上机,以防探针淬灭。

(9)实验室的通风是防止污染的非常重要的方法。

(10)实验结束后,实验中用到的仪器设备,只要不怕水和腐蚀的,都用有效氯消毒液进行浸泡或擦拭,最后用清水洗净或擦净的方法来清洁,操作台紫外线照射。

(11)实验中用到的吸头、离心管和生理盐水都要预先包装好,高压消毒,需烘干的要烘干后再使用。

(12)实验人员在操作过程中戴上口罩,戴上两层手套,里层为透明一次性手套,外层为胶手套,既有利于防止污染,而且便于脱下。实验时,最好戴上一次性帽子,防止头发带来的污染。

(13)不同试剂盒在操作上可能不同,具体参照所使用的试剂盒说明书进行试验。

实时荧光定量 PCR 对操作要求很高,而且成本也高,为了得到准确的结果,严格控制实验过程中的污染和掌握实验过程中的操作细节尤为重要。

【考核标准】

序号	考核点		分值	标准	评分		
					自评	互评	师评
1	知识	实验原理	10 分	能正确阐述实验原理。			
2	技能	实验前个人和场地准备	10 分	能正确穿戴无菌衣、帽、口罩、手套等;能对即将开展实验的场地做好清洁、消毒以及光控制等。			
3		试剂和材料准备	10 分	能正确准备好实验用到的试剂和材料,做到不遗漏,不错拿。			
4		反应体系制备	20 分	能够正确标记,规范操作,按照合理的顺序添加各试剂制备合适体积的反应体系。			
5		PCR 仪使用	10 分	能正确编制反应程序,并正确维护 PCR 仪。			
6		结果判断	10 分	能正确使用凝胶成像仪观察结果,以及对软件分析结果进行正确判断。			
7		清场	10 分	场地清理,卫生打扫,物品整理、复位。			
8	素质	实验记录	10 分	实验结束,认真记录实验过程并填写仪器设备使用记录;各物品归位。			
9		科学思辨	10 分	能针对实验结果进行分析梳理,积极探索优化实验反应体系与条件。			
总分							

综合实训一　猪圆环病毒Ⅱ型病原分子生物学检测

实验具体操作参照 GB/T 21674—2008《猪圆环病毒聚合酶链反应试验方法》。本实验适用于猪血清和组织中的猪圆环病毒Ⅱ型病原检测。

【目标要求】

(1)理解猪圆环病毒(PCV)核酸提取和聚合酶链反应(PCR)检测的原理。

(2)掌握核酸提取和 PCR 检测注意事项；能正确处理样本，提取核酸、实施 PCR 操作、核酸电泳以及判定结果。

(3)具有发现问题、分析问题、解决问题的专业能力，以及攻坚克难，勇于探索实践的科学素养。

【实验器材】

生物安全柜、多道移液器、单道移液器、高速离心机、PCR 仪、凝胶、电泳、微波炉、涡旋仪、三温三控水槽、凝胶成像仪、电泳仪、超净工作台。消化液、2%蛋白酶 K 溶液、酚-三氯甲烷-异戊醇混合液、2.5 mmol/L dNTP、10 pmol/mL PCV 引物、0.5 U/μL *Tap* DNA 聚合酶、10 倍 PCR 缓冲液、溴化乙锭(EB)溶液、电泳缓冲液(50 倍)、1%琼脂糖凝胶、上样缓冲液、异丙醇、75%乙醇、15 mmol/L 氯化镁、灭菌双蒸水、电泳缓冲液(1 倍)。所用试剂除特殊标注外，均为分析纯。

【方法步骤】

一、试剂配制

(1)阳性对照处理：取 PCV-2 细胞培养液各 100 μL，置 1.5 mL 灭菌离心管中，每管加入 500 μL 消化液(3.1.1)10 μL 2%蛋白酶 K 溶液(3.1.2)混匀，置 55 ℃水浴锅中 4～16 h。

(2)阴性对照处理：取灭菌双蒸水 100 μL，置 1.5 mL 灭菌离心管中，加入 500 μL 消化液，10 μL 2% 蛋白酶 K 溶液混匀，置 55 ℃水浴锅中 4～16 h。

(3)1 mol/L 三羟甲基氨基甲烷-盐酸(Tris-HCl)(pH 8.0)。

三羟甲基氨基甲烷	12.11 g
灭菌双蒸水	80 mL
浓盐酸	调 pH 至 8.0
灭菌双蒸水	加至 100 mL

(4)0.5mol/L 乙二胺四乙酸二钠(EDTA)溶液(pH 8.0)

二水乙二胺四乙酸二钠	18.61g
灭菌双蒸水	80 mL
氢氧化钠	调 pH 至 8.0
灭菌双蒸水	加至 100 mL

(5)20%十二烷基硫酸钠(SDS)溶液(pH 7.2)。

十二烷基硫酸钠	20 g

灭菌双蒸水	80 mL
浓盐酸	调 pH 至 7.2
灭菌双蒸水	加至 100 mL

(6)消化液。

1 mol/L 三羟甲基氨基甲烷-盐酸(Tris-HCL)(pH 8.0)	2 mL
0.5 mol/L 乙二胺四乙酸二钠(EDTA)溶液(pH 8.0)	0.4 mL
20%十二烷基硫酸钠(SDS)溶液(pH 7.2)	5 mL
5 mol/L 氯化钠	4 mL
灭菌双蒸水	加至 200 mL

(7)2%蛋白酶 K 溶液。

蛋白酶 K(分析纯)	5 g
灭菌双蒸水	加至 250 mL

(8)酚-三氯甲烷-异戊醇混合液。

碱性酚	25 mL
三氯甲烷	24 mL
异戊醇	1 mL

(9)2.5 mmol/L dNTP。

dATP(100 mmol/L)	20 μL
dTTP(100 mmol/L)	20 μL
dGTP(100 mmol/L)	20 μL
dCTP(100 mmol/L)	20 μL
灭菌双蒸水	加至 800 μL

(10)10 pmol/μL PCV 引物。

上游引物 P_1(2 OD_{260}):5′-CCGCGGGCTGGCTGAACTT-3′,加入 375.4 μL 灭菌双蒸水溶解,下游引物 P_2(2 OD_{260}):5′-CTCGGCTATGCGCTCCAAAATG-3′,加入 326.6 μL 灭菌双蒸水溶解,下游引物 P_3(2 OD_{260}):5′-ACCCCCGCCACCGCTACC-3′,加入 401.9 μL 灭菌双蒸水溶解,分别取 P_1、P_2、P_3 溶液各 300 μL,混匀即为 10 pmol/μL PCV 引物。

(11)0.5 U/μL *Taq* DNA 聚合酶(现用现配)。

5 U *Taq* DNA 聚合酶	1 μL
灭菌双蒸水	加至 10 μL

(12)10 倍 PCR 缓冲液。

1 mol/L 三羟甲基氨基甲烷-盐酸(Tris-HCL)(pH 9.0)

羟甲基氨基甲烷(分析纯)	15.8 g
灭菌双蒸水	80 mL
浓盐酸(分析纯)	调 pH 至 9.0
灭菌双蒸水	加至 100 mL

(13)10 倍 PCR 缓冲液。

1 mol/L 三羟甲基氨基甲烷-盐酸(Tris-HCL)(pH 9.0)	1 mL
氯化钾(分析纯)	0.373 g
曲拉通 X-100(分析纯)	0.1 mL
灭菌双蒸水	加至 100 mL

(14)溴化乙锭(EB)溶液。

溴化乙锭	0.2 g
灭菌双蒸水	加至 20 mL

(15)0.5 mol/L 乙二胺四乙酸二钠(EDTA)溶液(pH 8.0)。

二水乙二胺四乙酸二钠(分析纯)	18.61 g
灭菌双蒸水	80 mL
氢氧化钠	调 pH 至 8.0
灭菌双蒸水	加至 100 mL

(16)TAE(三羟甲基氨基甲烷-乙酸)电泳缓冲液(50 倍)。

羟基甲基氨基甲烷(Tris)(分析纯)	242 g
冰乙酸	57.1 mL
0.5 mol/L 乙二胺四乙酸二钠(EDTA)溶液(pH 8.0)	100 mL
灭菌双蒸水	加至 1 000 mL

用时用灭菌双蒸水稀释使用。

(17)1%琼脂糖凝胶。

琼脂糖(电泳级)	2 g
TAE 电泳缓冲液(50 倍)	4 mL
灭菌双蒸水	196 mL

微波炉中完全融化,加溴化乙锭(EB)溶液 20 μL。

(18)上样缓冲液。

溴酚蓝 0.2 g,加双蒸水 10 mL 过夜溶解。50 g 蔗糖加入 50 mL 水溶解后,移入已溶解 的溴酚蓝溶液中,摇匀定容至 100 mL。

(19)75%乙醇。

无水乙醇(100%)(分析纯)	750 mL
灭菌双蒸水	250 mL

(20)15 mmol/L 氯化镁。

氯化镁(分析纯)	0.143 g
灭菌双蒸水	100 mL

(21)灭菌双蒸水。

1 000 mL 双蒸水(电阻≥18.2 Ω),放于高压锅中,121 ℃高压 20 min 后取出备用。

(22)电泳缓冲液(1 倍)。

电泳缓冲液(50 倍)	10 mL

灭菌双蒸水 490 mL

二、样品的采集与处理

1. 样品的采集

濒死猪、扑杀的成年猪和流产胎儿取肺脏和淋巴结；幼龄猪取心脏；待检活猪用注射器取血 2～4 mL，立即送往实验室。

2. 样品的处理

每份样品分别处理。

①组织样品处理：取待检病料约 0.2 g 置于研磨器中剪碎并研磨，加入 2 mL 消化液继续研磨。取已研磨好的待检病料上清液 100 μL，置 1.5 mL 灭菌离心管中，再加入 500 μL 消化液和 10 μL 2%蛋白酶 K 溶液，混匀后，置 55 ℃水浴锅中 4～16 h。

②血清样品处理：待血液凝固后，取上清液放于离心管中，4 ℃ 8 000 g 离心 5 min，取上清液 100 μL，置 1.5 mL 灭菌离心管中，加入 500 μL 消化液和 10 μL 2%蛋白酶 K 溶液混匀，置 55 ℃水浴锅中 4～16 h。

三、聚合酶链反应试验

1. DNA 模板的提取

(1)取出已处理的待检样品及阴性、阳性对照样品，每管加入 600 μL 酚-三氯甲烷-异戊醇混合液，用力颠倒 10 次混匀 13 000 r/min 离心 10 min。

(2)取上清液 500 μL，置 1.5 mL 灭菌离心管中，加入等体积异丙醇混匀置液氮中 3 min 或 −70 ℃冰箱中 30 min，取出离心管室温融化，4 ℃、20 000 r/min 离心 15 min。

(3)弃上清液，沿离心管开口方向管壁缓缓滴入 1 mL −20 ℃预冷的 75%乙醇溶液，轻轻旋转洗一次后倒掉，将离心管倒扣于吸水纸上 1 min，真空抽干 15 min。

(4)取出离心管用 50 μL 灭菌双蒸水溶解沉淀，作为模板备用。

2. PCR 扩增

每管取灭菌双蒸水 8 μL，2.5 mmol/L dNTP、10 pmol/μL PCV 引物、15 mmol/L 氯化镁、10 倍 PCR 缓冲液 0.5 U/μL、*Taq* DNA 聚合酶各 2 μL，DNA 模板 2 μL，混匀，做好标记，加入矿物油约 20 μL(覆盖的自动 DNA 热循环仪不用加矿物油)。扩增条件为 94 ℃ 30 s 、62 ℃ 45 s、72 ℃ 45 s、35 个循环后，72 ℃延伸 10 min。

3. 电泳

将 PCR 扩增产物 15 μL 与 3 μL 上样缓冲液混合，点样于 1%琼脂糖凝胶孔中，琼脂糖凝胶板一侧的点样孔加入 100 bp Ladder Marker(分子质量标准物)，以 5 V/cm 电压电泳 40 min，紫外凝胶成像仪下观察结果。

4. 结果判定

当 PCV-2 阳性对照出现 1 154 bp 扩增带，阴性对照未出现目的带时，实验结果成立。被检样品出现 1 154 bp 扩增带判为 PCV-2 阳性，未出现相应扩增带的样品判为阴性。

【注意事项】

详见本项目技能二中普通 PCR 注意事项。实验严格按照各技能要求进行，降低假阳性或假阴性发生率，提高检测可信度。

【考核标准】

序号	考核点		分值	标准	评分		
					自评	互评	师评
1	知识	实验原理	10 分	能正确阐述实验原理。			
2	技能	实验前准备	20 分	能够正确准备试验所需所有器材，能对操作台面进行清洁处理。			
3	技能	实验操作	20 分	熟悉实验操作流程，并能正确进行具体操作。			
4	技能	结果判断	10 分	能对实验结果进行正确分析和判断。			
5	技能	消毒灭菌	15 分	对实验所产生的废弃物进行正确无害化处理，对用过的器材选择适宜方式进行清洁消毒，对操作环境进行消毒处置。			
6	技能	清场	10 分	场地清理，卫生打扫，物品整理、复位。			
7	素质	实验素养	5 分	实验结束，认真记录实验过程并填写仪器设备使用记录；各物品归位。			
8	素质	科学素养	10 分	在实验过程中有大局观，能认真思考，对发现的问题能不畏艰难，融汇所学知识、创新思考，并提出自己的解决方案，探索实践。			
总分							

内容小结

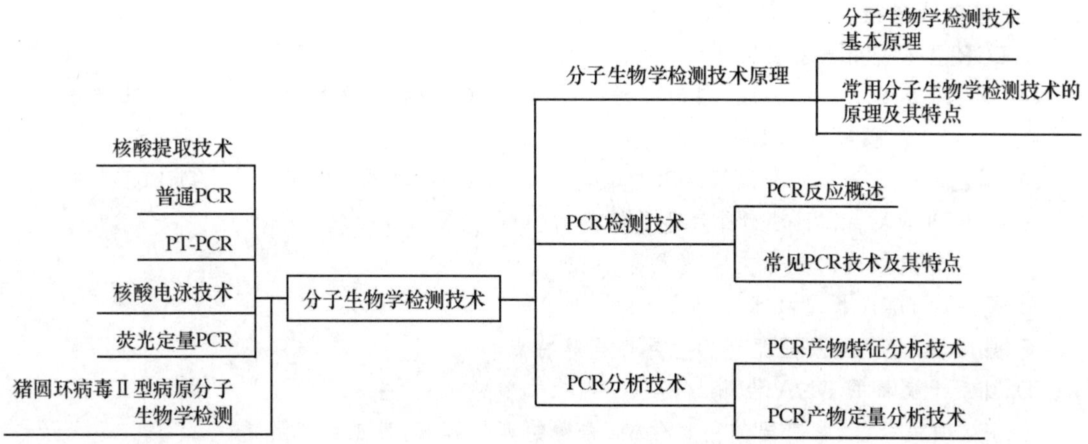

思政园地

守正创新 科技报国

分子生物学技术在动物微生物检测中起着至关重要的作用。随着科技的不断进步，我国在分子生物学领域取得了显著的成就，成为世界科技强国之一。自主创新的核心理念也贯穿于分子生物学技术的发展过程中。动物微生物检测是动物疾病诊断和防控的重要手段。传统的微生物检测方法(如培养、镜检等)，具有准确度高的优点，但存在着检测周期长、敏感性不高等问题，而分子生物学技术具有灵敏度高、特异性好、快速简便等优点，使得微生物检测的准确性和效率得到了显著提高。在动物微生物检测中，分子生物学技术可以快速准确地检测出各种病原微生物，包括病毒、细菌、真菌等，这为动物疾病的诊断和防控提供了有力的支持。

我国科研团队在分子生物学技术的研究和应用方面取得了世界领先的成果。例如，研发出了针对多种动物病原微生物的快速检测试剂盒，为早期诊断和防控动物疫病提供了重要手段。同时，我国还成功研发出了具有中国自主知识产权的创新数字 PCR 系统和新型基因编辑技术 CRISPR-Cas9，为动物微生物检测带来了更多可能性。

科技强国是我国的发展目标之一，分子生物学技术在动物微生物检测中的应用，充分展示了我国科技强国的地位和自主创新的成果。随着科技的不断进步，我国在分子生物学领域将继续取得更多突破，为动物疾病的诊断和防控提供更为强大的支持，为畜牧业的健康发展提供更为有力的保障。

思考

同学们，在微生物实验设计中你有自己独创的想法吗？

学习测试

一、单项选择题

1. PCR 技术是用来检测微生物的(　　)特征的？

A. 蛋白质组成　　B. 基因序列　　C. 细胞壁结构　　D. 菌落形态

2. RNA 病毒检测的方法是(　　)。

A. 细胞培养　　B. RT-PCR　　C. 光学显微镜观察　　D. PCR

3. 关于 PCR 技术，下列哪种叙述是错误的(　　)。

A. 是一种有细胞的分子克隆技术

B. 是一种 DNA 扩增技术

C. 具有快速简便、灵敏度高和特异性强等特点

D. 可用于病毒的 DNA 检测

4. 在核酸提取时，常需要使用氯化钠、醋酸钠等盐溶液，真正的目的是(　　)。

A. 中和核酸的负离子，使其易于沉淀

B. 调节 pH

C. 保持核酸的完整性

D. 提高核酸的浓度

5. 下列哪项不是扩增反应所必需的？(　　)

A. 引物和模板　　B. dNTP　　C. Mg^{2+}　　D. 矿物油

二、多项选择题

1. PCR 技术检测需要的材料是(　　)。

A. dNTP　　B. DNA 聚合酶　　C. 引物　　D 核酸模板

2. 分子生物学检验技术主要包括哪些技术？(　　)

A. 核酸分子杂交技术　　B. DNA 测序技术

C. PCR 技术　　D. DNA 重组技术

3. 在核酸的分离纯化过程中，为保证其一级结构的完整性，应采取(　　)。

A. 尽量简化分离步骤，缩短提取时间

B. 适当延长提取时间

C. 在 37 ℃条件下进行

D. 加入 Mg^{2+}、Ca^{2+} 等二价金属离子

4. 在 RNA 提取和纯化过程中，为避免 Rnase 污染而导致 RNA 的降解，应采取(　　)。

A. 在洁净的实验室里操作

B. 戴手套和口罩

C. 所用器材高压消毒或 DEPC 处理

D. 冰浴下操作

三、简答题

1. PCR 是什么？简述其步骤及每一步的作用。

2. 琼脂糖凝胶电泳时胶中 DNA 是靠什么发出荧光的？为什么？

二维码 13-3　项目十三学习测试参考答案

参考文献

[1] 陆承平，刘永杰. 兽医微生物学[M]. 6 版. 北京：中国农业出版社，2021.

[2] 崔治中. 兽医免疫学[M]. 2 版北京：中国农业出版社，2018.

[3] 李舫，沈美艳. 动物微生物与免疫技术[M]. 3 版. 北京：中国农业出版社，2019.

[4] 姜平. 兽医生物制品学[M]. 3 版. 北京：中国农业出版社，2015.

[5] 中国农业科学院哈尔滨兽医研究所. 兽医微生物学[M]. 2 版. 北京：中国农业出版社，2013.

[6] 田克恭，李明. 动物疫病诊断技术：理论与应用[M]. 北京：中国农业出版社，2014.

[7] 王洪利. 实验室工作顶岗实习手册[M]. 北京：中国农业出版社，2019.

[8] 郭全海，程德元，王艳丰. 动物传染病[M]. 武汉：华中科技大学出版社，2023.

[9] 羊建平，张君胜. 动物病原体检测技术[M]. 北京：中国农业大学出版社，2013.

[10] 范丽平，潘嫣丽. 食品微生物检验技术[M]. 北京：中国农业大学出版社，2021.

[11] 李凡，徐志凯. 医学微生物学[M]. 9 版. 北京：人民卫生出版社，2018.

[12] 胡新岗. 动物防疫与检疫技术[M]. 2 版. 北京：中国农业出版社，2020.

[13] 中国兽医协会，全国执业兽医资格考试大纲（兽医全科类）（2023 版），2023 年 3 月 3 日，https：//www.cvma.org.cn/6850/202303/55191.html.

[14] 全国职业院校技能大赛执行委员会，关于公示 2023 年全国职业院校技能大赛拟设赛项规程与赛题的公告，2023 年 4 月 18 日，http：//www.chinaskills-jsw.org/content.jsp?id=ff80808184f9d1150187965126fc04b2.